EUROPA LEHRMITTEL

EUROPA-FACHBUCHREIHE
für elektronische, mechatronische
und informationstechnische Berufe

Fachwissen Elektrofachkraft

Grundlagen · Vorschriften · Installationen · Sicherheit · Prüfungen

1. Auflage

VERLAG EUROPA-LEHRMITTEL · Nourney, Vollmer GmbH & Co. KG
Düsselberger Straße 23 · 42781 Haan-Gruiten

Europa-Nr.: 32719

Autor:
Dr.-Ing. Gregor Häberle, VDE, 88069 Tettnang

Bildbearbeitung:
Zeichenbüro des Verlags Europa-Lehrmittel

Diesem Buch wurden die neuesten Ausgaben der DIN-Blätter und der VDE-Bestimmungen zugrunde gelegt. Verbindlich sind jedoch nur die DIN-Blätter und VDE-Bestimmungen selbst.

Die DIN-Blätter können von der Beuth-Verlag GmbH, Burggrafenstraße 6, 10787 Berlin, und Kamekestraße 2-8, 50672 Köln, bezogen werden. Die VDE-Bestimmungen sind bei der VDE-VERLAG GMBH, Bismarckstraße 33, 10625 Berlin, erhältlich.

1. Auflage 2024
Druck 5 4 3 2 1

Alle Drucke derselben Auflage sind parallel einsetzbar, da sie bis auf die Korrektur von Druckfehlern identisch sind.

ISBN 978-3-7585-3271-9

Umschlag: braunwerbeagentur, 42477 Radevormwald
Umschlagbilder: Siemens AG und Fotos des Autors
Satz: Dipl. Des. Susanne Beckmann, 59514 Welver
Druck: Plump Druck & Medien GmbH, 53619 Rheinbreitbach

Vorwort zur 1. Auflage

Die Ausbildung der verschiedenen elektronischen bzw. informationstechnischen sowie mechatronischen Berufe enthält in fast allen dieser Berufe die Lernfelder „Elektrische Systeme planen und installieren" sowie „Elektroenergieversorgung und Sicherheit von gebäudetechnischen Systemen, Anlagen und Geräten konzipieren und gewährleisten". Darüber hinaus ist das Lernfeld „Energietechnische Systeme errichten, in Betrieb nehmen und instand halten" von besonderer Bedeutung. Daher ist dieses Buch u. a. auch auf diese Lernfelder ausgerichtet.

Bei den resultierenden Praxistätigkeiten zu diesen Themen ist die Qualifikation der damit betrauten Personen von ganz wesentlicher Bedeutung. Die unterschiedlichen **elektrotechnischen Qualifikationen und Verantwortungen** einer

- verantwortlichen Elektrofachkraft VEFK,
- Elektrofachkraft EFK,
- Elektrofachkraft für begrenzte Aufgabengebiete EFKfbA,
- Elektrofachkraft für festgelegte Tätigkeiten EFKffT,
- elektrotechnisch unterwiesenen Person EuP sowie einer
- befähigten Person bP

spielen bei der Ausübung der Tätigkeiten hinsichtlich der Sicherheit gegenüber den elektrischen Gefahren durch Strom und Spannung sowie in Schadensfällen eine herausfordernde Rolle.

Ziel des Buches ist, neben technischen und elektrotechnischen **Grundlagen** auch **Wissen** bzgl. Normen, Regeln, Bestimmungen und Vorschriften, z. B. Normen zu Schutzmaßnahmen, Unfallverhütungsvorschriften, zu vermitteln. Dieses Wissen ist zum Ausüben der verschiedenartigen Tätigkeiten bei den unterschiedlichen Anwendungen der Elektroinstallation und ähnlicher elektrotechnischer Tätigkeiten erforderlich. Ebenso unterstützt das Buch das Erlangen des **Sachkundenachweises TREI (Technische Regeln Elektroinstallation)**.

Zahlreiche praxisorientierte Beispiele, Vertiefungsfragen und Arbeitsaufgaben sowie didaktisch aufbereitete Bilder erleichtern dem Lernenden und Interessierten das Herangehen an elektrotechnische Aufgabenstellungen. Ein Überprüfen des Wissens, auch zur Prüfungsvorbereitung, ist dadurch leicht möglich.

Das vorliegende Buch ist ein Lehrbuch und Arbeitsbuch, das die wichtigsten fachlichen und normativen Inhalte für die Elektroinstallation enthält. **Das Buch ist gegliedert in die Kapitel**

1 Fachliche Qualifikationen für Arbeiten in elektrischen Anlagen
2 Gesetze, Verordnungen, Technische Regeln, Normen
3 Grundlagen der Elektrotechnik
4 Versorgung mit elektrischer Energie
5 Planung von elektrischen Anlagen
6 Schutzmaßnahmen, Schutzeinrichtungen
7 Verbindungssysteme
8 Erdung, Hausanschluss, Blitzschutz
9 Elektromagnetische Verträglichkeit EMV
10 Einfache Installationsschaltungen
11 Beleuchtungsanlagen
12 Elektrische Installationen besonderer Orte
13 PV-Anlagen
14 Arbeiten an elektrischen Anlagen
15 Prüfungen elektrischer Anlagen
16 Prüfungen bei elektrischen Geräten
17 Fehlersuche in elektrischen Anlagen
18 Elektrische Maschinen und maschinelle Anlagen
19 Arbeitsaufgaben
20 Anhang

Die Bilder und Tabellen des Buches sind im virtuellen Medienregal EUROPATHEK z. B. für Präsentationen zum Download erhältlich (siehe Hinweise auf der vorderen Umschlaginnenseite). Ebenso sind dort die Lösungen zu den Aufgaben „Wiederholung und Vertiefung" sowie zu den Arbeitsaufgaben (Kapitel 19) als digitales Buch „Fachwissen Elektrofachkraft Lösungen" erhältlich, Europa-Nr. 33044L und 33044V (www.europa-lehrmittel.de).

Konstruktive Vorschläge zur Verbesserung des Buches werden dankbar entgegengenommen. Diese können schriftlich mit E-Mail gerichtet sein an lektorat@europa-lehrmittel.de.

Sommer 2024 Autor und Verlag

Inhaltsverzeichnis

Bildquellenverzeichnis

Die meisten Bilder entstammen aus dem Arbeitsumfeld des Autors. Ergänzend hierzu haben die nachfolgend aufgeführten Unternehmen und Institutionen die bildliche Ausgestaltung unterstützt. Dabei sind für diese alle Rechte vorbehalten. Kein Teil darf ohne vorherige schriftliche Genehmigung weitergegeben, in einem Datensystem gespeichert oder in irgendeiner Form, weder elektronisch noch mechanisch, durch Fotokopie, Aufnahme, noch durch andere Art übertragen werden. Dies gilt auch für die Bilder des Autors.

Allen Beteiligten wird sehr herzlich gedankt.

Adaptaflex GmbH, Mörfelden-Walldorf: 260/1; **Albrecht JUNG GmbH & Co. KG**, Schalksmühle: 167/2; **Benning Elektrotechnik und Elektronik GmbH & Co. KG**, Bocholt: 205/2, 213/1, 223/2; **BRADY GmbH, SETON Division**, Egelsbach: 222/3; **Dehn + Söhne GmbH**, Neumarkt: 196/1; **Eaton Industries**, Bonn: 238/2; **EnBW AG**, Karlsruhe: 60/2, 60/3; **EU-Kommission**, BEL-Brüssel: 161/2 a, 250/1; **Fluke Deutschland GmbH**, Glottertal: 210/2; **Günther Spelsberg GmbH + Co.KG**, Schalksmühle: 108/2; **Gustav Hensel GmbH**, Lennestad: 149/1; **Hager Vertriebsgesellschaft mbH & Co. KG**, Blieskastel: 100/1, 143/1, 147/1; **Hauff-Technik GmbH**, Herbrechtingen: 144/1+2; **JOKARI GmbH & Co.KG**, Aschberg-Herbern: 117/1; **Kraus & Naimer GmbH**, A-Wien: 235/1; **MENNEKES Elektrotechnik GmbH & Co. KG**, Kirchhunden: 179/3, 180/2; **Siemens AG**, München: 54/1, 103/3 mitte, 106/2, 108/1, 160/2, 228/3, 231/1+2, 272/2; **Statistisches Bundesamt:** 53/2; **VDE Prüf- und Zertifizierungsinstitut GmbH**, Frankfurt am Main: 161/2 b; **Zapp-Zimmermann GmbH**, Köln: 83/1;

Literaturhinweise

H. Fritsche u. a.	Schutz durch DIN VDE	Verlag Europa-Lehrmittel
S. Brehm u. a.	Arbeitsblätter Schutz durch DIN VDE	Verlag Europa-Lehrmittel
G. Häberle u. a.	Tabellenbuch Elektrotechnik	Verlag Europa-Lehrmittel
H. Fritsche u. a.	Fachwissen Betriebs- und Antriebstechnik	Verlag Europa-Lehrmittel
H. Bumiller u. a.	Fachkunde Elektrotechnik	Verlag Europa-Lehrmittel
H. Häberle u. a.	Einführung in die Elektroinstallation	Hüthig GmbH

1 Fachliche Qualifikationen für Arbeiten in elektrischen Anlagen

1.1 Anforderungen

Personen, welche für elektrische Anlagen Planungen vornehmen, oder Personen, welche in Bereichen mit elektrischen Anlagen tätig sind, sind für ihr Tun verantwortlich. Sie müssen daher qualifiziert ausgebildet sein. Die Tätigkeiten in und für elektrische Anlagen sind sehr vielfältig. Daher sind auch die Verantwortungen sowie die erforderlichen Qualifikationen bzw. Berufsausbildungen hierzu sehr verschiedenartig. Meist darf nicht jeder Beschäftigte im Umfeld einer elektrischen Anlage alle notwendigen Tätigkeiten ausführen.

Die gestellten Anforderungen, insbesondere an die Qualifikation, sind hoch. Unwissentlich unvorsichtiger Umgang mit dem elektrischen Strom bzw. der elektrischen Spannung kann gesundheitsschädigend oder sogar tödlich sein. Dies gilt einerseits für die in einer elektrischen Anlage tätigen Personen und andererseits für die Anwender der elektrischen Anlage. Gefahren müssen erkannt werden und mit Gefahren muss umgegangen werden können.

Elektrischer Strom kann tödlich sein.

Für planende und beschäftigte Personen im Bereich der Elektrotechnik ist neben dem elektrotechnischen Grundwissen auch das Wissen über einschlägige Normen, VDE-Vorschriften und Unfallverhütungsvorschriften notwendig **(Bild 1)**. Von besonderem Interesse sind hierbei die Normenreihe DIN VDE 0100 Errichten von Niederspannungsanlagen, DIN VDE 0105-100 Betrieb von elektrischen Anlagen, VDE 0701 (DIN EN 50678) Prüfung nach Reparatur elektrischer Geräte, VDE 0702 (DIN EN 50699) Wiederholungsprüfung für elektrische Geräte, VDE 0113-1 (DIN 60204-1) Elektrische Ausrüstung von Maschinen, DIN EN 61140 Schutz gegen elektrischen Schlag, VDE 0185-305 (DIN EN 62305) Blitzschutz und die Unfallverhütungsvorschrift 3 DGVU V3 für elektrische Anlagen und Betriebsmittel.

Je nach *besonderem* elektrotechnischen Tätigkeitsfeld sind die hierfür existierenden Normen und Vorschriften zu beachten, z. B. für Bahnanwendungen, elektrische Anwendungen auf Schiffen, im Bergbau, in Flugzeugen.

Bild 1: Elektrotechnische Wissenbereiche der Beschäftigten in elektrischen Anlagen

Anwendung von Niederspannungsanlagen

- Wohn-, Geschäfts- und Industriebau
- Beleuchtungsanlagen
- PV-Anlagen
- Produktonsmaschinen
- Elektrofahrzeuge, Ladestationen
- Landwirtschatliche Anlagen
- Hafenanlagen
- Medizinische Einrichtungen
- Explosionsgeschütze Bereiche
- Blitzschutzanlagen

Bild 2: Beispiele für Bereiche elektrischer Installationen

Beschäftigte in elektrischen Anlagen müssen elektrotechnisches Grundwissen und Kenntnisse über Normen und Vorschriften besitzen, die ihren Tätigkeitsbereich betreffen.

Dieses Buch möchte grundsätzliches Wissen für das Planen von und Arbeiten in elektrischen **Niederspannungsanlagen** (Wechselspannungen bis 1000 V (AC 1000 V, **A**lternating **C**urrent), Gleichspannungen bis 1500 V (DC 1500 V, **D**irekt **C**urrent)) vermitteln. Dies betrifft hierbei elektrotechnische Installationsarbeiten z. B. in und an Gebäuden, an Produktionsmaschinen, Fotovoltaikanlagen oder Ladestationen für Elektrofahrzeuge **(Bild 2)**. Betroffen sind auch Tätigkeiten bzgl. Inbetriebnahme, Instandhaltung und Instandsetzung. Vermittelt werden sollen Fachkenntnisse hinsichtlich Gefährdungen und Maßnahmen für das Gewährleisten bestmöglicher Sicherheit.

1.2 Betroffene Personen

Für den Betrieb der Anlage und für in der Anlage durchzuführende Arbeiten unterscheidet man nach DIN VDE 1000-10 sechs Arten von Personen **(Bild 1)**. Zunächst sind alle natürlichen Personen, die juristisch handlungsfähig sind, **Laien**. Durch eine Berufsausbildung im elektrotechnischen Bereich mit anschließender Berufserfahrung entsteht die **Elektrofachkraft (EFK)**. Die Berufsausbildung kann durch einen Lehrberuf, z. B. als Elektroniker/in der Fachrichtung Energie- und Gebäudetechnik (früher Elektroinstallateur), oder durch ein abgeschlossenes elektrotechnisches Studium erfolgen. Die Qualifikation EFK kann auch durch mehrjährige Tätigkeit mit Ausbildung in Theorie und Praxis nach Überprüfung und Dokumentation durch eine Elektrofachkraft nachgewiesen werden. Bei irgendwann fehlender Berufspraxis kann diese Qualifikation aber auch wieder erlöschen.

> Für den Betrieb und das Arbeiten in elektrischen Anlagen sind Elektrofachkräfte EFK erforderlich.

Für jede elektrotechnische Anlage in einem Betrieb muss eine **verantwortliche Elektrofachkraft (VEFK)** mit großer Erfahrung benannt sein, die auch die unternehmerische Verantwortung für den Betrieb der elektrischen Anlage trägt. Für in der elektrischen Anlage durchzuführende Arbeiten muss ebenfalls eine verantwortliche Person benannt sein. Ein **Unternehmer** hat dafür zu sorgen, dass seine elektrischen Anlagen nur unter Leitung und Aufsicht einer VEFK errichtet, geändert und instand gehalten werden. Schriftlich festzuhalten sind die Pflichten, Aufgaben, Kompetenzen und Verantwortung.

Leitung und Aufsicht (Fach- und Aufsichtsverantwortung) einer Elektrofachkraft bedeuten:

- Überwachen des Errichtens, Änderns und Instandhaltens elektrischer Anlagen und Betriebsmittel,
- Anordnen, Durchführen und Kontrollieren notwendiger Sicherheitsmaßnahmen,
- Unterrichten, Ausbilden von Laien zu elektrotechnisch unterwiesenen Personen,
- Unterweisen elektrotechnischer Laien über Sicherheitsregeln,
- Überwachen, Beaufsichtigen von Arbeiten auch nicht-elektrotechnischer Arbeiten in der Nähe von unter Spannung stehenden Teilen **(aktive Teile)**.

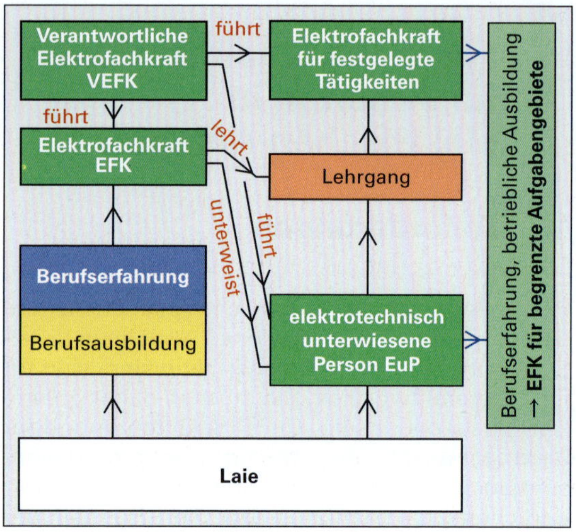

Bild 1: Personen in elektrischen Anlagen

Die für den gesamten Betrieb benannte verantwortliche Elektrofachkraft kann ein Meister, ein staatlich geprüfter Techniker oder ein Ingenieur/ Bachelor/Master der Elektrotechnik sein.

Zur Aufsicht über einzelne Arbeiten und deren Ausführen kommt auch eine sonstige Elektrofachkraft in Betracht. Zu beachten ist, dass eine Elektrofachkraft nicht ohne Weiteres für jedes elektrotechnische Arbeitsgebiet einsetzbar ist. Unterschiedliche Arbeitsgebiete erfordern unterschiedliche Kenntnisse und Erfahrungen.

Laien können durch Unterrichtung zur **elektrotechnisch unterwiesenen Person (EuP)** aufsteigen. Dabei werden sie von einer Elektrofachkraft über ihre Aufgaben und die möglichen Gefahren unterrichtet bzw. angelernt. Ebenso werden sie über die notwendigen Schutzmaßnahmen und Schutzeinrichtungen belehrt. Laien dürfen z. B. keinen Zugang zu offenen Schaltanlagen haben.

> Elektrotechnisch unterwiesene Personen (EuP) sind nur für einen Teil der anfallenden Arbeiten in elektrischen Anlagen zugelassen.

Zwischen der Elektrofachkraft und der EuP liegt die **Elektrofachkraft für festgelegte Tätigkeiten (EFKffT)**. Dazu ist eine meist mehrmonatige Ausbildung in Theorie und Praxis erforderlich, auch unter Aufsicht einer Elektrofachkraft. Unter festgelegten Tätigkeiten sind **gleichartige, sich wiederholende Arbeiten** zu verstehen. Diese müssen in einer Arbeitsanweisung beschrieben sein.

Eine betriebsinterne Ausbildung und eine mehrjährige Tätigkeit als EuP oder EFKffT kann zur **Elektrofachkraft für begrenzte Aufgabengebiete (EFKfbA)** führen (Bild 1).

1.3 Fach- und Führungsverantwortung

Durch die Ausbildung zur **Elektrofachkraft für festgelegte Tätigkeiten** (EFKffT) soll eine Person befähigt werden, festgelegte Tätigkeiten weitgehend eigenverantwortlich durchzuführen, d. h. im Sinne der Fachverantwortung für diese Tätigkeiten. Eine verantwortliche Elektrofachkraft muss dabei die Fachverantwortung mittragen und besitzt die Aufsichts- und Führungsverantwortung **(Tabelle 1)**. Dies gilt auch gegenüber der Elektrofachkraft für begrenzte Aufgabengebiete.

Die festgelegten Tätigkeiten dürfen nur in Anlagen mit Nennspannungen bis 1000 V AC bzw. 1500 V DC und grundsätzlich nur im freigeschalteten Zustand durchgeführt werden. **Unter Spannung** sind Fehlersuche und Feststellen der Spannungsfreiheit bei geeigneter Qualifizierung erlaubt. Meist qualifizieren sich Beschäftigte aus Nicht-Elektroberufen zur EFKffT.

Im Unterschied zur EFKffT darf eine **elektrotechnisch unterwiesene Person** (EuP) nur unter Leitung und Aufsicht einer Elektrofachkraft (EFK) arbeiten. Eine EuP ist nur für einfachste elektrotechnische Tätigkeiten einsetzbar. Sie besitzt keine Fachverantwortung. Diese obliegt der beaufsichtigenden EFK. Allerdings haben gemäß **Arbeitsschutzgesetz (ArbSchG) § 15** Beschäftigte die Pflicht *„nach ihren Möglichkeiten sowie gemäß der Unterweisung und Weisung des Arbeitgebers für ihre Sicherheit und Gesundheit bei der Arbeit Sorge zu tragen."*

Für alle Arbeiten in und an elektrischen Anlagen müssen die Beschäftigten in Theorie und Praxis ausreichende Kenntnisse besitzen, um relevante Bestimmungen, die als Regeln der Technik anerkannt sind, korrekt anzuwenden und um mögliche Gefahren zu erkennen.

Arbeiten gemäß allgemein anerkannten Regeln der Technik bedeutet das Anwenden von Normen, Vorschriften, Verordnungen, Gesetzen.

Eine **befähigte Person (bP)** darf gemäß § 14 BetrSichV (Betriebssicherheitsverordnung, **Abschnitt 2.4**) bzw. TRBS 1203 (Technische Regeln für Betriebssicherheit, **Abschnitt 2.5**) nur als Prüfer von Arbeitsmitteln und ggf. überwachungsbedürftigen Anlagen wirken.

Die zum selbstständigen Prüfen befähigte Person für das Prüfen der Maßnahmen zum Schutz vor elektrischen Gefährdungen muss eine elektrotechnische Berufsausbildung abgeschlossen haben oder über eine andere, für die vorgesehenen Prüfaufgaben ausreichende elektrotechnische Qualifikation verfügen. Oft wirken EFK auch als bP.

Tabelle 1: Aufgaben von Personen in und an elektrischen Anlagen

Person	Beispiele für Aufgaben
VEFK	Überwachen, Anordnen, Unterrichten, Kontrollieren, insbesondere das Einhalten von Sicherheitsmaßnahmen. Ferner Tätigkeiten einer EFK. Fachverantwortung, Aufsichtsverantwortung, Führungsverantwortung. Wahrnehmung von Unternehmerpflichten.
EFK	Planen, Errichten, Ändern, Instandsetzen elektrischer Anlagen gemäß Qualifikation. Fachverantwortung, Aufsichtsverantwortung, ggf. Führungsverantwortung.
EFKfbA	Siehe EFK, aber nur für ein Aufgabengebiet, keine Führungsverantwortung.
EFKffT	Montage, Anschluss von Geräteanschlussdosen, Anschließen z. B. eines Durchlauferhitzers. Instandhaltung, Änderung, Prüfung elektrischer Geräte und Betriebsmittel. Aufgaben-Fachverantwortung.
EuP	Einfache Wartungsarbeiten, Heranführen von Prüfgeräten, Werkzeugen, Abdeckungen an spannungsführende Teile; Arbeiten in der Nähe von unter Spannung stehenden Teilen, Sichtprüfungen; keine Fachverantwortung.
bP	Prüfen von Arbeitsmitteln, ggf. Prüfen von überwachungsbedürftigen Anlagen. Fachverantwortung für die Aufgabe.
Arbeiten in SELV-Stromkreisen (Safety Extra Low Voltage) dürfen von Laien ausgeführt werden.	

Die **arbeitsschutzrechtliche Verantwortung** der auszuführenden Tätigkeiten trägt gemäß § 13 ArbSchG der **Arbeitgeber**. Dieser kann eine zuverlässige, fachkundige Person schriftlich beauftragen, z.B. eine EFK, ihm obliegende Aufgaben nach diesem Gesetz verantwortlich wahrzunehmen.

Bei **Unfällen** mit Personen- und/oder Sachschaden aufgrund der Arbeit einer EFK wird leichte, mittlere und grobe **Fahrlässigkeit** unterschieden. Bei mittlerer Fahrlässigkeit *kann* die EFK anteilig haften, bei grober *haftet* sie mindestens anteilig. Elektroarbeiten im Privatbereich sind ohne eine elektrotechnische Qualifizierung rechtlich zulässig.

2 Gesetze, Verordnungen, Technische Regeln, Normen

2.1 Allgemeines

Es ist hilfreich, die Unterschiede zwischen Gesetzen, Verordnungen, Vorschriften, Technischen Regeln, Unfallverhütungsvorschriften, DIN-Normen und VDE-Normen (VDE-Bestimmungen, VDE-Vorschriften, Seiten 300, 301) zu kennen. Auch ist ihnen eine Rangfolge hinsichtlich der Verbindlichkeit gegeben **(Bild 1)**.

Das **Grundgesetz** als Verfassung der Bundesrepublik Deutschland enthält die wichtigsten Regeln, also die Grundrechte der Bevölkerung, für das Zusammenleben im Staat und steht über allen anderen Regelungen. Alle anderen Gesetze, Verordnungen, Vorschriften und Regeln müssen also mit dem Grundgesetz vereinbar sein. Eine Verfeinerung der Grundrechte sowie die Rechte der Bürger untereinander sowie die Rechte der staatlichen Institutionen gegenüber den Bürgern, oder anders formuliert, die Pflichten der Bürger gegenüber diesen Institutionen, sind in **Gesetzen** beschrieben, deren Nichteinhalten strafbar ist.

Verordnungen sind Regeln, nach denen Gesetze zu befolgen sind. **Vorschriften** sind verbindliche Anweisungen, welche vorgeben, was in speziellen Fällen zu tun ist. **Regeln** sind Vorgaben für ein Verhalten oder Verfahren. So sind Technische Regeln Empfehlungen und Vorschläge, wie Gesetze und Verordnungen eingehalten werden können. Technische Regeln sind nicht rechtsverbindlich.

DIN-Normen sind Regeln, die keinen verbindlichen, sondern lediglich einen richtungsweisenden, freiwilligen Charakter haben, sofern nicht Gesetze, Verordnungen oder Vorschriften auf sie verweisen. **VDE-Normen** und VDE-Richtlinien gelten als allgemein anerkannte Regeln der Technik und haben einen quasi rechtsverbindlichen Status, da im Energiewirtschaftsgesetz **EnWG** auf sie Bezug genommen wird. Sie werden von der Deutschen Elektrotechnischen Kommission (DKE), deren Träger der Verband Deutscher Elektrotechniker **(VDE)** ist, im Deutschen Institut für Normung e. V. (DIN) definiert. Neue oder aktualisierte VDE-Normen und VDE-Richtlinien gelten nicht für Altanlagen.

Von besonderer Bedeutung für das Arbeiten im elektrotechnischen Umfeld sind

- die Vorschrift 3 der Deutschen Gesetzlichen Unfallversicherung **DGUV V3**,
- das Arbeitsschutzgesetz **ArbSchG**,
- die Betriebssicherheitsverordnung **BetrSichV**,
- die Technischen Regeln für Betriebssicherheit **(TRBS)** sowie
- die Vielzahl der VDE-Normen und VDE-Richtlinien, welche vielfach auch DIN-Normen sind.

Ferner sind von Bedeutung die **Technischen Anwendungsrichtlinien TAR**, welche die Grundlage für die **Technischen Anschlussbedingungen TAB** der Netzbetreiber sind. TAR und TAB orientieren sich an VDE-Normen oder VDE-Richtlinien.

> Gesetze, Verordnungen, Vorschriften und VDE-Normen sowie VDE-Richtlinien sind verbindlich einzuhalten.

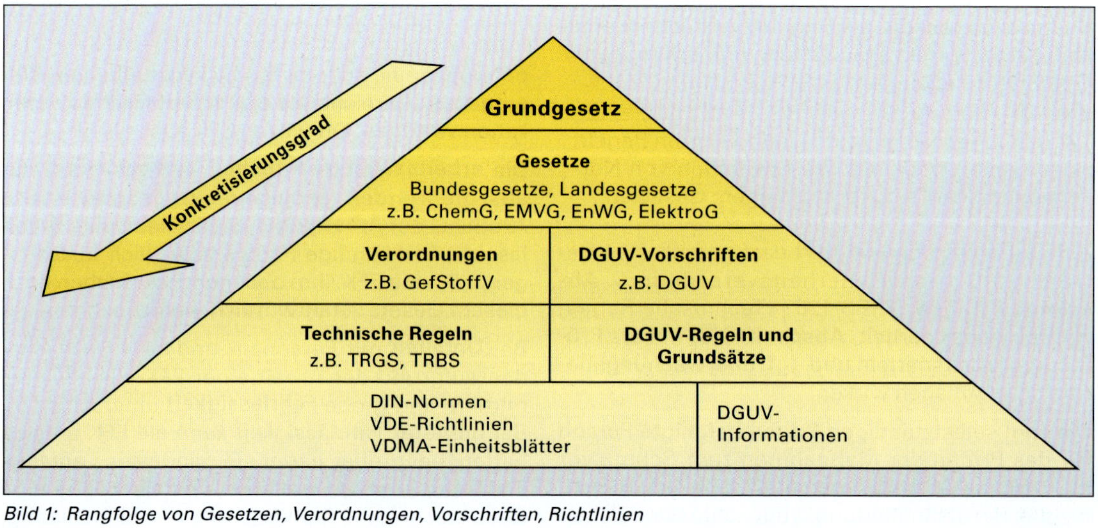

Bild 1: Rangfolge von Gesetzen, Verordnungen, Vorschriften, Richtlinien

2.2 DGUV-Vorschriften

DGUV-Vorschriften (Deutsche Gesetzliche Unfallversicherung) sind verbindliche Rechtsnormen, die von den Unfallversicherungsträgern gemäß § 15 SGB VII (Sozialgesetzbuch) erlassen werden. Es gibt unterschiedliche DGUV-Vorschriften **(Tabelle 1)**. Für **Elektrofachkräfte** ist die Unfallverhütungssvorschrift 3 (DGUV V3) von wesentlicher Bedeutung. Sie gilt für elektrische Anlagen und Betriebsmittel. Auch die Vorschrift 16 (DGUV V16, **Abschnitt 9.3**) Elektromagnetische Felder ist bei Bedarf zu beachten. Beide DGUV-Vorschriften orientieren sich u. a. an entsprechenden VDE-Normen und sind im Internet kostenfrei verfügbar.

In der **DGUV V3** sind Begriffsdefinitionen und Durchführungsanweisungen bzgl. Schutzmaßnahmen, Arbeiten an und in der Nähe von aktiven Teilen sowie Prüfungen festgelegt **(Kapitel 14, 15)**. So sind z. B. darin definiert:

- **Elektrische Betriebsmittel** sind alle Gegenstände, die dem Anwenden elektrischer Energie oder dem Übertragen, Verteilen und Verarbeiten von Informationen dienen.
- **Elektrofachkraft** ist, wer auf Grund seiner fachlichen Ausbildung, Kenntnisse und Erfahrungen sowie der Kenntnis einschlägiger Bestimmungen die ihm übertragenen Arbeiten fachlich beurteilen und mögliche Gefahren erkennen kann **(Abschnitt 1.1)**.
- **Festgelegte Tätigkeiten** sind gleichartige, sich wiederholende Arbeiten an Anlagen und Betriebsmitteln. Diese Arbeiten müssen vom Unternehmer in einer Arbeitsanweisung beschrieben sein. Durch eine Ausbildung kann eine Qualifikation als „Elektrofachkraft für festgelegte Tätigkeiten" erreicht werden.
- **Aktive Teile** sind Leiter und leitfähige Teile der Betriebsmittel, die unter normalen Betriebsbedingungen unter Spannung stehen. Sie müssen entsprechend ihrer Spannung, Frequenz **(Abschnitt 3.1)**, Verwendungsart und ihrem Betriebsort durch Isolierung, Lage, Anordnung oder festangebrachte Einrichtungen gegen direktes Berühren geschützt sein.
- **Ortsveränderliche elektrische Betriebsmittel** können während des Betriebs bewegt werden, während sie an den Versorgungsstromkreis angeschlossen sind.
- **Ortsfeste elektrische Betriebsmittel** können nicht leicht bewegt werden.
- **Stationäre Anlagen** sind mit ihrer Umgebung fest verbunden.

Tabelle 1: Auswahl von DGUV-Vorschriften

Vorschrift	Thema
1	Grundsätze der Prävention
2	Betriebsärzte und Fachkräfte für Arbeitssicherheit
3	Elektrische Anlagen und Betriebsmittel
12	Laserstrahlung
16	Elektromagnetische Felder
22	Abwassertechnische Anlagen
25	Unfallprävention
32	Kernkraftwerke
67	Flurförderfahrzeuge
80	Verwendung von Flüssiggas
81	Schulen

Tabelle 2: Zulässige Körperströme und Berührungsspannungen

Frequenz f in Hz	Körperstrom in mA	Berührungsspannung in V
0	10	60
$1 \leq f < 100$	3,5	25
$100 \leq f < 2$ k	$1{,}75 \cdot (f/\text{kHz}) + 3{,}3$	25
2 k $\leq f <$ 3,8 k	$1{,}4 \cdot (f/\text{kHz}) + 4{,}2$	25
3,8 k $\leq f <$ 12 k	$1{,}4 \cdot (f/\text{kHz}) + 4{,}2$	$1{,}05 \cdot (f/\text{kHz}) + 20{,}5$
12 k $\leq f <$ 28 k	$1{,}75 \cdot (f/\text{kHz})$	$1{,}05 \cdot (f/\text{kHz}) + 20{,}5$
28 k $\leq f <$ 100 k	50	$1{,}05 \cdot (f/\text{kHz}) + 20{,}5$
100 k $\leq f <$ 1 M	50	125

k Kilo, M Mega. Körperstrom siehe **Abschnitt 6.1**.

- **Nichtstationäre Anlagen** werden entsprechend ihrem bestimmungsgemäßen Gebrauch nach dem Einsatz wieder abgebaut und am neuen Einsatzort wieder aufgebaut.

Die **DGUV V 16** gibt zulässige Werte bzgl. des Ausgesetztseins (Exposition) von elektrischen, magnetischen und elektromagnetischen Feldern im Frequenzbereich bis 300 GHz an **(Abschnitt 9.3)**. Ferner beschreibt sie Maßnahmen, z. B. Betriebsanweisungen, Schutzausrüstungen und Prüfungen, die ein Unternehmer treffen muss, damit die Beschäftigten an ihren Arbeitsplätzen geschützt sind. So sind je nach z. B. Frequenz von Strom und Spannung zulässige Körperströme und Berührungsspannungen zu beachten **(Tabelle 2)**.

Grenzwerte gelten oft im Zusammenhang mit Zeitangaben ihres Ausgesetztseins.

2.3 Arbeitsschutzgesetz (ArbSchG)

Das ArbSchG **(Tabelle 1)** regelt für alle Tätigkeitsbereiche die grundlegenden Arbeitsschutzpflichten des **Arbeitgebers**, die Pflichten und die Rechte der **Beschäftigten** sowie das Überwachen des Arbeitsschutzes. Dazu gehört auch das Sicherstellen durch den Arbeitgeber, dass Beschäftigte für ihre Tätigkeit befähigt sind. Maßnahmen zum Arbeitsschutz sollen Unfälle bei der Arbeit verhindern und die Arbeit menschengerecht gestalten. Das ArbSchG kann wie alle Gesetze kostenfrei im Internet eingesehen werden.

Der **Arbeitgeber** muss für die Sicherheit und Gesundheit der Beschäftigten sorgen. Gefährdungen muss er ermitteln und Maßnahmen zur Minimierung dieser einleiten, z. B. durch Arbeitsplatzgestaltung, Schulungen, Bereitstellung von geeigneten Arbeitsmitteln nach dem Stand der Technik. Dokumentationen hierüber sind zu erstellen. Die **Beschäftigten** müssen nach ihren Möglichkeiten für ihre Sicherheit und Gesundheit Sorge tragen. Zur Verfügung gestellte Betriebsmittel und Schutzausrüstungen sind zu verwenden. Beschäftigte dürfen dem Arbeitgeber Vorschläge bzgl. Sicherheit, Gesundheit machen, sich ggf. auch an zuständige Behörden wenden.

Die zuständigen Behörden, z.B. das Gewerbeaufsichtsamt, haben das Einhalten des ArbSchG zu überwachen und die Arbeitgeber bei der Pflichterfüllung ggf. zu beraten.

Verschiedene Verordnungen ergänzen mit ihren Vorgaben den Schutz und die Sicherheit der Beschäftigten in ihren unterschiedlichen Arbeitsgebieten **(Bild 1)**.

Tabelle 1: Wesentliche Inhalte des ArbSchG

§	Thema
§ 3	Grundpflichten des Arbeitgebers
§ 5	Beurteilung der Arbeitsbedingungen
§ 6	Dokumentation
§ 7	Übertragung von Aufgaben
§ 8	Zusammenarbeit mehrerer Arbeitgeber
§ 9	Besondere Gefahren
§ 10	Erste Hilfe und sonstige Notfallmaßnahmen
§ 11	Arbeitsmedizinische Vorsorge
§ 12	Unterweisung
§ 13	Verantwortliche Personen
§ 14	Unterrichtung, Anhörung der Beschäftigten des öffentlichen Dienstes
§ 15	Pflichten der Beschäftigten
§ 16	Besondere Unterstützungspflichten
§ 17	Rechte der Beschäftigten
§ 18	Verordnungsermächtigungen
§ 19	Zwischenstaatliche Vereinbarungen
§ 20	Regelungen für den öffentlichen Dienst
§ 21	Behörden und Träger der gesetzlichen Unfallversicherung
§ 22	Befugnisse der zuständigen Behörden
§ 23	Betriebliche Daten
§ 24	Erlass allgemeiner Verwaltungsvorschriften
§ 25	Bußgeldvorschriften
§ 26	Strafvorschriften

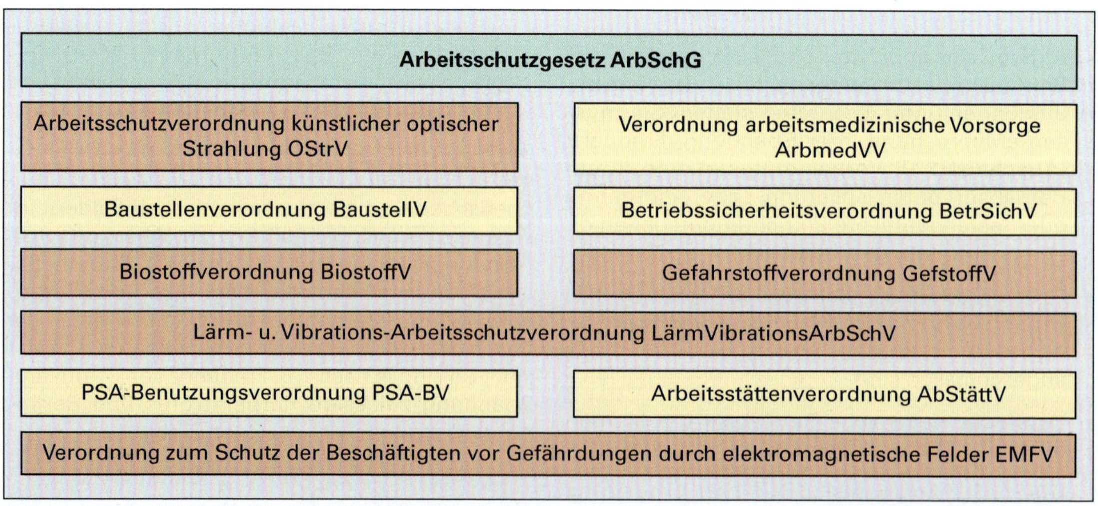

Bild 1: Arbeitsschutzgesetz und seine Verordnungen

2.4 Betriebssicherheitsverordnung (BetrSichV)

Die BetrSichV **(Tabelle 1)** gilt für das Verwenden von Arbeitsmitteln. Sie gilt auch für überwachungsbedürftige Anlagen, Aufzugsanlagen und Anlagen in explosionsgefährdeten Bereichen. Überwachungsbedürftige Anlagen sind z. B. Dampfkesselanlagen, Füllanlagen, Rohrleitungen mit innerem Überdruck von entzündlichen, giftigen, ätzenden Gasen, Dämpfen, Flüssigkeiten. Die BetrSichV regelt die Maßnahmen für die Sicherheit und den Gesundheitsschutz beim Verwenden von Arbeitsmitteln **(Bild 1)** und regelt deren bestimmungsgemäßes Verwenden.

Der **Arbeitgeber** muss vor Verwendung der Arbeitsmittel eine Gefährdungsbeurteilung durchführen. Die vorgeschriebenen Prüfungen sind vorzunehmen. Die Arbeitsmittel müssen für die am Arbeitsplatz gegebenen Bedingungen geeignet sein. Beim Verwenden von Arbeitsmitteln in explosionsfähiger Atmosphäre sind die Schutzmaßnahmen mit der **Gefahrstoffverordnung** abzugleichen. Bei bestimmungsgemäßer Benutzung der Arbeitsmittel müssen Sicherheit und Gesundheitsschutz gewährleistet sein. Arbeitsmittel zum Heben von Lasten erfordern Standsicherheit und Festigkeit, auch die Lastaufnahmemittel. Mobile Arbeitsmittel erfordern für mitfahrende Beschäftigte die **geringstmögliche Gefährdung**.

Der Arbeitgeber muss seine Beschäftigten über die sie betreffenden Arbeitsmittel angemessen und regelmäßig informieren, z. B. über **Betriebsanweisungen**. Für Arbeitsmittel sind vor ihrem Einsatz Art, Umfang und Fristen erforderlicher Prüfungen durch **befähigte Personen** festzulegen. Sicherheitsprüfungen sind z. B. auch nach Instandsetzungsarbeiten erforderlich.

Die genannten befähigten Personen müssen infolge ihrer Berufsausbildung, ihrer Berufserfahrung und ihrer zeitnahen beruflichen Tätigkeit die erforderlichen Fachkenntnisse zur Prüfung der Arbeitsmittel besitzen.

Überwachungsbedürftige Anlagen dürfen nur in Betrieb genommen werden, wenn eine zugelassene Überwachungsstelle sie auf ordnungsgemäßen Zustand geprüft hat. Die Prüfungsergebnisse sind niederzuschreiben und mindestens bis zur nächsten Prüfung aufzubewahren. Unfälle und Schadensfälle sind der zuständigen Behörde anzuzeigen.

Arbeitsmittel dürfen nur absichtlich in Gang gesetzt werden. Befehlseinrichtungen an Arbeitsmitteln müssen sichtbar angebracht sein. Sicheres Stillsetzen muss im Fehlerfall möglich sein.

Tabelle 1: Wesentliche Inhalte der BetrSichV

§	Thema
§ 3	Gefährdungsbeurteilung
§ 4	Grundpflichten des Arbeitgebers
§ 5	Anforderungen an die zur Verfügung gestellten Arbeitsmittel
§ 6	Grundlegende Schutzmaßnahmen bei der Verwendung von Arbeitsmitteln
§ 8	Schutzmaßnahmen bei Gefährdungen durch Energien, Ingangsetzen und Stillsetzen
§ 9	Weitere Schutzmaßnahmen bei der Verwendung von Arbeitsmitteln
§ 10	Instandhaltung und Änderung von Betriebsmitteln
§ 11	Besondere Betriebszustände, -störungen, Unfälle
§ 12	Unterweisung und besondere Beauftragung von Beschäftigten
§ 14	Prüfung von Arbeitsmitteln
§ 15	Prüfung vor Inbetriebnahme und vor Wiederinbetriebnahme nach prüfpflichtigen Änderungen
§ 16	Wiederkehrende Prüfungen
§ 17	Prüfaufzeichnungen und -bescheinigungen
§ 19	Mitteilungspflichten
§ 20	Sonderbestimmungen für überwachungsbedürftige Anlagen des Bundes
§ 22	Ordnungswidrigkeiten
§ 23	Straftaten

Arbeitsmittel
- Werkzeuge
- Geräte
- Maschinen
- Anlagen allgemein
- überwachungsbedürftige Anlagen

Bild 1: Klassifizierung von Arbeitsmitteln

Schutzeinrichtungen von Arbeitsmitteln dürfen nicht umgehbar sein.

Die BetrSichV schützt Beschäftigte vor Gefahren beim Benutzen von Arbeitsmitteln.

2.5 Technischen Regeln für Betriebssicherheit (TRBS)

Die Technischen Regeln für Betriebssicherheit (TRBS) geben den Stand der Technik, der Arbeitsmedizin und Arbeitshygiene sowie sonstige gesicherte arbeitswissenschaftliche Erkenntnisse für die Verwendung von Arbeitsmitteln und den Betrieb von überwachungsbedürftigen Anlagen wieder. Die TRBS sind gemäß drei *Reihen* strukturiert **(Tabelle 1)**.

Die TRBS werden vom Bundesministerium für Arbeit und Soziales (BMAS) bekannt gegeben und sollten vom Arbeitgeber eingehalten werden. Andernfalls muss er auf anderem Wege für die gleiche Sicherheit und den gleichen Gesundheitsschutz seiner Beschäftigten sorgen. Die Technischen Regeln konkretisieren die Betriebssicherheitsverordnung **(BetrSichV)** hinsichtlich der Ermittlung und Bewertung von Gefährdungen sowie der Ableitung von geeigneten Maßnahmen.

Die bei der Benutzung von Arbeitsmitteln entstehenden Gefahren muss der Unternehmer ermitteln, z. B. anhand von Bedienungsanleitungen oder Hinweisen in den TRBS. Geeignete Maßnahmen sind zu dokumentieren und den Beschäftigten zu kommunizieren. Das Vorgehen zur Gefährdungsbeurteilung und Überprüfung der Wirksamkeit von Schutzmaßnahmen ist in der TRBS 1111 wiedergegeben.

Hinsichtlich Prüfungen, Prüfpflichten, Prüffristen und Kontrollen ergänzt die TRBS 1201 die BetrSichV §14. Ferner sind in der TRBS 1201 **Arbeitgeberpflichten** bzgl. der Wahrnehmung von Gefährdungsbeurteilungen und Prüfungen der Schutzmaßnahmen beschrieben.

Bei den Prüfungen unterscheidet die TRBS 1201 zwischen Ordnungsprüfungen und technischen Prüfungen. Bei den **Ordnungsprüfungen** wird z. B. festgestellt, ob alle notwendigen Unterlagen für das Arbeistmittel oder die Anlage vorliegen, ob Änderungen seit der letzten Prüfung vorgenommen wurden, ob behördliche Auflagen eingehalten sind, ob der Prüfumfang festgelegt ist.

Die **technischen Prüfungen** umfassen z. B. Sichtprüfungen, Funktionsprüfungen, Prüfungen mit Prüfmitteln und Messmitteln **(Kapitel 15)**.

Die technischen Regeln für Betriebssicherheit TRBS ergänzen die Betriebssicherheitsverordnung BetrSichV.

Tabelle 1: Technische Regeln für Betriebssicherheit (Auswahl)

TRBS	Erklärung
Reihe 1000: Allgemeines und Grundlagen	
1111	Gefährdungsbeurteilung
1112	Instandhaltung
1115	Sicherheitsrelevante Mess-, Steuer-, Regeleinrichtungen
1151	Gefährdungen Mensch-Arbeitsmittel
1201	Prüfungen, Kontrollen von Arbeitsmitteln, Schutzsystemen
1203	Zur Prüfung befähigte Personen
Reihe 2000: Gefährdungsbezogene Regeln	
2111	Mechanische Gefährdungen
2121	Gefährdung Beschäftigter durch Absturz
2141	Gefährdung durch Dampf und Druck
2181	Gefährdung beim Eingeschlossensein
Reihe 3000: Regeln für Arbeitsmittel, überwachungsbedürftige Anlagen oder Tätigkeiten	
3121	Betrieb von Aufzugsanlagen
3145	Ortsbewegliche Druckgasbehälter
3146	Otrsfeste Druckgasbehälter
Für explosionsgefährdete Bereiche und Atmosphären gibt es weitere Technische Regeln.	

Wiederholung und Vertiefung

1. Welche Normenreihe ist beim Errichten von Niederspannungsanlagen zu beachten?
2. Welche Voraussetzung muss ein Unternehmer erfüllen, um in seinem Betrieb elektrische Anlagen instand setzen zu lassen?
3. Unter welcher Voraussetzung können Laien zur elektrotechnisch unterwiesenen Person aufsteigen?
4. Welche Aufgabe darf eine befähigte Person wahrnehmen?
5. Haftet eine Elektrofachkraft bei grober Fahrlässigkeit?
6. Erfordern Elektroarbeiten im privaten Eigenheim von einer Privatperson eine anerkannte elektrotechnische Qualifizierung?
7. Sind DIN-Normen verbindlich einzuhalten?
8. Sind VDE-Normen einzuhalten?
9. Sind die DGUV-Vorschriften einzuhalten?
10. Die VDE-Normen werden häufig geändert. Gelten Sie dann auch für Altanlagen?

3 Grundlagen der Elektrotechnik

3.1 Stromstärke, Widerstand, Spannung

Zum Verständnis elektrotechnischer Arbeiten sind Kenntnisse über den elektrischen Strom erforderlich.

Der elektrische Strom kann nur in einem geschlossenen Stromkreis fließen **(Bild 1)**.

> Die Stromrichtung ist festgelegt vom Pluspol des Erzeugers durch den Verbraucher zum Minuspol des Erzeugers und von dort zum Pluspol des Erzeugers zurück.

Die Stromstärke hat die Einheit Ampere (A), benannt nach Ampère (sprich: Ampähr), franz. Physiker, 1775 bis 1836. Sie wird durch einen Strommesser gemessen, der in den Stromweg geschaltet wird (Bild 1). Die Stromstärke hat das Formelzeichen I.

Kurzschreibweise: $[I] = \text{A}$
Sprich: Einheit der Stromstärke I ist das Ampere A.

Man unterscheidet mehrere **Stromarten**. **Gleichstrom** (Kurzform DC, von **D**irect **C**urrent) ist ein Strom, der dauernd in gleicher Richtung und mit gleicher Stärke fließt **(Bild 2)**. **Wechselstrom** (Kurzform AC, von **A**lternating **C**urrent) ist ein elektrischer Strom, der periodisch seine Richtung und seine Stärke ändert **(Bild 3)**.

Mischstrom (Kurzform UC, von **U**niversal **C**urrent) ist ein Strom mit einem Gleichstromanteil und einem Wechselstromanteil **(Bild 4)**.

Oft wird auch dann von Gleichstrom gesprochen, wenn ein Mischstrom mit einem *kleinen* Wechselstromanteil vorliegt, z. B. bei einem Gleichstromgenerator.

In der **Elektroinstallation** ist vor allem ein Wechselstrom von Bedeutung, bei dem die zeitabhängige Darstellung der Stromstärke eine Sinuslinie ist (Bild 3). Man spricht daher auch von einem *Sinusstrom*.

Einphasenwechselstrom ist die genaue Bezeichnung für einen einzigen Sinusstrom, z. B. aus der Steckdose eines Beleuchtungsstromkreises in einer Wohnung. **Dreiphasenwechselstrom** (Drehstrom) besteht aus drei solchen Einphasenwechselströmen (Kurzform 3 AC, **Abschnitt 4.3.2**).

Beim Wechselstrom nennt man die Zeit von einem Nulldurchgang bis zum nächsten gleichartigen Nulldurchgang *Periodendauer*. Das ist die Zeit für eine vollständige Schwingung (Bild 3).

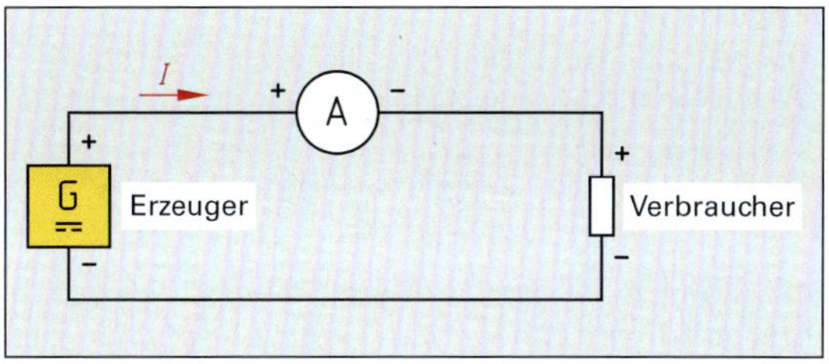

Bild 1: Strommessung in einem Stromkreis

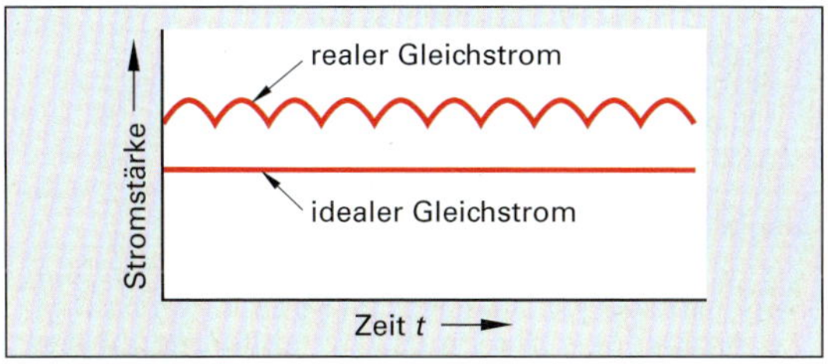

Bild 2: Gleichstrom DC

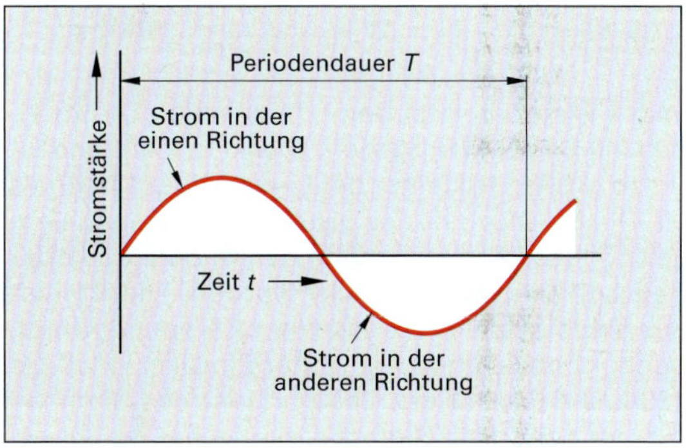

Bild 3: Wechselstrom AC (Sinusstrom)

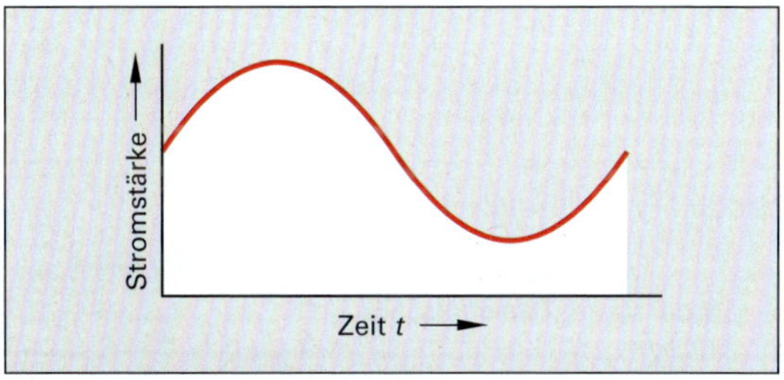

Bild 4: Mischstrom UC

Der Kehrwert der Periodendauer heißt **Frequenz**.

Frequenz

f Frequenz
T Periodendauer

$[f] = \text{Hz}$

$$f = \frac{1}{T} \quad (1)$$

Die Einheit der Frequenz ist das Hertz (Hz), benannt nach Hertz, deutscher Physiker, 1857 bis 1894. Diese Einheit gilt jedoch nur im deutschen Sprachraum. Sonst wird c/s bzw. cps (cycles per second = Umdrehungen je Sekunde) verwendet.

Beispiel 1:

Die Periodendauer eines Sinusstroms beträgt 20 ms. Wie groß ist die Frequenz in Hz und in c/s?

Lösung:

f = 1/T = 1/20 ms = 0,05 kHz = **50 Hz = 50 c/s**

Stromdichte ist der Quotient Stromstärke durch Querschnittsfläche. Man verwendet für die Stromdichte die Einheit A/mm².

Stromdichte

J Stromdichte
I Stromstärke [J] = A/mm²
A Querschnittsfläche

$$J = \frac{I}{A} \quad (1)$$

Beispiel 2:

Bei einem elektrischen Leiterdraht beträgt die Stromstärke 25 A. Die zulässige Stromdichte beträgt 2,5 A/mm². Wie groß muss der Leiterquerschnitt sein?

Lösung:

$J = I/A \Rightarrow A = I/J$ = 25 A/(2,5 A/mm²) = **10 mm²**

Jedes Material setzt dem elektrischen Strom einen **Widerstand** entgegen. Dieser Widerstand ist umso größer, je kleiner der Leitwert des Materials ist. Die Eigenschaft des großen oder kleinen Leitvermögens kann also durch den Widerstand oder den Leitwert ausgedrückt werden. Die Einheit des Widerstandes ist das Ohm (Ω, sprich: Ohm), benannt nach Ohm, deutscher Physiker, 1787 bis 1854. Die Einheit des Leitwerts ist das Siemens (S), benannt nach Siemens, deutscher Ingenieur, 1816 bis 1892. Das Wort Widerstand kann die physikalische Größe „Widerstand" bedeuten, aber auch das Bauelement Widerstand. Für die physikalische Größe „Widerstand" sagen wir im Zweifelsfall *Resistanz* oder *Widerstandswert*. Die Resistanz hat das Formelzeichen R, der Leitwert hat das Formelzeichen G.

Widerstand

R Widerstand (Resistanz [R] = Ω
G Leitwert [G] = S

$$R = \frac{1}{G} \quad (2)$$

Beispiel 3:

Ein elektrischer Leiterdraht hat einen Widerstand von 0,5 Ω. Wie groß ist der Leitwert?

Lösung:

$R = 1/G \Rightarrow G = 1/R$ = 1/0,5 Ω = **2 S**

Der Widerstand eines Drahtes, z. B. von einem Leiter, kann berechnet werden, wenn Material und Abmessungen des Drahtes bekannt sind. Dazu müssen die **Leitfähigkeit** oder der **spezifische Widerstand** des Materials aus einer Tabelle entnommen werden **(Tabelle 1)**.

Tabelle 1: Leitfähigkeit und spezifischer Widerstand

Werkstoff	Leitfähigkeit γ in $\frac{\text{m}}{\Omega \cdot \text{mm}^2}$	spezifischer Widerstand ϱ in $\frac{\Omega \cdot \text{mm}^2}{\text{m}}$
Silber	60	0,0167
Kupfer	56	0,0178
Aluminium	36	0,0278
Nickelin (CuNi30Mn)	2,5	0,4
Konstantan (CuNi44)	2,04	0,49
Kohle	0,015	65

Die Werte sind gerundet und gelten für 20 °C

Leiterwiderstand

$$R = \frac{l}{\gamma \cdot A} \quad (3) \qquad \varrho = \frac{1}{\gamma} \qquad R = \frac{\varrho \cdot l}{A} \quad (4)$$

R Widerstand l Leiterlänge A Querschnitt
γ Leitfähigkeit (γ griech. Kleinbuchstabe Gamma)
ϱ spezifischer Widerstand (ϱ griech. Kleinbuchstabe Rho)

An Stelle von γ wird auch das κ (griech Kleinbuchstabe Kappa) verwendet.

Beispiel 4:

Für eine Transformatwicklung sind 30 m Kupferdraht mit 0,5 mm² erforderlich. Wie groß ist der Wicklungswiderstand?

Lösung:

$$R = \frac{l}{\gamma \cdot A} = \frac{30\ \text{m}}{56\ \text{m}/(\Omega \cdot \text{mm}^2) \cdot 0{,}5\ \text{mm}^2} = \mathbf{1{,}07\ \Omega}$$

Der Widerstand hängt von der Temperatur ab. Der mit den Werten von Tabelle 1 errechnete Widerstand gilt für eine Temperatur vom 20 °C. Bei Abweichungen von dieser Temperatur erhält man die Widerstandsänderung mithilfe des **Temperaturkoeffizienten** α des betreffenden Materials.

Bei Kupfer ist α_{Cu} = 0,0039 1/K und bei Aluminium α_{Al} = 0,0038 1/K.

ΔR Widerstandsänderung (Δ griech. Großbuchstabe Delta)
α Temperaturkoeffizient
R_1 Kaltwiderstand bei 20 °C
$\Delta\vartheta$ Übertemperatur über 20 °C (ϑ griech. Kleinbuchstabe Theta)
R_2 Warmwiderstand

$$\Delta R = a \cdot R_1 \cdot \Delta\vartheta \quad (5)$$

$$R_2 = R_1 + \Delta R \quad (6)$$

$$R_2 = R_1(1 + a \cdot \Delta\vartheta) \quad (7)$$

Unterschiede von Temperaturen, z. B. bei $\Delta\vartheta$ der Übertemperatur, besitzen an Stelle der berechneten Einheit nach Norm die Einheit Kelvin (K), z. B. 25 °C – 20 °C = 5 °C = **5 K**. Deshalb hat der Temperaturkoeffizient die Einheit 1/K.

Beispiel:

Eine Kupferwicklung (Temperaturkoeffizient α = 0,0039 1/K) hat bei Raumtemperatur von 20 °C einen Widerstand von 0,5 Ω. Im Betrieb erreicht die Wicklung eine Temperatur von 110 °C. Wie groß ist nun der Widerstand?

Lösung:

$\Delta\vartheta = 110\ °C - 20\ °C = 90\ K$

$\Delta R = \alpha \cdot R_1 \cdot \Delta\vartheta = 0{,}0039\ 1/K \cdot 0{,}5\ \Omega \cdot 90\ K = \mathbf{0{,}176\ \Omega}$

$R_2 = R_1 + \Delta R = 0{,}5\ \Omega + 0{,}176\ \Omega = 0{,}676\ \Omega \approx \mathbf{0{,}68\ \Omega}$

Die elektrische Spannung bewirkt, dass durch einen Widerstand ein elektrischer Strom fließt. Die Spannung hat das Formelzeichen U und die Einheit Volt (V), benannt nach Volta, italienischer Physiker, 1745 bis 1827. Die Spannung wird mit einem Spannungsmesser gemessen. Dieser wird zwischen die Punkte der Schaltung geschaltet, zwischen denen die zu messende Spannung liegt **(Bild 1)**.

Entsprechend zu den Stromarten unterscheidet man **Gleichspannung**, **Wechselspannung** und **Mischspannung**. Bei der Wechselspannung ist die **Sinusspannung** besonders verbreitet.

Das **Ohm'sche Gesetz** gibt den Zusammenhang zwischen Stromstärke, Spannung und Widerstand an. Dabei ist wichtig, dass es nur für zusammengehörige Größen gilt, z. B. nur für die Stromstärke, die Spannung und den Widerstand desselben Wicklungsteils oder Bauelements.

Ohm'sches Gesetz

Merkformel:

$$I = \frac{U}{R} \quad (1)$$

$$U = R \cdot I \quad (2)$$

I	Stromdichte	$[I]$	= A
U	Spannung	$[U]$	= V
R	Widerstand (Resistanz)	$[R]$	= Ω

Bei konstantem Widerstand besteht zwischen Stromstärke und Spannung ein linearer Zusammenhang **(Bild 2)**. Widerstände mit dieser linearen $I(U)$-Kennlinie nennt man *Ohm'sche Widerstände*.

Leiterabzweige kommen in elektrischen Schaltplänen sehr häufig vor. In Bild 1 sind die Leiter zum Spannungsmesser von den Leitern zum Widerstand abgezweigt. Nach DIN EN 61082 können Leiterabzweige verschiedenartig gezeichnet werden, obwohl sie elektrisch das Gleiche aussagen **(Bild 3)**. Im Buch werden zur Gewöhnung, wie in der beruflichen Praxis, alle Arten angewendet, vor allem die Formen mit und ohne Punkt.

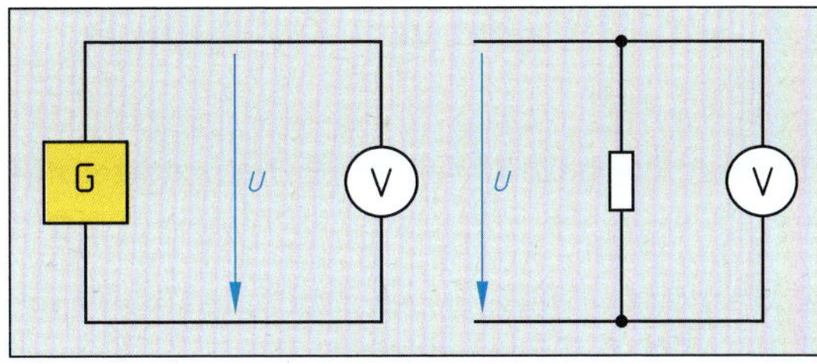

Bild 1: Messung der Spannung

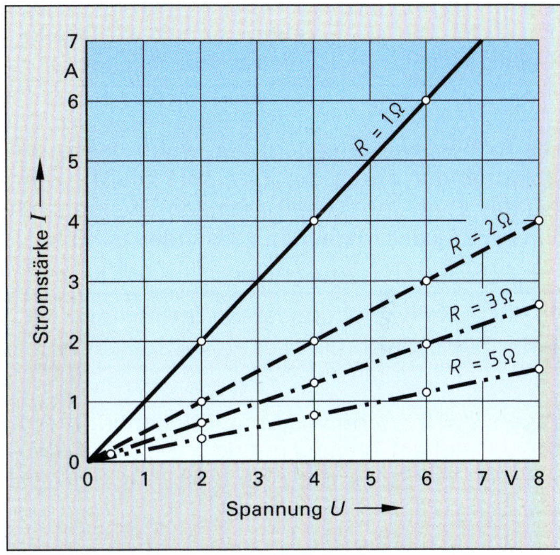

Bild 2: $I(U)$-Kennlinie von Ohm'schen Widerständen

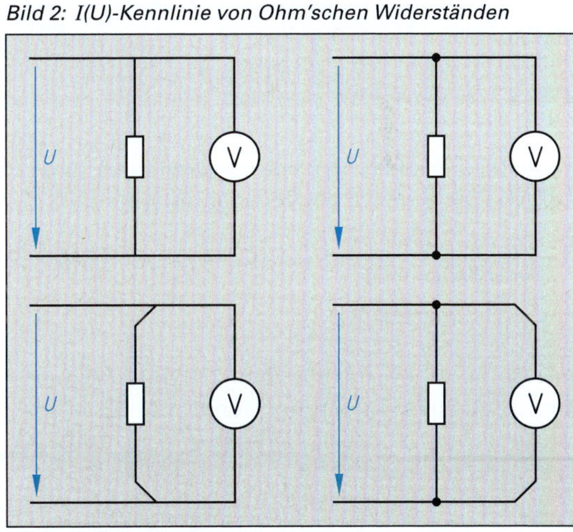

Bild 3: Darstellungen von Abzweigungen nach DIN EN 61082

Wiederholung und Vertiefung

1. Welche Einheit hat die elektrische Stromstärke?
2. Was versteht man unter Einphasenwechselstrom?
3. Erklären Sie den Begriff Sinusstrom.
4. Welche Einheiten hat die Frequenz?
5. Was versteht man unter der Stromdichte?
6. Wie hängen Leitwert und Widerstand voneinander ab?

3.2 Schaltungen von Zweipolen

Als Zweipole bezeichnen wir Betriebsmittel mit zwei Anschlüssen für den Betriebsstromkreis. Derartige Zweipole sind z. B. LED-Lampen, Spulen oder Spannungsmesser. Zweipole können Erzeuger oder Verbraucher sein.

Für Zweipole als Erzeuger gelten dieselben Gesetze wie für Zweipole als Verbraucher.

Eine **Reihenschaltung** liegt vor, wenn der Strom nacheinander durch die Zweipole fließt, wenn also das Ende des vorhergehenden Zweipols mit dem Anfang des folgenden verbunden ist **(Bild 1)**.

In der Reihenschaltung ist die Stromstärke an jeder Stelle gleich.

Wegen $U = R \cdot I$ und wegen der gleichen Stromstärke I liegt am Zweipol mit dem größten Widerstand in der Reihenschaltung auch die größte Spannung.

In der Reihenschaltung verhalten sich die Spannungen wie die Widerstände.

$$\frac{U_1}{U_2} = \frac{R_1}{R_2} \quad (1)$$

In der Reihenschaltung ist die Gesamtspannung so groß wie die Summe der Teilspannungen (Bild 1).

U Gesamtspannung

U_1, U_2... Teilspannungen

$$U = U_1 + U_2 + \ldots \quad (2)$$

Den Widerstand, der dieselbe Stromstärke aufnimmt wie eine Schaltung, nennt man Ersatzwiderstand der Schaltung. Wegen $R = U/I$ folgt für den Ersatzwiderstand der Reihenschaltung:

R Ersatzwiderstand

R_1, R_2... Teilwiderstände

$$R = R_1 + R_2 + \ldots \quad (3)$$

Eine **Parallelschaltung** liegt vor, wenn alle Zweipole an dieselbe Spannung angeschlossen sind, wenn also alle gleich liegenden Anschlüsse der Zweipole miteinander verbunden sind **(Bild 2)**.

In der Parallelschaltung liegt an jedem Zweipol dieselbe Spannung.

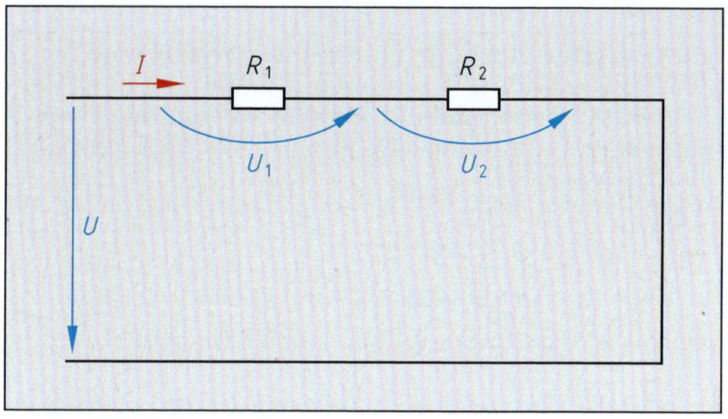

Bild 1: Reihenschaltung

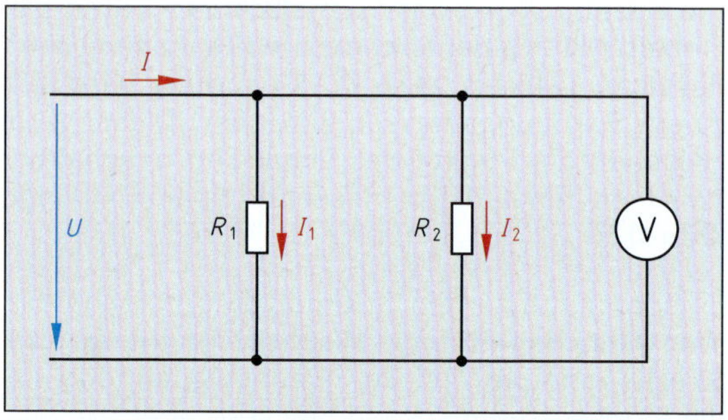

Bild 2: Parallelschaltung

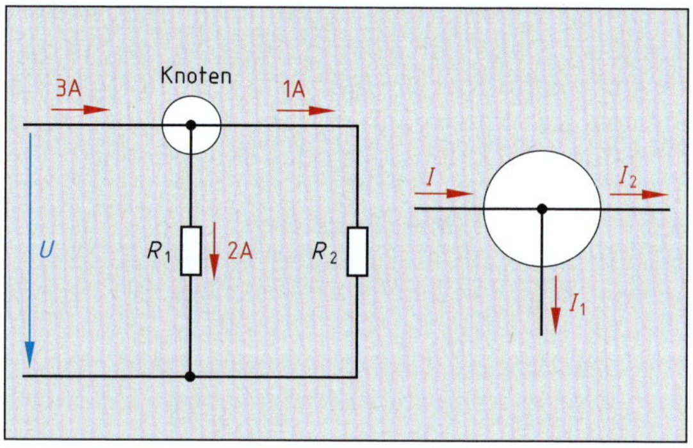

Bild 3: Knotenregel

Wegen $I = U/R$ folgt für die Parallelschaltung:

In der Parallelschaltung verhalten sich die Stromstärken umgekehrt wie die Widerstände.

$$\frac{I_1}{I_2} = \frac{R_2}{R_1} \quad (4)$$

Bei der Parallelschaltung tritt mindestens eine Stromverzweigung auf **(Bild 3)**. Da an der Stromverzweigung kein Stau der Elektronen eintreten kann, gilt folgender wichtiger Satz, übrigens auch dann, wenn keine Parallelschaltung vorliegt (Knotenregel):

Bei einem Knoten fließt so viel Strom zu, wie ab.

Aus der **Knotenregel** (1. Kirchhoff'sche Regel) folgt, dass bei der Parallelschaltung die Gesamtstromstärke so groß ist, wie die Summe der Teilstromstärken.

Knotenregel

I Gesamtstromstärke
$I_1, I_2 ...$ Teilstromstärken

$$I = I_1 + I_2 + ... \quad (1)$$

Wegen der gleichen Spannungen erhalten wir für den Ersatzwiderstand der Parallelschaltung aus $I = U/R = U/R_1 + U/R_2 + ...$ Formel 2.

Ersatzwiderstand

$$\frac{1}{R} = \frac{1}{R_1} + \frac{1}{R_2} + ... \quad (2)$$

Ersatzleitwert

$$G = G_1 + G_2 + ... \quad (3)$$

Bei 2 Widerständen:

$$R = \frac{R_1 \cdot R_2}{R_1 + R_2} \quad (4)$$

R Ersatzwiderstand
$R_1, R_2 ...$ Teilwiderstände

G Ersatzleitwert
G_1, G_2 Einzelleitwerte

Die meisten Verbraucher sind zueinander parallel geschaltet, da sie dann dieselbe Spannung erhalten. Reicht die Stromstärke eines Erzeugers nicht aus, so wird ein weiterer Erzeuger parallel geschaltet. In dieser Weise sind die Generatoren eines Kraftwerks parallel geschaltet.

Gemischte Schaltungen enthalten Reihenschaltungen und Parallelschaltungen **(Bild 1)**. Zur Berechnung des Ersatzwiderstandes einer gemischten Schaltung wandelt man nacheinander die Reihenschaltungen und Parallelschaltungen in ihre Ersatzschaltungen um und fasst diese zusammen (Bild 1).

Außer der Knotenregel gilt bei gemischten Schaltungen die **Maschenregel (Bild 2)**.

Bei den gemischten Schaltungen gibt es zwischen zwei Knoten mehrere Wege für den Strom. Ähnlich wie bei einem Netz sind Maschen vorhanden. Fährt man in einem derartigen Netzwerk von einem beliebigen Knoten auf beliebigem Weg zum selben Knoten zurück, so durchfährt man eine größere oder kleinere Zahl von Spannungen. Die Spannungen können dabei positiv oder negativ sein. Positiv sind die Spannungen, wenn der Umfahrungssinn die gleiche Richtung hat wie der Spannungspfeil. Negativ sind die Spannungen, wenn der Umfahrungssinn gegen den Spannungspfeil (Bezugspfeil, **Abschnitt 3.3**) gerichtet ist. Die Summe dieser Spannungen ist in einer Masche gleich Null.

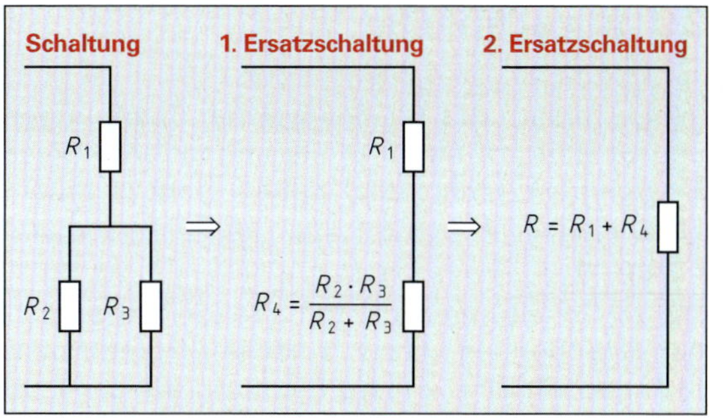

Bild 1: Reduzierung einer gemischten Schaltung

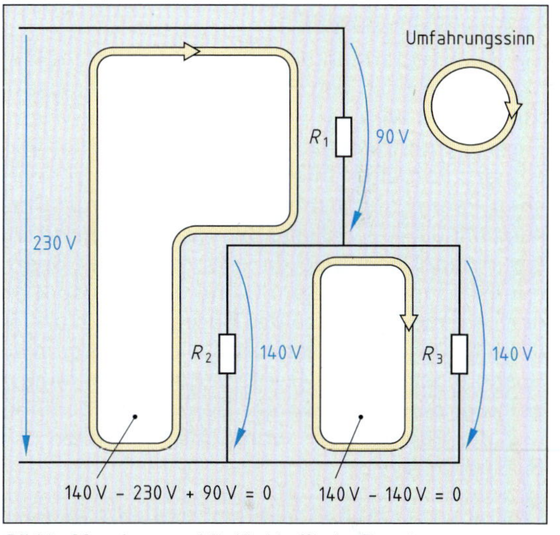

Bild 2: Maschenregel (2. Kirchhoff'sche Regel)

Maschenregel: Bei einem elektrischen Netzwerk ist die Summe der Spannungen gleich Null, wenn man von einem Knoten auf beliebigem Weg zu ihm selbst zurückfährt.

Maschenregel

$$U_1 + U_2 + ... = 0 \quad (5)$$

Gemischte Schaltungen treten innerhalb von elektrischen Maschinen häufig auf.

Wiederholung und Vertiefung

1. Was versteht man unter Zweipolen?
2. Geben Sie das Merkmal einer Reihenschaltung an.
3. Wie verhalten sich in der Parallelschaltung die Stromstärken zu den Widerständen?
4. Wie lautet die Knotenregel?
5. Wie lautet die Maschenregel?

3.3 Bezugspfeile

In den Bildern des Buches werden Spannungen und Ströme oft durch Pfeile angegeben. Diese *Bezugspfeile* (Zählpfeile) geben nicht in jedem Fall die tatsächliche Richtung von Spannung und Strom an.

Die in Schaltungen oft mit Pfeilen angegebenen Spannungen *U* bzw. *u* sowie Ströme *I* bzw. *i* können oft eine andere Richtung als der Pfeil haben.

Spannungsbezugspfeile

Bei Gleichspannungserzeugern unterscheidet man bekanntlich den Pluspol und den Minuspol **(Bild 1)**. Hier wird der *Spannungsbezugspfeil* vom Pluspol zum Minuspol gezeichnet. Man hat vereinbart, von einer **positiven Spannung** zu sprechen, wenn die Richtung der Spannung (Plus nach Minus) gleich dieser Bezugspfeilrichtung ist. Der Pluspol liegt also dann dort, wo der Spannungsbezugspfeil beginnt, und der Minuspol ist dort, wo die Pfeilspitze des Bezugspfeils hinzeigt (Bild 1). Umgekehrt ist das bei einer *negativen* Spannungsangabe, z. B. – 12 V **(Bild 2)**. Der Minuspol liegt dann dort, wo der Bezugspfeil beginnt, und der Pluspol dort, wohin die Pfeilspitze des Bezugspfeils zeigt.

> Bei einer positiven Spannungsangabe ist der Pluspol dort, wo der Bezugspfeil der Spannung beginnt. Bei einer negativen Spannungsangabe ist der Pluspol dort, wohin der Spannungsbezugspfeil zeigt.

Spannungsbezugspfeile werden mit geraden oder gebogenen Pfeilen gezeichnet (Bild 2). Man muss dabei beachten, dass aus dem Bezugspfeil der Anfangspunkt und der Endpunkt des Stromkreises erkennbar sein müssen, zwischen denen die angegebene Spannung besteht.

Bei Wechselspannungserzeugern kann eigentlich keine eindeutige Spannungsrichtung festgelegt werden. Deshalb werden die Anschlüsse eines Wechselspannungserzeugers auch nicht mit Plus und Minus bezeichnet **(Bild 3)**. Bei einem Wechselspannungsnetz werden die Anschlüsse meistens mit L (Außenleiter) und N (Neutralleiter) bezeichnet. Eine Halbperiode lang ist bekanntlich dann L gegenüber N positiv. In der nächsten Halbperiode dagegen N gegenüber L. Eine Spannungsrichtung kann deshalb eigentlich nicht angegeben werden. Trotzdem ist die Angabe eines Spannungsbezugspfeils üblich. Der Bezugspfeil von Bild 3 bedeutet, dass von einer positiven Spannung gesprochen werden soll, wenn L gegenüber N positiv ist, von einer negativen Spannung aber dann, wenn N gegenüber L positiv ist.

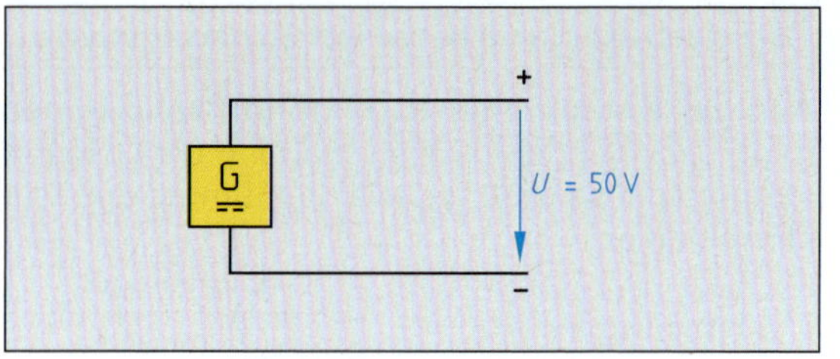

Bild 1: Spannungsbezugspfeil bei einem Gleichspannungserzeuger

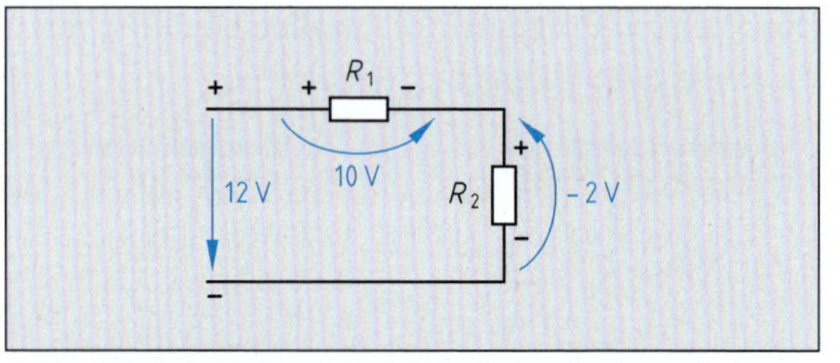

Bild 2: Spannungsbezugspfeile bei einer Reihenschaltung

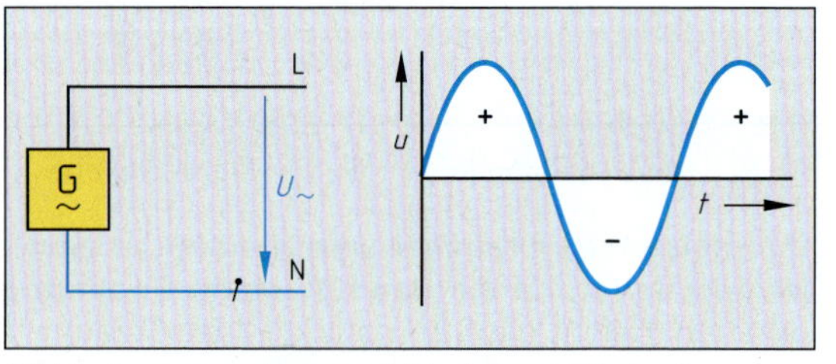

Bild 3: Spannungsbezugspfeil bei einem Wechselspannungserzeuger

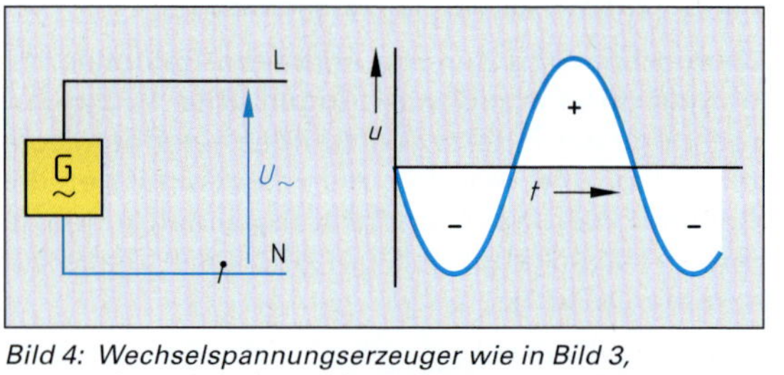

Bild 4: Wechselspannungserzeuger wie in Bild 3, aber mit anderem Spannungsbezugspfeil

> Die Kennzeichnung der Spannung mit positiv oder negativ ist bei Wechselspannung nur dann sinnreich, wenn Spannungsbezugspfeile gesetzt sind.

Derselbe Sachverhalt wie in Bild 3 wird in **Bild 4** beschrieben. Infolge der Umkehrung des Spannungsbezugspfeils muss jetzt (Bild 4) in der ersten Halbperiode von einer negativen Spannung gesprochen werden, während vorher (Bild 3) in derselben Halbperiode die Spannung positiv war.

Sind bei einer Schaltung Anschlusspunkte durch Buchstaben bezeichnet, so kann die Spannungsrichtung auch dadurch angegeben werden, dass an den Großbuchstaben *U* als Indizes diese Buchstaben der Schaltungspunkte angehängt werden **(Bild 1)**. Dadurch ist dann die Richtung des Bezugspfeils vorgeschrieben. Bei einer Spannung U_{CE} muss der Spannungsbezugspfeil vom Anschluss C zum Anschluss E gerichtet sein (Bild 1). Ist nun der Anschluss C positiv gegenüber dem Anschluss E, dann ist die Spannung U_{CE} positiv (Bild 1). Bei umgekehrter Polung ist dagegen die Spannung U_{CE} negativ.

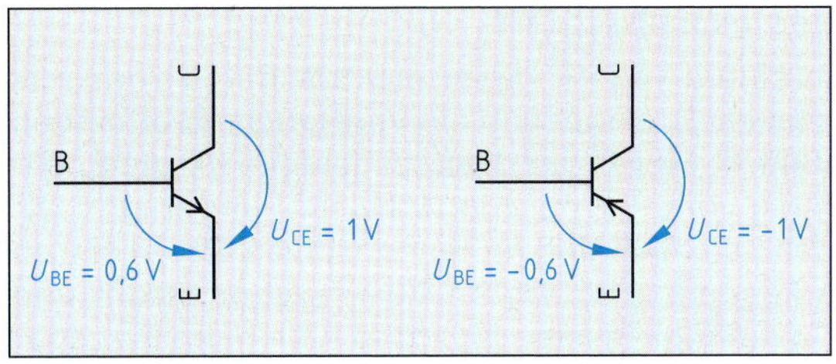

Bild 1: Angabe der Spannung beim bipolaren Transistor. Links: NPN-Transistor, rechts: PNP-Transistor

Strombezugspfeile

Bekanntlich versteht man unter der Stromrichtung die Bewegungsrichtung eines *positiven* Ladungsträgers. Dabei spielt es keine Rolle, ob in dem betrachteten Stromkreis positive Ladungsträger vorhanden sind, wie z. B. bei Halbleitern aus Silizium oder in Elektrolyten, oder ob positive Ladungsträger überhaupt nicht vorhanden sind, z. B. in elektrischen Leitungen. Demnach scheint es, als ob es wenig Sinn habe, von einem positiven Strom oder von einem negativen Strom zu sprechen. Beim selben Betriebsmittel ist allerdings die Stromrichtung keineswegs immer gleich **(Bild 2)**. Beim **Entladen** eines Akkumulators fließt der Strom vom Pluspol über die Last zum Minuspol. Beim **Laden** desselben Akkumulators fließt dagegen der Strom vom Ladegerät zum Pluspol, von dort zum Minuspol des Akkumulators und wieder zum Ladegerät zurück.

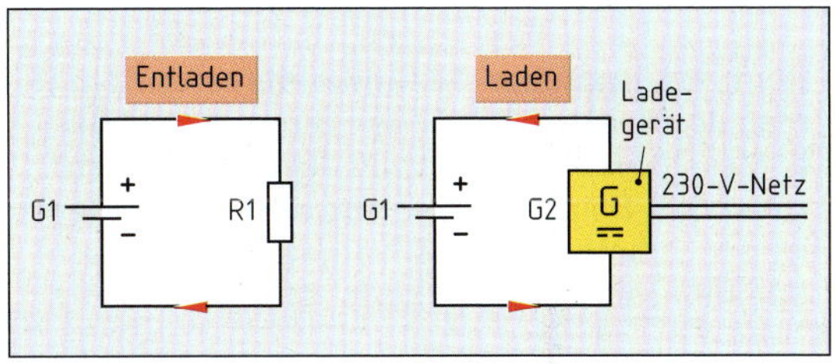

Bild 2: Stromrichtung beim Entladen und beim Laden eines Akkumulators

Auch beim Strom ist es deshalb zweckmäßig, mit Strombezugspfeilen zu arbeiten. Haben Stromrichtung und Bezugspfeil dieselbe Richtung, so spricht man von einem **positiven Strom** **(Bild 3)**. Sind Stromrichtung und Bezugspfeile verschieden gerichtet, so spricht man von einem negativen Strom.

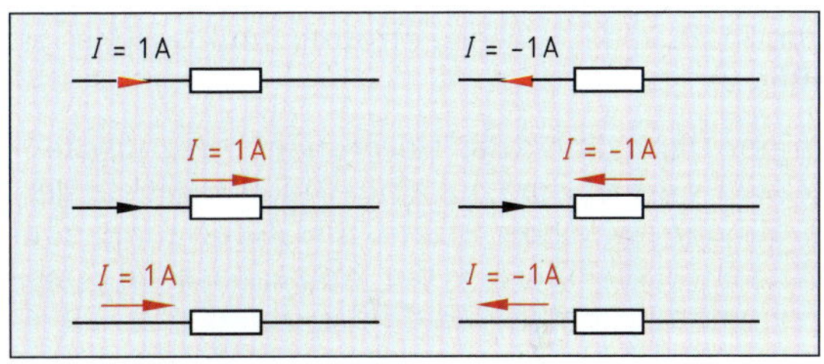

Bild 3: Bezugspfeile für einen Strom von 1 A, der im Bild von links nach rechts fließt

> Der Strombezugspfeil gibt nur die Richtung an, für welche der Zahlenwert der Stromstärke positiv ist.

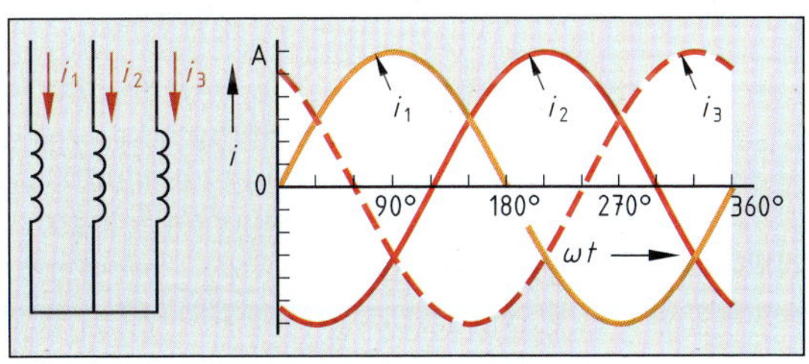

Bild 4: Strombezugspfeile bei Drehstrom

Strombezugspfeile setzt man *neben* die Leitung oder neben das Betriebsmittel, zweckmäßigerweise in roter Farbe. Nach Norm ist es auch zulässig, den Strombezugspfeil in die Leitung zu zeichnen (Bild 3). Beim Eintragen von Strombezugspfeilen ist darauf zu achten, dass diese nicht über Klemmen oder Knoten mit mehr als zwei Anschlüssen hinweg gehen. Dort würde ja eine Stromverzweigung auftreten, sodass sich die Stromstärke ändert.

Nur mit der Kenntnis über Strombezugspfeile ist die Angabe von Strömen bei einem Drehstromsystem verständlich **(Bild 4)**. Natürlich können zu keinem Zeitpunkt die drei Ströme tatsächlich in der Richtung der Strombezugspfeile fließen. Lässt man aber zu, dass mindestens eine der drei Stromstärken einen negativen Zahlenwert hat, so ist die Angabe der drei Stromrichtungen durchaus zweckmäßig.

Bezugspfeilsysteme

In einem vollständigen elektrischen Stromkreis sind ein Erzeuger und ein Verbraucher vorhanden **(Bild 1)**. Setzen wir die Bezugspfeile für die Spannung vom Pluspol zum Minuspol und tragen wir dann die Richtung für den positiven Strom ein, so erkennen wir, dass im Verbraucher Strom und Spannung dieselbe Richtung haben. Im Erzeuger ist dagegen der Strom entgegengesetzt zur Spannung gerichtet. Entsprechend unterscheidet man bei den Bezugspfeilen das Verbraucher-Bezugspfeilsystem und das Erzeuger-Bezugspfeilsystem.

> Beim **Verbraucher-Bezugspfeilsystem** trägt man den Bezugspfeil für den Strom so ein, dass er dieselbe Richtung hat wie der Spannungsbezugspfeil. Beim **Erzeuger-Bezugspfeilsystem** ist der Strombezugspfeil entgegengesetzt zum Spannungsbezugspfeil gerichtet.

Meist wendet man das Verbraucher-Bezugspfeilsystem stillschweigend an. Zu einer unterschiedlichen Darstellung gelangt man, wenn man auf das Erzeuger-Bezugspfeilsystem übergeht. Das kann z. B. in der Wechselstromtechnik geschehen **(Bild 2)**.

In der Darstellung des Verbraucher-Bezugspfeilsystems erhält man bei einer Induktivität als Verbraucher zwischen Strom und Spannung eine Phasenverschiebung in der Weise, dass die Spannung dem Strom voreilt (Bild 2, oben).

Wendet man das Erzeuger-Bezugspfeilsystem an, z. B. bei einem Generator, so ist natürlich ebenfalls eine Phasenverschiebung vorhanden, jedoch eilt jetzt der Strom der Spannung vor (Bild 2, unten).

> Je nach Bezugspfeilsystem unterscheidet sich wegen der Phasenverschiebung das Vor-, Nacheilen von Strom und Spannung bei Induktivitäten (Abschnitt 3.6.7) und auch bei Kapazitäten (Abschnitt 3.5.4).

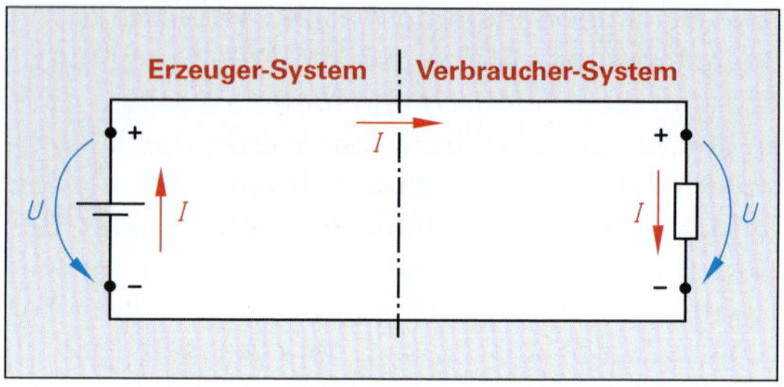

Bild 1: Bezugspfeile beim Erzeuger-System und beim Verbraucher-System

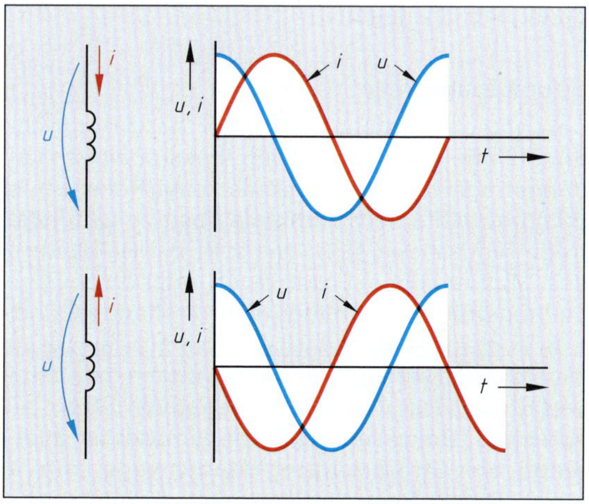

Bild 2: Strom und Spannung bei einer Induktivität. Oben: Darstellung im Verbraucher-System, unten: Darstellung im Erzeuger-System

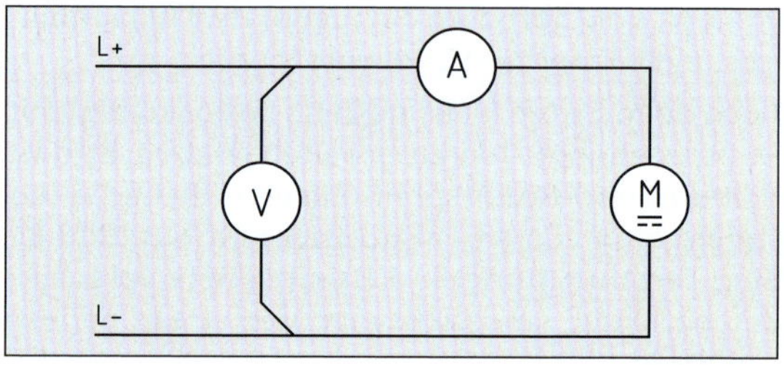

Bild 3: Strom-Spannungsmessung zur Ermittlung der Leistung

3.4 Leistung, Arbeit, Energie, Wirkungsgrad, Wärme

Die **elektrische Leistung** ist das Produkt aus Spannung und Stromstärke. Die Einheit der elektrischen Leistung ist das Watt (W), benannt nach Watt, engl. Ingenieur, 1736 bis 1819. Die Leistung hat das Formelzeichen *P*.

P Leistung
U Spannung $[P] = \text{V} \cdot \text{A} = \text{W}$
I Stromstärke

Leistung

$$P = U \cdot I \quad (1)$$

Diese Formel gilt bei Gleichspannung immer und bei Wechselspannung dann, wenn der Verbraucher nur Wärme erzeugt.

Die elektrische Leistung kann mit einem Spannungsmesser und einem Strommesser indirekt ermittelt werden **(Bild 3)**. Mit einem Leistungsmesser erfolgt die direkte Messung der Leistung **(Bild 1, folgende Seite)**. Die auf dem Betriebsmittel angegebene Leistung weicht oft von der Leistungsaufnahme ab, weil bei der Herstellung Toleranzen zugelassen werden müssen oder weil eine Alterung eintritt, z. B. bei Lampen.

Bei elektrischen Maschinen steht auf dem **Leistungsschild** die **Leistungsabgabe**. Das ist bei Transformatoren die abgebbare elektrische Leistung und bei Motoren die mechanische Leistung. Die auf dem Leistungsschild angegebene Leistung heißt *Bemessungsleistung* oder auch *Nennleistung*.

Die Begriffe Bemessungswert und Nennwert bedeuten meist das Gleiche. Nach DIN 40200 ist der Bemessungswert „ein für eine vorgegebene Betriebsbedingung geltender Wert einer Größe" und der Nennwert „ein gerundeter Wert einer Größe zur Bezeichnung".

Bei einem Widerstand, der temperaturunabhängig ist und nur Wärme erzeugt, ist es möglich, die elektrische Leistung zu berechnen, wenn nur Stromstärke und Widerstand oder nur Spannung und Widerstand bekannt sind. Setzt man in $P = U \cdot I$ für U nach dem Ohm'schen Gesetz $U = R \cdot I$ ein, so erhält man $P = R \cdot I \cdot I = I^2 \cdot R$. Setzt man für $I = U/R$, so bekommt man $P = U \cdot U/R = U^2/R$.

Leistung

$$P = I^2 \cdot R \quad (1)$$

$$P = \frac{U^2}{R} \quad (2)$$

Aus den Formeln 1 und 2 erkennt man, dass bei gleichbleibendem R die Leistung quadratisch mit der Spannung oder mit der Stromstärke ansteigt **(Bild 2)**.

Beispiel:

Eine Kochplatte hat an der gemessenen Spannung von 235 V eine Leistungsaufnahme von 1500 W. Wie groß ist bei gleich bleibendem Widerstand die Leistung, wenn die Spannung durch Überlastung des Netzes nur noch 220 V beträgt?

Lösung 1: Berechnung über den Widerstand

$P = U^2/R \Rightarrow R = U^2/P = 235^2\ V^2/1500\ W$
$= 36{,}817\ \Omega$

bei 220 V: $P = U^2/R = 220^2\ V^2/36{,}817\ \Omega =$ **1314,6 W**

Lösung 2: Berechnung über quadratisches Verhältnis

$R = U^2/P \Rightarrow P_{220}/P_{235} = U^2_{220}/U^2_{235} = 220^2/235^2 = 0{,}8764$

bei 220 V: $P_{220} = P_{235} \cdot 220^2/235^2 = 1500\ W \cdot 0{,}8764$
$=$ **1314,6 W**

Die **elektrische Arbeit** ist umso größer, je mehr Leistung dem Netz entnommen wird und je länger der Verbraucher eingeschaltet ist.

Die elektrische Arbeit hat das Formelzeichen W. Je nach verwendeter Zeiteinheit hat die Arbeit die Einheit Wattsekunde (Ws) mit dem besonderen Einheitennamen Joule (J), benannt nach Joule, engl. Physiker, 1818 bis 1889, oder die Einheit Wattstunden (Wh).

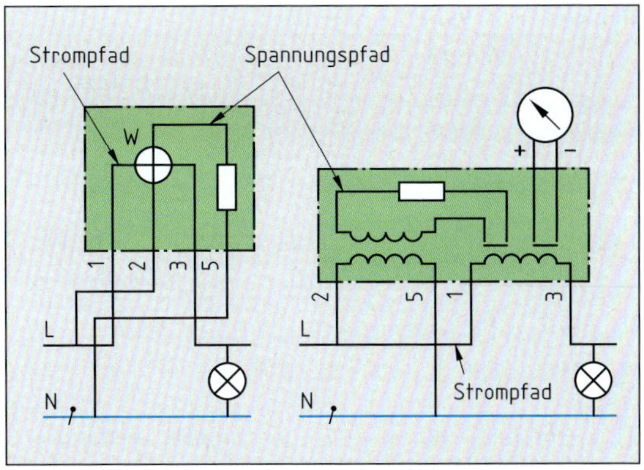

Bild 1: Leistungsmessung mit Leistungsmessern

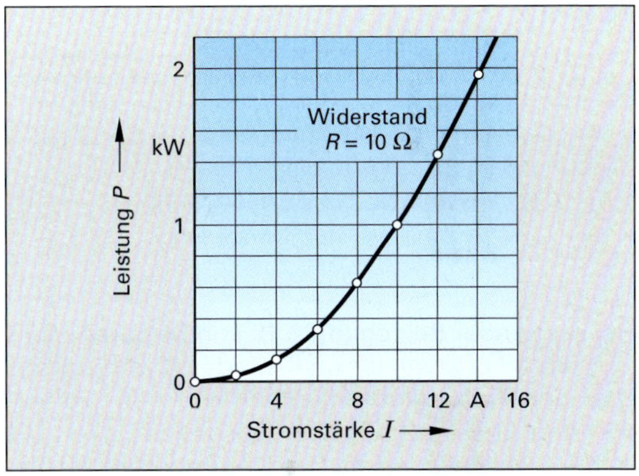

Bild 2: Abhängigkeit der Leistung von der Stromstärke

W elektrische Arbeit
P elektrische Leistung
t Zeit

$[W] = Ws = J$
$[W] = Wh$

Arbeit

$$W = P \cdot t \quad (3)$$

Die **mechanische Arbeit** ist das Produkt aus Kraft in Wegrichtung und Weg. Sie hat die Einheit Newtonmeter (Nm) = Joule (J) = Wattsekunde (Ws). Newton siehe Seite 26.

W_{mec} mechanische Arbeit
F_s Kraft in Wegrichtung
s Weg

$[W] = Nm$
$[W] = Ws = J$

mech. Arbeit

$$W_{mec} = F_s \cdot s \quad (4)$$

Die Arbeit, geteilt durch die Zeit, ist die Leistung.

P Leistung
W Arbeit
t Zeit

$[P] = Nm/s$
$[P] = Ws/s = W$

Leistung

$$P = \frac{W}{t} \quad (5)$$

Beispiel 1:

Mit einer Motorwinde wird zum Anheben einer Last von 300 kg eine Kraft von 3000 N aufgebracht. Die Last soll in 5 s um 10 m angehoben werden. Welche Leistung in kW ist erforderlich?

Lösung:

Arbeit $W = F_s \cdot s = 3000\ \text{N} \cdot 10\ \text{m} = 30\ \text{kNm}$

Leistung $P = W/t = 30\ \text{kNm}/(5\ \text{s}) = 6\ \text{kNm/s} = \mathbf{6\ kW}$

Aus Formel 5, vorhergehende Seite, folgt

$P = W/t = (F_s \cdot s)/t = F_s \cdot s/t = F_s \cdot v$

P_{mec} mechanische Leistung
F_s Kraft in Wegrichtung
v Geschwindigkeit $F_s \cdot v$

mech. Leistung

$$P_{mec} = F_s \cdot v \quad (1)$$

Beispiel 2:

Mit einer Motorwinde soll eine Last von 200 kg mit einer Kraft von 2000 N und einer Geschwindigkeit von 2 m/s angehoben werden. Welche mechanische Leistung ist erforderlich?

Lösung:

$P_{mec} = F_s \cdot v = 2000\ \text{N} \cdot 2\ \text{m/s} = 4000\ \text{Nm/s}$
$= 4000\ \text{J/s} = 4000\ \text{W} = \mathbf{4\ kW}$

Bei drehender Bewegung z. B. von Motoren ist es zweckmäßig, anstelle von Kraft das *Kraftmoment*, genannt **Drehmoment** (auch in Normen), zu verwenden und an Stelle von Geschwindigkeit die *Winkelgeschwindigkeit*. Das Drehmoment M (Moment) ist das Produkt von Kraft F und zu F senkrechtem Hebelarm r, z. B. dem Halbmesser r einer Riemenscheibe **(Bild 1)**.

Statt M wird als Formelzeichen auch T (von Torsion = Drehung) verwendet. M bzw. T hat mit Nm scheinbar dieselbe Einheit wie die Arbeit W, jedoch ist hier *nicht* Nm = J = Ws.

Die Einheit Newtonmeter Nm ist nur dann die Einheit einer Arbeit, wenn die physikalischen Größen der Einheit N und der Einheit m in gleicher Richtung liegen.

Die Winkelgeschwindigkeit ω (griech. Omega) ist ein Maß für die Geschwindigkeit eines Punktes, der im Abstand von 1 um einen Mittelpunkt rotiert.

Bei drehender Bewegung, z. B. bei Motoren, steigt die mechanische Leistung mit dem Drehmoment M und der Winkelgeschwindigkeit ω.

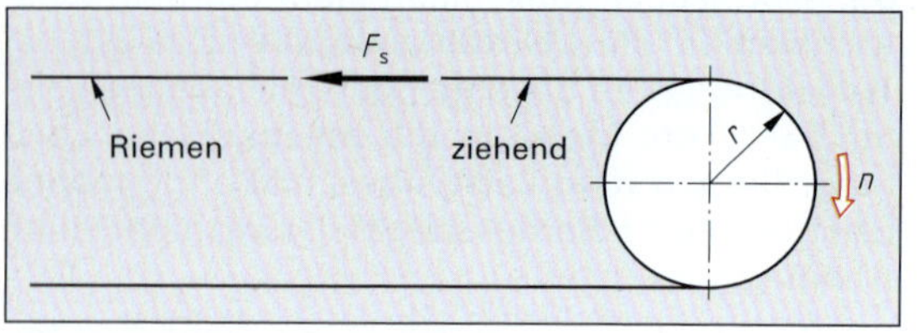

Bild 1: Riemenscheibe mit Riemen

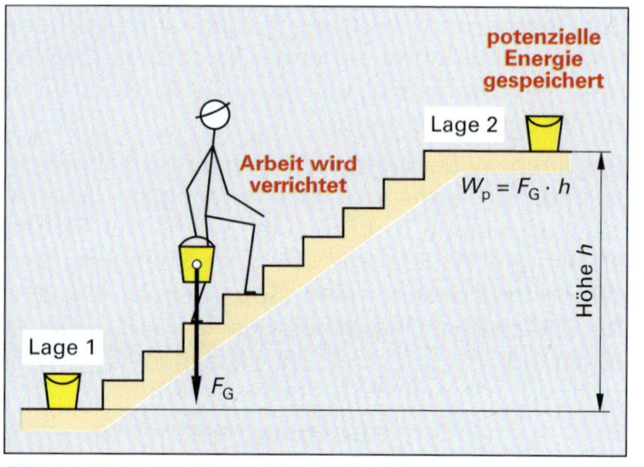

Bild 2: Arbeit und Energie beim Anheben

$[M]$ = Nm

Drehmoment

$$M = F \cdot r \quad (2)$$

Leistung

$$P_{mec} = M \cdot \omega \quad (3)$$

$[\omega]$ = 1/s

Winkelgeschw.keit

$$\omega = 2\pi \cdot n \quad (4)$$

$$P_{kW} = \frac{M \cdot n}{9549} \quad (5)$$

bei Formel 5
[n] = 1/min

M Kraftmoment, Drehmoment
ω Winkelgeschwindigkeit
(ω griech. Kleinbuchstabe Omega)
r Hebelarm, z. B. Halbmesser der Riemenscheibe
F Kraft
P_{mec} mechanische Leistung, P_{kW} Leistung in kW
n Umdrehungsfrequenz, Drehzahl

Energie ist Arbeitsvermögen. Die Begriffe Arbeit und Energie stellen dieselbe physikalische Größe dar. Jedoch sagt man mit der Arbeit etwas über den Vorgang aus, mit der Energie etwas über den Zustand. Meist entsteht Energie durch Arbeitsaufwand **(Bild 2)**.

Bei der mechanischen Energie unterscheidet man potenzielle[1] Energie und kinetische[2] Energie. Dem Eimer in Bild 2 wird Arbeit zugeführt, dadurch wird er angehoben. Gegenüber dem Ausgangszustand besitzt er nun **potenzielle Energie**.

W_p potenzielle Energie
F_G Gewichtskraft
h Höhe

potenzielle Energie

$$W_p = F_G \cdot h \quad (6)$$

$[W_p] = \text{N} \cdot \text{m} = \text{Nm} = \text{J}$

[1] potentia (lat.) = Vermögen, Macht;
[2] kinetisch (griech.) = bewegt

Beispiel 1:

Ein gefüllter Eimer mit der Gewichtskraft von 150 N wird um 20 m angehoben. Wie groß ist seine potenzielle Energie gegenüber der Ausgangslage?

Lösung:

$W_p = F_G \cdot h = 150\ \text{N} \cdot 20\ \text{m} = 3000\ \text{Nm} = 3000\ \text{Ws}$
$= 3000\ \text{J} = \mathbf{3\ kJ}$

Wird ein Körper durch eine Krafteinwirkung F entlang eines Weges s bewegt, wird die **Arbeit *W*** verrichtet. Es gilt die Formel $W = F \cdot s$, sofern Kraftrichtung und Wegrichtung gleich sind. Andernfalls ist der Winkel zwischen beiden Richtungen zu berücksichtigen. Es gilt dann die Formel $W = F \cdot s \cdot \cos \varphi$ $(0° \leq \varphi \leq 90°)$.

Die **kinetische Energie** ist die in bewegten Massen gespeicherte Energie. Die kinetische Energie nimmt linear mit der Masse und quadratisch mit der Geschwindigkeit zu.

W_k kinetische Energie
m Masse
v Geschwindigkeit
$[W_k] = \text{kg} \cdot (\text{m/s})^2 = \text{kg} \cdot \text{m}^2/\text{s}^2 = \text{Nm} = \text{Ws} = \text{J}$

kinetische Energie

$$W_k = \frac{1}{2}\, m \cdot v^2 \quad (1)$$

Auch rotierende Körper haben eine kinetische Energie, genannt **Rotationsenergie**. Diese ist ähnlich wie bei Formel 1 von zwei Größen abhängig. An Stelle von v der Formel 1 steht die Winkelgeschwindigkeit ω und an Stelle von m das Massenträgheitsmoment J.

W_{krot} Rotationsenergie (W_{rot})
J Massenträgheitsmoment
ω Winkelgeschwindigkeit
$[W_{krot}] = \text{kg} \cdot \text{m}^2/\text{s}^2 = \text{Nm} = \text{Ws} = \text{J}$

kinetische Energie

$$W_{krot} = \frac{1}{2}\, J \cdot \omega^2 \quad (2)$$

Das Massenträgheitsmoment eines starren Körpers, auch **Trägheitsmoment** genannt, wird durch seine Masse, Form und Rotationsachse bestimmt (**Bild 1**, Formel 3). Entsprechendes gilt für eine Vielzahl von Teilchen (Formel 4).

Beispiel 2:

Eine Stahlkugel mit der Masse von 0,5 kg rotiert im Abstand von 0,5 m in einer Minute 1000 mal.

Wie groß ist

a) das Massenträgheitsmoment des Systems und

b) die Rotationsenergie?

Lösung:

a) Drehzahl = 1000/min = 1000/(60 s) = 16,67/s

$\omega = 2\,\pi \cdot n = 2\,\pi \cdot 16{,}67/\text{s} = 104{,}7/\text{s}$

$J = m \cdot r^2 = 0{,}5\ \text{kg} \cdot 0{,}25\ \text{m}^2 = \mathbf{0{,}125\ kgm^2}$

b) $W_{krot} = J \cdot \omega^2/2 = 0{,}125\ \text{kgm}^2 \cdot 5481/\text{s}^2$
$= 685\ \text{J} = \mathbf{685\ Ws}$

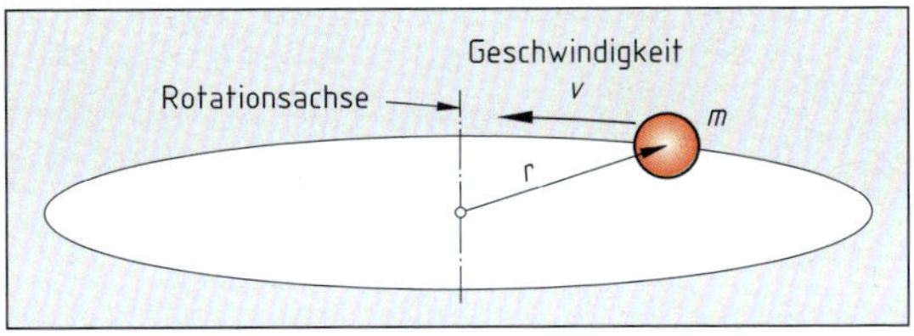

Bild 1: Trägheitsmoment einer punktförmigen Masse

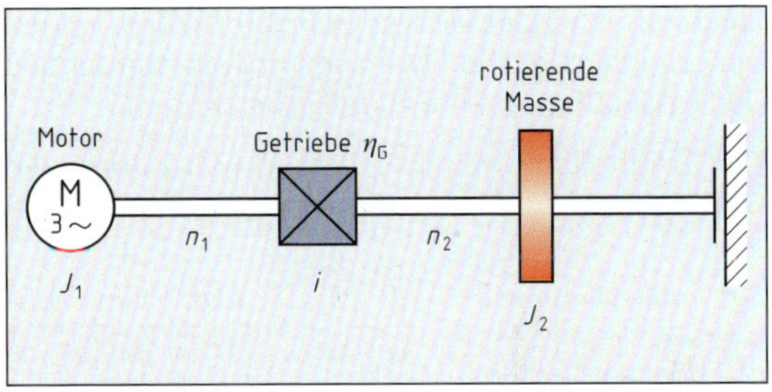

Bild 2: Übersetzung von Trägheitsmomenten

J Trägheitsmoment
m Masse eines Körpers
r Abstand zur Rotationsachse
m_i Masse eines Teilchens
r_i Abstand zur Rotationsachse
i 1, 2, 3, ... n
$\sum$ Summe aller Teilchen

Trägheitsmoment

$$J = m \cdot r^2 \quad (3)$$

$$J = \sum_{i=1}^{n} m_i \cdot r_i^2 \quad (4)$$

$[J] = \text{kg} \cdot \text{m}^2$

Viele komplexe Körper sind aus Grundkörpern, z. B. Quadern, Kugeln, Kegeln, zusammengesetzt. Diese komplexen Körper entstehen durch Additionen und Subtraktionen derartiger Grundkörper. Entsprechend berechnet man das Trägheitsmoment solch eines komplexen Körpers (Formel 4).

Das Gesamtträgheitsmoment eines aus Grundkörpern zusammengesetzten Körpers erhält man durch Addition oder Subtraktion der Einzelträgheitsmomente.

Je nach Körperform und gewählter Rotationsachse sind die Trägheitsmomente verschieden **(Tabelle 1, folgende Seite)**.

Wenn nicht anders angegeben, liegt der Schwerpunkt des Körpers auf der Drehachse, auf die sich das Trägheitsmoment bezieht.

Beispiel 1:

Ein Zylinder mit Radius 5 cm und der Masse 12 kg soll um seine Längsachse rotieren. Wie groß ist sein Trägheitsmoment?

Lösung:

$J = \frac{1}{2} m \cdot r^2 = 6\ \text{kg} \cdot 0{,}05^2\ \text{m}^2 = \mathbf{0{,}015\ kgm^2}$

Ist zwischen einem Motor und einer Arbeitsmaschine ein Getriebe zwischengeschaltet **(Bild 2, vorhergehende Seite)**, so sind der Getriebewirkungsgrad und das Übersetzungsverhältnis wegen der unterschiedlichen Drehzahlen beim Berechnen der Trägheitsmomente zu berücksichtigen.

Das Trägheitsmoment der Last J_2 wird durch ein Getriebe, auf die Motorseite bezogen, vermindert.

J_1 Trägheitsmoment Antriebsseite
J_2 Trägheitsmoment Abtriebsseite
n_1 Drehzahl Motor
n_2 Drehzahl Arbeitsmaschine
η_G Getriebewirkungsgrad (griech. Kleinbuchstabe Eta)
i Übersetzungsverhältnis

Trägheitsmoment

$$J_1 = \frac{J_2}{\eta_G} \cdot \frac{n_2^2}{n_1^2} \quad (1)$$

$$i = \frac{n_1}{n_2} \quad (2)$$

Beispiel 2:

Ein Motor erzeugt eine Drehzahl von 1000/min. Über ein angeschlossenes Getriebe wird diese für das Antreiben der Arbeitsmaschine auf 250/min reduziert. Der Getriebewirkungsgrad beträgt 90 %. Das Trägheitsmoment der anzutreibenden Last (Arbeitsmaschine) beträgt 12 kgm².

Berechnen Sie das auf der Motorseite wirkende Trägheitsmoment.

Lösung:

$J_1 = \frac{J_2}{\eta_G} \cdot \frac{n_2^2}{n_1^2} = \frac{12\ \text{kgm}^2}{0{,}9} \cdot \frac{250^2/\text{min}^2}{1000^2/\text{min}^2} = \mathbf{0{,}83\ kgm^2}$

Wenn eine Masse m mit einer Beschleunigung a bewegt werden soll, ist eine Kraft $F = m \cdot a$ erforderlich. Sie hat die Einheit Newton (N), benannt nach Newton, engl. Physiker, 1643 bis 1727.

Man bezeichnet die Formel 3 als **Grundgesetz der Mechanik**.

F Kraft
m Masse
a Beschleunigung
$[F] = \text{kg m/s}^2 = \text{N}$

Kraft

$$F = m \cdot a \quad (3)$$

Die Beschleunigung a ist dabei die Zunahme der Geschwindigkeit Δv je Zeit Δt, also $a = \Delta v / \Delta t$.

Tabelle 1: Trägheitsmomente von Körpern

J bezogen auf Drehachse A – A, B – B	Drehachse A – A, B – B durch Körperschwerpunkt
Zylinder A: $J = \frac{1}{2} m \cdot r^2$ B: $J = \frac{m}{12}(3r^2 + l^2)$	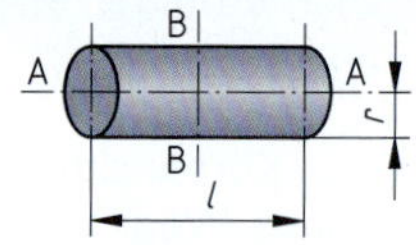
Hohlzylinder A: $J = \frac{1}{2} m (R^2 + r^2)$ B: $J = \frac{m}{12}(3R^2 + 3r^2 + l^2)$	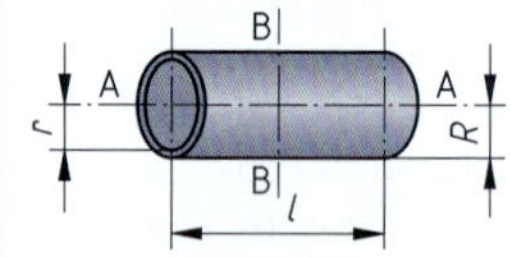
Kegel A: $J = \frac{3}{10} m \cdot r^2$ B: $J = \frac{3}{80} m (4r^2 + l^2)$	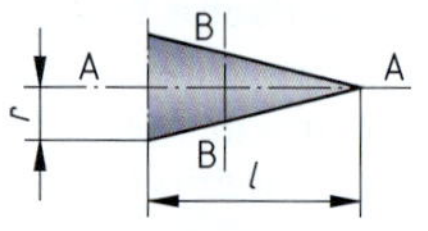
Kugel A: $J = \frac{2}{5} m \cdot r^2$ B: $J = \frac{2}{5} m \cdot r^2$	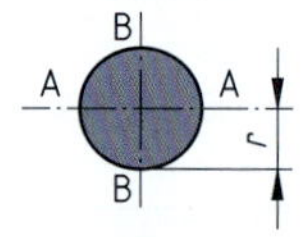
Kreisring A: $J = m\left(R^2 + \frac{3}{4} r^2\right)$ B: $J = m\left(\frac{4R^2 + 5r^2}{8}\right)$	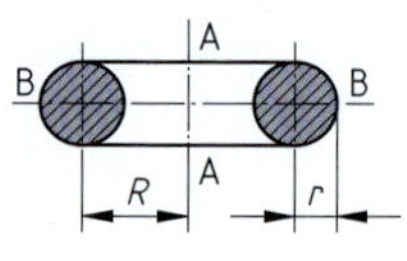
Stab $J = \frac{1}{12} m \cdot l^2$	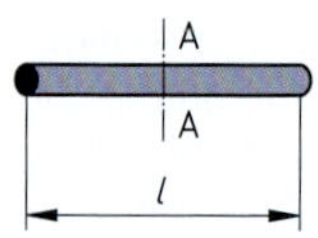
Quader $J = \frac{1}{12} m \cdot (l^2 + h^2)$	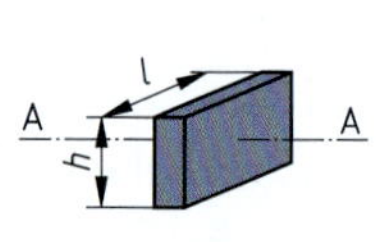

J Trägheitsmoment
m Massse des Körpers
Andere Formelzeichen aus den Bildern erkennbar.

Entsprechend erfordert bei rotierender Bewegung die Beschleunigung der Winkelgeschwindigkeit ein Drehmoment (Beschleunigungsmoment) M als Produkt aus Massenträgheitsmoment J und Winkelbeschleunigung α.

M Beschleunigungsmoment
J Trägheitsmoment
α Winkelbeschleunigung
$[M] = \text{kg} \cdot \text{m}^2 \cdot \text{rad/s}^2 = \text{Nm}$

Beschleunigungsmoment

$$M = J \cdot \alpha \quad (4)$$

Der **Wirkungsgrad** ist eine wichtige Kenngröße von Transformatoren und elektrischen Maschinen. Der Leistungswirkungsgrad η ist das Verhältnis von abgegebener Leistung zu zugeführter Leistung. Man nennt ihn meist nur Wirkungsgrad. Einzelwirkungsgrade η_1, η_2, ... sind für den Gesamtwirkungsgrad η_G zu multiplizieren:

$\eta_G = \eta_1 \cdot \eta_2 \cdot ...$

η Wirkungsgrad (Eta)
P_{ab} abgegebene Leistung
P_{zu} zugeführte Leistung

Wirkungsgrad

$$\eta = \frac{P_{ab}}{P_{zu}} \quad (1)$$

Beispiel:

Ein Motor nimmt 5 kW elektrische Leistung auf und gibt 4 kW mechanische Leistung ab. Wie groß ist sein Wirkungsgrad?

Lösung:

$\eta = P_{ab}/P_{zu} = 4\text{ kW}/5\text{ kW} = \mathbf{0{,}8}$

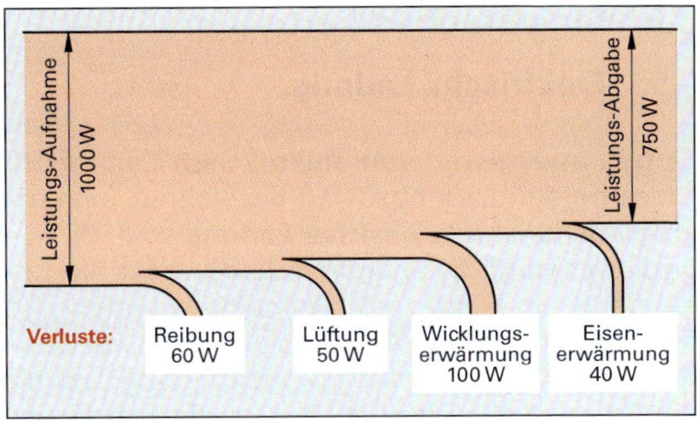

Bild 1: Leistungsfluss bei einem Umformer

Der Wirkungsgrad ist immer kleiner als 1, weil bei jeder Energieumsetzung Verluste auftreten **(Bild 1)**. Der Wirkungsgrad ist bei elektrischen Maschinen von der Belastung abhängig **(Bild 2)**.

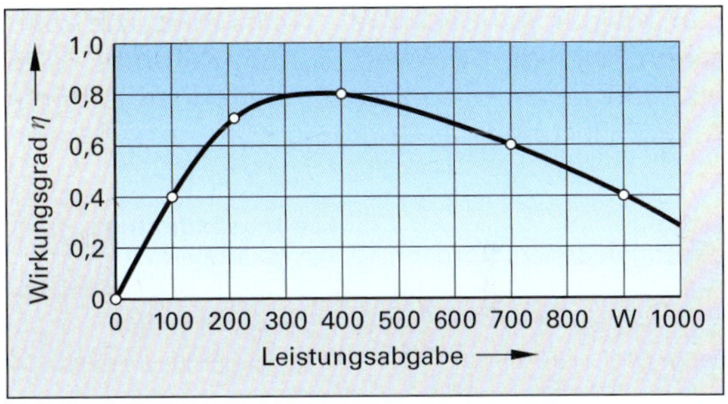

Bild 2: Wirkungsgradkennlinie bei einem Motor

Der **Arbeitsgrad** oder *Nutzungsgrad* ist das Verhältnis abgegebene Arbeit zu zugeführter Arbeit.

Arbeitsgrad

ξ Arbeitsgrad (Zeta)
W_{ab} abgegebene Arbeit
W_{zu} zugeführte Arbeit

$$\xi = \frac{W_{ab}}{W_{zu}} \quad (2)$$

Wärme ist die beim Erwärmen zugeführte oder beim Abkühlen entzogene Wärmeenergie. Sie hat wie alle Energiearten die Einheit Joule (J). Wärme tritt in Transformatoren, elektrischen Maschinen und auch stromdurchflossenen elektrischen Leitungen als unerwünschte Nebenwirkung auf. Jeder Körper, z. B. ein Motor, hat ein Speichervermögen für Wärme. Die speicherbare Wärme je Kelvin (K) Temperaturunterschied nennt man **Wärmekapazität**. Die auf die Masse bezogene Wärmekapazität heißt spezifische Wärmekapazität **(Tabelle 1)**.

Die spezifische Wärmekapazität gibt die einem Stoff zugeführte Wärme an, welche z. B. 1 kg des Stoffes um 1 K erwärmt.

Wärmekapazität

C Wärmekapazität
Q Wärme
$\Delta\vartheta$ Temperaturunterschied
c spezifische Wärmekapazität
m Masse

$$C = \frac{Q}{\Delta\vartheta} \quad (3)$$

$[C]$ = J/K
$[c]$ =bJ/(kg · K)
$[Q]$ = J

spez. Wärmekap.

$$c = \frac{C}{m} \quad (4)$$

Wärme

$$Q = \Delta\vartheta \cdot c \cdot m \quad (5)$$

Tabelle 1: Spezifische Wärmekapazität c in kJ/(kg · K)

Stoff	spez. Wärmekapazität
Aluminium	0,92
Kupfer	0,39
Stahl	0,46
Polyvinylchlorid	0,88
Wasser	4,19

Wärme führt zur Ausdehnung von Materialien.

Δl Längenausdehnung
l_0 Länge in kaltem Zustand
α_l Längenausdehnungskoeffizient in 1/K
$\Delta\vartheta$ Temperaturunterschied
ΔV Volumenausdehnung
V_0 Volumen in kaltem Zustand
γ Volumenausdehnungskoeffizient in 1/K, bei festen Stoffen: $\gamma = 3\,\alpha_l$
T Temperatur
0,1 Zustände 0,1

Längenausdehnung

$$\Delta l = l_0 \cdot \alpha_l \cdot \Delta\vartheta \quad (6)$$

Volumenausdehnung

$$\Delta V = V_0 \cdot \gamma \cdot \Delta\vartheta \quad (7)$$

Temperaturdifferenz

$$\Delta\vartheta = T_1 - T_0 \quad (8)$$

Der **absolute Nullpunkt** liegt bei 0 K (Kelvin). Dies entspricht – 273,15°C (Grad Celsius).

3.5 Elektrisches Feld

3.5.1 Elektrische Ladung

Es gibt zwei Arten von elektrischen Ladungen. Diese beiden Ladungsarten bezeichnet man etwas willkürlich als **positive Ladung** und als **negative Ladung**. Die negative Ladung ist die Ladungsart der Elektronen, die positive Ladung ist die Ladungsart der Atomkerne. Meist verwendet man als Einheit für die elektrische Ladung die Amperesekunde (As). Das ist die von einem Körper aufgenommene Ladung, wenn ein Strom von einem Ampere (A) eine Sekunde (s) lang auf den Körper geflossen ist. Nach dem französischen Physiker Coulomb (sprich: Kulomb), 1736 bis 1806, ist der besondere Einheitenname für die Amperesekunde das Coulomb (C).

Ladung
bei ungeladenem Körper

$$Q = I \cdot t \quad (1)$$

Ladungsänderung
bei geladenem Körper

$$\Delta Q = I \cdot \Delta t \quad (2)$$

Q elektrische Ladung, $[Q]$ = As = C
I Stromstärke
t Zeit
ΔQ Ladungsänderung
Δt Zeitabschnitt

Bei Akkumulatoren und Batterien wird die Ladung meist in Amperestunden (Ah) angegeben.

Umrechnung: 1 Ah = 3600 As = 3600 C

Es wäre auch denkbar, als Ladungseinheit die Elementarladung (Ladung eines Protons vom Atomkern) zu verwenden. Tatsächlich wird davon mit dem Formelzeichen e für die **Elementarladung** gelegentlich Gebrauch gemacht. Für die praktische Anwendung ist aber diese Ladung zu klein:

$e = 0{,}16 \cdot 10^{-18}$ C

Elektrische Ladungen üben aufeinander *Kräfte* aus **(Bild 1)**. Verschiedenartige Ladungen ziehen sich an, gleichartige Ladungen stoßen sich ab. Die Kraft wird positiv gerechnet, wenn sie die beiden Ladungen voneinander abstößt. Eine positive Kraft erhält man mit positiven Q_1 und Q_2 oder mit negativen Q_1 und Q_2.

Bei einer geladenen Kugel kann man die Richtung der auf die Ladung ausgeübten Kräfte durch radiale (durch den Mittelpunkt der Kugel gehende) Linien darstellen **(Bild 2)**. Ein elektrisches Feld lässt sich also durch **Feldlinien** darstellen.

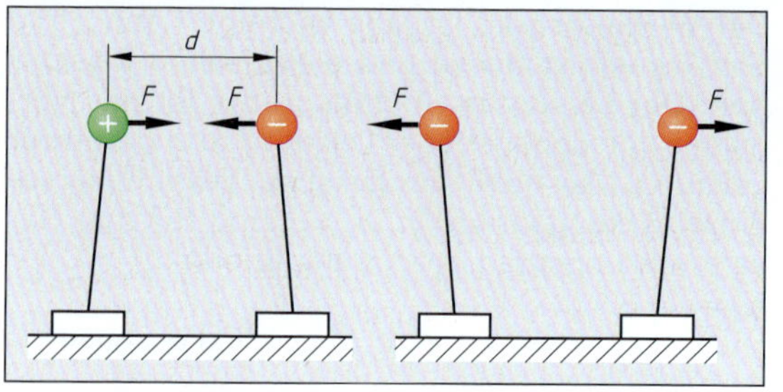

Bild 1: Anziehung und Abstoßung von elektrischen Ladungen

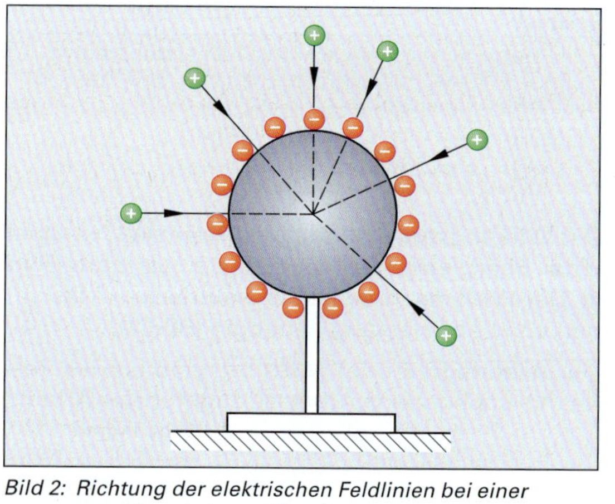

Bild 2: Richtung der elektrischen Feldlinien bei einer negativ geladenen Kugel

Elektrische Ladungen rufen stets elektrische Felder hervor.

Als Richtung der elektrischen Feldlinien hat man die **Kraftrichtung** vereinbart, die auf eine positive Ladung im elektrischen Feld ausgeübt wird. Die Feldlinien gehen deshalb zur negativen Ladung (Bild 2). Umgekehrt treten die Feldlinien bei den positiven Ladungen aus. Elektrische Feldlinien verlaufen von der positiven Ladung zur negativen Ladung, also von Plus nach Minus.

Kraft
bei Kugeln in Luft

$$F = \frac{1}{4 \cdot \pi \cdot \varepsilon_0} \cdot \frac{Q_1 \cdot Q_2}{d^2} \quad (3)$$

F Kraft
ε_0 elektrische Feldkonstante
ε_0 = 8,85 pAs/(Vm)
(ε griech. Kleinbuchstabe Epsilon)
Q_1, Q_2 elektrische Ladungen
d Abstand der Kugelmittelpunkte

Es sei darauf hingewiesen, dass es sich bei den elektrischen Feldlinien um eine Modellvorstellung handelt. Ebenfalls durch dieses Modell kann die Anziehung und die Abstoßung der Ladungen erklärt werden. Anziehung der Ladungen erfolgt durch Längskräfte der Feldlinien, die man mit Gummifäden vergleichen kann **(Bild 1)**. Die Abstoßung erfolgt durch die *Querkräfte* der Feldlinien.

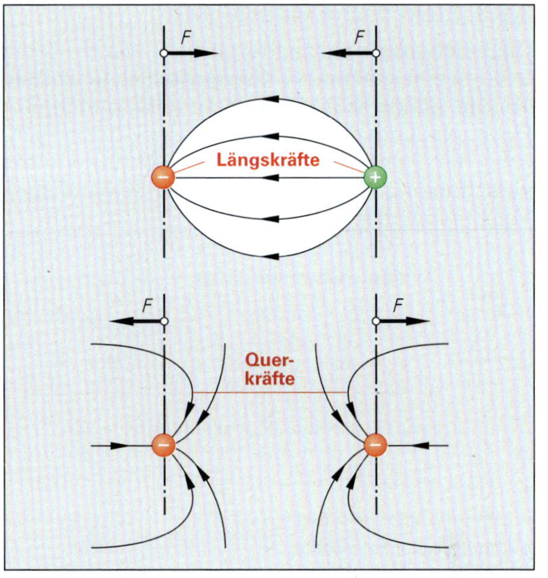

Bild 1: Längskräfte und Querkräfte als Folge der Feldlinien

Wiederholung und Vertiefung

1. Wie berechnet man die elektrische Ladung?
2. Welche Einheiten werden für die elektrische Ladung verwendet?
3. Geben Sie an, aus wie vielen Elementarladungen eine Amperesekunde besteht.
4. Begründen Sie, warum man zwei elektrische Ladungsarten annehmen muss und nicht nur eine.
5. Beschreiben Sie die Wirkung elektrischer Ladungen aufeinander.
6. Wodurch stellt man ein elektrisches Feld dar?
7. Welche Richtung ist für den Verlauf der elektrischen Feldlinien festgelegt?
8. Erklären Sie anhand einer Modellvorstellung die Anziehung von verschiedenartigen elektrischen Ladungen.

3.5.2 Elektrische Feldstärke

Je nach Verlauf der Feldlinien in einem elektrischen Feld unterscheidet man verschiedene Arten von elektrischen Feldern. Beim **homogenen Feld** verlaufen die Feldlinien parallel zueinander und im gleichen Abstand **(Bild 2)**. In allen anderen Fällen spricht man von *inhomogenen* Feldern.

Bei elektrischen Leitern treten meist inhomogene elektrische Felder auf.

Das *radialsymmetrische Feld* **(Bild 3)** ist inhomogen. Ebenfalls inhomogen ist das elektrische Feld zwischen zwei Leitern **(Bild 4)**. Auch völlig unsymmetrische inhomogene Felder können vorkommen.

Ein elektrisches Feld ist umso stärker, je dichter seine Feldlinien beieinander liegen. Für die Angabe der Feldstärke denkt man sich eine Ladung von 1 Coulomb in das elektrische Feld gebracht. Die auf die Ladung wirkende Kraft ist ein Maß für die Feldstärke.

Kraft

F Kraft
Q Ladung
$[F] = \text{N}$

$$F = Q \cdot E \quad (1)$$

elektrische Feldstärke beim homogenen Feld:

E elektrische Feldstärke
U Spannung
l Abstand
$[E] = \text{V/m}$

$$E = \frac{U}{l} \quad (2)$$

Meist verwendet man für die elektrische Feldstärke E die Einheit Volt/Meter (V/m).

Umrechnung: 1 N/C = 1 V/m

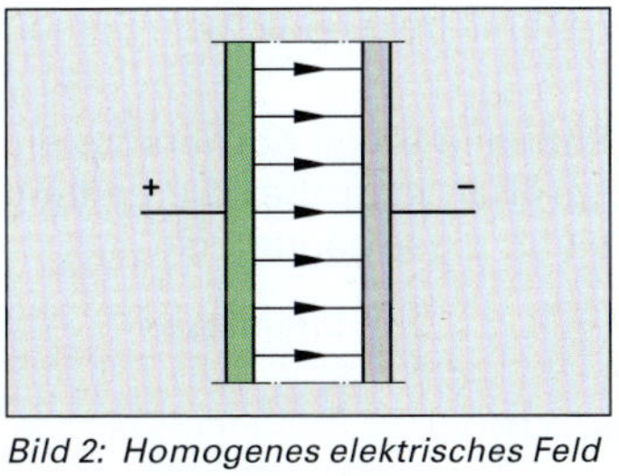

Bild 2: Homogenes elektrisches Feld

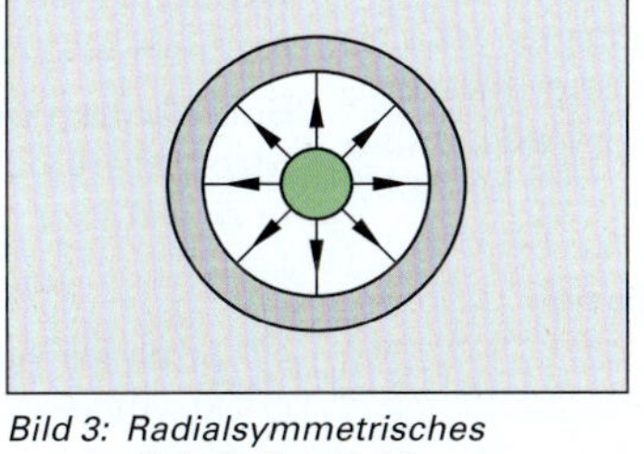

Bild 3: Radialsymmetrisches elektrisches Feld

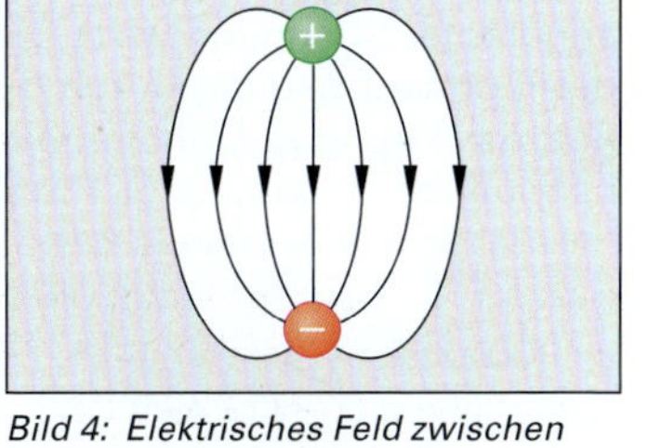

Bild 4: Elektrisches Feld zwischen zwei Leitern

3.5.3 Elektrische Flussdichte

Die Flächenladungsdichte gibt an, wie groß die Ladung eines leitenden Körpers je Fläche ist **(Bild 1)**. Die elektrische Flussdichte ist gleich der Flächenladungsdichte von Ladungen, die in Richtung der Feldlinien an den Betrachtungspunkt verschoben gedacht sind. Sie wird deshalb auch *Verschiebungsdichte* genannt.

elektrische Flussdichte

$[D] = C/m^2$

$$D = \frac{Q}{A} \quad (1)$$

$\varepsilon = \varepsilon_0 \cdot \varepsilon_r$

$$D = \varepsilon \cdot E \quad (2)$$

- D elektrische Flussdichte, Flächenladungsdichte
- Q Ladung
- A Fläche
- ε Permittivität (Produkt $\varepsilon_0 \cdot \varepsilon_r$)
- E elektrische Feldstärke
- ε_0 elektrische Feldkonstante ($\varepsilon_0 = 8{,}85$ pF/m)
- ε_r Dielektrizitätszahl, Permittivitätszahl (von Luft $\varepsilon_r \approx 1$)

ε_r ist ein Faktor, der vom Material abhängt. Er heißt **Dielektrizitätszahl**, wenn er von der elektrischen Feldstärke unabhängig ist. Ist er von der elektrischen Feldstärke abhängig, so heißt er **Permittivitätszahl**.

3.5.4 Kapazität

Leitende Körper, die von Isolierstoffen umgeben sind, können elektrische Ladungen aufnehmen. Entsprechend bilden sich dann um diese Leiter herum elektrische Felder aus. Man sagt, dass für die Ladungen ein Fassungsvermögen (Kapazität) vorhanden ist.

Die Bildung einer Kapazität kann beabsichtigt und unbeabsichtigt erfolgen. Bei **Kondensatoren** ist die Bildung der Kapazität beabsichtigt. Bei Leitungen tritt ebenfalls eine Kapazität auf. Deren Bildung ist meist nicht beabsichtigt, oft sogar störend.

> Ein oder mehrere elektrische Leiter mit Isolierung bilden stets eine Kapazität.

Die Kapazität gibt an, wie groß die Ladung je Volt angelegter Spannung wird. Die Kapazität ist also der Quotient Ladung durch Spannung. Ihre Einheit As/V hat den Einheitennamen Farad (F), benannt nach Faraday, engl. Physiker, 1791 bis 1867.

Kapazität

- C Kapazität
- Q Ladung
- U Spannung

$[C] = As/V = F$

$$C = \frac{Q}{U} \quad (3)$$

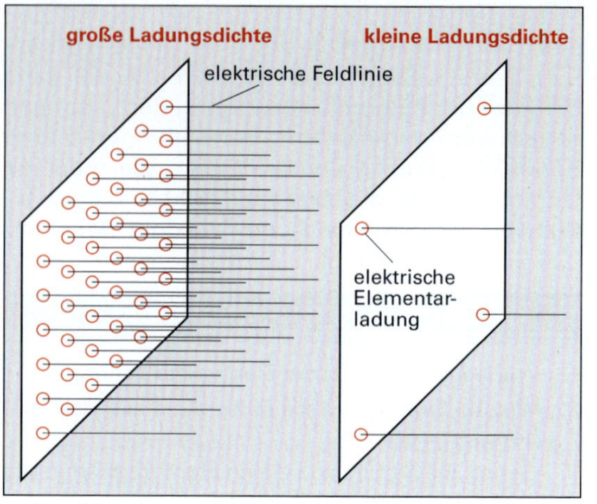

Bild 1: Flächenladungsdichte

Die Kapazität hängt stark vom verwendeten Dielektrikum ab. Ein Maß für die Eignung eines Dielektrikums ist die Dielektrizitätszahl ε_r. Diese Zahl gibt den Faktor an, mit dem die Kapazität eines Kondensators mit festem Dielektrikum malzunehmen ist, wenn sonst die Berechnung wie bei einem Luftkondensator erfolgt.

Kapazität

$$C = \frac{\varepsilon_0 \cdot \varepsilon_r \cdot A}{d} \quad (4)$$

- C Kapazität
- ε_r Dielektrizitätszahl, Permittivitätszahl (von Luft $\varepsilon_r \approx 1$)
- ε_0 elektrische Feldkonstante ($\varepsilon_0 = 8{,}85$ pF/m)
- A gleichartig geladene Plattenoberfläche
- d Plattenabstand

Bei Reihenschaltung von Kapazitäten: $\frac{1}{C} = \frac{1}{C_1} + \frac{1}{C_2} + \dots$

Bei Parallelschaltung von Kapazitäten: $C = C_1 + C_2 + \dots$

3.5.5 Kapazitiver Blindwiderstand

Ladung und Stromstärke

Zur Angabe der Stromstärke könnten wir die Zahl der Elementarladungen angeben, die in einer Sekunde durch den Leiterquerschnitt fließen. Wir erhielten dann sehr große Zahlenwerte. Deshalb wurde für die Stromstärke bekanntlich die Einheit Ampere festgelegt.

Beim Laden oder Entladen eines Körpers ist die Stromstärke umso größer, je größer die Ladung und je kürzer die Zeit für diese Ladung ist.

Stromstärke

- I Stromstärke
- Q elektrische Ladung
- t Zeit

$[I] = A$

$$I = \frac{Q}{t} \quad (5)$$

Die Stromstärke ändert sich meist beim Laden und Entladen sehr stark, sie ist also nicht konstant. Das Formelzeichen für eine sich rasch ändernde Stromstärke ist der Kleinbuchstabe *i* **(Bild 1)**.

Anstelle der elektrischen Größen *U*, *I*, und *P* verwendet man Kleinbuchstaben *i*, *u* und *p*, wenn sich die Größen zeitlich rasch ändern.

Will man die Stromstärke ermitteln, die ein Körper aufnimmt oder abgibt, so kommt es auf die Ladungsänderungen des Körpers je Zeitabschnitt an.

Stromstärke

i Stromstärke
ΔQ Ladungsänderung
Δt Zeitabschnitt

$$i = \frac{\Delta Q}{\Delta t} \quad (1)$$

Die elektrische Stromstärke gibt die Ladungsänderung in einem Zeitabschnitt an.

Wiederholung und Vertiefung

1. Wie berechnet man die elektrische Feldstärke?
2. Welche Einheit wird für die elektrische Feldstärke verwendet?
3. Erklären Sie die elektrische Flussdichte.
4. Worin liegt der Unterschied zwischen der Dielektrizitätszahl und der Permittivitätszahl?
5. Was wird durch die Kapazität angegeben?
6. Welche Einheit hat die Kapazität?
7. Von welchen vier Größen hängt die Kapazität eines Kondensators ab?
8. In welchem Fall verwendet man für die Stromstärke und die Spannung die Kleinbuchstaben *i* und *u*?

Kondensatorstrom bei Sinusspannung

Wir denken uns an einen Kondensator eine Sinusspannung (sinusförmige Wechselspannung) angeschlossen **(Bild 1)**. Wir wissen, dass die Kapazität berechnet wird mit $C = Q/U$. Daraus folgt

$Q = C \cdot U \Rightarrow \Delta Q = C \cdot \Delta u$

Wir können nun beide Seiten der Gleichung durch den Zeitabschnitt Δt teilen. Dann erhalten wir

$$\frac{\Delta Q}{\Delta t} = C \cdot \frac{\Delta u}{\Delta t} \Rightarrow i = C \cdot \frac{\Delta u}{\Delta t}$$

Stromstärke

i Stromstärke
C Kapazität
$\frac{\Delta u}{\Delta t}$ Spannungsänderungsgeschwindigkeit

$$i = C \cdot \frac{\Delta u}{\Delta t} \quad (2)$$

Die Stromstärke bei einem Kondensator hängt von der Kapazität ab und von der Geschwindigkeit, mit welcher sich die Spannung ändert. Bei einer Sinusspannung am Kondensator ist also

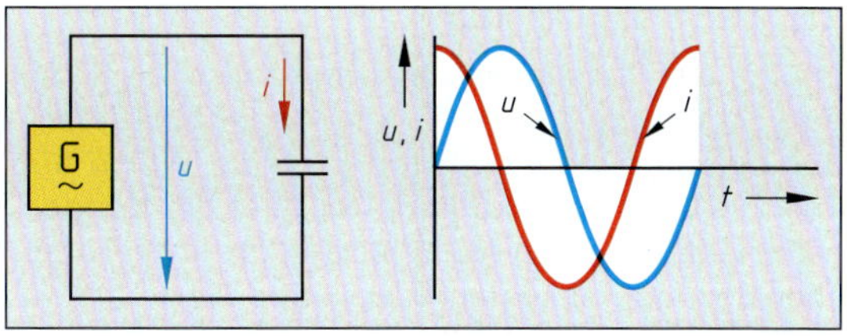

Bild 1: Spannung und Stromstärke bei einem Kondensator

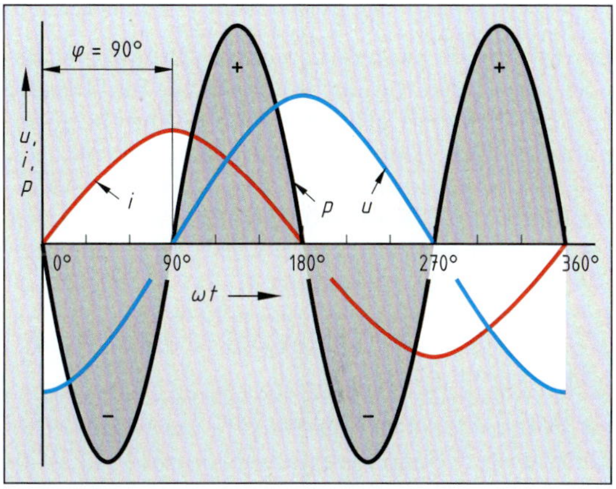

Bild 2: Leistung bei einem Kondensator

dort der größte Strom zu erwarten, wo sich die Spannung besonders stark ändert. Aus dem Liniendiagramm Bild 1 erkennt man, dass die Spannungskurve am steilsten bei den Nulldurchgängen von *u* ist. Dort ändert sich also die Spannung am stärksten. An diesen Stellen ist auch der Kondensatorstrom am größten. Dagegen ist der Kondensatorstrom dort am kleinsten, nämlich Null, wo sich die Spannung nicht ändert.

Die Spannung ändert sich nicht an den Höchstwerten und an den Tiefstwerten der Spannungskurve. An diesen Stellen ist die Stromstärke im Kondensator gleich Null.

Wir setzen für zeitlich veränderliche Größen die Kleinbuchstaben, für den Augenblickswert des Wechselstroms also *i*.

Betrachtet man das Liniendiagramm Bild 1, so erkennt man, dass zwischen Spannung *u* und Stromstärke *i* eine Phasenverschiebung von 90° besteht. Betrachtet man den Kondensator als Verbraucher, so eilt die Stromstärke der Spannung um 90° vor.

Bei Sinusspannung eilt der Kondensatorstrom der Spannung um 90° vor.

Berechnet man aus den Augenblickswerten von *u* und *i* die elektrische Leistung, so treten für *p* positive und negative Werte auf **(Bild 2)**.

Kapazitive Blindleistung

Infolge der **Phasenverschiebung** zwischen Strom und Spannung treten für die Augenblickswerte der Leistung negative und positive Werte auf. Positive Werte bedeuten dabei, dass der Kondensator Leistung vom Netz her aufnimmt (Verbraucher-Bezugspfeilsystem). Negative Werte bedeuten dagegen, dass der Kondensator eine negative Leistung aus dem Netz aufnimmt, also eine Leistung an das Netz abgibt.

Beträgt die Phasenverschiebung 90°, so ist die vom Kondensator aufgenommene elektrische Energie genauso groß wie die von ihm abgegebene Energie. Der Kondensator nimmt also im Durchschnitt keine wirksame Leistung (Wirkleistung) auf. Die zwischen Netz und Kondensator hin und her pendelnde Leistung nennt man **Blindleistung Q_C (Abschnitt 3.7.2)**.

> Ein Kondensator nimmt bei 50 Hz fast nur Blindleistung auf.

Im Wechselstromkreis Bild 1, vorhergehende Seite, treten Höchstwerte von u und i auf. Man spricht von *Scheitelwerten* mit den Formelzeichen $\hat{u}$ (sprich u Dach) und $\hat{\imath}$ (sprich i Dach). Bei Sinusform von u und i nennt man einen Scheitelwert auch **Amplitude**.

Die Amplituden können beim Sinusstrom aus dem **Effektivwert** der Größe durch Multiplikation mit $\sqrt{2}$ berechnet werden (Formeln 1 und 2). Dabei ist der Effektivwert derjenige Wert einer Wechselspannung von z. B. 230 V, der in einem Heizwiderstand dieselbe Wirkung hervorruft wie eine Gleichspannung von z. B. 230 V.

Kondensator als Blindwiderstand

Da der Kondensator im zeitlichen Mittel fast nur Blindleistung aufnimmt, spricht man von einem **Blindwiderstand X_C (Abschnitt 3.7.3)**.

> Kondensatoren nehmen Blindleistung auf und stellen deshalb einen Blindwiderstand dar.

Zur Unterscheidung vom später zu behandelnden *induktiven* Blindwiderstand spricht man beim Kondensator von einem *kapazitiven* Blindwiderstand.

Der kapazitive Blindwiderstand ist umso größer, je kleiner Frequenz und Kapazität sind. Da es sich um Bereiche von 0° bis 360° oder 0 bis 2π handelt, wird die Kreisfrequenz verwendet (Formeln 3 und 4).

Kondensatoren nehmen bei 50 Hz nur Blindleistung auf, solange das Dielektrikum einwandfrei isoliert. Bei schadhafter Isolierung sowie bei hoher Frequenz treten dagegen Verluste an Wirkleistung auf, die den Kondensator erwärmen.

Scheitelwerte bei Sinusform

$$\hat{\imath} = \sqrt{2} \cdot I \qquad (1)$$

$$\hat{u} = \sqrt{2} \cdot U \qquad (2)$$

$\hat{\imath}$, $\hat{u}$ Scheitelwerte (sprich: *i* Dach, *u* Dach)
I, U Effektivwerte

Kreisfrequenz

$$\omega = 2 \cdot \pi \cdot f \qquad (3)$$

kapazitiver Blindwiderstand

$$X_C = \frac{1}{\omega C} \qquad (4)$$

$[X_C] = \Omega$

kapazitiver Blindstrom

$$I_{bC} = \frac{U}{X_C} \qquad (5)$$

I_{bC} kapazitiver Blindstrom
X_C kapazitiver Blindwiderstand
ω Kreisfrequenz $\omega = 2\,\pi \cdot f$
C Kapazität
U Spannung

Beispiel:

Ein Kondensator soll an einer Wechselspannung von 50 Hz bei $U = 230$ V einen Strom von $I_{bC} = 1$ A aufnehmen. Wie groß muss seine Kapazität sein?

Lösung:

$X_C = U/I_{bC} = 230\ \text{V}/1\ \text{A} = 230\ \Omega$

$X_C = 1/(\omega C) \Rightarrow C = 1/(\omega X_C)$

$= 1/(2\,\pi \cdot 50\ \text{Hz} \cdot 230\ \Omega)$

$= 1{,}38 \cdot 10^{-5}\ \text{s}/\Omega$

$= 13{,}8\ \mu\text{As/V} = \mathbf{13{,}8\ \mu F}$

Kondensatorstrom im Wechselstromkreis

$$i_C = C \cdot \frac{\Delta u}{\Delta t} = C \cdot \omega \cdot \hat{u} \cdot \cos(\omega t) \qquad (6)$$

Daraus folgt für den Höchstwert des Kondensatorstroms:

Stromamplitude

$$\hat{\imath}_C = C \cdot \omega \cdot \hat{u} \qquad (7)$$

Wiederholung und Vertiefung

1. Wovon hängt die Stromstärke in einem Kondensator ab?
2. An welchen Stellen der Spannungskurve einer Sinusspannung ist die Stromstärke im Kondensator Null?
3. Wie ist beim Kondensator die Phasenlage von Spannung und Strom zueinander?
4. Welche Leistungsart wird von einem Kondensator aufgenommen, wenn er an Sinusspannung gelegt wird?
5. Welche Art von Widerstand stellt ein Kondensator an Sinusspannung dar?
6. Mit welcher Formel berechnet man den kapazitiven Blindwiderstand?

3.5.6 Elektrisches Feld als Energiespeicher

Zum Laden eines Kondensators und damit zum Aufbau eines elektrischen Feldes ist ein Strom erforderlich, der von einer elektrischen Spannung hervorgerufen wird. Das Laden dauert dabei einige Zeit. Zum Laden muss also Arbeit aufgewendet werden, da $W = U \cdot I \cdot t$ ist (Seite 23). Diese Arbeit bewirkt Energie (Arbeitsvermögen) im Kondensator und damit im elektrischen Feld.

In jedem elektrischen Feld ist Energie gespeichert.

Wir können uns vorstellen, dass das Laden eines Kondensators mit gleichbleibender Stromstärke erfolgt. Die Ladung steigt dann wegen $\Delta Q = I \cdot \Delta t$ linear an. Die Fläche unterhalb der Ladekurve **(Bild 1)** entspricht dann der aufgewendeten Arbeit und damit der gespeicherten Energie.

$W = \frac{1}{2} Q \cdot U = \frac{1}{2} C \cdot U \cdot U$ (nach Formel 3 Seite 30)

elektrische Energie

$$W = \frac{1}{2} C \cdot U^2 \qquad (1)$$

$[W] = \text{Ws} = \text{J}$

W elektrische Energie
Q elektrische Ladung
U Spannung
C Kapazität

Beispiel:

Der Kondensator eines Kondensatormotors hat 22 µF und wird mit einer Betriebsspannung von AC 400 V betrieben. Wie groß kann die gespeicherte Energie sein, wenn das Abschalten beim Scheitelwert der Wechselspannung erfolgt?

Lösung:

Scheitelwert $\hat{u} = \sqrt{2} \cdot U = \sqrt{2} \cdot 400\ \text{V} = 566\ \text{V}$

$W = \frac{1}{2} \cdot C \cdot U^2 = \frac{1}{2} \cdot 10\ \mu\text{F} \cdot (566\ \text{V})^2 = 1{,}60\ \text{Ws} = \mathbf{1{,}60\ J}$

Wir erkennen, dass trotz der hohen Spannung und der großen Kapazität im Kondensator nur eine kleine Energie gespeichert ist. Für die Energieversorgung von Anlagen ist deshalb die Speicherung elektrischer Energie im Kondensator nicht möglich.

Wenn wir uns einen Kondensator mit Platten von vernachlässigbarer Dicke vorstellen, können wir eine Formel für die auf den Rauminhalt *V* bezogene Energie, also für die Energiedichte, bilden.

Aus $W = \frac{1}{2} C \cdot U^2$ folgt für die Energiedichte *w* beim Kondensator mit Luft als Dielektrikum wegen Formel 1 oben und Formeln 2 und 4, Seite 30

$$w = \frac{W}{V} = \frac{1}{2} \frac{C}{V} \cdot U^2 = \frac{1}{2} \cdot \frac{\varepsilon_0 \cdot \varepsilon_r \cdot A}{d \cdot d \cdot A} \cdot U^2 = \frac{1}{2} \varepsilon \cdot E^2$$

Wegen $D = \varepsilon \cdot E$ ist $w = \frac{1}{2} D \cdot E$

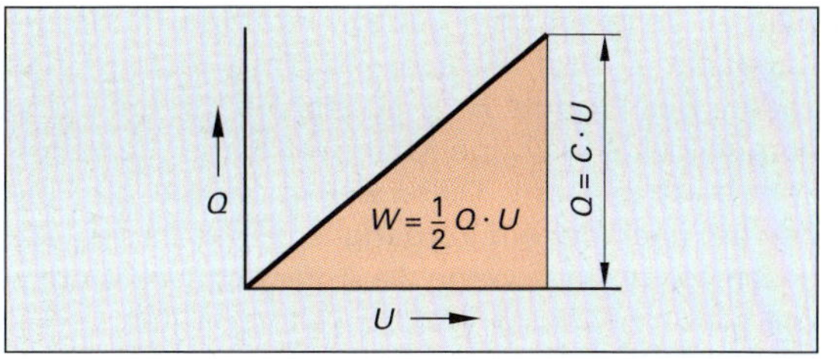

Bild 1: Ladekurve eines Kondensators bei konstantem Ladestrom

Energiedichte

$[w] = \text{J/m}^3$

$$w = \frac{1}{2} D \cdot E \qquad (2)$$

$$w = \frac{1}{2} \varepsilon \cdot E^2 \qquad (3)$$

w Energiedichte
D elektrische Flussdichte
E elektrische Feldstärke
ε Permittivität ($\varepsilon = \varepsilon_0 \cdot \varepsilon_r$)

Der Energieinhalt des gesamten elektrischen Feldes kann berechnet werden, wenn die Feldstärke, die Permittivität und das Volumen des Feldes bekannt sind.

Energieinhalt

$$W = w \cdot V \qquad (4)$$

W Energieinhalt
w Energiedichte
V Volumen des Feldes

Beim geladenen Kondensator sind die beiden Ladungsträger der Fläche *A* verschiedenartig auf Ladung *Q* geladen, sodass sie über das Dielektrikum der Dicke *s* auf einander eine Kraft *F* ausüben. Das Volumen $V = A \cdot s$ speichert dadurch eine mechanische Energie $W_{mec} = F \cdot s$, die so groß ist wie die elektrische Energie des geladenen Kondensators. Nach den Formeln der Seiten 29, 30 und 33 erhält man:

$F \cdot s = w \cdot V$

$F \cdot s = \frac{1}{2} \cdot D \cdot E \cdot A \cdot s$

$F \cdot s = \frac{1}{2} \cdot \frac{Q}{A} \cdot E \cdot A \cdot s$

Kraft auf *einen* Ladungsträger des Kondensators

$$F = \frac{1}{2} \cdot Q \cdot E \qquad (5)$$

3.5.7 Gleichstrom-Schalten von Kondensatoren

Beim Einschalten eines Kondensators an Gleichspannung nach **Bild 1, folgende Seite**, wird dieser aufgeladen, wobei der Einschaltstrom zunächst recht groß ist **(Bild 2, folgende Seite)**, sodass die Spannung rasch ansteigt **(Bild 3, folgende Seite)**. Dadurch sinkt der Ladestrom immer weiter, bis er bei voll geladenem Kondensator auf Null sinkt

(Bild 2). Je größer der Ladewiderstand R und die Kapazität C sind, desto langsamer erfolgt das Laden. Das Produkt $R \cdot C$ ist deshalb für den Ladevorgang eine wichtige Kenngröße, die man **Zeitkonstante τ** nennt. Diese Zeitkonstante gibt die Zeit an, nach der ein Vorgang, z. B. das Laden, abgeschlossen wäre, wenn die Anfangsgeschwindigkeit gleich bliebe. In Wirklichkeit verlaufen Laden und Entladen jeweils nach einer Exponentialfunktion (e-Funktion, e = 2,71828...) mit negativem Exponenten e. Der Ladestrom startet mit $i = U_0/R$ (Bild 2) und die Spannung am Kondensator mit $u_C = 0$ (Bild 3).

> Ladestrom im Kondensator ($i_C = i$) und Ladespannung am Kondensator (u_C) verlaufen nach verschiedenen e-Funktionen.

Auch das Entladen durch Umpolen nach Bild 1 folgt den Exponentialfunktionen. Der Entladestrom hat jetzt die umgekehrte Richtung und nimmt dann in dieser Richtung ab (Bild 2). Die Spannung am Kondensator ist zunächst der hohe Endwert der Ladespannung und sinkt dann nach einer **e-Funktion** auf Null (Bild 3).

Die e-Funktionen können mit e^x geschrieben werden (x steht für den betreffenden Exponenten) oder nach DIN mit exp x. Im Buch wurde die genormte Schreibweise angewendet. Deshalb wird ausdrücklich darauf hingewiesen, dass bei Anwendung von Taschenrechnern für die e-Funktion die Taste e^x zu verwenden ist und nicht die Taste EXP.

> Ladevorgang und Entladevorgang sind beim Kondensator jeweils nach etwa 5 τ beendet.

Wiederholung und Vertiefung

1. Von welchen Größen hängt der Energieinhalt eines geladenen Kondensators ab?
2. Leiten Sie eine Formel zur Berechnung der Energiedichte des elektrischen Feldes mit Luft als Dielektrikum her.
3. Warum ist eine Kondensatorbatterie zur Überbrückung der spannungslosen Zeit bei einer Ersatzstromversorgung mit Dieselmotorantrieb nicht geeignet?
4. Erklären Sie, weshalb der Energieinhalt von Gewitterwolken recht beträchtlich sein kann.
5. Welche Zeit gibt die Zeitkonstante an?
6. Welche Größe ist bei einem nicht geladenen Kondensator für den Einschaltstromstoß beim Laden maßgebend?
7. Nach welcher Entladezeit ist ein Kondensator von 7,5 mF entladen, wenn der Entladewiderstand 10 MΩ beträgt?

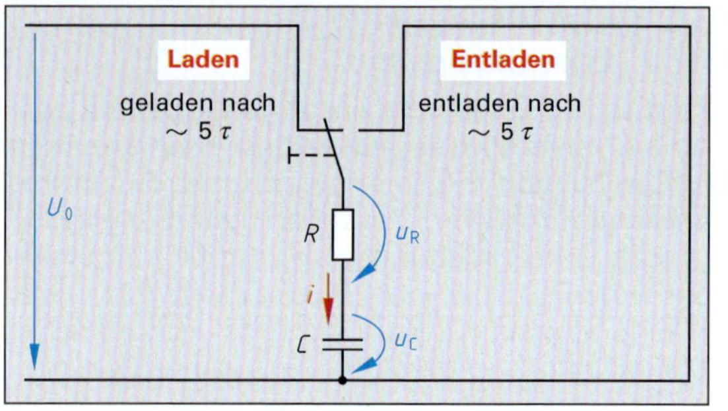

Bild 1: Laden und Entladen eines Kondensators

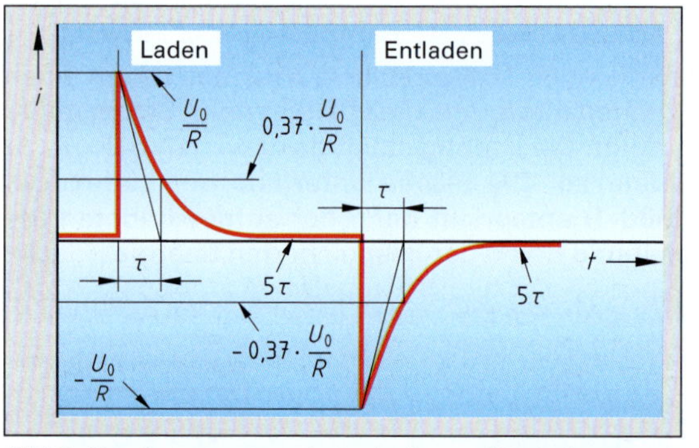

Bild 2: Kondensatorstrom beim Laden und Entladen

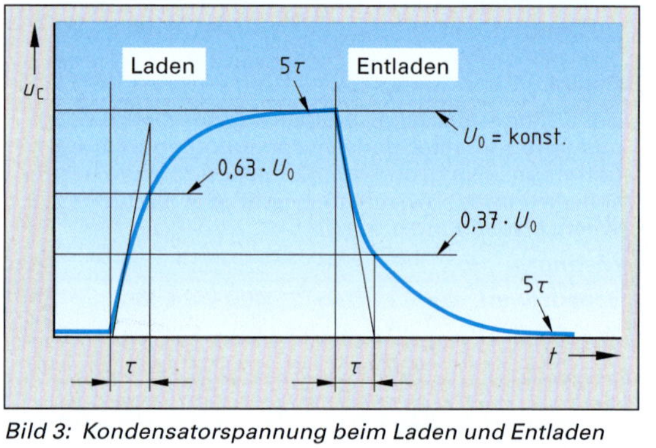

Bild 3: Kondensatorspannung beim Laden und Entladen

Zeitkonstante

$$\tau = R \cdot C \quad (1)$$

$$[\tau] = \Omega \cdot \mathrm{F} = \Omega \cdot \frac{\mathrm{As}}{\mathrm{V}} = \mathrm{s}$$

Spannung am Lade-/Entladewiderstand

$$u_R = i \cdot R \quad (2)$$

Laden nach Bild 1

Ladestrom ($i_C = i$)

$$i_C = \frac{U_0}{R} \exp(-t/\tau) \quad (3)$$

Kondensatorspannung

$$u_C = U_0 [1 - \exp(-t/\tau)] \quad (4)$$

Entladen nach Bild 1

Entladestrom ($i_C = i$)

$$i_C = \frac{U_0}{R} \exp(-t/\tau) \quad (5)$$

Kondensatorspannung

$$u_C = U_0 \cdot \exp(-t/\tau) \quad (6)$$

3.6 Magnetisches Feld

3.6.1 Arten magnetischer Stoffe

Das magnetische Verhalten aller Stoffe wird durch die Bewegung der Elektronen in den Schalen der Atome hervorgerufen. Bewegte Elektronen stellen nämlich einen elektrischen Strom dar und elektrischer Strom und Magnetismus sind eng miteinander verknüpft. Die um den Atomkern kreisenden Elektronen rufen eine magnetische Kraft (magnetisches Moment) hervor. Auch durch die Rotation der Elektronen um die eigene Achse tritt eine magnetische Kraft (Spinmoment) auf.

Bei den **paramagnetischen Stoffen** haben in den Unterschalen noch Elektronen Platz. Dadurch sind bei jedem Atom die magnetischen Momente nicht gegenseitig aufgehoben **(Bild 1)**. Jedoch sind die Momentrichtungen regellos verteilt, solange kein äußeres Magnetfeld vorhanden ist. Bei einem äußeren Magnetfeld erfolgt eine schwache Zunahme des Magnetismus, weil das Magnetfeld seine ausrichtende Wirkung auf die magnetischen Momente der Atome hat.

> Bei paramagnetischen Stoffen erfolgt eine schwache Zunahme des Magnetismus, wenn der Stoff in ein Magnetfeld gebracht wird.

Zu den paramagnetischen Stoffen gehören Aluminium, Sauerstoff und zahlreiche Isolierstoffe.

Bei den **diamagnetischen Stoffen** sind die Unterschalen der Elektronenschalen vom Atomkern alle voll besetzt.

Dadurch heben sich die Spinmomente vollständig auf. Ohne äußeres Magnetfeld hat das einzelne Atom kein magnetisches Moment. Bei Anlegen eines äußeren Magnetfeldes erfolgt das Ausrichten der Elektronenbahnen so, dass eine geringe Schwächung des Magnetismus erfolgt **(Bild 2)**.

> Wird ein diamagnetischer Stoff in ein Magnetfeld gebracht, so erfolgt eine Schwächung des Magnetfeldes.

Zu den diamagnetischen Stoffen gehören Kupfer, Gold und Silber.

Bei den **ferromagnetischen Stoffen (Bild 3)** sind die Unterschalen der Elektronenschalen noch nicht voll aufgefüllt, also ähnlich wie bei den paramagnetischen Stoffen. Die magnetischen Momente sind bei den ferromagnetischen Stoffen besonders groß. Dadurch bilden sich bei nicht zu hoher Temperatur Bezirke mit gleicher Richtung des Magnetismus. Diese Bezirke heißen Weiss'sche Bezirke, benannt nach Weiss, französischer Physiker, 1865 bis 1940. Bei einem äußerem Magnetfeld richten die Weiss'schen Bezirke sich aus, sodass eine starke Zunahme des Magnetismus erfolgt **(Bild 3)**.

> Bringt man einen ferromagnetischen Stoff in ein Magnetfeld, so nimmt der Magnetismus stark zu.

Zu den *ferromagnetischen Stoffen* gehören Eisen, Kobalt und Nickel. Ferromagnetische Stoffe sind die Träger des magnetischen Feldes in Transformatoren. Auch elektrische Maschinen bestehen zu einem erheblichen Teil aus ferromagnetischen Stoffen, damit das Magnetfeld stark ist.

Bei den **ferrimagnetischen Stoffen** sind die inneren Unterschalen ebenfalls noch nicht voll aufgefüllt, außerdem müssen aber bestimmte Strukturen im Kristallgitter vorhanden sein. Die magnetischen Momente sind groß, es sind aber keine Weiss'schen Bezirke vorhanden. Bei einem äußeren Magnetfeld erfolgt eine ziemlich starke Zunahme des Magnetismus, die aber kleiner ist als bei ferromagnetischen Stoffen (Bild 3).

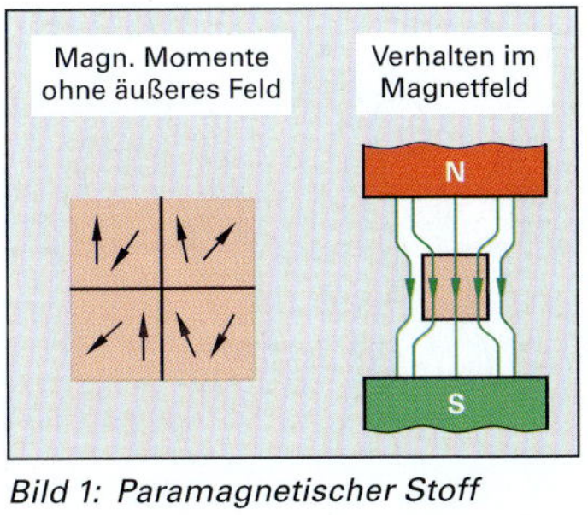

Bild 1: Paramagnetischer Stoff

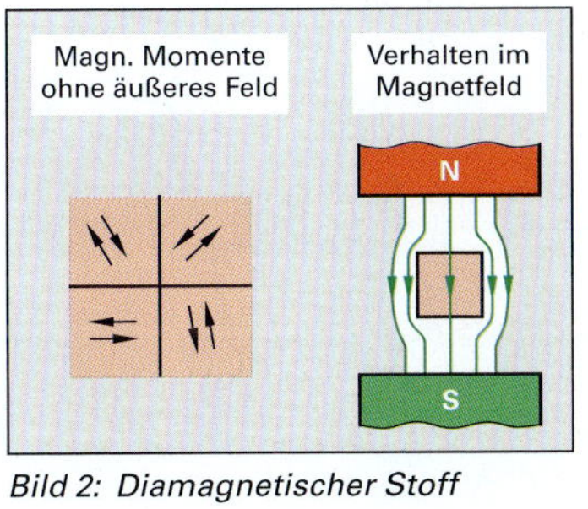

Bild 2: Diamagnetischer Stoff

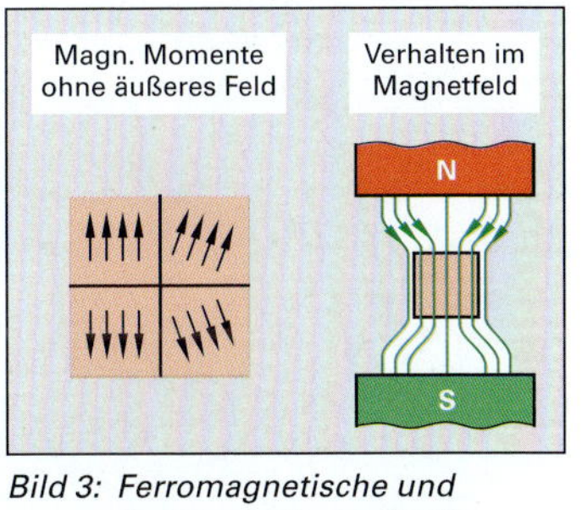

Bild 3: Ferromagnetische und ferrimagnetische Stoffe

Ferrimagnetische Stoffe verhalten sich ganz ähnlich wie ferromagnetische Stoffe, jedoch nimmt der Magnetismus nicht ganz so stark zu.

Zu den ferrimagnetischen Stoffen gehören die Ferrite und Chromdioxid. Ferrimagnetische Stoffe werden für spezielle Transformatoren, insbesondere in der Nachrichtentechnik, verwendet. Bei elektrischen Maschinen kommen ferrimagnetische Stoffe in Form von Dauermagneten und als Nutenverschlussstäbe vor.

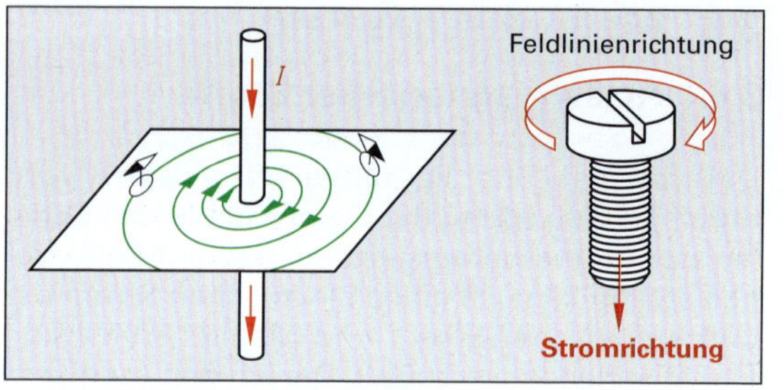

Bild 1: Magnetfeld um einen stromdurchflossenen Leiter und Bestimmung der Feldlinienrichtung

3.6.2 Elektrische Durchflutung

Um jeden mit elektrischem Strom durchflossenen Leiter bildet sich ein Magnetfeld **(Bild 1)**.

Strom bildet ein magnetisches Feld. Dieses hat bei gleichartiger Umgebung die Form konzentrischer Kreise.

Die Richtung der magnetischen Feldlinien erhält man mit der **Schraubenregel** (Bild 1). Magnetische Felder kann man an den Punkten des Raums geometrisch wie Kräfte addieren. Damit erhält man bei zwei vorhandenen magnetischen Feldern das resultierende Feld **(Bild 3)**.

Wie elektrische Feldlinien versuchen auch magnetische Feldlinien durch die Längskräfte sich zu verkürzen und eine Querkraft auszuüben. Dadurch tritt Anziehung von gleich gerichteten Strömen und Abstoßung von entgegengerichteten Strömen auf (Bild 2). Wegen der Abstoßung ist eine kreisförmige Windung gegen Verformung durch Stromkräfte sicher.

Mehrere in Reihe geschaltete Stromschleifen bilden eine **Spule (Bild 2)**. Bei der stromdurchflossenen Spule addieren sich die Feldlinien der einzelnen Schleifen.

Eine stromdurchflossene Spule bildet einen Elektromagneten.

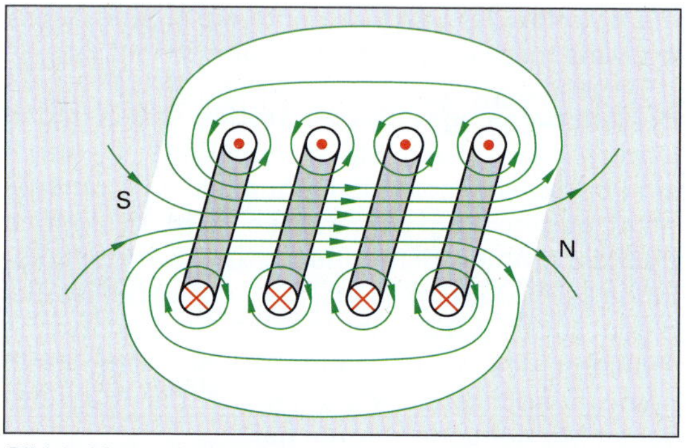

Bild 2: Magnetisches Feld einer stromdurchflossenen Spule

Der Nordpol einer Spule liegt dort, wo die Feldlinien aus dem Spuleninneren treten. Bei bekannter Stromrichtung können wir mithilfe der Schraubenregel die Lage des Nordpols bestimmen (Bild 2). Die einzelnen Windungen einer Spule werden bei Stromfluss durch die auftretenden Kräfte zusammengehalten, jedoch stoßen sich nebeneinander angeordnete Spulen gegenseitig ab, wenn sie von Strömen gleicher Richtung durchflossen werden.

In und um Spulen können erhebliche magnetische Kräfte auftreten, wenn die Stromstärke groß ist.

Spulen sind die wichtigsten Bestandteile von Transformatoren und Elektromotoren.

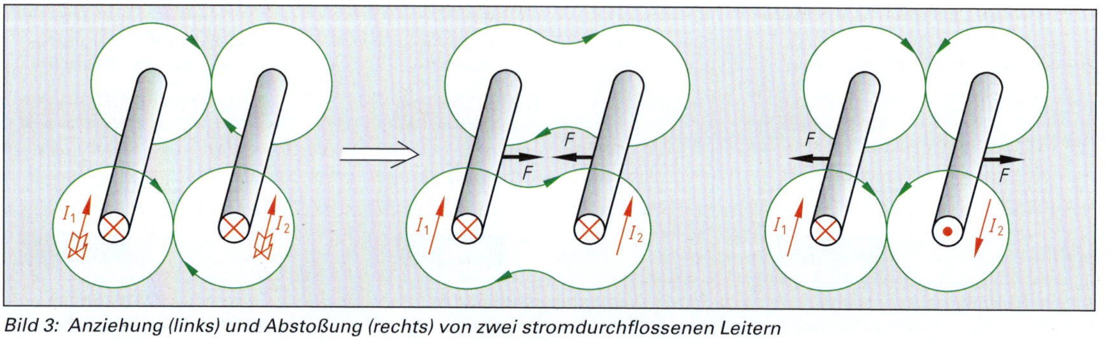

Bild 3: Anziehung (links) und Abstoßung (rechts) von zwei stromdurchflossenen Leitern

Die magnetische Wirkung einer Spule ist umso stärker, je größer Stromstärke und Windungszahl der Spule sind. Bei sonst gleichen Abmessungen hat eine Spule von 600 Windungen mit 2 A dieselbe Wirkung wie eine Spule mit 1200 Windungen und 1 A. Das Produkt aus Stromstärke und Windungszahl nennt man elektrische **Durchflutung**.

Durchflutung

$$\Theta = I \cdot N \quad (1)$$

Θ Durchflutung $[\Theta] = A$ (griech. Großbuchstabe Theta)
I Stromstärke
N Windungszahl

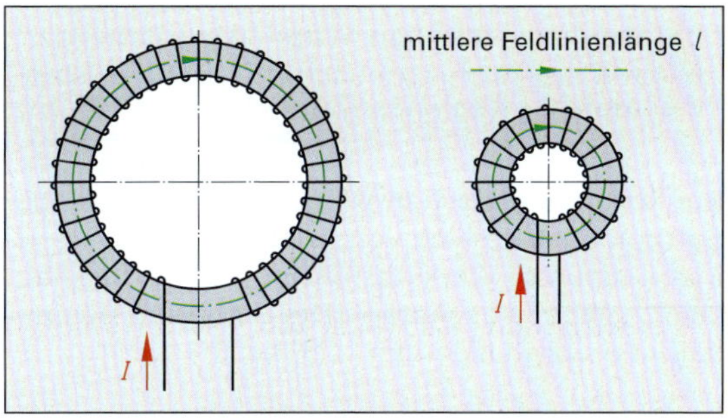

Bild 1: Mittlere Feldlinienlänge bei einer großen und bei einer kleinen Ringspule

3.6.3 Magnetische Feldstärke und Flussdichte

Haben Spulen verschiedene Abmessungen, so kommt es für die Stärke des magnetischen Feldes nicht nur auf die Durchflutung, sondern auch auf die Länge der Feldlinien an **(Bild 1)**.

magn. Feldstärke

$$H = \frac{\Theta}{l} \quad (2)$$

H magnetische Feldstärke $[H] = A/m$
Θ Durchflutung
l Feldlinienlänge in der Spule

> Die magnetische Feldstärke ist umso größer, je größer die Durchflutung ist und je kleiner die Länge der magnetischen Feldlinien ist.

Das eigentliche Maß für die Wirkung eines magnetischen Feldes ist die **magnetische Flussdichte**. Diese lässt sich bei Spulen ohne ferromagnetischen oder ferrimagnetischen Kern aus der magnetischen Feldstärke mithilfe der magnetischen Feldkonstanten berechnen (Formel 3).

magnetische Flussdichte

$$B = \mu_0 \cdot H \quad (3)$$

$$B = \mu_0 \cdot \mu_r \cdot H \quad (4)$$

$\mu = \mu_0 \cdot \mu_r$

B magnetische Flussdichte $[B] = Vs/m^2 = T$
μ_0 magnetische Feldkonstante (μ griech. Kleinbuchstabe Mü), $\mu_0 = 1{,}257\ \mu Vs/(Am)$
H magnetische Feldstärke
μ_r Permeabilitätszahl
μ Permeabilität

Die Einheit der magnetischen Flussdichte ist Vs/m^2 mit dem besonderen Einheitenname Tesla (T), benannt nach dem Physiker Tesla, 1856 bis 1943.

> Bei elektrischen Maschinen ist die wichtigste magnetische Größe die magnetische Flussdichte.

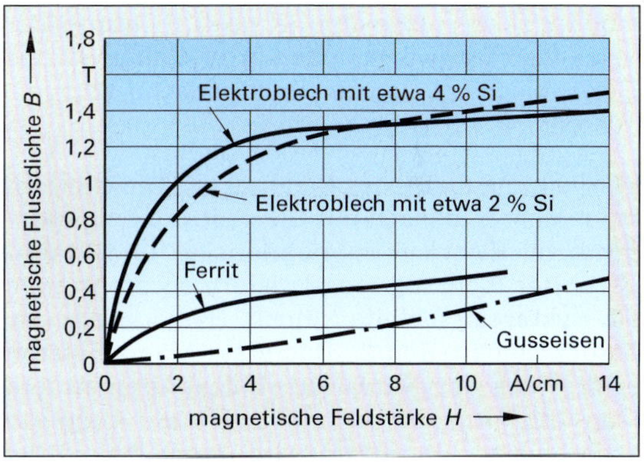

Bild 2: Magnetisierungskennlinien

Bei Spulen mit Eisenkern besteht zwischen der magnetischen Feldstärke und der magnetischen Flussdichte kein einfacher mathematischer Zusammenhang.

Meist ermittelt man die magnetische Flussdichte aus einer **Magnetisierungskennlinie (Bild 2)**.

Bei der Magnetisierungskennlinie ist die magnetische Flussdichte in Abhängigkeit von der magnetischen Feldstärke dargestellt. Meist besteht die Magnetisierungskennlinie bei geringer magnetischer Feldstärke aus einem annähernd geradlinigen Teil, danach folgt eine Krümmung. Bei großen magnetischen Feldstärken verlaufen die Kennlinien annähernd waagrecht (Bild 2).

Mit wachsender magnetischer Feldstärke nimmt die magnetische Flussdichte zunächst fast linear zu. Im späteren Verlauf nimmt sie jedoch nur noch wenig zu. Man sagt, das Material sei nun **magnetisch gesättigt**. Eine weitere Zunahme der magnetischen Feldstärke führt nur noch wegen der **magnetischen Feldkonstante μ_0** zu einer geringen Zunahme der magnetischen Flussdichte. Bei ferro- und ferrimagnetischen Werkstoffen erfolgt wegen μ_r eine weitere Verstärkung (Formel 4).

Bei allen magnetischen Materialien tritt bei genügend starker magnetischer Feldstärke eine magnetische Sättigung ein.

Bei ferromagnetischen Werkstoffen beginnt die Sättigung im Bereich von 1 T bis 1,6 T. Bei ferrimagnetischen Werkstoffen ist der Sättigungsknick nicht so ausgeprägt. Die Sättigung beginnt dafür erheblich niedriger, z. B. bei 0,3 T.

Die Magnetisierungskennlinien der magnetischen Materialien unterscheiden sich erheblich. Für größere Transformatoren wird häufig *kaltgewalztes Elektroblech* verwendet **(Bild 1)**. Bei diesem Material ist bei gleicher magnetischer Feldstärke die magnetische Flussdichte je nach Richtung der Magnetisierung verschieden groß. Kaltgewalztes Elektroblech hat also eine magnetische *Vorzugsrichtung*.

Wird ein magnetisches Material mit Gleichstrom magnetisiert, danach mit Gleichstrom entgegengesetzter Richtung entmagnetisiert und in umgekehrter Richtung magnetisiert, so erhält man die **Hysteresisschleife** (griech. Hysteresis = das Zurückbleiben, **Bild 2**). Das erste Magnetisieren erfolgt auf der Neukurve. Bei abnehmendem Magnetisierungsstrom stellt sich die magnetische Flussdichte auf der Grenzschleife ein. Ist gar kein Magnetisierungsstrom mehr vorhanden (Bild 2), bleibt eine restliche magnetische Flussdichte B_r zurück, die man **Remanenz** (lat. remanere = zurückbleiben) nennt. Wird nun mit einem Gleichstrom entgegengesetzter Richtung ummagnetisiert, so bringt erst eine bestimmte magnetische Feldstärke H_c, die **Koerzitivfeldstärke** (lat. coercere = zusammenhalten), die magnetische Flussdichte auf Null. Nun beginnt die Magnetisierung in umgekehrter Richtung und der Vorgang wiederholt sich bei Änderung der Stromrichtung.

Beim Ummagnetisieren verläuft die magnetische Flussdichte in Form einer Hysteresisschleife.

Der Flächeninhalt der Hysteresisschleife ist ein Maß für die beim Ummagnetisieren aufzubringende Arbeit. Dieser Flächeninhalt hat nämlich die Einheit

$$[H] \cdot [B] = \text{A/m} \cdot \text{T} = \text{A/m} \cdot \text{Vs/m}^2 = \text{VAs/m}^3 = \text{Ws/m}^3$$

Diese Einheit gibt die auf das Volumen des magnetischen Materials bezogene Arbeit für das Ummagnetisieren an. Bei Transformatoren erfolgt ständiges Ummagnetisieren. Deshalb verwendet man für **Transformatoren** magnetisches Material, bei dem der Flächeninhalt der Hysteresisschleife möglichst klein ist. Auch für die magnetisch wirksamen Teile von elektrischen Maschinen verwendet man ein Material, bei dem der Flächeninhalt der Hysteresisschleife klein ist. Dauermagnete von elektrischen Maschinen müssen dagegen ihren Magnetismus behalten. Bei ihnen muss der Flächeninhalt der Hysteresisschleife möglichst groß sein.

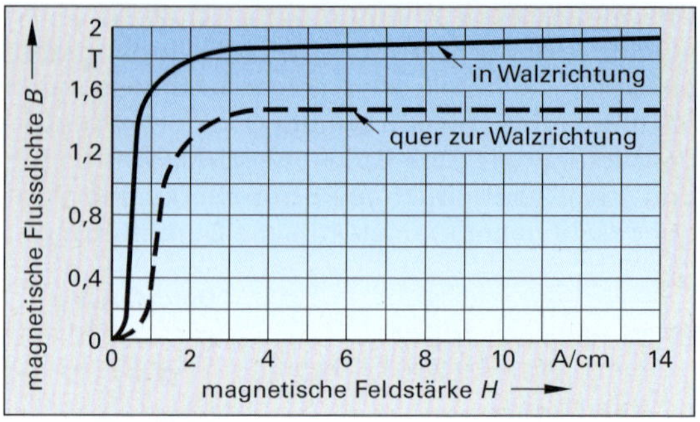

Bild 1: Magnetisierungskennlinien von kaltgewalztem Elektroblech

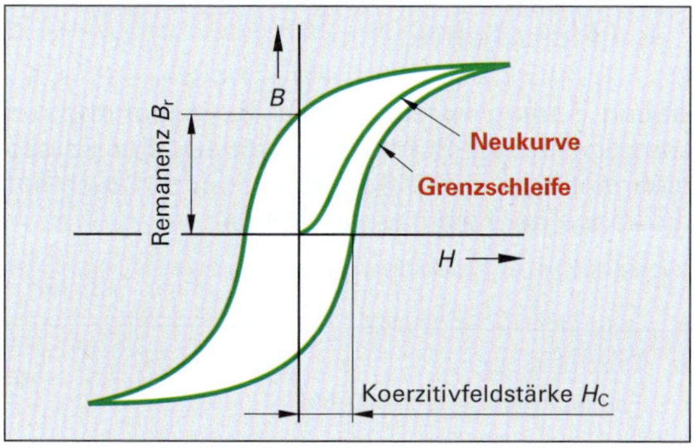

Bild 2: Hysteresisschleife

Magnetische Materialien nennt man weichmagnetisch, wenn ihre Hysteresisschleife einen kleinen Flächeninhalt hat. Man nennt sie hartmagnetisch, wenn die Hysteresisschleife einen großen Flächeninhalt hat.

Beispiel:

Eine Spule mit 5000 Windungen wird von einer Stromstärke von 10 mA durchflossen und hat eine mittlere Feldlinienlänge von 20 cm. Wie groß ist die magnetische Feldstärke?

Lösung:

$$H = \frac{\Theta}{l} = \frac{0{,}01\ \text{A} \cdot 5000}{20\ \text{cm}} = \frac{\text{A}}{\text{cm}} = \mathbf{250\ \frac{A}{m}}$$

Beispiel 1:

Eine Spule mit 5000 Windungen wird von einer Stromstärke von 10 mA durchflossen. Wie groß ist die Durchflutung der Spule?

Lösung:

$\Theta = I \cdot N = 0{,}01\ \text{A} \cdot 5000 = \mathbf{50\ A}$

Beispiel 2:

Eine Luftspule hat eine magnetische Feldstärke von 250 A/m. Wie groß ist ihre magnetische Flussdichte?

Lösung:

$B = \mu_0 \cdot H = 1{,}257\ \mu\text{Vs/(Am)} \cdot 250\ \text{A/m}$
$= 0{,}31425\ \text{mVs/m}^2 = \mathbf{0{,}314\ mT}$

3.6.4 Magnetischer Fluss

Den Produktterm aus magnetischer Flussdichte und Kernquerschnitt einer Spule nennt man **magnetischen Fluss Φ**. Seine Einheit ist die Voltsekunde (Vs) oder Weber (Wb), benannt nach dem deutschen Physiker Weber, 1804 bis 1891.

magnetischer Fluss

$[\Phi] = \text{Vs} = \text{Wb}$

$$\Phi = B \cdot A \quad (1)$$

Φ Magnetischer Fluss (griech. Großbuchstabe Phi)
B magnetische Flussdichte
A Querschnitt

In elektrischen Maschinen ist ein magnetischer Fluss wirksam, den man sich als Gesamtheit der aus den Magnetpolen austretenden magnetischen Feldlinien vorstellen kann **(Bild 1)**.

Nun hängt die Wirkung einer elektrischen Maschine nicht nur vom magnetischen Fluss ab, sondern auch von der Wicklung, die von diesem magnetischen Fluss durchsetzt wird.

Deshalb verwendet man bei den elektrischen Maschinen auch den Begriff des **magnetischen Verkettungsflusses**. Dieser ist das Produkt aus magnetischem Fluss, Windungszahl und einem von der Wicklung abhängigem Faktor (Wicklungsfaktor k_w).

Die Einheit des magnetischen Verkettungsflusses ψ ist dieselbe wie beim magnetischen Fluss, da Windungszahl und Wicklungsfaktor keine Einheit haben.

Beispiel 3:

In einem Elektromotor betragen der magnetische Fluss 3 Wb, die Windungszahl 800 und der Wicklungsfaktor 0,8. Wie groß ist der magnetische Verkettungsfluss?

Lösung:

$\Psi = \Phi \cdot N \cdot k_w = 3\ \text{Wb} \cdot 800 \cdot 0{,}8 = \mathbf{1920\ Wb}$

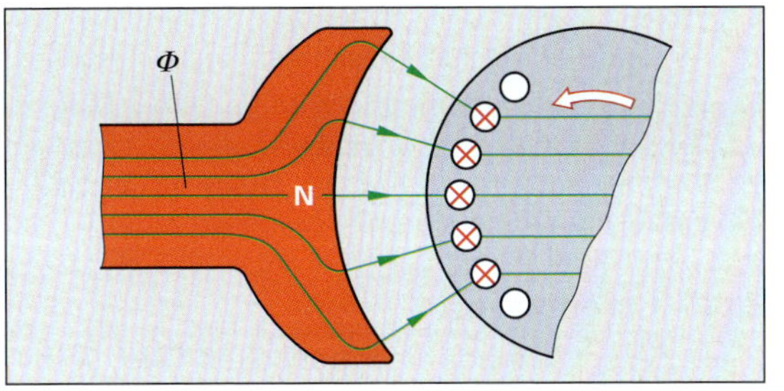

Bild 1: Magnetischer Fluss am Pol einer Gleichstrommaschine

magnetischer Verkettungsfluss

$$\Psi = \Phi \cdot N \cdot k_w \quad (2)$$

Ψ magn. Verkettungsfluss (griech. Großbuchstabe Psi)
Φ magnetischer Fluss (griech. Großbuchstabe Phi)
N Windungszahl
k_w Wicklungsfaktor

Beispiel 4:

Eine Ringspule besitzt 75 Windungen (Bild 1, Seite 37). Welche Stromstärke wird bei einer magnetischen Feldstärke von 700 A/m bei einer mittleren Feldlinienlänge von 0,18 m erzeugt?

Lösung:

$H = \frac{\Theta}{l} \Rightarrow \Theta = H \cdot l = 700\ \text{A/m} \cdot 0{,}18\ \text{m} = 126\ \text{A}$

$\Theta = I \cdot N \Rightarrow I = \frac{\Theta}{N} = \frac{126\ \text{A}}{75} = \mathbf{1{,}68}$

Beispiel 5:

In einer Spule mit Kern aus Elektroblech mit 4% Si beträgt die Flussdichte $B = 1{,}0$ T. Ermitteln Sie a) die magnetische Feldstärke anhand Bild 2, Seite 37, b) die Permeabilitätszahl μ_r.

Lösung:

a) Bei $B = 1{,}0$ T beträgt $H = 2$ A/cm = **200 A/m.**

b) $B = \mu_0 \cdot \mu_r \cdot H \Rightarrow \mu_r = \frac{B}{\mu_0 \cdot H} =$

$\frac{1\ \text{T}}{1{,}257\ \mu\text{Vs/(Am)} \cdot 200\ \text{A/m}} = \mathbf{39578}$

Wiederholung und Vertiefung

1. Welche Arten magnetischer Stoffe gibt es?
2. Wodurch unterscheiden sich im Verhalten ferromagnetische Stoffe von den ferrimagnetischen?
3. Was versteht man unter der elektrischen Durchflutung?
4. Wie berechnet man die magnetische Feldstärke?

5. Welche magnetische Größe ist bei Transformatoren und elektrischen Maschinen am wichtigsten?
6. Welcher Zusammenhang wird von einer Magnetisierungskennlinie dargestellt?
7. Welche Bedeutung hat die Hysteresisschleife beim Ummagnetisieren?

3.6.5 Lorentzkraft

Fließt Strom in einem magnetischen Feld, so bildet er dort selbst ein weiteres magnetisches Feld. Dieses übt auf das vorhandene magnetische Feld eine Kraft aus. Dazu ist es notwendig, dass der Strom quer zum vorhandenen Magnetfeld fließt **(Bild 1)**. Es genügt auch eine querliegende Komponente, also ein schräger Weg des Stroms durch das Magnetfeld. Fließt der Strom aber in Richtung des magnetischen Feldes, so tritt keine Kraft auf.

Auf einen Strom und damit auf bewegte Ladungsträger wird im magnetischen Feld eine Kraft ausgeübt, wenn der Strom senkrecht zum magnetischen Feld fließt.

Die Richtung der Kraft erhält man durch Eintragen der Feldlinien und deren Addition unter Berücksichtigung der auftretenden Längskräfte (Bild 1). Die Richtung der auf den Strom wirkenden Kraft kann man auch mithilfe der *Motor-Regel (Linke-Hand-Regel)* bestimmen **(Bild 2)**.

Motorregel: Hält man die linke Hand so, dass die Feldlinien auf die Innenflächen der Hand auftreffen und dass die ausgestreckten Finger in Stromrichtung zeigen, dann zeigt der abgespreizte Daumen die auf den Strom wirkende Kraft an.

Die ablenkende Kraft rührt von den Kräften auf die bewegten Ladungsträger her. Die Kraft auf die im Magnetfeld bewegten Ladungsträger nennt man **Lorentzkraft**, benannt nach Lorentz, niederländischer Physiker, 1853 bis 1928. Bewegen sich Ladungsträger, z. B. Elektronen, quer zu einem magnetischen Feld, so ist die auftretende Kraft um so stärker, je größer die Ladung, die Geschwindigkeit und die magnetische Flussdichte sind **(Bild 3)**.

Die Ladungsträger in einem Leiter oder Halbleiter drücken mit der Lorentzkraft auf den Leiter, z. B. aus Kupfer, oder Halbleiter, z. B. aus Silizium, sodass auf diesen eine gleich große Kraft wirkt.

Beispiel:

Auf einen Draht wirkt im magnetischen Feld eine Kraft von 14 mN, wenn die Geschwindigkeit der Elektronen quer zum Magnetfeld 1 mm/s beträgt und die magnetische Flussdichte 1,4 T ist. Wie groß ist die Ladung der Elektronen des Drahtes insgesamt?

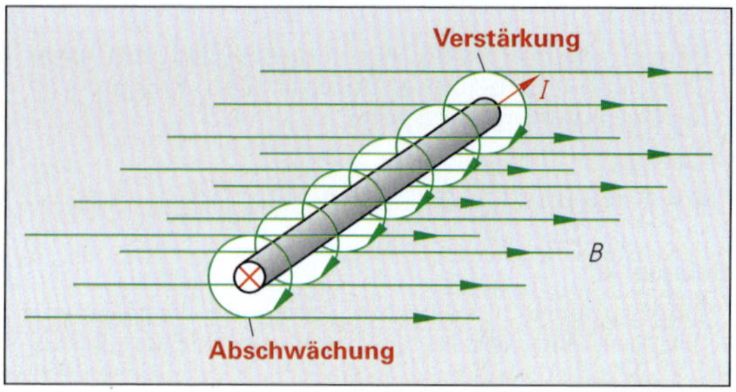

Bild 1: Strom im magnetischen Feld

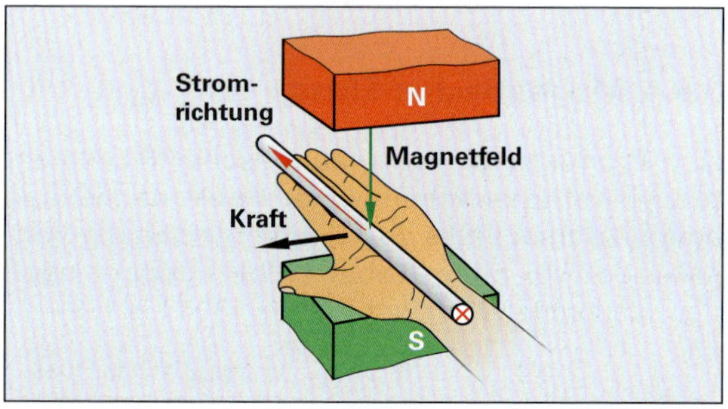

Bild 2: Motor-Regel

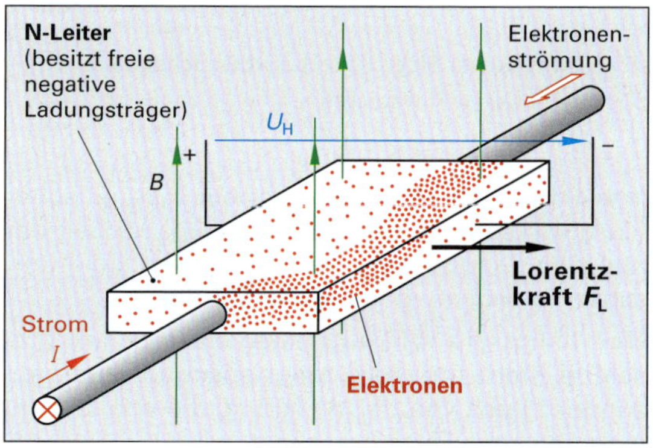

Bild 3: Lorentzkraft bei einem N-Leiter und Halleffekt

F_L Lorentzkraft
Q Ladung
v Geschwindigkeit senkrecht zum Feld
B Flussdichte

Lorentzkraft

$$F_L = Q \cdot v \cdot B \quad (1)$$

Lösung:

$F_L = Q \cdot v \cdot B \Rightarrow Q = F_L/(v \cdot B) = 14\ \text{mN}/(1\ \text{mm/s} \cdot 1{,}4\ \text{T})$
$= 14\ \text{N}/1{,}4\ \text{Tm/s} = 10\ \text{As} = \mathbf{10\ C}$

Wegen der Lorentzkraft erfährt ein Strom quer zum Magnetfeld eine Kraft, die von der Stromstärke, der wirksamen Länge des Magnetfeldes bzw. des Leiters im Magnetfeld und von der magnetischen Flussdichte abhängt.

F Kraft
I Stromstärke
l wirksame Leiterlänge im und senkrecht zum Magnetfeld
B magnetische Flussdichte

Kraft

$$F = I \cdot l \cdot B \qquad (1)$$

Beispiel:

Ein Draht befindet sich mit 0,20 m Länge quer zu den Feldlinien in einem magnetischen Feld mit $B = 1{,}5$ T. Im Draht fließt ein Strom mit 10 A. Wie groß ist die Kraft auf den Draht?

Lösung:

$F = I \cdot l \cdot B = 10\ \text{A} \cdot 0{,}2\ \text{m} \cdot 1{,}5\ \text{T} = \mathbf{3\ N}$

Durch Reihenschaltung mehrerer Drähte zu einer Spule kann man die Kraft vervielfachen. Die Kraft auf im magnetischen Feld bewegte Ladungsträger wird beim Elektromotor und bei Generatoren ausgenutzt. Sie wird auch zur Lichtbogenlöschung in Hochspannungsschaltern verwendet.

An einem dünnen stromdurchflossenem Halbleiterblättchen, z. B. aus Indiumantimonid, entsteht in einem Magnetfeld eine Spannung, **Hall-Spannung U_H** genannt (Bild 3, vorhergehende Seite, benannt nach Hall, amerikanischer Physiker 1855 bis 1938). Sie ist umso größer, je größer Stromstärke, magnetische Flussdichte und Hallkoeffizient sind und je kleiner die Plättchendicke ist.

U_H Hallspannung
R_H Hallkoeffizient in m^3/C
I Stromstärke
B magnetische Flussdichte
s Plättchendicke

Hallspannung

$$U_H = \frac{R_H \cdot I \cdot B}{s} \qquad (2)$$

Derartige Halbleiterplättchen nennt man Hallsonde, Hallsensor oder Hallgenerator. Man verwendet sie z. B. zur Messung von Magnetfeldern und als kontaktlose Signalgeber.

3.6.6 Induktion

Die Spannungserzeugung mithilfe des magnetischen Feldes nennt man *Induktion* (von lateinisch inducere = einführen). Sie erfolgt z. B. durch Einführen eines Magneten in eine Spule.

Lenz'sche Regel

Durch Induktion wird eine Spannung erzeugt. Wird ein Stromkreis geschlossen, so fließt ein Strom. Dieser durch Induktion hervorgerufene Strom bewirkt zusammen mit dem Magnetfeld eine Kraft. Natürlich sucht diese Kraft den Induktionsvorgang zu beeinflussen. Dazu gibt es zwei Möglichkeiten. Entweder sie verstärkt die Induktion oder die Kraft sucht die Induktion zu hemmen. Im ersten Fall würde die Induktion sich ständig verstärken und ohne Energiezufuhr weiterwirken. Das ist aber nicht möglich. Es bleibt also nur die zweite Möglichkeit:

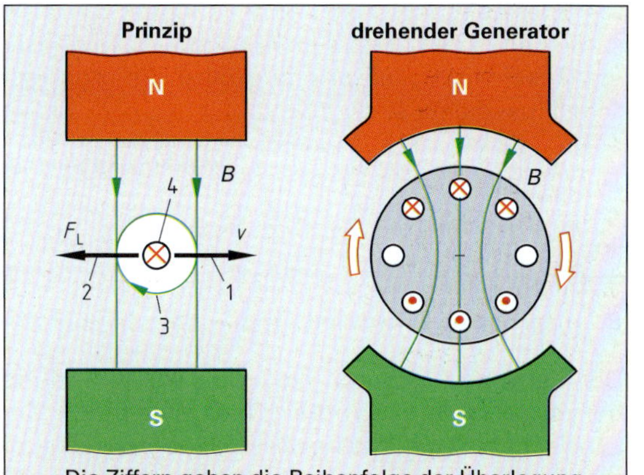

Bild 1: Induktion von Spannung durch Bewegung

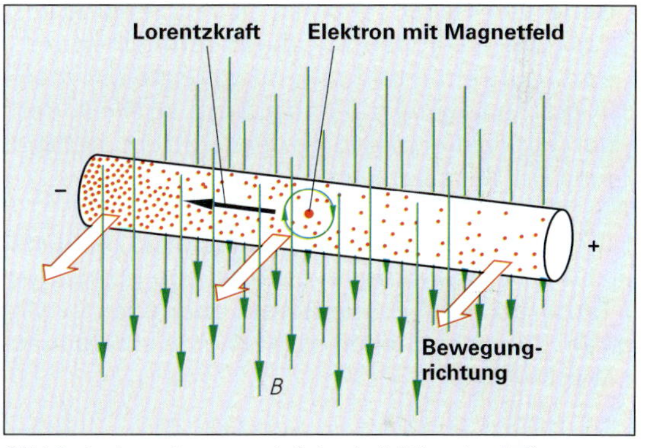

Bild 2: Ladungstrennung infolge Induktion durch Bewegung

Der durch Induktion hervorgerufene Strom ist so gerichtet, dass er seine Ursache zu hemmen sucht.

Beim Einschalten eines Fahrraddynamos tritt bekanntlich eine deutliche Bremswirkung ein. Das ist eine unmittelbare Folge dieser nach dem russischen Physiker Lenz (1804 bis 1865) benannten *Lenz'schen Regel.* Man verwendet die Lenz'sche Regel, um die Richtung der induzierten Spannung zu ermitteln **(Bild 1)**. Dazu setzt man die bremsende Lorentzkraft F_L entgegen der Geschwindigkeit *v* bzw. der Antriebskraft, bestimmt die für das Bremsen notwendige Richtung der Feldlinien und daraus nach der Schraubenregel die Richtung des Stroms.

Induktion durch Bewegung

Bewegt sich ein Leiter quer zu einem magnetischen Feld, so übt dies auf die Ladungsträger des Leiters Kräfte aus, wodurch die Trennung der positiven Ladung von der negativen Ladung bewirkt wird **(Bild 2)**. Es entsteht also eine Spannung.

Die Spannung ist umso höher, je länger die wirksame Länge des Leiters im Magnetfeld, je größer die Geschwindigkeit und je größer die magnetische Flussdichte sind.

Induktionsspannung

$$u_i = l \cdot v \cdot B \qquad (1)$$

u_i induzierte Spannung
l wirksame Leiterlänge im Magnetfeld
v Geschwindigkeit quer zu den Feldlinien
B magnetische Flussdichte

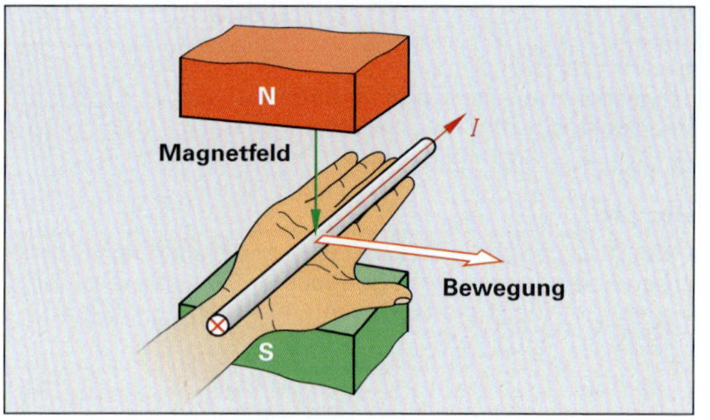

Bild 1: Generator-Regel

Die Richtung des durch die induzierte Spannung hervorgerufenen Stroms erhält man nach der Lenz'schen Regel aus der bremsenden Kraft (Lorentzkraft) auf positive Ladungsträger. Man erhält die Stromrichtung auch durch die *Generator-Regel* (*Rechte-Hand-Regel*, **Bild 1**).

Generator-Regel: Hält man die rechte Hand so, dass die Feldlinien auf die Innenflächen der Hand auftreffen und der abgespreizte Daumen in die Bewegungsrichtung zeigt, so fließt der durch Induktion hervorgerufene Strom in Richtung der ausgestreckten Finger.

Durch Induktion der Bewegung quer zu den Feldlinien wird Spannung in elektrischen Maschinen induziert, z. B. in Generatoren, aber auch in Motoren. Bei ihnen drehen sich Leiter in einem magnetischen Feld.

Induktion durch Änderung des magnetischen Flusses

Eine Spannung kann in einer Leiterschleife auch induziert werden, wenn sich in ihr der magnetische Fluss ändert. Meist werden mehrere Leiterschleifen in Reihe zu einer Spule zusammengeschaltet. Die induzierte Spannung ist umso höher, je mehr Windungen vorhanden sind und je stärker sich der magnetische Fluss *ändert*.

Induktionsspannung

$$u_i = -N \cdot \frac{\Delta\Phi}{\Delta t} \qquad (2)$$

u_i induzierte Spannung
N Windungszahl
$\Delta\Phi$ Flussänderung (Δ griech. Großbuchstabe Delta; mathematisches Zeichen für Differenz)
Δt Zeit, in der die Flussänderung erfolgt

Das Minuszeichen in der Formel ist ohne große Bedeutung. Es kommt dadurch zustande, dass der Windungssinn der Schleife wie der Drehsinn einer Rechtsschraube zu den magnetischen Feldlinien festgelegt ist.

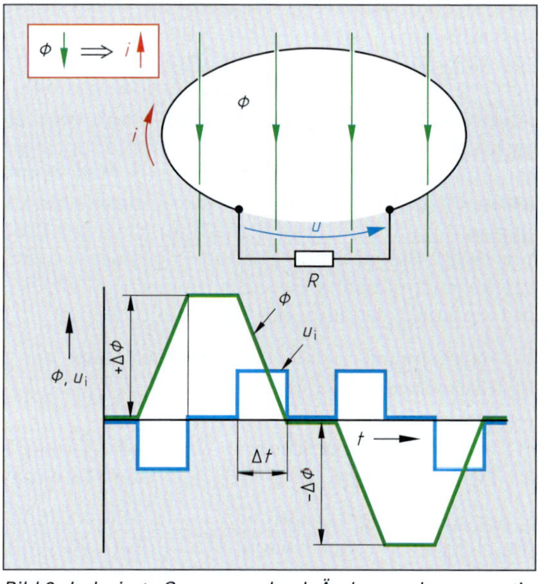

Bild 2: Induzierte Spannung durch Änderung des magnetischen Flusses

Dagegen ist es wichtig, dass wir uns den Zusammenhang von magnetischem Fluss und der Spannung klarmachen **(Bild 2)**. Wenn keine Änderung des Flusses vorhanden ist, dann ist auch die Spannung null, und zwar unabhängig von der Stärke des magnetischen Flusses. Nimmt der Fluss ab, so entsteht eine Spannung, die umso höher ist, je steiler der Graph des Flusses verläuft. Ebenso wird eine Spannung induziert, wenn der Fluss ansteigt, jedoch mit umgekehrter Polung.

Die in einer Spule induzierte Spannung ist umso höher, je mehr Windungen vorhanden sind, je größer die Flussänderung und je kürzer die Zeit sind, in der diese Flussänderung erfolgt.

Die Stärke der Flussänderung ist aus dem zeitlichen Verlauf des Flusses zu erkennen. Wo der Graph für den magnetischen Fluss waagrecht ist, liegt keine Flussänderung vor. Je steiler der Graph ist, desto stärker ist die Flussänderung.

Die induzierte Spannung ist proportional der Steigung der $\Phi(t)$-Kennlinie.

Beispiel:

In einer Spule mit 1200 Windungen ändert sich der magnetische Fluss innerhalb von 10 ms von 2,5 mWb auf 0 mWb gleichmäßig. Wie groß ist die in der Spule induzierte Spannung?

Lösung:

$u_i = -N \cdot \Delta\Phi/\Delta t = -1200 \cdot (-2{,}5\ \text{mWb})/10\ \text{ms} = \mathbf{300\ V}$

Die Induktion infolge Änderung des magnetischen Flusses wird in Transformatoren, Drosselspulen, Generatoren und Elektromotoren angewendet.

Wirbelströme

Lässt man Wechselstrom durch eine Spule fließen, in deren Innerem sich ein massiver Eisenkern befindet **(Bild 1)**, so erwärmt sich der Eisenkern innerhalb kurzer Zeit stark. Der massive Eisenkern leitet die magnetischen Feldlinien, stellt aber gleichzeitig einen ziemlich guten elektrischen Leiter dar **(Bild 2)**.

Man kann sich vorstellen, dass der massive Eisenkern wie eine kurzgeschlossene Spule wirkt, in welcher sich ein Eisenkern befindet (Bild 1). Infolge des magnetischen Wechselflusses fließt in jedem Bereich des massiven Eisenkerns ein Strom. Es treten ähnlich wie bei einem Wasserwirbel überall im Eisenkern durch Induktion hervorgerufene Ströme auf. Man bezeichnet diese als **Wirbelströme**. Diese erzeugen ihrerseits ein Magnetfeld, welches dem erregenden entgegenwirkt. Die Wirbelströme wirken am Rand des Eisenkerns stärker.

Durchdringt ein magnetisches Wechselfeld Metall, so werden dort Wirbelströme erzeugt.

Wirbelströme sind meist unerwünscht. Damit sich in Eisenkernen keine starken Wirbelströme ausbilden können, werden die Kerne aus dünnen Elektroblechen, z. B. von 0,1 mm, 0,35 mm oder 0,5 mm Dicke, geschichtet. Die Bleche werden gegeneinander isoliert, z. B durch Lack. Dadurch ist der Stromweg unterbrochen, sodass sich nur in den einzelnen dünnen Blechen schwache Wirbelströme ausbilden können. Wenn der Kern aus Ferrit besteht, entstehen keine Wirbelströme, da Ferrit den Strom nicht leitet.

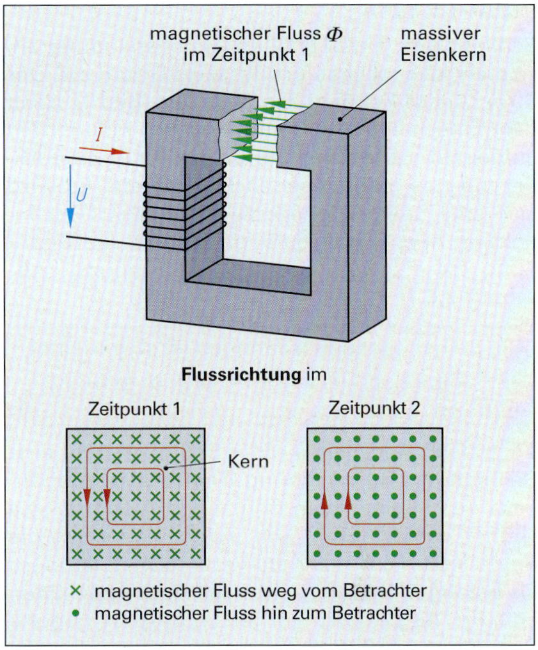

Bild 1: Entstehung der Wirbelströme in einem Eisenkern

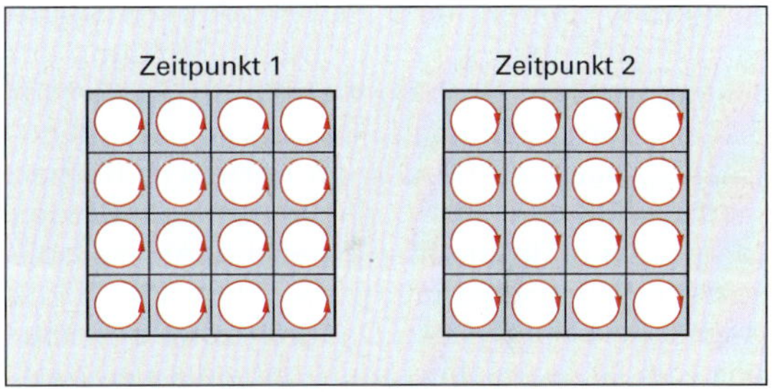

Bild 2: Wirbelströme in einem Eisenkern

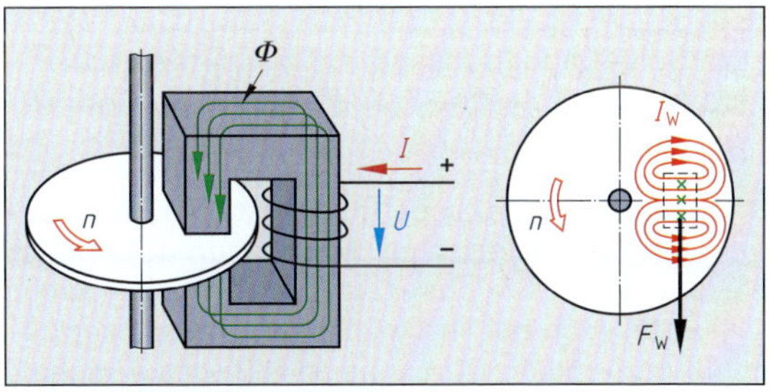

Bild 3: Wirbelstrombremse

Wirbelströme I_W entstehen auch durch Induktion, wenn sich eine massive Leiterplatte in einem Magnetfeld bewegt **(Bild 3)**. Auch hier ändert sich im Inneren der massiven Leiterplatte der magnetische Fluss, wenn die Leiterplatte im Magnetfeld bewegt wird. Dadurch treten Wirbelströme auf, die nach der Lenz'schen Regel so gerichtet sind, dass die Bewegung gebremst wird.

Selbstinduktion

Schließt man eine Spule an Gleichspannung an, so stellt sich nicht sofort der volle Strom ein. Der Strom steigt vielmehr allmählich an **(Bild 1)**. Nach dem Einschalten der Spule wird das Magnetfeld aufgebaut. Es tritt im Inneren der Spule eine Änderung des magnetischen Flusses ein. Es wird also eine Spannung induziert. Diese Art der Induktion nennt man *Selbstinduktion*, die Spannung ist die Selbstinduktionsspannung **(Abschnitt 3.6.7)**.

> Die Selbstinduktionsspannung ist so gerichtet, dass sie der Änderung des Stroms entgegenwirkt.

Auch beim Abschalten einer Spule entsteht eine Selbstinduktionsspannung. Diese ist so gepolt, dass der Spulenstrom in gleicher Richtung wie seither weiterfließen will. Allerdings wirkt die Spule jetzt nicht mehr als Verbraucher, sondern als Erzeuger. Dadurch tritt nach dem Abschalten eine im Vergleich zu vorher umgekehrt gepolte Spannung auf (Bild 1).

Beim Abschalten von Spulen mit hoher Windungszahl können hohe Selbstinduktionsspannungen auftreten, die zur Lichtbogenbildung am Schalter führen. Deshalb werden an Spulen für Gleichspannungen häufig Dioden so parallel geschaltet, dass die Dioden im normalen Betrieb sperren **(Bild 2)**. Beim Abschalten sind die Dioden dann in Durchlassrichtung geschaltet, weil die Selbstinduktionsspannung beim Abschalten die umgekehrte Polung hat. Dadurch kann der Spulenstrom langsam abnehmen, ohne dass eine unzulässig hohe Spannung auftritt. Man nennt die Dioden deshalb **Freilaufdioden**.

> Die Selbstinduktionsspannung beim Abschalten kann durch eine Freilaufdiode verhindert werden.

Die Selbstinduktionsspannung tritt bei Transformatoren und elektrischen Maschinen auf. Sie ist vor allem bei Gleichstrom beträchtlich, macht sich aber auch bei Wechselstrom meist unangenehm bemerkbar. Durch sie ist z. B. das Abschalten von Gleichstrommotoren ohne besondere Maßnahmen problematisch und ebenso das Einschalten von Transformatoren.

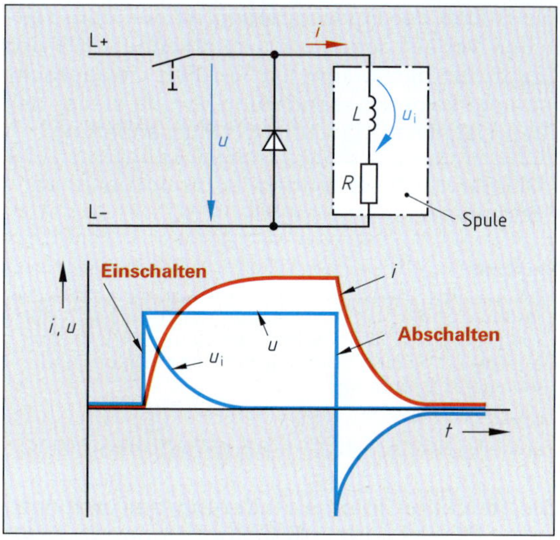

Bild 1: Strom und Spannung bei einer Spule mit Freilaufdiode an Gleichspannung

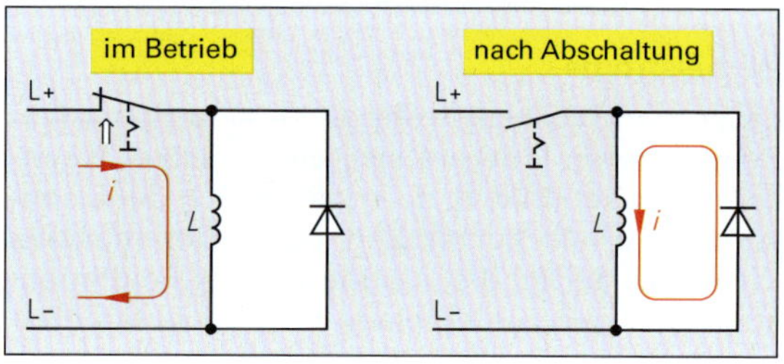

Bild 2: Wirkung der Freilaufdiode

Wiederholung und Vertiefung

1. In welchem Fall entsteht eine Lorentzkraft?
2. Geben Sie die Regel an, mit der man die Richtung der Kraft bestimmen kann, wenn ein Strom durch ein Magnetfeld fließt.
3. Was versteht man unter Spannungserzeugung durch Induktion?
4. Wie lautet die Lenz'sche Regel?
5. Welche Arten der Induktion unterscheidet man?
6. Welche Hand verwendet man für die Generator-Regel?
7. Wovon hängt die Höhe der Spannung ab, die in einer Spule induziert wird?
8. Welche Bedeutung hat $\Delta\Phi/\Delta t$ im $\Phi(t)$-Diagramm?
9. Erklären Sie das Zustandekommen des Minuszeichens in der Formel zur Induktion durch Änderung des magnetischen Flusses.
10. Welche Folge haben Wirbelströme?
11. Durch welche Maßnahmen verringert man Wirbelströme?
12. Beschreiben Sie die Wirkungsweise einer Freilaufdiode.
13. Beim Einschalten eines Transformators spricht manchmal der vorgeschaltete Leitungsschutzschalter an, obwohl kein Fehler vorliegt. Welche Bedeutung dafür hat die Hysteresisschleife?

3.6.7 Induktiver Blindwiderstand

Induktivität

Einen Zweipol, in dem Induktion stattfinden kann, nennen wir Induktivität. Dabei handelt es sich meist um eine Spule. Lässt man durch die Spule einen Strom fließen, so ändert sich gegenüber dem stromlosen Zustand das magnetische Feld im Innern der Spule. Nach dem Induktionsgesetz muss nun in der Spule eine Spannung entstehen. Diese ist in Folge der Lenz'schen Regel gegen die Ursache gerichtet, sie sucht also den beginnenden Strom zu hindern. Infolgedessen dauert es einige Zeit bis der Strom seinen Endwert erreicht.

Bei einer Induktivität ist der Strom verzögert gegenüber der Spannung.

Man verwendet das Wort Induktivität nicht nur für das Betriebsmittel, welches die Induktion hervorruft, sondern auch für die Eigenschaft der Spule, eine Induktion hervorrufen zu können. Wir sagen also, dass die Spule eine Induktivität besitzt.

Die Induktivität ist eine physikalische Größe, welche ausdrückt, wie groß die Fähigkeit einer Spule zur Induktion von Spannung ist.

Ruft eine Spule die Spannung 1 V hervor, wenn in ihr der Strom um 1 A innerhalb von 1 s geändert wird, so hat diese Spule die Induktivität von 1 Vs/A. Diese Einheit hat nach dem amerikanischen Physiker Henry, 1797 bis 1878, den besonderen Einheitennamen Henry (H).

Mithilfe der Induktivität kann man die induzierte Spannung berechnen, wenn die Änderung des Stroms und die Änderungszeit bekannt sind.

u_i induzierte Spannung
L Induktivität $[L]$ = 1 Vs/A = H
Δi Änderung der Stromstärke
Δt Zeit, in welcher die Änderung erfolgt

Induktionsspannung

$$u_i = -L \cdot \frac{\Delta i}{\Delta t} \quad (1)$$

Das Minuszeichen in Formel 1 gilt für das Verbraucher-Bezugspfeilsystem. Wenn z. B. Δi positiv ist, d. h. i ansteigt, ist das induzierte Δu_i negativ.

Beispiel:

Eine Spule hat eine Induktivität von $L = 3$ H. In ihr ändert sich die Stromstärke in 10 ms gleichmäßig von 1 A auf 0 A. Wie groß ist die durch Selbstinduktion induzierte Spannung?

Lösung:

$u_i = -L \cdot \Delta i/\Delta t = -3\ \text{H} \cdot (-1\ \text{A})/10\ \text{ms} = \mathbf{300\ V}$

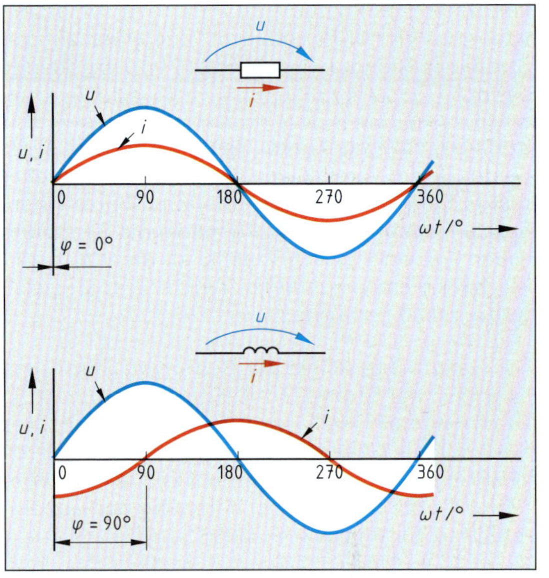

Bild 1: Phasenlagen von Strom und Spannung bei einem Wirkwiderstand (oben) und induktivem (unten) Blindwiderstand

Zum Aufbau des magnetischen Feldes einer Induktivität sind einige Zeit lang Stromstärke und Spannung vorhanden. In der Spule ist also wegen $W = U \cdot I \cdot t$ Energie gespeichert, solange das magnetische Feld vorhanden ist.

In jedem magnetischen Feld ist Energie gespeichert.

Diese Energie wird beim Abbau des Feldes wieder frei. Sie bewirkt z. B. beim Abschalten einer Spule einen kräftigen Funken oder gar einen Lichtbogen. Zur Verhinderung des Lichtbogens verwendet man eine Freilaufdiode (Bild 2, vorhergehende Seite).

Phasenverschiebung

Legt man eine Sinusspannung an ein elektrisches Heizgerät, so fließt ein Sinusstrom, der denselben zeitlichen Verlauf wie die Spannung hat **(Bild 1 oben)**. Man sagt, dass zwischen Spannung und Strom bei einem elektrischen Heizgerät keine Phasenverschiebung besteht oder dass sie in Phase sind. Zweipole, bei denen Stromstärke und Spannung in Phase sind, nennt man **Wirkwiderstände**.

Bei Wirkwiderständen besteht zwischen Spannung und Stromstärke keine Phasenverschiebung.

Anders liegen die Verhältnisse bei einer Induktivität. Bei ihr muss die Spannung einige Zeit vor dem Strom vorhanden sein. Deshalb liegt bei einer reinen Induktivität eine Phasenverschiebung von einer viertel Periode vor, und zwar eilt der Strom der Spannung nach (Bild 1, vorhergehende Seite).

In Bild 1, vorhergehende Seite, sieht es aus, als ob der Strom voreile, weil die Stromkurve weiter rechts liegt. Wir müssen uns aber klarmachen, dass an jedem Punkt der Kennlinie die Spannung schon weiter fortgeschritten ist als die Stromstärke, die den entsprechenden Wert erst später, also weiter rechts, erreicht.

Die waagrechte Achse der Spannung-Zeit-Kennlinie bzw. der Strom-Zeit-Kennlinie wird meist in Grad eingeteilt, weil das dem Drehwinkel eines zweipoligen Generators entspricht. Bei 50-Hz-Wechselspannungen entspricht z. B. einer Periode von 20 ms eine ganze Umdrehung des Generators, also der Winkel $2\pi = 360°$.

Die Phasenverschiebung kann man bei Sinusgrößen durch den Phasenverschiebungswinkel φ (griech. Kleinbuchstabe phi) ausdrücken. Bei einer Induktivität besteht also zwischen Spannung und Strom ein Phasenverschiebungswinkel von 90°, und zwar eilt der Strom nach.

Merkvers: Bei Induktivitäten tut sich der Strom verspäten.

Die Verhältnisse liegen bei der Induktivität also gerade umgekehrt wie bei einer Kapazität. Kapazitäten und Induktivitäten verhalten sich in mancher Beziehung zwar ähnlich, jedoch gerade immer entgegengesetzt. Man spricht von dualen Schaltelementen. Der Phasenverschiebungswinkel $\varphi = 90°$ folgt bei einer reinen Induktivität aus den Eigenschaften der Sinuslinie.

Induktivitäten lassen den Wechselstrom nicht ungehindert fließen, sie stellen also einen Widerstand dar. Wie noch gezeigt werden wird, ist das, entsprechend zum Kondensator, ein **induktiver Blindwiderstand X_L**.

Der induktive Blindwiderstand X_L ist umso größer, je größer Frequenz und Induktivität sind. Entsprechend zum Kondensator wird die Kreisfrequenz verwendet (Formeln 1 und 2).

Beispiel 1:

Wie groß ist der Blindwiderstand einer Induktivität mit 2 H an einer Spannung mit 50 Hz?

Lösung:

$X_L = \omega \cdot L = 2\pi \cdot f \cdot L = 2\pi \cdot 50\ \text{Hz} \cdot 2\ \text{H} = \mathbf{628\ \Omega}$

ω Kreisfrequenz (griech. Kleinbuchstabe Omega)
f Frequenz

Kreisfrequenz

$$\omega = 2\pi \cdot f \quad (1)$$

X_L induktiver Blindwiderstand
L Induktivität

induktiver Blindwiderstand

$$X_L = \omega \cdot L \quad (2)$$

Entsprechend dem Ohm'schen Gesetz gilt $U = X_L \cdot I$ mit $I = i = \hat{\imath} \cdot \sin(\omega t)$. Daher ist wegen der Ableitung di/dt die Induktionsspannung $u_i = X_L \cdot \hat{\imath} \cos(\omega t)$.

Bei Reihenschaltung von Induktivitäten: $L = L_1 + L_2 + \ldots$.

Bei Parallelschaltung von Induktivitäten: $\frac{1}{L} = \frac{1}{L_1} + \frac{1}{L_2} + \ldots$.

3.6.8 Magnetisches Feld als Energiespeicher

Zum Aufbau des magnetischen Feldes einer Spule ist ein Strom erforderlich, der von einer Spannung hervorgerufen wird. Der Vorgang des Aufbaus dauert einige Zeit. Deshalb ist zum Aufbau des magnetischen Feldes Arbeit erforderlich und im magnetischen Feld ist Energie gespeichert.

Die Arbeit bzw. die Energie entsprechen dabei genau den Größen beim elektrischen Feld, wenn man die Kapazität C durch die Induktivität L ersetzt und die Spannung U durch die Stromstärke I. Die im Magnetfeld einer stromdurchflossenen Spule gespeicherte Energie hängt also linear von der Induktivität der Spule und quadratisch von der Stromstärke ab.

W Energie
L Induktivität
I Stromstärke

Spulenenergie

$$W = \frac{1}{2} \cdot L \cdot I^2 \quad (3)$$

Beispiel 2:

In einer Spule mit 2 H fließt ein Gleichstrom mit 40 A. Wie groß ist die beim Abschalten der Spule freiwerdende Energie, wenn keinerlei Magnetismus zurückbleibt?

Lösung:

$W = \frac{1}{2} \cdot L \cdot I^2 = \frac{1}{2} \cdot 2\ \text{H} \cdot (40\ \text{A})^2 = 1600\ \text{Ws} = \mathbf{1{,}6\ kJ}$

Man kann erkennen, dass beim Abschalten von Spulen recht erhebliche Energiemengen freigesetzt werden, die vor allem zum Verbrennen von Schalterkontakten oder zur Beschädigung von Halbleiterbauelementen führen können.

Wie bei einer stromdurchflossenen Spule enthält jedes magnetische Feld Energie. Als Energiedichte bezeichnet man den Quotienten aus Energie und Volumen. Die Energiedichte des magnetischen Feldes kann entsprechend wie beim elektrischen Feld berechnet werden. Dabei entsprechen der elektrischen Flussdichte D die magnetische Flussdichte B und der elektrischen Feldstärke E die magnetische Feldstärke H.

Energiedichte

w Energiedichte $[w]$ = J/m³
W Energie
V Volumen
B magnetische Flussdichte
H magnetische Feldstärke

$$w = \frac{W}{V} \quad (1)$$

$$w = \frac{1}{2} \cdot B \cdot H \quad (2)$$

Volumen

V Volumen
m Masse
ϱ Dichte (griech. Kleinbuchstabe Rho)

$$V = \frac{m}{\varrho} \quad (3)$$

Beispiel:

Bei einem Großtransformator hat der Eisenkern ohne Spanneinrichtungen eine Masse m von 12 000 kg, das Transformatorenblech hat eine Dichte ϱ von 7,6 kg/dm³. Der Scheitelwert der magnetischen Flussdichte beträgt 1,8 T, die magnetische Feldstärke dafür ist 200 A/m. Wie groß ist im Augenblick der größten magnetischen Flussdichte die im Eisenkern gespeicherte Energie?

Lösung:

$m = V \cdot \varrho \Rightarrow V = m/\varrho = 12000\ \text{kg}/(7{,}6\ \text{kg/dm}^3)$
$= 1579\ \text{dm}^3 = 1{,}579\ \text{m}^3$

$w = \frac{1}{2} \cdot B \cdot H = \frac{1}{2} \cdot 1{,}8\ \text{T} \cdot 200\ \text{A/m} = 180\ \text{J/m}^3$

$W = w \cdot V = 180\ \text{J/m}^3 \cdot 1{,}579\ \text{m}^3 = \mathbf{284\ J}$

Die in Eisenkernen gespeicherte Energie kann beim Abschalten durch Induktion freigesetzt werden und so zur Lichtbogenbildung an Kontakten führen. Deshalb müssen Schalter so konstruiert werden, dass ihre Kontakte diese Energie aufnehmen und ableiten können. Meist verwendet man dazu *Kühlbleche*, welche den Lichtbogen auseinanderziehen, rasch abkühlen und so zum Verlöschen bringen **(Bild 1)**.

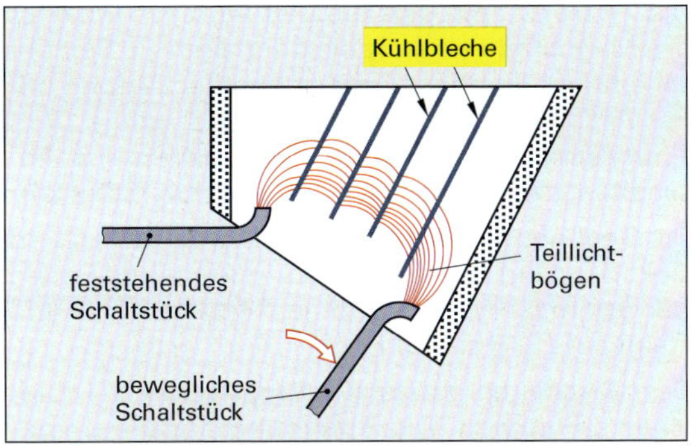

Bild 1: Entionisierungskammer

3.6.9 Gleichstrom-Schalten von Spulen

Beim Einschalten einer Spule an Gleichspannung nach **Bild 2**, wird ein magnetisches Feld aufgebaut, wobei die Induktivität der Spule sich nach der Lenz'schen Regel gegen eine Änderung des Stroms sträubt, sodass zunächst die Spulenspannung so groß ist wie die angelegte Spannung **(Bild 3)** und der Strom Null ist. Danach steigt der Spulenstrom von Null ziemlich steil an, sodass

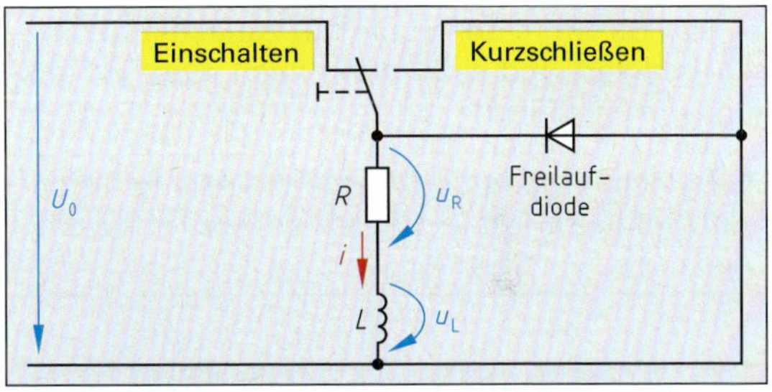

Bild 2: Einschalten und Umpolen einer Spule

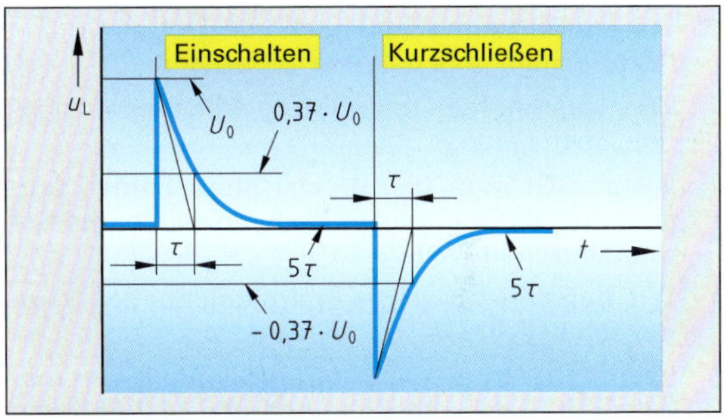

Bild 3: Spulenspannung beim Einschalten und Abschalten

die Spannung an R, z. B. am ohmschen Widerstand der Spulenwicklung, von Null an zunimmt. Diese Spannung an R fehlt nun zunehmend an der Induktivität L der Spule, sodass die induzierte Gegenspannung abnimmt. Infolgedessen steigt der Spulenstrom weiter an **(Bild 1, folgende Seite)**, während die Spannung an L gegen Null geht.

Der Aufbau des magnetischen Feldes dauert umso länger, je größer die Induktivität L der Spule ist und je kleiner R, z. B. ihr Ohm'scher Widerstand, ist. Der Quotient L/R ist eine wichtige Kenngröße einer Spule. Man nennt ihn **Zeitkonstante τ**.

Je größer die Zeitkonstante einer Spule ist, desto länger dauert der Aufbau ihres Magnetfeldes beim Einschalten.

Die Zeitkonstante gibt die Zeit an, nach welcher das Magnetfeld einer Spule oder einer *RL*-Reihenschaltung aufgebaut wäre, wenn der Aufbau mit der Anfangsgeschwindigkeit weiter ginge (Bild 1). In Wirklichkeit verlaufen Einschalten und Abschalten jeweils nach einer **e-Funktion** (Seite 34).

Die Spannung u_L an der Spule startet mit U_0 und sinkt dann auf Null (Bild 3, vorhergehende Seite). Der Strom i_L (= i) in der Spule startet mit Null und steigt auf U_0/R an (Bild 1).

Das Abschalten (Kurzschließen) nach Bild 1 folgt einer e-Funktion. Die Spannung hat die umgekehrte Richtung wie beim Einschalten und nimmt in dieser Richtung ab (Bild 3, vorhergehende Seite). Der Strom in der Spule hat zunächst den hohen Endwert und sinkt dann nach einer e-Funktion auf Null (Bild 1).

Einschaltvorgang und Abschaltvorgang durch Kurzschließen sind bei einer Spule jeweils nach etwa 5 τ beendet.

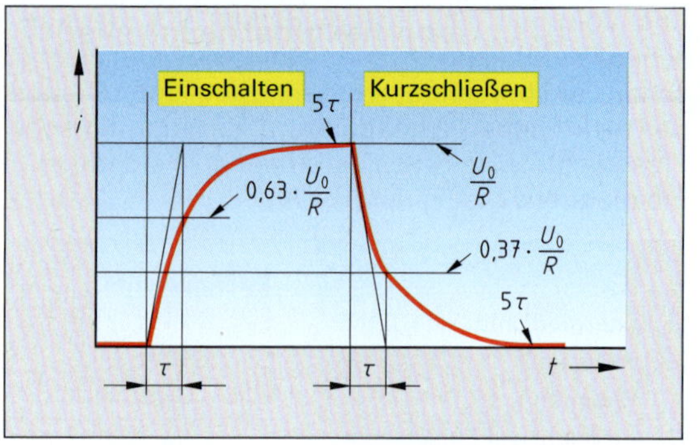

Bild 1: Spulenstrom beim Einschalten und Abschalten

Zeitkonstante

$$\tau = \frac{L}{R} \quad (1)$$

$$[\tau] = \frac{\text{H}}{\Omega} = \frac{\text{Vs}}{\text{A}\Omega} = \text{s}$$

Spannung an *R*

$$u_R = U_0\,[1 - \exp(-t/\tau)] \quad (2)$$

$\exp\,[x] = e^x$ mit e = 2,71828...

Einschalten nach Bild 2, vorhergehende Seite

Einschaltspannung

$$u_L = U_0 \cdot \exp(-t/\tau) \quad (3)$$

Einschaltstrom ($i_L = i$)

$$i_L = \frac{U_0}{R}\,[1 - \exp(-t/\tau)] \quad (4)$$

Abschalten durch Kurzschließen nach Bild 2, vorhergehende Seite

Abschaltspannung

$$u_L = -U_0 \cdot \exp(-t/\tau) \quad (5)$$

Abschaltstrom ($i_L = i$)

$$i_L = \frac{U_0}{R}\,\exp(-t/\tau) \quad (6)$$

Wiederholung und Vertiefung

1. Warum sind zum Abschalten von großen Spulen leistungsfähige Schalter erforderlich?
2. Was versteht man unter Energiedichte des magnetischen Feldes?
3. Welche Größen des elektrischen Feldes entsprechen der magnetischen Flussdichte und der magnetischen Feldstärke?
4. Wie berechnet man die Energiedichte des magnetischen Feldes?
5. Inwiefern verursacht der Energieinhalt von magnetisch aktiven Maschinenteilen Maßnahmen zur Lichtbogenlöschung in Schaltern?

3.7 Wirkungen des Wechselstroms

3.7.1 Darstellung mit Zeigern

Eine Sinuslinie entsteht, wenn man einen Zeiger linksherum rotieren lässt und die Höhe der Zeigerspitze in Abhängigkeit zum Drehwinkel aufzeichnet **(Bild 2)**. Umgekehrt kann man sich vorstellen, dass jede Sinuslinie vereinfacht durch einen Zeiger darzustellen ist. Dabei muss der Zeiger so gelegt werden, dass die Höhe seiner Zeigerspitze dem Anfangswert der Wechselgröße entspricht (Bild 2). Dadurch gibt der Winkel zwischen zwei Zeigern direkt den Phasenverschiebungswinkel φ der zugehörigen Wechselgrößen an. Die Zeigerbilder von Spannung und Strom geben uns mithin direkt Auskunft, welche Art Zweipol bzw. Zweipol-Kombination vorliegt **(Bild 3)**.

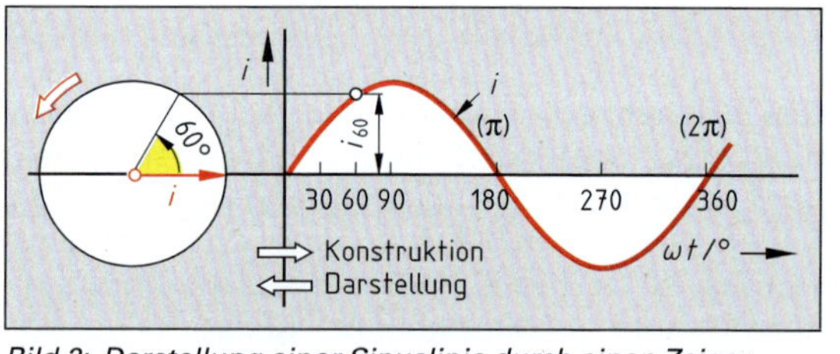

Bild 2: Darstellung einer Sinuslinie durch einen Zeiger

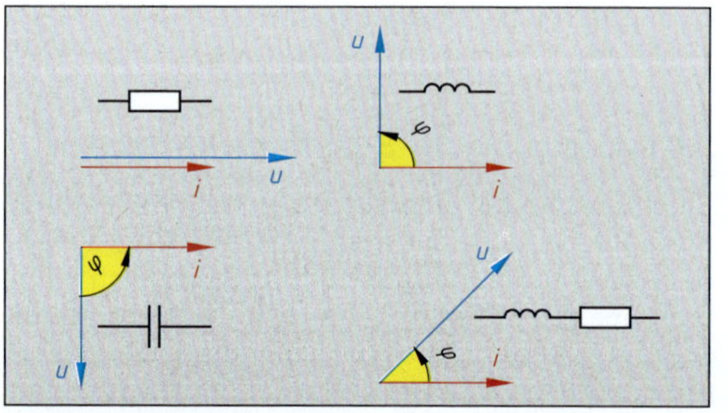

Bild 3: Phasenlagen von Strom und Spannungen bei verschiedenen Zweipolen

Kombiniert man die drei Zweipolarten Wirkwiderstand, Induktivität und Kapazität, so können alle möglichen Winkel der Phasenverschiebung von 0° bis 90° in beiden Richtungen auftreten. Bei der häufigen Belastung mit einem Wirkwiderstand und einer Induktivität, z. B. bei einem Motor, kann die Phasenverschiebung, je nach Anteil des Wirkwiderstandes, z. B. 20° bis 80° betragen.

Wechselgrößen mit Sinusform stellt man zweckmäßigerweise durch Zeiger dar.

3.7.2 Wechselstromleistungen

Die Leistung schwingt bei Wechselstrom dauernd zwischen einem Höchstwert und einem Tiefstwert, weil auch Strom und Spannung schwingen **(Bild 1)**. Liegt keine Phasenverschiebung vor, so verläuft die Leistungskurve zu jedem Zeitpunkt im positiven Bereich. Der Verbraucher nimmt dann in jedem Zeitpunkt Leistung auf.

Liegt dagegen eine Phasenverschiebung vor, so verläuft die Leistungskurve abwechselnd im positiven und danach im negativen Bereich. Das bedeutet, dass der Verbraucher während einer meist längeren Zeit Leistung aufnimmt, in der anderen Zeit wieder Leistung an das Netz zurückgibt.

Der Anteil der Leistung, der auf Dauer aufgenommen wird, heißt **Wirkleistung**. Der Anteil der Leistung, der zwischen Netz und Verbraucher hin und her pendelt, heißt **Blindleistung** **(Bild 2)**. Die nach der Formel Leistung = Spannung · Strom berechnete Leistung heißt **Scheinleistung**.

Bei Wechselstrom unterscheidet man Wirkleistung, Blindleistung und Scheinleistung.

Die *Augenblicksleistung* bei Wechselstrom ist eine Sinusgröße. Diese hat allerdings die doppelte Frequenz wie Stromstärke und Spannung. Auch Leistungen können durch Zeiger dargestellt werden **(Bild 3)**. Die Scheinleistung ist die *geometrische Summe* aus Wirkleistung und Blindleistung. Bei einer Schaltung aus Ohm'schen Widerständen R (Wirkwiderstände) und Blindwiderständen X_L (induktiv) und X_C (kapazitiv) ist zu beachten, dass X_L und X_C sowie Q_L und Q_C entgegenwirken (Bild 3). Man spricht dabei auch von **Kompensation**.

Zur Unterscheidung verwendet man für die verschiedenen Leistungen verschiedene Einheiten. Die Wirkleistung erhält die Einheit Watt (W), die Scheinleistung die Einheit Voltampere (VA), die Blindleistung die Einheit Var (var). Var kommt von Voltampere reaktiv = Voltampere gegenwirkend.

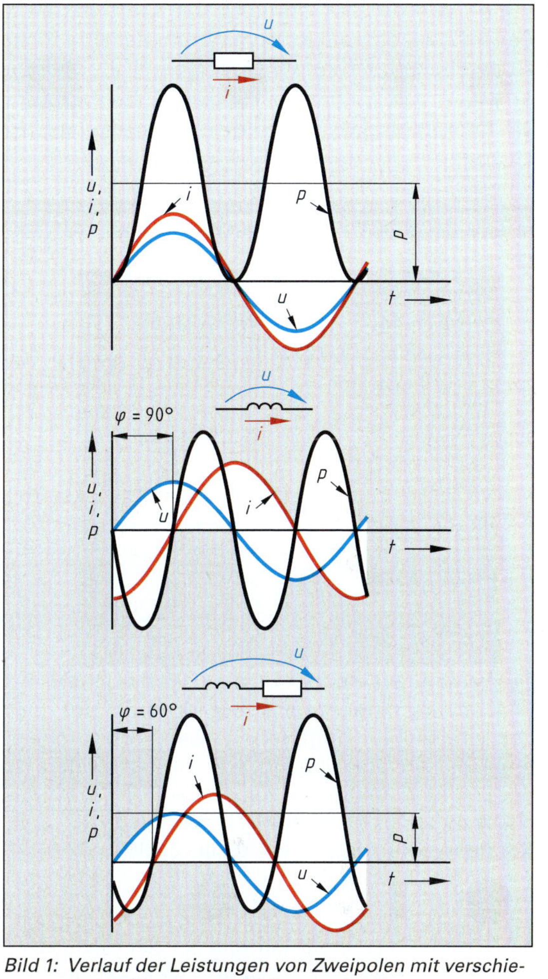

Bild 1: Verlauf der Leistungen von Zweipolen mit verschiedenen Phasenverschiebungswinkeln

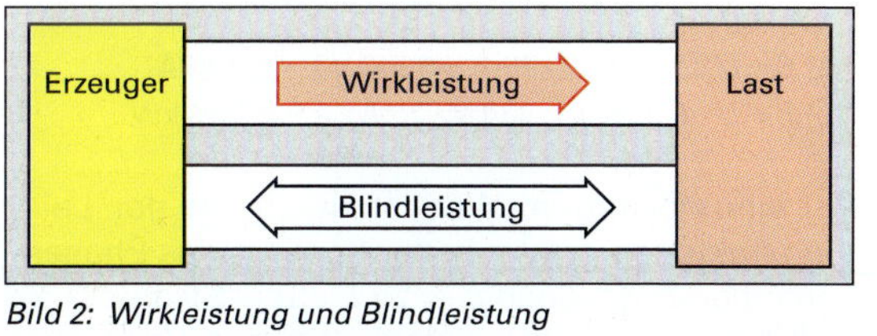

Bild 2: Wirkleistung und Blindleistung

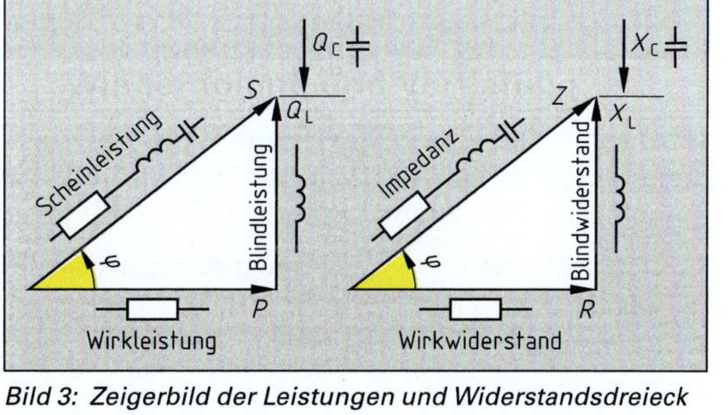

Bild 3: Zeigerbild der Leistungen und Widerstandsdreieck

Die Regeln für den Umgang mit Zeigern sind dieselben wie für den Umgang mit Kraftvektoren. Das trifft zu, obwohl Kraftvektoren dieselbe Richtung behalten, während Zeiger eigentlich rotieren.

Aus dem Zeigerbild der Leistungen erhält man die Berechnungsformeln für die Wechselstromleistungen und daraus die Formel für den Leistungsfaktor.

S Scheinleistung
U Spannung
I Stromstärke
P Wirkleistung
Q Blindleistung (Q_C, Q_L)
$\cos\varphi$ Leistungsfaktor, Wirkfaktor
$\sin\varphi$ Blindfaktor (φ griech. Kleinbuchstabe Phi)

$[S] = V \cdot A = VA$

$[P] = V \cdot A = W$

$[Q] = V \cdot A = var$

Scheinleistung

$$S = U \cdot I \quad (1)$$

Wirkleistung

$$P = U \cdot I \cdot \cos\varphi \quad (2)$$

Blindleistung

$$Q = U \cdot I \cdot \sin\varphi \quad (3)$$

Leistungsfaktor bei Sinusstrom

$$\cos\varphi = \frac{P}{S} \quad (4)$$

Der **Leistungsfaktor** $\cos\varphi$ ist bei Verbrauchern mit Phasenverschiebung, z. B. bei Motoren, auf dem Leistungsschild angegeben. Bei Verbrauchern ohne Phasenverschiebung, z. B. Wärmegeräten, ist der Leistungsfaktor 1, da $\cos 0° = 1$. Bei Verbrauchern mit einer Phasenverschiebung von 90°, z. B. Kondensatoren, ist $\cos\varphi = 0$, da $\cos 90° = 0$.

Beispiel:

Ein Wechselstrommotor nimmt bei einer Spannung von 230 V einen Strom von 10 A auf, der Leistungsfaktor ist $\cos\varphi = 0{,}8$. Wie groß sind a) Scheinleistung, b) Wirkleistung?

Lösung:

a) $S = U \cdot I = 230\text{ V} \cdot 10\text{ A} = 2300\text{ VA} = \mathbf{2{,}3\text{ kVA}}$

b) $P = U \cdot I \cdot \cos\varphi = 230\text{ V} \cdot 10\text{ A} \cdot 0{,}8 = \mathbf{1{,}84\text{ kW}}$

Bei sinusförmigem Wechselstrom ist der Leistungsfaktor so groß wie der Kosinus des Phasenverschiebungswinkels φ zwischen Stromstärke und Spannung und gleichzeitig das Verhältnis Wirkleistung P zu Scheinleistung S (Formel 4). Bei nicht sinusförmigem Wechselstrom ist der $\cos\varphi$ nur der Kosinus der Phasenverschiebung zwischen Stromstärke und Spannung von der Grundschwingung, z. B. von 50 Hz, und nicht der Leistungsfaktor. Dieser hat dann das Formelzeichen λ (griech. Kleinbuchstabe Lambda). Also $\lambda = |P|/S$.

λ Leistungsfaktor
P Wirkleistung
S Scheinleistung

Leistungsfaktor, allgemein

$$\lambda = \frac{|P|}{S} \quad (5)$$

3.7.3 Wechselstromwiderstände

Aus den Formeln $P = U \cdot I$ und $R = U/I$ können wir erkennen, dass sowohl die Leistung P als auch der Widerstand R proportional zur Spannung U sind, sofern die Stromstärke I gleichbleibend ist. Deshalb verhalten sich die verschiedenen elektrischen Leistungen zueinander so wie die verschiedenen elektrischen Widerstände. Man kann daher ein Widerstandsdiagramm entsprechend zu einem Zeigerbild der Leistungen zeichnen (Bild 3, vorhergehende Seite).

Entsprechend zu den Leistungen unterscheidet man **Wirkwiderstand** R, **kapazitiver Blindwiderstand** X_C, **induktiver Blindwiderstand** X_L und **Scheinwiderstand** Z. Der Scheinwiderstand wird auch **Impedanz** (lat. impedire = hindern) genannt.

Die Impedanz ist der Wechselstromwiderstand, der für die Stromaufnahme an Spannung maßgebend ist.

Z Impedanz (Scheinwiderstand)
R Wirkwiderstand
X Blindwiderstand

Impedanz bei Reihenschaltung

$$Z = \sqrt{R^2 + X^2} \quad (6)$$

Sind beide Arten von Blindwiderständen in einer Reihenschaltung vorhanden, so gilt für den Betrag des Blindwiderstandes

$X = X_C - X_L$ oder $X = X_L - X_C$.

Liegt eine Parallelschaltung vor, so bildet man die Leitwerte durch Kehrwertbildung

$G = 1/R$, $Y = 1/Z$, $B = 1/X$.

Y Scheinleitwert
G Wirkleitwert
B Blindleitwert

Scheinleitwert bei Parallelschaltung

$$Y = \sqrt{G^2 + B^2} \quad (7)$$

Wenn der kapazitive Blindwiderstand denselben Betrag wie der induktive hat, wird der Betrag des gesamten Blindwiderstandes bzw. des Blindleitwertes Null. In der Reihenschaltung dieser Blind-Widerstände ist die Impedanz sehr klein (Saugkreis), in der Parallelschaltung sehr groß (Sperrkreis). Man spricht dabei von **Schwingkreisen**.

Wiederholung und Vertiefung

1. Erklären Sie die physikalische Größe Induktivität.
2. Welche Einheit hat die Induktivität?
3. Wie ist die Phasenlage von Strom und Spannung bei einer reinen Induktivität?
4. Mit welcher Formel kann man den induktiven Blindwiderstand berechnen?

3.8 Grundlagen des Transformators

Übersetzung

Ein Transformator besteht im Prinzip aus zwei Spulen auf einem gemeinsamen Kern aus magnetischem Material, z. B. Eisen **(Bild 1)**. Von der **Eingangswicklung** (Primärwicklung) wird Wechselstrom und damit elektrische Energie aufgenommen. Diese Energie wird als *magnetischer Wechselfluss* an den Eisenkern weitergegeben.

Im Eisenkern ändert deshalb der magnetische Fluss dauernd seine Größe und seine Richtung. Dadurch wird in der **Ausgangswicklung** (Sekundärwicklung) eine Spannung induziert. Gewöhnlich ist an die Ausgangswicklung ein Lastwiderstand angeschlossen. Dadurch fließt ein Ausgangsstrom (Sekundärstrom), sodass die Energie an den Lastwiderstand abgegeben wird (Bild 1). Grundsätzlich erfolgt also die Übertragung der Energie von der Eingangswicklung zur Ausgangswicklung über den magnetischen Eisenkern.

> Beim Transformator sind die Eingangswicklung und die Ausgangswicklung miteinander elektromagnetisch gekoppelt.

Unabhängig von der Bezeichnung Eingangswicklung und Ausgangswicklung werden auch die Bezeichnungen Oberspannungswicklung und Unterspannungswicklung verwendet.

Die **Oberspannungswicklung** ist die Wicklung mit der hohen Spannung, die **Unterspannungswicklung** die Wicklung mit der niedrigen Spannung.

Nach dem Induktionsgesetz **(Abschnitt 3.6.6)** werden in den Wicklungen des Transformators Spannungen induziert. Dabei sind die Spannungen U proportional (Zeichen ~) zu den Windungszahlen N. Daraus folgt (Zeichen ⇒), dass die Spannungen proportional zu den jeweiligen Windungszahlen sind. Das gilt allerdings für den Fall, dass beide Wicklungen den gleichen magnetischen Fluss umfassen. Das ist in der Energietechnik meist weitgehend der Fall.

$$U \sim N \quad \Rightarrow \quad U_2 \sim N_2 \text{ und } U_1 \sim N_1$$

Teilt man den letztgenannten Ausdruck durch den vorletzten, erhält man die Formel für die Spannungsübersetzung. Das Zeichen ≈ („ungefähr gleich") weist darauf hin, dass nur eine Näherungsformel vorliegt.

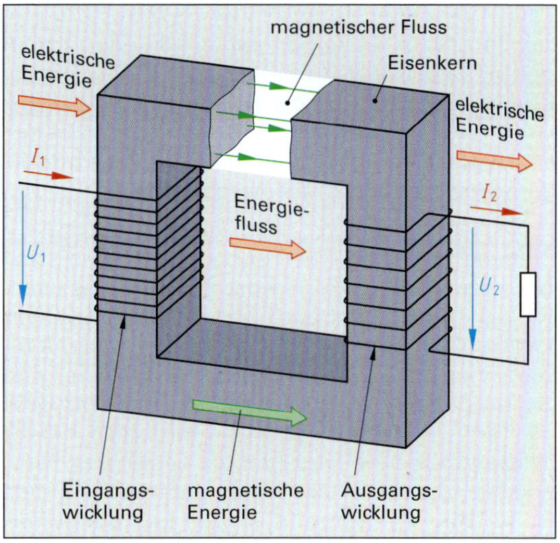

Bild 1: Prinzip des Transformators

Spannungsübersetzung

$$\frac{U_1}{U_2} \approx \frac{N_1}{N_2} \qquad (1)$$

Stromübersetzung

$$\frac{I_1}{I_2} \approx \frac{N_2}{N_1} \qquad (2)$$

U Spannung
N Windungszahl
I Stromstärke

Der Index 1 steht für eingangsseitig (Eingangswicklung) und 2 für ausgangsseitig (Ausgangswicklung).

> Transformatoren werden mit Wechselspannung betrieben.

Transformatoren der Energietechnik geben annähernd meist soviel Leistung ab wie sie aufnehmen. Deshalb ist das Produkt $U \cdot I$ für beide Wicklungen ungefähr gleich. Nach kurzer Umformung erhält man die Näherungsformel für die *Stromübersetzung*.

$$U_1 \cdot I_1 \approx U_2 \cdot I_2 \quad \Rightarrow \quad \frac{U_1}{U_2} \approx \frac{I_2}{I_1}$$

$$\frac{I_1}{I_2} \approx \frac{U_2}{U_1} \quad \Rightarrow \quad \frac{I_1}{I_2} \approx \frac{N_2}{N_1}$$

Beispiel:

Ein Transformator wird mit seiner Wicklung von 1200 Windungen an das 230-V-Netz angeschlossen. Seine andere Wicklung mit 300 Windungen speist eine Last mit 0,5 A. a) Wie groß ist die Lastspannung annähernd? b) Wie groß ist die Stromaufnahme vom Netz?

Lösung:

a) $U_1 / U_2 \approx N_1 / N_2 \Rightarrow U_2 \approx U_1 \cdot N_2 / N_1 \approx$
$\approx 230\ \text{V} \cdot 300/1200 \approx$ **57 V**

b) $I_1 / I_2 \approx N_2 / N_1 \Rightarrow I_1 \approx I_2 \cdot N_2 / N_1 \approx$
$\approx 0{,}5\ \text{A} \cdot 300/1200 \approx$ **0,125 A**

Es gibt sehr kleine und sehr große Transformatoren. Ihre Nennleistungen gehen von etwa 1 mVA bei Miniaturtransformatoren zum Einbau in gedruckte Schaltungen bis zu etwa 1000 MVA bei Großtransformatoren. Deshalb sind die Bauarten sehr verschieden. Im Folgenden werden nur die gemeinsamen Merkmale beschrieben.

Kern (Eisenkern)

Der Kern von Transformatoren besteht aus Elektroblech **(Bild 1)** oder aus Ferrit. Bei dem Kern aus Elektroblech unterscheidet man verschiedene Arten, nämlich Schichtkerne, Bandkerne und Schnittbandkerne. Die Blechung des Kerns oder die Verwendung von Ferrit ist erforderlich, um die Wirbelströme klein zu halten. Kerne aus Ferrit spielen fast nur in der Nachrichtentechnik eine Rolle **(Bild 2)**, während in der Energietechnik überwiegend Kerne aus Elektroblech (Siliziumlegiert) verwendet werden.

> Der Kern von Transformatoren muss magnetisch möglichst gut und elektrisch möglichst schlecht leiten.

Zur Vermeidung von Verlusten und zu hoher Erwärmung muss die Bildung von Wirbelströmen nicht nur im eigentlichen Kern, sondern auch bei den Konstruktionsteilen des Transformators unterdrückt werden. Besonderes Augenmerk ist auf das Zusammenpressen der Kernbleche zu richten.

Das enge Zusammenpressen der Kernbleche ist erforderlich, um Brummgeräusche im Betrieb zu vermeiden. Wenn dazu Spannbolzen bzw. Spannschrauben verwendet werden, so sollten diese gegen den Eisenkern isoliert sein und außerdem aus unmagnetischem Material bestehen. Vielfach werden Spannbolzen dadurch umgangen, dass die Bleche verklebt und durch nichtmetallische Spannbänder zusammengepresst werden.

Auch bei sorgfältigem Zusammenpressen der Kernbleche tritt im Betrieb ein Brummgeräusch auf. Infolge der **Magnetostriktion** zieht sich der Eisenkern im Magnetfeld zusammen, sodass er im magnetischen Wechselfeld vibriert.

> Durch sorgfältiges Zusammenpressen des Eisenkernes kann das Brummgeräusch von Transformatoren verringert, aber nicht völlig vermieden werden.

Wicklung

Die Wicklung der Transformatoren besteht aus Kupfer oder aus Aluminium. Bei beiden Materialien werden Leiter mit rundem oder rechteckigem

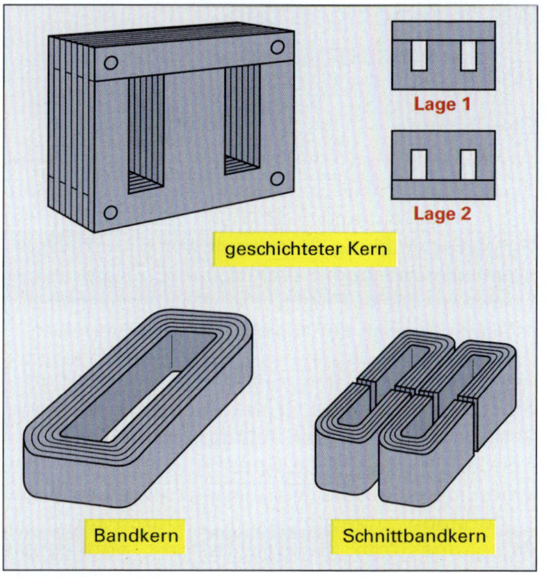

Bild 1: Kernformen von Transformatoren

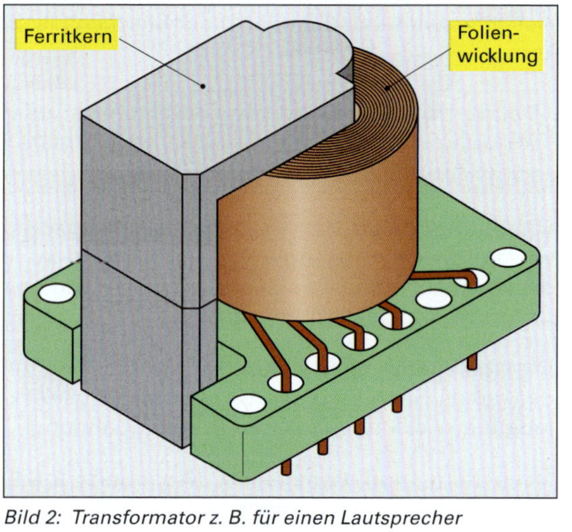

Bild 2: Transformator z. B. für einen Lautsprecher

Querschnitt oder auch Bleche bzw. Folien verwendet. Bei Kleintransformatoren wird die Wicklung auf einen Spulenkörper aufgebracht. Dieser besteht meist aus Thermoplast. Bei Kleintransformatoren ist die Wicklung meist eine Drahtwicklung aus mit Lack isoliertem Kupferdraht von kreisförmigem Querschnitt (Kupferlackdraht). Diese Wicklung hat mehrere Lagen, die beim Wickeln übereinander zu liegen kommen. Die Lagenzahl hängt von der Wickelhöhe (Höhe des Wickelraumes vom Spulenkörper) und vom Drahtdurchmesser ab. Innerhalb jeder Lage ist die Windungszahl je Lage von der Wickelbreite und dem Drahtdurchmesser abhängig.

4 Versorgung mit elektrischer Energie

4.1 Grundlagen der Stromversorgung

4.1.1 Allgemeines

Anstelle von elektrischer Energie wird physikalisch falsch, aber allgemein üblich, von Strom bzw. elektrischem Strom gesprochen.

Der Bedarf an elektrischem Strom schwankt im Netz oder einem Teil davon sehr stark **(Bild 1)**. Die Schwankung erfolgt dauernd im Laufe eines Tages. Dabei ist der Bedarf vom Wochentag und von der Jahreszeit abhängig. Außerdem können besondere Ereignisse, z. B. das Endspiel einer Fußball-Weltmeisterschaft, den Strombedarf wegen der Fernsehübertragung stark beeinflussen.

Der elektrische Strom kann im technischen Umfang nicht direkt gespeichert werden. Eine indirekte Speicherung ist durch Umwandlung in chemische Energie beim Akkumulator kostenintensiv bis zu einigen hundert Megawattstunden möglich. Durch Umwandlung in mechanische Energie ist beim Pumpspeicherkraftwerk (Seite 56) eine indirekte Speicherung ebenso gegeben.

Elektrischer Strom muss fast immer im Augenblick des Verbrauchs erzeugt werden.

Die Hoffnung, dass eine wirtschaftliche Stromspeicherung in Akkumulatoren z. B. für Elektroautos oder Photovoltaikanlagen möglich ist, hat sich teilweise erfüllt. An Akkumulatoren wird seit etwa 1900 geforscht. Die Ergebnisse bzgl. Ladezyklen (Lade-Entladevorgänge), Ladezeiten, Gewicht und Herstellungskosten entsprechen derzeit aber nur begrenzt den Anforderungen. Die Anzahl der Ladezyklen beträgt etwa 3000. Der Entsorgungsaufwand für die Akkumulatoren darf nicht unterschätzt werden.

Die **Stromerzeugung** beruht immer auf der Umwandlung einer vorhandenen Energie in elektrische Energie **(Bild 2)**. In den meisten Ländern beruht die Stromerzeugung zum größten Teil auf der Verbrennung von Kohle, Erdgas oder Öl. Zunehmend ist in vielen Ländern die Stromerzeugung durch Kernenergie (Atomkraft, Atomstrom) sowie durch Windkraft und Photovoltaik.

In den Alpenländern spielt die Wasserkraft eine große Rolle. Sie wird zu den **regenerativen** (lat. regenerare = sich erneuern) **Energien** gerechnet. Seit etwa 2010 hat die regenerative Energieerzeugung in Deutschland durch Windkraftanlagen stark zugenommen, sodass 2024 immerhin etwa 34 % der elektrischen Energie durch Wind erzeugt wurden (Bild 2). Zu den regenerativen Energien rechnet man auch die Biomasse (Masse von durch natürliches Wachstum erzeugten Stoffen, z. B. Holz oder Mais). Diese Masse kann durch Verbrennen in Wärmekraftwerken zur Energiegewinnung herangezogen werden. Vor allem durch Vergasung zu Methan dient sie in Gasturbinen oder Gasmotoren zum Antrieb von Generatoren. Stark zugenommen hat in Deutschland ebenso die Stromerzeugung durch Photovoltaik (PV). Allerdings wird auch eine beträchtliche Menge Atomstrom importiert.

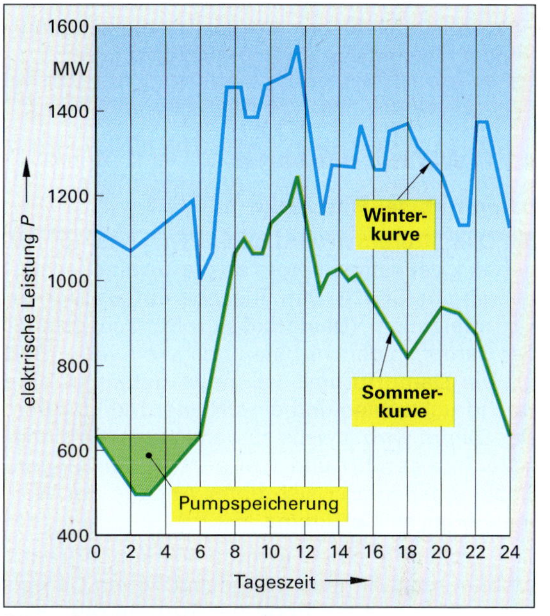

Bild 1: Belastungsdiagramm eines Verteilungs-Netzbetreibers VNB

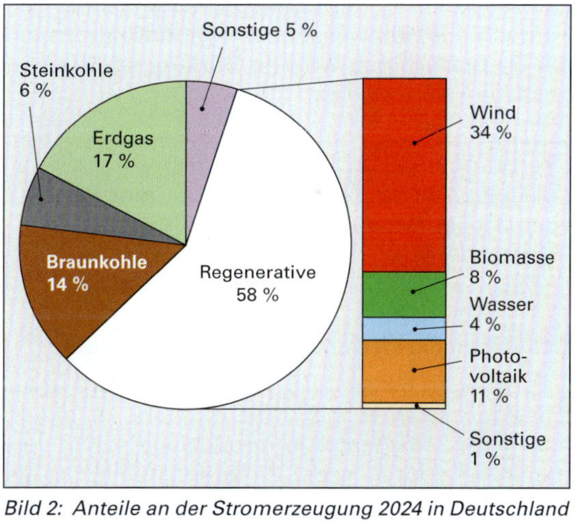

Bild 2: Anteile an der Stromerzeugung 2024 in Deutschland

Aktuelle Daten für den Mix der Stromerzeugung findet man unter www.energy-charts.info.

4.1.2 Wärmekraftwerke

Dampfturbinenkraftwerke

Bei Dampfturbinen wird heißer Frischdampf zugeführt, der seine Energie an die Turbinenschaufeln abgibt **(Bild 1)**. Den Frischdampf erzeugt ein Dampferzeuger (Dampfkessel). Danach gelangt der Dampf zu den Turbinen des Kraftwerks **(Bild 2)**. Die Dampfturbine ist meist geteilt in eine Hochdruckturbine und eine Niederdruckturbine. Der Dampf wird jeweils zu den kurzen Turbinenschaufeln geführt und von dort zu den langen. Dabei entspannt er sich unter Abgabe der Wärmeenergie an die Turbine.

Zur Erzielung eines großen Wirkungsgrades arbeitet man mit einer möglichst hohen Dampftemperatur und am Ende der Turbine mit einer möglichst niedrigen Temperatur. Deshalb ist dort eine Kondensationseinrichtung (Kondensator) zur Kühlung des Dampfes angeordnet. Die Kühlung des Kühlwassers erfolgt in Kühltürmen. Bei Dampfturbinen werden Wirkungsgrade von höchstens 45% erreicht.

Verbrennungskraftwerke mit Dampfturbinen brauchen etwa 30 min, um aus dem Bereitschaftsbetrieb auf volle Leistung hochgefahren zu werden.

Bild 1: Rotor einer Dampfturbine

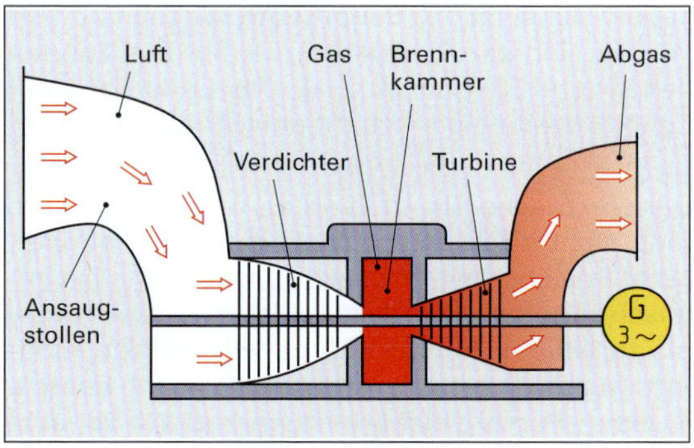

Bild 3: Prinzip einer Kraftwerks-Gasturbine

Gasturbinenkraftwerke und GuD-Kraftwerke

Gasförmigen Brennstoff, insbesondere Erd- oder Flüssiggas, aber auch Biogas (Methan), kann man mit hoher Temperatur in der Turbine selbst verbrennen. Dadurch ist der Wirkungsgrad höher als bei einer Dampfturbine. Gasturbinen werden mit Bemessungsleistungen ab etwa 300 kW betrieben. Bei ihnen erfolgen gleichzeitig Verdichtung (Kompression), Verbrennung und Ausdehnung unter Leistungsabgabe **(Bild 3)**.

Gasturbinen bestehen aus einem Verdichter, einer Brennkammer und der eigentlichen Turbine. Im Verdichter wird die Verbrennungsluft komprimiert. Der Brennkammer wird das Gas, z. B. Erdgas, zugeführt, das ständig unter Temperaturzu-

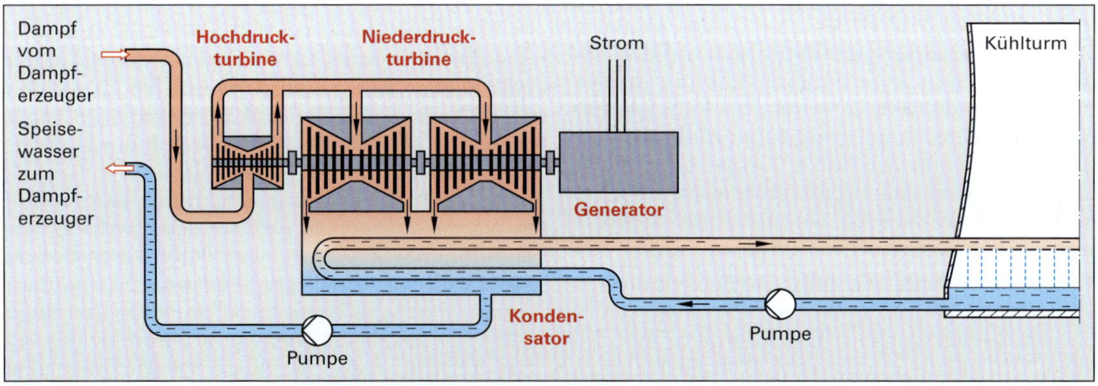

Bild 2: Turbinen und Generator beim Dampfkraftwerk

nahme verbrennt. Unter Zunahme des Volumens treibt dann das Verbrennungsprodukt CO_2 und H_2O den Läufer einer Turbine an, diese dann den Generator.

Die Abgase der Gasturbine sind noch einige Hundert °C warm. Diese Wärme kann zur Dampferzeugung für eine Dampfturbine und/oder als Fernwärme (Kraft-Wärme-Kopplung) verwendet werden. Derartige **GuD-Kraftwerke** (Gasturbinen-*und* Dampfturbinen-Kraftwerke) haben die größten thermischen Wirkungsgrade von über 60%.

> GuD-Kraftwerke können innerhalb von wenigen Minuten auf volle Leistung gebracht werden.

Kernkraftwerke (Atomkraftwerke)

Bei Kernkraftwerken wird in einem Reaktor die Kernenergie in Wärmeenergie umgesetzt. Wasserdampf treibt wie bei einem Verbrennungskraftwerk eine Dampfturbine an und wird im Kondensator zu Wasser, das dem Reaktor wieder zugeführt wird **(Bild 1)**. Kernkraftwerke sind im Betrieb **CO_2-neutral** (Kohlenstoffdioxid).

Beim **Siedewasserreaktor** wird der im Reaktor selbst erzeugte, radioaktive Dampf der Turbine zugeführt (Bild 1). Bei Undichtigkeit der Turbine wird dann Radioaktivität freigesetzt. Beim **Druckwasserreaktor** gibt das im Reaktor unter hohem Druck aufgeheizte Wasser des Primärkreises seine Energie in einem Wärmetauscher an den Sekundärkreis ab **(Bild 2)**. Dessen nicht radioaktiver Dampf treibt dann eine Dampfturbine an. Deshalb weist dieser Reaktortyp eine höhere Betriebssicherheit auf.

> Kernkraftwerke erfordern umfangreiche Regeleinrichtungen, ein Hochfahren der Anlage dauert einige Stunden.

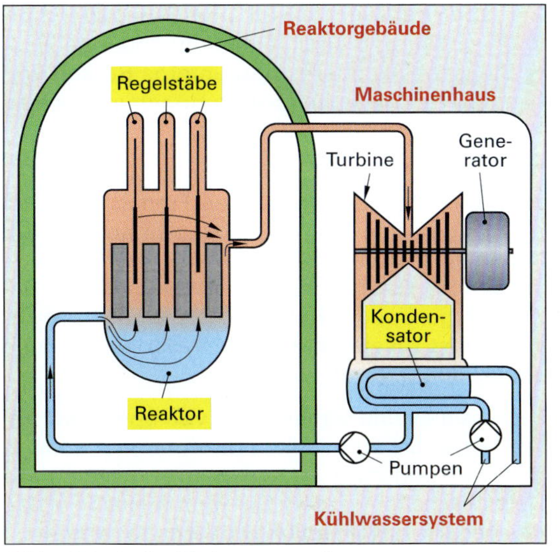

Bild 1: Prinzip des Siedewasserreaktors

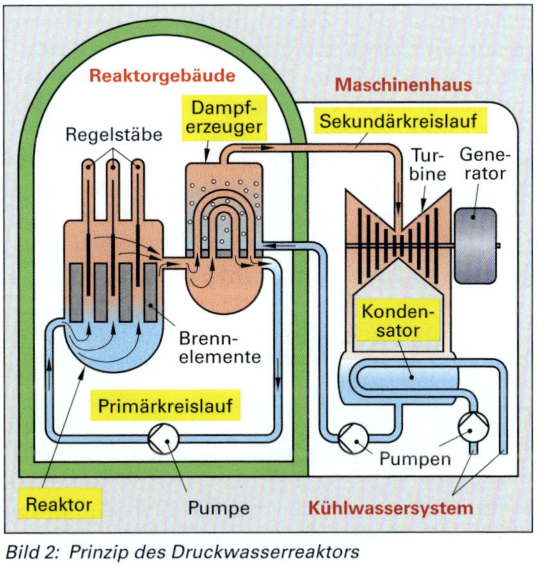

Bild 2: Prinzip des Druckwasserreaktors

4.1.3 Regenerative Stromerzeugung

Man spricht von regenerativer (erneuerbarer) Stromerzeugung, wenn der Energieträger sich durch Naturkräfte ständig erneuert. Einen großen Anteil dabei haben im öffentlichen Versorgungsnetz der EU (Europäische Union) die seit langem bewährten Wasserkraftwerke. In Deutschland beträgt die Stromerzeugung durch Windkraftwerke sowie durch Photovoltaik (PV) jeweils deutlich mehr als die durch Wasserkraftwerke. Auch diese Kraftwerke sind im Betrieb **CO_2-neutral**.

Wasserkraftwerke

Wasserkraftwerke setzen die mechanische Energie des Wassers in einer Turbine in Bewegungsenergie zum Antrieb eines Generators um.

Laufkraftwerke benötigen dauernd fließendes Wasser, z. B. eines Flusses **(Bild 1, folgende Seite)**. Meist haben Laufkraftwerke eine nach dem Erfinder benannte Kaplan-Turbine mit senkrechter Welle oder mit waagerechter Welle. Kaplan-Turbinen mit waagerechter Welle ermöglichen den unauffälligen Einbau der Anlage in das Gewässer.

Bei **Speicherkraftwerken** und **Pumpspeicherkraftwerken** sind durch eine Staumauer gebildete Stauseen als oberes und unteres Becken vorhanden, welche einen großen Höhenunterschied von z. B. 300 m besitzen **(Bild 2)**.

Als Turbinen werden bei Fallhöhen bis 700 m die nach dem Erfinder benannten Francis-Turbinen mit waagerechter Welle und bei sehr großen Fallhöhen die Pelton-Turbinen mit senkrechter Welle verwendet. Die Turbinen sind direkt mit dem Generator gekoppelt. Bei den Pumpspeicherkraftwerken ist zusätzlich am Generator eine Pumpe angekoppelt.

Die Turbinen und Generatoren von Speicherkraftwerken und Pumpspeicherkraftwerken können innerhalb von etwa 1 min mit voller Leistung ans Netz geschaltet werden. Sie können nach Fortfall des Bedarfs unverzüglich abgeschaltet werden.

Bei Pumpspeicherkraftwerken wird bei Stromüberschuss, z. B. aus Windkraftwerken, das Wasser vom unteren Becken in das obere Becken gepumpt. Das ist möglich, da der Generator als Motor arbeiten kann. Die Turbine läuft dann leer mit. Leider ist der Wirkungsgrad der Speicherung nicht sehr hoch, da die Energie mehrfach umgesetzt wird. Bei hohen Einzelwirkungsgraden von 0,9 für Motor, Pumpe, Turbine und Generator beträgt der Gesamtwirkungsgrad ohne Berücksichtigung der Reibungsverluste der Wasserführung nur $\eta = 0{,}9 \cdot 0{,}9 \cdot 0{,}9 \cdot 0{,}9 = 0{,}66$ (= 66 %).

Pumpspeicherkraftwerke eignen sich sehr gut zum Ausgleich von Schwankungen in der Energieversorgung.

Gezeitenkraftwerke entnehmen der Rotationsenergie der Erde die Energie für den Turbinenantrieb. Sie sind an Stellen mit einem großen Unterschied der Meereshöhe zwischen Ebbe und Flut in Betrieb. Die Turbinen stehen dabei an Masten frei in der Strömung.

Wellenkraftwerke nutzen die vom Wetter hervorgerufene Wellenenergie der Meere. Der World Energy Council (Welt-Energie-Rat) schätzt das Potenzial für die Wellenkraftwerke auf etwa 1 Terawatt, also auf 1000 Kraftwerke zu jeweils 1000 MW. Die Energie ist aber nur aufwendig zu erfassen und der Strom ist nur begrenzt planbar.

Geothermische Kraftwerke verwenden den Wärmevorrat des Erdinneren zur Dampferzeugung **(Bild 3)**. Der Dampf treibt über eine Dampfturbine einen Generator an. Diese Kraftwerke können vor allem dort gebaut werden, wo die Erdkruste dünn ist, z. B. in der Nähe von Vulkanen. In den deutschsprachigen Ländern sind keine derartigen Kraftwerke in Betrieb. Jedoch wird für einige Standorte die Errichtung untersucht.

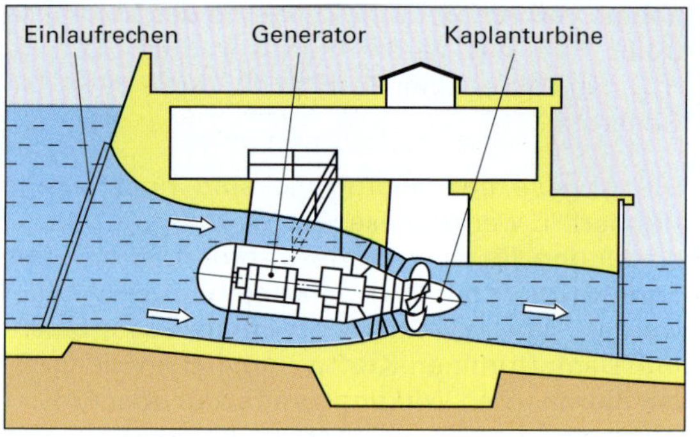

Bild 1: Laufkraftwerk mit Kaplan-Turbine

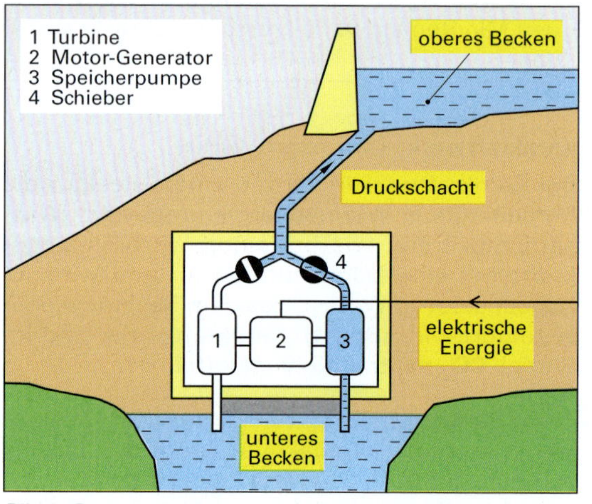

Bild 2: Pumpspeicherkraftwerk im Pumpbetrieb

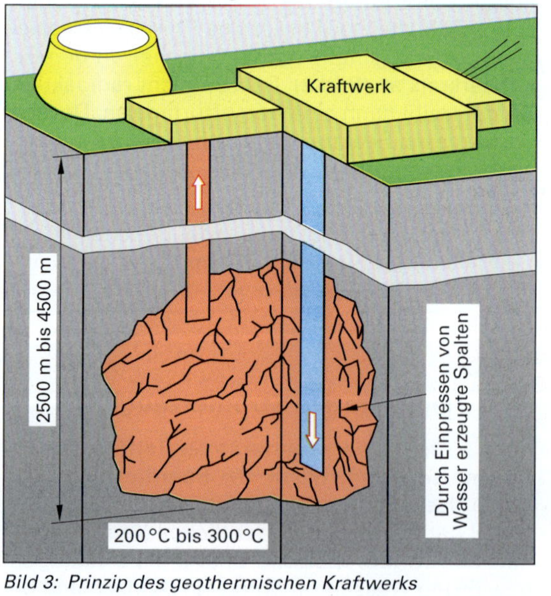

Bild 3: Prinzip des geothermischen Kraftwerks

Geothermische Kraftwerke haben gegenüber den meisten regenerativen Energien den Vorteil, dass die Energiequelle ständig zur Verfügung steht. Die Stromerzeugung ist planbar.

Biomasse-Kraftwerke nutzen die gespeicherte Energie der Biomasse durch Verbrennen in Wärmekraftwerken mit z.B. Dampfturbinen. Das Potenzial dazu ist in Form von Restholz, Stroh, Gülle und sonstigen Bioabfällen ziemlich groß. Beim Verbrennen der Biomasse entsteht nur so viel Kohlenstoffdioxid (CO_2), wie von Pflanzen vorher aus der Atmosphäre aufgenommen wurde.

Biogas-Kraftwerke arbeiten wie GuD-Kraftwerke mittels Gas-Verbrennung in Gasturbinen, deren Abgaswärme zusätzlich zur Dampferzeugung verwendet wird und/oder als Fernwärme. Das brennbare Biogas, hauptsächlich Methan CH_4, entsteht in Faultürmen, die mit Biomasse, z. B. Gülle oder landwirtschaftliche Abfälle, beschickt werden.

Solarthermische Kraftwerke arbeiten mit der von der Sonne herrührenden Strahlungswärme. Beim *Solarturmkraftwerk* ist ein **Absorber** (lat. absorbere = aufsaugen) mit einer Brennerkammer mit Dampfkessel auf einem Turm angeordnet **(Bild 1)**. Hunderte von Spiegeln sind auf einer großen Fläche aufgestellt und werden fortlaufend so eingestellt, dass die Sonnenstrahlung auf den Absorber gerichtet ist. Die sehr hohe Erwärmung erzeugt, wie in einem Verbrennungskraftwerk, Wasserdampf, der über eine Turbine einen Generator antreibt. Auch *Parabolrinnen-Kraftwerke* dienen zur Stromerzeugung **(Bild 2)**.

Windkraftwerke bestehen aus mehreren Windenergiekonvertern (Windenergieumsetzer, Windkraftkonverter) und diese wiederum aus einem Turm mit oben angebautem Windrotor nebst Gondel mit Generator, Getriebe und oft mit Bremse **(Bild 3)**. Ein **Stromrichter** zur Anpassung an das 50-Hz-Netz befindet sich entweder in der Gondel oder am Fuß des Turms in der Schaltanlage mit Transformator für den Netzanschluss.

Windenergiekonverter werden mit Nennleistungen bis 15 MW hergestellt. Die elektrische Leistung von z. B. 15 MW wird nur dann erreicht, wenn der Wind mit seiner Nenngeschwindigkeit weht. Die Nabenhöhe derartig großer Windenergiekonverter kann etwa 280 m betragen, der Rotordurchmesser mehr als 200 m. Das zwischen Rotor und Generator befindliche Getriebe übersetzt ins „Schnelle", z. B. mit Übersetzung 1:100.

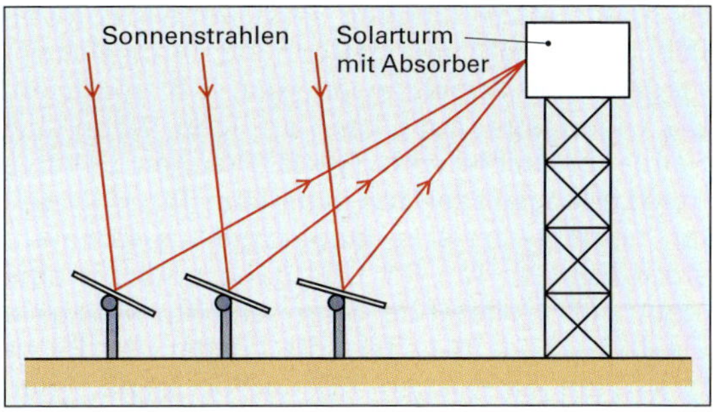

Bild 1: Solarturmkraftwerk

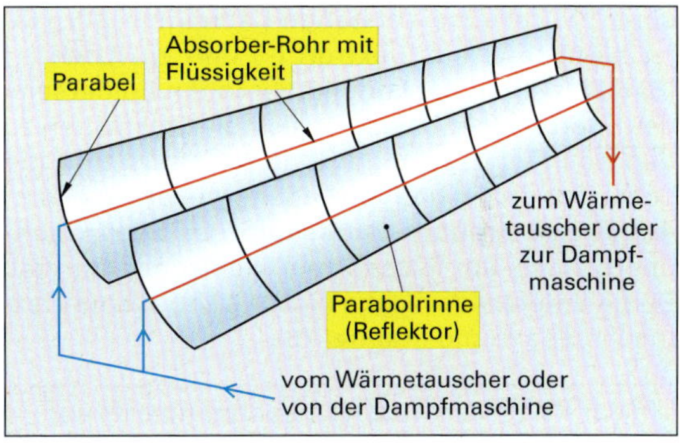

Bild 2: Parabolrinnen-Kraftwerk

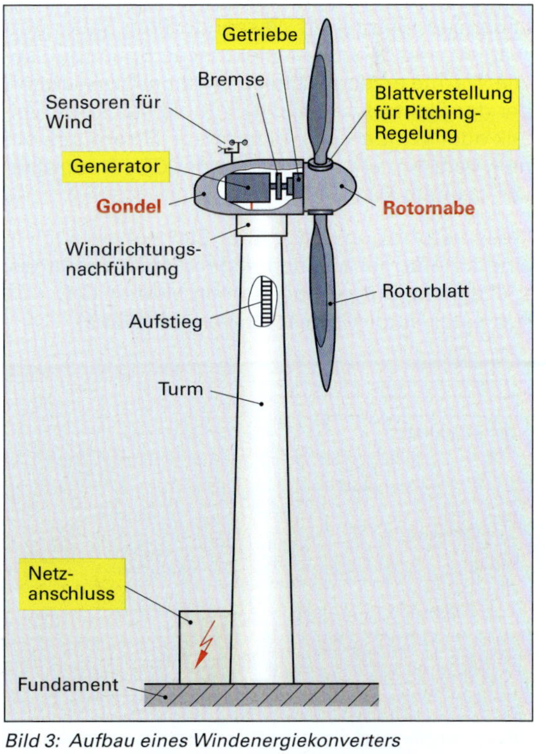

Bild 3: Aufbau eines Windenergiekonverters

PV-Spannungserzeugung (Photovoltaik, Fotovoltaik) beruht auf Ladungstrennung durch elektromagnetische Strahlungsenergie, z. B. von Licht. Die Ladungstrennung kann erfolgen, wenn eine Halbleiterschicht vom Typ P (P-Leiter, positive freie Ladungsträger) mit einer vom Typ N (N-Leiter, negative freie Ladungsträger) zusammenstößt **(Bild 1)**. Am PN-Übergang entsteht eine elektrisch isolierende Sperrschicht, weil freie Elektronen des N-Leiters die Löcher des P-Leiters füllen. Es existieren dann dort keine freien Ladungsträger.

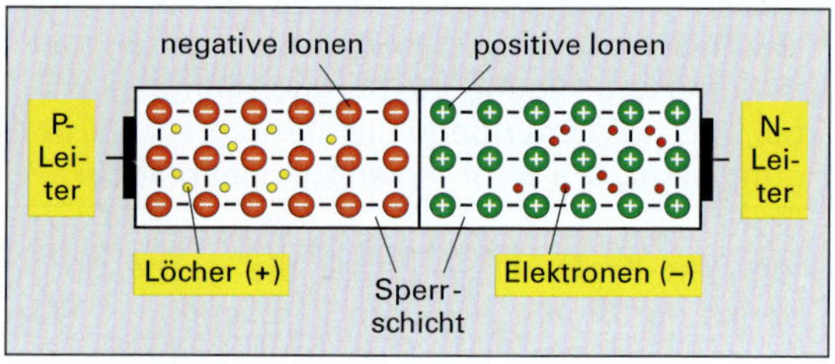

Bild 1: PN-Übergang bei Halbleitern

Gelangt eine energiereiche elektromagnetische Strahlung, z. B. Licht, in die Sperrschicht solch einer PV-Zelle, so entstehen Ladungsträgerpaare, nämlich je ein Elektron (–) und ein Loch (+) **(Bild 2)**. Wegen der Ladung der Ionen beiderseits der Sperrschicht bewegen sich die Elektronen zu den positiven Ladungen des N-Leiters und die Löcher zu den negativen Ladungen des P-Leiters. Am N-Leiter entsteht deshalb ein Elektronenüberschuss, am P-Leiter ein Elektronenmangel. Somit entsteht zwischen diesen Leitern eine elektrische Spannung **(Kapitel 13)**.

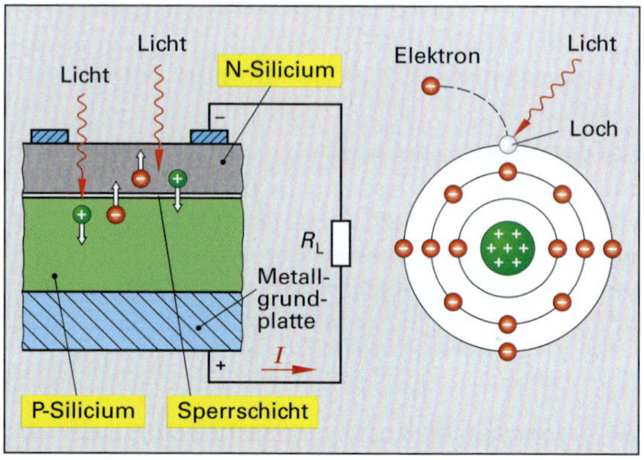

Bild 2: PV-Stromerzeugung

In der PV-Zelle wird Gleichspannung erzeugt.

Eine **Brennstoffzelle** besteht aus einer Vielzahl von Brennstoffelementen. Ein Brennstoffelement besteht aus Elektroden und einem Elektrolyten, in dem der Brennstoff Wasserstoff mit Sauerstoff reagiert und dabei eine elektrische Spannung sowie Wärme erzeugt **(Bild 3)**. Wird der Wasserstoff bei der Elektrolyse **(Bild 4)** mittels aus Photovoltaik oder Windenergie erzeugtem Strom gewonnen, dann spricht man wegen der CO_2-Neutralität von **grünem Wasserstoff**.

Wasserstoff kann außer über Elektrolyse auch in einem Reformer aus dem eigentlichen Brenngas, z. B. dem im Erdgas enthaltenen Methan CH_4, mittels Katalysator hergestellt werden **(Bild 5)**.

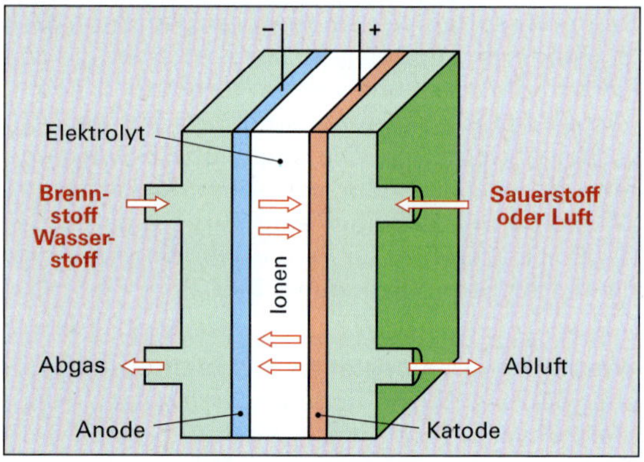

Bild 3: Prinzip der Brennstoffzelle

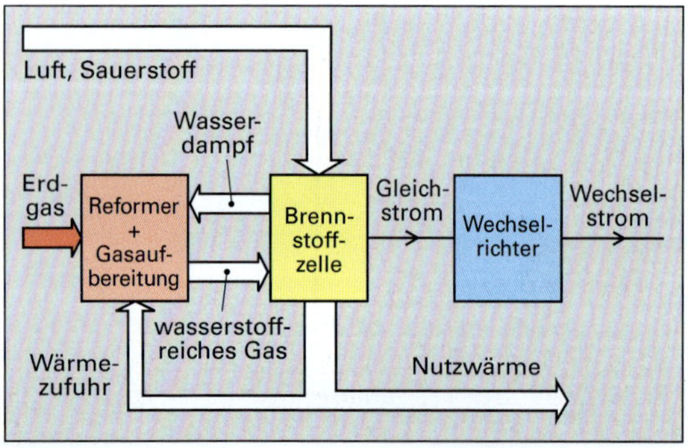

Bild 5: Funktionsblöcke eines Brennstoffzellen-Kraftwerks

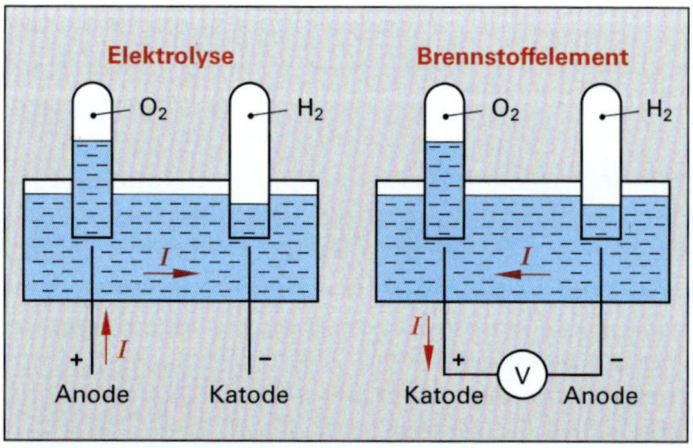

Bild 4: Elektrolyse und Brennstoffelement

4.2 Stromtransport

4.2.1 Zweck der Spannungstransformation

Die Erzeugung elektrischer Energie erfolgt in Kraftwerken. Die in den Generatoren entstehende Spannung beträgt meist 6 kV bis 30 kV. Diese Spannung ist zu niedrig, um den erzeugten Strom über größere Strecken möglichst verlustfrei transportieren zu können. Das liegt daran, dass Leitungen einen elektrischen Widerstand besitzen. Um die Verlustleistung P_v möglichst klein zu halten, müssen entweder der elektrische Widerstand oder die Stromstärke verringert werden **(Abschnitt 7.3.4)**. Das Erzeugen der notwendigen hohen Spannungen ohne Transformieren ist aus Gründen des Generatorbaus bzgl. Isolation, Kühlung, Drehmomenten, Kräften, Fundamenten unwirtschaftlich.

Um den elektrischen Widerstand der Leitung zu verringern, verwendet man Werkstoffe mit kleinem spezifischem Widerstand oder der Leitungsquerschnitt wird erhöht. Aus wirtschaftlichen Gründen sind diese Maßnahmen jedoch nicht sinnvoll. Durch die Erhöhung der Spannung auf ein Vielfaches des ursprünglichen Wertes, z. B. auf eine Spannung von 380 kV, wird jedoch die Stromstärke ebenfalls verringert **(Bild 1)**. Dadurch wird die Verlustleistung deutlich kleiner.

Faustregel: Strom kann mit einer Bemessungsspannung von 380 kV wirtschaftlich ohne Zwischenstationen über eine Entfernung von etwa 380 Kilometern transportiert werden.

Da die Übertragungsspannung von 380 kV für den Endverbraucher viel zu hoch ist, muss die Spannung schrittweise auf die Niederspannung von 400 V/230 V heruntertransformiert werden **(Bild 2)**.

4.2.2 Spannungsebenen

In Stromnetzen unterscheidet man vier Spannungsebenen: Höchstspannungsnetz, Hochspannungsnetz, Mittelspannungsnetz und Niederspannungsnetz.

Das **Höchstspannungsnetz** dient zum Transport des in Kraftwerken erzeugten Stroms über große Entfernungen. Die Spannung in diesem Netz beträgt 220 kV bzw. 380 kV oder mehr. Über dieses Netz sind die Länder der EU untereinander verbunden (Europäisches Verbundnetz).

Für **HGÜ** (Hochspannungs-Gleichstrom-Übertragung) werden auch Spannungen von 500 kV bzw. 800 kV verwendet.

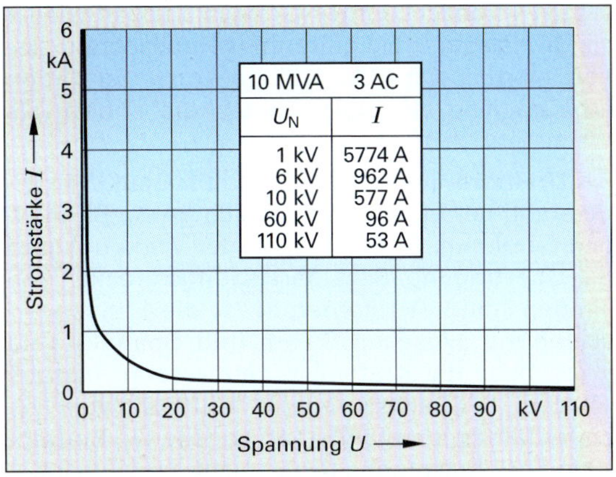

Bild 1: Stromstärken bei Drehstrom für 10 MVA

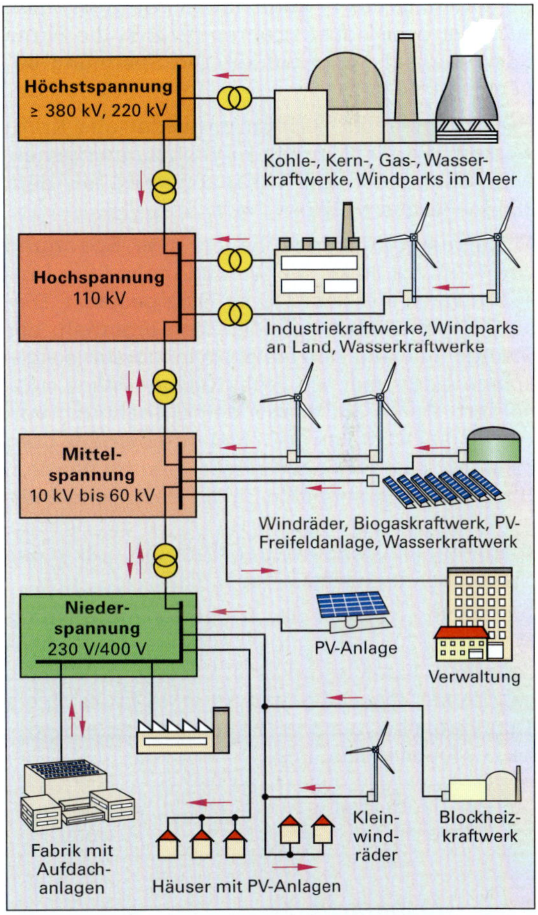

Bild 2: Spannungsebenen der Stromversorgung

Bei der HGÜ (auch als HVDC bezeichnet von High Voltage Direct Current) wird elektrische Energie eines Drehstrom-Hochspannungsnetzes an einer Konverterstation (Umrichterstation) in Gleichstrom (DC) umgesetzt, an eine zweite Konverterstation als Gleichstrom übertragen und dort wieder als Drehstrom in ein getrenntes Hochspannungsnetz eingespeist **(Bild 1)**. Eine Konverterstation arbeitet also als Gleichrichter, die andere als Wechselrichter.

Bei **Drehstromnetzen** treten außer dem Wirkwiderstand der Leiter noch ähnlich große Blindwiderstände auf. Dadurch sinkt der Wirkungsgrad der Übertragung. Bei Übertragungsstrecken von einigen hundert Kilometern ist die Phasenverschiebung zwischen Strom und Spannung so groß, dass die Kraftwerksgeneratoren instabil werden. Im **Gleichstromnetz** der HGÜ treten keinerlei Blindwiderstände auf, sodass die Begrenzung der Übertragungslänge nicht gegeben ist.

Über das **Hochspannungsnetz** werden größere Gebiete, z. B. das Stadtgebiet von Stuttgart, und auch die Großindustrie versorgt, z. B. die Firma BSW (Badische Stahlwerke). Die Spannung beträgt z. B. 110 kV.

Der Energiebedarf erfolgt entweder aus Kraftwerken, die nicht in das Höchstspannungsnetz einspeisen, oder über Umspannwerke aus dem 380-kV-Netz bzw. 220-kV-Netz.

Mittelspannungsnetze haben eine Spannung von 10 kV bis 30 kV. Sie werden meist über Umspannwerke aus dem 110-kV-Netz gespeist. Diese Umspannwerke befinden sich innerhalb der Stadtgebiete und sind meist als Innenraumschaltanlage oder aber als Freiluftschaltanlage ausgeführt. Durch die relativ kleine Spannung von z. B. 10 000 V können auch Industriebetriebe über kundeneigene Stationen direkt versorgt werden. Über Ortsnetzstationen wird die elektrische Energie in Stadtteilen oder Ortschaften auf Niederspannung (400 V/230 V) transformiert und in das Niederspannungsnetz eingespeist.

Die vierte Ebene ist das **Niederspannungsnetz** mit 400 V/230 V. Über dieses Netz werden Gebäude oder Haushalte mit Strom versorgt. Das zugehörende Verteilungsnetz kann im Erdreich als Kabelnetz aber auch im Freien als Freileitungsnetz aufgebaut sein.

Mittelspannungsnetze und Niederspannungsnetze werden als Verteilernetze bezeichnet.

4.2.3 Umspannwerke

Umspannwerke nennt man auch die Knotenpunkte der Energieverteilung. Sie wandeln durch Transformatoren die elektrische Energie auf die für die Übertragung notwendigen Spannungsebenen um. Zusätzlich erfolgt von Umspannwerken aus die Verteilung auf weitere Streckenabschnitte durch Schalter.

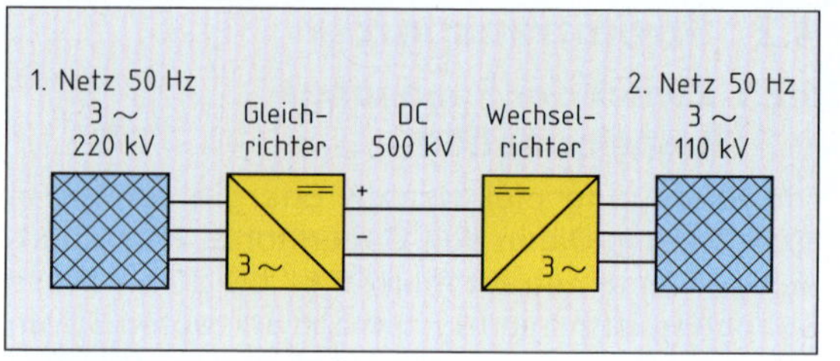

Bild 1: Prinzip einer HGÜ

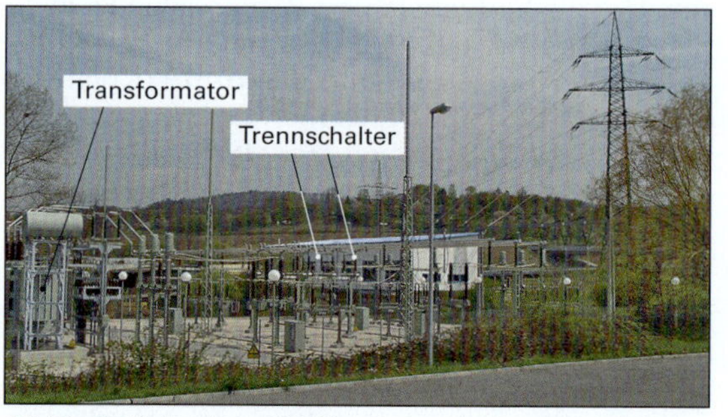

Bild 2: Freiluftanlage 110 kV

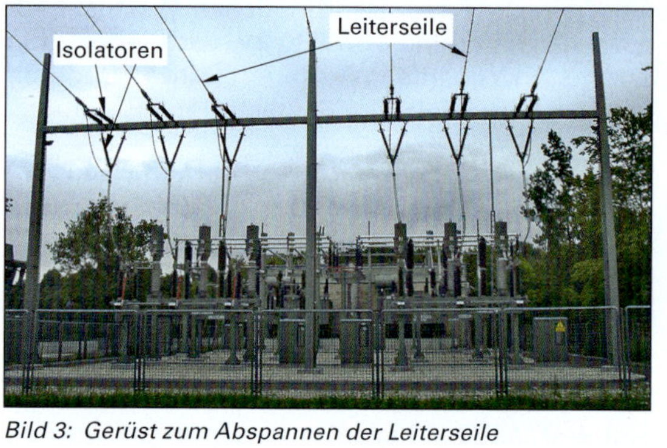

Bild 3: Gerüst zum Abspannen der Leiterseile

Umspannanlagen

Umspannanlagen sind für Hochspannung und Höchstspannung vorgesehen und meist als *Freiluftanlagen* ausgeführt **(Bild 2)**.

Die einzelnen Betriebsmittel wie Trennschalter und Leistungsschalter der Umspannanlagen sind an Schaltgerüsten befestigt.

Stromwandler und Spannungswandler sowie Umspanner werden auf Sockeln befestigt.

Die Leiterseile der Hochspannungsleitungen werden an einem Gerüst abgespannt **(Bild 3)**.

Die Verbindungsleitungen zwischen zwei Abspanngerüsten bezeichnet man als *Überspannungen*.

4.2.4 Netzformen von Übertragungsnetzen

Die Energieversorgung von elektrischen Betriebsmitteln, z. B. Elektromotoren von Bearbeitungsmaschinen, erfolgt übergeordnet betrachtet über die Energie-Übertragungsnetze. Hierbei unterscheidet man verschiedene Netzformen.

Man unterscheidet zwischen Strahlennetzen, Ringnetzen und Maschennetzen.

Beim **Strahlennetz** werden die elektrischen Betriebsmittel einseitig von Transformatoren aus Umspannstationen oder aus einem Knotenpunkt gespeist **(Bild 1)**. Die Leitungen führen hier strahlenförmig zu den Betriebsmitteln. Strahlennetze haben den Vorteil, dass sie einfach, übersichtlich, gut zu überwachen und einfach zu berechnen sind. Von Nachteil ist der mit zunehmender Leitungslänge ansteigende Spannungsfall und die damit beschränkte Belastbarkeit des Netzes. Am Ende einer Leitung steht dann nicht mehr die volle Spannung zur Verfügung. Auch bei einem Ausfall der Umspannstation oder einer Leitungsunterbrechung in der Nähe der Umspannstation sind alle Verbraucher nach der Fehlerstelle vom Stromnetz getrennt.

Beim **Ringnetz** kann jeder Abnehmer im Fehlerfall von der anderen Seite aus mit elektrischer Energie versorgt werden **(Bild 2)**. Der Anschluss des einzelnen Betriebsmittels hat auch hier die Form wie beim Strahlennetz. Beim Ringnetz ist es aber möglich, in einem Störungsfall einen Teil des Rings abzutrennen, ohne dass die Stromversorgung der übrigen Teile des Netzes unterbrochen wird. Durch die mögliche Versorgung von zwei Seiten wird die Unterbrechungszeit erheblich verkürzt. Spannungsfälle und Verluste werden dadurch kleiner als z. B. in Strahlennetzen.

Durch Ringnetze wird eine höhere Versorgungssicherheit erreicht als bei Strahlennetzen.

Beim **Maschennetz** ist die Energieversorgung noch sicherer als beim Ringnetz **(Bild 3)**. Man kann sich vorstellen, dass ein Maschennetz aus einem Ringnetz hervorgeht, wenn zusätzliche Querverbindungen in den Ring gelegt werden. Beim Maschennetz kann problemlos ein Einspeisepunkt ausfallen, ohne dass die Energieversorgung beeinträchtigt wird.

Durch Maschennetze wird die größte Versorgungssicherheit erreicht.

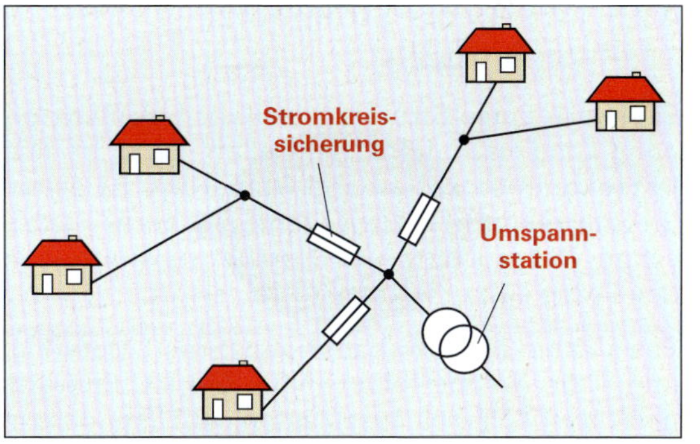

Bild 1: Strahlennetz

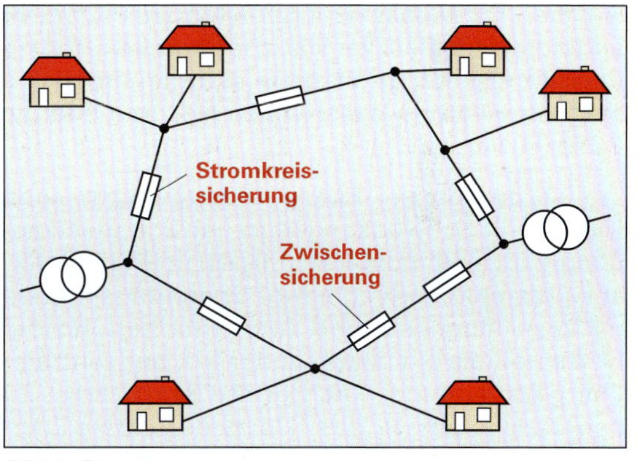

Bild 2: Ringnetz

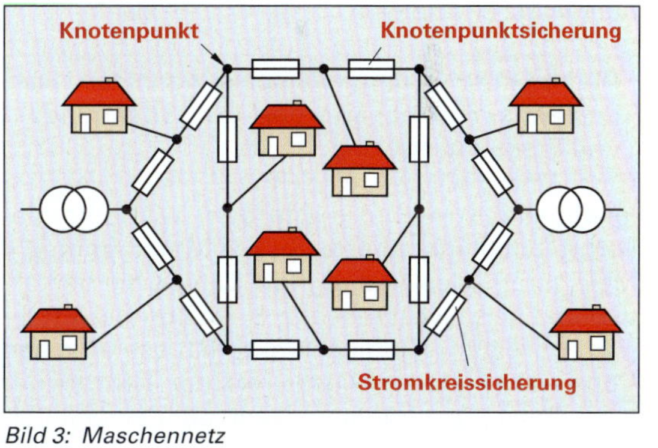

Bild 3: Maschennetz

Allerdings ist bei einem Netzausfall durch Ausfall mehrerer Umspannwerke das Hochfahren nach Ende der Ausfallursache sehr schwierig, da alle Lasten des Maschennetzes gleichzeitig und nicht nacheinander zu versorgen sind.

Das **öffentliche Stromversorgungsnetz** ist eine Kombination der genannten drei Netz-Topologien Strahlennetz, Ringnetz und Maschennetz. Die einzelnen Endstromkreise der Betriebsmittel, z. B. der elektrischen Maschinen, bilden meist ab dem Knotenpunkt des Ringnetzes ein Strahlennetz.

4.2.5 Intelligente Stromnetze (Smart Grids)

Ein intelligentes Stromnetz soll die Stromversorgung kostengünstig sicherstellen. Dazu ist eine **Datenkommunikation** und **Steuerung** zwischen Stromerzeugern, elektrischen Speichern, elektrischen Verbrauchern und Netzbetriebsmitteln in den Energieübertragungsnetzen erforderlich.

Basis ist ein **Zählerfernauslesen** (Smart Metering) durch die Netzbetreiber (NB). Ziel ist, Energienetze ausgeglichen auszulasten, insbesondere in Zeiten kleiner bzw. höchster Auslastung. Dadurch kann die gesamte Netzinfrastruktur kleiner ausgelegt werden, sodass geringere Kosten für den NB und somit für den Verbraucher anfallen. Hierzu müssen elektrische Verbrauchsmittel möglichst zeitgesteuert vom elektrischen Netz mit Energie versorgt werden.

Infolge **dezentraler Energieerzeugungsanlagen (Bild 1)** mit Schwankungen in der Energieerzeugung, z. B. in Photovoltaikanlagen und Windkraftanlagen, sind Lastregelung, Spannungshaltung im Verteilungsnetz und Aufrechterhaltung der Netzstabilität anspruchsvoller als bei zentraler Energieerzeugung durch große Kraftwerke. Zu berücksichtigen ist, dass kleine dezentrale Energieerzeugungsanlagen im Gegensatz zu mittleren bis großen Kraftwerken direkt in das Niederspannungsnetz einspeisen.

Die dezentrale Energieeinspeisung in das Niederspannungsnetz erfordert dort Spannungs- und Frequenzregelung.

Intelligente Stromnetze erfordern beim Energieverbraucher installierte Smart Meter (meter = Messgerät). Dies sind **digitale Zähler**, die den aktuellen Energieverbrauch, z. B. im 15-min-Rhythmus, anzeigen und diesen automatisch an einen Computer melden. Dieser, oft der Leitrechner einer Gebäudeautomation, kann über einen Internet-Router mit dem NB kommunizieren.

Dadurch kann der NB bei Energie-Überangebot, z. B. bei Frequenzerhöhung um mehr als 0,2 Hz, Erzeugungsanlagen abschalten und bei Energiemangel Reserveerzeuger zuschalten oder Lasten abwerfen. Außerdem kann der NB tarifvariabel abrechnen und diesem Computer mitteilen, wann der Strom „teuer" bzw. „billig" ist.

Ziel intelligenter Stromnetze ist, Spitzenlasten zu vermeiden und elektrische Verbraucher in tariflich günstigen Zeiten am elektrischen Netz zu betreiben.

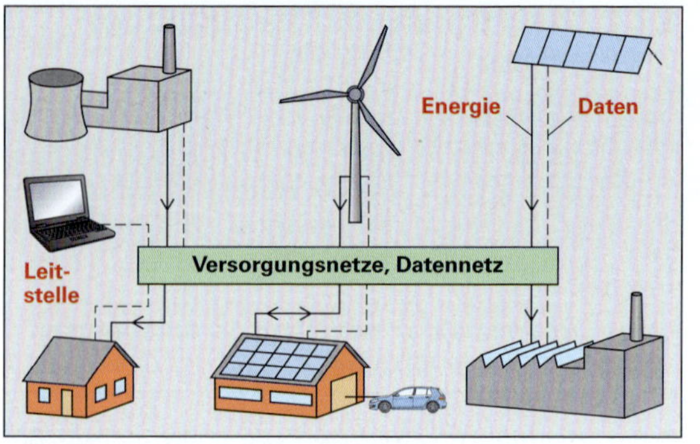

Bild 1: Dezentrale Energieerzeugung

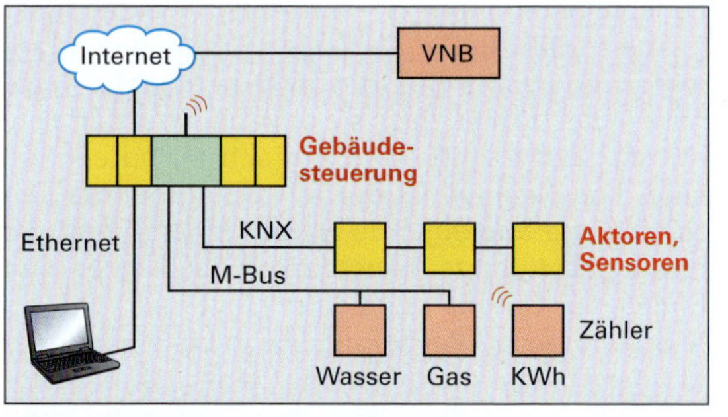

Bild 2: Vernetzung mit Smart Metern

Als **Smart Meter** gibt es Strom-/Spannungszähler, Gaszähler, Wasserzähler. Die unterschiedlichen Zählerdaten werden z. B. für eine gesamthafte Energieabrechnung über einen zentralen Computer gesammelt. Das Vernetzen der Smart Meter erfolgt z. B. auch wireless (drahtlos) über den M-Bus (Messgeräte-Bus, **Bild 2**). Über ein Koppelgerät (Gateway) kann der M-Bus mit dem KNX-Bus oder dem Ethernet-LAN einer Gebäudeautomation verbunden werden. Somit sind Aktoren bzw. Verbraucher gezielt schaltbar.

Die **elektrischen Verbraucher**, z. B. Hausgeräte wie Waschmaschinen oder auch Elektro-Kfz, müssen wegen der Kosteneffizienz automatisiert gestartet werden können, wenn der Strom zu günstigen Preisen im Netz verfügbar ist. Hierzu müssen die Verbraucher entsprechende Steuerungen besitzen oder die Hausinstallation muss entsprechend ausgelegt sein, z. B. mittels KNX-Netzwerk oder Ethernet-LAN (Bild 2).

Die **Datenübertragung** zwischen NB und Haushaltungen/Gewerbe kann entweder mittels z. B. 5G, DSL oder Breitband Powerline BPL erfolgen. Bei BPL erfolgt die Datenübertragung über das Niederspannungsnetz oder Mittelspannungsnetz.

Smart Grids sind insbesondere im Zusammenwirken mit Smart-Home-Anlagen von Bedeutung **(Abschnitt 10.9)**.

4.3 Ströme in öffentlichen Netzen

4.3.1 Stromarten für die Stromversorgung

Die Verbrauchsanlagen werden von den VNB (Verteilungsnetzbetreiber, auch NB Netzbetreiber) je nach Alter der Stromversorgung, Lage und Bedarf mit unterschiedlichen Stromarten versorgt **(Tabelle 1)**.

Meist erfolgt die Versorgung über Drehstromnetze (Dreiphasennetze). Freileitungen sind dann Dreileiternetze für Hochspannung und Mittelspannung **(Bild 1)** und Vierleiternetze für Niederspannung **(Bild 2, Abschnitt 4.5)**.

Die Versorgung über Einphasennetze kommt fast nur beim Fahrdrahtnetz für Schienenfahrzeuge vor. Hier gelangt der Strom über den Fahrdraht zur Lokomotive und von dort zurück über die Erde bzw. Schiene zur Stromquelle.

Die Versorgung der Verbraucheranlagen erfolgt meist über ein Drehstromnetz.

Die eigentümliche Frequenz der Bahnnetze von 16 2/3 Hz = 50/3 Hz wurde bei Beginn der Elektrifizierung der Bahn gewählt, weil bei den damaligen Motoren die Stromwendung von 50 Hz nicht beherrscht wurde. Das ist durch die Stromrichtertechnik überholt worden, sodass Neuanlagen oft mit Einphasenstrom von 50 Hz arbeiten.

Die Frequenz von 60 Hz ist vor allem in den Netzen von Nordamerika verbreitet. Sie kam dadurch zustande, dass die Elektrifizierung dort später als in Europa stattfand. Bei 60 Hz sind die Transformatoren und Motoren etwas kleiner als bei 50 Hz.

In Europa besitzen die öffentlichen Netze für Haushaltungen und Betriebe die Frequenz 50 Hz.

Tabelle 1: Stromarten in Versorgungsnetzen

Frequenz in Hz	typische Spannungen	Anwendung, Vorkommen
Einphasennetze		
50	230 V, 15 kV	in Europa Kleinstabnehmer, selten Bahnnetz
60	100 V bis 15 kV	in Amerika Kleinabnehmer, Bahnnetz
16 2/3	15 kV	Bahnnetz in D, A und CH
Drehstromnetze		
50	400 V, 10 kV, 20 kV, 110 kV bis 380 kV	übliche Netze in Europa für NS, MS und HS
60	180 V bis 660 V, 110 kV bis 500 kV	übliche Netze für NS, MS und HS in Amerika
16 2/3	110 kV	Verteilungsnetz für die Bahn in D, A und CH
Gleichstromnetze		
0	220 V, 440 V, 15 kV 800 kV	Fortbewegung von Schienenfahrzeugen, in F auch Bahnnetz HGÜ

A Österreich
D Deutschland,
HS Hoch-, Höchstspannung
NS Niederspannung
CH Schweiz
F Frankreich
MS Mittelspannung
HGÜ Hochspannungs-Gleichstrom-Übertragung

Bild 1: Dreileiternetz für 10 kV

Bild 2: Vierleiternetz für 400 V

4.3.2 Erzeugung von Drehstrom

Beim Drehstromgenerator **(Bild 1, folgende Seite)** wird ein **Läufer**, genannt auch Polrad, von einer Kraftmaschine, z. B. einer Turbine, angetrieben. Der Läufer besteht im Prinzip aus drei Magneten, und zwar Permanentmagneten (Dauermagneten) oder Elektromagneten mit je einem Nordpol und einem Südpol. Infolge der Läuferdrehung ändert sich in jeder Spule der **Ständerwicklung** dauernd der magnetische Fluss. Nach dem Induktionsgesetz entsteht also in jeder Spule dauernd eine Wechselspannung. Sind die drei Spulen räumlich um 120° gegeneinander versetzt, so haben auch die drei erzeugten Wechselspannungen Phasenverschiebungen von je 120°.

Die drei Wechselspannungen kann man einem Verbraucher mit drei Wicklungssträngen zuführen, z. B. einer gleichartig gebauten zweiten Maschine **(Bild 2)**. Dazu wären im Grunde sechs Leiter erforderlich, nämlich für jeden Strang zwei. Man kann aber die Stränge so miteinander verbinden, dass die Rückleitung aller drei Stränge gemeinsam erfolgt. Dann sind nur vier Leiter erforderlich. Infolgedessen sind die drei Wechselspannungen aneinander „gekettet". Zwischen zwei Leitern eines derartigen **Vierleitersystems** besteht eine Spannung. In der gemeinsamen Rückleitung, dem **Neutralleiter**, ist die Stromstärke wegen der Phasenverschiebung zwischen den Sinusströmen in den Außenleitern höchstens so groß wie in einem Außenleiter. Bei symmetrischer Last bleibt der Neutralleiter sogar stromlos.

> Dreiphasenwechselspannung besteht aus drei miteinander verketteten Einphasenspannungen, zwischen denen Phasenverschiebungen von 120° bestehen.

Schließen wir an ein derartiges **Dreiphasennetz** als Motor eine Maschine an, die wie ein Drehstromgenerator gebaut ist (Bild 2), so fließen in den drei Ständersträngen drei Wechselströme, und zwar sowohl im Generator als auch im Motor **(Abschnitt 18.1)**. Nach der Lenz'schen Regel (siehe **Abschnitt 3.6.6**) ist die Richtung des Stroms so, dass die Ursache gehemmt wird. Die Ursache ist aber beim Generator das magnetische Drehfeld des Läufers. Infolgedessen muss der Strom im Generator so fließen, dass vom Ständerstrom ebenfalls ein Drehfeld hervorgerufen wird, welches dieselbe Drehrichtung wie das Läuferdrehfeld hat. Da nun derselbe Strom wie im Generator auch im Motor fließt, entsteht dort ebenfalls ein magnetisches Drehfeld. Sind am Motor die Außenleiter wie am Generator angeschlossen, so haben beide Drehfelder dieselbe Drehrichtung. Ein Vertauschen von zwei Außenleitern am Motor führt zur Änderung der Drehrichtung des Motor-Drehfeldes.

> Fließt Dreiphasenwechselstrom durch drei gegeneinander räumlich versetzte Wicklungsstränge, so wird dort ein magnetisches Drehfeld erzeugt.

Wegen der Fähigkeit, ein magnetisches Drehfeld zu erzeugen, wird der Dreiphasenwechselstrom meist **Drehstrom** genannt. Das Drehfeld bildet sich jedoch nur, wenn Spulen geeignet angeordnet sind.

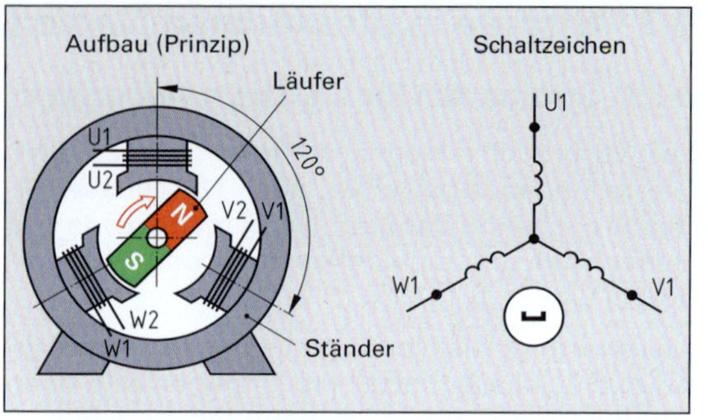

Bild 1: Drehstromgenerator mit Anschlussbezeichnungen

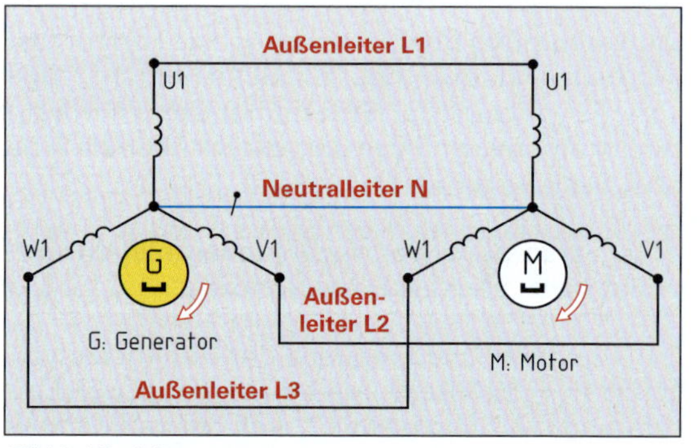

Bild 2: Vierleitersystem

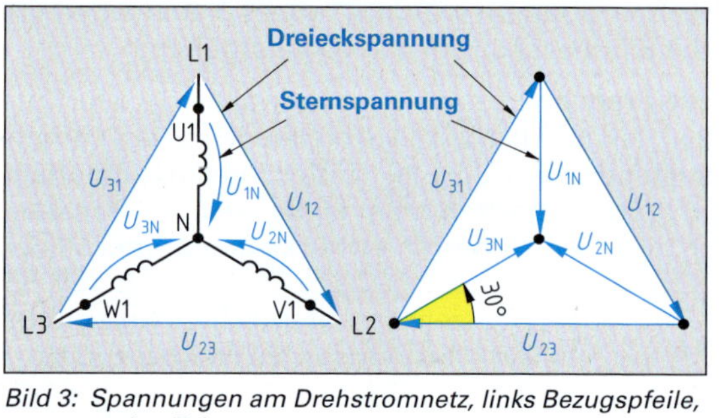

Bild 3: Spannungen am Drehstromnetz, links Bezugspfeile, rechts Zeiger

4.3.3 Spannungen beim Drehstromnetz

Bei Niederspannung besteht ein Drehstromnetz (Bild 2) aus drei **Außenleitern** (L1, L2, L3) und dem **Neutralleiter (Abschnitt 4.5.1)**.

Der Neutralleiter ist geerdet, sodass er in einer ungestörten Anlage keine oder fast keine Spannung gegen Erde führt. Das Zeigerdiagramm der Spannungen bildet wegen der Phasenverschiebung von 120° einen Stern **(Bild 3)**. Dadurch ist die Spannung zwischen den Außenleitern **(Dreieckspannung, Leiterspannung)** jeweils das $\sqrt{3}$-Fache der Spannung zwischen Außenleiter und Neutralleiter **(Sternspannung)**.

Beim Vierleiternetz können drei Dreieckspannungen und drei Sternspannungen entnommen werden. Die Dreieckspannung ist das $\sqrt{3}$-Fache der Sternspannung.

(Dreieck)Spannung

$U = 1{,}73 \cdot U_Y$

$$U = \sqrt{3} \cdot U_Y \qquad (1)$$

U Spannung (Dreieckspannung)
U_Y Sternspannung

Spricht man bei Dreiphasenwechselspannung nur von Spannung, so ist die Dreieckspannung gemeint. Am üblichen Vierleiternetz ist die Spannung 400 V. Aus einem derartigen Netz können je nach Anschluss 400 V oder 230 V entnommen werden.

4.3.4 Schaltungen bei Drehstrom

Die drei Stränge eines Drehstromverbrauchers lassen sich so schalten, dass ihre Enden miteinander verbunden sind oder jeweils der Anfang eines Strangs mit dem Ende des vorhergehenden Strangs **(Bild 1)**. Nach der Form der symmetrisch gezeichneten Schaltung sprechen wir von **Sternschaltung** (Y) oder von **Dreieckschaltung** (△).

In der Sternschaltung liegt am Strang als Strangspannung die Sternspannung des Netzes, in der Dreieckschaltung liegt die Dreieckspannung als Strangspannung am Strang.

Da die Stränge für eine bestimmte Spannung bemessen sind, ist die Schaltung nicht beliebig vorzunehmen. Sind die Stränge für 230 V geeignet, muss der Verbraucher am 400-V-Netz in Stern geschaltet werden, z. B. bei einem Elektroherd. Sollen die Stränge 400 V erhalten, so muss die Schaltung im Dreieck vorgenommen werden.

Strangspannung bei Schaltung △

$$U_{Str} = U \qquad (2)$$

Strangspannung bei Schaltung Y

$$U_{Str} = U_Y \qquad (3)$$

U_{Str} Strangspannung
U Netzspannung (Leiterspannung)
U_Y Sternspannung

Beispiel 1:

Ein Drehstrommotor trägt die Angabe auf dem Leistungsschild △ 400 V. Er ist am 400-V-Netz anzuschließen. a) Welche Schaltung ist anzuwenden? b) Wie groß ist die Strangspannung?

Lösung:

a) **Dreieckschaltung**

b) $U_{Str} = U =$ **400 V**

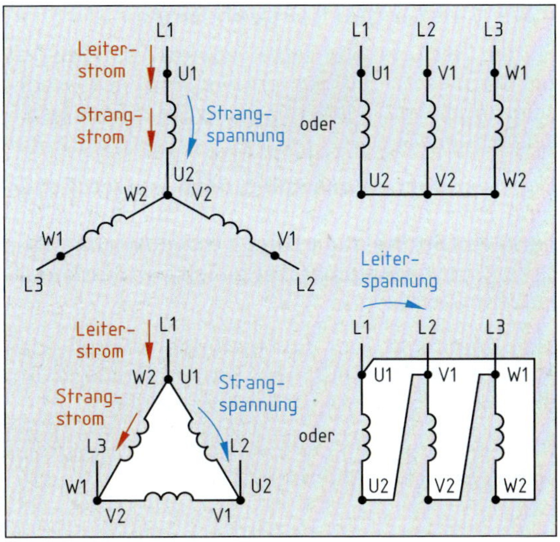

Bild 1: Schaltungen bei Drehstrom mit Anschlussbezeichnungen.
Oben: Sternschaltung, unten: Dreieckschaltung

Auch bei den Strömen sind je nach Schaltungen die Strangströme verschieden. Bei der Sternschaltung sind die in der **Zuleitung** fließenden **Leiterströme** so groß wie die Strangströme (Bild 1). Dagegen tritt in der Dreieckschaltung eine Stromverzweigung auf. Hier ist der Strangstrom aus dem Leiterstrom durch Teilen mit $\sqrt{3}$ zu berechnen. Wenn bei einem Dreiphasennetz vom Strom die Rede ist, so ist damit der Leiterstrom gemeint.

Strangstrom bei Schaltung △

$$I_{Str} = \frac{I}{\sqrt{3}} \qquad (4)$$

Strangstrom bei Schaltung Y

$$I_{Str} = I \qquad (5)$$

$I_{Str} = I/1{,}73$

I_{Str} Strangstrom
I Stromstärke (Leiterstrom)

Beispiel 2:

Ein Motor ist in Dreieck geschaltet und nimmt eine Stromstärke von 17,3 A auf. Wie groß ist der Strangstrom?

Lösung:

$I_{Str} = I/\sqrt{3} = 17{,}3\ \text{A}/\sqrt{3} =$ **10 A**

Bei Drehstrommotoren sind die Anschlüsse am Klemmbrett so angeordnet, dass, je nach Lage der auswechselbaren Brücken, die Sternschaltung oder die Dreieckschaltung vorliegt **(Bild 1, folgende Seite)**.

4.3.5 Leistungen bei Drehstrom

Für die Leistungen in den einzelnen Strängen gelten die Gesetzmäßigkeiten des Einphasenwechselstroms, weil in jedem Strang Einphasenwechselstrom fließt.

Dabei ist aber zu beachten, dass je nach Schaltung die Dreieckspannung oder die Sternspannung am Strang liegt. Die Gesamtleistung eines Drehstromverbrauchers ist gleich der Summe aller Strangleistungen.

Man berechnet aber die Leistungen mithilfe des in der Zuleitung fließenden Stroms (Leiterstrom) und der Netzspannung (Dreieckspannung).

Dann gelten unabhängig von der Schaltung dieselben Berechnungsformeln.

Bei symmetrischer Last:

Scheinleistung

$$S = \sqrt{3}\, U \cdot I \qquad (1)$$

Wirkleistung

$$P = \sqrt{3}\, U \cdot I \cdot \cos\varphi \qquad (2)$$

$P = S \cdot \cos\varphi$

Blindleistung

$$Q = \sqrt{3}\, U \cdot I \cdot \sin\varphi \qquad (3)$$

$Q = S \cdot \sin\varphi$

S	Scheinleistung
P	Wirkleistung
Q	Blindleistung
U	Spannung (Dreieckspannung)
I	Stromstärke (Leiterstrom)
$\cos\varphi$	Leistungsfaktor, Wirkfaktor
$\sin\varphi$	Blindfaktor

Ändert man bei einem Verbraucher die Schaltung, z. B. von Stern (Y) in Dreieck (△), so liegt an den Strängen eine um den Faktor $\sqrt{3} = 1{,}73$ geänderte Spannung. Wegen $P = U^2/R$ ändert sich dann die Leistung um den Faktor $\sqrt{3} \cdot \sqrt{3} = 3$. Im gleichen Umfang ändert sich der Strom, weil ja die Netzspannung gleich bleibt. Das wird u. U. vom Verbraucher nicht ausgehalten.

Bei Verbrauchern mit konstantem Widerstand, z.B. bei Heizgeräten, sind Leistung und Stromstärke bei gleicher Netzspannung in der Dreieckschaltung dreimal so groß wie in der Sternschaltung, in der Sternschaltung also nur ein Drittel wie in der Dreieckschaltung.

Bei Motoren dagegen erzwingt die mechanische Belastung die erforderliche Motorenleistung, sodass bei einem für die Dreieckschaltung vorgesehenen Motor in der Sternschaltung der Strom im Wicklungsstrang auf den Leiterstrom der Dreieckschaltung und damit auf das $\sqrt{3}$-Fache wie in der Dreieckschaltung ansteigt.

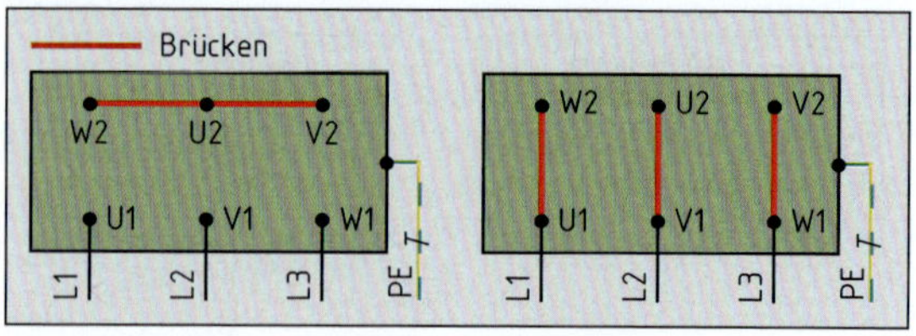

Bild 1: Anordnung der Brücken am Klemmbrett. Links: Sternschaltung, rechts: Dreieckschaltung

Strangwiderstände und Netzspannung konstant:

$$P_Y = \frac{1}{3} P_\triangle \qquad (4)$$

$$P_\triangle = 3 \cdot P_Y \qquad (5)$$

P_Y Wirkleistung bei Y

$P_\triangle$ Wirkleistung bei △

Ebenso gilt:

$Q_\triangle = 3 \cdot Q_Y$; $S_\triangle = 3 \cdot S_Y$

Für △ und Y: $P = 3 \cdot P_{Str}$; $Q = 3 \cdot Q_{Str}$; $S = 3 \cdot S_{Str}$

Beispiel:

Ein Drehstrommotor mit der Angabe △ 400 V 15 A wird am 400-V-Netz versehentlich in Y-Schaltung betrieben und mit seiner Bemessungsleistung belastet.

a) Wie groß wäre in Schaltung △ der Strangstrom?

b) Wie groß ist in der Schaltung Y der Strangstrom?

Lösung:

a) $I_{Str\triangle} = I/\sqrt{3} = 15\ \text{A}/\sqrt{3} = \mathbf{8{,}67\ A}$

b) $I_{StrY} = I_{Str\triangle} \cdot \sqrt{3} = 8{,}67\ \text{A} \cdot \sqrt{3} = \mathbf{15\ A}$ ($I_{StrY} = I$)

Bei Drehstrommotoren muss in jedem Fall die vorgesehene Schaltung angewendet werden, da sonst die Stromaufnahme unzulässig hoch werden kann.

Wiederholung und Vertiefung

1. Warum besteht bei Drehstrom zwischen den Wechselströmen eine Phasenverschiebung von 120°?
2. Wie nennt man beim Drehstrom die Magnetfelder in einem Generator und in einem Motor?
3. Welche Ströme fließen in einem einzelnen Außenleiter?
4. Wie groß ist die Strangspannung in einem Drehstromnetz 400 V:
   a) bei Sternschaltung,
   b) bei Dreieckschaltung?
5. Bei welcher Schaltung liegt am Strang eines Drehstrommotors die größere Spannung eines Dreiphasennetzes mit der Bemessungsspannung 400 V/230 V?
6. Welche Folge tritt ein, wenn am 400-V-Netz ein für die Dreieckschaltung bemessener Motor von 6 kW versehentlich bei einer mechanischen Dauerlast von 3 kW in Sternschaltung betrieben wird ($\eta \cdot \cos\varphi = 0{,}64$)?

4.3.6 Unsymmetrische Belastung bei 3AC

Sternschaltung mit Neutralleiter

Die unsymmetrische (ungleiche) Belastung tritt beim NS-Netz an jeder Verteilung auf, zu der eine 3AC-Leitung mit Neutralleiter (N-Leiter) (und evtl. PE-Leiter, **Abschnitt 4.5.1**) führt, die 3 oder mehr einphasige Stromkreise mit verschiedenen Strömen speist **(Bild 1)**. Die Belastung des 3AC-Systems ist dann nicht symmetrisch.

Infolge des Anschlusses am N-Leiter sind die Phasenverschiebungen zwischen den Spannungen 120° und bei gleichem cos φ auch zwischen den Strömen **(Bild 2)**. Weil bei jeder Last die geometrische Summe der Ströme Null ist, muss bei unsymmetrischer Belastung ein Neutralleiterstrom (N-Strom) vorhanden sein.

Bei unsymmetrischer Belastung einer Sternschaltung mit N-Leiter entsteht ein N-Strom.

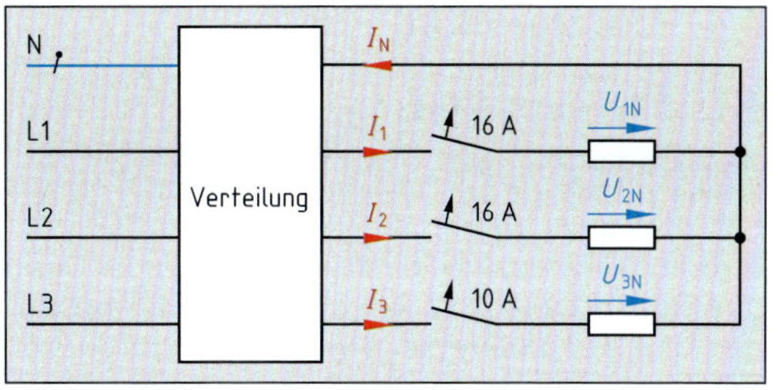

Bild 1: Unsymmetrische Sternschaltung an einer 3AC-AC-Verteilung

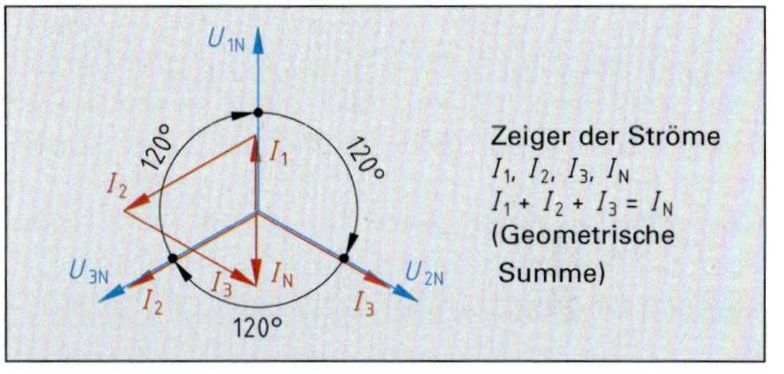

Bild 2: Zeigerbild der Ströme und Spannungen von Bild 1

Sternschaltung ohne Neutralleiter

Wenn kein Neutralleiter mit dem Sternpunkt verbunden ist, z. B. beim Abklemmen des N-Leiters in der Verteilung von Bild 1, dann bleiben die Außenleiterspannungen unverändert. Ein Neutralleiterstrom ist im 3AC-Netz nicht vorhanden. Die Summe der Ströme in den einphasigen, unsymmetrischen Stromkreisen muss deshalb 0 sein. Dadurch tritt eine Verschiebung des Sternpunkts auf **(Bild 3)**. Infolgedessen sind die Spannungen an den einphasigen Stromkreisen z. T. kleiner als die erwarteten 230 V und z. T. größer.

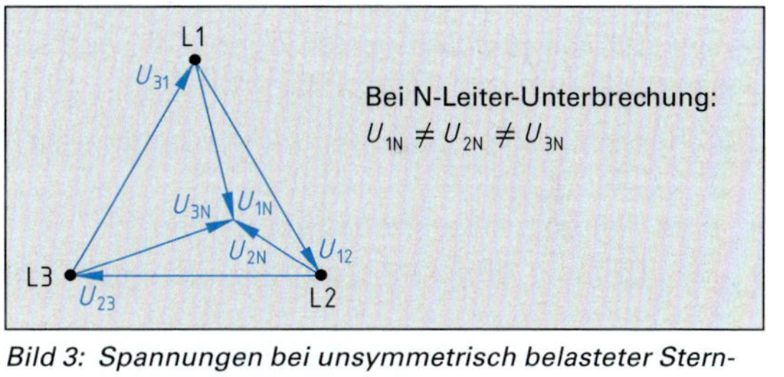

Bild 3: Spannungen bei unsymmetrisch belasteter Sternschaltung ohne Neutralleiter

Dreieckschaltung

Bei der Dreieckschaltung ist kein Neutralleiter angeschlossen. Die Phasenverschiebungen zwischen den Spannungen vom Netz bleiben auch bei unsymmetrischer Last unverändert und auch die der Strangströme bei gleichem cos φ. Jedoch sind bei unsymmetrischen Strangwiderständen die Leiterströme verschieden **(Bild 4)**.

Bei unsymmetrisch belasteter Dreieckschaltung ändert sich die Phasenverschiebung zwischen den Leiterströmen.

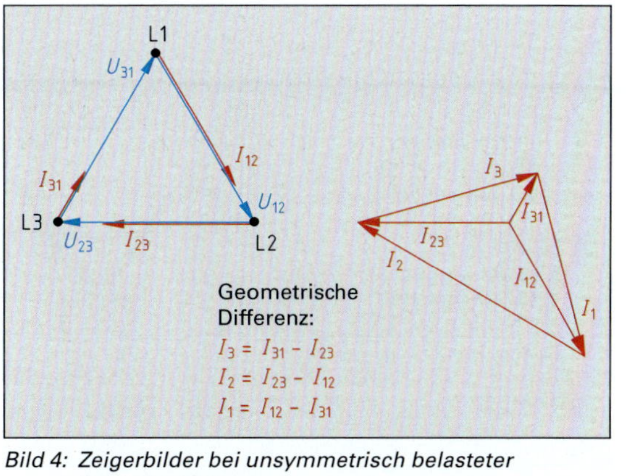

Bild 4: Zeigerbilder bei unsymmetrisch belasteter Dreieckschaltung

Leiterströme

$$I_1 = \sqrt{I_{12}^2 + I_{31}^2 + I_{12} \cdot I_{31}} \quad (1)$$

$$I_2 = \sqrt{I_{23}^2 + I_{12}^2 + I_{23} \cdot I_{12}} \quad (2)$$

$$I_3 = \sqrt{I_{31}^2 + I_{23}^2 + I_{31} \cdot I_{23}} \quad (3)$$

I_{12}, I_{31}, I_{23} Strangströme

4.4 Netzqualität

4.4.1 Stromqualität

Oberschwingungen

Seit mehreren Jahren nimmt die Bedeutung der Stromqualität zu, weil einerseits wegen der Computertechnik die Anlagen empfindlicher geworden sind und andererseits vermehrt Verbraucher, z. B. angesteuert mit Frequenzumrichtern, und sogar Erzeuger zur „Verunreinigung“ des (Übertragungs-) Netzes führen.

Im weit verbreiteten Vierleiternetz rufen elektronische Schaltungen, z. B. elektronische Steuerungen, oder drehende Generatoren Oberschwingungen mit 3. und 5. Teilschwingungen hervor. Das kann dazu führen, dass nicht-sinusförmige Ströme entstehen **(Bild 1)** und dass die Stromstärke im Neutralleiter größer als im Außenleiter wird **(Bild 2)**. Deshalb verlangt DIN EN 61 000, dass bei Geräten über 75 W der Aufnahmestrom oberschwingungsarm sein muss.

Die Abgabe von Oberschwingungen kann durch den Einbau von Netzfiltern (Bandsperren) verhindert werden **(Bild 3)**. Bei einer Bandsperre, z. B. für 150 Hz (3. Teilschwingung), sind für 150 Hz die Blindwiderstände X_L und X_C gleich groß und damit auch die Blindleitwerte $Y = 1/X$. Dadurch heben sich die Blindleitwerte gegenseitig auf, sodass kein Strom mit Anteil 150 Hz fließt.

Zunehmend ist die Spannung nicht konstant, weil starke Belastungsstöße auftreten, z. B. durch

- Einschalten großer induktiver Lasten,
- Zuschalten großer Generatoren, z. B. von Windkraftanlagen,
- Zuschalten oder Abschalten von Kraftwerken, z. B. wegen Ausfall oder Anfall von PV-Anlagen.

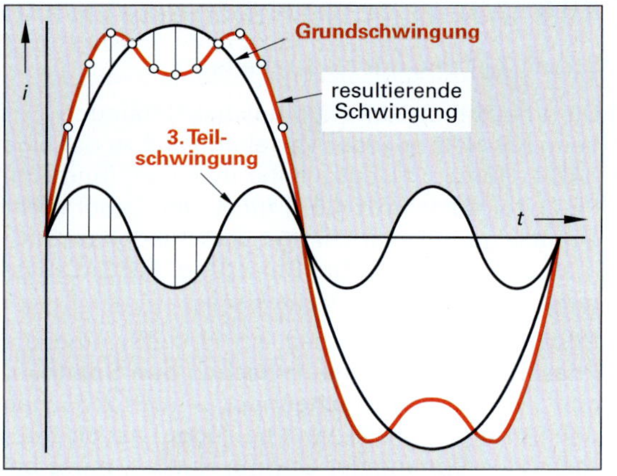

Bild 1: Nicht-sinusförmiger Strom infolge Oberschwingungen

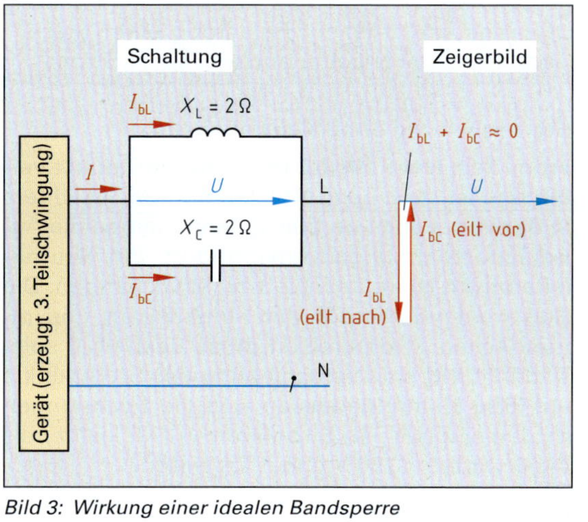

Bild 3: Wirkung einer idealen Bandsperre

Das führt zu Flickern (Flackern von Licht, von engl. to flicker = flackern), zu Dips (kurzer Spannungsausfall, von engl. dip = Einsenkung), zu Da-

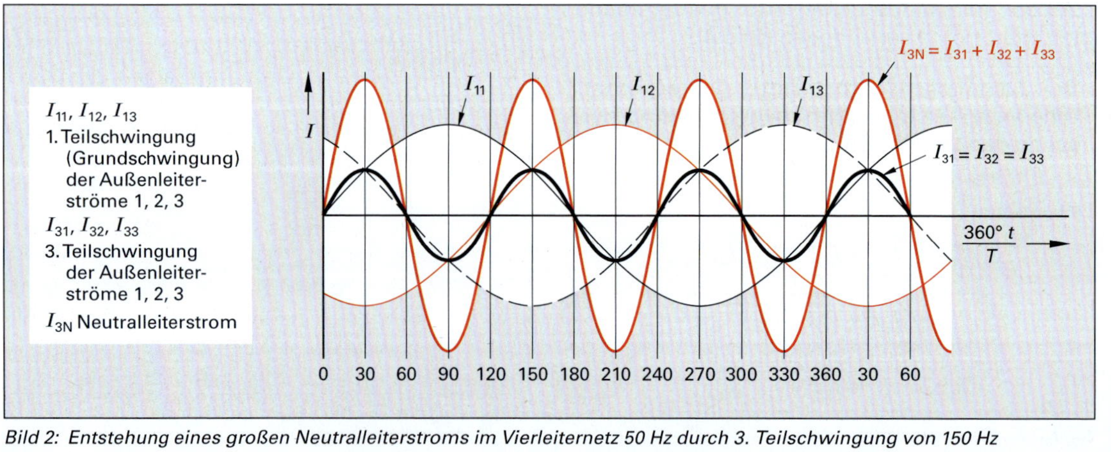

Bild 2: Entstehung eines großen Neutralleiterstroms im Vierleiternetz 50 Hz durch 3. Teilschwingung von 150 Hz

tenverlust und zu Motorenausfall. Diese Nachteile kann der Strombezieher vermeiden, z. B. durch

- Sanftanlauf mittels elektronischer Anlasser,
- Strombezug über USV-Anlage.

Ruckartige Laständerungen führen zu einer schlechten Stromqualität.

Elektronische Geräte über 75 W Aufnahmeleistung müssen so gebaut sein, dass der aufgenommene Strom eine Sinusform hat.

Messen von Oberschwingungen

Das Messen von Oberschwingungen in Netzen erfolgt mit **Netzanalysegeräten**, die ein Aufzeichnen von Spannungen, Stromstärken oder Leistungen ermöglichen. Im einfachsten Fall misst man am Einphasennetz mit einem Messgerät für Oberschwingungen nacheinander die Effektivwerte der Spannungen der möglichen Teilschwingungen, z. B. von den Ordnungszahlen 1 (Grundschwingung), 3, 5, 7 und 9. Daraus kann man den gesamten Oberschwingungsanteil berechnen. Dieser wird als **THD-Wert** (THD von **T**otal **H**armonic **D**istortion) bezeichnet. Die Signalsymmetrie des Versorgungsnetzes wird durch die Oberschwingungen verzerrt, insbesondere durch die mit den Ordnungszahlen 3, 5 und 7.

Beispiel 1:

In einer Einphasenanlage wurden gemessen $U_1 = 230$ V, $U_3 = 120$ V, $U_5 = 50$ V, $U_7 = 8$ V.
Wie groß ist der THD-Wert?

Lösung:

$$THD = \frac{\sqrt{U_3^2 + U_5^2 + U_7^2}}{U_1} = \frac{\sqrt{14400 + 2500 + 64}}{230}$$

$$= 0{,}5663 = \mathbf{56{,}63\ \%}$$

Für die Energietechnik ist der THD-Wert der Spannung nach IEEE-Standard 1459-2010 als **THD_V-Wert** anders festgelegt **(Formel 2)**.

Beispiel 2:

Der Effektivwert einer Spannung beträgt 250 V, der Effektivwert der Grundschwingung ist 230 V.
Wie groß ist der THD_V-Wert ?

Lösung:

$$THD_V = \frac{\sqrt{V^2 - V_1^2}}{V_1} = \frac{\sqrt{62500 + 52900}}{230}$$

$$= \frac{97{,}98}{230} = 0{,}426 = \mathbf{42{,}6\ \%}$$

Messungen am Drehstromnetz (Dreiphasennetz) werden in entsprechender Weise vorgenommen, wobei jetzt die elektrischen Größen von allen drei Außenleitern zu erfassen sind. Die Formel 1

THD-Wert der Spannung (auch THD_u)

$$THD = \frac{\sqrt{U_3^2 + U_5^2 + U_7^2 + \ldots + U_n^2}}{U_1} \quad \mathbf{1}$$

U_x mit x = 1, 3, 5, 7 Spannung der Ordnungszahl x

U_1 Spannung der Grundschwingung

In entsprechender Weise ist mit I der THD-Wert des Stroms (THD_i) zu ermitteln.

THD_V-Wert der Spannung in der Energietechnik

$$THD_v = \frac{\sqrt{V^2 - V_1^2}}{V_1} \quad \mathbf{2}$$

V Spannung mit Oberschwingungen

V_1 Spannung der Grundschwingung

V von Voltage

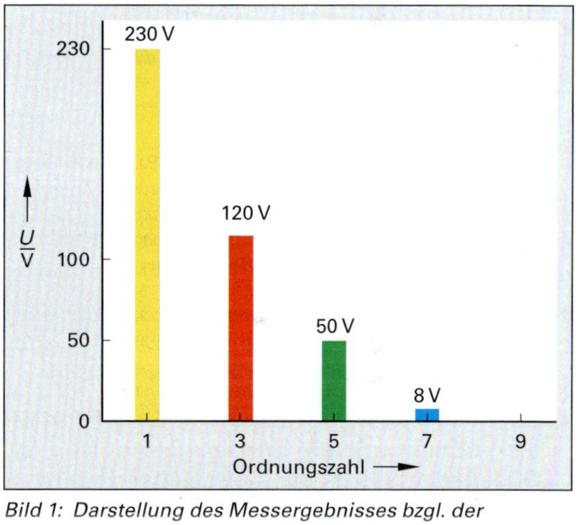

Bild 1: Darstellung des Messergebnisses bzgl. der Teilschwingungen zu Beispiel 1

ist entsprechend zu erweitern, wobei beim Drehstromsystem ohne stromführenden Neutralleiter die durch 3 teilbaren Ordnungszahlen der Oberschwingungen entfallen. Dadurch sind im Dreileiter-Drehstromsystem nur Oberschwingungen mit den Ordnungszahlen 5, 7, 11, 13, 17 usw. vorhanden.

Mit den so gemessenen und berechneten Daten können von Signalen deren Grundschwingung und vom Benutzer ausgewählte Oberschwingungen grafisch dargestellt und bewertet werden **(Bild 1)**.

Bei besseren Messgeräten, z. B. beim **Netzanalysator**, erledigt das Berechnen und die grafische Darstellung der Computer des Messgerätes.

Beim Messen am Einphasensystem ist dann wie folgt vorzugehen **(Bild 1)**:

- Einphasen-Betriebsart wählen.
- Funktion, z. B. Spannung oder Strom, Arbeitsmodus, z. B. Messwerte oder Signalverläufe, und Analysenart, z. B. Messen oder Aufzeichnen, wählen.
- Die Spannungskabel des Netzanalysegerätes an den Außenleiter und den Neutralleiter anschließen (Bild 1).
- Den Außenleiter mit dem Zangenstromwandler umfassen und den Zangenstromwandler an das Netzanalysegerät anschließen.
- Bei Bedarf kann die Leistung gemessen werden. Bei Leistung mit falschem Vorzeichen ist die Zange in umgekehrter Richtung anzulegen.
- Die zu prüfende Anlage an Spannung legen, sofern diese zuvor abgeschaltet wurde.
- Mittels Hold-Taste kann die kontinuierliche Aktualisierung der angezeigten Werte unterbrochen werden.

Beim Messen am Dreiphasensystem mit vier Leitern **(Bild 2)** ist ähnlich vorzugehen:

- Betriebsart Drei- oder Vierleiter sowie Funktion, Arbeitsmodus, Analysenart wählen.
- Nach dem Verbinden von L1, L2, L3, N mit dem Netzanalysegerät sind die Zangenstromwandler an das Netzanalysegerät anzuschließen.
- Bei Bedarf ist zu prüfen, ob die Drehfeldrichtung stimmt und die Wirkleistung positiv ist. Gegebenenfalls ist der Außenleiter anders zu umfassen.

Über ein Auswahlmenü am Netzanalysegerät sind die zu analysierenden und aufzuzeichnenden Oberschwingungen auszuwählen. Die Signalaufzeichnung kann von Hand oder in Abhängigkeit einer eingestellten Uhrzeit automatisch gestartet und beendet werden.

Die Teilschwingungsgehalte lassen sich als Signalverläufe **(Bild 2, Seite 68)** und als Frequenzspektren in Histogrammform (Bild 1, vorhergehende Seite) darstellen. Neben einem z. B. gemessenen Leiterstrom in A werden die Effektivwerte der Stromstärken der hierzu ausgewählten Oberschwingungen jeweils in A oder in % des Leiterstroms angezeigt. Die Höchstwerte der Oberschwingungsströme bei Erzeugungsanlagen sind in VDE-AR-N 4105 angegeben **(Tabelle 1)**.

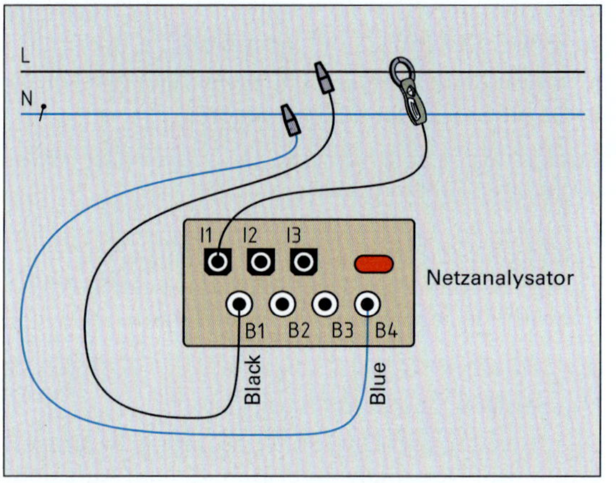

Bild 1: Messung mit Netzanalysator beim Einphasensystem (B1 bis B4 Eingangsbuchsen)

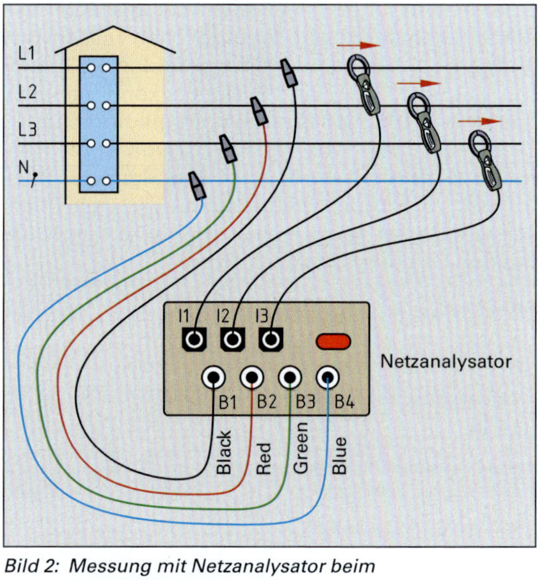

Bild 2: Messung mit Netzanalysator beim Drehstrom-Vierleitersystem

Tabelle 1: Zulässige Oberschwingungsströme bei Erzeugungsanlagen
vgl. VDE-AR-N 4105

Ordnungszahl ν	I_ν in A je MVA der Anlage
3	3
5	1,5
7	1
9	0,7
11	0,5
13	0,5

ν griech. Kleinbuchstabe Nüh, MVA Megavoltampere

4.4.2 Regelung der Netzspannung

Einfluss auf die Netzqualität hat natürlich auch die Güte des Spannungsverlaufs. Die Spannung an den Generatoren der Kraftwerke wird auf konstante Höhe geregelt. Wegen der wechselnden Belastung treten aber an den Wirkwiderständen und Blindwiderständen des Netzes, und vor allem der Transformatoren, Spannungsfälle auf, die ohne ständige Regelung zu schwankender Lastspannung führen würden. Erlaubte Toleranzen sind ± 10%.

Die Spannungsregelung des Netzes erfolgt meist im Hochspannungsnetz, seltener im Mittelspannungsnetz oder im Niederspannungsnetz.

Direkte Spannungseinstellung

Bei der direkten Spannungseinstellung wird die Spannung von Transformatoren durch Umschaltung auf andere Windungszahlen eingestellt. Bei Transformatoren für das Hochspannungsnetz ist ein Stufenschalter vorhanden, der unter Last betätigt werden darf **(Bild 1)**. Die Betätigung erfolgt mit automatischer Stelleinrichtung oder von Hand.

Die OS-Wicklung (Oberspannungswicklung) ist unterteilt in die Stammwicklung und die dazu in Reihe geschaltete Feinstufenwicklung FW. Die Feinstufenwicklung hat bis 15 Anzapfungen und umfasst bis 25 % der gesamten OS-Windungszahl. Damit beträgt der Stellbereich bis zu ± 25 % der Bemessungsspannungen.

Indirekte Spannungseinstellung

Für die indirekte Spannungseinstellung wird ein Zusatztransformator eingesetzt **(Bild 2)**. In ihm liegt außer der als Reihenwicklung RW geschalteten Feinstufenwicklung eine Erregerwicklung EW, die von der US-Wicklung (Unterspannungswicklung) des Haupttransformators gespeist wird. Die Feinstufenwicklung hat zahlreiche Anzapfungen, die über den Stufenschalter zum Ausgang verbunden sind. Der Vorwahlschalter VW ermöglicht das Umpolen der Feinstufenwicklung Dadurch kann die Ausgangsspannung vergrößert oder herabgesetzt werden.

Spannungsregelung im Verteilungsnetz

Durch die wegen der Energiewende vermehrte Einspeisung z. B. durch PV-Anlagen in das Verteilungsnetz 230 V/400 V genügt die Regelung allein im Hochspannungsnetz nicht mehr. Deshalb werden zunehmend regelbare Ortsnetztransformatoren eingebaut, für die sich die Kurzform RONT eingebürgert hat. Auch sie besitzen einen Stufenschalter.

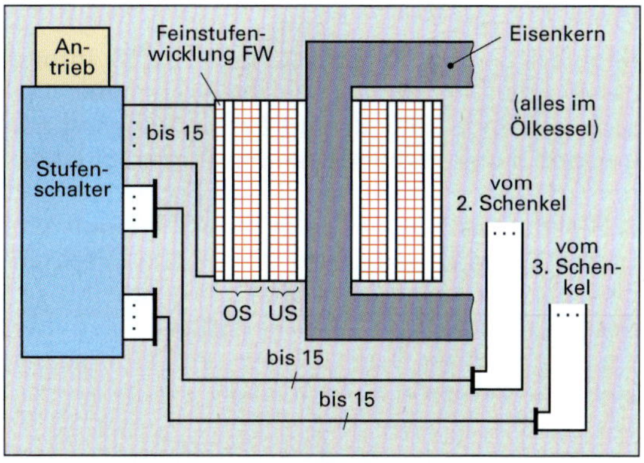

Bild 1: Anschluss des Stufenschalters

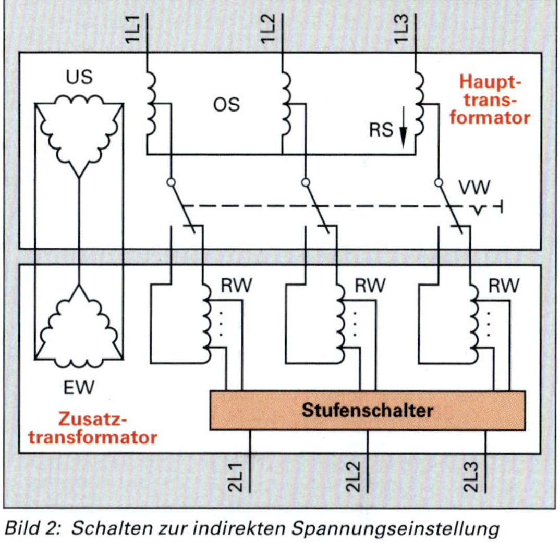

Bild 2: Schalten zur indirekten Spannungseinstellung

Netzregler bei Netzausläufern

Die Leiterquerschnitte sind bei ausgedehnten Strahlennetzen (Netzausläufer) wesentlich **(Bild 1, folgende Seite)**. Treten in diesen Netzen zusätzliche Lasten auf, z. B. durch weitere Bebauung, so nehmen die Spannungsfälle zu und die Verbraucherspannungen ab. Umgekehrte Wirkungen treten ein, wenn in Strahlennetzen örtliche Erzeuger Spannung einspeisen, z. B. PV-Anlagen. Von diesen wird die Netzspannung angehoben, aber nur bei Sonnenschein.

Abhilfe ist durch dezentrale Netzregler möglich. Das Verändern der Spannung erfolgt durch Stufentransformatoren. Je nach Spannung werden deren Windungen zu- oder abgeschaltet.

Stufentransformatoren (Stelltransformatoren) können die Netzspannung anheben oder absenken.

Steuerung der Blindleistung

Blindleistung entsteht im Netz (AC, 3AC) infolge der Blindwiderstände in den Verbrauchern, Leitungsanlagen **(Bild 2)** und Erzeugungsanlagen und den damit verbundenen Phasenverschiebungen zwischen Strom und Spannung **(Abschnitt 3.7)**. Jedoch ist nur die Wirkleistung eine nutzbare Leistung zum Betreiben der elektrischen Verbraucher. Die Blindleistung belastet das Netz mit seinen Komponenten, z. B. Leitungen, Schalter, Transformatoren. Diese müssen daher für die entstehende Scheinleistung ausgelegt sein.

> Blindleistung verursacht keinen Energietransport, sie wird zwischen Kapazitäten und Induktivitäten (Blindwiderstände) nur wechselnd ausgetauscht.

Kompensiert man die **Phasenverschiebungen** im Netz und bei den Verbrauchern, wird das Netz nur noch mit der Wirkleistung belastet. Die frei werdenden Leitungsressourcen können damit zur Übertragung zusätzlicher Wirkleistung genutzt werden. Das Bereitstellen von Blindleistung, d. h. das bewusste Verschieben der Phasen, kann aber auch zur Regulierung der Netzspannung genutzt werden. Eine kapazitive oder induktive Phasenverschiebung erhöht oder vermindert die Spannung im Netz **(Bild 3)**.

Die in den klassischen Großkraftwerken verwendeten Synchrongeneratoren **(Abschnitt 18.1.3)** können durch Steuerung ihres Erregerstroms sowohl induktive als auch kapazitive Blindleistung zur Verfügung stellen. Das Übertragungsnetz hat wegen der vielen Freileitungen und Transformatoren insgesamt einen überwiegend induktiven Blindwiderstand. Auch ein Großteil der Verbraucher verursacht infolge Rückspeisung von induktiver Blindleistung eine **induktive Phasenverschiebung**. Um dem entgegenzuwirken und die dadurch absinkende Spannung wieder anzuheben, wird bereits beim Energieerzeugen in den Kraftwerken mit **kapazitiver Phasenverschiebung** ins Netz eingespeist.

Wirkt eine Erzeugungsanlage induktiv, spricht man von **untererregt** und es erfolgt Wirkleistungseinspeisung bei gleichzeitigem Blindleistungsbezug, der die Spannung senkt. Verhält sich die Erzeugungsanlage dagegen kapazitiv, dann ist sie **übererregt** und liefert Wirkleistung und Blindleistung, welche die Spannung anhebt.

Ferner sind zur Spannungsstabilisierung an verschiedenen Stellen im Netz Blindleistungs-Kompensationsanlagen mittels steuerbarer Spulen, und Kondensatoren (FACTS, **f**lexible **AC T**ransmission **S**ystems) installiert **(Bild 4)**.

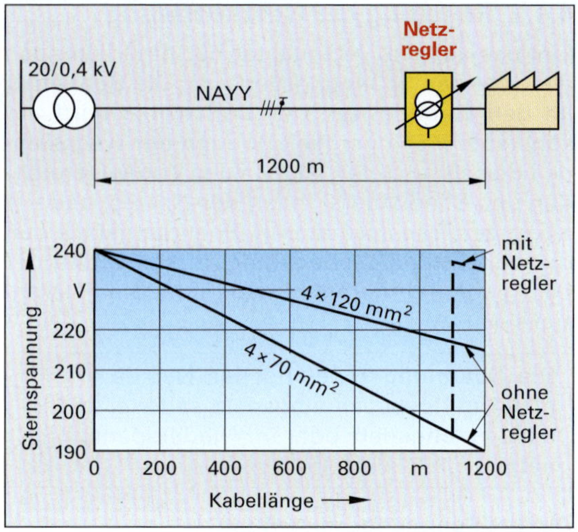

Bild 1: Netzregler und Leiterquerschnitte bei Netzausläufern

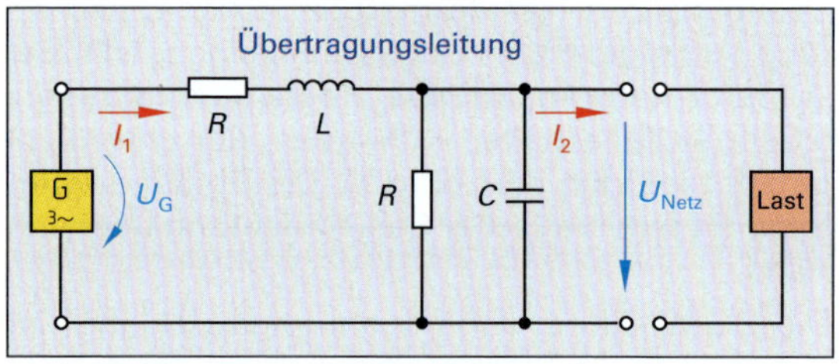

Bild 2: Prinzip der Energieübertragung

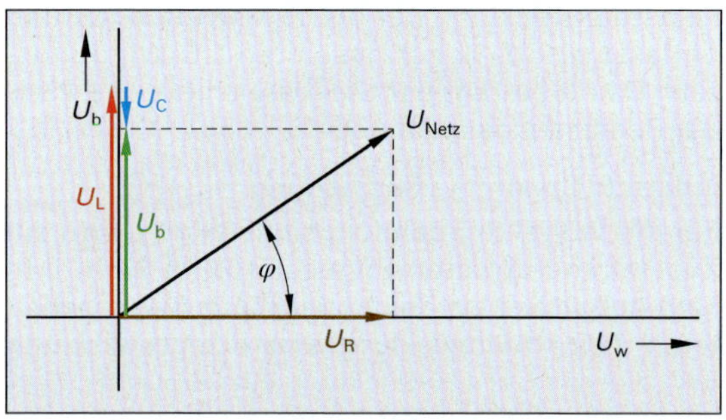

Bild 3: Spannungsdreieck von Wirkspannung U_w, Blindspannung U_b, Scheinspannung U_{Netz} (Netzspannung)

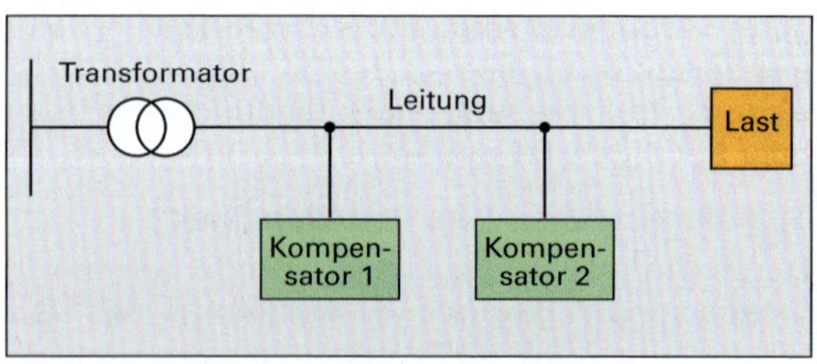

Bild 4: Blindleistungs-Kompensatoren im Netz

> Das Einspeisen von Blindleistung sorgt im Netz für Spannungsstabilisierung.

4.4.3 Regelung der Netzfrequenz

Frequenzregelung des Übertragungsnetzes besteht aus Regelvorgängen, die zu einer an den Hausanschlüssen annähernd konstanten Frequenz von 50 Hz führen. Man spricht dabei auch von *Frequenzhaltung*. Im europäischen Verbundnetz ist die *Toleranz* ± 0,2 Hz. Die Frequenz soll also mindestens 49,8 Hz und höchstens 50,2 Hz betragen.

Die Netzfrequenz geben die Synchrongeneratoren der Großkraftwerke vor. Deren Frequenz f ist proportional der Drehzahl n ihrer Läufer mit der Polpaarzahl (halbe Polzahl) p.

Die Netzlast bremst die Synchrongeneratoren, sodass ihre Drehzahl und Frequenz sinken. Dagegen nehmen bei abnehmender Netzlast die Generatordrehzahl und Frequenz zu.

Belastung im Netz verringert die Generatordrehzahl und die Frequenz, Entlastung erhöht sie.

Es müssen also die Drehzahlen der Generatoren und damit der antreibenden Turbinen nach Formel 1 auf eine möglichst konstante Drehzahl geregelt werden **(Bild 1)**.

Bei der **Primärregelung** wird die Leistung der Turbinen geregelt, bei der **Sekundärregelung** die Netzfrequenz der Generatoren. Für die Primärregelung liegt eine P-Regelung vor, die einen Fehler schnell, aber nicht vollständig, ausregelt. Bei der Sekundärregelung ist die zusätzliche Regelgröße die Netzfrequenz **(Bild 2)**. Eine *PI-Regelung* gleicht den Fehler der P-Regelung langsam aus.

Bei einer Netzfrequenz < 49 Hz muss Wirkleistung eingespeist oder Netzlast verringert werden. Man spricht von *positiver Regelenergie*. Bei zu kleiner Netzfrequenz ist auch die Generatorspannung zu klein, sodass die Spannungsregelung des Netzes wirksam wird.

Bei zu hoher Netzfrequenz wird für das Regeln eine kleinere Einspeisung von Wirkleistung oder eine größere Netzlast gebraucht *(negative Regelenergie)*. Bei 51,5 Hz erfolgt z. B. Abschaltung von PV-Anlagen. Zuständig für die Netzregelung sind die ÜNB (Übertragungsnetzbetreiber der überregionalen Stromnetze).

Die ÜNB müssen zum Regeln der Netzfrequenz über positive und über negative Regelenergien verfügen.

Die Primärregelung erfolgt dezentral in für die Regelung vorgesehenen Großkraftwerken, die anhand ihrer Netzfrequenz die Leistung steuern.

Netzfrequenz

f Frequenz
n Drehzahl
p Zahl der Polpaare

$$f = n \cdot p \quad (1)$$

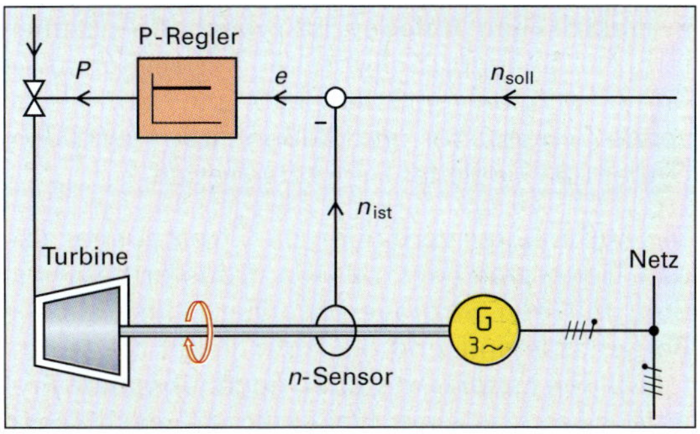

Bild 1: Primärregelung eines Synchrongenerators

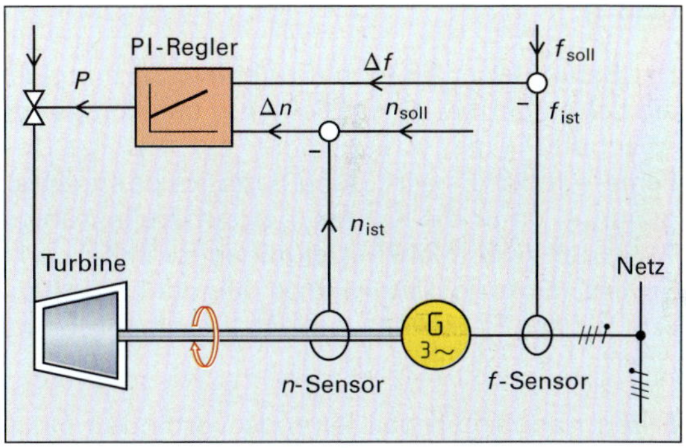

Bild 2: Wirkungsweise der Sekundärregelung

Die **Primärregelung** muss innerhalb von 30 s wirksam werden, wenn $\Delta f \geq 20$ mHz = 0,02 Hz ist. Diese Sekundenreserve muss mindestens für 15 min verfügbar sein.

Die **Sekundärregelung** (aktiviert nach 30 s) erfolgt im Übertragungsnetz in Pumpspeicherkraftwerken und Gaskraftwerken innerhalb von 15 min (Minutenreserve). Die Regelleistung ist dann innerhalb von 5 min zu erbringen. Eine zentrale Regelung erfasst die Netzfrequenz und die Leistungen der Regionen und regelt in diesen die Frequenz so, dass die Leistungen möglichst über kurze Distanzen bewegt werden.

Bei einem Netzungleichgewicht > 15 min kommt die **Tertiärregelung** (Minutenreserve) zur Unterstützung/Entlastung der Sekundärregelung zum Einsatz durch Energieeinspeisung z. B. von Gaskraftwerken oder durch Energiereduktion. Sie wird manuell aktiviert.

Wiederholung und Vertiefung

1. Welche elektrischen Größen müssen im Verteilungsnetz geregelt werden?
2. In welchem Netz erfolgt meist die Regelung?

4.5 Verteilungssysteme

4.5.1 Arten von Leitern

In elektrischen Anlagen ist zwischen Außenleitern, Neutralleiter, Schutzleiter, Mittelleiter sowie Kombinationen von Schutzleiter und Neutralleiter sowie Schutzleiter und Außenleiter sowie dem System-Bezugsleiter zu unterscheiden.

Die **Außenleiter** verbinden die Stromquelle, also den Generator bzw. dessen Transformatorstation, mit den Stromverbrauchern. Im üblichen Betriebszustand sind die Außenleiter die stromführenden Leiter und stehen gegenüber dem Erdpotenzial unter einer wesentlichen elektrischen Spannung. Sie werden mit L1, L2 , L3 bezeichnet **(Bild 1)**.

Der **Schutzleiter PE** (von Protective Earthing) ist ein Leiter, der bei einem Fehler in der Anlage zur Abschaltung der Anlage oder zur Anzeige des Fehlers führt. Er wird auch **Schutzerdungsleiter** genannt, da er die **Körper** (berührbare leitfähige Teile) der Verbrauchsmittel mit anderen Körpern, Erdern, Erdungsleitern und ähnlichen Teilen, z. B. für den Potenzialausgleich, verbindet. Seine Aderfarbe ist Grün-Gelb.

Erden nennt man das leitende Verbinden eines Punktes vom Netz mit einem Erder. Dieser ist ein leitfähiges Teil, das im Erdreich oder in ein anderes leitfähiges Material, z. B. Beton in Verbindung mit Erdreich, eingebettet ist.

Potenzialausgleich ist das Herstellen einer elektrischen Verbindung zwischen leitfähigen Teilen mit dem Ziel der Potenzialgleichheit. **Schutzpotenzialausgleich** ist ein Potenzialausgleich zum Zweck der Sicherheit. **Funktionspotenzialausgleich** dient der Sicherstellung der Funktion, z. B. EMI-Verhinderung **(Abschnitt 9.1)**.

Der **PEN-Leiter** liegt ab Transformatorstation vor. Er ist ein Leiter, der gleichzeitig Schutzleiter (PE) und Neutralleiter (N) ist. Er ist bei den meisten Drehstromnetzen von Bedeutung (Bild 1). Seine Aderfarbe ist Grün-Gelb, seine Enden sind blau, manchmal ist die Farbgebung auch umgekehrt.

Der blaue **Neutralleiter N** trägt im Niederspannungsnetz zur Verteilung der elektrischen Energie bei. Fließen im Drehstromnetz in den drei Außenleitern Ströme gleicher Stromstärke, gleicher Phasenverschiebung sowie ohne Oberschwingungsanteil, dann fließt im Neutralleiter kein Strom. Beim einphasigen Wechselstrom fließt im Neutralleiter (N-Leiter) Strom.

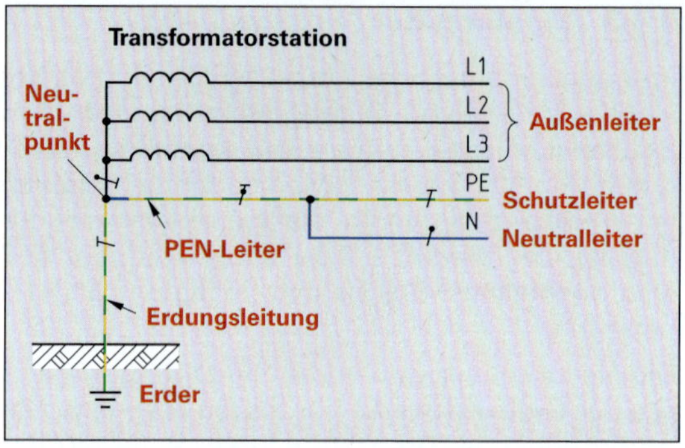

Bild 1: Leiter im Drehstromnetz mit geerdetem Neutralpunkt (Sternpunkt)

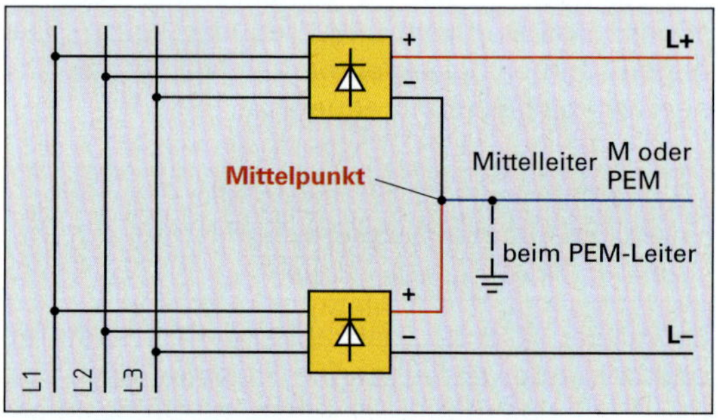

Bild 2: Mittelpunkt und Mittelleiter im DC-Netz

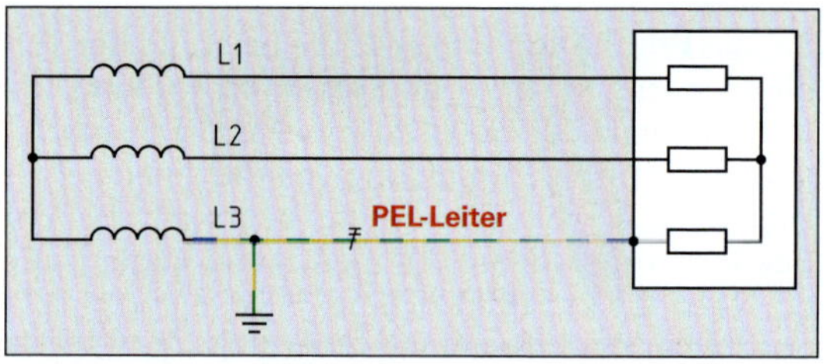

Bild 3: Anlage mit PEL-Leiter

System-Bezugsleiter ist der Leiter zwischen einem aktiven Leiter und einer Erdungsanlage.

PEM-Leiter (von Protective Earthing Mid-point) ist ein geerdeter Mittelleiter, der zugleich Schutzerdungsleiter ist **(Bild 2)**. **Mittelleiter** ist ein Leiter, der mit dem Mittelpunkt verbunden ist und zur Energieverteilung dienen kann. Mittelpunkt ist der gemeinsame Punkt zweier symmetrischer DC-Stromkreiselemente, deren anderes Ende mit zwei verschiedenen Außenleitern desselben Stromkreises verbunden ist (seltenes Vorkommen in Deutschland, siehe auch **Abschnitt 4.5.5**).

PEL-Leiter (von Protective Earthing Line) ist ein geerdeter Außenleiter L und erfüllt zugleich die Funktionen eines Schutzerdungsleiters und eines Außenleiters **(Bild 3)**. PEM-Leiter und PEL-Leiter besitzen die Aderfarbe Grün-Gelb.

4.5.2 TN-System

Verteilungssysteme werden unterschieden nach

- Art der **aktiven Leiter** der Einspeisung, z. B. Wechselstromsystem oder Gleichstromsystem (Leiter, die zur Führung des Stroms beitragen), sowie nach
- Anzahl aktiver Leiter, z. B. Einphasen-Zweileitersystem oder Drehstrom-Vierleitersystem.

Hinsichtlich der Schutzmaßnahmen ist zusätzlich die Art der Erdverbindung anzugeben, z. B. die direkte Erdung eines Netzpunktes. Die Kennzeichnung der unterschiedlichen Verteilungssysteme erfolgt anhand von Kennbuchstaben **(Tabelle 1)**.

Das vorherrschende Verteilungssystem für Starkstromanlagen bis 1000 V (Niederspannungsanlagen) bis zum **Hausanschlusskasten HAK** ist in Deutschland das TN-Drehstrom-Vierleitersystem. Als Zuleitung zu der Verbraucheranlage sind vier Leiter vorhanden, nämlich drei Außenleiter L1, L2, L3 und der PEN-Leiter **(Bild 1)**. Dieser Teil des TN-Systems wird als **TN-C-System** bezeichnet.

Innerhalb der Verbraucheranlage ist der PEN-Leiter üblicherweise aufgetrennt in den N-Leiter und den PE-Leiter. Dieser Teil des TN-Systems wird als **TN-S-System** bezeichnet. Daher wird das gesamte TN-System als **TN-C-S-System** bezeichnet. Es handelt sich um ein Kabelnetz mit 400 V / 230 V.

Aufgrund der Zunahme von Oberschwingungen erzeugenden Verbrauchern, z. B. Frequenzumrichter bei elektrischen Antrieben, werden Neuanlagen von TN-Systemen wegen der EMV (elektromagnetische Verträglichkeit, **Kapitel 9**) bereits ab der Transformatorstation als TN-S-Systeme ausgeführt.

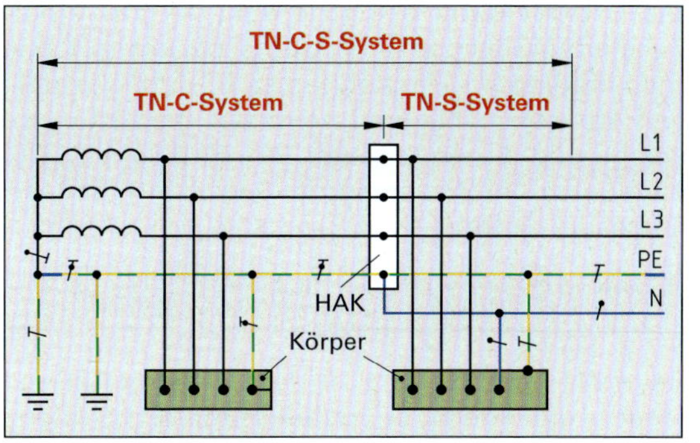

Bild 1: TN-Verteilungssysteme

Wird das TN-C-System im Endstromkreis angewendet, dann tritt bei einem Bruch des PEN-Leiters an den mit PEN verbundenen Körpern fehlerfreier Betriebsmittel eine Spannung gegen Erde auf. Die Körper kommen über die aktiven Teile der Betriebsmittel, z. B. die Wicklung eines Einphasenmotors, mit dem Außenleiter in Verbindung. Bei Neuanlagen darf dieses System für Endstromkreise nicht mehr angewendet werden.

Ein **PEN-Bruch** im TN-C-S-System führt zu keiner Gefährdung im TN-S-System des Endstromkreises, weil hier der PE-Leiter nicht mit dem N-Leiter verbunden ist. Zudem ist der PE-Leiter hier mit mindestens einem Erder (Fundamenterder) verbunden.

Bei Hausinstallationen werden die Endstromkreise mit einem TN-S-System betrieben.

Beim **TN-Gleichstromsystem** (DC) unterscheidet man die Systeme TN-C-DC, TN-S-DC und TN-C-S-DC **(Bild 1, folgende Seite)**.

Tabelle 1: Kennzeichnung der Systemformen

Stelle	Buchstaben	Bedeutung
1	T von franz. terre = Erde I von isoliert	Stromquelle, z. B. Transformator, direkt geerdet. Isolierung der Stromquelle oder Verbindung mit Erde über eine Impedanz, z. B. Kapazitäten.
2	T (wie oben) N von neutral	Körper der Anlage direkt geerdet. Körper der Anlage mit dem Betriebserder verbunden, z. B. über den PEN-Leiter.
3 und 4	C von engl. combined = kombiniert S von engl. separated = getrennt	N und PE kombiniert zu PEN; L, PE zu PEL; M, PE zu PEM. N und PE sind getrennt; auch L, PE; M, PE.

1. Stelle: Erdungsbedingung der Stromquelle; 2. Stelle: Erdungsbedingung der leitfähigen Körper;
Stellen 3 und 4: Anordnung Neutralleiter N, Schutzleiter PE; L-Leiter, PE-Leiter; M-Leiter, PE-Leiter.

Die Entscheidung des zu erdenden Pols eines Zweileiter-Gleichstromsystems beruht auf betriebsbedingten Umständen, z. B. dem Vermeiden korrosiver Einwirkungen auf die Erdungsanlage und die Außenleiter. Am Pluspol von DC bildet sich bei Wasserzutritt Sauerstoff, sodass Korrosion eintritt.

In DC-Systemen wird der Minuspol geerdet.

Beim TN-C-DC-System ist der geerdete Außenleiter L- gleichzeitig der Schutzleiter PEL. System und Betriebsmittelkörper sind gemeinsam geerdet.

Beim TN-S-DC-System ist der geerdete Außenleiter, z. B. L-, oder der geerdete Mittelleiter in der gesamten Anlage vom Schutzleiter getrennt. Das System und die Betriebsmittelkörper sind hier gemeinsam geerdet.

Im kombinierten TN-C-S-DC-System sind die Funktionen des geerdeten Außenleiters, z. B. L-, und des Schutzleiters nur in einem Teil der Anlage über den Leiter PEL dargestellt **(Bild 1)**. Dieses System besteht im Prinzip aus einem hintereinander geschalteten TN-C-DC-System und einem TN-S-DC-System.

Beim TN-S-DC-System und TN-C-DC-System sind die Schutzleiter PEL und die angeschlossenen Betriebsmittelkörper gemeinsam geerdet.

4.5.3 TT-System

Beim TT-System hat das Verteilungssystem keinen PEN-Leiter, die Körper der Anlage sind über einen PE an einen eigenen Erder angeschlossen **(Bild 2)**. Diese Systemform kommt in Deutschland für fest verlegte Niederspannungsanlagen, die vom öffentlichen Verteilungsnetz gespeist werden, gelegentlich noch vor.

Der **Sternpunkt** (auch Neutralpunkt) des Stationstransformators ist geerdet, und damit auch der Neutralleiter. Anders als beim TN-System finden aber weitere Erdungen des N-Leiters nicht statt, sodass dieser nicht für Schutzzwecke geeignet ist. Trotzdem kommt dieses Verteilungssystem für begrenzte Anlagen, in Betracht, z. B. auf Baustellen. Hier erfolgt der Schutz durch RCDs **(Abschnitt 6.1.6)**.

Das TT-System gibt es auch als Gleichstromsystem TT-DC **(Bild 3)**. Beim TT-DC-System ist L- geerdet und die angeschlossenen Betriebsmittelkörper sind getrennt geerdet.

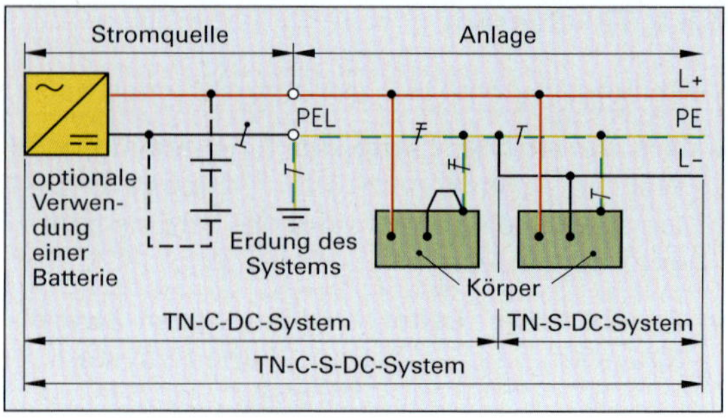

Bild 1: TN-C-S-DC-System

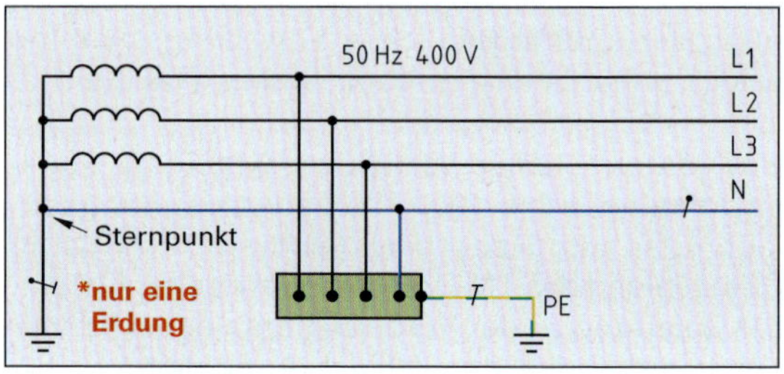

Bild 2: TT-System

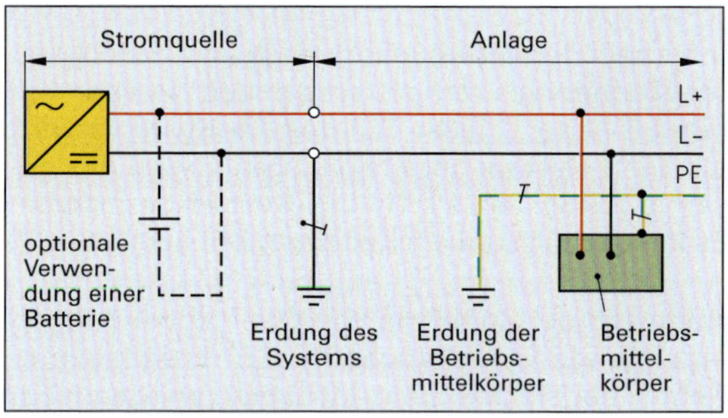

Bild 3: TT-DC-System

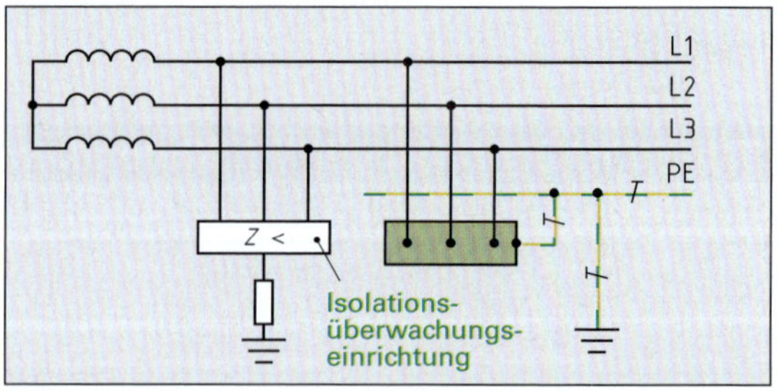

Bild 4: IT-System

Beim TT-System sind die Körper der elektrischen Anlage mit Erdern verbunden, die elektrisch vom Erder für die Erdung des Systems unabhängig sind.

4.5.4 IT-System

Beim IT-System gibt es keine direkte Verbindung zwischen aktiven Leitern und geerdeten Teilen **(Bild 4, vorhergehende Seite)**. IT-Systeme sind Verteilungssysteme mit überwachtem Schutzleiter. Einphasige Wechselstromverbraucher sind im IT-System über einen Netz-Trenntransformator nach VDE 0570-2-15 anzuschließen **(Bild 1)**. Dieser stellt dann 230 V zur Verfügung.

Die Isolation gegen Erde wird durch eine Isolationsüberwachungseinrichtung (**IMD**, **I**solation **M**onitoring **D**evice) permanent überwacht, z. B. durch Überwachung des Schutzleiterstroms. Ist der Isolationswiderstand zwischen angeschlossenem System und z. B. Erde oder PE kleiner als der Ansprechwert der IMD, wird Alarm ausgelöst. Alle Körper müssen zum Schutz bei indirektem Berühren mit einem Schutzleiter verbunden sein. Für die gesamte Anlage ist ein zusätzlicher Schutzpotentialausgleich notwendig.

IMDs müssen möglichst nahe am Anfang des zu überwachenden Teils einer Anlage errichtet werden. Bei vorhandenem Neutralleiter darf die IMD mit diesem verbunden werden. In einem mehrphasigen System muss die Außenleiterklemme einer zwischen einem Außenleiter und Erde angeschlossenen IMD und ihre Erdungsklemme eine Spannungsfestigkeit von mindestens der Spannung zwischen zwei Außenleitern besitzen.

Grundsätzlich werden IT-Systeme angewendet, wenn im Fehlerfall der elektrische Stromkreis nicht sofort abgeschaltet werden soll. Eine IMD meldet das Auftreten eines Körperschlusses, der sonst ohne Folgen bleibt. Erst beim zweiten Fehler erfolgt **Abschaltung**, z. B. mit RCD. Überstrom-Schutzeinrichtungen sind als Überlastschutz erforderlich. Diese Situation trifft z. B. in medizinisch genutzten Bereichen zu. Hier ist der Endstromkreis vom Verteilungsnetz durch einen Transformator getrennt und gegen Erde isoliert (Bild 1). Die Körper der Anlagen sind aber geerdet, meist durch Anschluss an einen Schutzpotenzialausgleichsleiter. Als Schutzmaßnahme liegt die Trennung vom Netz vor **(Kapitel 6)**.

> Im IT- System sind alle aktiven Leiter von der Erde getrennt oder ein Punkt ist über eine hochohmige Impedanz mit Erde verbunden.

Beim **IT-DC-System** darf das System nur über eine ausreichend hohe Impedanz (Widerstand) mit der Erde verbunden sein **(Bild 2)**. In Deutschland wird die Erdung des IT-DC-Systems über eine ausreichend hohe Impedanz für Messzwecke oder besondere Funktionszwecke angewendet. Im Allgemeinen sind auch beim IT-DC-System nur die Betriebsmittelkörper über den PE geerdet.

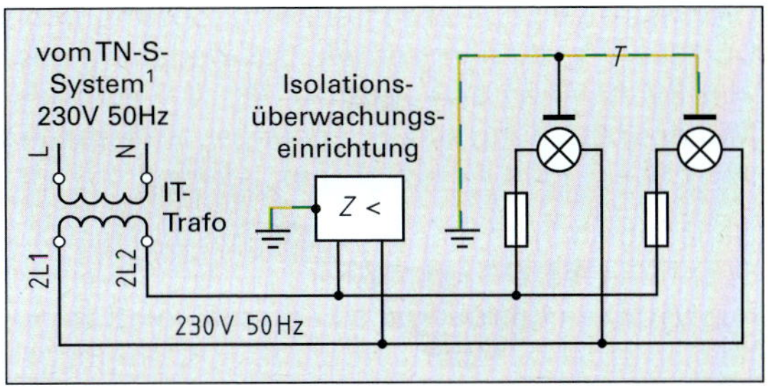

Bild 1: IT-System mit Isolationsüberwachungseinrichtung (IMD) [1] *oder L1, L2 vom IT-System, ohne Trafo*

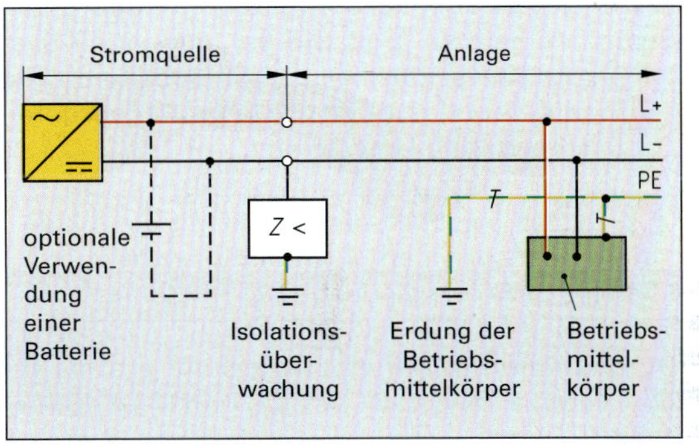

Bild 2: IT-DC-System

> Bei IT-Systemen erfolgt Abschaltung erst beim zweiten Fehler.

4.5.5 DC-Systeme mit Mittelpunkterdung

Gleichstromsysteme mit **Mittelleiter** (Mittelpunktleiter) und Mittelpunkterdung liefern entsprechend den Drehstrom-3-Phasensystemen zwei oder drei verschiedene Spannungen. Diese sind zwischen den Leitern

- L+ und L-,
- L+ und M und
- L- und M

vorhanden **(Bild 1, folgende Seite)**. Aufgrund des Vorhandenseins und der Erdung des Mittelleiters über den PEM können Spannungswerte unterschiedlicher Höhe abgegriffen werden.

So können z. B. bei einer Gesamtspannungsversorgung von DC 48 V Geräte mit DC 48 V und Geräte mit DC 24 V betrieben werden. Eine derartige

Gleichstromanlage kann bei Niederspannung bis DC 1500 V betrieben werden. Das bedeutet, dass von PV-Anlagen erzeugte DC 750 V wegen der Mittelpunkterdung eine Spannungsbereitstellung von z.B. DC 1500 V ermöglichen.

Gegenüber einem einpoligen DC-System gleicher Spannungsbereitstellung wird bei DC-Systemen mit Mittelpunkterdung die **Leitungsisolation** nur halb so stark beansprucht. Einer z. B. einpoligen DC 1500-V-Bereitstellung steht die zweimal DC 750-V-Bereitstellung der mittelpunktgeerdeten Anlage gegenüber. Auch im Falle eines Erdschlusses ist die Spannung bei mittelpunktgeerdeten Systemen halb so groß wie bei einpoligen Systemen. Im Kurzschlussfall zwischen L+ und L- ist zwischen einpoligen und mittelpunktgeerdeten DC-Systemen kein Unterschied.

DC-Systeme mit Mittelleiter und Mittelpunkterdung beanspruchen die Leitungsisolation nur halb so stark wie einpolige DC- Systeme.

DC-Systeme mit Mittelpunkterdung gibt es für die Systeme TN-C-S-DC, TT-DC und IT-DC **(Bilder 1 bis 3)**.

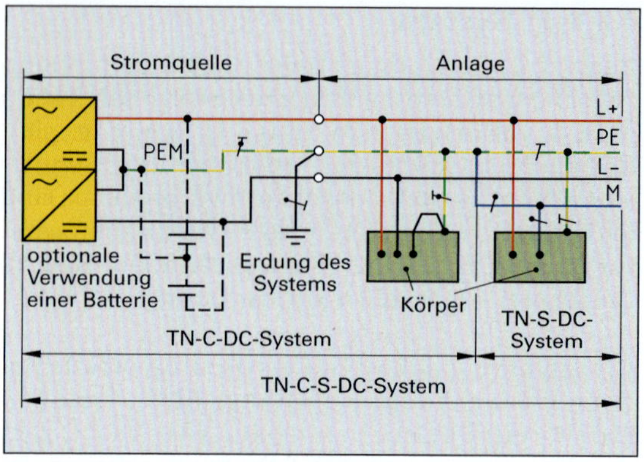

Bild 1: TN-C-S-DC-System mit Mittelpunkterdung

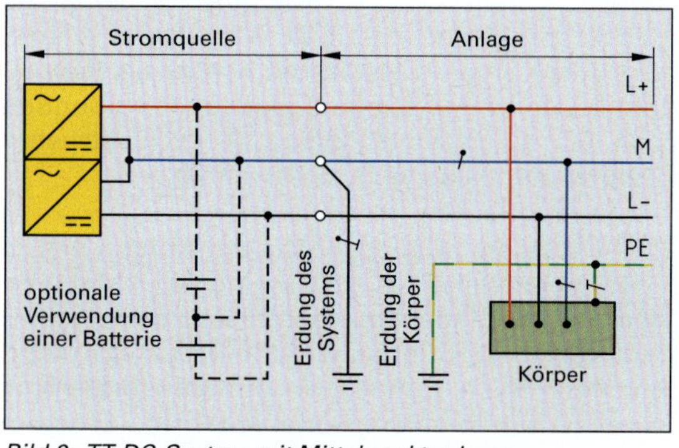

Bild 2: TT-DC-System mit Mittelpunkterdung

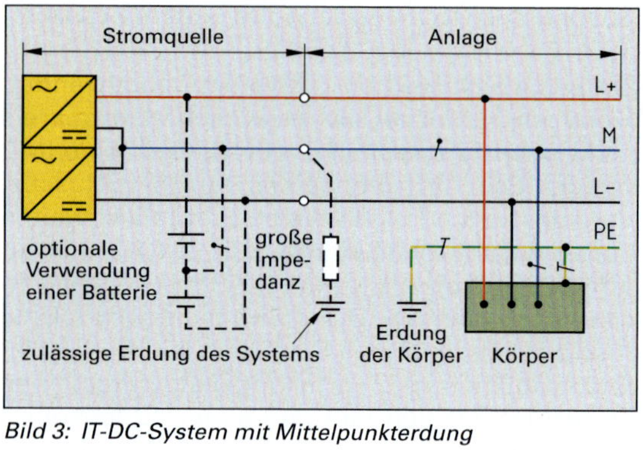

Bild 3: IT-DC-System mit Mittelpunkterdung

Wiederholung und Vertiefung

1. Wann entsteht in einer Sternschaltung im angeschlossenen N-Leiter ein Strom?
2. Aus welchen Gründen wird die Netzspannung bzgl. ihrer Konstanz negativ beeinflusst? Nennen Sie Beispiele.
3. Welche Leistungsart sorgt für den Energietransport?
4. Was versteht man unter Schutzpotenzialausgleich?
5. Welche Leistung wird bei der Primärregelung eines Netzes geregelt?
6. Wann kommt die Tertiärregelung des Netzes zum Tragen?
7. Welches Verteilungssystem liegt bei Hausinstallationen für die Endstromkreise vor?
8. Wann werden IT-System eingesetzt?
9. An welche Stelle eines Gebäudes wird der PEN-Leiter üblicherweise in die Leiter PE und N aufgeteilt?
10. Welche Aderfarbe besitzt der PE-Leiter?
11. Welche Aderfarbe besitzt der Neutralleiter?
12. Was versteht man unter einem PEL-Leiter?
13. Aus welchem Grund führt ein PEN-Bruch im TN-C-S-System zu keiner Gefährdung der Endstromkreise im TN-S-System?
14. Welche der folgenden Aussagen ist richtig?
    1. TT-Systeme sind in Deutschland die bevorzugten Verteilungssysteme. ☐
    2. Eine IMD schaltet bei Auftreten eines Fehlers die Verbraucheranlage ab. ☐
    3. In DC-Systemen ist der Pluspol geerdet. ☐
    4. TN-S-Systeme werden in Neuanlagen ab der Transformatorstation ausgeführt. ☐
    5. Endstromkreise werden meist als TN-C-System betrieben. ☐

4.6 SSV-Anlagen

SSV-Anlagen (SSV von Sicherheits-Stromversorgung) enthalten SSV-Systeme, die eine sichere Stromversorgung auch bei Ausfall der öffentlichen Stromversorgung ermöglichen. Man unterscheidet verschiedene Arten **(Bild 1)**.

USV-Systeme (unterbrechungsfreie SV) sind wegen der Computertechnik immer wichtiger geworden. Sie sind international nach ihrem Betriebsverhalten klassifiziert, z. B. VFD SS 333 **(Tabelle 1)**.

Tabelle 1: Klassifizierung der USV

Vorgang	Zeit	Klasse	weitere Angaben
Netzausfall	> 10 ms	VFD (Voltage + Frequency Dependent)	2 Buchstaben zu U_{out} – Netz – Batterie → S, X, Y
Spannungseinbruch	≤ 16 ms		
Spannungsspitze	≤ 16 ms		
das oben Angegebene	wie angegeben VFD	VI (Voltage independent)	3 Ziffern zu Verhalten U_{out}: – Netz ↔ Batterie ↔ Bypass – linearer Lastsprung – nichtlinearer Lastsprung → 1 bis 4
Unterspannung	dauernd		
Überspannung	dauernd		
das oben Angegebene	wie angegeben VI	VFI (Voltage + Frequency Independent)	
Blitzeinwirkungen	gelegentlich		
Spannungsstöße	< 4 ms		
Frequenzschwankung	gelegentlich		
Spannungsverzerrung	periodisch		
Oberschwingung	dauernd		

S Sinus (Verzerrung < 8 %), X bei linearer Last wie S/kein Sinus (Verzerrung > 8 %) bei nichtlinearer Last, Y kein Sinus; 1 unterbrechungsfrei, 2 Unterbrechung < 1 ms, 3 Unterbrechung < 10 ms, 4 nach Herstellerangaben.
U_{out} Ausgangsspannung

SSV-Systeme mit Umschaltzeit

Bei allen SSV-Systemen ist ein **Energiespeicher** erforderlich, dessen Energie den Betrieb für mehrere Stunden ermöglicht. Als Batterie werden Bleiakkumulatoren oder meist Lithiumakkumulatoren verwendet **(Bild 2)**. Außerdem ist eine Umschalteinrichtung erforderlich, welche vom Netzbetrieb in den Batteriebetrieb umschaltet.

In den meisten Fällen darf das Umschalten zwischen 0,5 s und 15 s dauern. Die *Ersatzstromversorgung* einer Heizungsanlage darf eine Umschaltzeit von mehr als 15 s haben. Dagegen liegt die Umschaltzeit einer *Schnellbereitschaftsanlage*, z. B. für eine Operationsleuchte, bei ≤ 0,5 s.

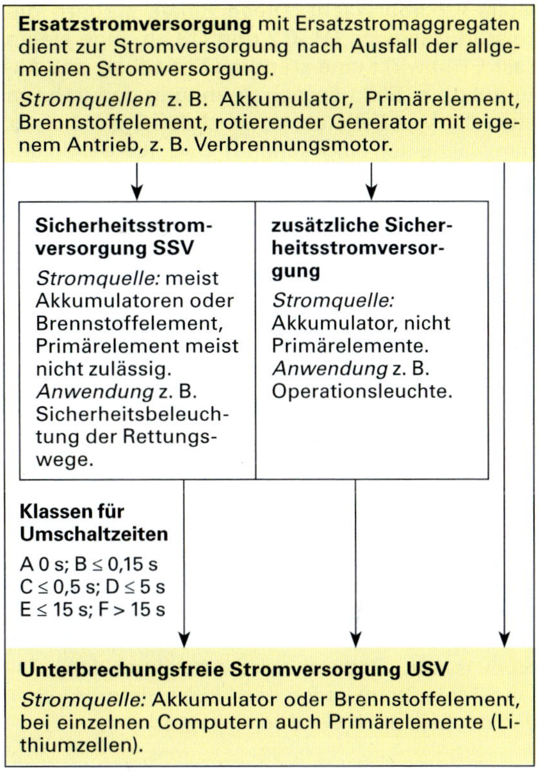

Bild 1: Arten der Sicherheitsstromversorgung

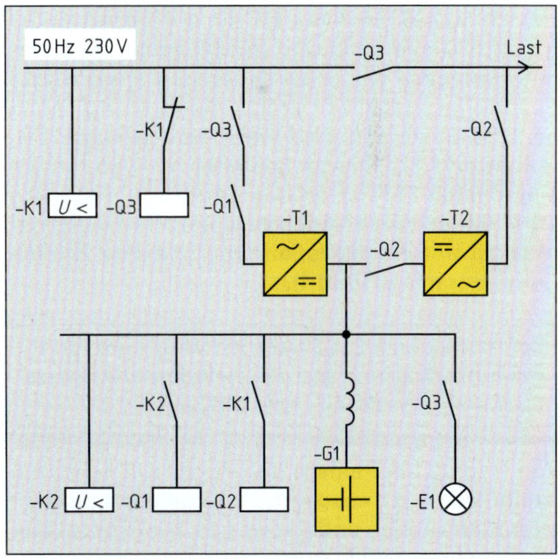

Bild 2: Prinzip eines SSV-Systems mit Umschaltzeit

Die Umschaltzeit von SSV-Systemen hat je nach Anforderung verschiedene Grenzwerte.

Bei der Anlage Bild 2 wird die Netzspannung von einem Unterspannungsrelais K1 und die Akkumulatorspannung von einem Unterspannungsrelais K2 überwacht. Diese Relais steuern die Leistungsschütze Q1, Q2 und Q3 an. Eine kleine Last E1 bewirkt eine ständige Entladung des Akkumulators. Sinkt dessen Spannung dadurch um etwa 0,4 V je Zelle ab, so wird der Gleichrichter zum Nachladen eingeschaltet. Dadurch behält der Akkumulator seine volle Kapazität. Fällt das Netz aus, so wird die Last vom Netz getrennt und über den Wechselrichter aus der Batterie gespeist. Das Schalten der Schütze und das Hochlaufen des Wechselrichters dauert dabei einige Zeit.

SSV-Systeme mit Umschaltzeit brauchen mindestens einige Halbperioden bis zur vollen Betriebsbereitschaft.

Beim Laden der Akkumulatoren der SSV-Systeme treten unerwünschte Oberschwingungen auf, da ein Ladestrom nur fließt, wenn die Ausgangsspannung der Gleichrichterschaltung größer ist als die Spannung des Akkumulators. Deshalb wird dem Akkumulator oft eine Drosselspule vorgeschaltet, welche die Stromimpulse gleichmäßiger macht. Dadurch wird allerdings der Leistungsfehler beim Laden des Akkumulators kleiner und deshalb auch der Wirkungsgrad.

USV-Systeme

USV-Systeme (Systeme für die unterbrechungsfreie Stromversorgung) findet man in Computeranlagen, weil hier schon ein kurzzeitiger Spannungsausfall zu Datenverlusten führt. Auch bei USV-Systemen wird meist eine Akkumulatorenbatterie als Energiespeicher verwendet. Im einfachsten Fall ist an der Batterie ein ständig arbeitender Wechselrichter angeschlossen, der die Last mit Wechselspannung speist, z. B. eine Computeranlage **(Bild 1)**.

Bei einfachen USV-Systemen wird eine Akkumulatorenbatterie ständig geladen und speist über einen Wechselrichter die Last.

Von Nachteil bei einem derartigen USV-System ist der kleine Wirkungsgrad infolge nachgeschalteter Baugruppen und der wegen der Drosselspule kleine Leistungsfaktor.

Beispiel:

Bei einem USV-System sind die Wirkungsgrade des Gleichrichtertransformators 0,95, des Gleichrichters 0,9, des Akkumulators 0,85 und des Wechselrichters 0,9. Wie groß ist der Wirkungsgrad des Systems?

Lösung:

$\eta = \eta_1 \cdot \eta_2 \cdot \eta_3 \cdot \eta_4 = 0{,}95 \cdot 0{,}9 \cdot 0{,}85 \cdot 0{,}9 = \mathbf{0{,}65}$

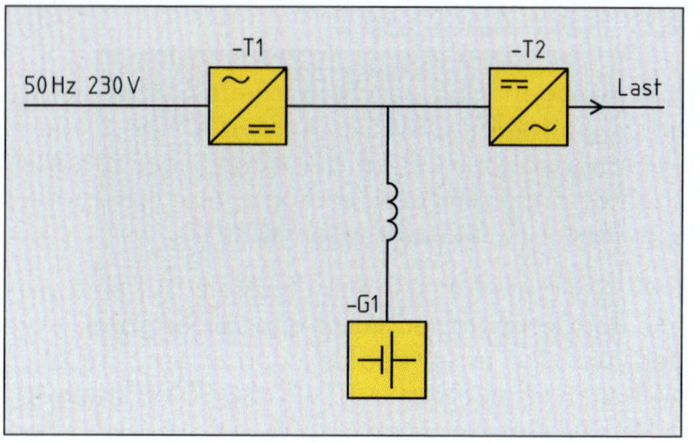

Bild 1: Prinzip einer USV-Anlage mit Umrichter T1/T2

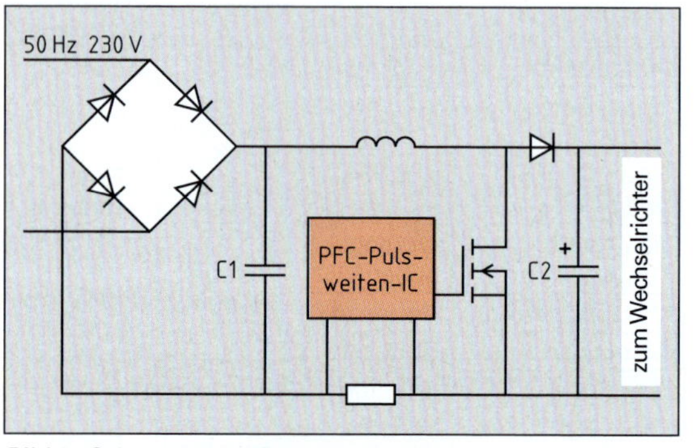

Bild 2: Schaltung des Boost-Umsetzers

USV-Systeme haben meist einen kleinen Wirkungsgrad.

Wegen des kleinen Wirkungsgrades und wegen des kleinen Leistungsfaktors kann die Leistungsaufnahme des USV-Systems mehr als doppelt so groß sein wie die Summe der Leistungsaufnahmen der angeschlossenen Geräte.

Die Bedeutung der USV-Systeme nimmt wegen der PV-Systeme ohne Verbindung zum Versorgungsnetz zu, weil bei denen auch ohne Sonnenschein die Versorgung mit Strom sichergestellt sein muss.

Durch einen **Boost-Umsetzer** nach **Bild 2** (to boost = in die Höhe treiben) kann erreicht werden, dass die Stromaufnahme einer Last, also z. B. der USV-Anlage, gegenüber der Spannung keine Phasenverschiebung hat. Man bezeichnet diese Schaltung als **PFC-Schaltung** (von Power Factor Correction = Leistungsfaktor Korrektur), da durch sie der Leistungsfaktor verbessert wird und damit die Stromaufnahme abnimmt.

Eine PFC-Schaltung kann den Leistungsfaktor auf fast 1 verbessern.

USV-Anlage mit Umformer

Für Leistungen bis etwa 50 kVA werden in USV-Anlagen Umrichter aus elektronischen Baugruppen bevorzugt. Für größere Leistungen bis 1200 kVA bieten Umformer einige Vorteile, weil sie leichter als Umrichter Blindleistung liefern können und wenig störanfällig sind.

Der **Uniblock-Umformer** besitzt einen Motorteil und einen Generatorteil. Beim Uniblock-Umformer ist der Läufer das Polrad einer Synchronmaschine **(Bild 1)**. Eine Gleichstromerregerwicklung erzeugt ein magnetisches Feld, das sich mit der Läuferdrehzahl dreht und so ein magnetisches Drehfeld bildet. Der Ständer trägt zwei Drehstromwicklungen. Eine davon gehört zum Motorteil des Umformers,die andere zum Generatorteil.

Der Ständer des Uniblock-Umformers enthält eine Eingangs-Drehstromwicklung und eine Ausgangs-Drehstromwicklung.

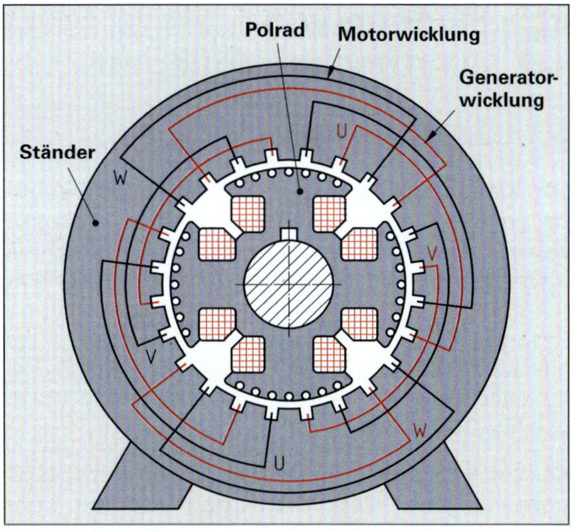

Bild 1: Uniblock-Umformer

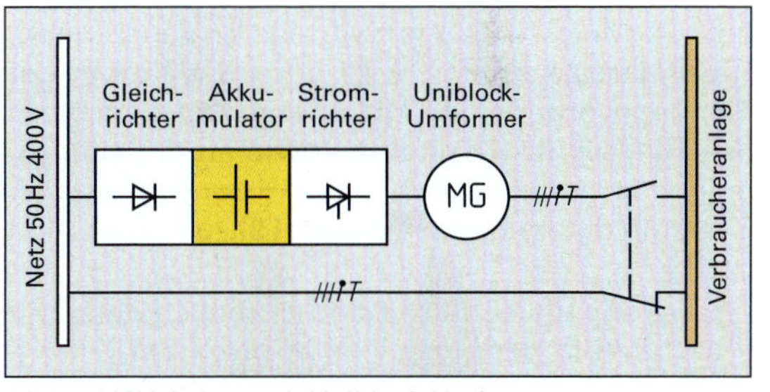

Bild 2: USV-Anlage mit Uniblock-Umformer

Die Eingangs-Drehstromwicklung des Uniblock-Umformers ist im Betrieb an einen Stromrichter angeschlossen, der seinerseits von der Akkumulatorenbatterie gespeist wird **(Bild 2)**. Die Ausgangs-Drehstromwicklung des Uniblock-Umformers speist das zu versorgende Netz. Die erforderliche **Blindleistung** wird durch Einstellen des Erregerstroms bereitgestellt. Auf der Motorseite des Uniblock-Umformers tritt also nur vom Stromrichter zu liefernde **Wirkleistung** auf.

Die gesamte Blindleistung einschließlich der Oberschwingungs-Blindleistung wird vom Uniblock-Umformer gespeist, sodass das Netz nur sinusförmigen Eingangsstrom liefern muss.

Die Übertragung der Energie von der Eingangs-Drehstromwicklung zur Ausgangs-Drehstromwicklung erfolgt wie beim Transformator, weil beide Ständerwicklungen vom selben Drehfeld erfasst werden. Dadurch liegt der Wirkungsgrad des Uniblock-Umformers bei etwa 94 %.

Uniblock-Umformer können im Niederspannungsnetz oder im Mittelspannungsnetz eingesetzt werden.

www.piller.com

Sicherheitseinrichtungen

Die Sicherheitsstromversorgungen (SSV) finden außer bei Computeranlagen und wichtigen medizinischen Systemen auch Anwendung z. B. bei

- Sicheheitsbeleuchtungen (Notbeleuchtung),
- Gefahrenmeldeanlagen,
- Antrieben für Feuerwehrgeräte.

Nach DIN EN 1838 wird Notbeleuchtung als übergeordneter Begriff von Sicherheitsbeleuchtung und Ersatzbeleuchtung betrachtet. Sicherheitsbeleuchtung wiederum ist gegliedert in

- Sicherheitsbeleuchtung für Rettungswege,
- Antipanikbeleuchtung und
- Sicherheitsbeleuchtung für Arbeitsplätze mit besonderer Gefährdung.

Die Antipanikbeleuchtung soll Paniksituationen verhindern. Die Ersatzbeleuchtung soll dafür sorgen, dass übliche Tätigkeiten möglichst unverändert ausgeführt werden können.

Wiederholung und Vertiefung

1. Nennen Sie die üblichen Stromquellen für SSV-Systeme.
2. Was versteht man unter einem USV-System?
3. Warum werden bei USV-Systemen PFC-Schaltungen eingesetzt?
4. Aus welchen Teilen besteht eine USV-Anlage mit einem Uniblock-Umformer?

5 Planung von elektrischen Anlagen

5.1 Anforderungen

Das Planen von elektrischen Anlagen für Gebäude betrifft Niederspannungsanlagen, Anlagen der Informations- und Kommunikationstechnik IuK, Anlagen der Rundfunk- und Kommunikationstechnik RuK, Blitzschutzsysteme sowie die Erdungsanlagen der Gebäude. Verwiesen sei hierbei neben der Normenreihe DIN VDE 100 u. a. auf DIN 18012, DIN 18013, DIN 18014, DIN 18015 sowie VDE-AR-4100.

Bei der Planungsvorbereitung ist mit dem Netzbetreiber die Stromversorgung und mit dem Kommunikationsnetzbetreiber der Anschluss an das Kommunikationsnetz abzustimmen. Einfluss dabei haben z. B. auch zu planende PV-Anlagen und Stromversorgungen von Elektrofahrzeugen. Besonderes Augenmerk ist bereits während der Planungsvorbereitung an Erdung, Hausanschluss und Blitzschutz **(Kapitel 8)** sowie an die elektromagnetische Verträglichkeit EMV der elektrischen Systeme untereinander **(Kapitel 9)** zu richten.

Bauordnungsrechtliche und brandschutztechnische Anforderungen sind zu beachten.

Sorgfältig zu planen sind Anschlüsse, Dosen (z. B. Verteilerdosen, Gerätedosen, Geräteverbindungsdosen, diese sind auch für Hohlwände, Brandschutzwände verfügbar), Schalter/Taster, Leitungsführung, Strombelastbarkeiten **(Kapitel 7)**, Schutzeinrichtungen **(Kapitel 6)**. Ebenfalls zu berücksichtigen sind Maßnahmen zur Verbesserung der Energieeffizienz **(Abschnitt 5.4)**.

5.2 Gefahren in elektrischen Anlagen

Bei elektrischen Anlagen für Gebäude und für maschinelle Anlagen **(Abschnitte 18.6, 18.7)** gibt es die **Risiken**

- gefährliche Körperströme (Ströme durch Menschen oder Nutztiere),
- überhöhte Temperaturen an Sachen,
- Entzündung einer möglicherweise explosiven Atmosphäre,
- Überströme, Unterspannungen, Überspannungen, elektromagnetische Einflüsse,
- Stromversorgungsunterbrechungen und/oder Unterbrechung der elektrischen Anlage für Sicherheitszwecke,

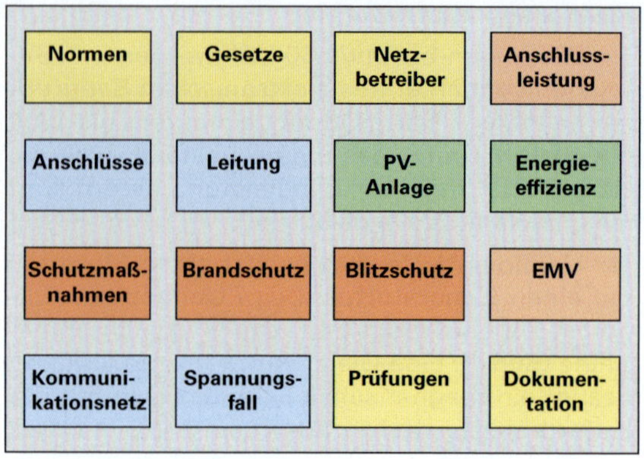

Bild 1: Aspekte bei der Planung einer elektrischen Gebäudeinstallation (Beispiele)

- Lichtbögen, außergewöhnliche Drücke, giftige Gase,
- mechanische Bewegungen elektrisch angetriebener Betriebsmittel.

Diese Risiken müssen möglichst verhindert werden. Dabei sind wesentlich der **Basisschutz** (Schutz gegen direktes Berühren) und der **Schutz im Fehlerfall** (Fehlerschutz oder Schutz bei indirektem Berühren, **Abschnitt 6.1**). Diese Schutzarten können z. B. erreicht werden durch

- Isolieren, Abdecken, gesichertes Anordnen unter Spannung stehender Teile (aktive Teile),
- Verhindern eines Körperstroms,
- Begrenzen des Körperstroms auf einen ungefährlichen Wert,
- Begrenzen der Dauer des Fehlerstroms auf eine ungefährliche Dauer.

Der **Fehlerschutz** kann außerdem erreicht werden durch automatische Abschaltung der Stromversorgung in einer so kurzen Zeit, dass keine Schädigung eintritt.

Basisschutz und Fehlerschutz sind wesentliche Voraussetzungen, um in elektrischen Anlagen Sicherheit zu gewährleisten.

Weiter sind zu beachten

- Schutz bei Erdschlüssen in Netzen höherer Spannung,
- Schutz gegen elektromagnetische Störungen EMI,
- Brandschutz bei besonderen Gefahren.

Von Bedeutung hierbei sind richtig bemessene Leiterquerschnitte gemäß Leistungsbedarf und Verlegeort, Beachtung der zulässigen Spannungsfälle, geeignete Geräte zum Ausschalten der Stromversorgung bei Handlungen im Notfall.

Das Minimieren der Gefahren in elektrischen Anlagen für Mensch und Tier erfordert Schutz gegen den elektrischen Schlag, z. B. durch

- Spannungsbegrenzung, Erdung, Schutzeinrichtungen bzgl. Überstrom, Überspannung und Unterspannung, Leitungsbemessung sowie durch
- IP-Schutzarten von Gehäusen.

5.3 Installationsausführungen

In Gebäuden ist bzgl. Schlitzen, Aussparungen und Durchführungen zu beachten, dass durch sie der Schutz bzgl. Brand, Wärme und Standfestigkeit nicht wesentlich gemindert wird. Durchführungen durch Wände und Decken sind entsprechend den **Brandschutzverordnungen** sachkundig zu schotten **(Bild 1)**, insbesondere zwischen verschiedenen Nutzungseinheiten.

Das Verlegen der elektrischen Kabel und Leitungen in **Rohrnetzen** ermöglicht deren leichtes Auswechseln und schützt vor Beschädigungen. Rohrnetz-Installationen erlauben auch ein späteres Hinzufügen weiterer Leitungen auf einfache Weise. Für Energieleitungen, Leitungen der Informations- und Kommunikationstechnik (IuK) sowie der Radio/Fernseh- bzw. Rundfunk- und Kommunikationstechnik (RuK) sind jeweils getrennte Rohrnetze vorzusehen.

Die **Elektroinstallationsrohre** **(Bild 2)** sind gemäß ihrer Verlegung, z. B. im Beton, an Innenwänden, im Freien, Anzahl aufzunehmender Adern oder Mantelleitungen, geeignet auszuwählen. Mantelleitungen sollten nur etwa die Hälfte der nutzbaren Rohr-Querschnittsfläche belegen.

Bei der **Planung und Auswahl** von Unterputzdosen oder Aufputzdosen (UP, AP) und Gehäusen für Schalter, Steckdosen, Anschlüsse und Verbindungen sind Anforderungen an Luftdichtheit, Wärmebrückenfreiheit, Brandschutz und Schallschutz zu berücksichtigen. Für den Brandschutz geeignete Dosen sind rot oder schwarz-weiß.

Bei der Elektroinstallation ist auf Luftdichtheit, Wärmebrückenfreiheit, Brandschutz, Schallschutz zu achten.

Vor Beginn der Ausführungsarbeiten der Elektroinstallation muss ein **Installationsplan** auf Grundlage des vorhandenen Grundrisses erstellt werden **(Bild 3)**. Dieser muss die Lage aller Anschlussstellen und Schaltstellen mit den normüblichen grafischen Symbolen enthalten und ist die Basis für die **Stückliste** der zu beschaffenden Be-

Bild 1: Brandschottung durch ZZ-Steine

Bild 2: Elektroinstallationsrohre

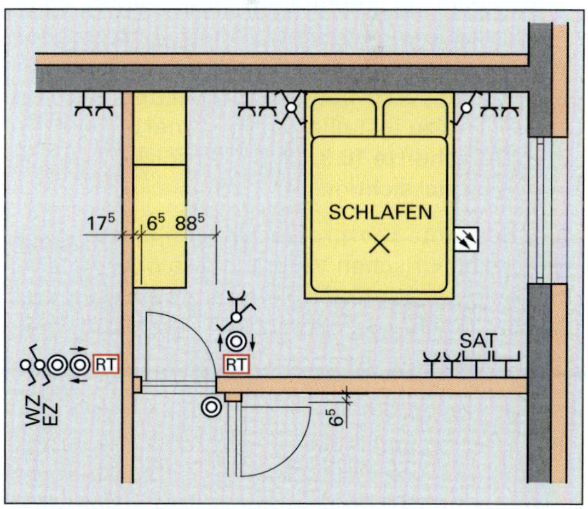

Bild 3: Auszug aus einem Installationsplan (Schaltzeichen siehe Seite 299)

triebsmittel. Ebenso ist ein **Stromlaufplan** für die Stromkreisverteiler, Unterverteiler zu erstellen **(Bild 1, folgende Seite)**. Diese Dokumentationen **(Abschnitte 10.1, 18.4)** sind auch für spätere Änderungen in der elektrischen Anlage wesentlich.

Ferner sind die nach DIN 18015-2 vorgegebenen **Mindestausstattungen** für Wohnungen hinsichtlich Auslässen, Steckdosen, Anschlüssen für die Energieversorgung einerseits sowie für IuK und RuK andererseits einzuhalten **(Abschnitt 7.5)**.

Für die Funktionsfähigkeit der elektrischen Anlage sowie für die elektrische Sicherheit sind zu berücksichtigen

- die Auswahl der **Kabel** und **Leitungen**,
- die Leitungsauslegung (Leitungsbemessung) sowie
- die Leitungsführung in Wänden, Decken und Fußböden von Gebäuden.

Diese Thematik wird in **Kapitel 7** ausführlich behandelt.

5.4 Energieeffizienz

Beim Planen elektrischer Anlagen müssen Maßnahmen zum Erfüllen von Anforderungen an die Energieeffizienz berücksichtigt werden. Zu beachten ist, dass Geräte und Anlagen zur Verbesserung der Energieeffizienz zusätzliche elektrische Installationen benötigen. Gebäudeseitige Dämmungsmaßnahmen sind selbstverständlich.

Elektrische Maßnahmen zum Verbessern der Energieeffizienz beruhen meist auf dem Realisieren von **Automatisierungen** **(Tabelle 1)**, dem Verwenden verbrauchsarmer Geräte, aber auch der Auswahl geeigneter Leiterquerschnitte sowie dem Reduzieren von Blindleistung. Entsprechende Automatisierungsgeräte mit dazugehörenden elektrischen Versorgungsleitungen und Signalleitungen sind zu installieren. Bei Smart-Home-Anlagen **(Abschnitte 10.9, 17.3)** sind solche Anforderungen berücksichtigt.

Über bekannte **Lastprofile**, die den Leistungsbedarf von elektrischen Verbrauchern oder Anlagen über einen bestimmten Zeitraum abbilden, kann die Bereitstellung elektrischer Energie automatisiert erfolgen.

Gute Energieeffizienz im Zusammenhang mit elektrischen Anlagen erfordert das Automatisieren von Beleuchtungen, Raumtemperaturen und Raumlüftungen sowie energieverbrauchsarme Geräte und eine geeignete Elektroinstallation.

Das **Visualisieren** elektrischer Verbrauchswerte dient zur Sensibilisierung der Bewohner und dem Anreiz für manuelle oder automatisierbare Optimierungen des elektrischen Energieverbrauchs. **Energiemanagementsysteme** ermöglichen ein

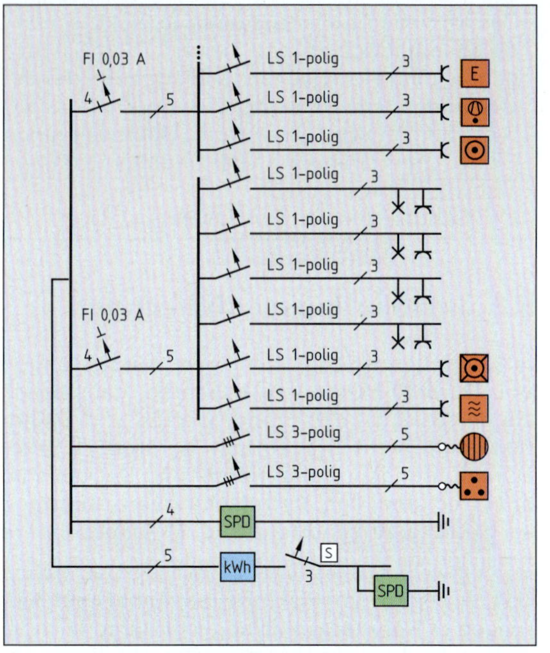

Bild 1: Auszug aus Stromlaufplan (Übersichtsschaltplan, Schaltzeichen siehe Seite 299)

Tabelle 1: Aspekte der Energieeffizienz

Merkmal	Anforderungen
Visualisierung Verbrauch	Zusätzliche Leitungen zur Signalübertragung zwischen Zählerplatz und Visualisierungseinheit.
Standby-Verluste	Schaltbare Steckdosen zum Abschalten von Verbrauchsmitteln mit Standby-Verlusten.
Beleuchtung	Automatisches Abschalten der Beleuchtung in gelegentlich genutzten Räumen.
Sonnenschutz	Automatisches Schalten von Jalousien, Markisen, Rollläden zum Vermeiden von Raumüberhitzungen.
Raumtemperaturregelung	Automatisierte Regelung der einzelnen Räume.
Lüftung	Automatisiertes Lüften der einzelnen Räume.

Energiemonitoring, ein Energiecontrolling anhand der gemessenen Daten über **Smart Meter** **(Abschnitt 4.2.5)** und ein automatisiertes Regeln z. B. der oben genannten Beispiele (Tabelle 1).

Energiemonitoring ist über Visualisierungen mittels Smartphone-Apps auf einfache Weise möglich.

Tabelle 1: Energieeffizienzklassen von elektrischen Anlagen mit Punktezuordnung

Effizienzklasse	Wohnungen	Industrieanlagen	Gewerbeanlagen	Infrastrukturanlagen
EE0	0 bis 14	0 bis 19	0 bis 18	0 bis 18
EE1	15 bis 30	20 bis 38	19 bis 36	19 bis 36
EE2	31 bis 49	39 bis 63	37 bis 60	37 bis 59
EE3	50 bis 69	64 bis 88	61 bis 84	60 bis 83
EE4	70 bis 89	89 bis 113	85 bis 108	84 bis 106
EE5	90 oder mehr	114 oder mehr	109 oder mehr	107 oder mehr

Die Bewertung der Energieeffizienz beruht auf verschiedenartigen Kriterien, anhand derer eine elektrische Anlage einer **Energieeffizienzklasse** zugeordnet werden kann. Das Ermitteln der Energieeffizienzklassen erfolgt für Wohnungen, Industrieanlagen, Gewerbeanlagen und Infrastrukturanlagen über ein Punktesystem **(Tabelle 1)**.

Eine Anlage mit niedriger Effizienz ist der Klasse EE0 zugeordnet, eine Anlage mit sehr hoher Effizienz der Klasse EE5 (DIN VDE 0100-801).

Die Gesamtpunktezahl nach Tabelle 1 erfolgt durch Addition von Punkten einzelner Kriterien, z. B.:

- Energieverbrauch,
- Spannungsfall,
- Wirkungsgrad der Transformatoren (nicht für Wohnungen),
- Abschaltbarkeit von Verbrauchern,
- Anzahl verbrauchsintensiver Stromkreise,
- Anzahl von über ein Energiemanagementsystem verwaltete Verbraucher,
- automatische Beleuchtungssteuerung,
- Häufigkeit der Energieeffizienz-Überprüfung (Leistungsüberprüfung),
- kontinuierliche Überwachung von Systemen mit hohem Energieverbauch,
- Oberschwingungsgehalt am Einspeisepunkt der elektrischen Anlage,
- Anteil erneuerbarer Energien am Gesamtverbrauch der Anlage,
- Anteil der Energiespeicherbarkeit,
- Dauer der Speicherung der erfassten Daten.

In DIN VDE 0100-801 sind hierzu mathematische Formeln angegeben. Formel 1 ermöglicht das Berechnen des Energieverbrauchs der Lasten. **Tabelle 2** zeigt hierzu die entsprechende Punktezuordnung bzgl. der elektrischen Anlagen.

Tabelle 2: Bestimmung des Energieverbrauchs mittels Punktesystem
vgl. DIN VDE 0100-801

Energieverbrauch $E_{\%}$ in %	Wohngebäude Punkte	Energieverbrauch $E_{\%}$ in %	Gebäude, Anlage: Industrie, Infrastruktur Punkte	Gebäude, Anlage: Gewerbe Punkte
< 40	0	< 50	0	0
≥ 40 < 50	2	≥ 50 < 65	1	1
≥ 50 < 60	6	≥ 65 < 75	2	2
≥ 60 < 80	10	≥ 75 < 83	4	4
≥ 80 < 90	16	≥ 83 < 90	6	5
≥ 90	20	≥ 90	7	6

Jahresenergieverbrauch

$$E_{\%} = \frac{E_M \cdot 100\ \%}{E_A} \quad (1)$$

$E_{\%}$ Jahresenergieverbrauch einer Last in %
E_M Jahresenergieverbrauch der Last in einer Masche (Stromkreis), gemessenen an deren Einspeisepunkt
E_A Jahresenergieverbrauch der elektrischen Anlage

Zu erfassende Messgrößen für eine gesamthafte Bewertung der Energieeffizienz einer elektrischen Anlage sind z. B.

- Wirkleistung, Blindleistung, Scheinleistung,
- Wirkenergie, Scheinverbrauch, Leistungsfaktor,
- Strangströme, Neutralleiterstrom, Frequenz,
- Spannungen zwischen den Außenleitern,
- Spannungen zwischen Außenleitern, Neutralleiter,
- Oberschwingungsgehalt.

Die Energieeffizienz einer elektrischen Anlage wird anhand eines Punktesystems ermittelt.

6 Schutzmaßnahmen, Schutzeinrichtungen

6.1 Schutz gegen elektrischen Schlag

6.1.1 Allgemeines

Ein starker elektrischer Strom kann Menschen und Tiere schädigen. Deshalb sind Schutzmaßnahmen zu ergreifen, um eine Gefährdung auszuschließen.

Gefährdungen entstehen, wenn Menschen oder Tiere mit blanken stromdurchflossenen Leitern in Berührung kommen. Dies kann sein, wenn ein Beschäftigter mit **defekten** elektrischen **Geräten** arbeitet **(Bild 1)**. Daher darf mit solchen Geräten auch dann nicht gearbeitet werden, wenn gerade kein geeignetes anderes ordnungsgemäßes Gerät zur Verfügung steht. Ferner dürfen elektrische Geräte vom Mensch in elektrisch **gefahrbringender Umgebung** nicht benutzt werden, z. B. ein Haarföhn von einer in einer Badewanne liegenden Person oder ein Heizstrahler in der Nähe von brennbaren Gegenständen.

Fließen durch den Körper von Menschen oder Nutztieren Ströme, so werden diese als **Körperströme** bezeichnet. Sie sind je nach Fluss durch den menschlichen oder tierischen Körper in ihrer Wirkung verschieden **(Tabelle 1)**.

Der Weg des Körperstroms durch einen menschlichen oder tierischen Körper ist umso gefährlicher, je leichter er über das **Herz** führt. Das ist dadurch begründet, dass das Herz von leichten elektrischen Impulsen, die in einem Teil des Herzens erzeugt werden, gesteuert wird und dadurch besonders empfindlich ist gegen von außen wirkende elektrische Impulse.

Der **Herzstromfaktor *F*** gibt an, um welchen Faktor die Stromwirkung anders ist als bei einem gleich starken Strom, der von der linken Hand zu den Füßen fließt (Tabelle 1). Der Stromweg linke Hand zur rechten Hand ist also weniger gefährlich als linke Hand zu einem Fuß.

Herzstromfaktor *F*

I_{Bn} Körperstrom linke Hand zu Fuß

I_B Körperstrom (Berührungsstrom, Weg nach Tabelle)

$$F = \frac{I_{BN}}{I_B} \quad (1)$$

Die Gefährdung durch Körperströme hängt von der Stromstärke, vom Stromweg im Körper und von der Einwirkungsdauer ab.

Bild 1: Defekte elektrische Kabeltrommel

Tabelle 1: Körperwiderstände R_K und Herzstromfaktoren *F* (Mensch)

Stromweg bei AC oder DC	Herzstromfaktor *F*
linke Hand zu den Füßen (R_K = 750 Ω) oder einem Fuß (R_K = 1 kΩ)	1,0
linke Hand zur rechten Hand (R_K = 1 kΩ)	0,4
beide Hände zu beiden Füßen (R_K = 500 Ω)	1,0
rechte Hand zu einem Fuß (R_K = 750 Ω) oder beiden Füßen (R_K = 1 kΩ)	0,8
Rücken zur rechten Hand (R_K = 580 Ω)	0,3
Rücken zur linken Hand (R_K = 580 Ω)	0,7
Brust zur linken Hand (R_K = 580 Ω)	1,7
Gesäß zu linker, rechter Hand (R_K = 550 Ω) oder beiden Händen (R_K = 300 Ω)	0,8; 0,6; 0,7
linker Fuß zum rechten Fuß (R_K = 1,3 kΩ)	0,04

Oft wird für den Mensch ein Körperwiderstand R_K von 1.300 Ω angenommen. Versuche haben dabei gezeigt, dass bei Vorhandensein einer Wechselspannung von *über* AC 50 V zwischen zwei Körperstellen eine Gefährdung eintritt. Man hat ebenso festgestellt, dass die Gefährdung durch Gleichspannung DC gleicher Höhe geringer ist. Hier liegt die Grenze bei DC 120 V. Voraussetzung ist allerdings, dass keine ungünstigen Gegebenheiten sind, z. B. eine nasse Umgebung. Höhere Spannungen erfordern nachfolgend beschriebene Schutzmaßnahmen.

Spannungen bis AC 50 V oder bis DC 120 V sind für Menschen meist ungefährlich.

6.1.2 Berührungsarten

Direktes Berühren liegt vor, wenn Spannung führende Teile einer elektrischen Anlage, die im einwandfreien Zustand Spannung gegeneinander haben, von einem Menschen berührt werden. Dabei unterscheidet man zweipoliges und einpoliges direktes Berühren **(Bild 1)**. Das einpolige Berühren ist bei den üblichen Netzen gefährlich, weil z. B. der Sternpunkt des Transformators geerdet ist (Bild 1). Auch wenn diese Erdung des Transformators nicht erfolgen würde, wäre bei umfangreichen Netzen wegen der unvermeidlichen Leiterkapazitäten eine Spannung gegen Erde vorhanden.

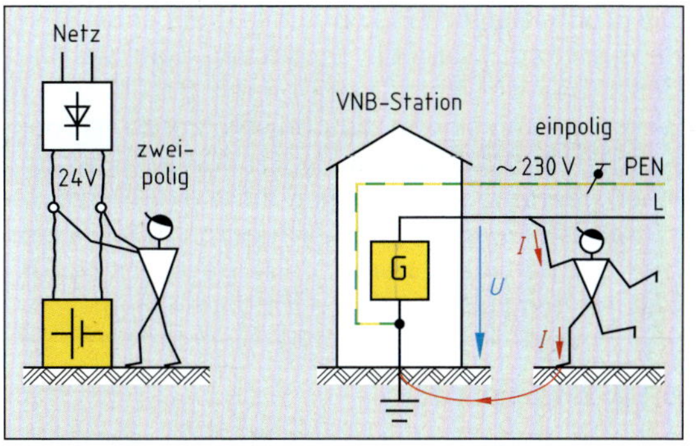

Bild 1: Direktes Berühren

> Einpoliges Berühren in einer elektrischen Anlage ist nicht weniger gefährlich als zweipoliges Berühren.

Einpoliges Berühren ist nur dann ohne Gefahr, wenn der Standort der berührenden Person gegen Erde isoliert ist.

In einer elektrischen Anlage können Isolationsfehler auftreten, die man meist als **Schlüsse** bezeichnet **(Bild 2)**. Dadurch können auch Spannungen dort auftreten und berührt werden, wo sonst keine Spannung liegt. So kann z. B. bei einem Körperschluss in einem Motor eine Spannung am Gehäuse des Motors auftreten.

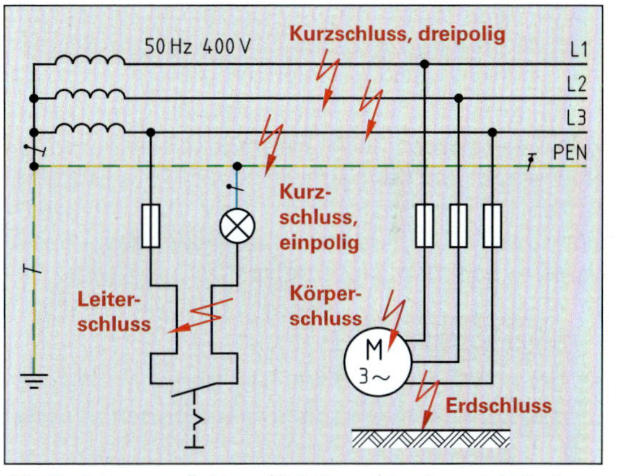

Bild 2: Arten von Fehlern (Schlüssen) in einer elektrischen Anlage

> **Indirektes Berühren** liegt vor, wenn eine nur im Fehlerfall auftretende Spannung vom Menschen berührt wird.

Gegen beide Berührungsarten müssen in elektrischen Anlagen Schutzmaßnahmen ergriffen werden. **Basisschutz** ist der Schutz gegen direktes Berühren. **Fehlerschutz** ist der Schutz bei indirektem Berühren. Meist wird noch ein **zusätzlicher Schutz** angewendet, damit sogar beim Versagen von Basisschutz oder Fehlerschutz ein Schutz gewährleistet ist.

> Bei allen elektrischen Betriebsmitteln müssen Basischutz und Fehlerschutz erfüllt sein, meist auch der zusätzliche Schutz.

6.1.3 Stromgefährdung

Die Wirkung des Stroms auf einen Menschen ist je nach Stromstärke, Frequenz, Einwirkungsdauer und Stromweg im Menschen (Körperstrom) verschieden (Tabelle 1, vorhergehende Seite). Die Felder in den Sicherheitskurven **Bild 3** geben die Wirkungen auf den Menschen an **(Tabelle 1, folgende Seite)**.

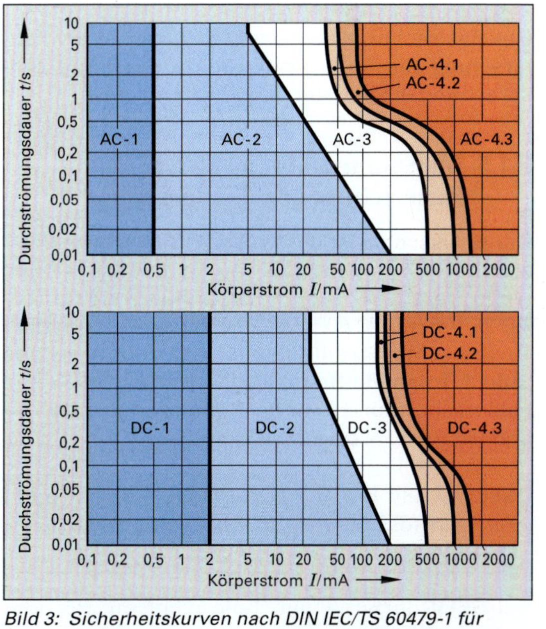

Bild 3: Sicherheitskurven nach DIN IEC/TS 60479-1 für AC 15 Hz bis 100 Hz und DC von der linken Hand zum Fuß

Die größte Gefährdung beim Berühren einer Spannung tritt auf, wenn der Stromweg über das Herz führt. Das tritt beim zweipoligen Berühren auf, wenn man mit beiden Händen verschiedene Spannungspole berührt, z. B. einen Außenleiter und einen geerdeten Schutzleiter. Beim einpoligen Berühren ist die größte Gefährdung gegeben, wenn man mit der linken Hand den Außenleiter berührt und mit den Füßen auf dem Erdboden steht.

6.1.4 Basisschutz

Basisschutz ist der Schutz bei **direktem Berühren**. Der allgemeine Basisschutz wird auf verschiedene Weise erreicht **(Tabelle 2)**. Am meisten ist die *Basisisolierung* verbreitet **(Bild 1)**. Bei *Abdeckung* oder *Umhüllung* darf das Öffnen oder Entfernen nur mit Schlüssel oder Werkzeug möglich sein.

In Anlagen, die ständig von Elektrofachkräften oder elektrotechnisch unterwiesenen Personen überwacht werden, gibt es zusätzliche Möglichkeiten für den Basisschutz (DIN VDE 0100-410). Für diese fachlich überwachten Anlagen ist Basisschutz auch möglich mittels

- Schutz durch Anordnung außerhalb des Handbereichs **(Bild 2)** und
- Schutz durch Hindernisse. Diese müssen so gesichert sein, dass sie nicht unbeabsichtigt entfernt werden können.

> Der Basisschutz muss in allen elektrischen Anlagen erfüllt sein.

Der Basisschutz kann erfüllt sein, wenn als Fehlerschutz die Schutzmaßnahme SELV mit entsprechender Spannung angewendet wird.

6.1.5 Maßnahmen für zugleich Basisschutz und Fehlerschutz

Der Basisschutz ist durch **SELV** (Sicherheitskleinspannung, von **S**afety **E**xtra **L**ow **V**oltage) erfüllt, wenn deren Bemessungsspannung kleiner als AC 25 V bzw. DC 60 V ist. Hier müssen besonders zuverlässige Stromquellen verwendet werden **(Bild 1, folgende Seite)**. SELV gewährt auch den Fehlerschutz, und zwar bei Bemessungsspannungen bis AC 50 V bzw. DC 120 V.

> SELV erfüllt bis AC 25 V, DC 60 V Basis- und Fehlerschutz, über AC 25 V bis AC 50 V, DC 60 V bis DC 120 V nur Fehlerschutz.

Bei **SELV** dürfen aktive Teile nicht mit PE oder Erde verbunden werden. Leitungen müssen getrennt von anderen Stromkreisen verlegt werden.

Tabelle 1: Stromgefährdungen

Zone	Wirkung auf den Menschen
AC-/DC-1	Normalerweise keine/kaum Wirkung.
AC-/DC-2	Meist keine schädliche Wirkung.
AC-/DC-3	Meist kein organischer Schaden, krampfartige Muskelreaktionen möglich und Schwierigkeiten beim Atmen.
AC-/DC-4 (4.1 + 4.2 + 4.3)	Herzstillstand, Atemstillstand und schwere Verbrennungen zusätzlich zu den Wirkungen der Zone 3.
AC-/ DC-4.1	Wahrscheinlichkeit von Herzkammerflimmern, ansteigend bis etwa 5 %.
AC-/ DC-4.2	Wahrscheinlichkeit von Herzkammerflimmern, bis 50 %.
AC-/ DC-4.3	Wahrscheinlichkeit von Herzkammerflimmern, über 50 %.

In kleinen Strombereichen hat erst die dreifache DC-Stromstärke dieselbe Wirkung wie ein AC-Strom.

Tabelle 2: Allgemeiner Basisschutz

Art	Ausführung
Isolierung aktive Teile	Aktive Teile müssen mit einer Isolierung umgeben sein, die nur durch Zerstörung entfernt werden kann.
Abdeckung, Umhüllung	Aktive Teile müssen mindestens nach Schutzart IP 2X abgedeckt oder umhüllt sein.
Kleinspannung SELV	Speisung aus besonders zuverlässigen Stromquellen ohne Verbindung zur Erde mit Bemessungsspannungen von höchstens AC 25 V oder DC 60 V. Eigenes Steckersystem.

In ständig fachlich überwachten Anlagen ist der Basisschutz durch Anordnung außerhalb des Handbereichs und durch Hindernisse erfüllt.

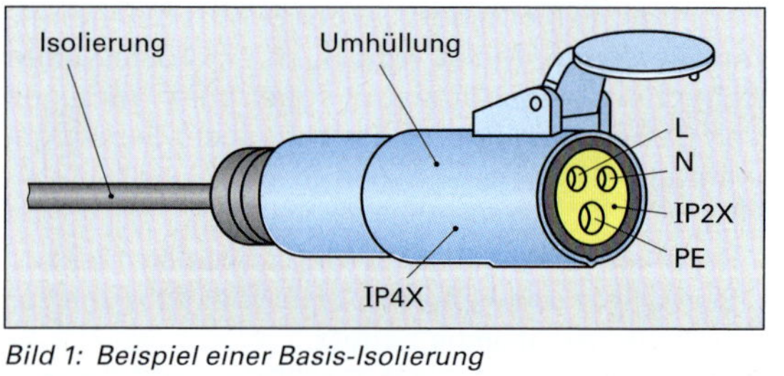

Bild 1: Beispiel einer Basis-Isolierung

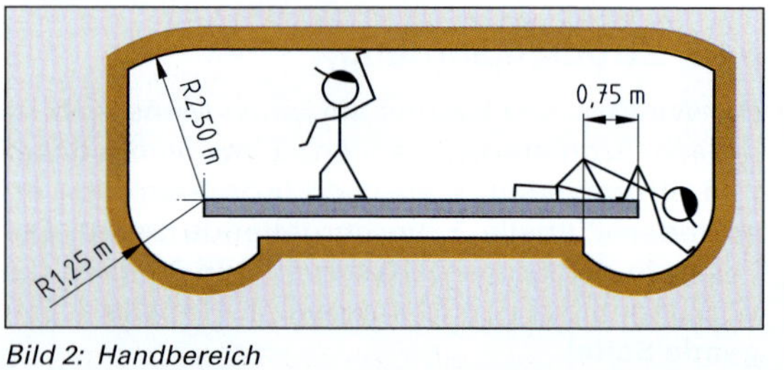

Bild 2: Handbereich

Bei **PELV** (schützende Kleinspannung, von **P**rotective **E**xtra **L**ow **V**oltage) werden dieselben Spannungen und Stromquellen wie bei SELV verwendet. Jedoch ist die Verbindung eines Leiters mit Erde bzw. dem Schutzleiter üblich (Funktionserdung). PELV erfüllt nur den Fehlerschutz, besitzt eigenes Steckersystem (siehe **Abschnitt 18.7.4**).

> Bei PELV (≤ AC 50 V, DC 120 V) muss immer zusätzlich ein Basisschutz vorgenommen werden.

Bei **FELV** (Funktionskleinspannung, von **F**unctional **E**xtra **L**ow **V**oltage) sind für die Erzeugung der kleinen Spannung beliebige Stromquellen verwendbar. Deshalb ist mit FELV weder der Basisschutz noch der Fehlerschutz erfüllt. Die Speisung aus Transformatoren erfordert dieselben Schutzmaßnahmen wie auf der Netzseite.

> Bei FELV (≤ AC 50 V, DC 120 V) sind Basisschutz und Fehlerschutz wie auf der Netzseite nötig.

Bei elektrischen Betriebsmitteln, z.B. Handwerkzeugen, können durch **doppelte** oder **verstärkte Isolierung** gleichzeitig der Basisschutz und der Fehlerschutz erfüllt werden. Dabei verhindert eine besonders zuverlässige Isolierung das direkte Berühren ebenso wie das indirekte Berühren **(Bild 2)**. Betriebsmittel mit doppelter oder verstärkter Isolierung sind Betriebsmittel der **Schutzklasse II**, gekennzeichnet durch ein besonderes Symbol auf dem Leistungsschild **(Bild 3)**.

> Für die Schutzklasse II ist eine spezielle Isolierung erforderlich, Überzüge aus Farben sind für die Schutzklasse II nicht ausreichend.

Bei Betriebsmitteln der Schutzklasse II ist es nicht zulässig, leitfähige Teile an einen Schutzleiter anzuschließen (Bild 3, Symbol rechts), sofern dies nicht in den Normen für die betreffenden Betriebsmittel ausdrücklich vorgesehen ist. Wenn die Anschlussleitung eines schutzisolierten Betriebsmittels einen Schutzleiter enthält, so muss dieser im Stecker angeschlossen werden.

6.1.6 Fehlerschutz

Der Fehlerschutz ist der Schutz bei **indirektem Berühren.**

Fehlerstrom-Schutzeinrichtung RCD

Das RCD (von **R**esidual **C**urrent protective **D**evice = Reststrom-Schutzeinrichtung, FI-Schutzschalter) ist ein wichtiges Betriebsmittel für den Fehlerschutz. Es enthält mindestens einen Eisenkern mit einer Wicklung **(Bild 4)**. Durch den Eisenkern wird die Leitung ohne den Schutzleiter geführt.

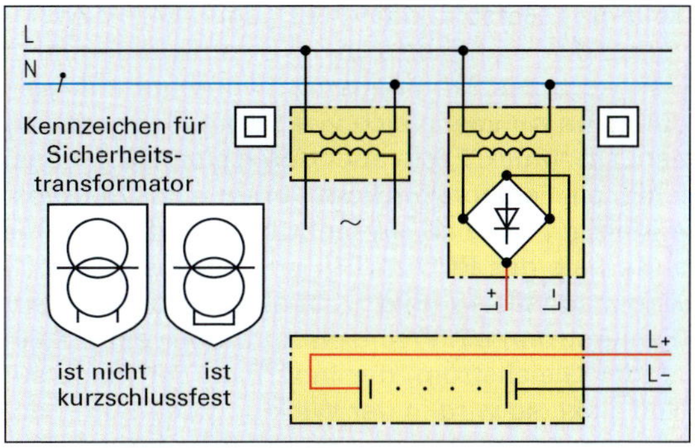

Bild 1: Stromquellen für SELV und PELV

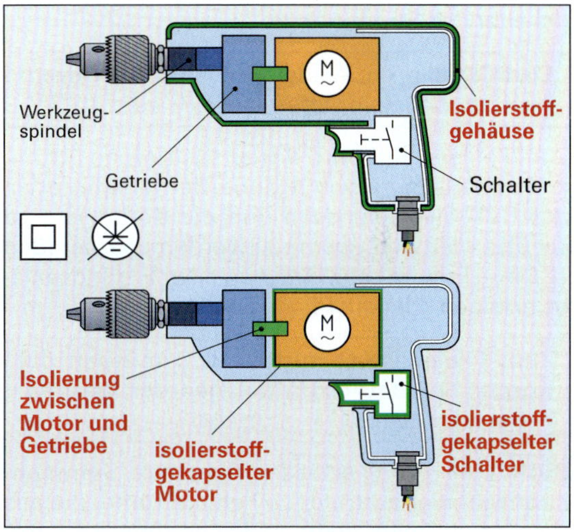

Bild 2: Ausführungen der Schutzklasse II

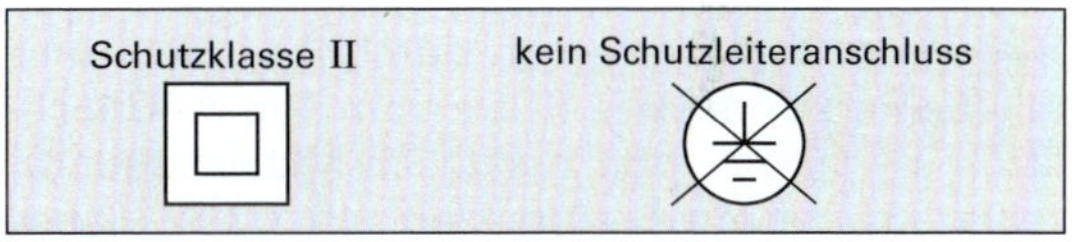

Bild 3: Symbole an den Geräten der Schutzklasse II

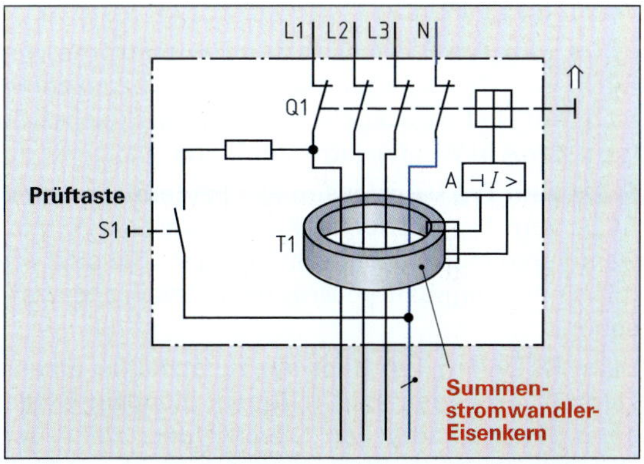

Bild 4: Summenstromwandler eines RCD vom Typ A

Dadurch wirkt diese Einrichtung als **Summenstromwandler**. Dieser addiert die Ströme der durch den Kern geführten Leiter.

Solange kein Isolationsfehler gegen Erde bzw. PE vorhanden ist, heben sich die Stromwirkungen im Eisenkern des Summenstromwandlers auf, weil durch ihn zur Last gleich viel Strom fließt wie von der Last zurück. Fließt aber durch einen Isolationsfehler ein **Fehlerstrom** vom Körper eines Betriebsmittels zur Erde ab, so fließt ein Teil des Stroms außerhalb des RCD zurück und der Eisenkern (1) wird magnetisiert **(Bild 1)**. Ist diese *Stromdifferenz* (Fehlerstrom) ein Wechselstrom oder ein pulsierender Gleichstrom, der innerhalb der Pulse auf Null sinkt, so wird in der Wicklung des Summenstromwandlers (1) eine Spannung induziert. Diese schaltet über eine Auslösespule A und einen Schalter den Stromkreis ab.

Ein RCD vom Typ A oder F schaltet den Stromkreis ab, wenn ein Differenzstrom auftritt.

Zum Fehlerschutz wird der zu schützende Stromkreis oder das zu schützende Betriebsmittel an das RCD angeschlossen und die Körper der zu schützenden Betriebsmittel werden geerdet (Bild 1). Diese Erdung kann direkt an einer Erdungsanlage erfolgen oder am PE als *Schutzerdung*.

Zum Fehlerschutz mittels RCD müssen die Körper der Betriebsmittel geerdet werden, meist über den PE.

RCDs vom Typ A erfassen über ihre Summenstromwandler auftretende Fehlerströme, die aus Wechselströmen, glatten Gleichströmen ≤ 6 mA oder pulsierenden Gleichströmen bestehen.

RCDs vom Typ F erfassen durch ihre Elektronik alle Fehlerströme wie RCDs vom Typ A (Gleichströme ≤ 10 mA) und zusätzlich Mischfrequenzfehlerströme mit Frequenzen bis 1 kHz. Diese treten bei einphasigen Umrichtern auf, z.B. in Waschmaschinen.

RCDs vom Typ B erfassen alle Fehlerströme wie RCDs vom Typ A, aber bis 2 kHz, und zusätzlich nicht auf Null zurückgehende (glatte) Gleichströme > 6 mA in Wechselstromanlagen.

RCDs vom Typ B+ erfassen alle Fehlerströme wie RCDs vom Typ B, aber für Frequenzen bis 20 kHz. Damit erkennen sie Fehlerlichtbögen. Sie sind oft mit einem angebauten **Brandschutzschalter** versehen.

Beim RCD vom Typ B ist ein zusätzlicher Eisenkern (2) vorhanden (Bild 1). Dieser dient zur Erfassung des magnetischen Gleichfeldes, wenn der Differenzstrom (Fehlerstrom) ein nicht auf Null zurückgehender Gleichstrom ist.

Der Fehlerstrom in einer Wechselstromanlage ist meist ein Wechselstrom. Enthält die Anlage aber eine Schaltung mit Gleichrichtung, z. B. einen

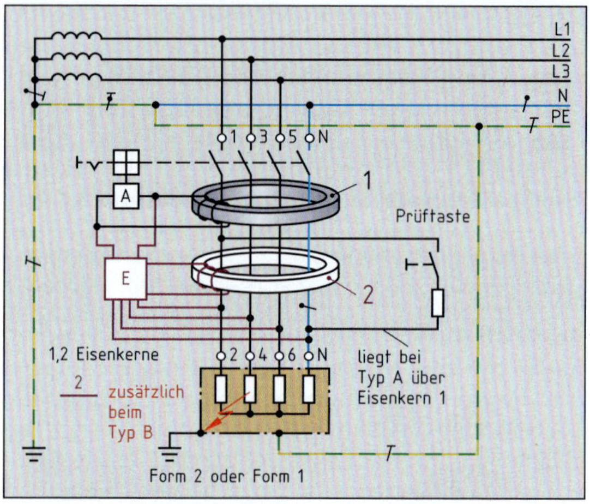

Bild 1: Anschluss eines RCD vom Typ A bzw. Typ B (A Auslöser, E elektronische Auslösung)

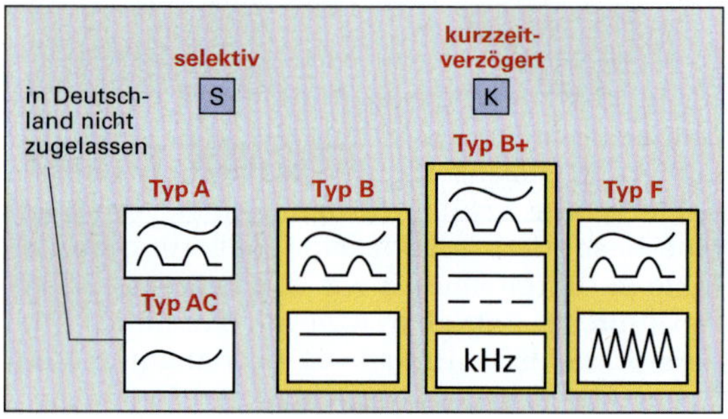

Bild 2: Kennzeichnung der RCDs

Stromrichter mit DC-Zwischenkreis, so kann bei einem Isolationsfehler im Zwischenkreis auch im AC-Stromkreis ein DC-Fehlerstrom auftreten. Ein DC-Fehlerstrom führt zu einem DC-Differenzstrom. Dieser erzeugt eine DC-Magnetisierung im RCD vom Typ B. Diese Magnetisierung wird erfasst, z. B. mittels **Hall-Generator**, und führt dann über eine Elektronik E zur Abschaltung des Stromkreises (Bild 1).

RCDs vom Typ B können infolge aller Fehlerstromarten AC-Anlagen abschalten → allstromsensitive RCDs.

Zum Einsatz in reinen DC-Anlagen sind RCDs vom Typ B nicht geeignet, weil deren Elektronik nur mit AC arbeitet.

An den RCDs ist durch ein Symbol des Auslösestroms angegeben, zu welchem Typ sie gehören **(Bild 2)**. Außerdem ist angegeben, ob sie im Fehlerfall unverzögert oder verzögert auslösen. Bei der Angabe S für **selektiv** (auswählend) ist die Verzögerung so groß, dass ein zum Netz vorher liegendes RCD zuerst abschaltet. Bei der Angabe K **kurzzeitverzögert** ist die Verzögerung kleiner.

Bereiche der RCDs

Für die Auswahl der RCDs ist außer dem Typ der *Bemessungsstrom* I_N und der Bemessungsdifferenzstrom $I_{\Delta N}$ entscheidend. Dabei sind üblich RCDs mit

- I_N von 25 A, 40 A, 63 A, 80 A, ... und
- $I_{\Delta N}$ von 10 mA (nur beim Typ A), 30 mA, 0,1 A, 0,3 A, 0,5 A, 1,0 A.

Die **Auslösezeiten** von RCDs betragen gemäß ihrer Baubestimmungen für ≤ 300 ms; 150 ms; 40 ms bei

- AC–I_Δ: $I_{\Delta N}$; $2\,I_{\Delta N}$; $5\,I_{\Delta N}$
- DC–$I_{\Delta \text{pulsierend}}$: $1{,}4\,I_{\Delta N}$; $2\cdot 1{,}4\,I_{\Delta N}$; $5\cdot 1{,}4\,I_{\Delta N}$
- DC–$I_{\Delta \text{glatt}}$: $2\,I_{\Delta N}$; $2\cdot 2\,I_{\Delta N}$; $5\cdot 2\,I_{\Delta N}$

Ausführungsformen und Anwendungen der RCDs

Bei einer **RCBO** (von **RC**D mit **B**reaker **O**verload Protection) ist ein RCD mit einem Leitungsschutzschalter kombiniert.

Ein **RCCB** (von **R**esidual **C**urrent Operated **C**ircuit **B**reaker) ist ein Fehlerstrom-Schutzschalter (FI-Schutzschalter, F Fehler, I vom Formelzeichen für Stromstärke). Er ist das am häufigsten verwendete RCD-Gerät.

Ein **PRCD** (von **P**ortable **R**esidual **C**urrent Protective **D**evice) ist eine ortsveränderliche Fehlerstrom-Schutzeinrichtung zur Schutzpegelerhöhung, das jedoch als Schutzmaßnahme für automatische Abschaltung nach DIN VDE 0100-410 nicht zugelassen ist. Gleiches gilt für ein **SRCD** (von **S**ocket Outlet **R**esidual **C**urrent **D**evice). Es ist eine ortsfeste Fehlerstrom-Schutzeinrichtung für Steckdosen.

Bei einem **CBR** ist ein Leitungsschutzschalter oder ein Leistungsschalter mit einer RCU (von **Re**sidual **C**urrent **U**nit = Fehlerstrom-Auslöser) versehen. Dadurch ist es möglich, das Verfahren der RCDs auch bei I_N > 63 A anzuwenden.

RCDs Typ A finden Anwendung bei Hausinstallationen, Schwimmbädern oder Springbrunnen. **RCDs Typ B** kommen zum Einsatz in Laboren, Industrieanlagen, Baustellenverteilern, wenn z. B. Frequenzumrichter mit Drehstromanschluss, drehzahlgeregelte Antriebe, USV-Anlagen angewendet werden. **RCDs Typ B+** sind für vorbeugenden Brandschutz vorgesehen, z.B. in Schreinereien. **RCDs Typ F** werden in Stromkreisen mit einphasigen Frequenzumrichtern eingesetzt.

Fehlerschutz durch automatische Abschaltung der Stromversorgung

Die automatische Abschaltung kann in der beschriebenen Weise z. B. durch RCDs erfolgen, und zwar sowohl beim TT-System **(Bild 1)** wie auch beim TN-S-System **(Bild 2)**. Die automatische

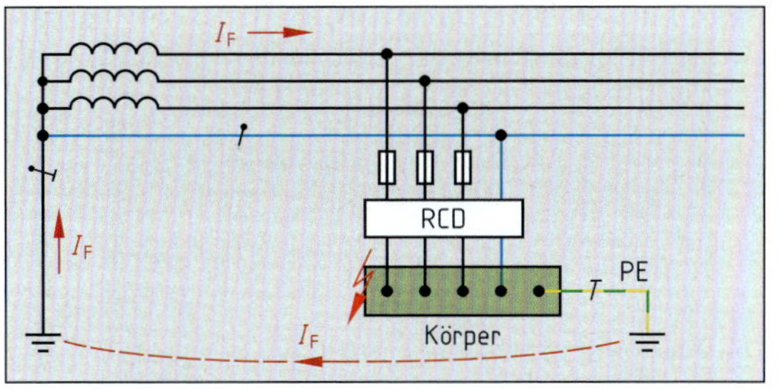

Bild 1: Anschluss eines RCD beim TT-System (I_F Fehlerstrom)

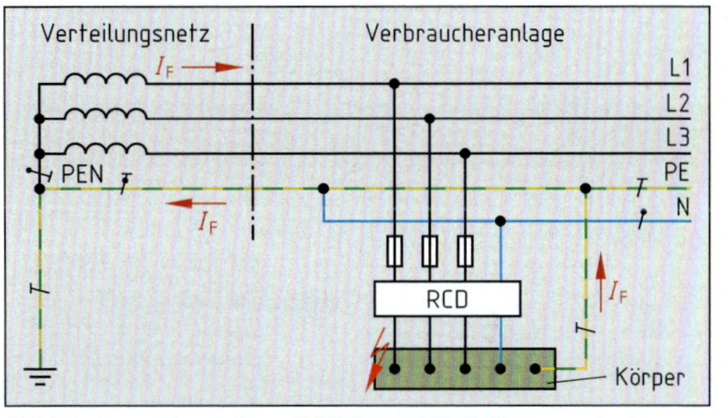

Bild 2: Anschluss eines RCD beim TN-S-System der Verbraucheranlage

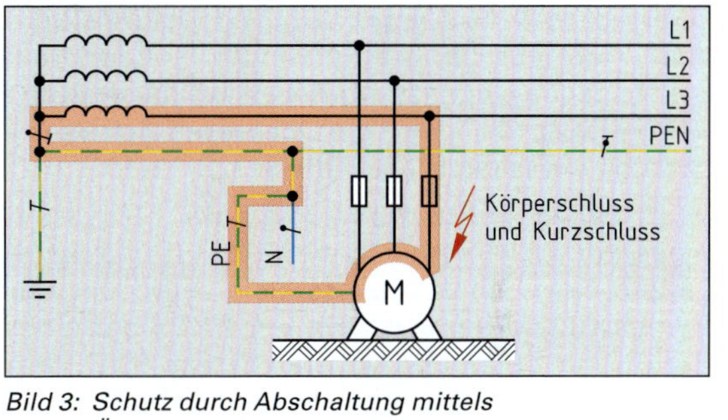

Bild 3: Schutz durch Abschaltung mittels Überstrom-Schutzeinrichtung

Abschaltung kann aber auch durch Überstrom-Schutzeinrichtungen, z. B. **Leitungsschutzschalter (Abschnitt 6.2)**, erfolgen **(Bild 3)**. Hier tritt bei einem Körperschluss ein Kurzschluss auf, weil die Körper über den PE mit PEN verbunden sind.

> Fehlerschutz durch automatische Abschaltung der Stromversorgung ist möglich mit RCDs oder mit Überstrom-Schutzeinrichtungen.

Beide Fälle erfordern beim **TN-S-System**:

- Schutzerdung nach VDE 0100-410 mittels Verbindung der Körper über einen PE mit einer Erdungsanlage,
- Schutzpotenzialausgleich über die Haupterdungsschiene,
- automatische Abschaltung innerhalb der maximalen Abschaltzeit **(Tabelle 1, folgende Seite)**.

Beim **Fehlerschutz durch RCDs** muss der Fehlerstrom I_F mindestens so groß sein wie der Bemessungsdifferenzstrom $I_{\Delta N}$ der RCDs.

I_F Fehlerstrom
$I_{\Delta N}$ Bemessungsdifferenzstrom des RCD

allgemein

$$I_F \geq I_{\Delta N} \quad (1)$$

Die NB (Netzbetreiber) müssen in Deutschland die Netze mit dem TN-S-System so gestalten, dass im Fehlerfall ein genügend großer Fehlerstrom von wenigstens 500 mA vorhanden ist.

Ein RCD mit $I_{\Delta N} \leq 500$ mA schaltet im öffentlichen Netz beim TN-S-System im Fehlerfall sicher ab.

Die Messung der Impedanz der Fehlerschleife ist nicht erforderlich (DIN VDE 0100-600).

$I_{\Delta N}$ Bemessungsdifferenzstrom des RCD

beim TN-S-System

$$I_{\Delta N} \leq 500 \text{ mA} \quad (2)$$

Beim Fehlerschutz durch RCDs sind trotzdem **Überstrom-Schutzeinrichtungen** erforderlich, aber nicht für den Fehlerschutz, sondern als Schutz gegen **Überlastung**. Deshalb sind oft **RCBO** zweckmäßig, weil diese die Überstrom-Schutzeinrichtung enthalten (siehe Tabelle 2, Seite 101).

Beim **Fehlerschutz durch RCDs im TT-System** muss der Widerstand R_A von der Erdungsanlage und dem Schutzleiter so klein sein, dass der Bemessungsdifferenzstrom der RCDs bei einer Berührungsspannung von höchstens 50 V zum Fließen kommt. Der Erdungswiderstand muss vom Errichter der Anlage gemessen werden **(Abschnitt 15.4.6)**.

R_A Widerstand Erdung + PE
$I_{\Delta N}$ Bemessungsdifferenzstrom des RCD

beim TT-System

$$R_A \leq \frac{50\text{ V}}{I_{\Delta N}} \quad (3)$$

Beispiel 1:

In einem abgelegenen Haus mit Netzspannung 230 V wird für die ganze Anlage das TT-System angewendet. Der Fehlerschutz ist gegeben durch RCDs mit $I_{\Delta N} = 300$ mA. Der R_A wird zu 120 Ω gemessen. Ist der Fehlerschutz so möglich?

Lösung:

$R_A \leq 50\text{ V}/I_{\Delta N} = 50\text{ V} / 300\text{ mA} = \mathbf{166{,}7\ \Omega}$

Fehlerschutz gegeben, da 120 Ω < 166,7 Ω.

Soll im TT-System der Fehlerschutz durch Abschalten mittels Überstrom-Schutzeinrichtungen erreicht werden, muss die Impedanz Z_S der Fehlerschleife so klein sein, dass der Abschaltstrom der Überstrom-Schutzeinrichtung zum Fließen kommt. Z_S besteht aus dem Erdungswiderstand und allen Leiterwiderständen.

Tabelle 1: Maximale Abschaltzeiten

Spannungsbereich	Abschaltzeit	
	bei AC	bei DC
Endstromkreise mit $I_N \leq 32$ A im TN-System[1]		
$120\text{ V} < U_0 \leq 230\text{ V}$	0,4 s	1 s
$230\text{ V} < U_0 \leq 400\text{ V}$	0,2 s	0,4 s
$U_0 > 400$ V	0,1 s	0,1 s
Verteilungsstromkreise oder $I_N > 32$ A	5 s	5 s
Endstromkreise mit $I_N \leq 32$ A im TT-System[1]		
$120\text{ V} < U_0 \leq 230\text{ V}$	0,2 s	0,4 s
$230\text{ V} < U_0 \leq 400\text{ V}$	0,07 s	0,2 s
$U_0 > 400$ V	0,04 s	0,1 s
Verteilungsstromkreise oder $I_N > 32$ A	1 s	1 s

I_N Bemessungsstrom
U_0 Bemessungsspannung gegen Erde
[1] und für Endstromkreise mit Steckdosen $I_N \leq 63$ A

I_a Abschalt-(Auslöse)strom
U_0 Netzspannung gegen Erde
Z_S Schleifenimpedanz

Schleifenimpedanz

$$Z_S \leq \frac{U_0}{I_a} \quad (4)$$

Beispiel 2:

In der Anlage von Beispiel 1 soll der Fehlerschutz durch eine Überstrom-Schutzeinrichtung Typ B 16 A erfüllt werden (beachte Tabelle 2 Seite 102). Wie groß dürfte der Widerstand der Fehlerschleife höchstens sein?

Lösung:

$I_a = 5 \cdot I_N = 5 \cdot 16\text{ A} = 80\text{ A}$

$Z_S \leq U_0/I_a = 230\text{ V}/80\text{ A} = \mathbf{2{,}88\ \Omega}$

Ausreichend kleine Impedanzen der Fehlerschleife für den Fehlerschutz mittels Überstrom-Schutzeinrichtungen sind kaum zu erreichen. Deshalb empfiehlt DIN VDE 0100-410 für das TT-System den Fehlerschutz durch RCDs.

Im TT-System ist die Verwendung von RCDs nicht zu umgehen.

Dagegen sind im TN-S-System auch bei Altanlagen Überstrom-Schutzgeräte üblich. Der Fehlerstrom I_F muss mindestens so groß sein wie der Abschaltstrom (Auslösestrom) I_a der Überstrom-Schutzeinrichtung. Ein Nachrüsten der RCDs ist bei Altanlagen vor 1990 für Steckdosen im Freien nicht gefordert.

Deshalb muss die Impedanz der Fehlerschleife genügend klein sein und ist daher als Z_{Sm} zu messen **(Abschnitt 15.4.5)**. Danach ist zu prüfen, ob Formel 2 erfüllt ist. Der Faktor 1,5 stellt sicher, dass auch bei höherer Betriebstemperatur der Leitung sicher abgeschaltet wird, obwohl die Messung von Z_{Sm} im kalten Zustand der Leitung erfolgt.

Fehlerschutz durch Überstrom-Schutzeinrichtungen beim TN-S-System

$$I_F \geq I_a \quad (1)$$

$$1{,}5 \cdot Z_{Sm} \cdot I_a \leq U_0 \quad (2)$$

I_F Fehlerstrom

I_a Abschalt-(Auslöse)strom der Überstrom-Schutzeinrichtung

U_0 Bemessungsspannung gegen Erde

Z_{Sm} gemessene Impedanz der Fehlerschleife

Beispiel:

In einer Altbauwohnung ist ein Stromkreis mit LS-Schaltern 16 A, Typ B (Abschaltstrom $5 \cdot I_N$) geschützt. Die Messung der Impedanz der Fehlerschleife ergibt $Z_{Sm} = 1{,}5\ \Omega$. Genügt der Fehlerschutz durch LS-Schalter?

Lösung:

$I_a = 5 \cdot I_N = 5 \cdot 16\ A = 80\ A$

$1{,}5 \cdot Z_{Sm} \cdot I_a \leq U_0 \Rightarrow$

$1{,}5 \cdot 1{,}5\ \Omega \cdot 80\ A = 180\ V \leq 230\ V \Rightarrow$

Der Fehlerschutz ist gegeben.

Fehlerschutz durch Schutztrennung

Beim Fehlerschutz durch Schutztrennung wird die Verbraucheranlage von der elektrisch leitenden Verbindung zum Netz getrennt, meist mittels Trenntransformator nach VDE 0550.

Die Ausgangsspannung muss kleiner als 500 V sein. Sie ist meist AC 230 V. Die aktiven Teile dürfen nicht mit anderen Stromkreisen verbunden sein, auch nicht mit Erde. Deshalb dürfen die Körper der Betriebsmittel nicht mit PE verbunden sein. Flexible Leitungen müssen an Stellen mit mechanischer Beanspruchung sichtbar sein.

Im Falle eines Erdschlusses tritt zunächst nur die Folge ein, dass aktive Leiter der Anlage Spannung gegen Erde führen. Tritt zusätzlich jetzt ein Körperschluss ein, entsteht an den Körpern eine hohe Berührungsspannung. Deshalb darf allgemein bei Schutztrennung nur ein einzelnes Verbrauchsmittel angeschlossen werden.

Bei der allgemeinen Schutztrennung darf nur ein einzelnes Verbrauchsmittel angeschlossen werden.

Das gilt nicht in elektrotechnisch (fachlich) überwachten Anlagen **(Abschnitt 6.1.9)**.

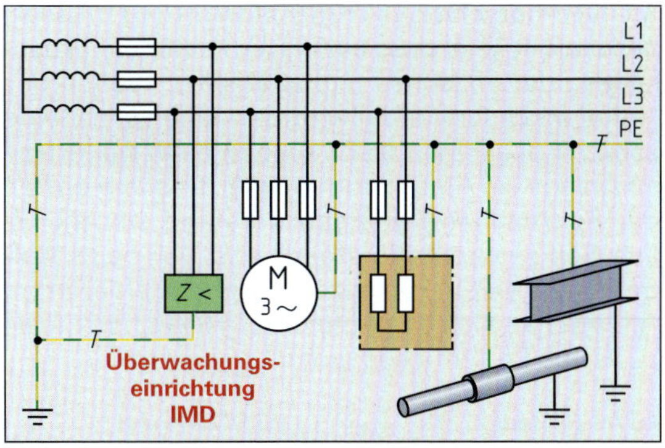

Bild 1: Fehlerschutz durch IT-System mit Isolationsüberwachungseinrichtung

Fehlerschutz durch Meldung im IT-System

Im IT-System sind die aktiven Teile gegen Erde isoliert oder über eine große Impedanz geerdet. In der Anlage **Bild 1** bildet die Überwachungseinrichtung **IMD** (von **I**nsulation **M**onitoring **D**evice, Isolationsüberwachungseinrichtung) einen künstlichen Sternpunkt, der geerdet ist. Wenn kein Sternpunkt möglich ist, z.B. beim Einphasennetz, darf ein Außenleiter über eine große Impedanz geerdet sein. Beim IT-System ist der Fehlerstrom beim **ersten Körperschluss** oder **Erdschluss** so niedrig, dass keine Abschaltung erfolgt. Die Stromversorgung des IT-Stromkreises erfolgt weiterhin. Es muss jedoch dafür gesorgt sein, dass ein **zweiter Fehler** zum Abschalten führt, z. B. durch ein RCD.

Beim IT-System erfolgt die automatische Abschaltung erst bei einem zweiten Fehler.

Fehlerschutz erfolgt im IT-System durch folgende Maßnahmen:

1. Aktive Leiter der Anlage dürfen nicht geerdet sein.
2. Die Körper müssen einzeln oder gruppenweise oder in ihrer Gesamtheit geerdet sein.
3. Erdungswiderstand der Körper und größtmöglicher Fehlerstrom beim ersten Fehler müssen so klein sein, dass die höchstzulässige Berührungsspannung nicht überschritten wird.
4. Für die gesamte Anlage ist eine Isolationsüberwachungseinrichtung erforderlich.

Im IT-System dürfen als Überwachungs- und **Schutzeinrichtungen** verwendet werden

- Isolationsüberwachungseinrichtungen,
- Überstrom-Schutzeinrichtungen,
- Fehlerstrom-Schutzeinrichtungen RCDs,
- Differenzstrom-Überwachungseinrichtungen,
- RCMs (RCM von Residual Current Monitor).

Die **Isolationsüberwachungseinrichtung** muss so beschaffen sein, dass ein **erster Fehler** ein akustisches oder optisches Signal auslöst. Wegen des Isolationswiderstandes und der gegen Erde wirksamen Kapazitäten fließt auch in einer fehlerfreien Anlage ein Ableitstrom **(Bild 1)**. Deshalb dürfen der R_A (Anlagen-Erdungswiderstand einschließlich Schutzleiterwiderstand) und der beim Auftreten des ersten Fehlers auftretende Fehlerstrom I_d (einschließlich des Ableitstroms) höchstens die zulässige Berührungsspannung hervorrufen.

im AC-System

$$R_A \cdot I_d \leq 50\,\text{V} \quad (1)$$

im DC-System **gibt es keine Begrenzung, da I_d sehr klein.**

I_d Ableitstrom (Fehlerstrom bei 1. Fehler, d discharge)
R_A Anlagen-Erdungswiderstand mit PE-Widerstand

IT-Systeme werden z. B. in Operationsräumen von Krankenhäusern angewendet, weil dort keine Unterbrechung der Spannung stattfinden darf.

Wiederholung und Vertiefung

1. Welche Systemform ist in der Hausinstallation mit 400 V/230 V am häufigsten?
2. Welcher Schutz dient dem Schutz gegen direktes Berühren?
3. Welche Aufgabe hat der Fehlerschutz?
4. Welchen Schutz übernimmt PELV bei einer Bemessungsspannung von AC 24 V?
5. Welche Aufgabe hat der Summenstromwandler bei einem RCD?
6. Welchen Vorteil bietet der Typ B eines RCD gegenüber einem Typ A?
7. Bei welchem Fehlerschutz ist die Messung der Impedanz der Fehlerschleife nicht nötig?
8. Bei welchem Fehlerschutz ist das Messen des Ableitstroms notwendig?

6.1.7 Zusätzlicher Schutz

Der zusätzliche Schutz ergänzt den Basisschutz oder den Fehlerschutz, insbesondere für den Fall, dass eine Schutzmaßnahme versagt oder der Benutzer sich falsch verhält (vgl. DIN VDE 0100-410).

Zusätzlicher Schutz durch RCDs mit $I_{\Delta N} \leq 30$ mA

Ein Wechselstrom von 30 mA führt bei einer Einwirkungsdauer von 0,5 s im menschlichen Körper zu Muskelreaktionen, aber noch nicht zu körperlichen Schäden (Bild 3, Seite 87). Daher bietet ein RCD mit $I_{\Delta N} \leq 30$ mA einen Basisschutz und Fehlerschutz. Jedoch ist bei einem RCD, vor allem nach jahrelanger Betriebszeit, ein Versagen möglich. Deshalb kann sie nur zusätzlich schützen.

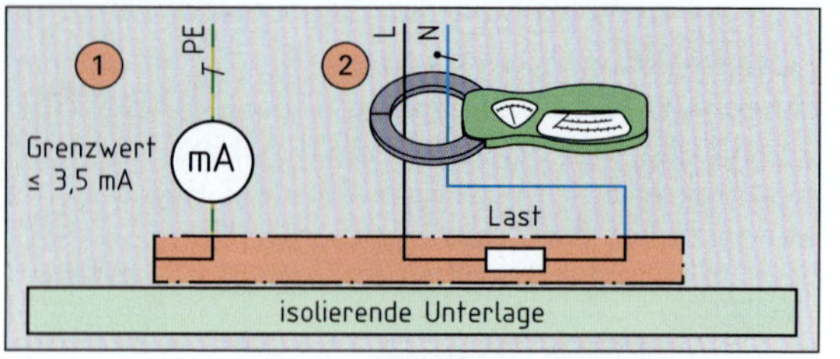

Bild 1: Zwei Verfahren zur Messung des Ableitstroms

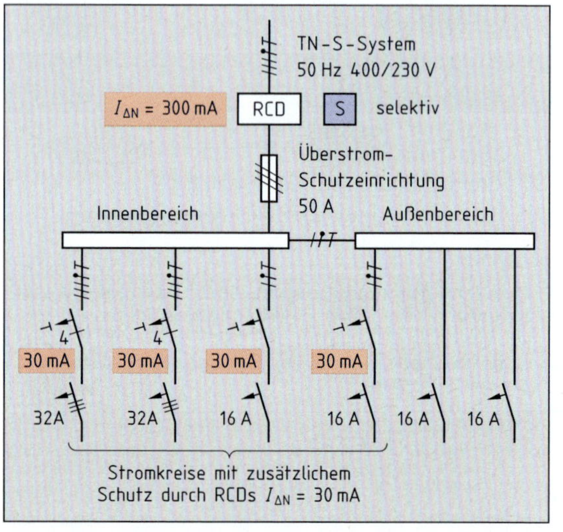

Bild 2: Zusätzlicher Schutz durch RCDs mit $I_{\Delta N} \leq 30$ mA

Der zusätzliche Schutz durch ein RCD war ursprünglich ein freiwilliger Schutz. Er ist bei Neuanlagen mit AC-Systemen jetzt aber bindend vorgeschrieben bei **Endstromkreisen**

- mit Steckdosen von $I_N \leq 32$ A für die Benutzung durch Laien,
- im Außenbereich für tragbare Betriebsmittel mit $I_N \leq 32$ A, z. B. elektrische Pumpen, sowie
- bei Leuchtenstromkreisen (wegen Nicht-Austauschbarkeit des Leuchtmittels bei LED-Leuchten).

Für die meisten Stromkreise der Elektroinstallation, nicht für Sicherheitsstromkreise, ist der zusätzliche Schutz durch ein eigenes RCD von $I_{\Delta N} \leq 30$ mA erforderlich.

Der zusätzliche Schutz durch ein RCD erfolgt meist dezentral für jeden Stromkreis **(Bild 2)**. Es ist auch möglich, das RCD vor einer Verteilung anzuordnen, sodass der Schutz mehrere Stromkreise umfasst. Liegt in Energieflussrichtung vor dem RCD für den zusätzlichen Schutz ein anderes RCD, z. B. mit $I_N = 300$ mA, so sollte dieses selektiv oder kurzzeitverzögert wirken (Bild 2).

Zusätzlicher Schutzpotenzialausgleich

Der zusätzliche Schutzpotenzialausgleich ist eine Ergänzung des Fehlerschutzes, z. B. der automatischen Abschaltung der Stromversorgung mittels RCD. Er darf für die gesamte Anlage oder auch nur für Teile davon angewendet werden.

Der zusätzliche Schutzpotenzialausgleich erfolgt durch Verbinden aller gleichzeitig berührbaren Körper von fest angebrachten Betriebsmitteln durch einen Schutzpotenzialausgleichsleiter **(Bild 1)**. Dieser und der PE sind zu verbinden.

Der zusätzliche Schutzpotenzialausgleichsleiter muss einen genügend kleinen Widerstand haben.

bei AC-Systemen

$$R \leq \frac{50\,\text{V}}{I_a} \quad (1)$$

bei DC-Systemen

$$R \leq \frac{120\,\text{V}}{I_a} \quad (2)$$

I_a Abschaltstrom (bei RCD $I_{\Delta N}$, bei Überstrom-Schutzeinrichtung Typ B Strom für Abschaltung in 5 s)

R Widerstand des Ausgleichsleiters

Beispiel:

Wie groß darf in einer Anlage mit AC 230 V der Widerstand des Leiters für den zusätzlichen Schutzpotenzialausgleich höchstens sein, wenn der Fehlerschutz durch RCDs mit $I_{\Delta N} \leq 30$ mA erfolgt?

Lösung:

$R \leq 50\,\text{V}/30\,\text{mA} = \mathbf{1667\,\Omega}$

Der höchstzulässige Widerstand für den zusätzlichen Schutzpotenzialausgleichsleiter ist bei Neuanlagen fast immer von selbst erfüllt, da in den in Frage kommenden Bereichen RCDs mit einem Bemessungsdifferenzstrom von $I_{\Delta N} \leq 30$ mA vorgeschrieben sind und die Leitungen einen Mindestquerschnitt von 2,5 mm^2 oder 4 mm^2 haben müssen.

Der zusätzliche Schutzpotenzialausgleich ist immer dann erforderlich, wenn in den Bereichen eine erhöhte Gefährdung vorliegt.

Das ist der Fall z. B. in medizinisch genutzten Bereichen, in der Nähe von Schwimmbecken und in Unterrichtsräumen mit Experimentiereinrichtungen. In Wohnräumen mit Badewannen ist der zusätzliche Schutzpotenzialausgleich nur erforderlich, wenn kein Schutzpotenzialausgleich über die Haupterdungsschiene vorhanden ist.

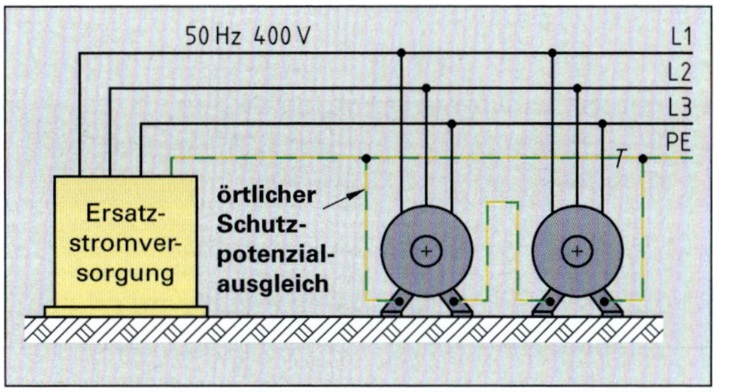

Bild 1: Schutz durch Schutzpotenzialausgleich bei einer Ersatzstromversorgung

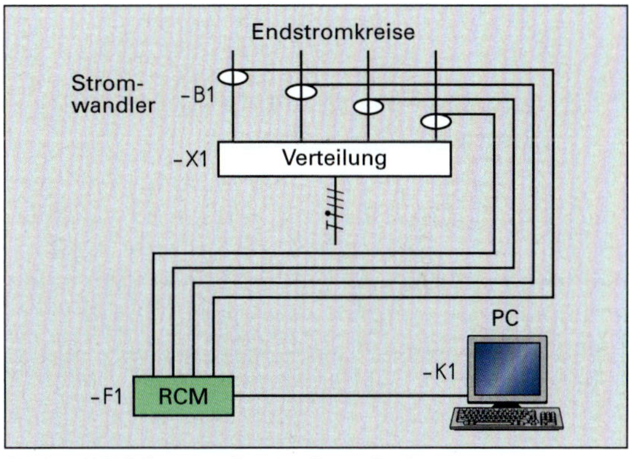

Bild 2: RCM-System für vier Stromkreise

6.1.8 Schutz durch RCM

RCMs (**R**esidual **C**urrent **M**onitors) können über einen Summenstromwandler von jedem zu überwachenden Stromkreis für ihre Auswerteeinheit Signale erhalten **(Bild 2)**. Anschließbar sind z. B. bis zu 20 Summenstromwandler für 20 Stromkreise. Die Eingabe der Programmier-Software und die Ausgabe der Messdaten erfolgt am PC. Für kleine Stromstärken gibt es Stromwandler kombiniert mit einer RCM-Auswerteeinheit. Die aktiven Leiter des zu überwachenden Stromkreises (Außenleiter und Neutralleiter) sind von den Stromwandlern zu umschließen.

Beim RCM werden wie beim RCD die durch einen Summenstromwandler erfassten Ströme summiert. Bei einem Isolationsfehler entsteht ein (Fehler-)Differenzstrom. Die Auswerteeinheit gibt je nach Einstellung ein Signal, z. B. an eine externe Abschalteinrichtung, ab und/oder leitet die Messwerte über eine verdrillte Aderleitung zur Auswertung und Anzeige an einen PC.

RCMs lösen keine automatische Abschaltung der Stromversorgung aus.

Auch bei RCMs gibt es die Typen A, B, B+.

Anwendungsbeispiele sind:

- Versorgungsnetze für Anlagen mit IT-Technik,
- medizinisch genutzte Bereiche,
- RCD-ungeeignete Anlagen, z. B. Großküchen,
- Sicherheitseinrichtungen.

Vorteile der RCM-Überwachung sind:

- Abnahme der Isolationsfestigkeit wird erkannt,
- Erdschlüsse werden beim Entstehen erkannt,
- verschiedene Brücken von PE zu N werden erkannt,
- vagabundierende (umherschweifende) Ströme werden erkannt.

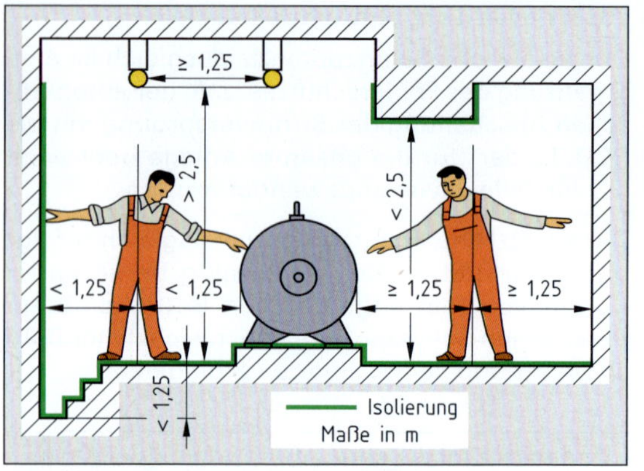

Bild 1: Fehlerschutz durch nichtleitende Umgebung

6.1.9 Schutz in elektrotechnisch überwachten Anlagen

Unter elektrotechnisch überwachten Anlagen (kein Begriff der VDE 0100) verstehen wir Anlagen, die von „**Elektrofachkräften** oder elektrotechnisch unterwiesenen Personen betrieben und überwacht werden" (Normbegriff). Für diese Anlagen gibt es außer den üblichen Schutzmaßnahmen weitere Maßnahmen gemäß DIN VDE 0100-410.

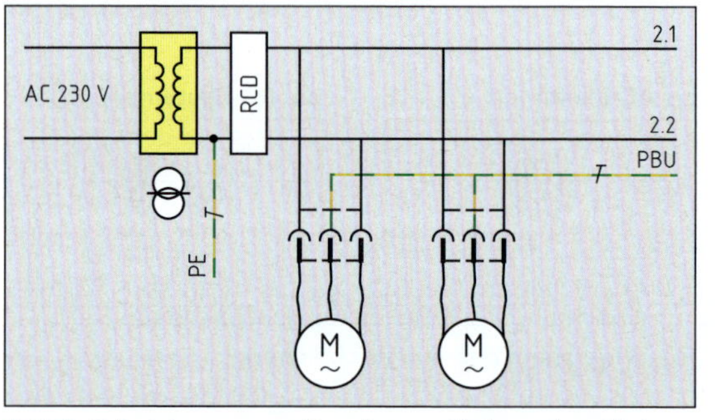

Bild 2: Schutztrennung mit mehreren Verbrauchsmitteln

Fehlerschutz durch nichtleitende Umgebung

Für diesen Schutz in elektrotechnisch überwachten Anlagen müssen

- alle Betriebsmittel einen Basisschutz besitzen,
- die leitfähigen Körper so angeordnet sein, dass Personen nicht gleichzeitig zwei Körper oder einen Körper und ein fremdes leitfähiges Teil berühren können **(Bild 1)**,
- die leitfähigen Umgebungen ohne Schutzleiter sein.

Eine Isolierung zur Verhinderung der Berührung muss mechanisch fest sein und eine Prüfspannung von 2000 V aushalten. Der Ableitstrom darf nicht größer als 1 mA sein. Der Widerstand von isolierenden Fußböden und Wänden muss gemessen werden **(Abschnitt 15.4.3)** und darf nicht überschreiten

- 50 kΩ bei Anlagen-Nennspannung bis 500 V,
- 100 kΩ bei Anlagen-Nennspannung > 500 V.

Fehlerschutz durch örtlichen Schutzpotenzialausgleich

Für diesen Schutz müssen

- alle Betriebsmittel einen Basisschutz besitzen,
- alle gleichzeitig berührbare Körper und fremde leitfähige Teile durch Schutzpotenzialausgleichsleiter verbunden sein (Bild 1, Seite 95),
- das Schutzpotenzialausgleichssystem ohne Verbindung zur Erde sein,
- Personen vor Potenzialunterschieden geschützt sein, z. B. beim Betreten der Anlage.

Schutz durch Schutztrennung mit mehreren Verbrauchsmitteln

Für diesen Schutz sind folgende Bedingungen einzuhalten:

1. Alle Betriebsmittel erfordern Basisschutz.
2. Der getrennte Stromkreis muss vor Beschädigung geschützt werden, z. B. durch Verlegen in Isolierrohren.
3. Die Körper des getrennten Stromkreises sind miteinander durch isolierte, nicht geerdete Schutzpotenzialausgleichsleiter PBU zu verbinden **(Bild 2)**. PBU von **P**rotective **B**onding conductor **U**nearthed.
4. Alle Steckdosen müssen Schutzkontakte haben, an welche das Schutzpotenzialausgleichssystem anzuschließen ist.
5. Alle flexiblen Anschlussleitungen müssen einen Schutzleiter enthalten für das Schutzpotenzialausgleichssystem. Das gilt nicht für Leitungen zu Geräten der Schutzklasse II.

6. Beim Auftreten von je einem Fehler in verschiedenen Außenleitern von zwei Betriebsmitteln muss entsprechend Tabelle 1, Seite 92, Abschaltung erfolgen, z. B. durch ein RCD.
7. Die Länge der Leitungen des getrennten Stromkreises soll 500 m nicht überschreiten, weil sonst über den Ableitstrom eine Verbindung zur Erde erfolgen könnte.
8. Das Produkt aus Bemessungsspannung und Leitungslänge des getrennten Stromkreises soll aus demselben Grund 100 000 Vm nicht übersteigen.

6.1.10 Schutzleiter und Schutzpotenzialausgleichsleiter

Schutzleiter PE (von **P**rotective **E**arth) und Schutzpotenzialausgleichsleiter PB (von **P**rotective **B**onding Conductor) haben ähnliche Aufgaben und sind daher in gleicher Weise gekennzeichnet. Beim PB unterscheidet man PBU (PB **U**nearthed) und PBE (PB **E**arthed).

> PE und PB sind als einzige Leiter durch die Farben Grün-Gelb gekennzeichnet.

Meist erstreckt sich die Kennzeichnung über die ganze Leiterlänge. Es ist aber auch möglich, die grün-gelbe Kennzeichnung nur an den Leiterenden anzubringen.

Für PE und PB sind nach VDE 0100-540 Mindestquerschnitte einzuhalten. Beim Schutzleiter PE ist meist der Außenleiterquerschnitt maßgebend **(Tabelle 1)**.

Bei Schutzpotenzialausgleichsleitern PB ist zu unterscheiden, ob es sich um den **Schutzpotenzialausgleich** *über die Haupterdungsschiene* handelt oder um *zusätzlichen Schutzpotenzialausgleich:*

- Schutzpotenzialausgleich über die Haupterdungsschiene erfordert ≥ 6 mm² Kupfer (Cu).
- Für den zusätzlichen Schutzpotenzialausgleich ist der Querschnitt A_{PE} des PE vom Endstromkreis maßgebend **(Tabelle 2)**.

Tabelle 1: Mindest-Schutzleiterquerschnitte bei Kupferleitern

Außenleiterquerschnitt A in mm²	Schutzleiterquerschnitt A_{PE} in mm²
≤ 16	$\geq A$
$16 < A \leq 35$	≥ 16
$A > 35$	$\geq A/2$ (gerundet)

Ist der PE nicht Bestandteil einer Leitung, darf A_{PE} nicht kleiner sein als 2,5 mm² bei geschützter Verlegung oder 4 mm² bei ungeschützter Verlegung.

Tabelle 2: Mindestquerschnitte für den zusätzlichen Schutzpotenzialausgleich

Querschnitt-bemessung	Schutzpotenzialausgleichsleiter	
normal	zwischen zwei Körpern	$A_{PEZ} = A_{PE}$
	zwischen Körper und fremdem, leitfähigen Teil	$A_{PEZ} = 0{,}5 \cdot A_{PE}$
mindestens	mechanisch geschützt	2,5 mm² Cu
	mechanisch ungeschützt	4 mm² Cu

A_{PE} Querschnitt des PE vom Endstromkreis,
A_{PEZ} Querschnitt des zusätzlichen Schutzpotenzialausgleichsleiters

Tabelle 3: Kennzeichnung der Schutzklassen
vgl. DIN EN 61140 (VDE 0140-1)

Schutzklasse	I	II	III
Kennzeichen			
Verwendung bei Schutzmaßnahme	Schutzleiter	Schutzklasse II	SELV, PELV
Beispiele	Elektromotor, Elektroherd, Bügeleisen	Staubsauger, Küchenmaschine, Elektrowerkzeuge	Fassleuchten, Kleingeräte bis AC 50 V, DC 120 V

6.1.11 Schutzklassen der Betriebsmittel

Elektrische Betriebsmittel, insbesondere Geräte, gehören zu Schutzklassen, die am Betriebsmittel angegeben sein können **(Tabelle 3)**.

Betriebsmittel der **Schutzklasse I** sind zum Anschluss an einen Schutzleiter bestimmt.

Betriebsmittel der **Schutzklasse II** sind Betriebsmittel, bei denen der Schutz gegen elektrischen Schlag durch eine doppelte Isolierung oder eine verstärkte Isolierung erreicht wird. Betriebsmittel der Schutzklasse II dürfen nicht an einen Schutzleiter angeschlossen werden.

Betriebsmittel der **Schutzklasse III** sind Betriebsmittel, bei denen der Schutz gegen elektrischen Schlag durch SELV oder PELV erzielt wird. Sie dürfen bei SELV nicht an den Schutzleiter angeschlossen werden.

Betriebsmittel der **Schutzklasse 0** sind Betriebsmittel, bei denen der Schutz gegen den elektrischen Schlag nur auf der Basisisolierung beruht. Es wird davon ausgegangen, dass der Schutz beim Versagen der Basisisolierung durch die Umgebung gewährleistet wird. Betriebsmittel der Schutzklasse 0 sind **in Deutschland nicht zugelassen**, kommen aber bei ausländischen Fabrikaten vor.

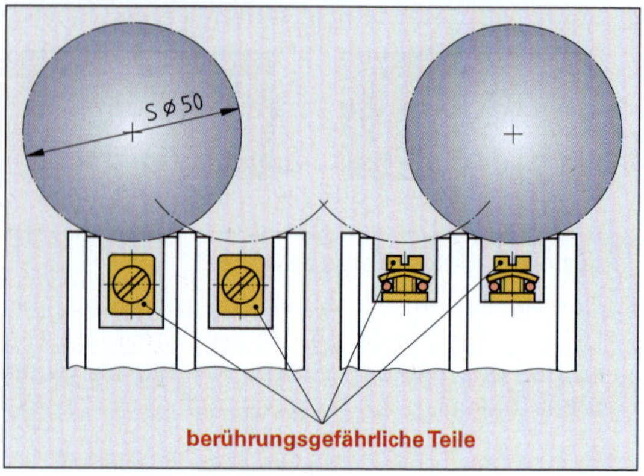

Bild 1: Ausführungsbeispiel und Prüfung der Handrückensicherheit (S von sphere = Kugel)

6.1.12 Betätigungselemente in der Nähe berührungsgefährlicher Teile

Betätigungselemente sind Stellteile, z. B. Taster, und zum Auswechseln bestimmte Bauelemente, z. B. Meldelampen. Berührungsgefährliche Teile sind aktive Teile im Stromkreis, an denen Spannungen auftreten können, die bei einer Berührung zu Gefahren für Personen führen können.

Bei den **Betätigungselementen** wird verlangt, dass mindestens ein teilweiser Schutz gegen direktes Berühren sichergestellt ist. Das kann erreicht werden durch einen entsprechend großen Abstand der Betätigungselemente von berührungsgefährlichen Teilen sowie durch Abdeckungen und ähnliche Maßnahmen. Abdeckungen müssen gegen Entfernen gesichert sein. Berührbarkeit, die beim Herumgreifen um die Abdeckung möglich wäre, braucht nicht verhindert zu werden. Der Raum, in den hineingegriffen werden muss, um Betätigungselemente zu erreichen, wird *Schutzraum* genannt.

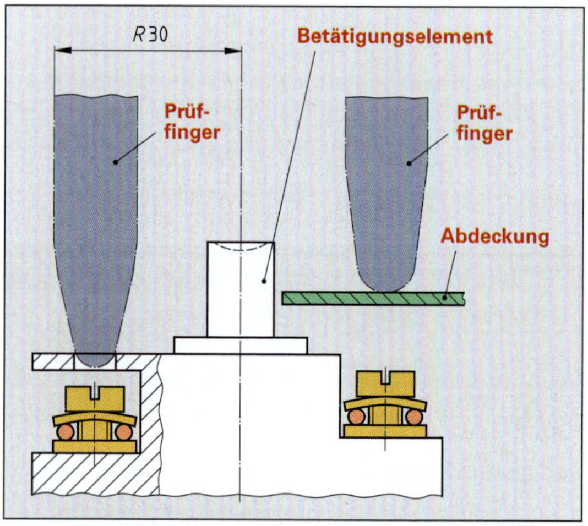

Bild 2: Ausführungsbeispiele und Prüfung der Fingersicherheit (R von Radius, also für kreisförmige Anordnung)

In den **Schutzraum** dürfen keine berührungsgefährlichen Teile hineinragen, wenn sie nicht mindestens handrückensicher sind. Mit der **Handrückensicherheit** soll ausgedrückt werden, dass ein zufälliges Berühren eines berührungsgefährlichen Teiles mit dem Handrücken nicht möglich ist. Handrückensicher ist ein elektrisches Betriebsmittel, wenn seine berührungsgefährlichen Teile mit einer Kugel von einem Durchmesser von 50 mm nicht berührt werden können **(Bild 1)**.

Handrückensicher sind z. B. meist die Anschlüsse von Schützen oder von Kleintransformatoren. In der unmittelbaren Umgebung eines Betätigungselements muss ein fingersicherer Bereich vorhanden sein.

Mit dem Begriff **Fingersicherheit** soll ausgedrückt werden, dass dort mit einem ausgestreckten Finger keine direkte Berührung einer Spannung möglich sein darf. Fingersicher ist ein elektrisches Betriebsmittel, dessen berührungsgefährlichen Teile mit einem genormten Prüffinger nicht berührt werden können **(Bild 2)**. Die Fingersicherheit wird meist durch eine Abdeckung hervorgerufen.

> In der Nähe von Betätigungselementen dürfen berührungsgefährliche Teile nur angeordnet werden, wenn diese im Schutzraum mindestens handrückensicher sind und in der unmittelbaren Nähe des Betätigungselementes mindestens fingersicher.

Da bei vielen berührungsgefährlichen Betriebsmitteln ähnlich wie bei Betätigungselementen eine Handhabung der Betriebsmittel unter Spannung nicht ausgeschlossen werden kann, ist es üblich geworden, Anschlussstellen möglichst handrückensicher oder sogar fingersicher zu gestalten.

6.2 Überstromschutz

Allgemeines

Fließt durch die Leiter von Leitungen ein zu starker Strom, dann kannn eine zu hohe Temperatur auftreten, sodass die Leiterisolierung zerstört wird. Ein Überstrom (zu starker Strom) kann durch betriebsmäßige Überlast, z. B. durch Überlastung eines Motors, oder durch einen Kurzschluss auftreten. Man unterscheidet beim Überstromschutz den Kurzschlussschutz und den Überlastschutz (vgl. DIN VDE 0100-530).

Überstrom-Schutzeinrichtungen sollen den Stromkreis abschalten, wenn die Stromstärke zu groß wird.

Schmelzsicherungen

Der **Kurzschlussschutz** kann durch Schmelzsicherungen der Systeme **D** und **D0** **(Bild 1)** oder **NH** (siehe folgende Seite) erfüllt werden. Ferner unterscheidet man noch **Geräteschutzsicherungen** (Feinsicherungen).

Schmelzsicherungen schalten den Stromkreis in kurzer Zeit ab, z.B. wenn die Stromstärke das Zehnfache des Bemessungsstroms beträgt innerhalb von 0,2 s. Die **Auslösecharakteristik** wird über Strom-Zeit-Diagramme beschrieben **(Bild 2)**. Wegen der Toleranzen bei der Herstellung sind für das Auslösen meist Bänder angegeben, innerhalb deren das Auslösen erfolgt. In der Wohnhausinstallation können Schmelzsicherungen vor allem im Hausanschlusskasten vorhanden sein.

Schmelzsicherungen dienen meist dem Kurzschlussschutz.

Schmelzsicherungen unterbrechen den Stromkreis durch Abschmelzen eines **Schmelzleiters**, wenn die Stromstärke I während einer bestimmten Zeit t einen bestimmten Wert überschreitet. Der **I^2t-Wert** der Sicherungen definiert gemäß Herstellerangabe die Energiemenge zum Durchschmelzen. Es gilt:

$$k^2 \cdot A \geq I^2 \cdot t$$

(A Leiterquerschnitt, $k = 115 \cdot \sqrt{2} \cdot \text{A/mm}^2$ für PVC-Cu-Leiter).

Schmelzsicherungen für DC sind für AC verwendbar, jedoch nicht umgekehrt.

Der I^2t-Wert ist Datenblättern zu entnehmen.

Die **Farbcodes** der Sicherungssysteme D und D0 entsprechen deren Bemessungsströmen **(Tabelle 1)**. Die **Betriebsklassen** von Niederspannungssicherungen werden durch zwei Buchstaben angegeben **(Tabelle 1, folgende Seite)**. Der erste Buchstabe gibt die Funktionsklasse an, der zweite das Schutzobjekt.

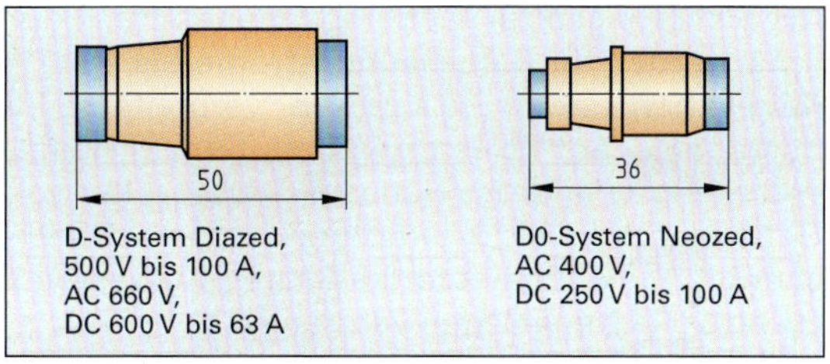

Bild 1: Sicherungseinsätze für Schmelzsicherungen der Systeme D und D0

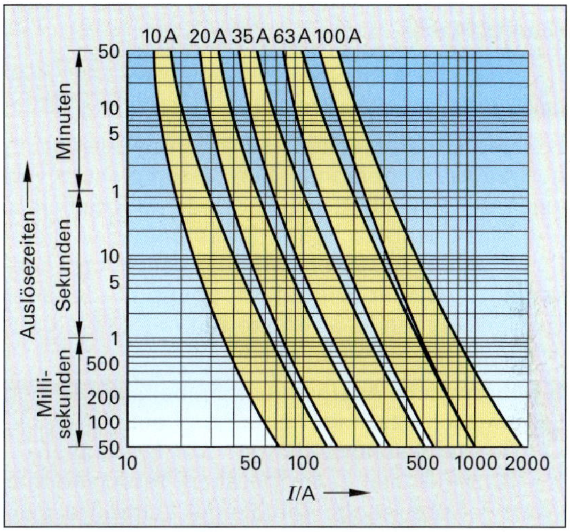

Bild 2: Auslösebänder für Schmelzsicherungen

Tabelle 1: Anzeigerfarben von Schmelzsicherungen vgl. DIN VDE 0636-3

Bemessungsstrom I_N	Anzeigerfarbe
2	Rosa
4	Braun
6	Grün
10	Rot
13	Schwarz
16	Grau
20	Blau
25	Gelb
32	Violett
35 (40 manche Länder)	Schwarz
50	Weiß
63	Kupfer
80	Silber
100	Rot

NH-Sicherungen für **N**iederspannungs-**H**ochleistung werden für Bemessungsströme bis 1600 A **(Bild 1)** hergestellt. Sie sind sehr verbreitet in Industrieanlagen, Transformatorstationen, Hauptverteilungen oder im Hausanschlusskasten von Gebäuden und als Zählervorsicherung. NH-Sicherungen haben heute die Sicherungssysteme D und D0 in Neuanlagen verdrängt.

Das **Einsetzen**/Auswechseln der genannten Schmelzsicherungen darf nicht in jedem Fall durch elektrotechnische Laien erfolgen **(Abschnitt 14.4.5)**.

Leitungsschutzschalter

Für den **Überlastschutz** sind Schmelzsicherungen begrenzt geeignet. Für diesen Schutz verwendet man Leitungsschutzschalter (LS-Schalter) und Motorschutzschalter. Diese enthalten einen thermischen Auslöser und einen elektromagnetischen Auslöser **(Bild 2)**. Einpolige LS-Schalter verwendet man in Stromkreisen mit 230 V, dreipolige in Stromkreisen mit 400 V.

Der **thermische Auslöser** enthält beim einpoligen Leitungsschutzschalter einen und beim dreipoligen Leitungsschutzschalter drei Bimetallstreifen (Streifen aus zwei Metallen verschiedener Wärmeausdehnung), den/die der Leiterstrom erwärmt.

Wenn der Strom genügend stark ist, dann krümmt sich das Bimetall nach einiger Zeit so stark, dass es die Mechanik des Schalters auslöst, sodass der Schalter den Stromkreis abschaltet. Der thermische Auslöser löst den Abschaltvorgang verzögert aus, weil das Bimetall sich mit Verzögerung erwärmt und dadurch krümmt.

Die Auslösung erfolgt in umso kürzerer Zeit, je größer der Laststrom I im Verhältnis zum Bemessungsstrom I_N des Schalters ist **(Bild 1, folgende Seite)**.

> Der thermische Auslöser sorgt beim Leitungsschutzschalter für den Überlastschutz.

Der **elektromagnetische Auslöser** enthält eine Spule in jedem Stromleiter. Bei Erreichen des Auslösestroms schlägt ein ferromagnetischer Anker unverzögert gegen die Mechanik des Schalters, sodass die Abschaltung ohne Verzögerung erfolgt. Dabei sind die Spulen so bemessen, dass der Auslösestrom erheblich höher ist als beim thermischen Auslöser.

> Der elektromagnetische Auslöser sorgt beim Leitungsschutzschalter für den Kurzschlussschutz.

Tabelle 1: Betriebsklassen von Niederspannungssicherungen

Kennung	Bedeutung
gG	Ganzbereichsschutz für allgemeine Anwendung, trägflink.
gR	Ganzbereichsschutz für Halbleiterbauelemente, superflink, schneller als gS.
gS	Ganzbereichsschutz für Halbleiterbauelemente und Leitungsschutz (superflink).
gF	Ganzbereichsschutz für Industrieanlagen, Kraftwerke, Bahnstromsysteme, Oberleitungsbusse; 690V, 750V, 1200V; fast acting, flink.
gPV	Ganzbereichsschutz für Photovoltaik, superflink.
gTr	Ganzbereichsschutz für (Verteilnetz-) Transformatoren.
gB	Ganzbereichsschutz für Bergbauanlagen (kurzschlussflink). Betriebsspannungen bis 1000 V.
aR	Teilbereichsschutz als Kurzschlussschutz für Halbleiterbauelemente (superflink), kein Überlastschutz.
aM	Teilbereichsschutz als Kurzschlussschutz für Schaltgeräte in Motorstromkreisen (träge), kein Überlastschutz.

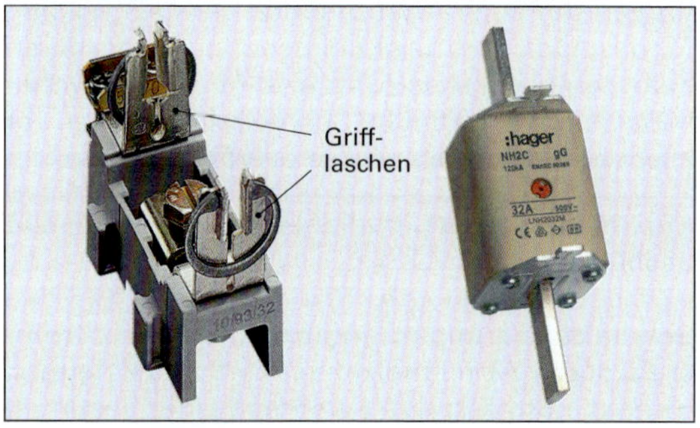

Bild 1: NH-Sicherungssystem www.hager.de

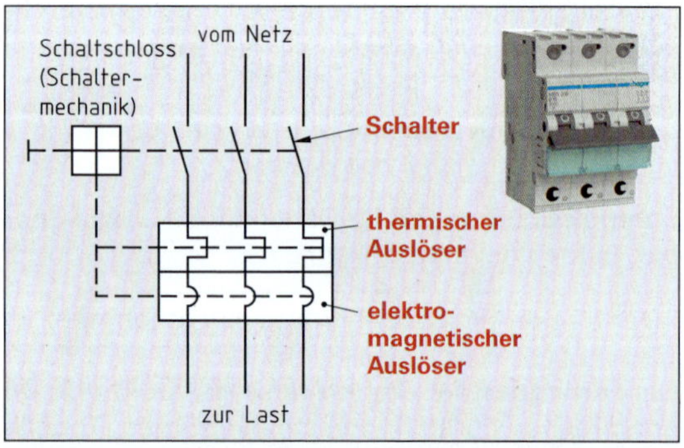

Bild 2: Teile eines dreipoligen Leitungsschutzschalters

Der elektromagnetische Auslöser ist beim Leitungsschutzschalter und beim Motorschutzschalter vom Hersteller je nach Typ des Schalters fest auf ein Mehrfaches des Bemessungsstroms vom Schalter eingestellt. Je nach Art der zu schützenden Last **(Tabelle 1)** unterscheidet man verschiedene Typen des Leitungsschutzschalters **(Bild 2)**.

Das unterschiedliche Verhalten je nach Typ der Leitungsschutzschalter wird durch unterschiedliche elektromagnetische Auslöser erreicht. Diese bewirken die sofortige Abschaltung annähernd beim in **Tabelle 2** angegebenen Mehrfachen des Bemessungsstroms der Schutzeinrichtung. Das Schaltvermögen kann z. B. 6000 A betragen. Es ist auf dem Leitungsschutzschalter abgedruckt.

Leitungsschutzschalter gibt es mit Bemessungsströmen (Nennströmen) von z.B. 1 A, 2 A, 4 A, 6 A, 10 A, 13 A, 16 A, 20 A, 25 A, 32 A, 40 A, 50 A, 63 A und größer.

Motorschutzschalter

Beim Motorschutzschalter kann der thermische Auslöser auf den jeweiligen Bemessungsstrom des Motors eingestellt werden.

Der einstellbare thermische Auslöser B1 (Bimetallauslöser) ist in Reihe mit der zu schützenden Motorwicklung geschaltet **(Bild 1, folgende Seite)**. Bei zu hoher Stromaufnahme der Wicklung krümmen sich die in B1 enthaltenen **Bimetallstreifen** so stark, dass sie das Schaltschloss von Q1 betätigen. Dadurch wird die Abschaltung des Motors bewirkt. Die meisten Motorschutzschalter haben zusätzlich einen **elektromagnetischen Schnellauslöser** B2 (Bild 1, folgende Seite). Dieser besteht im Wesentlichen aus einer Spule mit einem beweglichen Anker. Beide in Reihe geschaltete Auslöser arbeiten auf das Schaltschloss von Q1. Der elektromagnetische Auslöser ist auf eine größere Stromstärke fest eingestellt. Durch die

Tabelle 1: Sofortige Abschaltung der Leitungsschutzschalter durch elektromagnetische Auslösung

Typ	halten I_{nt}	auslösen I_t	Auslösezeit
A (Z)	$2 \cdot I_N$	$3 \cdot I_N$	≥ 0,2 s
K	$10 \cdot I_N$	$14 \cdot I_N$	< 0,2 s
B	$3 \cdot I_N$	$5 \cdot I_N$	≥ 0,1 s
C	$5 \cdot I_N$	$10 \cdot I_N$	< 0,1 s
D	$10 \cdot I_N$	$20 \cdot I_N$	

I_N Bemessungsstrom Leitungsschutzschalter,
I_{nt} Nichtauslösestrom (kleiner Prüfstrom),
I_t Auslösestrom (großer Prüfstrom).

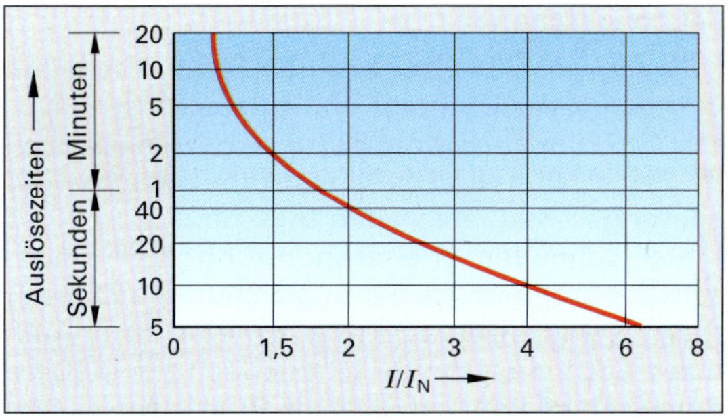

Bild 1: Auslösekennlinie eines thermischen Auslösers

Tabelle 1: Arten der Leitungsschutzschalter

Typ	Anwendung
A (Z)	Schutz von Stromkreisen mit Wandlern, mit großen Leitungslängen und mit der Forderung nach Abschaltung innerhalb von 0,4 s nach DIN VDE 0100-410.
B	Leitungsschutz, insbesondere von Steckdosenstromkreisen.
C	Leitungsschutz bei höheren Anlaufströmen.
D	Für stark Impulse erzeugende Betriebsmittel, z. B. Transformatoren.
E	Für hohe Selektivität an Zählerplätzen (Kurzschlussschutz wirkt zeitverzögert).
K	Für Stromkreise mit hohen Stromspitzen durch Kapazitäten oder Transformatoren.

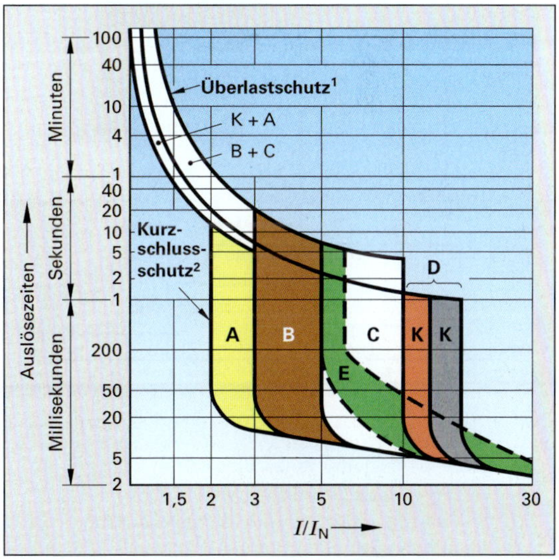

Bild 2: Abschaltkennlinien der Arten der Leitungsschutzschalter
(1 thermischer Auslöser, 2 elektromagnetischer Auslöser)

beiden Auslöser ist ein Schutz des Motors bei Überlastung (Überhitzung) und bei Kurzschluss gegeben **(Bild 2, folgende Seite)**.

Leistungsschalter

Leistungsschalter können hohe Ströme schalten und daher vor **Überlast** und **Kurzschluss** schützen. Sie können sowohl Betriebsströme als auch im Fehlerfall hohe Überlastströme schalten. Sicherungen reagieren allerdings bei Kurzschluss meist schneller. Niederspannungs-Leistungsschalter arbeiten wie Leitungsschutzschalter mit thermischem und elektromagnetischem Auslöser. Leistungsschalter sind jedoch für größere Bemessungsströme ausgelegt. Ihre Auslöser sind mittels PC oder Tablet-Pad getrennt einstellbar **(Bild 3)**.

Leistungsschalter werden auch als **Motorschutzschalter** verwendet. Nicht einstellbare Leistungsschalter nach den Charakteristiken K und A (Z) werden wie Leitungsschutzschalter eingesetzt.

Leistungsschalter sind bzgl. ihrer Auslösungen überwiegend einstellbar, Leitungsschutzschalter hingegen nicht.

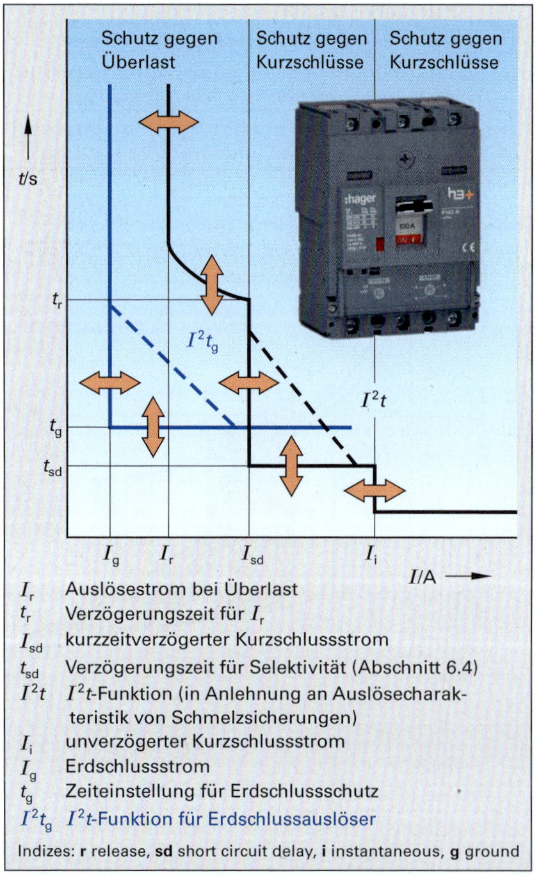

I_r Auslösestrom bei Überlast
t_r Verzögerungszeit für I_r
I_{sd} kurzzeitverzögerter Kurzschlussstrom
t_{sd} Verzögerungszeit für Selektivität (Abschnitt 6.4)
I^2t I^2t-Funktion (in Anlehnung an Auslösecharakteristik von Schmelzsicherungen)
I_i unverzögerter Kurzschlussstrom
I_g Erdschlussstrom
t_g Zeiteinstellung für Erdschlussschutz
I^2t_g I^2t-Funktion für Erdschlussauslöser

Indizes: **r** release, **sd** short circuit delay, **i** instantaneous, **g** ground

Bild 3: Einstellbarkeit der Auslöseeinheiten eines Leistungsschalters

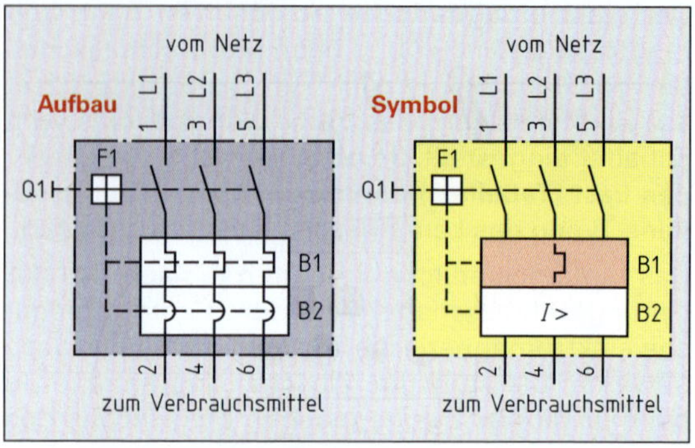

Bild 1: Motorschutzschalter mit thermischer und elektromagnetischer Auslösung

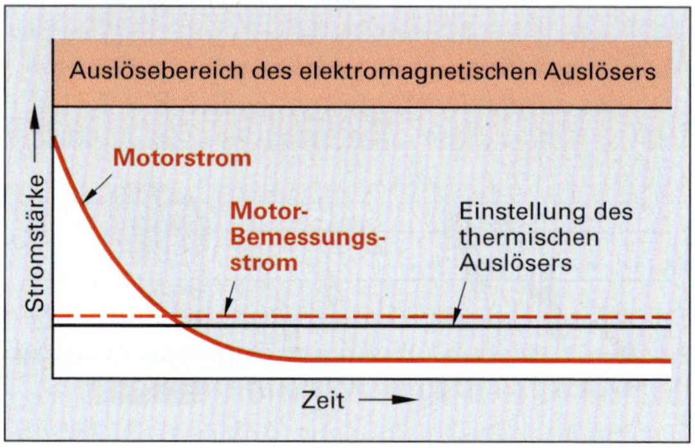

Bild 2: Schutz des Motors durch die Auslöser des Motorschutzschalters

Auswahl der Überstrom-Schutzeinrichtung

Die Überstrom-Schutzeinrichtung ist für jeden Stromkreis nach der Art der Last und nach dem Bemessungsstrom der Leitung auszuwählen. Dabei ist die **Bemessungsstromregel** einzuhalten.

Bemessungsstromregel

$$I_B \leq I_N \leq I_Z \quad (1)$$

mit

$$I_t \leq 1{,}45 \cdot I_Z \quad (2)$$

I_B Betriebsstrom
I_N Bemessungsstrom der Überstrom-Schutzeinrichtung
I_Z Dauer-Strombelastbarkeit der Leiter
I_t Stromstärke für sichere Abschaltung (auch I_2)
Siehe auch **Abschnitt 7.3.7**.

Beispiel:

Bei einem Stromkreisverteiler beträgt die Strombelastbarkeit der Zuleitung 40 A und der zu erwartende Betriebsstrom 30 A. Wie groß muss der Bemessungsstrom I_N der Überstrom-Schutzeinrichtung sein?

Lösung:

30 A $\leq I_N \leq$ 40 A

Bedingung erfüllt für I_N = 32 A

6.3 Überspannungsschutz

Überspannungen sind Spannungen, welche größer als die erlaubten Nenn- oder Bemessungsspannungen sind. Überspannungen können elektrostatisch sein oder durch Blitzeinschlag **(Bild 1)** und Schaltvorgänge im Versorgungsnetz, z. B. beim Abschalten von Motoren, auftreten. Die Spannungsübertragung ins Netz erfolgt kapazitiv, induktiv oder galvanisch (durch Stromleitung).

Das Übertragen von Überspannungen aus dem Netz in eine elektronische Anlage wird durch Überspannungsableiter zwischen den Netzleitern und einem geerdeten Leiter vermieden **(Bild 2)**. Man unterscheidet die **Blitzschutzzonen** LPZ 0 bis LPZ3 (Lightning Protection Zone). Siehe auch **Abschnitt 8.3**.

Gegen Blitzeinwirkung werden meist Ableiter verwendet, die aus einer Kombination von Gasableitern (Bauelement mit einer Funkenstrecke als Grobschutz), Suppressordioden und Varistoren (spannungsabhängige Widerstände) als Feinschutz bestehen.

Je nach Aufgabe werden die Überspannungsableiter (Überspannungsschutzeinrichtung **ÜSE**, Surge Protective Device **SPD**) in die Typen 1, 2 und 3 eingeteilt. Dabei werden die Überspannungsableiter je nach Klasse wie folgt eingebaut **(Bild 3)**:

- Typ 1 vor dem Zähler jeweils zwischen L1, L2, L3, N und PEN bzw. PE,
- Typ 2 in der Verteilung jeweils zwischen L1, L2, L3, N sowie PE,
- Typ 3 im Endstromkreis vor den Steckdosen oder Geräten jeweils zwischen L, N sowie PE.

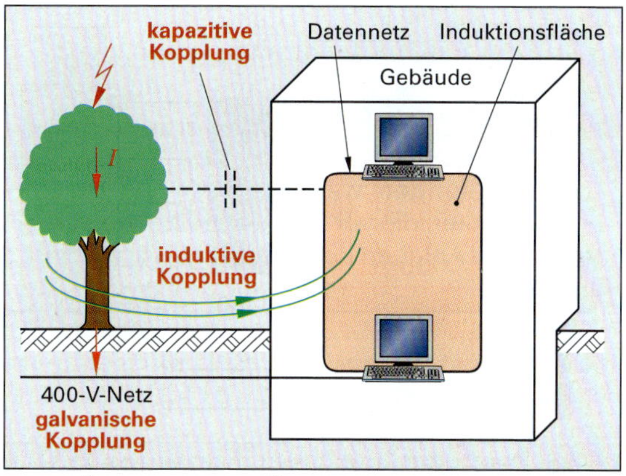

Bild 1: Übertragung von Überspannungen infolge Blitzeinschlag

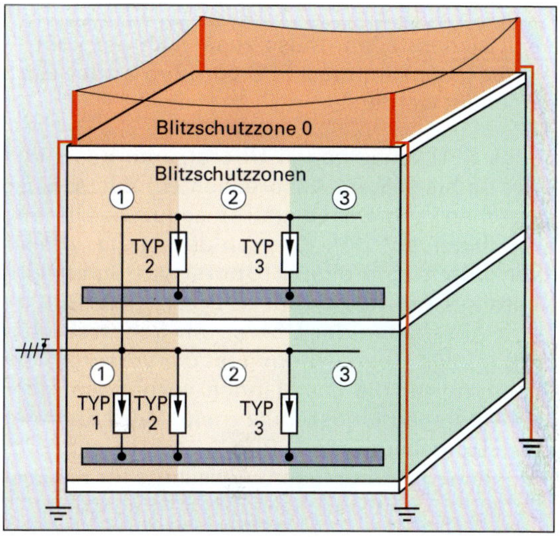

Bild 2: Blitzschutzzonen LPZ 0 bis 3

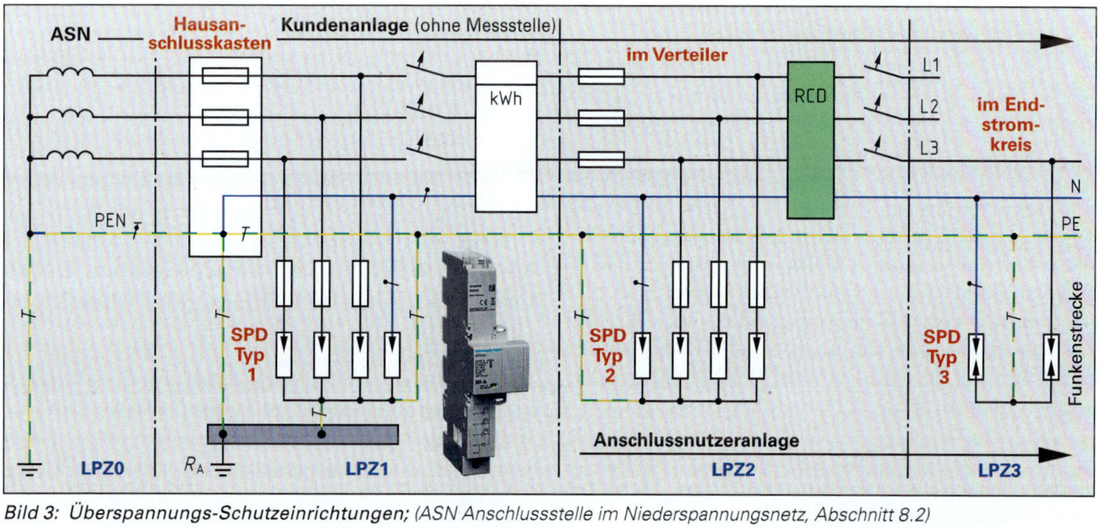

Bild 3: Überspannungs-Schutzeinrichtungen; (ASN Anschlussstelle im Niederspannungsnetz, Abschnitt 8.2)

Die SPDs sind also zwischen jedem Außenleiter und der Haupterdungsschiene und zwischen Neutralleiter und Haupterdungsschiene anzuschließen (DIN VDE 0100-534).

> Überspannungen werden durch Überspannungsableiter, die vor die zu schützenden elektronischen Anlagen installiert werden, zur Erde abgeleitet.

Die Anschlussleitungen zur SPD müssen möglichst kurz und geradlinig sein, da sonst die Wirksamkeit des Überspannungsschutzes beeinträchtigt ist. Der Querschnitt muss mindestens so groß sein wie der Außenleiterquerschnitt. Ist der Außenleiterquerschnitt größer als 4 mm^2 Cu, genügen für die Anschlussleitung zur SPD 4 mm^2 Cu. Kann ein SPD vom Typ 1 den geforderten Schutz nicht sicherstellen, muss zusätzlich ein koordiniertes (abgestimmtes) SPD vom Typ 2 oder Typ 3 eingebaut werden.

Jedes SPD muss gegen **Überströme** geschützt sein, da bei seinem Ansprechen ein Kurzschluss entstehen kann. Der Überstromschutz beschränkt sich daher auf den Kurzschlussschutz. Dieser kann durch eine eigene Überstrom-Schutzeinrichtung F1 in Reihe zum SPD erfolgen **(Bild 1)**. Beim Abschalten der Überstrom-Schutzeinrichtung infolge Überspannung ist die Versorgungsspannung für die Last 1 noch vorhanden, aber kein Überspannungsschutz mehr. Wird aber der Überstromschutz wie in Bild 1 (rechts), angeordnet, bleibt der Überspannungsschutz für die Last 2 erhalten, nicht jedoch die Stromversorgung.

> Je nach Anordnung des Kurzschlussschutzes des SPD hat die Versorgungssicherheit Vorrang oder der Überspannungsschutz.

SPDs vom Typ 3 können/sollten nah am zu schützenden Endgerät installiert werden. **Zwischen SPD und zu schützendem Endgerät sollen nicht mehr als 10 m liegen, ggf. sind weitere SPDs einzusetzen** (siehe auch Seite 185). **Die SPDs der Typen 1 und 2 dürfen beim TN-System oder TT nicht auf der Lastseite (Ausgangsseite) des RCD liegen.** Jedes Ansprechen der SPDs stellt nämlich für das RCD einen Fehler dar, sodass das RCD die Anlage abschaltet. Es ist aber zulässig, weitere SPDs vom Typ 2 hinter dem RCD anzuordnen, wenn vor dem RCD schon SPDs vom Typ 2 errichtet sind. SPDs vom Typ 3 können immer hinter dem RCD im Endstromkreis liegen, weil dort wegen der größeren Leitungsimpedanz nicht mit starken Abschaltströmen zu rechnen ist.

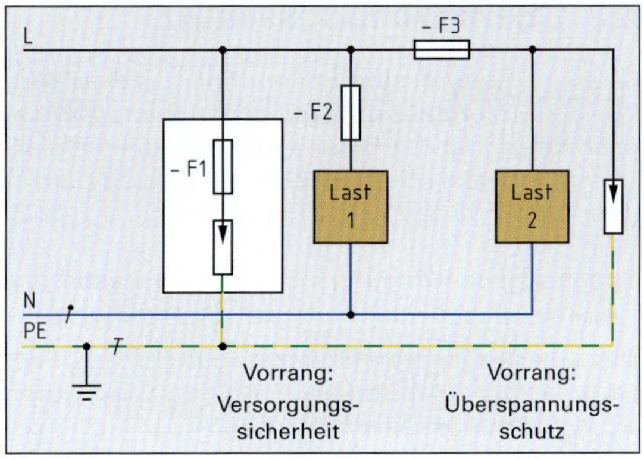

Bild 1: Kurzschlussschutz des SPD

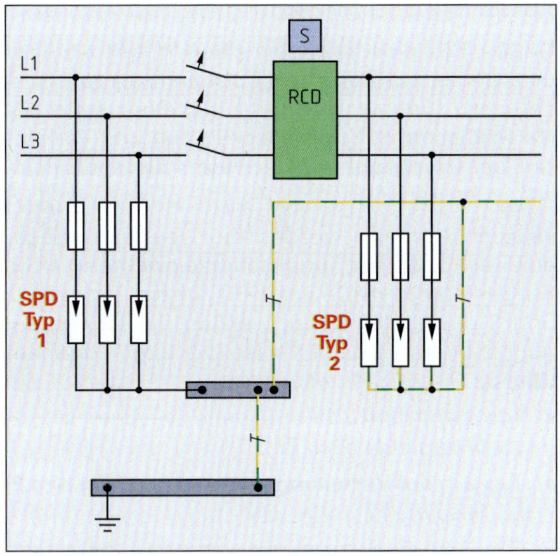

Bild 2: Überspannungs-Schutzeinrichtungen der SPD-Typen 1 und 2 beim IT-System

Anders als bei TN-Systemen ist beim **IT-System** die Anordnung des **RCD vor den SPDs** der Typen 1 und 2 möglich, da hier in der fehlerfreien Anlage keine Spannung gegen Erde vorhanden ist **(Bild 2)**.

Der Fehlerschutz nach DIN VDE 0100-410 muss für die geschützte Anlage auch im Falle eines defekten SPD wirksam bleiben. Das kann im **TN-System** durch die dem SPD vorgeschaltete Überstrom-Schutzeinrichtung erfolgen.

Im **TT-System** wird diese Forderung erfüllt durch Errichtung eines SPD nach einem RCD oder vor dem Haupt-RCD.

Im IT-System ist keine zusätzliche Maßnahme erforderlich.

6.4 Koordination elektrischer Betriebsmittel mit Schutzfunktionen

Die elektrische Sicherheit einer elektrischen Anlage erfordert das richtige Kombinieren von Überstrom-Schutzeinrichtungen und Fehlerstrom-Schutzeinrichtungen bei der Anlageninstallation. Die Produkte für die Schutzfunktionen werden entsprechend den ihnen zugeordneten Aufgaben eingesetzt **(Tabelle 1)**. Tritt in einem Stromkreis mit in Reihe geschalteten Schutzeinrichtungen ein Fehler auf, so soll nur die unmittelbar vor der Fehlerstelle befindliche Schutzeinrichtung auslösen. Dies wird als **Selektivität** (selectivity = Empfindlichkeit) bezeichnet. Somit wird sichergestellt, dass möglichst viele Teile einer elektrischen Anlage noch in Betrieb bleiben.

> Schutzeinrichtungen sind immer am Anfang des zu schützenden Stromkreises anzubringen.

Stromselektivität wird durch unterschiedliche Auslöseströme von in Reihe geschalteten Schutzeinrichtungen erreicht. **Zeitselektivität** wird durch unterschiedliche Zeitverzögerungen beim Auslösen erreicht. Das Beurteilen der Selektivität von den Schutzeinrichtungen bzgl. Überlast erfolgt anhand der Zeit-Strom-Kennlinien dieser Einrichtungen **(Abschnitt 6.2)**.

Das Beurteilen der Selektivität zwischen Sicherungen bei Kurzschluss erfolgt anhand der I^2t-Werte (vgl. Datenblätter der Hersteller). Bei Sicherungen gleicher Betriebsklasse ist Selektivität bei einem Verhältnis der Bemessungsströme von 1,6 : 1 oder höher gegeben. Bei gleichartigen, in Reihe geschalteten Schutzeinrichtungen, also z. B. nur OCPDs oder nur RCDs **(Bild 1)**, sind die unterschiedlichen Auslöseströme oder Unterschiede der Zeit-Strom-Kennlinien der Schutzeinrichtungen wesentlich. Bei ungleichartigen, in Reihe geschalteten Schutzeinrichtungen **(Bild 2)** ist darüber hinaus die Verschiedenheit der Überstrom-Schutzcharakteristik **(Abschnitt 6.2)** zu berücksichtigen (DIN VDE 0100-530).

Tabelle 1: Produkte für Schutzfunktionen

Merkmal	Erklärung			
Produkt	Art	Überlast-Schutz	Kurzschluss schutz	Fehlerstrom-Schutz
LS, LSS	OCPD	X	X	
RCCB	RCD			X
RCBO	RCD	X	X	X
CBR	OCPD	X	X	X
Sicherung gG	OCPD	X	X	
CPS	OCPD	X	X	

CBR circuit breaker, Leistungsschalter mit Fehlerstromschutz; CPS control protective switchgear, Steuer- und Schutzschaltgerät; LSS Leistungsschalter; LS Leitungsschutzschalter; OCPD overcurrent protective device, Überstrom-Schutzeinrichtung; RCD residual current protective device, Fehlerstrom-Schutzeinrichtung; RCBO residual current circuit breaker with overcurrent protection, Fehlerstrom-Schutzschalter mit Überstromschutz; RCCB residual current operated Circuit-Breaker, Fehlerstrom-Schutzschalter (ohne Überstromschutz)

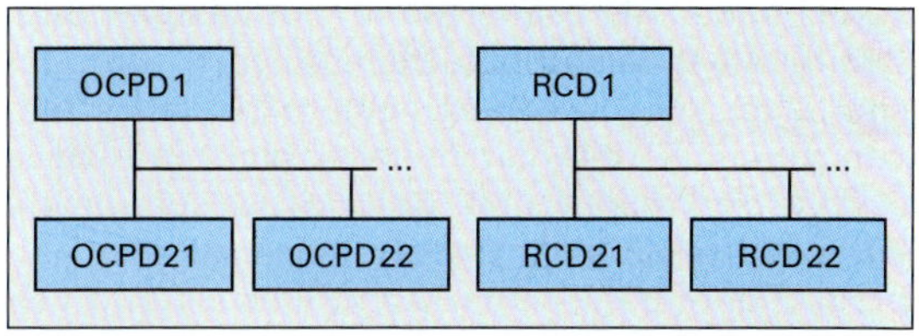

Bild 1: Gleichartige, in Reihe geschaltete Schutzeinrichtungen

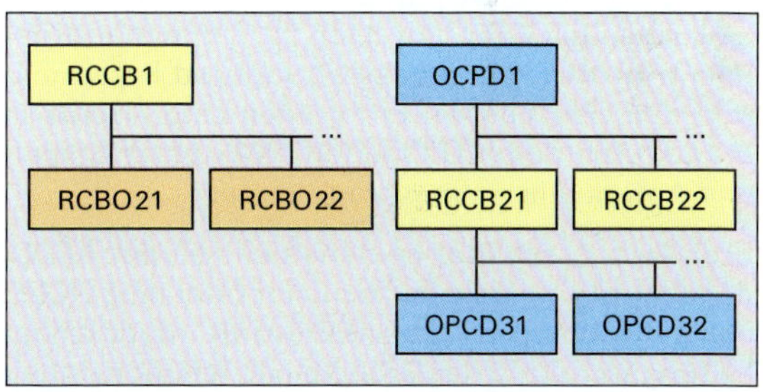

Bild 2: Ungleichartige, in Reihe geschaltete Schutzeinrichtungen

6.5 Schutz gegen thermische Auswirkungen

DIN VDE 0100-420 befasst sich mit der Thematik des Schutzes von Personen, Tieren und Sachen gegen thermische Einflüsse infolge von Hitzeentwicklung. Dies betrifft z. B.

- Oberflächentemperaturen von Materialien,
- Entstehung von Funken und Lichtbögen oder
- Rauchentwicklungen.

Können elektrische Betriebsmittel so hohe **Oberflächentemperaturen** einnehmen, dass benachbarte Teile gefährdet sind, müssen sie in der Weise montiert werden, dass keine Gefahr entsteht **(Bild 1, folgende Seite)**. Die Betriebsmittel müssen daher auf oder innerhalb von Materialien mit niedriger Wärmeleitfähigkeit errichtet werden, die den Erwärmungen widerstehen können. Geeignete Abtrennungen durch derartige Stoffe sind ggf. vorzunehmen. Auf ausreichenden Abstand zu Teilen, deren Beständigkeit durch zu hohe Erwärmung gefährdet ist, ist zu achten.

Bei der Montage elektrischer Betriebsmitel ist deren Untergrund und Umgebung zu beachten.

Bei einem unvollständigen (Kurz-)Schluss, z. B. zwischen Außenleiter und Neutralleiter, kann der Fehlerstrom mehrere Hundert Milliampere betragen, ohne dass ein im Stromkreis vorhandenes RCD oder ein vorhandener Leitungsschutzschalter anspricht. In diesem Fall entsteht an der Fehlerstelle ein kleiner Lichtbogen mit einer Leistung von bis zu 4000 W, der ausreicht, um eine entzündbare Umgebung, z. B. Holz oder angesammelte Fasern, zu entzünden.

Fehlerlichtbogen-Schutzeinrichtungen AFDD (Arc Fault Detection Device) erkennen hochfrequente Abschnitte im Stromverlauf infolge von Fehlerlichtbögen **(Bild 2)**. AFDDs sind nach entsprechender **Risikoanalyse** in einphasigen Endstromkreisen (nicht in Verteilerstromkreisen, Sicherheitsstromkreisen) mit einem Betriebsstrom von maximal 16 A vorzusehen, nicht jedoch in Drehstromkreisen und bei Herdanschlüssen. Für Endstromkreise, die über Steckdosen Verbrauchsgeräte mit hoher Anschlussleistung versorgen, z. B. Geschirrspüler, Waschmaschinen, Trockner, ist die Installation eines AFDD je nach Risiko-Analyse vorzunehmen (Tabellenbuch Elektrotechnik). Zu bewerten ist z.B. anhand der Raumnutzung, Raumausstattung und Personenzahl des Geschosses. Empfohlen sind AFDDs in brandgefährdeten Gebäuden und ggf. in Schlaf- und Aufenthaltsräumen von Heimen.

Brandschutzschalter bestehen aus einem AFDD, der einen Leitungsschutzschalter oder eine RCBO auslöst **(Bild 3)**. Es gibt AFDDs mit integriertem Leitungsschutz in der Größe einer Teilungseinheit TE für Verteilerschränke (Bild 2).

Der Schutz durch Brandschutzschalter ist hervorragend, jedoch aufwendig. Mit geringeren Kosten ist ein Schutz durch **Rauchwarnmelder** RWM möglich, auch Rauchmelder genannt **(Bild 4)**.

Rauchwarnmelder müssen in Deutschland in Schlafräumen, Fluren und Treppenhäusern montiert werden.

Der **Überwachungsbereich** von RWM beträgt etwa 40 m², maximal 150 m². In größeren Räumen sind daher mehrere RWM zu installieren. RWM sollten nicht in der Nähe von Ventilatoren oder in Deckennischen montiert werden. Bei RWM, welche über Funk miteinander vernetzt sind, ist zu prüfen, ob die Funkverbindung Decken und Wände durchdringt.

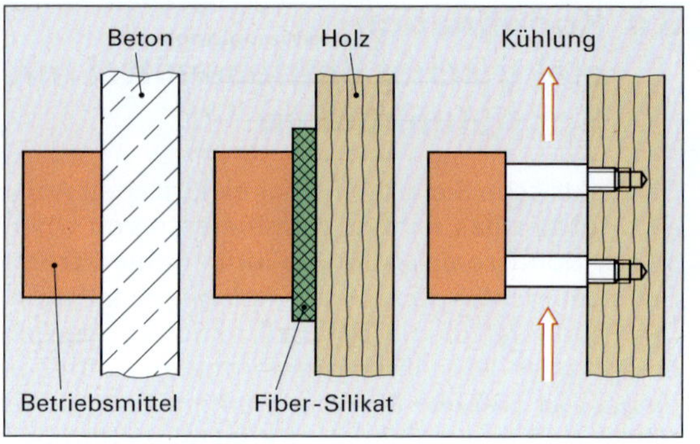

Bild 1: Montage von Betriebsmitteln mit hoher Oberflächentemperatur

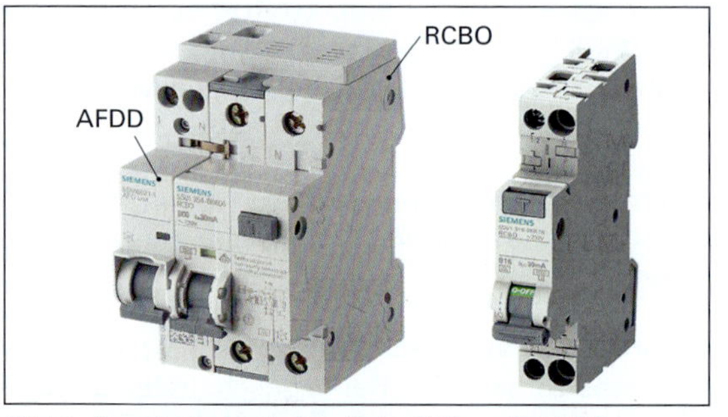

Bild 2: Brandschutzschalter (links 2 TE, rechts 1 TE)

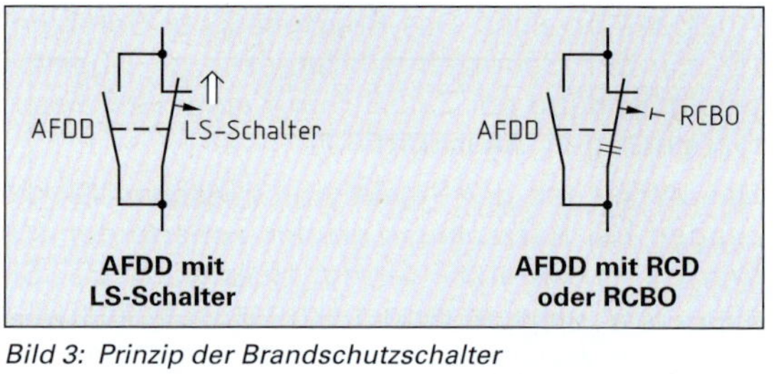

Bild 3: Prinzip der Brandschutzschalter

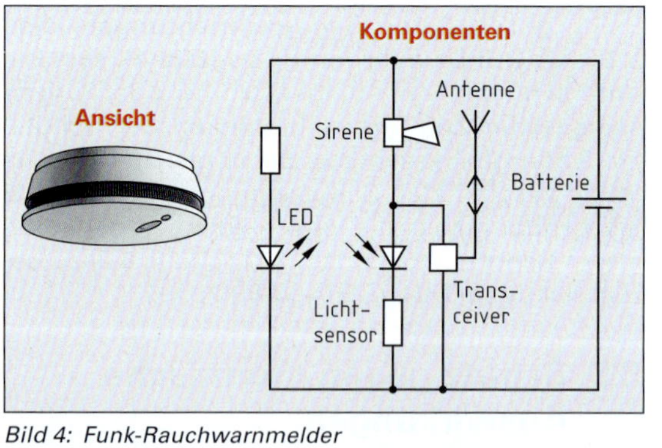

Bild 4: Funk-Rauchwarnmelder

6.6 Schutzarten elektrischer Betriebsmittel

Schutzart IP

Bei den elektrischen Betriebsmitteln ist, je nach Verwendungszweck und Aufstellungsort, Schutz gegen zufälliges Berühren, Fremdkörper und Wasser erforderlich. Die Schutzarten werden durch eine alphanumerische Kennzeichnung angegeben. Diese besteht aus den Kennbuchstaben IP (von engl. international protection = internationaler Schutz) und meist zwei Kennziffern. Die erste Kennziffer gibt den **Fremdkörperschutz** und damit gleichzeitig den **Berührungsschutz** an, die zweite den **Wasserschutz (Tabelle 1)**.

Weicht bei einer elektrischen Maschine die Schutzart eines Teils ab, z. B. der Klemmenkasten eines Motors von der Schutzart des Gehäuses, so werden beide Schutzarten angegeben, z. B. für den Motor IP 44, den Klemmenkasten IP 54.

Der Schutz ist für den Berührungsschutz und Fremdkörperschutz umso höher, je größer die zugehörende Kennziffer ist **(Tabelle 2)**.

Das Entsprechende gilt für den Wasserschutz. Beim Wasserschutz unterscheidet man senkrechtes Tropfwasser, schräges Tropfwasser, Sprühwasser und Strahlwasser **(Bild 1)**.

An die zweite Kennziffer kann ein Kennbuchstabe als 3. Stelle angehängt werden und sogar ein weiterer Kennbuchstabe als 4. Stelle. Der Kennbuchstabe der 3. Stelle gibt zusätzlich den *Berührungsschutz* an. Dabei bedeuten

A Handrückensicherheit,

B Fingersicherheit,

C Werkzeugsicherheit (Zugangssonde 0 2,5 mm),

D Drahtsicherheit (Zugangssonde 0 1 mm).

Tabelle 1: Aufbau der alphanumerischen Kennzeichnung für die Schutzart

Kennbuchstaben IP	Schutz gegen Berühren und gegen Eindringen von Fremdkörpern und Wasser
Erste Kennziffer 0 ... 6	Schutz gegen Berühren und gegen Eindringen von Fremdkörpern
Zweite Kennziffer 0 ... 9	Schutz gegen Eindringen von Wasser

Wird nur eine einzige Kennziffer für die Schutzart gebraucht, z. B. bei Beschreibungen, so wird die fehlende Kennziffer durch ein X ersetzt.

Tabelle 1: Bedeutung der ersten und zweiten Kennziffer nach IP
vgl. DIN VDE 0100-737

Schutz	Beschreibung
Berührungsschutz und Fremdkörperschutz	
IP 0X	Kein Berührungsschutz, kein Fremdkörperschutz
IP 1X	Schutz gegen Fremdkörper größer als 50 mm ø
IP 2X	Schutz gegen Fremdkörper größer als 12 mm ø
IP 3X	Schutz gegen Fremdkörper größer als 2,5 mm ø
IP 4X	Schutz gegen Fremdkörper größer als 1 mm ø
IP 5X	Schutz gegen schädliche Staubablagerung im Inneren
IP 6X	Schutz gegen Eindringen von Staub
Wasserschutz	
IP X0	Kein Wasserschutz
IP X1	Schutz gegen senkrecht fallendes Tropfwasser
IP X2	Schutz gegen schrägfallendes Tropfwasser (15° gegen die Senkrechte)
IP X3	Schutz gegen Sprühwasser
IP X4	Schutz gegen Spritzwasser
IP X5	Schutz gegen Strahlwasser, z. B. aus einer Düse kommend
IP X6	Schutz bei Überflutung
IP X7	Schutz beim Eintauchen
IP X8	Schutz beim Untertauchen
IP X9K	Schutz gegen Hochdruck- oder Dampfstrahlreinigung

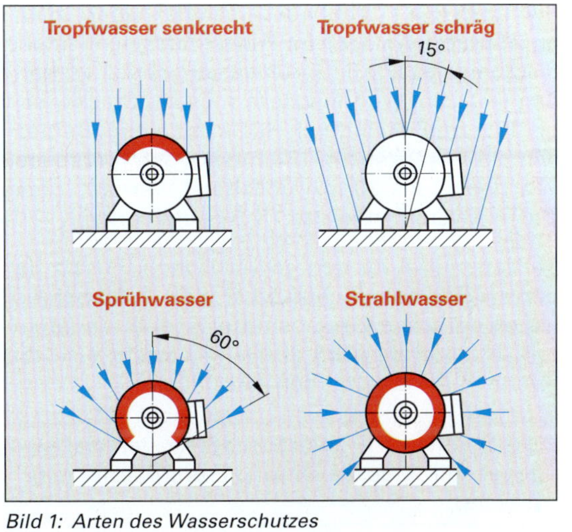

Bild 1: Arten des Wasserschutzes

Der Kennbuchstabe der 4. Stelle steht für eine ergänzende Angabe. Es bedeuten

H Betriebsmittel für Hochspannung,

M geprüft bei Betrieb der beweglichen Teile,

S geprüft bei Stillstand der beweglichen Teile,

W geprüft bei festgelegten Wetterbedingungen.

Bei der Auswahl eines elektrischen Betriebsmittels ist es zweckmäßig, die Schutzart IP so niedrig festzulegen, wie es möglich ist. Je höher nämlich der Schutz ist, desto höher ist auch der Preis.

Außerdem hat sich gezeigt, dass elektrische Maschinen einer höheren Schutzart wegen ihrer geringen Durchlüftung zu Kondenswasserbildung neigen, wenn sie zeitweise außer Betrieb sind.

Man wählt für elektrische Maschinen keine höhere Schutzart IP als nötig.

In feuchten und nassen Bereichen und Räumen muss bei den Betriebsmitteln mindestens die Schutzart IP X1 **(Tropfwasserschutz)** vorhanden sein. Wird in diesen Bereichen/Räumen mit Strahlwasser umgegangen, werden dabei aber die Betriebsmittel nicht direkt angestrahlt, z. B. in Wagenwaschräumen, so muss bei den Betriebsmitteln die Schutzart IP X4 **(Spritzwasserschutz)** vorhanden sein. Sind die Betriebsmittel dem Wasserstrahl direkt ausgesetzt, so müssen sie die Schutzart IP X5 haben. Metallteile müssen gegen Korrosion geschützt werden, wenn sie ätzenden Dämpfen ausgesetzt sind, z. B. durch einen Schutzanstrich oder durch Verwendung korrosionsfester Werkstoffe.

In **geschützten Anlagen im Freien** (bei Überdachung) müssen die Betriebsmittel mindestens die Schutzart IP X1 (Tropfwasserschutz) haben. In **ungeschützten Anlagen im Freien** muss mindestens die Schutzart IP X3 (Sprühwasserschutz) vorhanden sein. Bei Wohnhäusern müssen Steckdosen bis 16 A im Freien durch RCDs mit einem Bemessungsdifferenzstrom (Bemessungsfehlerstrom) von höchstens 30 mA geschützt werden, wenn ein TN-System oder das TT-System vorliegt.

Betriebsmittel für den gewerblichen Einsatz haben oft eine hohe Schutzart IP **(Bild 1)**. Manchmal haben derartige Betriebsmittel zwei IP-Angaben, z. B. IP 65/IP 54 **(Bild 2)**. Dann bezieht sich die zweite IP-Angabe auf den Anschluss.

Die Schutzart IP enthält codiert den Schutz gegen direktes Berühren, Fremdkörper und Wasser.

Bild 1: Drehstrommotor mit Frequenzumrichter IP 55

Bild 2: Abzweigdosen für Aufputzmontage IP 65/IP 54

Sonderschutzarten

Für die Kennzeichnung explosionsgeschützter Betriebmittel wird das **Kennzeichen EX** verwendet. Außerdem wird zusätzlich zum Kennzeichen die alphanumerische Kennzeichnung I für Schlagwetterschutz bzw. II für Explosionsschutz ergänzt. Für die Gruppe II erfolgt je nach Gas eine Unterscheidung IIA, IIB, IIC. Hierzu sind auch Temperaturklassen T1 bis T6 für maximale Temperaturen festgelegt. Die Art des Schutzes wird durch Kleinbuchstaben ebenfalls angegeben, z. B. d für druckfeste, Kapselung, e erhöhte Sicherheit, ia/ib Eigensicherheit, ö Ölkapselung, p Überdruckkapselung, q Sandkapselung.

Schutzart IK

Für die Stoßbeanspruchung von Gehäusen elektrischer Betriebsmittel ist in DIN EN 50102 der IK-Code von IK00 (keine Stoßbeanspruchung) bis IK11 (Schlagenergie 50 J) festgelegt.

Wiederholung und Vertiefung

1. Sie planen die Elektroinstallation eines Neubaus. Welche Aussage trifft zu?

1. Bauordnungsrechtliche Anforderungen müssen nur teilweise beachtet werden. ☐
2. Brandschutztechnische Anforderungen sind nur im Industriebau zu beachten. ☐
3. Die Planung ist mit dem Netzbetreiber abzustimmen. ☐
4. Ladestationen für Elektrofahrzeuge sind mit dem Netzbetreiber nicht abzustimmen. ☐
5. Bei vorhandenem Blitzschutz muss auf EMV nicht geachtet werden. ☐

2. Die Gefahren durch elektrische Anlagen sind zu beachten. Welche Aussage trifft nicht zu?

1. Körperströme können für Menschen und große Nutztiere gefährlich sein. ☐
2. Der Stromweg zwischen der linken Hand und einem Fuß ist besonders gefährlich. ☐
3. Unterspannungen sind ungefährlich. ☐
4. Überspannungen können gefährlich sein.
5. Eine Gefährdung durch Körperströme hängt vom Stromweg im Körper ab. ☐

3. Welche Vorteile bietet das Verlegen von Leitungen in Rohrnetzen?

4. Was ist bei der Auswahl von Elektroinstallationsrohren zu beachten?

5. Das Ausführen einer Elektroinstallation muss überlegt erfolgen. Welche Aussage trifft nicht zu?

1. Die Durchführungen durch Wände und Decken sind gemäß den Brandschutzverordnungen zu schotten. ☐
2. Bei Schlitzen darf eine Wand bzgl. ihrer Standfestigkeit nicht wesentlich gemindert werden. ☐
3. Bei der Auswahl von Dosen und Gehäusen für Schalter und Steckdosen sind Anforderungen an den Brandschutz und den Schallschutz zu berücksichtigen. ☐
4. Brandschutzgeeignete Dosen sind gelb. ☐
5. Der Installationsplan eines Gebäudes muss für alle Räume die Lage aller Anschlussstellen und Schaltstellen mit den normüblichen grafischen Symbolen enthalten. ☐

6. Was versteht man unter direktem Berühren?

7. Was versteht man unter indirektem Berühren?

8. Schutzmaßnahmen gegen den elektrischen Schlag sind extrem wichtig. Welche Aussage trifft zu?

1. Basisschutz erfolgt durch Unterweisung betroffener Personen. ☐
2. Basisschutz ist nur bei elektrischen Spielzeugen gegeben. ☐
3. Außer dem Basisschutz werden keine weiteren Schutzmaßnahmen benötigt. ☐
4. Aktive Teile, die abgedeckt sind nach Schutzart IP 1X, erfüllen den Basisschutz. ☐
5. Isolierte aktive Teile erfüllen den Basisschutz. ☐

9. Welche Spannungen gewähren bei SELV den Basisschutz?

10. Welchen Schutz gewährt SELV bei Spannungen bis AC 50 V?

11. Wodurch unterscheiden sich RCDs und RCMs hinsichtlich ihrer Auswirkung?

12. Überstromschutz kann z. B. durch Schmelzsicherungen und Leitungsschutzschalter gegeben sein. Welche Aussage ist falsch?

1. Die Auslösecharakteristik von Schmelzsicherungen und Leitungsschutzschaltern wird über Strom-Zeit-Diagramme beschrieben. ☐
2. Farbcodes bei Schmelzsicherungen geben deren Bemessungsstrom an. ☐
3. Schmelzsicherungen für AC können auch für DC verwendet werden. ☐
4. Für Überlastschutz sind Leitungsschutzschalter besser geeignet als Schmelzsicherungen. ☐
5. Der elektromagnetische Auslöser sorgt beim Leitungsschutzschalter für den Kurzschlussschutz. ☐

13. An welcher Stelle ist eine SPD Typ 1 in einer Elektroinstallation zu platzieren?

14. An welcher Stelle ist eine SPD Typ 2 in einer Elektroinstallation zu platzieren?

15. Was versteht man unter Selektivität?

16. Wodurch unterscheidet sich ein AFDD von einem RWM?

7 Elektrische Verbindungssysteme

7.1 Leitungen und Kabel

Zum Stromtransport werden elektrische Leiter verwendet, deren stromleitender Teil ganz/überwiegend aus Kupfer oder Aluminium besteht.

Begriffe in der Energieverteilung

Leiter ist der stromleitende Teil einer Leitung mit der unmittelbaren Isolierung. Eine vieradrige Leitung enthält z. B. vier Leiter.

Eine Leitung enthält einen oder mehrere Leiter.

Freileitungen sind Systeme aus elektrischen Leitern oder Leitungen, Isolatoren und deren Haltevorrichtungen, z. B. Freileitungsmasten, im Freien.

Leitungen sind Systeme aus einem elektrischen Leiter oder mehreren elektrischen Leitern mit umgebenden Isolierstoffen. Im Gegensatz zu Kabeln sind Leitungen nicht zur direkten Verlegung im Erdboden geeignet. Die Bemessungsspannung der üblichen Leitungen, z. B. für die Elektroinstallation, beträgt höchstens 1 kV. Das gilt nicht für spezielle Leuchtröhrenleitungen.

Kabel sind im Prinzip wie Leitungen auf gebaut, jedoch ist die Isolierung erheblich aufwendiger, sodass die Verlegung auch im Erdboden erfolgen kann. Deshalb spricht man auch von Erdkabeln. Die Bemessungsspannung der üblichen Kabel beträgt je nach Bauart bis 60 kV, bei speziellen Hochspannungskabeln sogar bis 500 kV.

Leitungen für die Elektroinstallation

Es gibt viele verschiedene Leitungsarten. Als elektrischer Leiter wird fast ohne Ausnahme Kupfer verwendet. Bei vor 1950 verlegten Leitungen kommen auch Leiter aus Aluminium vor. Von den Leitungen für feste Verlegung sind besonders wichtig die Mantelleitungen und die Aderleitungen **(Bild 1)**. Die Mantelleitungen gibt es mehradrig oder einadrig. Sie werden auf Putz, über Putz, im Putz und unter Putz verlegt. Der Mindesquerschnitt von Cu-Leitern beträgt hier 1,5 mm².

Aderleitungen werden als Verdrahtungsleitungen in Schaltschränken verwendet und sonst in Elektroinstallationsrohren oder Leitungskanälen.

Elektroinstallationsrohre erfordern je nach Verlegeort bestimmte Festigkeitsklassen **(Tabelle 1)**.

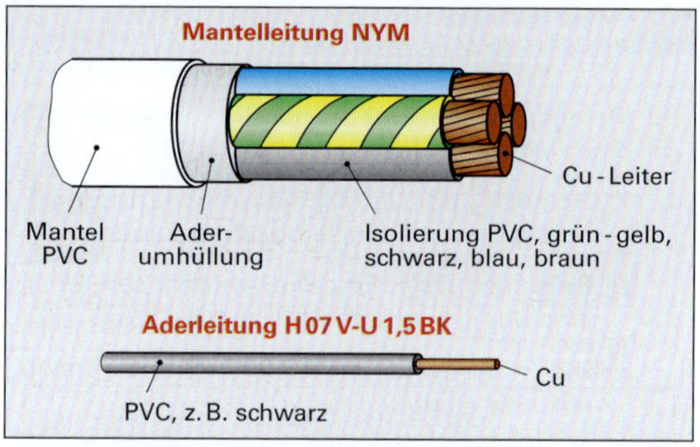

Bild 1: Mantelleitung und Aderleitung

Tabelle 1: Mindestanforderungen an Elektroinstallationsrohre vgl. DIN VDE 0100-520

Verlegeort	Druckfestigkeit	Schlagfestigkeit	Betriebstemperatur min.	Betriebstemperatur max.
im Freien verlegt, ungeschützt				
beliebig	3ᵃ	3ᶜ	2ᵉ	1ᵍ
in Gebäuden verlegt				
ungesch.	2ᵇ	2ᵈ	2ᵉ	1ᵍ
Beton	3ᵃ	3ᶜ	2ᵉ	1ᵍ
Holz, Putz, Hohlraum, abg. Decke	2ᵇ	2ᵈ	2ᵉ	1ᵍ
an Decke	3ᵃ	3ᶜ	3ᶠ	1ᵍ

An 5. Stelle Biegeverhalten: 1 starr, 2 biegsam, 3 selbst-zurückbiegend, 4 flexibel

ungesch. = ungeschützt
abg. Decke = auf abgehängter Decke
a 750 N, b 320 N, c 2 kg/10 cm, d 1 kg/10 cm, e –5°C, f –15°C, g +60°C

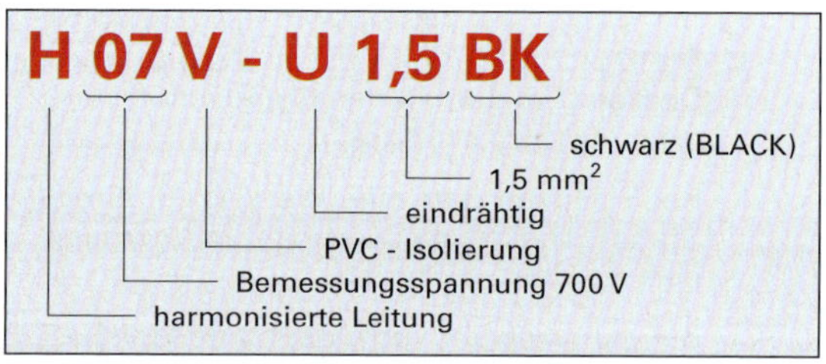

Bild 2: Bedeutung von H07-U

Die Codierung 3321 bedeutet 750 N Druckfestigkeit, 2,0 kg/100 mm Schlagfestigkeit, -5 °C Mindest-Gebrauchstemperatur, +60 °C Höchst-Gebrauchstemperatur. Oft erfolgt in einer fünften Stelle auch eine Aussage zur Biegsamkeit.

Leider sind für die Leitungsbezeichnungen zwei verschiedene Systeme üblich. Die jüngere Bezeichnung gilt für europaweit **harmonisierte** (also

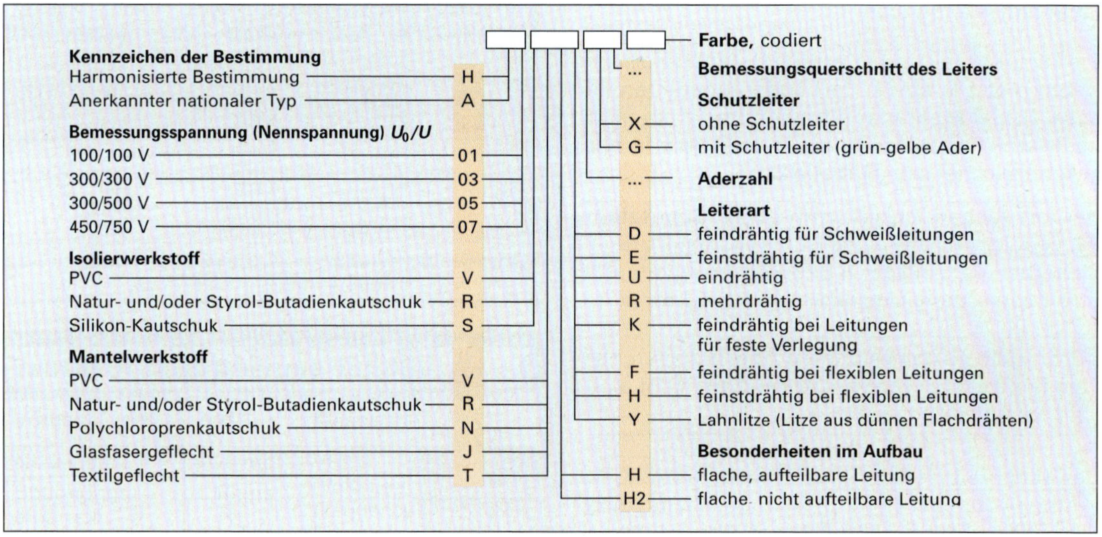

Bild 1: Schlüssel für harmonisierte Leitungen

vereinheitlichte) **Leitungen**. Sie beginnt mit H (von harmonisiert, **Bild 2, vorhergehende Seite**). Die daran anschließende Zahl gibt verschlüsselt die Bemessungsspannung an. Danach folgen Buchstaben für Isolierstoff und Leiterart **(Bild 1)**.

Die ältere Bezeichnung gilt für **nicht harmonisierte Leitungen**. Sie gilt also nicht europaweit. Sie beginnt mit N (von Norm) und die folgenden Buchstaben geben den Isolierstoff und die Art der Leitung an **(Bild 2, Tabelle 1)**. Verbreitet sind in der Wohnungsinstallation meist drei- oder fünfadrige NYM-J-Leitungen.

Je nach Kabel/Leitung/Leiter kommen verschiedene Befestigungen in Frage, z. B. neben Elektroinstallationsrohren auch Schellen **(Tabelle 2)**.

> Leitungen der Elektroinstallation müssen abhängig von ihrer Anwendung ausgewählt und befestigt werden.

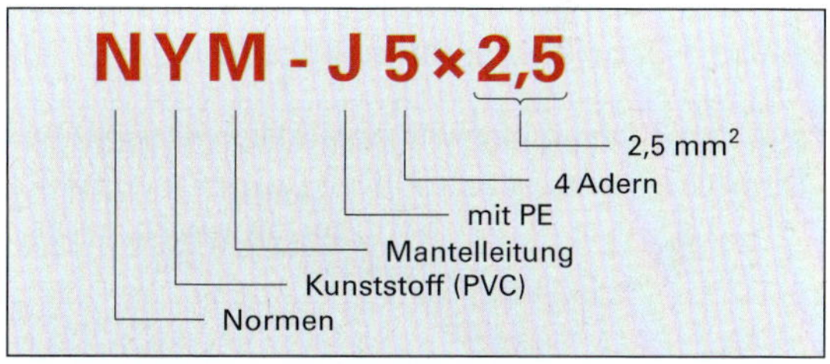

Bild 2: Bedeutung von NYM-J 5 x 2,5

Tabelle 1: Buchstaben nach N bei Leitungen für feste Verlegung (Auswahl)

Buchstabe	Bedeutung
Y	Aderisolierung PVC
M	Mantelleitung
–J	Schutzleiter vorhanden
–O	ohne Schutzleiter (nicht mehr erlaubt)

Tabelle 2: Verlegen von Leitern, Kabeln, Leitungen vgl. DIN VDE 0100-520

Art	Befestigung							
	ohne	Schellen	Inst. Rohr	Kanal, offen	Kanal, geschlossen	Pritsche und ähnl.	Isolatoten	mit Tragseil
Leiter, blank	–	–	–	–	–	–	+	–
Leiter, isoliert	–	–	+	+	+	–	+	–
Kabel, mehradrig	+	+	+	+	+	+	0	+
Kabel, einadrig	0	+	+	+	+	+	0	+

– nicht zulässig   + zulässig   0 in der Praxis nicht üblich bzw. nicht anwendbar

Farbkennzeichnungen

Die Farbkennzeichnung wird in Datenblättern und Listen meist in einem Farbcode angegeben **(Tabelle 1)**. Bei Mehraderleitungen und Kabeln mit höchstens fünf Adern müssen die Adern farblich gekennzeichnet sein **(Tabelle 2)**.

Hervorzuheben ist der grün-gelbe **Schutzleiter PE**. Er sorgt im Falle eines Isolationsfehlers für die Sicherheit der Anlage, z. B. durch Abschalten der Stromversorgung **(Abschnitte 4.5.1, 6.1.6)**.

Grün-gelb gekennzeichnete Adern dürfen nur als Schutzleiter verwendet werden, nicht also zur Stromleitung dienen.

Des Weiteren ist der blaue **Neutralleiter** zu beachten **(Abschnitt 4.5.1)**. Er ist ungeschaltet direkt zum Verbrauchsmittel (Last) geführt. Im Gegensatz zum PE darf die blaue Ader auch anderweitig verwendet werden, wenn keine Last anzuschließen ist, z. B. bei Leitungen zu Schaltern.

Blau gekennzeichnete Adern sind im ganzen Stromkreis ungeschaltet direkt zur Last zu führen, dürfen aber bei Schalterleitungen auch anderweitig verwendet werden.

Signalleitungen

Signale werden meist mit einer niedrigen Spannung übertragen. Dies trifft in Anlagen mit Kleinspannung bis 50 V AC oder bis 120 V DC zu, z. B. in Rufanlagen, Telefonanlagen, Antennenanlagen, Computernetzen. Die Signalübertragung erfolgt über Leitungen, die erheblich schwächer isoliert sind als die Leitungen für das 230-V-Netz oder 400-V-Netz. Bei Signalleitungen entstehen keine großen Stromstärken. Deshalb sind bei Signalleitungen die Leiterquerschnitte kleiner als bei den Leitungen zum Anschluss von Verbrauchern mit größerer Leistung. Der Mindestquerschnitt beträgt 0,5 mm^2. An Stelle des Querschnitts wird bei den Signalanlagen oft der Durchmesser angegeben. Dieser beträgt meist 0,6 mm oder 0,8 mm, z. B. bei der Telefonleitung oder der Klingelleitung JY(St)Y 4x2x0,8 mit vier Doppeladern.

Bei der Datenübertragung in Computernetzwerken wird meist eine Twisted-Pair-Datenleitung (twisted pair = verdrilltes Adernpaar, Signalleitung) verwendet, welche aus Gründen der elektromagnetischen Störbeeinflussung verdrillt ist **(Bild 1, Kapitel 9)**. Zunehmend finden auch Kunststofffaserleitungen (LWL, Lichtwellenleitung, **Bild 2**) Anwendung.

Tabelle 1: Farbcodes

Farbe	Farbe in Englisch	Farbcode international	Farbcode auch üblich
Schwarz	Black	BK	sw
Blau	Blue	BU	bl
Braun	Brown	BR	br
Grau	Grey	GR	gr
Grün-Gelb	Green-Yellow	GNYE	gngb

Tabelle 2: Aderfarben von Leitungen und Kabeln abhängig von Aderzahl

Aderzahl	GNYE	BU	BR	BK	GR
3	X	X	X	–	–
4	X	X	X	X	–
4*	X	–	X	X	X
5	X	X	X	X	X
> 5	X	BK mit Zahlenangaben 1,2,3, ...			

* Bei Drehstrom-Stromkreisen ohne N-Anschluss der Last kann eine 4-adrige Leitung ohne blaue Ader verwendet werden. Zulässig ist aber auch eine 4-adrige Leitung mit blauer Ader.

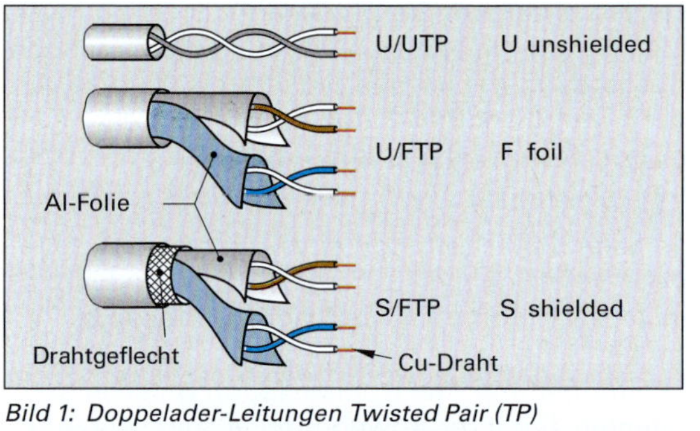

Bild 1: Doppelader-Leitungen Twisted Pair (TP)

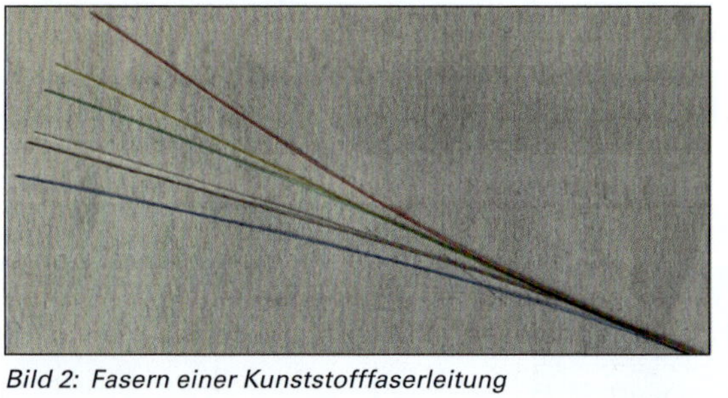

Bild 2: Fasern einer Kunststofffaserleitung

Für feste Verlegung sind die Signalleitungen ein- oder feindrähtig. Zum Anschluss ortsveränderlicher Geräte müssen sie fein- oder feinstdrähtig sein.

Euroklassen von Kabeln und Leitungen

Bei der Entwicklung und Ausbreitung von Bränden spielen Kabel und Leitungen eine bedeutende Rolle. Die Materialbeschaffenheit der Leiterumhüllungen (Leiterummantelungen) ist hierbei entscheidend. Kabel und Leitungen in Stromkreisen für z. B. Sicherheitszwecke müssen eine Feuerwiderstandsdauer entweder gemäß den Brandschutzbedingungen für Baustoffe oder von mindestens 60 Minuten (F60) besitzen.

Kabel und Leitungen, die der Energieversorgung sowie zu Steuerungs- und Kommunikationszwecken dienen, sind nach DIN VDE 0100-420 entsprechend ihrer Flammausbreitung/Wärmeentwicklung **Baustoffklassen** (Euroklassen) zugeordnet **(Tabelle 1)**. Eine verbindliche Angabe zur Euroklasse erfolgt allerdings vom Hersteller der Kabel/ Leitungen gemäß den Prüf- und Bewertungskriterien nach DIN EN 50575 (DIN VDE 0482-575).

Je nach **Sicherheitsbedarf** in einem Gebäude sind entsprechende Kabel/Leitungen zu verwenden, z. B. steht A_{CA} (CA von cable) für höchste Sicherheitsanforderungen, also unbrennbar. F_{CA} steht für keine Sicherheitsanforderungen, also leicht brennbar. E_{CA} steht für nicht flammausbreitend.

Kabel und Leitungen sind hinsichtlich ihrer Flammenausbreitung Baustoffklassen zugeordnet.

Je nach Gebäudeart und **Gebäudenutzung** sind gemäß Baustoffklasse **(Euroklasse)** unterschiedliche Kabel und Leitungen zu verlegen **(Tabelle 2)**. So sind für Krankenhäuser andere Kabel und Leitungen zu verwenden wie für Bürogebäude oder Gebäude mit Wohnungen. Für Fluchtwege wird die Baustoffklasse $B2_{CA}$ s1d1a1 empfohlen. Die zusätzlichen Angaben s-d-a sind Kennungen hinsichtlich

- Rauchentwicklung (s von smoke),
- brennendem Abtropfen (d von droplets) und
- elektrischer Leitfähigkeit, Säuregehalt (a von acid) **(Tabelle 3)**.

Halogenfreie Ummantelungen von Kabeln und Leitungen sowie ein Verlegen von Kabeln und Leitungen in geeigneten Kabelkanälen erfüllen die Anforderung der Nicht-Ausbreitung von Flammen. Trotz richtig ausgewählter Kabel und Leitungen unter dem Gesichtspunkt **Brandfall** müssen die sonstigen Maßnahmen zum Schutz gegen thermische Auswirkungen ebenfalls beachtet werden, z. B. Brandschutzschalter, Rauchwarnmelder, Wärmeentwicklung von Betriebsmitteln, Belüftungen, Brandabschottungen.

Tabelle 1: Zuordnungsvorschlag von Kabeln, Leitungen zu Euroklassen

Euroklasse	Beispiele von Kabeln, Leitungen
E_{CA}	PVC-Installationsleitung NYM
	Installationskabel NI2XY
	Flexible Leitungen H03W-F H05W-F
	Starkstromkabel NYY
	Installationskabel J-Y(ST)Y, JE-Y(ST)Y
C_{CA}, $B2_{CA}$	Halogenfreie Mantelleitung NHXMH
	Kabel N2XH
	Starkstromkabel NHXHX, NHXH
	Flexible Leitungen H052121-F, H07ZZ-F
	Installationskabel J-H(ST)H, JE-H(ST)H

Tabelle 2: Zuordnung von Euroklassen zu Gebäuden (Vorschläge)

Gebäudeart	Euroklasse
Gebäude freistehend bis 13 m hoch	E_{CA}
Hochhaus, höher 22 m	C_{CA} s1d2a1
Büro-, Verwaltungsgebäude	C_{CA} s1d2a1
Versammlungsstätte mit mehr als 200 Personen	C_{CA} s1d2a1
Gaststätten, Hotels, Wohnheime	C_{CA} s1d2a1
Pflegeheime, Krankenhäuser, Fluchtwege	$B2_{CA}$ s1d1a1
Tagesstätten	$B2_{CA}$ s1d1a1
Schulen, Hochschulen	C_{CA} s1d2a1
Lagerstätten für Stoffe mit erhöhter Brandgefahr	$B2_{CA}$ s1d1a1
Straßentunnels	$B2_{CA}$ s1d1a1
Serverräume IT	$B2_{CA}$ s1d1a1
Tiefgaragen	C_{CA} s1d2a1

Tabelle 3: Zusätzliche Angaben bei Euroklassen

Angabe	Erklärung nach EN 50399
s1	Rauchentwicklung < 0,25 m^2/s
s2	Rauchwachstumsrate < 1,5 m^2/s
d0	brennendes Abtropfen < 1200/s
d1	brennendes Abtropfen < 1200/s, nicht länger als 10 s
a1	Leitfähigkeit < 2,5 µS/mm; pH-Wert > 4,3
a2	Leitfähigkeit < 10 µS/mm; pH-Wert > 4,3

s1, s2 (smoke) Rauchentwicklung/-dichte;
d0, d1 (droplets) brennende Tropfen;
a1, a2 (acid) Leitfähigkeit, Säuregehalt/Korrosivität

Kabel für die Energieverteilung

Niederspannungskabel haben Bemessungsspannungen bis 1 kV. Sie besitzen meist Aluminiumleiter und bei Querschnitten bis 10 mm² Kupferleiter. Die Leiter können rund oder sektorförmig sein **(Bild 1)** und aus Einzeldraht oder aus mehreren Drähten bestehen. Beim *dreiadrigen Kabel* dient ein konzentrischer, außen liegender Leiter als PEN-Leiter und als mechanischer Schutz, z. B. bei Verlegung im Erdboden **(Bild 2)**. Oft werden vieradrige Kabel verwendet **(Bild 3)**. Die Leiterisolierung besteht aus Polyvinylchlorid PVC oder aus vernetztem Polyethylen VPE, der Mantel aus PVC oder aus PE. Die Bezeichnung der Kabel beginnt mit N (von Norm). Die folgenden Buchstaben haben aber eine andere Bedeutung als bei den Leitungen der Elektroinstallation **(Tabelle 1)**.

Tabelle 1: Buchstaben nach N bei Kabeln

Buchstabe	Bedeutung
A	Aluminiumleiter
Y	Isolierung PVC
C	konzentrischer Cu-Leiter
W	wellenförmiger Cu-Leiter
S	Schirm aus Kupfer
2X	Isolierung VPE
2Y	Isolierung, Schutzhülle PE
-J	grün-gelber Schutzleiter

Für die Kabelbezeichnung sind die Kennbuchstaben von innen nach außen anzugeben.

Für das Niederspannungsnetz 400/230 V werden meist Vierleiterkabel (Kabel mit vier Leitern) verwendet.

Mittelspannungskabel haben Bemessungsspannungen bis 36 kV. Es gibt *Dreileiterkabel* und *Einleiterkabel*. Als Aderisolierung wird meist VPE verwendet **(Bild 4)**. Anders als bei den Niederspannungskabeln sind *Leitschichten* vorhanden, die für eine gleichmäßige elektrische Feldstärke an den Leitern sorgen. Dadurch wird verhindert, dass eine Gasentladung an den Kanten der Leiterdrähte erfolgt, die zur Zerstörung der Isolation führen würde. Über der äußeren Leitschicht liegt ein *Kupferschirm* und darüber eine *Trennschicht*. Der Mantel besteht aus PE, PVC oder VPE.

Für Neuanlagen werden nur Kabel mit VPE-Isolierung bzw. PVC-Isolierung verwendet. In bestehenden Anlagen sind auch ältere Massekabel mit Papierisolierung und Bleimantel vorhanden.

Hochspannungskabel haben je nach Bauart Bemessungsspannungen bis 500 kV. Sie sind VPE-Einleiterkabel mit Außenmantel aus PE oder PVC.

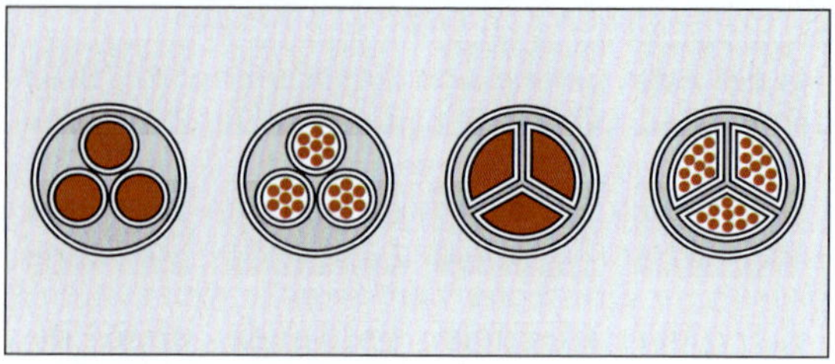

Bild 1: Leitertypen von Kabeln

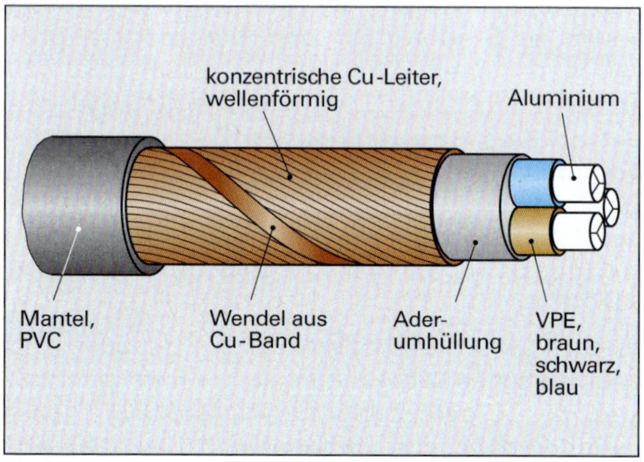

Bild 2: Kabel NA2XCWY 0,6/1 kV

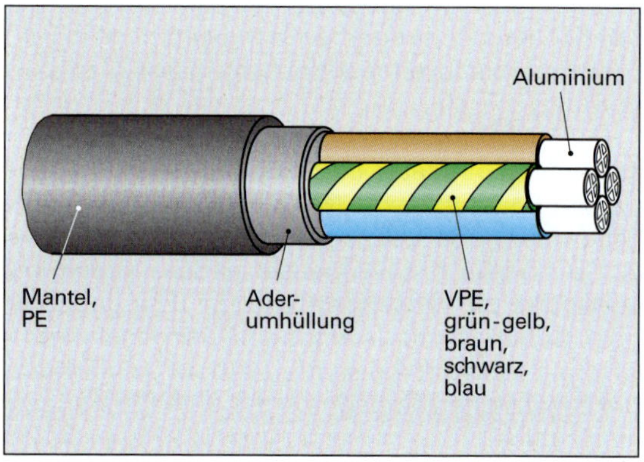

Bild 3: Kabel NA2X2Y-J 0,6/1 kV

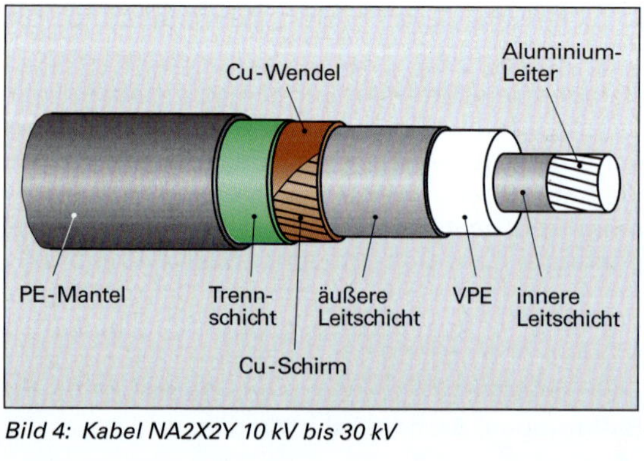

Bild 4: Kabel NA2X2Y 10 kV bis 30 kV

7.2 Steckersysteme, Klemmverbindungen

Steckersysteme sind für das Anschließen elektrischer Verbraucher an Energieleitungen oder Datenleitungen erforderlich. Je nach Anwendung gibt es verschiedene Systeme **(Tabelle 1)**. Ein Steckersystem besteht immer aus einem Stecker und einer Steckerdose oder einer Kupplung, in welche der Stecker gesteckt wird.

CEE-Steckvorrichtungen nach IEC 60309-2 geben durch ihre Gehäusefarbe und die Position des Schutzkontakts die Betriebsspannung (Bemessungsspannung) bzw. Frequenz an, für welche sie ausgelegt sind **(Tabelle 2)**. Die Stecker sind über ihre Gehäusenase sowie den etwas dickeren PE-Kontaktstift verpolungssicher gestaltet. Der PE-Kontaktstift steht etwas weiter vor als die anderen Kontaktstifte, sodass beim Steckerziehen der PE-Kontakt zuletzt unterbrochen wird. Aufgrund der Mindest-Schutzart IP44 ist die CEE-Steckvorrichtung auch im Außenbereich einsetzbar. Es werden Ausführungen mit 16 A, 32 A, 63 A, 125 A oder 200 A unterschieden.

Die Position des Schutzleiters ist bei der CEE-Steckvorrichtung mit Sicht auf die Vorderseite der Buchse im Stundenformat dargestellt. Die Angabe z. B. 6h bedeutet, dass der Schutzkontakt auf 6 Uhr, also an Position 6 (Position der Steckernase), angeschlossen ist. Der Schutzleiter kann auf zwölf möglichen Positionen sein.

CEE-Steckvorrichtungen finden hauptsächlich im industriellen Bereich sowie bei Campingplätzen und Bootsliegeplätzen Anwendung.

Tabelle 2: Gehäusefarben von CEE-Steckvorrichtungen

Kennfarbe	Betriebsspannung	Position PE	Kontakte
Violett	20 V - 25 V	 6h	2 3
Weiß	40 V - 50 V	1h	3,4,5
Gelb	100 V - 130 V	4h	3,4,5
Blau	200 V - 250 V	6h 9h	3 4,5
Rot	380 V - 415 V	9h 6h	3 4,5
Schwarz	480 V - 500 V 600 V - 690 V	7h 5h	3,4,5 4,5
Grün	20 V - 690 V 60 Hz - 500 Hz	2h (10h)	3,4,5 (4)
grau	sonst		

h Uhrzeit, Nut immer 6h, Frequenz 50/60 Hz

Tabelle 1: Beispiele von Steckern

Stecker	Erklärung
 Schutzkontaktstecker (Schuko)	Findet Anwendung bei Geräten der Schutzklasse I. Angeschlossen werden ein Außenleiter (L) und der Neutralleiter N sowie der grüngelbe Schutzleiter PE. Ausgelegt für AC 250V.
 Euroflachstecker	Findet Anwendung bei Geräten der Schutzklasse II. Ausgelegt für AC 250V.
 CEE-Stecker	Findet Anwendung bis 690 V. Steckerfarben geben die Betriebsspannung bzw. Frequenz an. Ausführungen sind zwei-, drei-, vier-, oder fünfpolig. Ein Kontakt ist immer für den PE, ausgenommen bei Steckern für bis zu 50 V Betriebsspannung.
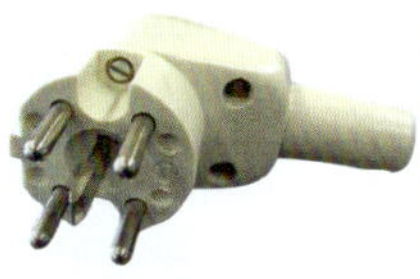 Perilex-Stecker	Findet Anwendung bei Drehstrom 400 V in Haushaltungen, Gastgewerbe, Kleingewerbe, Großküchen. Für Neuinstallationen in der Industrie nicht zugelassen. Meist durch CEE-Stecker abgelöst.
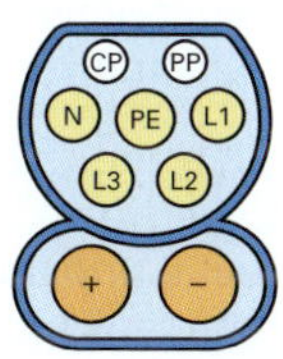 CCS-Combo-Typ-2-Stecker	Combined Charging System. Findet Anwendung bei Elektrofahrzeugen. Ermöglicht Laden mit 3AC (Anschlüsse für drei Außenleiter, N-Leiter, PE-Leiter) oder DC (Leiter für + und –) sowie zwei Leiter zur Steuerung des Ladevorgangs (CP, PP).
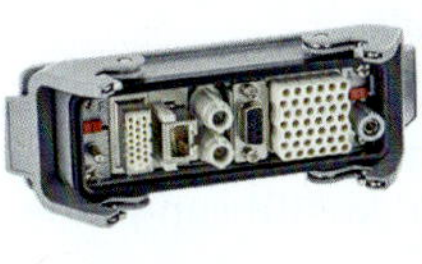 Harting Stecker	Spezieller Stecker der Firma Harting ermöglichen das Unterbringen verschiedener Anschlüsse in einem Stecker-Gehäuse. In diesem können Anschlüsse für z. B. Energie, Pneumatik vorhanden sein.
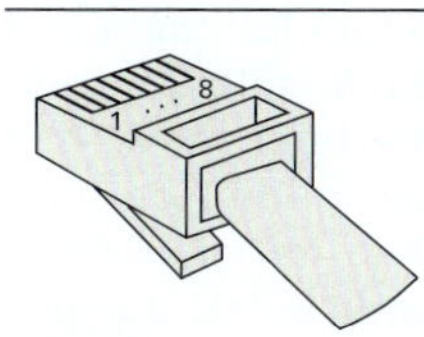 RJ-45	Findet Anwendung bei Leitungen der Datenübertragung, insbesondere in Ethernet-Netzwerken (LAN, Local Area Network).

Werden rote CEE-Steckvorrichtungen auf Schiffen angewendet, ist die Position des PE-Kontaktstifts bei 60 Hz und vierpoliger oder fünfpoliger Ausführung bei 11h. Auch bei Containern können bei roten Steckvorrichtungen andere Positionen des PE-Kontaktstifts vorkommen.

Bei CEE-Steckvorrichtungen ist auf die Position des PE-Kontaktstifts zu achten.

Je nach Anwendung gibt es weitere Steckersysteme für Energieleitungen **(Bild 1)**.

Bei **Datenleitungen** gibt es ebenfalls eine Vielzahl unterschiedlicher Steckersysteme. Oft gebräuchlich sind die Systeme USB, RJ45, M12. Je nach Art des Datenbusses können auch andere Steckersysteme zum Einsatz kommen.

Beim **Ablängen** der Leitungen sollte die grüngelbe Ader je nach Steckersystem etwas länger belassen werden als die stromführenden Adern, damit bei Versagen der Zugentlastung die grüngelbe Ader als letzte beansprucht wird **(Bild 2)**.

Klemmverbindungen kommen in elektrischen Schaltschränken zur Anwendung **(Bild 3)**. Klemmen besitzen mehrere Klemmenanschlüsse. Die Anzahl verklemmbarer Leiter an einer Klemme ist begrenzt, und zwar abhängig vom Querschnitt der Klemmenanschlüsse und der Leiter **(Tabelle 1)**. Auch ist zu unterscheiden zwischen Signalleitern und Energieleitern. Je Klemmanschluss sollte nur ein Leiter angeschlossen werden. Die Herstellerangaben sind zu beachten. Auf ausreichenden Kontaktdruck in den Klemmen ist zu achten.

Unterschieden werden Schraubklemmen, Zugklemmen und Schneidklemmen. Bei Zugklemmen werden die Adern eingesteckt und nicht festgeschraubt. Bei Schneidklemmen müssen die Adern nicht mehr abisoliert werden. Die Isolation der Adern wird für deren elektrischen Kontakt von der Klemme durchschnitten.

Klemmverbindungen sind sorgfältig auszuführen, da sie bei mangelhafter Ausführung eine Brandgefahr darstellen.

Aderendhülsen verhindern bei feindrähtigen und feinstdrähtigen Leitungen das Abspleißen einzelner Leiterdrähte. Der abisolierte Leiter wird in eine zum Leiterquerschnitt passende Aderendhülse gesteckt. Diese wird dann mittels Crimpzange gequetscht **(Bild 1, folgende Seite)**. Je nach Leiterquerschnitt sind die Aderendhülsen verschiedenfarbig **(Tabelle 1, folgende Seite)**.

Bild 1: Kupplung für Anschluss an einen Jalousiemotor

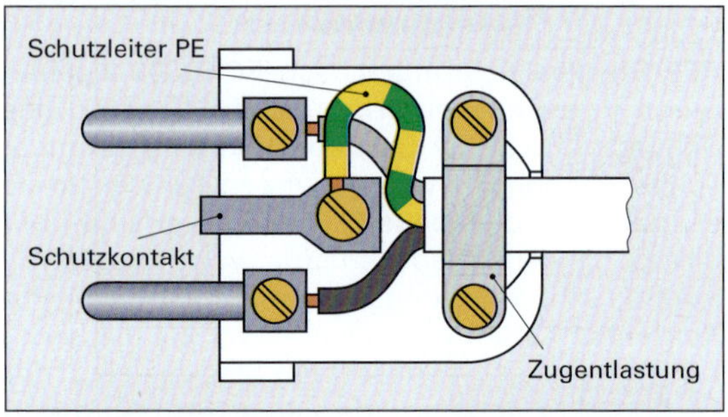

Bild 2: Richtiger Anschluss des Schutzleiters in einem Netz-Stecker für 230 V

Bild 3: Klemmverbindungen

Tabelle 1: Höchstzulässige Leiterzahlen an einer Klemme (230 V/400 V)

Bemessungsquerschnitt für Anschluss in mm^2	Leiterzahl bei Leiterquerschnitt (Cu) in mm^2				
	1	1,5	2,5	4	6
1,5	4	4	–	–	–
2,5	4	4	3	–	–
4	–	4	4	3	–
6	–	–	4	4	3

Aderendhülsen besitzen für unterschiedliche Leiterquerschnitte verschiedene Farben.

Wiederholung und Vertiefung

1. Welche Farbkennungen besitzen die Adern einer 5-adrigen NYM-J Leitung?
2. Was bedeuten die Farbcodes BK, BU, BR, GR, GNYE?
3. Welche Bedeutung hat die Kennung S/FTP einer Twisted-Pair-Leitung?
4. Eine Leitung besitzt die Kennzeichnung: JY(St)Y 4x2x0,8. Um welche Art von Leitung handelt es sich?
5. Die Auswahl von Kabeln und Leitungen erfordert Sorgfalt. Welche der nachfolgenden Aussagen ist richtig?
   1. Kabel und Leitungen für Sicherheitszwecke müssen eine Feuerwiderstandsdauer von bis zu 30 min besitzen. ☐
   2. Kabel und Leitungen mit Kennzeichnung A_{CA} finden meist Anwendung. ☐
   3. Die Nutzung eines Gebäudes hat keinen Einfluss auf die Auswahl von Kabeln und Leitungen. ☐
   4. Kabel und Leitungen für Sicherheitszwecke müssen eine Feuerwiderstandsdauer von mindestens 1 h besitzen. ☐
   5. Die Kabelkennzeichnung F_{CA} bedeutet feuerfest und ist daher insbesondere für Kabel in feuergefährdeten Betriebsstätten vorgesehen. ☐
6. Welche der nachfolgenden Aussagen zu Leitungen/Kabeln ist falsch?
   1. NHXMH ist eine halogenfreie Mantelleitung. ☐
   2. Der Schutzleiter besitzt eine besondere Farbkennzeichnung. ☐
   3. Der Neutralleiter besitzt eine blaue Aderisolierung. ☐
   4. Der Neutralleiter besitzt eine grüngelbe Aderisolierung. ☐
   5. Die Installationsleitung NYM ist der Baustoffklasse E_{CA} zugeordnet. ☐
7. Welche Farbe muss die Ummantelung des Schutzleiters besitzen?
8. Welche Farbkennzeichnung besitzt der Neutralleiter?
9. Was bedeutet bei einer Euroklassenangabe für Leitungen die Zusatzangabe s2d1a1?
10. Welche Anforderung müssen Kabel und Leitungen in Stromkreisen für Sicherheitszwecke erfüllen?

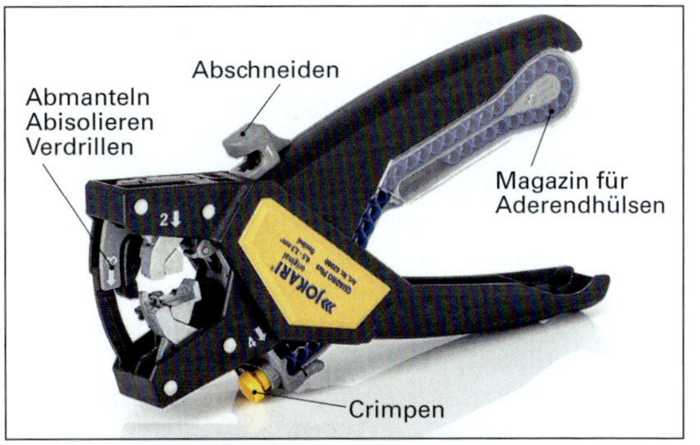

Bild 1: Multifunktionsfähiges Abisolierwerkzeug

Tabelle 1: Farbkennzeichnung von Aderendhülsen

Leiterquerschnitt mm^2	Farbcode nach DIN 46228	Hülsen-Innendurchmesser mm
0,14	grau	0,7
0,25	gelb	0,8
0,34	türkis	0,9
0,5	weiß	1,1
0,75	grau	1,3
1,0	rot	1,5
1,5	schwarz	1,8
2,5	blau	2,3
4,0	grau	2,9
6,0	gelb	3,6
10,0	rot	4,6
16,0	blau	5,9

11. Welche Brandklasse wird für Fluchtwege empfohlen?
12. Welche Aussage trifft für Steckersysteme oder Klemmverbindungen zu?
    1. Die Farben von CEE-Steckvorrichtungen haben keine Bedeutung. ☐
    2. Die Position des Schutzleiters bei CEE-Steckvorrichtungen ist immer die 12-Uhr-Stellung. ☐
    3. Aderendhülsen haben immer den gleichen Durchmesser. ☐
    4. CEE-Steckvorrichtungen finden auf Campingplätzen Anwendung ☐
    5. Datenleitungen sind immer mit USB-Steckern ausgestattet. ☐

7.3 Leitungsauslegung

7.3.1 Gleichzeitigkeitsfaktor

Beim Planen einer elektrischen Anlage ist der Leistungsbedarf eine wichtige Größe. Die Leitungsauslegung bzw. das Ermitteln der Strombelastbarkeit für die Hauptstromleitungen kann über Berechnungen unter Verwendung des Gleichzeitigkeitsfaktors g erfolgen. Dieser ist das Verhältnis des zu erwartenden Leistungsbedarfs zur installierten Leistung, also der Summe der Bemessungsleistungen der installierten Verbrauchsmittel.

Über den Gleichzeitigkeitsfaktor wird berücksichtigt, dass nicht immer alle Verbrauchsmittel gleichzeitig eingeschaltet sind. Die von der Leitung zu übertragende Bemessungsleistung ist dann kleiner als die installierte Leistung (Summe der einzelnen Leistungen). Der Wert des Gleichzeitigkeitsfaktors ist kleiner als 1.

Gleichzeitigkeitsfaktor

$$g = \frac{P_N}{P_{inst}} \quad (1)$$

g Gleichzeitigkeitsfaktor
P_N Leistungsbedarf
P_{inst} installierte Leistung

Die Gleichzeitigkeitsfaktorwerte unterscheiden sich für Gewerbebetriebe, elektrische Anlagen und elektrisch betriebene Anlagen **(Tabelle 1)**. Außerdem verändert sich der Wert des Gleichzeitigkeitsfaktors in Abhängigkeit von der Anzahl Wohneinheiten eines Gebäudes oder von der Anzahl Ladestellen für Elektrofahrzeuge **(Bild 1)**.

Die Werte des Gleichzeitigkeitsfaktors g beruhen auf Erfahrungswerten der Netzbetreiber und können bei diesen angefragt werden.

Bei der Ermittlung der erforderlichen Leitungsquerschnitte sind Verlegeart, Leitungshäufungen, Umgebungstemperaturen, Anzahl stromdurchflossener Leiter und/oder Oberschwingungen außerdem zu berücksichtigen **(Abschnitte 7.3.5, 7.3.6, 7.3.7)**.

Beispiel:

In einer Metzgerei sind insgesamt Verbrauchsmittel mit 115 kW Leistungsaufnahme installiert. Berechnen Sie den zu erwartenden Leistungsbedarf. Verwenden Sie Tabelle 1.

Lösung:

$g = P_N / P_{inst} \Rightarrow P_N = g \cdot P_{inst} = 0{,}7 \cdot 115\ \text{kW} = \mathbf{80{,}5\ kW}$

Tabelle 1: Werte des Gleichzeitigkeitsfaktors (Beispiele)

Art der Anlage	Gleichzeitigkeitsfaktor g
Bäckerei	0,4 bis 0,8
Baustellenanlagen	0,2 bis 0,4
Büro	0,6 bis 0,7
Kaufhaus	0,7 bis 0,9
Metzgerei	0,5 bis 0,8
Sägewerk	0,7 bis 0,8
Schule	0,6 bis 0,8
Schreinerei	0,3 bis 0,4
Beleuchtungen	0,8 bis 0,9
Klimaanlagen	0,7 bis 0,9
Küchenanlage	0,5 bis 0,7
Schweißanlagen	0,2 bis 0,3
Werkzeugmaschinen	0,3 bis 0,4

Anmerkung: ohne Verwendung von Elektroheizgeräten

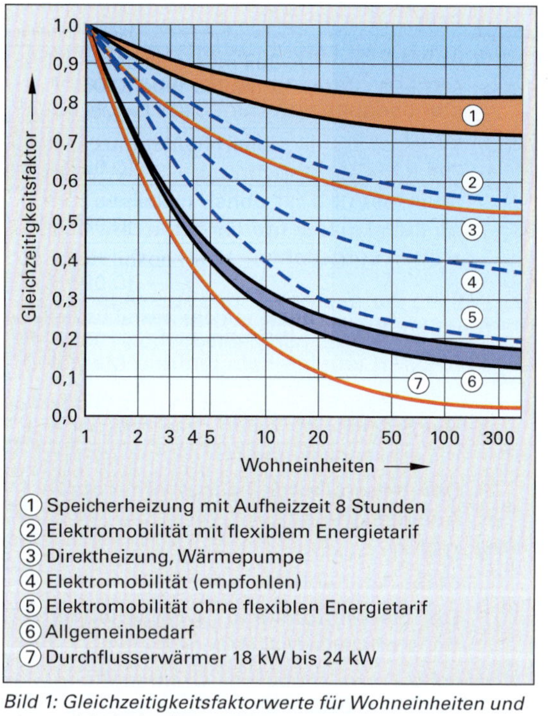

Bild 1: Gleichzeitigkeitsfaktorwerte für Wohneinheiten und elektrische Ausstattungen

Der Gleichzeitigkeitsfaktorwert hängt von der Art der elektrischen Anlage, der Art des Gewerbebetriebs oder der Anzahl Wohneinheiten und Ladestationen für Elektrofahrzeuge ab.

Beispiel 1:

20 Wohneinheiten eines Wohnblocks besitzen jeweils Verbrauchsmittel mit insgesamt 15,5 kW Leistungsaufnahme. Wie groß ist der zu erwartende Leistungsbedarf?

Verwenden Sie Bild 1, vorhergehende Seite.

Lösung:

a) $g = P_N / P_{inst} \Rightarrow P_N = g \cdot P_{inst} = 0{,}23 \cdot 15{,}5\ \text{kW} \cdot 20$ $= \mathbf{71{,}3\ kW}$

Beispiel 2:

An einen Stromkreisverteiler sind 6 Beleuchtungsstromkreise 230 V mit je 3,6 kW installierter Leistung und 2 Drehstromkreise mit je 12 kW installierter Leistung angeschlossen. Der Gleichzeitigkeitsfaktor wird zu 0,6 geschätzt. Wie groß sind a) die installierte Leistung, b) die Bemessungsleistung für die Zuleitung zum Verteiler.

Lösung:

a) $P_{ins} = 6 \cdot 3{,}6\ \text{kW} + 2 \cdot 12\ \text{kW} = \mathbf{45{,}6\ kW}$

b) $P_N = g \cdot P_{ins} = 0{,}6 \cdot 45{,}6 = \mathbf{27{,}4\ kW}$

7.3.2 Bemessungsstromstärke von Lasten

Elektrische Leitungen und Kabel müssen nach dem für ihre Erwärmung maßgebenden Bemessungsstrom I_N bemessen werden. Man erhält ihn aus der elektrischen Bemessungsleistung P_N, wenn man die Formeln für P der Seiten 22 (für DC), 50 (für AC) und 66 (für 3 AC) anwendet. Als Spannung setzt man dabei die Nennspannung U_n des jeweiligen Versorgungsnetzes ein, bei DC z. B. 220 V, bei AC z. B. 230 V und bei 3AC z. B. 400 V.

Den Bemessungsstrom für eine Leitung berechnet man aus der Bemessungsleistung der Last und der Nennspannung des Versorgungsnetzes.

Der beim Einschalten auftretende Einschaltstrom bleibt also für die Berechnung des Stroms ebenso unberücksichtigt wie die auftretenden Abweichungen der Netzspannung von der Nennspannung.

Die Bemessungsleistung elektrischer Geräte ist auf deren Leistungsschild als Leistung angegeben. Bei Wämegeräten ist immer $\cos\varphi = 1$. Oft wird die Berechnung einfacher, wenn zuerst die Bemessungs-Scheinleistung berechnet wird.

Bei Motoren ist auf dem Leistungsschild als Bemessungsleistung in kW die mechanische Leistungsabgabe P_{mec} angegeben. Wenn aus ihr die elektrische Leistungsaufnahme als Bemessungsleistung berechnet werden muss, so ist der Wirkungsgrad zu berücksichtigen.

Gleichstrom DC

$$I_N = \frac{P_N}{U_n} \qquad (1)$$

Wechselstrom AC

$$I_N = \frac{P_N}{U_n \cdot \cos\varphi} \qquad (2)$$

Drehstrom 3AC

$$I_N = \frac{P_N}{\sqrt{3} \cdot U_n \cdot \cos\varphi} \qquad (3)$$

bei AC und 3AC

$$S_N = \frac{P_N}{\cos\varphi} \qquad (4)$$

bei AC

$$I_N = \frac{S_N}{U_n} \qquad (5)$$

bei 3AC

$$I_N = \frac{S_N}{\sqrt{3} \cdot U_n} \qquad (6)$$

I_N	Bemessungsstrom
P_N	Bemessungsleistung
S_N	Bemessungs-Scheinleistung
U_n	Nennspannung
$\cos\varphi$	Wirkfaktor, (praxisüblich) Leistungsfaktor, (nach TAB) Verschiebungsfaktor

bei Motoren

$$P_N = \frac{P_{mec}}{\eta} \qquad (7)$$

P_N	elektrische Bemessungsleistung
P_{mec}	mechanische Leistung
η	Wirkungsgrad

Beispiel 3:

Ein Glühofen mit der Bemessungsleistung 18 kW ist am Drehstromnetz 400 V angeschlossen. Wie groß ist der für die Leitung maßgebende Bemessungsstrom?

Lösung 1:

$$I_N = \frac{P_N}{\sqrt{3} \cdot U_n \cdot \cos\varphi} = \frac{18\ \text{kW}}{\sqrt{3} \cdot 400\ \text{V} \cdot 1} = \mathbf{25{,}98\ A}$$

Lösung 2:

$S_N = P_N / \cos\varphi = 18\ \text{kW} / 1 = 18\ \text{kVA}$

$I_N = S_N / (\sqrt{3} \cdot U_n) = 18\ \text{kVA} / (\sqrt{3} \cdot 400\ \text{V}) = \mathbf{25{,}98\ A}$

Beispiel 4:

In einem Betrieb ist ein Drehstrom-Antriebsmotor der Bemessungsleistung 18 kW an das Drehstromnetz 400 V anzuschließen. Der Leistungsfaktor beträgt 0,8, der Wirkungsgrad wird zu 0,87 geschätzt. Wie groß sind a) die elektrische Bemessungsleistung, b) der Bemessungsstrom?

Lösung:

a) $P_N = P_{mec} / \eta = 18\ \text{kW} / 0{,}87 = \mathbf{20{,}69\ kW}$

b) $I_N = P_N / (\sqrt{3} \cdot U_n \cdot \cos\varphi)$
$= 20{,}69\ \text{kW} / (\sqrt{3} \cdot 400\ \text{V} \cdot 0{,}8) = \mathbf{37{,}3\ A}$

Mithilfe der Formeln 1 bis 7 können bei Motoren deren Wirkungsgrade berechnet werden, wenn Bemessungsstrom und Netz-Nennspannung auf dem Leistungsschild angegeben sind.

Beispiel 1:

Bei einem Einphasenmotor für AC 230 V sind auf dem Leistungsschild 230 V, 6,4 A, 0,75 kW, cos φ = 0,8 angegeben. Wie groß ist der Wirkungsgrad?

Lösung:

Nach Formel 2, vorhergehende Seite, ist
$P_N = I_N \cdot U_n \cdot \cos\varphi = 6{,}4\ \text{A} \cdot 230\ \text{V} \cdot 0{,}8 = 1178\ \text{W}$
nach Formel 7, vorhergehende Seite, ist
$\eta = P_{mec}/P_N = 0{,}75\ \text{kW}/1{,}178\ \text{kW} = \mathbf{0{,}637\ (63{,}7\ \%)}$

Die im Beispiel 2 vorhergehende Seite angewandte Addition der Leistungen ist nur richtig, wenn alle Verbrauchsmittel denselben Wirkfaktor haben. Bei verschiedenen Wirkfaktoren würde diese Addition der Zahlenwerte zu einem falschen Ergebnis des Bemessungsstroms führen, da wegen der verschiedenen Wirkfaktoren die einzelnen Ströme phasenverschoben sind.

Wenn an derselben Leitung Verbrauchsmittel mit verschiedenen Wirkfaktoren angeschlossen sind, berechnet man zuerst den gemeinsamen Wirkfaktor. Dabei müssen annähernd gleich sein der gesamte Wirkfaktor mal Summe Σ der installierten Leistungen und die Summe Σ der installierten Leistungen mal der zugehörigen Wirkfaktoren:

$\cos\varphi \cdot \Sigma P_{ins} \approx \Sigma (P_{ins1} \cdot \cos\varphi_1 + P_{ins2} \cdot \cos\varphi_2 + \ldots)$

Aus dieser Gleichung kann man die Näherungsformel für den mittleren cos φ bilden.

$$\cos\varphi \approx \frac{P_{ins1} \cdot \cos\varphi_1 + P_{ins2} \cdot \cos\varphi_2 + P_{ins3} \cdot \cos\varphi_3 + \ldots}{P_{ins1} + P_{ins2} + P_{ins3} \ldots} \qquad 1$$

Beispiel 2:

Der Stromkreisverteiler nach **Bild 1** speist drei einphasige Stromkreise und zwei dreiphasige. Wie groß sind a) die installierten Leistungen jedes Stromkreises, b) die gesamte installierte Leistung, c) der gesamte Wirkfaktor?

Lösung:

a) einphasige Stromkreise jeweils
$P_{ins} = U \cdot I \cdot \cos\varphi = 230\ \text{V} \cdot 16\ \text{A} \cdot 0{,}9 = 3312\ \text{W}$,
$P_{ins1} = 3 \cdot 3{,}31\ \text{kW} = \mathbf{9{,}93\ kW}$, $\cos\varphi = 0{,}9$
Glühofen: $P_{ins2} = \mathbf{10\ kW}$, $\cos\varphi = 1$
Motor: $P_{ins3} = P_{mec}/\eta = 18\ \text{kW} / 0{,}85 = \mathbf{21{,}18\ kW}$
$\cos\varphi = 0{,}8$

b) $\Sigma P_{insi} = 9{,}93\ \text{kW} + 10\ \text{kW} + 21{,}18\ \text{kW} = \mathbf{41{,}11\ kW}$

c) $P_{ins1} \cdot \cos\varphi_1 = 9{,}93\ \text{kW} \cdot 0{,}9 = 8{,}94\ \text{kW}$
$P_{ins2} \cdot \cos\varphi_2 = 10\ \text{kW} \cdot 1 = 10\ \text{kW}$
$P_{ins3} \cdot \cos\varphi_3 = 21{,}18\ \text{kW} \cdot 0{,}8 = 16{,}94\ \text{kW}$
Summe von 1 bis 3: 35,88 kW
$\cos\varphi = \Sigma (P_{insi} \cdot \cos\varphi_i)/\Sigma P_{insi}$
$= 35{,}88\ \text{kW} / 41{,}11\ \text{kW} = \mathbf{0{,}873}$

Der für die Leitung maßgebende Bemessungsstrom kann über die Scheinleistung S der Formel 5 der vorhergehenden Seite berechnet werden.

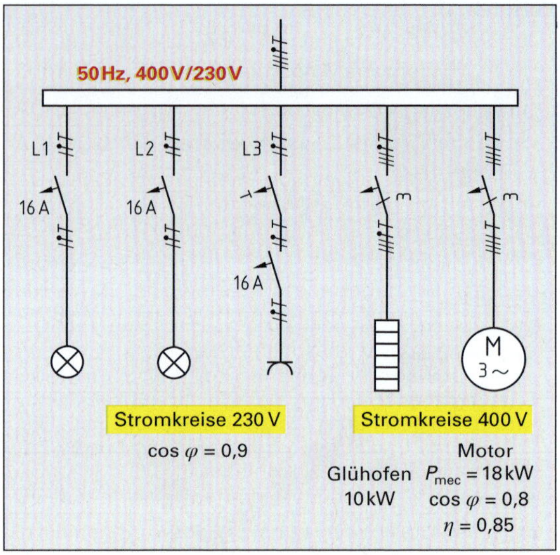

Bild 1: Übersichtsschaltplan eines Stromkreisverteilers

Beispiel 3:

Wie groß sind beim Stromkreisverteiler Bild 1
a) die gesamte Bemessungsleistung bei einem Gleichzeitigkeitsfaktor von $g = 0{,}5$,
b) die Bemessungs-Scheinleistung bei $g = 0{,}5$,
c) der Bemessungsstrom für die Zuleitung?

Lösung:

a) $P_N = g \cdot P_{ins} = 0{,}5 \cdot 41{,}11\ \text{kW} = \mathbf{20{,}56\ kW}$

b) aus Beispiel 2 $\cos\varphi = 0{,}873$
$S_N = P_N/\cos\varphi = 20{,}56\ \text{kW}/0{,}873 = \mathbf{23{,}6\ kVA}$

c) $I_N = S_N/(\sqrt{3} \cdot U_n)$
$= 23{,}6\ \text{kVA} / (\sqrt{3} \cdot 400\ \text{V}) = \mathbf{34{,}1\ A}$

Werden Lasten mit verschiedenen Wirkfaktoren über eine Leitung gespeist, berechnet man den mittleren Wirkfaktor und daraus die Bemessungs-Scheinleistung und den Bemessungsstrom.

Wiederholung und Vertiefung

1. Mit welchen Größen berechnet man den Bemessungsstrom der Leitung zu einem Verbrauchsmittel?
2. Bei einem elektrischen Heizgerät ist die Leistung von 3 kW auf dem Leistungsschild angegeben. Wie groß ist der Wirkfaktor?
3. Welche zwei Bezeichnungen sind für den Wirkfaktor auch gebräuchlich?
4. Auf einem Drehstrommotor ist angegeben 7,5 kW. Um welche Art von Leistung handelt es sich?
5. Was versteht man unter dem Gleichzeitigkeitsfaktor?
6. Bei welchen Bedingungen wendet man den Gleichzeitigkeitsfaktor an?
7. Von wem kann man den Wert des Gleichzeitigkeitsfaktors einer elektrischen Anlage erfahren?

7.3.3 Spannungsfall an Leitungen

Spannungsfall bei allen Stromarten

Die Leiter einer Leitung stellen einen Widerstand dar. Bei DC und AC ist der Leitungswiderstand R_{Ltg} doppelt so groß wie der einzelne Leiterwiderstand (Hin-, Rückleiter). Nach dem Ohm'schen Gesetz ruft der Strom im **Leitungswiderstand** R_{Ltg} eine Spannung $U = R_{Ltg} \cdot I$ hervor **(Bild 1)**.

Da um diese Spannung die Spannung U_2 an der Last kleiner ist als die Spannung U_1 am Speisepunkt des Stromkreises, spricht man von Spannungsfall ΔU (sprich: Delta U). Der Spannungsfall wird auch Spannungsunterschied genannt. Der Spannungsfall hängt von der Stromstärke und dem Leitungswiderstand ab.

> Der Spannungsfall ist die Spannung, um welche die Lastspannung kleiner ist als die Spannung am Speisepunkt des Stromkreises.

Der Spannungsfall ΔU hat die Einheit Volt. Der Spannungsfall in % der Nennspannung U_n der Anlage hat das Formelzeichen Δu. Der Spannungsfall darf bei der Gebäudeinstallation die zulässigen Werte nicht übersteigen. Diese Werte sind in den Normen in Prozent der Nennspannung des Netzes angegeben **(Tabelle 1)**. Je nach Anwendung, und damit je nach Norm, sind die zulässigen Spannungsfälle verschieden groß.

Spannungsfall bei Gleichstrom DC

Bei DC und auch bei AC fließt der Strom zur Last in einem Leiter hin und im anderen Leiter zurück (Bild 1). Wegen der Reihenschaltung der Leiterwiderstände ist deren Summe der Leitungswiderstand R_{Ltg}. Der Faktor 2 in den Berechnungsformeln, auch auf der folgenden Seite, kommt zustande, weil bei DC und AC die Leiterlänge doppelt so groß ist wie die Leitungslänge.

> Bei Gleichstrom ist der Spannungsfall umso größer, je größer Stromstärke und Leitungslänge sind und je kleiner Leiterquerschnitt und Leitfähigkeit sind.

Durch Umstellen von Formel 3 erhält man Formel 5 zur Berechnung des Leiterquerschnitts.

Man kann den Spannungsfall auch aus der Leistungsaufnahme der Last und deren Spannung berechnen, da bei DC $I = P/U_n$ und bei AC $I = P/(U_n \cdot \cos\varphi)$ ist (Formel 4 und Formel 2, folgende Seite). Nach DIN 18015-1 ist für die Berechnung des Spannungsfalls in jedem Leiterabschnitt als Strom in den Formeln der Bemessungsstrom der **Überstrom-Schutzeinrichtungen** zu verwenden.

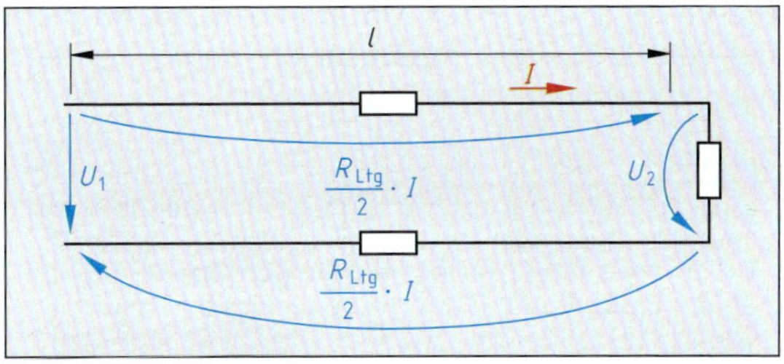

Bild 1: Entstehung des Spannungsfalls bei DC und bei AC

Tabelle 1: Zulässiger Spannungsfall in Gebäuden

Bereich, Quelle (Norm)	Spannungsfall Δu
Zähler bis Anschlusspunkt der Verbrauchsmittel, DIN 18015-1	≤ 3 %
HAK bis Anschlusspunkt, z. B. Steckdose, DIN VDE 0100-520	≤ 4 %*
HAK bis Messeinrichtung nach TAB, unabhängig von der Anlagengröße in kVA	≤ 0,5 %
Private Energieversorgungsnetze: Netzanschlussstelle bis Verbraucher	≤ 8 %

HAK Hausanschlusskasten
TAB Technische Anschlussbedingung des Betreibers vom Versorgungsnetz
* Abweichungen beim Anlauf von Motoren oder bei Verbrauchern mit hohen Einschaltströmen sind erlaubt.

Spannungsfall

$$\Delta U = U_1 - U_2 \qquad (1)$$

Spannungsfall in %

$$\Delta u = \frac{\Delta U \cdot 100\,\%}{U_n} \qquad (2)$$

Spannungsfall bei DC

$$\Delta U = \frac{2 \cdot I \cdot l}{\gamma \cdot A} \qquad (3)$$

$$\Delta U = \frac{2 \cdot P \cdot l}{\gamma \cdot A \cdot U_n} \qquad (4)$$

Leiterquerschnitt bei DC

$$A = \frac{2 \cdot I \cdot l}{\gamma \cdot \Delta U} \qquad (5)$$

Für I ist ggf. der Bemessungsstrom I_N der Überstromschutzeinrichtung einzusetzen.

ΔU Spannungsfall (Spannungsunterschied)
U_1 Spannung am Speisepunkt
U_2 Spannung der Last
Δu prozentualer Spannungsfall (bezogen auf U_n)
U_n Nennspannung Netz
weitere Formelzeichen siehe folgende Seite

Meist verwendet man für die überschlägige Berechnung des Spannungsfalls die **Leitfähigkeit** bei 20 °C Leitertemperatur, also bei Kupferleitungen $\gamma = 56\ \text{m}/(\Omega\ \text{mm}^2)$. Für eine genauere Berechnung ist die Leitfähigkeit bei der anzunehmenden realen Betriebstemperatur der Leitung zu verwenden.

Die Leitfähigkeit eines Materials ist jedoch nicht nur von der Leitertemperatur abhängig, sondern auch vom Material selbst **(Tabelle 1)**.

Beispiel 1:

Eine zweiadrige Kupferleitung der Länge 20 m mit 1,5 mm² Querschnitt ist bei Zimmertemperatur mit DC 16 A belastet. Berechnen Sie den Spannungsfall an der Leitung in V (Leitertemperatur 50 °C).

Lösung:

$$\Delta U = \frac{2 \cdot I \cdot l}{\gamma \cdot A} = \frac{2 \cdot 16\,\text{A} \cdot 20\,\text{m}}{50\,\text{m}/(\Omega \cdot \text{mm}^2) \cdot 1{,}5\,\text{mm}^2} = \mathbf{8{,}53\,V}$$

Spannungsfall bei Wechselstrom AC

Bei Einphasenwechselstrom mit reiner Wirklast gelten dieselben Formeln wie bei Gleichstrom. Jedoch ist bei Wechselstrom meist eine Phasenverschiebung φ infolge induktiver Last, z. B. bei Leuchtstofflampen oder elektronischer Anschnittsteuerung, vorhanden.

Da die Anschlussleitung als Wirkwiderstand angesehen werden kann, ist der Spannungsfall kleiner als $I \cdot R_{Ltg}$, nämlich bei $\cos\varphi < 1$ bzw. $\varphi > 0$ ungefähr das ($\cos\varphi$)-Fache des Spannungsfalls bei $\cos\varphi = 1$ (**Bild 1**, Bild 1, vorhergehende Seite).

Bei Wechselstrom ist der Spannungsfall bei induktiver Last oder kapazitiver Last wegen des Faktors $\cos\varphi$ kleiner als bei reiner Wirklast.

Aus Bild 1 ist erkennbar, dass der nach Formel 1 berechnete Spannungsfall ΔU etwas zu klein ist, weil er nicht ganz die Länge von U_2 auf die Länge von U_1 ergänzt.

Der Unterschied ist aber so klein, dass er im Rahmen der sonstigen Vereinfachungen vernachlässigt werden kann.

Beispiel 2:

Ein Wechselstrommotor besitzt einen Leistungsfaktor von $\cos\varphi = 0{,}8$. Am 230-V-Netz mit 50 Hz nimmt er einen Strom von 14 A auf. Der Bemessungsstrom der Überstrom-Schutzeinrichtung beträgt 16 A. Berechnen Sie den Spannungsfall der 30 m langen Kupferleitung mit 2 Adern (Leitern) von je 2,5 mm² Querschnitt bei einer Leitungstemperatur von 50 °C.

Lösung:

$$\Delta U = \frac{2 \cdot I \cdot l \cdot \cos\varphi}{\gamma \cdot A} = \frac{2 \cdot 16\,\text{A} \cdot 30\,\text{m} \cdot 0{,}8}{50\,\text{m}/(\Omega\,\text{mm}^2) \cdot 2{,}5\,\text{mm}^2}$$

$$= \mathbf{6{,}14\,V}$$

Spannungsfall bei Drehstrom 3 AC

Bei Dreiphasenwechselstrom 3 AC gelten im Prinzip dieselben Berechnungsformeln wie bei AC. Jedoch ist hier zu beachten, dass bei symmetrischer Last ohne Oberschwingungen, z. B. bei Motoren, kein Strom im Neutralleiter fließt **(Bild 1, folgende Seite)**.

Tabelle 1: Leitfähigkeit in m/(Ω · mm²)

Leitertemperatur	Formelzeichen	Cu	Al
20 °C	γ_{20}	56	36
50 °C	γ_{50}	50	31
70 °C	γ_{70}	46	29

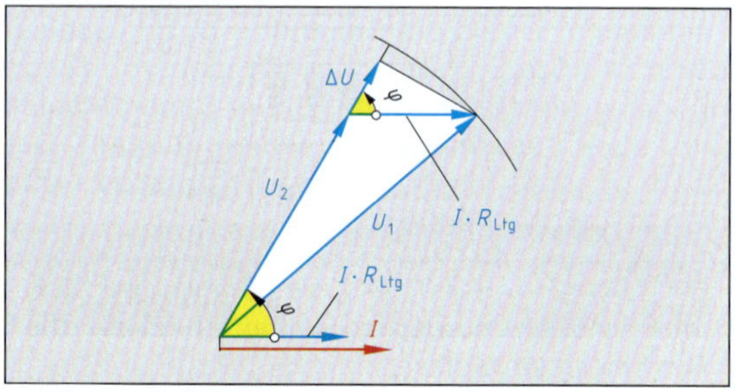

Bild 1: Zeigerbild der Spannungen bei AC und 3AC mit induktiver Last

Spannungsfall bei AC

$$\Delta U = \frac{2 \cdot I \cdot l \cdot \cos\varphi}{\gamma \cdot A} \quad (1)$$

$$\Delta U = \frac{2 \cdot P \cdot l}{\gamma \cdot A \cdot U_n} \quad (2)$$

Leiterquerschnitt bei AC

$$A = \frac{2 \cdot I \cdot l \cdot \cos\varphi}{\gamma \cdot \Delta U} \quad (3)$$

Leitungswiderstand bei AC

$$R_{Ltg} = \frac{2 \cdot l}{\gamma \cdot A} \quad (4)$$

Formel 4 gilt auch für DC

A	Leiterquerschnitt
I	Leiterstrom (ggf. Bemessungsstrom I_N der Überstrom-Schutzeinrichtung)
l	Länge der Leitung
P	Leistungsaufnahme Last
R_{Ltg}	Leitungswiderstand
ΔU	Spannungsfall
U_n	Nennspannung Netz
γ	elektrische Leitfähigkeit
$\cos\varphi$	Leistungsfaktor, Wirkfaktor

Deshalb sind hier Leiterlänge und Leitungslänge gleich groß, der Faktor 2 der Formel 1 entfällt. Andererseits tritt hier der Spannungsfall ΔU zwischen den Außenleitern auf, sodass er um den Faktor $\sqrt{3}$ größer ist (Formel 1, folgende Seite).

Die Formeln für den Spannungsfall bei 3 AC (Drehstrom) entstehen aus den Formeln für AC durch Ersetzen von Faktor 2 durch Faktor $\sqrt{3}$.

Im Verhältnis $\sqrt{3}/2 = 0{,}866$ ist bei gleichem Querschnitt bei 3 AC der Spannungsfall kleiner als bei AC. Um den Kehrwert $2/\sqrt{3} = 1{,}155$ kann bei gleichem Querschnitt ein größerer Laststrom als bei AC übertragen werden.

Mit einer Drehstromleitung können 15,5 % mehr Strom übertragen werden als bei Einphasenwechselstrom, wenn der Spannungsfall gleich bleiben muss.

Beispiel 1:

Ein Drehstrommotor wird über eine 20 m lange Kupferleitung mit Leiterquerschnitt 2,5 mm² an 400 V 50 Hz angeschlossen. Der Bemessungsstrom des Motors beträgt $I_N = 18$ A bei $\cos\varphi = 0{,}86$, der Bemessungsstrom der Überstrom-Schutzeinrichtung im Leitungsabschnitt 20 A. Berechnen Sie den Spannungsfall bei einer Leitertemperatur von 50 °C.

Lösung:

$$\Delta U = \frac{\sqrt{3}\cdot I\cdot l\cdot\cos\varphi}{\gamma\cdot A} = \frac{\sqrt{3}\cdot 20\ \text{A}\cdot 20\ \text{m}\cdot 0{,}86}{50\ \text{m}/(\Omega\ \text{mm}^2)\cdot 2{,}5\ \text{mm}^2}$$

$$= \mathbf{4{,}77\ V}$$

Beispiel 2:

Die Drehstrom-Anlage von Beispiel 1 ist mit Überstrom-Schutzeinrichtungen von 25 A abgesichert. Wie lang dürfte die Leitung bei einem $\cos\varphi = 0{,}8$ höchstens sein, wenn der Spannungsfall Δu höchstens 3 % der Nennspannung betragen darf?

Lösung:

$$\Delta U = \frac{\Delta u\cdot U_n}{100\ \%} = \frac{3\ \%\cdot 400\ \text{V}}{100\ \%} = 12\ \text{V}$$

$$l = \frac{\Delta U\cdot A\cdot\gamma}{\sqrt{3}\cdot I\cdot\cos\varphi} = \frac{12\ \text{V}\cdot 2{,}5\ \text{mm}^2\cdot 50\ \text{m}/(\Omega\ \text{mm}^2)}{\sqrt{3}\cdot 25\ \text{A}\cdot 0{,}8}$$

$$= \mathbf{43{,}3\ m}$$

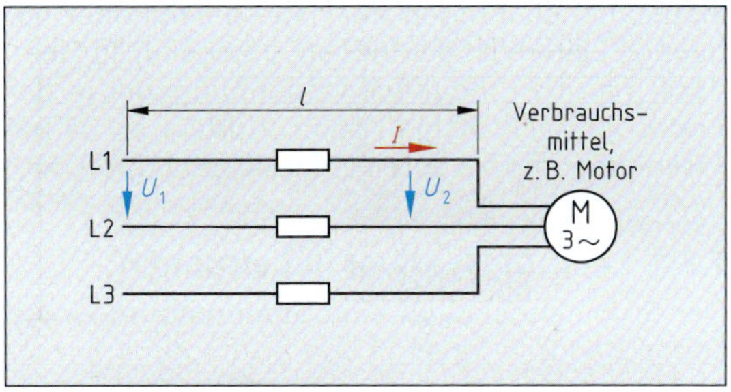

Bild 1: Spannungsfall bei 3 AC

Spannungsfall bei 3 AC

$$\Delta U = \frac{\sqrt{3}\cdot I\cdot l\cdot\cos\varphi}{\gamma\cdot A} \quad (1)$$

$$\Delta U = \frac{P\cdot l}{\gamma\cdot A\cdot U_n} \quad (2)$$

Leiterquerschnitt bei 3 AC

$$A = \frac{\sqrt{3}\cdot I\cdot l\cdot\cos\varphi}{\gamma\cdot\Delta U} \quad (3)$$

Leitungswiderstand bei 3 AC

$$R_{Ltg} = \frac{l}{\gamma\cdot A} \quad (4)$$

A Leiterquerschnitt
I Leiterstrom (o. I_N der Überstrom-Schutzeinrichtung)
l Länge der Leitung
P Leistungsaufnahme Last
ΔU Spannungsfall
U_n Nennspannung Netz
R_{Ltg} Leitungswiderstand
γ el. Leitfähigkeit
$\cos\varphi$ Leistungsfaktor, Wirkfaktor

$$X_L' = 2\pi f\cdot L' \quad (5)$$

$$\Delta U_L' = I\cdot X_L' \quad (6)$$

$$\Delta U_L = 2\cdot l\cdot\Delta U_L'\cdot\sin\varphi \quad (7)$$

Spannungsfall mit Leitungsinduktivität

Auf den vorhergehenden Seiten wurde der Spannungsfall durch den Wirkwiderstand der Leitung hervorgerufen. Leitungen haben aber auch einen induktiven Blindwiderstand, da um jeden Leiter bei Stromfluss ein magnetisches Feld auftritt, sodass elektrische Leiter mehr oder weniger große Induktivitäten enthalten. Die Induktivität von 1 m Leiterlänge nennt man **Induktivitätsbelag *L'***.

Wenn Wechselstrom durch die Leitung fließt, stellt jede Induktivität einen induktiven Blindwiderstand dar. Entsprechend hat bei Wechselstrom der Induktivitätsbelag einen induktiven Blindwiderstandsbelag X_L' zur Folge (Formel 5). An diesem tritt ein induktiver Spannungsfallbelag $\Delta U_L'$ auf (Formel 6). Der Spannungsfall an der Leiterinduktivität ist dann bei Einphasenwechselstrom wegen Hinleiter und Rückleiter doppelt so groß.

Entsprechend zum $\cos\varphi$ der Formel 1, vorhergehende Seite, ist $\sin\varphi$ zu ergänzen (Formel 7).

Für den resultierenden (gesamten) Spannungsfall erhält man aus Formel 1, vorhergehende Seite, die Formel 8 für AC.

$$\Delta U = 2\cdot I\cdot l\cdot\left(\frac{\cos\varphi}{A\cdot\gamma} \pm X_L'\cdot\sin\varphi\right) \quad (8)$$

ΔU, A, I, l, γ, $\cos\varphi$ wie für Formel 3
X_L' induktiver Blindwiderstandsbelag (Blindwiderstand je 1 m Leitung)
ΔU_L Spannungsfall am induktiven Leiterwiderstand
$\Delta U_L'$ induktiver Spannungsbelag
$\sin\varphi$ Blindfaktor ($\sin\varphi = \pm\sqrt{1-\cos^2\varphi}$)

Formel 8 steht in DIN VDE 0100 Bbl. 5 mit anderen Formelzeichen und in geänderter Reihenfolge.

Zur praktischen Anwendung von Formel 8 braucht man den Induktivitätsbelag L' der Leitung. Für

Installationsleitungen mit nahe beieinander liegenden Leitern ist der Induktivitätsbelag so klein, dass man den induktiven Spannungsfall in der Praxis vernachlässigen kann. Anders ist es bei Freileitungen, weil deren Leiterabstand groß ist.

7.3.4 Leistungsverlust in Leitungen

Der Spannungsfall ist eine Spannung an einem Leiter. Dadurch treten in von Strom durchflossenen Leitern Leistungen auf, die Verlustleistungen P_v darstellen. Diese Verlustleistungen steigen wegen $P = I^2 \cdot R$ mit dem Quadrat der Stromstärke, während der Einfluss von R derselbe ist wie beim Spannungsfall.

Der Faktor $\cos\varphi$ entfällt bei den Formeln für den Leistungsverlust, da der Leistungsverlust im Wirkwiderstand der Leitung anfällt.

Die Leistungsverluste in Prozent beziehen sich auf die Leistungsaufnahme der Last bei voller Bemessungsspannung.

Beispiel 1:

Eine Kupfer-Mantelleitung der Länge 60 m soll mit 3 AC 400 V 50 Hz eine Leistung von 42 kW bei $\cos\varphi = 0{,}8$ und einem maximalen Spannungsfall von $\Delta U = 8$ V übertragen. Berechnen Sie den erforderlichen Leiterquerschnitt bei einer Leitertemperatur von 50 °C?

Lösung:

$$\Delta U = \frac{P \cdot l}{\gamma \cdot A \cdot U_n} \Rightarrow A = \frac{P \cdot l}{\gamma \cdot \Delta U \cdot U_n}$$

$$= \frac{42\text{ kW} \cdot 60\text{ m}}{50\text{ m}/(\Omega \cdot \text{mm}^2) \cdot 8\text{ V} \cdot 400\text{ V}} = 15{,}75\text{ mm}^2 \approx \mathbf{16\ mm^2}$$

Zwischen dem Spannungsfall in Prozent Δu und dem Leistungsverlust in Prozent $P_{v\%}$ besteht ein enger Zusammenhang. Setzt man für AC

$$\Delta u = \frac{\Delta U \cdot 100\,\%}{U_n} = \frac{2 \cdot I \cdot l \cdot \cos\varphi \cdot 100\,\%}{\gamma \cdot A \cdot U_n}$$

$$P_{v\%} = \frac{P_v \cdot 100\,\%}{P} = \frac{2 \cdot I^2 \cdot l \cdot 100\,\%}{\gamma \cdot A \cdot U_n \cdot I \cdot \cos\varphi}$$

so erhält man

$$\frac{P_{v\%}}{\Delta u} = \frac{2 \cdot I^2 \cdot l \cdot 100\,\% \cdot \gamma \cdot A \cdot U_n}{\gamma \cdot A \cdot U_n \cdot I \cdot 2 \cdot I \cdot l \cdot \cos^2\varphi \cdot 100\,\%}$$

$$\frac{P_{v\%}}{\Delta u} = \frac{1}{\cos^2\varphi} \Rightarrow P_{v\%} = \frac{\Delta u}{\cos^2\varphi}$$

Dieselbe Formel für den Leistungsverlust in % gilt auch für Drehstrom (3AC). Bei Gleichstrom (DC) entfällt die Teilung durch $\cos\varphi$.

Leistungsverlust bei DC und AC

$$P_v = \frac{2 \cdot I^2 \cdot l}{\gamma \cdot A} \quad (1)$$

Leistungsverlust bei 3 AC

$$P_v = \frac{3 \cdot I^2 \cdot l}{\gamma \cdot A} \quad (2)$$

A Leiterquerschnitt
I Leiterstrom (ggf. I_N der Überstrom-Schutzeinrichtung)
l Länge der Leitung
P_v Leistungsverlust in der Leitung
γ elektrische Leitfähigkeit

Leistungsverlust in % bei AC und 3 AC

$$P_{v\%} = \frac{\Delta u}{\cos^2\varphi} \quad (3)$$

Leistungsverlust in % bei DC

$$P_{v\%} = \Delta u \quad (4)$$

$P_{v\%}$ prozentualer Leistungsverlust bezogen auf Leistungsaufnahme der Last
Δu prozentualer Spannungsfall bezogen auf U_n

Beispiel 2:

Die Anlage in Beispiel 1 wird mit dem Kupfer-Querschnitt 16 mm² ausgeführt. Wie groß sind

a) Spannungsfall Δu,

b) Leistungsverlust $P_{v\%}$?

Lösung:

$$\text{a) } \Delta U = \frac{P \cdot l}{\gamma \cdot A \cdot U_n} = \frac{42\text{ kW} \cdot 60\text{ m}}{50\text{ m}/(\Omega \cdot \text{mm}^2) \cdot 16\text{ mm}^2 \cdot 400\text{ V}} = 7{,}88\text{ V}$$

$$\Delta u = \Delta U \cdot 100\,\%/U_n = 7{,}88\text{ V} \cdot 100\,\%/400\text{ V} = \mathbf{1{,}97\,\%}$$

$$\text{b) } P_{v\%} = \frac{\Delta u}{\cos^2\varphi} = \frac{1{,}97\,\%}{0{,}8^2} = \mathbf{3{,}08}$$

Wiederholung und Vertiefung

1. Erklären Sie den Begriff Spannungsfall.
2. Wovon hängt der Spannungsfall ab?
3. Wie groß darf der Spannungsfall vom Hausanschluss bis zur Steckdose höchstens sein?
4. Wie lautet die Berechnungsformel für den Spannungsfall bei Gleichstrom?
5. Wie lautet die Berechnungsformel für den Spannungsfall bei Drehstrom?
6. Der Spanungsfall in einer Drehstromanlage beträgt 3 %. Wie kann man daraus den prozentualen Leistungsverlust berechnen?
7. Warum ist der prozentuale Leistungsverlust bei DC einfacher als bei AC zu berechnen?

7.3.5 Strombelastbarkeit von Installationsleitungen

Wenn durch die Leiter einer Leitung ein Strom fließt, dann entsteht wegen des Leiterwiderstandes Wärme. Je kleiner dieser Widerstand ist, desto weniger Wärme wird erzeugt.

Die Strombelastbarkeit einer Leitung ist umso größer, je größer der Leiterquerschnitt ist.

Die Wärmeenergie erwärmt zunächst die Leitung. Dadurch wird durch Wärmeleitung und durch Konvektion (Wärmeströmung der Luft) Wärme an die Umgebung abgegeben. Bei einer richtig bemessenen Leitung stellt sich ein Gleichgewicht ein, bei dem so viel Wärme an die Umgebung abgeführt wird, wie in den Leitern der Leitung erzeugt wird.

Je besser eine Leitung an die Umgebung Wärme abführen kann, desto größer ist ihre Strombelastbarkeit.

Deshalb unterscheidet man eine Anzahl von **Verlegearten**. Ursprünglich waren es nur drei Verlegearten A, B und C. Dabei verursacht A eine kleine Wärmeabfuhr, weil die Leitung in einem Dämmstoff liegt **(Bild 1)**. Später wurde A unterteilt in A1 und A2. Dabei ist die Kühlung in A2 ein wenig kleiner als in A1. Bei den weiteren Verlegearten ist die Kühlung umso höher, je weiter hinten im Alphabet der Kennbuchstabe der Verlegeart liegt, Ausnahme nur bei D. Entsprechend höher ist die Strombelastbarkeit der Leitung.

Die Strombelastbarkeit ist aber weiter abhängig von der wegen des Isolierstoffes zulässigen Leitertemperatur und der Umgebungstemperatur. Die Tabellen der Strombelastbarkeit gelten immer für nur eine zulässige Leitertemperatur, meist 70 °C oder 90 °C, und eine bestimmte Umgebungstemperatur, von oft 30 °C **(Tabelle 1, folgende Seite)**.

Außerdem kommt es darauf an, wie viele stromführende Leiter nahe beieinander liegen. Bei einem einzelnen Stromkreis ist deshalb zu unterscheiden, ob zwei oder drei Adern Strom führen (Tabelle 1, folgende Seite).

Bei schon lange üblichen Kabeln und Leitungen ist die höchstzulässige Betriebstemperatur an den Leitern 70 °C. Das trifft z. B. zu bei

- Aderleitungen mit PVC-Isolierung H07V-U,
- PVC-isolierten Mantelleitungen NYM,
- halogenfreien Aderleitungen mit thermoplastischer Isolierung H07Z-U,
- Stegleitungen NYIF,
- PVC-isolierten Kabeln NYY.

Bei später entwickelten Kabeln und Leitungen ist die höchstzulässige Betriebstemperatur 90 °C an den Leitern, z. B. bei

- wärmebeständiger Aderleitung mit PVC-Isolierung H07V2-U,
- halogenfreier Aderleitung mit vernetzter Isolierung H07Z-U,
- Installationskabeln mit Isolierung aus vernetztem PET und Mantel aus PVC NI2XY,
- Kabeln mit Isolierung PET-vernetzt N2XY.

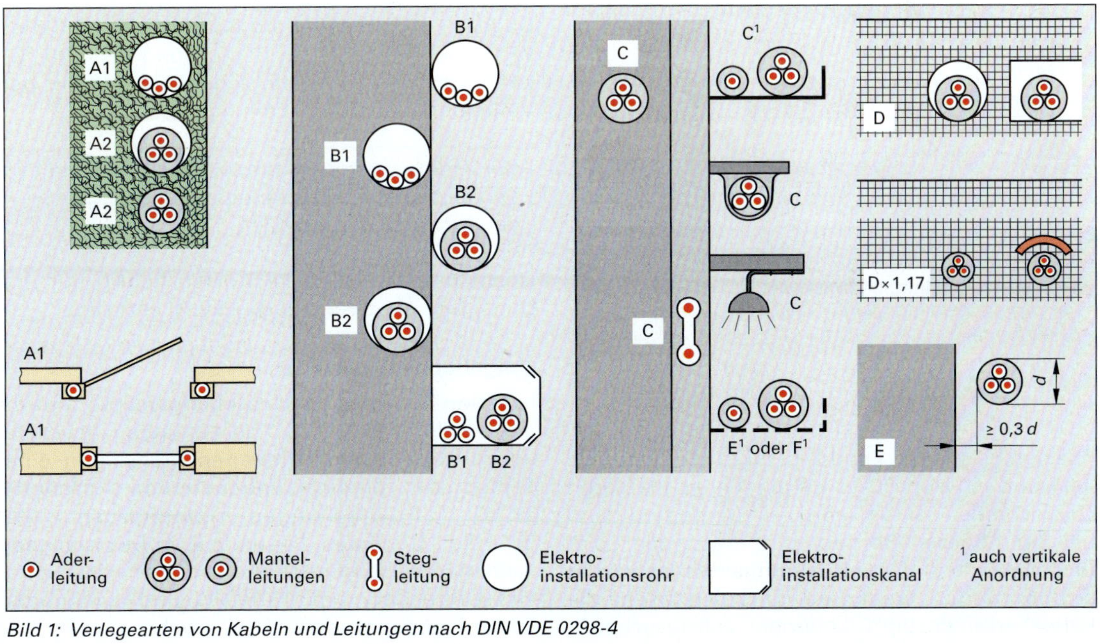

Bild 1: Verlegearten von Kabeln und Leitungen nach DIN VDE 0298-4

Tabelle 1: Strombelastbarkeit I_r für Kabel und Leitungen mit Kupferadern bei Umgebungstemperatur von $\vartheta_u \leq 30$ °C vgl. DIN VDE 0298-4

Querschnitt A in mm²	Gruppen der Verlegeart, Anzahl der stromführenden Leiter											
	Gruppe A2 in A		Gruppe B1 in A		Gruppe B2 in A		Gruppe C in A		Gruppe D in A		Gruppe E in A	
	2	3	2	3	2	3	2	3	2	3	2	3
höchstzulässige Betriebstemperatur am Leiter $\vartheta_B \leq 70$ °C												
1,5	15,5	13	17,5	15,5	16,5	15	19,5	17,5	22	18	22	18,5
2,5	18,5	17,5	24	21	23	20	27	24	29	24	30	25
4	25	23	32	28	30	27	36	32	37	30	40	34
6	32	29	41	36	38	34	46	41	46	38	51	43
10	43	39	57	50	52	46	63	57	60	50	70	60
16	57	52	76	68	69	62	85	76	78	64	94	80
höchstzulässige Betriebstemperatur am Leiter $\vartheta_B \leq 90$ °C												
1,5	18,5	16,5	23	20	22	19,5	24	22	25	21	26	23
2,5	25	22	31	28	30	26	33	30	33	28	36	32
4	33	30	42	37	40	35	45	40	43	36	49	42
6	42	38	54	48	51	44	58	52	53	44	63	54
10	57	51	75	66	69	60	80	71	71	58	86	75
16	76	68	100	88	91	80	107	96	91	75	115	100

A Leiterquerschnitt in mm², ϑ_B Betriebstemperatur am Leiter, ϑ_U Umgebungstemperatur
Weitere Werte siehe Tabellenbuch Elektrotechnik und DIN VDE 0298-4.

Beispiel 1:

Ein Elektroherd in einer Restaurant-Küche hat einen Bemessungsstrom von 40 A bei einem Drehstromanschluss, der als fünfadrige PVC-isolierte Mantelleitung NYM im Isolierrohr in der Wand ausgeführt ist. Es muss mit einer Umgebungstemperatur von 30 °C gerechnet werden.

a) Welche Verlegeart liegt vor? b) Wie viele Leiter können stromführend sein? c) Welcher Leiterquerschnitt ist zu verlegen?

Lösung:

a) **Verlegeart B2**,

b) **drei Leiter**,

c) nach **Tabelle 1 ist erforderlich NYM-J 5x10 mm²**.

Hinweis: J ist Kennzeichen für „mit Schutzleiter".

Beispiel 2:

Es liegt dieselbe Aufgabe wie in Beispiel 1 vor. Zur Verlegung wird Installationskabel NI2XY und dieselbe Verlegeart ausgewählt. Welcher Querschnitt ist zu verlegen?

Lösung:

Nach **Tabelle 1** kann man verlegen **NI2XY-J 5x6 mm²**.

Aus den Beispielen 1 und 2 ist erkennbar, dass die Verwendung von 90-°C-Leitungen zu kleineren Querschnitten führen kann. Allerdings sind dann bei der höheren Betriebstemperatur die Leistungsverluste in der Leitung höher. Es ist also zu prüfen, ob man wegen der Energieeffizienz die Belastbarkeit der 90-°C-Leitungen voll ausschöpft.

Bei häufigem Betrieb der Leitung, z. B. einer Leitung zu Arbeitsmaschinen in Fertigungsbetrieben, ist eine Bemessung nach 70-°C-Leitungen eher effizient, und zwar auch, wenn 90-°C-Leitungen verlegt werden. Dann sind nämlich in der verlegten Leitung die Energieverluste kleiner, sodass die Effizienz der Stromversorgung eher größer ist.

Dagegen ist bei seltenem Betrieb, z. B. im Keller von Wohnhäusern, die Bemessung nach 90-°C-Leitungen ggf. zu empfehlen, allerdings nur bei Verlegung einer 90-°C-Leitung.

Bei Verlegung von Leitungen für 90 °C kann es effizient sein, die Belastungstabelle der Leitungen für 70 °C anzuwenden.

Deshalb sind in Druckschriften häufig nur die Daten für Leitungen mit $\vartheta_B \leq 70$ °C enthalten.

Umgebungstemperatur

In vielen Fällen ist die Umgebungstemperatur ϑ_u anders als 30 °C. So wird bei Leitungen innerhalb von elektrisch angetriebenen Maschinen eine Temperatur von 40 °C angenommen **(Abschnitt 18.7.5)** und bei Leitungen in Wohnhäusern, die in kühlen Gegenden liegen, z. B. in Deutschland, kann man mit 25 °C rechnen. In diesen Fällen wird eine Umrechnung mit Hilfe eines **Umrechnungsfaktors** vorgenommen.

Wenn die Umgebungstemperatur höher oder niedriger ist als 30 °C, muss man den Strombemessungswert I_r (r von rated = bemessen) der Tabelle 1, vorhergehende Seite, mit einem Umrechnungsfaktor f multiplizieren und erhält dadurch die reale Strombelastbarkeit I_Z der Leitung (Formel 1).

Den Faktor für die Umrechnung entnimmt man einer Tabelle **(Tabelle 1)**. Anstelle von I_r steht in Tabellen oft I_N oder I_n.

Beispiel 1:

In einer Schmiedewerkstatt wird zu einem Unterverteiler eine NYM-Leitung mit 5 x 4 mm² unter Putz verlegt. Wie groß ist die Strombelastbarkeit, wenn man die Umgebungstemperatur zu 40 °C ansetzt?

Lösung:

Bei der Umgebungstemperatur 30 °C ist für Gruppe C nach Tabelle 1, vorhergehende Seite, I_r = 32 A. Nach Tabelle 1 beträgt der Umrechnungsfaktor f_1 = 0,87.

$I_Z = f_1 \cdot I_r = 0{,}87 \cdot 32\ \text{A} = \mathbf{27{,}84\ A}$

Häufungen von Leitungen, vieladrige Leitungen

In ähnlicher Weise verfährt man bei Häufung von Leitungen **(Tabelle 2)** und vieladrigen luft- und erdverlegten Leitungen **(Tabelle 3)**. Allerdings gibt es sehr viele Arten von Häufung, sodass man meist auf das Tabellenbuch Elektrotechnik zurückgreifen muss. Bei vieladrigen in Luft verlegten Leitungen ist die Anzahl stromführender Leiter von Bedeutung. Bei Verlegung in Erde ist der Faktorwert jeweils um 0,05 verringert.

Wenn mehrere Umrechnungsfaktoren zu berücksichtigen sind, z. B. bei Leitungshäufung und erhöhter Umgebungstemperatur, so bildet man das **Produkt *f*** aus den einzelnen Umrechnungsfaktoren **(Formel 2)** und errechnet damit die Strombelastbarkeit I_Z.

Beispiel 2:

In einem Stromkreis beträgt der Bemessungsstrom bei 30 °C 24 A. Wegen der Häufung ist ein Faktor von 0,65 anzusetzen und wegen der Temperatur ein Faktor von 0,87. Wie groß ist die Strombelastbarkeit?

Lösung:

$f = f_1 \cdot f_2 = 0{,}65 \cdot 0{,}87 = 0{,}566$

$I_Z = f \cdot I_r = 0{,}566 \cdot 24\ \text{A} = \mathbf{13{,}6\ A}$

Leitungshäufung und erhöhte Temperatur der Umgebung behindern die Kühlung, sodass die Leitungen eine kleinere Strombelastbarkeit haben.

Kühlung hindernde Umstände setzen die Strombelastbarkeit von Leitungen herunter.

Umfangreiche Wertangaben für die Umrechnungsfaktoren der Tabellen 1 bis 3 sind in VDE 0298-4 aufgeführt.

Strombelastbarkeit

$$I_Z = f \cdot I_r \quad (1)$$

$$f = f_1 \cdot f_2 \cdot f_3 \cdot \ldots \quad (2)$$

f	Umrechnungsfaktor bei nur einer Ursache oder Produkt von $f_1 \cdot f_2 \cdot f_3 \cdot \ldots$
$f_1, f_2, \ldots$	einzelne Umrechnungsfaktoren
I_Z	Strombelastbarkeit
I_r	Strombemessungswert (Tabellenwert)

Tabelle 1: Umrechnungsfaktoren *f* für von 30 °C abweichende Umgebungstemperatur für Leitertemperaturen bis 70 °C
vgl. DIN VDE 0298-4

10 °C	15 °C	20 °C	25 °C	30 °C
1,22	1,17	1,12	1,06	1,0
35 °C	40 °C	45 °C	50 °C	60 °C
0,94	0,87	0,79	0,71	0,5

Tabelle 2: Umrechnungsfaktoren *f* bei Häufung von Leitungen oder Stromkreisen[1] bei Verlegung auf oder in der Wand

Anzahl 2-, 3-adrig stromführende Leitungen, Sk						
2	3	4	6	8	14	20
0,8	0,7	0,65	0,57	0,52	0,43	0,38

[1]Stromkreise Sk aus einadrigen Leitungen
Weitere Beispiele siehe DIN VDE 0298-4.

Tabelle 3: Umrechnungsfaktoren *f* für vieladrige Leitungen[1]

Anzahl stromführende Leiter						
2, 3	5	7	10	14	19	24
1	0,75	0,65	0,55	0,5	0,45	0,4

[1]verlegt in Luft, Leiterquerschnitt ≤ 10 mm²

Wiederholung und Vertiefung

1. Welche Eigenschaft ist den Verlegearten A1 und B1 gemeinsam?
2. Warum sind die gleichen Leitungen in Verlegeart C höher belastbar als in Verlegeart B?
3. Nennen Sie zwei Leitungen mit höchstzulässiger Betriebstemperatur von 90 °C.
4. Zu einem Gartenhaus wird eine fünfadrige Drehstromleitung NYM 4 mm² in einem Rohr im Erdboden verlegt. Wie hoch ist die Strombelastbarkeit I_r?
5. Warum kann ein für eine 70-°C-Leitung bemessener Leiterquerschnitt bei Verwenden einer 90-°C-Leitung durchaus sinnreich sein?

7.3.6 Einfluss von Oberschwingungen

Begriffe

Schwingungen mit ganzzahligen Ordnungszahlen (Formelzeichen ν, griech. Kleinbuchstabe Nü) mit $\nu > 1$ nennt man *Oberschwingungen OS* oder *Harmonische*. Die Ordnungszahl einer OS ist das ganzzahlige Verhältnis der Frequenz der OS zur Frequenz der Grundschwingung (Grundfrequenz).

Der OS-Anteil wird meist in % vom gesamten Strom angegeben und wird als Verzerrungsstrom oder auch als *THD-Wert* bezeichnet (THD von Total Harmonic Distortion).

Lineare Lasten sind Betriebsmittel, deren Impedanz eine konstante Größe ist, z. B. ein Wirkwiderstand oder ein Blindwiderstand. **Nichtlineare Lasten** nennt man Betriebsmittel, deren Impedanz eine von fremden Parametern abhängige Größe ist, z. B. eine Diode. Nichtlineare Lasten nehmen an Sinusspannung einen nicht sinusförmigen Strom auf. Sie verzerren also den Sinusstrom durch Oberschwingungsströme (OS-Ströme, siehe auch **Abschnitt 4.4.1**).

Oberschwingungsstrom im Neutralleiter

Die Speisung elektrischer Anlagen erfolgt meist über vier- oder fünfadrige Leitungen. Dadurch gehen zuletzt alle Außenleiterströme durch den Neutralleiter. Im günstigsten Fall sind die Lasten der drei Außenleiter symmetrisch (gleich groß) und linear. Dann ist der Neutralleiter stromlos. Bei Belastung der drei Außenleiter mit nichtlinearen Lasten kann die Belastung des Neutralleiters größer als die Belastung eines Außenleiters werden.

Reduktionsfaktoren bei OS-Strömen

Oberschwingungen führen nie zur Erhöhung der Strombelastbarkeit, meist zur Verringerung. Deshalb werden die Umrechnungsfaktoren hier Reduktionsfaktoren genannt mit Formelzeichen *F* (VDE 0298-4).

Wir beschränken uns hier auf die zur Stromversorgung meist verwendeten vier- und fünfadrigen Leitungen und Kabel. Bei diesen haben alle Adern denselben Querschnitt. Es genügt deshalb, den Querschnitt entweder vom Außenleiter oder vom Neutralleiter zu ermitteln.

Der Oberschwingungsanteil eines Stroms wird als **THD-Wert** angegeben und zwar in Prozent, z. B. 15 %, oder als Dezimalzahl, z. B. 0,15. Den größten Anteil haben dabei Oberschwingungen der Ordnungszahl 3, also beim 50-Hz-Netz Oberschwingungen mit 150 Hz. In der Norm sind die Reduktionsfaktoren für diese angegeben **(Tabelle 1)**.

Tabelle 1: Reduktionsfaktoren für OS-Ströme in 4- und 5-adrigen Leitungen und Kabeln
vgl. VDE 0298-4

Oberschwingung mit $\nu = 3$, Anteil am Außenleiterstrom	Reduktionsfaktoren *F* bei Querschnittsauswahl nach	
	Außenleiterstrom	Neutralleiterstrom
0 bis 0,15	1,0	–
> 0,15 bis 0,33	0,86	–
> 0,33 bis 0,45	–	0,86
> 0,45	–	1,0

ν Ordnungszahl (Nü); > größer als
siehe auch Tabelle 1, folgende Seite

Oberschwingungen der Ordnungszahl 3 haben unter den Oberschwingungen die größte Auswirkung.

Will man die Belastbarkeit I_r einer Versorgungsleitung ermitteln, so ist zunächst zu klären:

- Wie groß ist der THD-Wert des Anlagenteils?
- Ist der Außenleiterstrom oder der Neutralleiterstrom zu ermitteln?

Danach richtet sich, ob die linke oder die rechte Hälfte der Reduktionsfaktoren von Tabelle 1 heranzuziehen ist. Der Außenleiterstrom ist von der jeweiligen Last abhängig und in der üblichen Weise zu berechnen.

Für THD-Werte bis 33 % erfolgt die Ermittlung der Strombelastbarkeit I_Z wie bisher durch Multiplikation mit dem Faktor *F* von Tabelle 1 (entsprechend wie mit den Umrechnungsfaktoren *f*).

Beispiel:

Eine Leitung NYM 5 x 6 mm² hat bei 3 mit je 32 A belasteten Adern eine Strombelastbarkeit von I_r = 41 A. (Tabellenwert, Gruppe C). Der OS-Anteil des Außenleiterstroms beträgt 25 %. Wie groß ist jetzt die Strombelastbarkeit I_Z?

Lösung:

Nach Tabelle 1, ist der Reduktionsfaktor 0,86.

$I_Z = F \cdot I_r = 0{,}86 \cdot 41\ \text{A} = \mathbf{35{,}26\ A}$

Für THD-Werte über 33 % ist auch der Außenleiterquerschnitt durch den Neutralleiterquerschnitt bestimmt. Man muss zuerst den Neutralleiterstrom berechnen und daraus die erforderliche Strombelastbarkeit von Neutralleiter und Außenleiter. Der Faktor 3 in Formel 1, folgende Seite, beruht darauf, dass die drei Oberschwingungsströme der Außenleiter (L) im Neutralleiter (NL) addiert sind.

Beispiel 1:

Bei der Anlage vom Beispiel, vorhergehende Seite, stellt sich heraus, dass der Oberschwingungsanteil statt 25 % nun 40 % betragen wird. Welcher Querschnitt ist für Außenleiter und Neutralleiter erforderlich?

Lösung:

Maßgebend ist der Neutralleiterquerschnitt.

$I_{NL} = 3 \cdot THD \cdot I_L = 3 \cdot 0{,}4 \cdot 32\ \text{A} = 38{,}4\ \text{A}$

Für I_r ist der Reduktionsfaktor 0,86 anzuwenden:

$I_r = I_Z / F = 38{,}4\ \text{A}/0{,}86 = 44{,}65\ \text{A}$

Nach Tabelle 1, Seite 126, muss der Leiterquerschnitt für Außen- und Neutralleiter sein **10 mm²**.

Beispiel 2:

In einer dreiphasigen Anlage betragen die Außenleiterströme je 20 A mit THD 40 %. Wie groß ist der Strom für den zu wählende Querschnitt vom Verteilungsstromkreis (Tabellenwert)?

Lösung:

Maßgebend ist der Neutralleiterquerschnitt.

$I_{NL} = 3 \cdot THD \cdot I_L = 3 \cdot 0{,}4 \cdot 20\ \text{A} = 24\ \text{A}$

$I_r = I_{NL} / F = 24\ \text{A}/0{,}86 = \mathbf{27{,}9\ A}$

Im allgemeinen genügt es bei OS, die Leitungen nach der Belastbarkeit auszuwählen, also die Leitungsberechnung nach der Belastbarkeit vorzunehmen. Die Prüfung auf den zulässigen Spannungsfall erfolgt wie die Berechnung ohne OS, und zwar auch mit den Querschnitten ohne OS.

OS-Ströme und Verzerrungsströme

Elektronische Betriebsmittel verursachen hohe Anteile an OS-Strömen **(Tabelle 1)**. Werden die Verbrauchsmittel symmetrisch auf die Außenleiter aufgeteilt, erhält man für den Neutralleiterstrom des Verteilungsstromkreises über den THD-Wert (Formel 3) durch Summierung der Produkte aus Geräteanzahlen mal zugehörigen Verzerrungsströmen und Betriebsströmen nach Tabelle 1 einen zuverlässigen Näherungswert (Formel 1).

***THD*-Wert in %**

$$THD_{\%} = \frac{\Sigma(I_{Vi} \cdot j)}{\Sigma(I_{Bi} \cdot j)} \cdot 100\ \% \quad (3)$$

I_{Vi} Verzerrungsstrom Gerät i

I_{Bi} Betriebsstrom Gerät i

j Geräteanzahl: 1, 2, ...

Beispiel 3:

Ein Büroraum enthält nach Tabelle 1
18 LED-Leuchtröhren,
5 Notebook-PC,
5 Flachbildschirme und
2 Bürokopierer.

Wie groß sind

a) der gesamte Verzerrungsstrom?

b) der Betriebsstrom der Verbrauchsmittel ?

c) der Anteil des Verzerrungsstroms am Betriebsstrom?

Neutralleiterstrom

$$I_{NL} = 3 \cdot THD \cdot I_L \quad (1)$$

Strombelastbarkeit bei THD ≥ 33 %

$$I_r = \frac{I_{NL}}{F} \quad (2)$$

F Faktor für NL von Tabelle 1, vorherige Seite

I_{NL} Neutralleiterstrom

I_L Außenleiterstrom

I_r Bemessungsstrom (Tabellenwert oder I_Z-Wert)

THD OS-Anteil im Außenleiterstrom

Tabelle 1: Verzerrungsströme elektronischer Verbrauchsmittel
vgl. DIN VDE 0100-520 Bbl. 3

Verbrauchsmittel	P / W	I_B / A	I_V / mA
L-Lampe 25 W	23	0,15	80
L-Lampe 58 W	62	0,6	67
Glühlampe 100 W desgl. gedimmt	100 z. B. 20	0,43 0,19	4 110
LED-Leuchtröhre	27	0,12	20
PC ohne PFC PC mit PFC	85 82	0,48 0,38	270 57
Flachbildschirm	32	0,24	137
Notebook-PC	24	0,2	115
Bürokopierer	103	0,61	144

I_B / A Betriebsstrom in Ampere
L-Lampe Leuchtstofflampe mit induktivem Vorschaltgerät
P / W Leistung in Watt
PC Personalcomputer
PFC Power Factor Correction, Leistungsfaktor-Korrektur
I_V / mA Verzerrungsstrom in mA

Lösung:

a) Verzerrungsstrom:
18 · 20 mA = 360 mA
5 · 115 mA = 575 mA
5 · 137 mA = 685 mA
2 · 144 mA = 288 mA
Summe 1908 mA = **1,9 A**

b) Betriebsstrom:
18 · 0,12 = 2,16 A
5 · 0,2 A = 1 A
5 · 0,24 A = 1,2 A
2 · 0,61 A = 1,22 A
Summe **5,58 A**

c) Anteil Verzerrungsstrom/Betriebsstrom:
1,9 A : 5,58 A = 0,34 = 34 %

Der THD-Wert der Anlage von Beispiel 3 beträgt 34 %.

Sind bei der Leitungsberechnung zu berücksichtigen sowohl Umrechnungsfaktoren für Temperatur (f_1) und Leitungshäufung (f_2) als auch für Oberschwingungen (F), so gilt: $I_Z = I_r \cdot f_1 \cdot f_2 \cdot F$.

Alternativ ist der Reduktionsfaktor *F* auch anhand der ins Verhältnis zur Gesamtleistung gesetzten einzelnen Leistungen der OS-erzeugenden Verbraucher ermittelbar **(Tabelle 1)**. Die Unterscheidung der Leiterquerschnittsberechnung nach Außenleiter oder Neutralleiter erfolgt weiterhin nach Tabelle 1 Seite 128.

Tabelle 1: Reduktionsfaktoren *F* für Verteilungsstromkreis

P in %	*F*	*P* in %	*F*
≤ 15	1,00	≤ 55	0,80
≤ 25	0,95	≤ 65	0,75
≤ 35	0,90	≤ 75	0,70
≤ 45	0,85	> 75	0,65

P in % ist der Leistungsanteil OS-erzeugender Verbraucher bzgl. der Gesamtleistung eines Verteilungsstromkreises

Angepasste Strombelastbarkeitstabellen

Der Umgang mit der Tabelle 1, Seite 128, ist im Zusammenwirken mit den Reduktionsfaktoren aufwendig, weil ständig auf Belastbarkeitswerte zurückgegriffen werden muss, die nicht für oberschwingungshaltige Ströme gelten. Deshalb sind im Beiblatt 3 von DIN VDE 0100-520 Belastbarkeitstabellen aufgenommen, die mit Hilfe der Reduktionsfaktoren berechnet worden sind **(Tabelle 2)**.

Allerdings beträgt der Umfang für diese Belastbarkeitstabellen etwa das Vierfache der Tabellen ohne Oberschwingungsströme. Für Tabelle 1, Seite 128, sind nämlich vier Werte des Oberschwingungsanteils zu unterscheiden, also THD-Werte

- bis zu 15 %,
- > 15 % bis 33 %,
- > 33 % bis 45 % und
- > 45 %.

Die im nachfolgenden Beispiel mit Hilfe der Reduktionsformeln ermittelten Belastbarkeitsströme (neue Tabellenwerte) für OS-haltige Ströme in Drehstromanlagen sind in Tabelle 2 ohne Rechnung direkt ablesbar. Beispielwerte sind dort fett gedruckt.

Beispiel:

Zu einer Unterverteilung führt eine Mantelleitung der Gruppe C von 5 x 4 mm². Wie hoch sind bei einer Umgebungstemperatur von 25°C die Strombelastbarkeiten der Leiter bei OS-Anteilen ($THD_{\%}$-Werten)
a) bis 15 %,
b) über 15 % bis 33 %.

Lösung:

a) Bis OS-Anteil 15% volle Belastbarkeit. Nach Tabelle 1, Seite 126, sind das bei 30°C 32 A und nach Formel 1, Seite 127, sind das wegen 25°C 32 A · 1,06 = **34 A**.

b) Reduktionsfaktor aus Tabelle 1, Seite 128, *F* = 0,86, Strombelastbarkeit $I_L = I_{NL} = I_r \cdot F$ = 34 A · 0,86 = **29 A**.

Tabelle 2: Belastbarkeit von Leitungen und Kabeln für feste Verlegung in und an Gebäuden für Verlegearten B2 und C bei Belastung mit Oberschwingungen, Betriebstemperatur der Leitung 70 °C, Umgebungstemperatur in Luft 25 °C, 20 °C im Erdboden vgl. DIN VDE 0100-520 Bbl. 3

Verlegung von 3AC-Leitungen mit 4 oder 5 Leitern, 3 Leiter stromführend (wenn ohne OS)	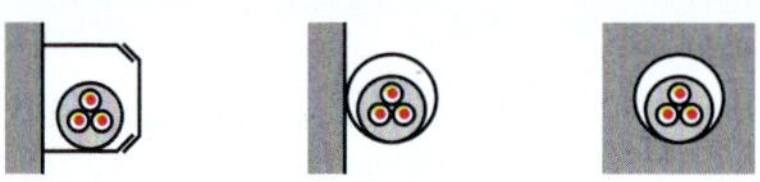 Mehradrige Kabel/Mantelleitungen, Verlegung in Elektroinstallationsrohren oder -kanälen auf oder in Wänden bzw. Kanälen für Unterflurverlegung oder in Kabelkanälen				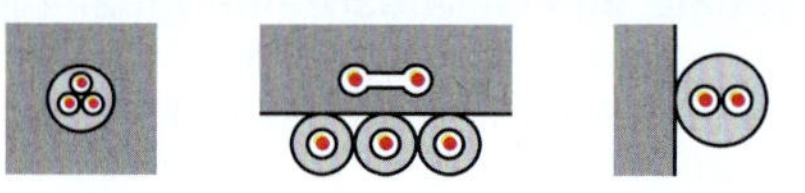 Ein- oder mehradrige Kabel/Mantelleitungen, direkte Verlegung auf oder in Wänden, unter der Decke oder in ungelochten Kabelwannen			
Verlegeart VDE 0298-4	B2				C			
OS-Anteil in % von I_L	bis 15%	>15% bis 33 %	> 33% bis 45%	> 45 %	bis 15%	> 15%	> 33% bis 33 %	> 45 % bis 45%
A_N in mm²	Belastbarkeit I_L Außenleiter in A für Cu							
4	28	25	18	16	**34**	**29**	22	19
6	36	31	23	20	43	37	27	24
10	49	42	31	27	60	52	38	33
16	66	57	42	37	80	70	52	45

A_N Leiter-Bemessungsquerschnitt, I_L Außenleiterstrom, OS Oberschwingungen;
Weitere Querschnitte, Verlegearten und 90°-Leitungen siehe DIN VDE 0100-520 Bbl. 3

7.3.7 Leiterquerschnittsberechnung

Kleiner Strom, kurze Leitungslänge

Bei kleinem Bemessungsstrom I_N von Verbrauchern sind in kurzen Leitungen Leiterquerschnitte nach **Tabelle 1** zu wählen.

Mittlere Leitungslänge bis etwa 30 m

Bei diesen Leitungen ist der Leiterquerschnitt A über die Leitungs-Bemessungsstromstärke I_r mit **Tabelle 1**, Seite 126, ermittelbar. Bei einer Umgebungstemperatur von 30 °C sind bei keinen weiteren Einflüssen die Werte von I_r die Werte der Strombelastbarkeit I_Z der Leitung. Bei anderer Umgebungstemperatur als 30 °C, bei Häufung von Leitungen, bei mehreren stromführenden luft-, erdverlegten Leitern und bei Oberschwingungen sind die Werte von I_r mit den jeweiligen Faktoren für I_Z umzurechnen **(Bild 1)**. Ist I_Z kleiner als der Bemessungsstrom I_N des Verbrauchers, ist der nächstgrößere Leiterquerschnitt zu wählen.

Beispiel 1:

Ein Drehstrommotor Δ 400 V, 15 A, cos φ = 0,8 wird mit einer einzelnen 12 m langen NYM-Leitung an die Unterverteilung in Gruppe B1 angeschlossen. Welche Leiterquerschnitte sind erforderlich bei Umgebungstemperatur a) 30 °C, b) 40 °C?

Lösung:

a) nach **Tabelle 1, Seite 126**, belastbar
I_r = 15,5 A >15 A, also $\boldsymbol{A = 1{,}5\ \text{mm}^2}$

b) 1,5 mm² belastbar bei 40 °C nach Tabelle 1, Seite 127 mit I_Z = 15,5 A · 0,87 = 13,5 A < 15 A, nicht ausreichend, zu verlegen ist $\boldsymbol{A = 2{,}5\ \text{mm}^2}$.

Große Leitungslänge

Bei sehr langen Leitungen mit Länge l ist für den Leiterquerschnitt A der Spannungsfall (Seite 121) maßgebend, sofern er einen größeren Querschnitt erfordert als den über die Strombelastbarkeit I_Z ermittelten **(Bild 2)**.

Beispiel 2:

Der Drehstrommotor vom Beispiel 1 b) wird jetzt mit einer einzelnen Leitung von 85 m Länge angeschlossen. Der Spannungsfall muss ≤ 3 % der Netz-Bemessungsspannung sein. Wie groß ist der erforderliche Leiterquerschnitt bei einer Leitertemperatur von 50 °C?

Lösung:

ΔU = 400 V · 3/100 = 12 V

Nach Formel 1 Seite 123:

$\Delta U = \sqrt{3} \cdot I \cdot l \cdot \cos\varphi / (\gamma \cdot A)$ = 14,13 V > 12 V → **4 mm²** (mit neuer Berechnung prüfen)

Eine Überstrom-Schutzeinrichtung kann Einfluss haben auf Leiterlänge und Leiterquerschnitt (Seite 132). Ihr Bemessungsstrom I_N muss die **Bemessungsstromregel** (Seite 102) erfüllen:

$I_B \le I_N \le I_Z$ (I_B Betriebsstrom bzw. I_N Verbraucher)

Tabelle 1: Mindest-Leiterquerschnitte für kurze Leitungen bei kleinen Stromstärken

Verlegungsart	Querschnitt in mm²
Feste Verlegung	
Geschützte Verlegung	Cu 1,5 Al 16
Leitungen in Schaltanlagen und Verteilern – bis 2,5 A, – über 2,5 A bis 16 A	Cu 0,5 Cu 0,75
Bewegliche Leitungen	
Anschluss von – leichten Handgeräten für $I_N \le 1$ A, – Geräten bis $I_N \le$ 2,5 A, – Geräten, Gerätesteckdosen und Kupplungsdosen bis $I_N \le 10$ A, – Mehrfachsteckdosen bis $I_N \le 10$ A	 Cu 0,5 Cu 0,5 Cu 0,75 Cu 1,0

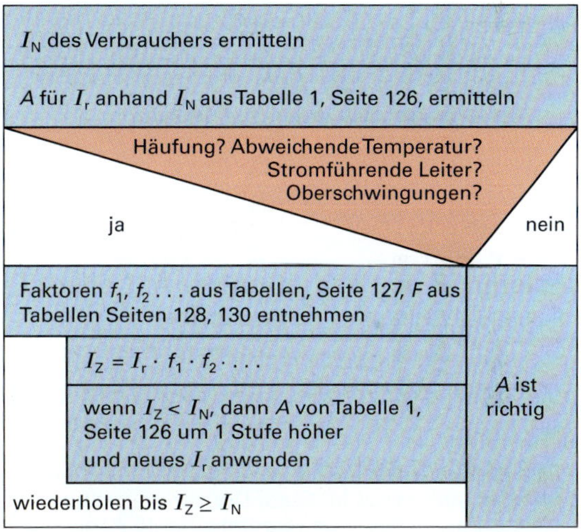

Bild 1: Leiterquerschnittsberechnung anhand der Strombelastbarkeit (I_N Bemessungsstrom Verbraucher)

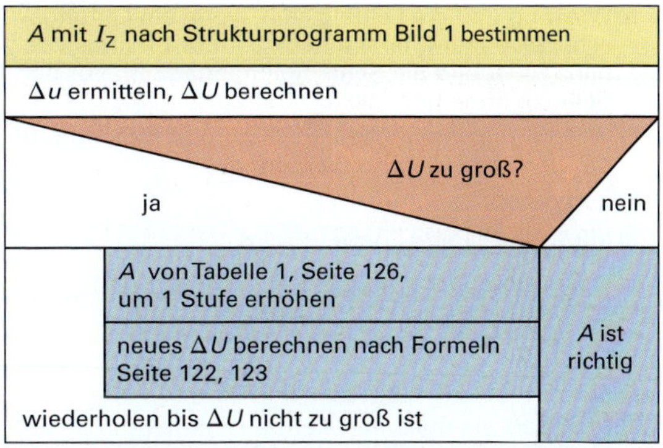

Bild 2: Leiterquerschnittsberechnung anhand des Spannungsfalls

7.3.8 Ermittlung maximale Leitungslänge

Aus Tabellen der Normen DIN VDE 0100 Bbl. 5 **(Tabelle 1)** sowie DIN VDE 0100-520 Bbl. 2 **(Tabelle 2)** können maximale Leitungslängen anhand von Anforderungen bzgl. Spannungsfall, Fehlerschutz und Kurzschlussschutz entnommen werden. **Als maximale Leitungslänge ist die kürzeste maximale Leitungslänge dieser Fälle zu nehmen.**

Spannungsfall, Fehler- und Kurzschlussschutz bestimmen die maximale Leitungslänge.

Das Arbeiten mit Tabelle 1 macht das Anwenden von Formel 1 erforderlich. Die zulässige Leitungslänge auf den gewünschten maximalen Spannungsfall bezogen wird dabei anhand einer normierten Leitungslänge in m bei einer Spannung von 1 V, einer Stromstärke von 1 A und einem Spannungsfall von $\Delta u = 1\ \%$ berechnet. Bei einphasigen Stromkreisen ist die so ermittelte Leitungslänge zu halbieren. Bei parallel verlegten Kabeln ist die ermittelte Leitungslänge mit der Anzahl paralleler Kabel zu multiplizieren.

Überschlagsrechnung bei Drehstrom

$$l_{zul} = l_{norm} \cdot \frac{U_n}{I_B} \cdot \Delta u \quad (1)$$

l_{zul} zulässige Leitungslänge in m
l_{norm} normierte Leitungslänge in m
U_n Netznennspannung in V, meist 400 V
I_B maximale Betriebsstromstärke in A
Δu Spannungsfall in %

Beispiel:

Es soll für ein 2,5 mm² PVC-isoliertes Cu-Mehrleiterkabel, eingesetzt in einem Drehstromsystem mit Netzspannung 400 V und Stromstärke 16 A, die maximale Leitungslänge bestimmt werden.

a) Wie lang darf die Leitung für einen maximalen Spannungsfall von 3 % sein?

b) Wie lang darf die Leitung sein, wenn ein Leitungsschutzschalter Charakteristik C im Stromkreis vorhanden ist und die Schleifenimpedanz Z_{vo} vor der Schutzeinrichtung 300 mΩ beträgt?

c) Welche maximale Leitungslänge darf gesamthaft betrachtet ausgeführt werden?

Lösung:

a) Mit Tabelle 1 und Formel 1 folgt

$$l_{zul} = l_{norm} \cdot \frac{U_n}{I_B} \cdot \Delta u = 0{,}6 \cdot \frac{400\ \text{V}}{16\ \text{A}} \cdot 3 = \mathbf{45\ m}$$

b) Aus Tabelle 2 kann entnommen werden als maximale Leitungslänge l_{max} = **56 m.**

c) Real darf die maximale Leitungslänge nur der zulässigen Leitungslänge gemäß des Spannungfalls betragen: l_{max} = **45 m.**

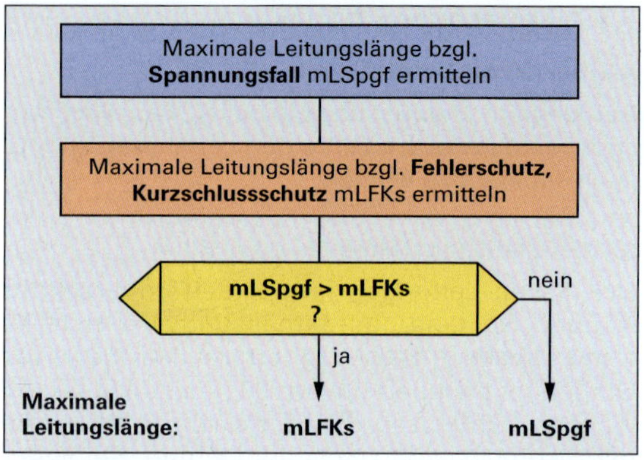

Bild 1: Ablauf des Ermittelns der maximalen Leitungslänge

Tabelle 1: Zulässige normierte Leitungslänge nach Spannungsfall
vgl. DIN VDE 0100 Bbl. 5

Leiterquerschnitt	Mehrleiterkabel PVC		Einleiterkabel PVC	
	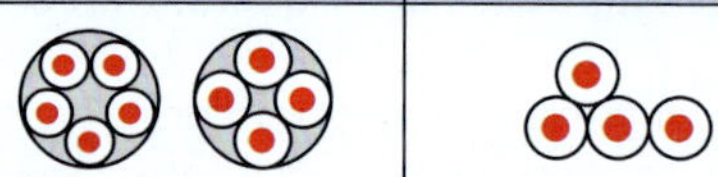			
A mm²	Cu	Al	Cu	Al
1,5	0,4 m	0,2 m	–	–
2,5	0,6 m	0,4 m	–	–
6	1,5 m	0,9 m	–	–
10	2,6 m	1,5 m	2,6 m	1,5 m

Normierte Leitungslängen in m bei Spannung 1 V, Stromstärke 1 A, Spannungsfall $\Delta u = 1\ \%$, Leitertemperatur 70 °C

Tabelle 2: Maximale Längen von Leitungen bei Überstrom-Schutzeinrichtungen
vgl. DIN VDE 0100-520 Bbl. 2

A mm²	I_N	l_{max} in m, Z_{vo} = 300 mΩ, t_a = 0,4 s		
		LS B	LS C	gG
1,5	16	79	34	53
2,5	16	129	56	89
6	32	135	47	62
10	40	168	50	81

A Leiterquerschnitt, I_N Bemessungsstrom Überstrom-Schutzeinrichtung, l_{max} max. Leitungslänge, Z_{vo} Schleifenimpedanz vor Schutzeinrichtung, t_a Abschaltzeit, LS Leitungsschutzschalter mit Charakteristiken B,C, gG Sicherung

Weitere Tabellenwerte siehe Tabellenbuch Elektrotechnik.

7.4 Leitungsführung

Installationszonen

Die Leitungen sind von den Stromkreisverteilern zu den Verbrauchsmitteln in unterschiedlichen Installationszonen Z zu führen **(Bild 1, Bild 2)**. DIN 18015-3 unterscheidet die Raumdecke oben als „unter der Decke" und die Raumdecke unten (Fußboden) als „auf der Decke". Dabei besteht die Decke aus verschiedenen Bereichen **(Bild 3)**. Die *Deckenbekleidung* besteht z. B. aus Gips oder aus Holz.

Installationszonen vermeiden spätere Beschädigungen der Leitungen, z. B. beim Aufhängen von Bildern oder Leuchten.

Waagerechte Installationszonen

Die Installationszonen ZW-u, -o, -m (unten, oben, mittig) sind 0,30 m breit. ZW-o liegt 0,15 m bis 0,45 m unter der Deckenbekleidung. ZW-u liegt 0,15 m bis 0,45 m über dem Fußboden. ZW-m liegt 1,00 m bis 1,30 m über dem Fußboden. Letztere ist nur in Räumen mit einer Arbeitsfläche vor den Wänden vorzusehen.

Senkrechte Installationszonen

Senkrechte Installationszonen ZS-f, ZS-e, ZS-t haben eine Breite von 0,20 m. An Türen (t), Fenstern (f) und Wandecken (e) liegen die Zonen 0,10 m bis 0,30 m neben der Rohbaukante.

Räume mit schrägen Wänden

Bei diesen Räumen verlaufen die von oben nach unten führenden Installationszonen parallel zu den Raumkanten **(Bild 4)**.

Leitungsführung auf der Decke

Leitungen auf der Decke nach Bild 3 sind parallel zu den Wänden zu führen (Bild 2, ZD-r, ZD-t). Die Zonen-Breite beträgt 0,30 m, der Abstand *d* zur Wand im Raum (r) 0,20 m (ZD-r), im Türdurchgang 0,15 m (ZD-t). Sind mehrere Installationszonen erforderlich, z. B. für Warmwasser-Bodenheizung, so sind Abstände von 0,20 m einzuhalten.

Leitungsführung unter der Decke

Leitungen unter der Decke können in den Zonen ZD'-r von Bild 2 im Putz, unter Putz, in Hohlräumen oder in abgehängten Decken verlaufen. Sie sind mit Mindestabstand *d* = 0,20 m von den Raumwänden in einer Zonen-Breite von 0,30 m zu führen.

Leitungsführung in der Decke

Leitungen oder Kabel werden direkt oder in Rohren im Beton verlegt. Für diese Leitungsführung sind keine Installationszonen festgelegt.

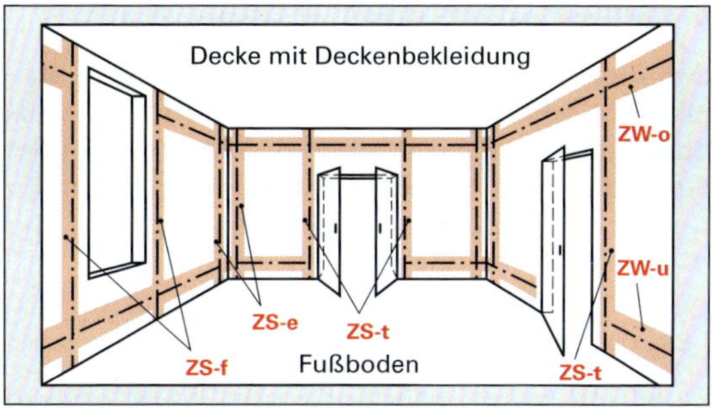

Bild 1: Waagerechte und senkrechte Installationszone

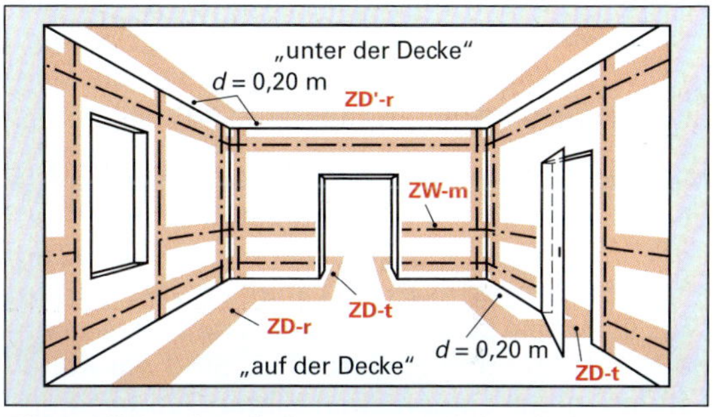

Bild 2: Mittlere Installationszone sowie Installationszonen auf und unter der Decke

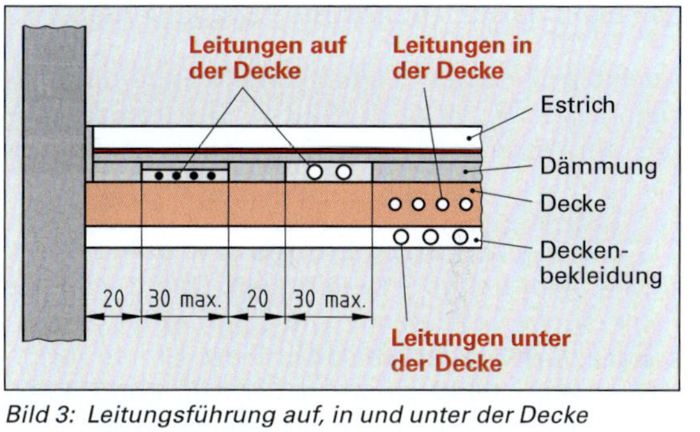

Bild 3: Leitungsführung auf, in und unter der Decke (Maßangaben in cm)

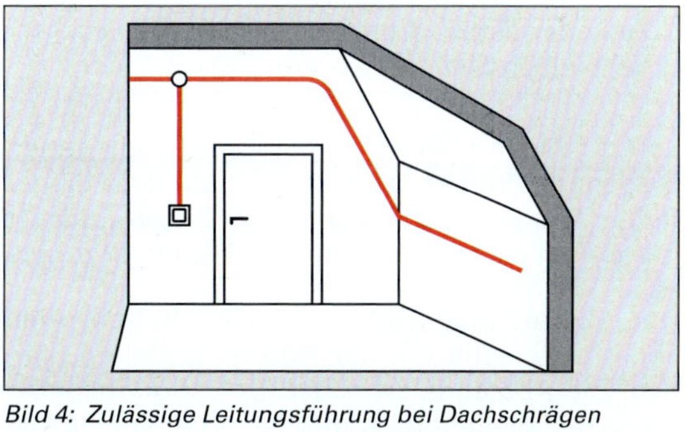

Bild 4: Zulässige Leitungsführung bei Dachschrägen

Leitungen zu Auslässen, die außerhalb der Installationszonen liegen, sind senkrecht zur nächsten horizontalen Zone zu führen.

Anordnung der Schalter und Steckdosen

Schalter sind vor allem neben den Türen in den Installationszonen so anzuordnen, dass der oberste Schalter nicht mehr als 1,05 m über dem Fußboden liegt. *Steckdosen* liegen in der unteren waagerechten Zone in einer Höhe von 0,30 m und in der mittleren Zone in 1,15 m Höhe.

Leitungsverlegung

Einadrige Leiter, Leitungen oder Kabel, die in ferromagnetischen Rohren oder Kanälen verlegt werden, müssen für jeden Stromkreis gemeinsam in einem Rohr oder Kanal verlegt werden (DIN VDE 0100-520). Dadurch heben sich die Magnetfelder gegenseitig weitgehend auf.

Mehradrige Leitungen für mehrere Stromkreise dürfen in einem Elektroinstallationsrohrsystem oder in einem abgeschlossenen Bereich (Zug) eines Elektroinstallationskanalsystems verlegt sein, wenn alle Leiter für die höchste vorkommende Nennspannung isoliert sind. Sind die Kabel/Leitungen nur entsprechend ihrer Bemessungsspannung isoliert, dann müssen sie in getrennten Abschnitten eines geschlossenen oder zu öffnenden Elektroinstallationsrohrs verlegt werden.

Auch ein Verlegen in einer Kabelwanne mit Zwischenwand ist möglich **(Bild 1)**. Elektroinstallationsrohre erfordern je nach Verlegeort bestimmte Festigkeitsklassen zum Schutz der Leitungen.

Die **Leiter eines Stromkreises** sind zusammen, z. B. in einer Leitung, zu verlegen. Damit wird die Fehlersuche vereinfacht. Die Leiter eines Stromkreises dürfen nicht auf verschiedene mehradrige Kabel/Leiter, Elektroinstallationsrohre oder Elektroinstallationskanäle verteilt sein.

Die Leiter eines Stromkreises müssen zusammenbleibend verlegt werden.

Leitungen und Kabel sind empfindlich gegen Biegungen **(Bild 2)**. Deshalb sind Mindest-Biegeradien festgelegt **(Tabelle 1)**. Der **Biegeradius** ist jeweils auf die innere Seite der Biegung bezogen.

Der Mindestbiegeradius ist einzuhalten, weil sonst Leiterschlüsse der Adern entstehen können. Die Abstände zwischen Befestigungspunkten, z. B. Schellen, für Kabel liegen ebenfalls fest **(Tabelle 2)**. Dabei ist zwischen waagerechter und senkrechter Verlegung zu unterscheiden. Die Abstände der Befestigungsmittel bei den Leitungen sind in ähnlicher Weise festgelegt **(Tabelle 1, folgende Seite)**. Wegen eines Brandfalls sind bei senkrechter Verlegung zwecks Zugentlastung alle 3,5 m Leitungsschleifen oder nichtbrennbare Kästen über den Befestigungsschellen vorzusehen.

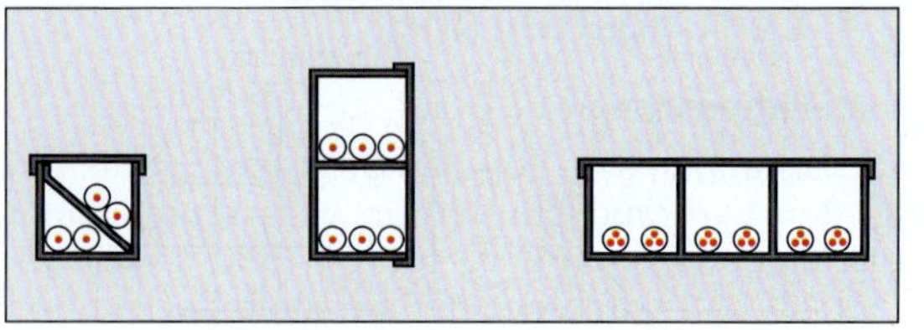

Bild 1: Leitungsverlegung in Kabelwanne

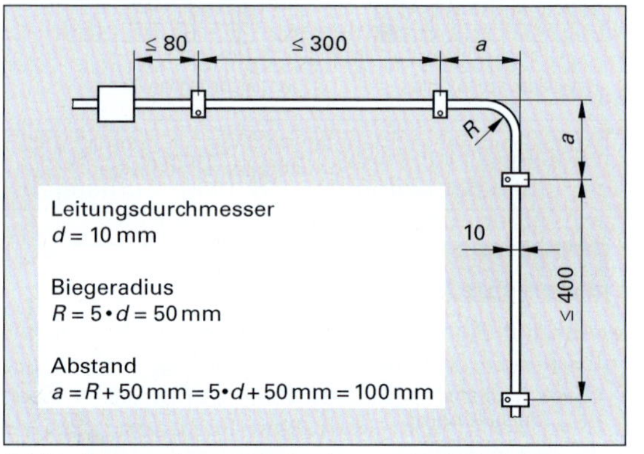

Bild 2: Biegeradius und Befestigungsabstände bei einer Mantelleitung über Putz

Tabelle 1: Mindest-Biegeradien von Leitungen

Art	$d \le 8$	$8 < d \le 12$	$12 < d \le 20$	$d > 20$
Leitungen mit starren Leitern, fest verlegt				
normal	4 *d*	5 *d*	6 *d*	6 *d*
vorsichtiges Biegen	2 *d*	3 *d*	4 *d*	4 *d*
Leitungen mit flexiblen Leitern				
festverlegt	3 *d*	3 *d*	4 *d*	4 *d*
flexibel	4 *d*	4 *d*	5 *d*	6 *d*

d Außendurchmesser bei runden Leitungen, kleineres Außenmaß bei Flachleitungen

Tabelle 2: Höchstabstand der Befestigungen von Kabeln

Verlegung	Abstand
waagerecht	20 *d* und ≤ 0,8 m
senkrecht	< 1,5 m

d Kabeldurchmesser

Mantelleitungen NYM werden verlegt

- auf, unter und im Putz in allen Räumen und im Mauerwerk, aber nicht im Beton, der gerüttelt, geschüttelt oder gestampft wird,
- im Freien bei Schutz vor Sonnenstrahlung.

In Schutzrohren dürfen NYM und NYBUY mit kurzen Strecken im Erdboden verlegt werden, wenn das Schutzrohr mechanisch fest ist und die Leitung auswechselbar bleibt, gegen Wasser geschützt ist und belüftet wird. Hingegen darf **NYY** im Erdboden oder im Beton verlegt werden.

Stegleitungen NYIF, NYIFY dürfen nur in trockenen Räumen **im Putz** oder **unter Putz** verlegt werden. Sie sind meist in ihrem ganzen Verlauf vom Putz bedeckt. Wenn Stegleitungen in Hohlräumen von Gebäudeteilen aus Beton, Stein oder ähnlichen Baustoffen liegen, kann auf die Bedeckung mit Putz verzichtet werden. Stegleitungen dürfen nicht auf brennbarem Baustoff, z.B. Holz verlegt werden, auch nicht, wenn die Bedeckung mit Putz erfolgt. Stegleitungen dürfen nur mit solchen Mitteln befestigt werden, welche die Isolierung nicht beschädigen. Die Verwendung von Stegleitungen ist erheblich eingeschränkt, weil die Isolierung schwächer als bei anderen Leitungen ist. Stegleitungen dürfen nicht auf oder unter Drahtgewebe oder Streckmetall verlegt werden. Stegleitungen werden heute kaum noch verlegt. Dadurch ist auch die Leitungsverlegung **im Putz** aufgrund der begrenzten Putzdicke unbedeutend geworden.

Unter Putz oder unter Dämmungen werden Installationsrohre (Isolierrohre) zur Aufnahme von Aderleitungen oder Mantelleitungen, z.B. NYM, verlegt **(Bild 1)**. Die Montage erfolgt unter Putz in Schlitzen, die aus dem Mauerwerk herausgemeißelt oder meist herausgefräst werden. Die in den Schlitzen verlegten Leitungen oder Installationsrohre befestigt man z.B. durch Gipsbrücken, Nagelschellen, Nagelscheiben. Werden Isolationsrohre unter Putz verlegt, zieht man die Leitungen oft erst in die Rohre, wenn die Putzarbeiten abgeschlossen sind.

Bei der Verlegung **auf Putz** wird eine Leitung oder ein Installationsrohr unmittelbar auf der Wand oder an der Decke befestigt. Die Befestigung der Leitung oder des Installationsrohrs erfolgt mit Nagelclips oder mit Schellen. Diese sind so zu montieren, dass sie die Leitung tragen.

> Die Verlegung unter Putz mit NYM oder seltener mit Aderleitungen in Installationsrohren ist in der Hausinstallation die häufigste Verlegungsart.

Tabelle 1: Höchstabstände der Befestigungen von Leitungen
vgl. DIN VDE 0100-520

d in mm	maximaler Abstand in mm bei Verlegung	
	waagerecht	senkrecht
$d \leq 9$	250	400
$9 < d \leq 15$	300	400
$15 < d \leq 20$	350	450
$20 < d \leq 40$	400	550

d Außendurchmesser der Leitung

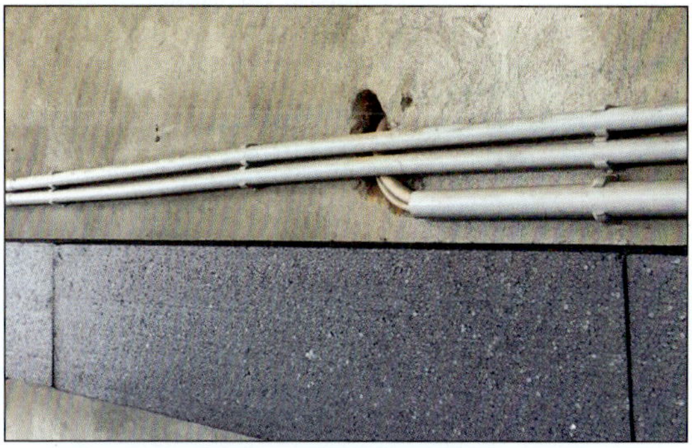

Bild 1: Verlegung von Leitungen in Installationsrohren vor Anbringen des Dämmmaterials

Führen Leitungen durch Wände hindurch, welche Wohnungen voneinander trennen, so ist auf **Brandschutz** zu achten. Die Leitungsdurchgänge müssen geschottet werden, siehe **Abschnitt 5.3**.

Kommunikationsnetzwerke

Nach DIN EN 50173-1 unterscheidet man bei Kommunikationsnetzwerken Primär-, Sekundär-, Tertiär-Netzbereiche **(Bild 1, folgende Seite)**. In den Primär- und Sekundär-Netzbereichen finden insbesondere **LWL-Kabel** (Lichtwellenleiter) zum Verbinden der Datenverteiler Anwendung. Die LWL-Kabel sind mit mindestens 12 Fasern zu verlegen. Auf entsprechende Reichweiten ist zu achten.

Im **Primärbereich**, welcher kleiner 10 km ist, sind für gebäudeübergreifendes Verkabeln, Singlemode-LWL empfohlen (OS, Optical Singlemode). Im **Sekundärbereich**, der kleiner 300 m ist, und die Netzverbindung zwischen Gebäudeverteiler und Etagenverteiler darstellt, sind Multimode-LWL empfohlen (OM, Optical Multimode). Der **Tertiärbereich**, welcher kleiner 100 m ist, umfasst die Verbindung vom Etagenverteiler zum Kommunikationsanschluss der Endgeräte. Hier verwendet man meist Twisted-Pair-Leitungen.

Die optischen Fasern der LWL sind in optische Faserklassen (OF) eingeteilt. Dem Klassennamen ist die maximale Länge in m zu entnehmen, z. B. OF 2.000 steht für 2000 m **(Tabelle 1)**. Singlemode-Fasern besitzen eine kleinere Dämpfung als Multimode-Fasern. Sie sind daher für größere Übertragungsstrecken besser geeignet.

Die Datenübertragungsraten (Bitraten) betragen

- kupferbasiert bis 40 Gbit/s, angewendet meist bis 1 Gbit/s,
- LWL-basiert bis 800 Gbit/s, angewendet meist > 1 Gbit/s bis 100 Gbit/s.

Eine große Bitrate bedeutet bei gleicher Technologie eine kürzere Leitungslänge.

Wiederholung und Vertiefung

1. Die elektrischen Leitungen werden in Installationszonen verlegt. Welche Aussage ist falsch?
   1. Der Fußboden wird als „auf der Decke" bezeichnet. ☐
   2. Leitungen können nur unter oder auf der Decke geführt werden. ☐
   3. Es gibt nur senkrechte und waagrechte Installationszonen. ☐
   4. Bei schrägen Wänden verlaufen die Installationszonen parallel zu den Raumkanten. ☐
   5. Steckdosen können in der unteren waagrechten Installationszone liegen. ☐
2. Welche senkrechten Installationszonen unterscheidet man?
3. Unter welcher Bedingung dürfen mehradrige Leitungen für mehrere Stromkreise in einem Elektroinstallationsrohrsystem verlegt sein?
4. Eine Elektroinstallationsleitung darf nicht beliebig verlegt werden. Welche Aussage ist richtig?
   1. Elektroinstallationsrohre besitzen die gleiche Festigkeitsklasse. ☐
   2. Für alle Leitungen gilt der gleiche Biegeradius. ☐
   3. NYM-Leitungen dürfen aufgrund ihres Mantelschutzes überall verlegt werden. ☐
   4. NYY-Leitungen sind für Verlegen in Beton nicht geeignet. ☐
   5. Stegleitungen dürfen nicht auf Holzwänden verlegt werden. ☐
5. Welche Mantelleitung wird bei Hausinstallationen für Verlegung unter Putz meistens verwendet?

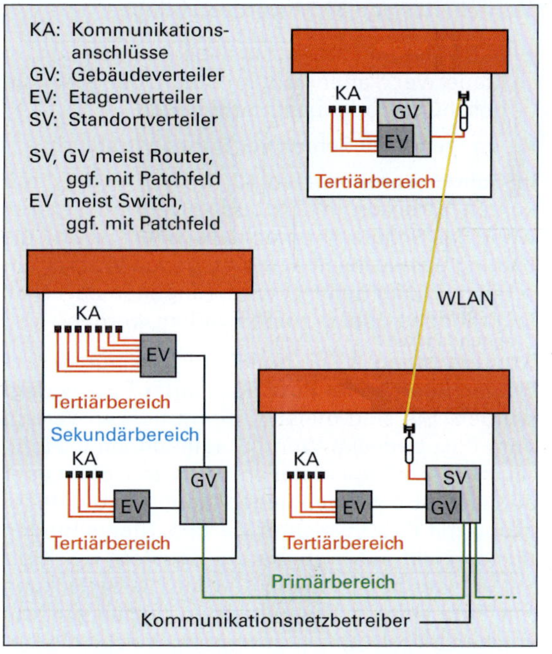

Bild 1: Struktur eines Datennetzes der Gebäudeverkabelung (Switch: verteilt Datenpakete im Netzwerk, Patchfeld: Rangierfeld, dient zur Verbindung von Kabeln)

Tabelle 1: Optische Faserklassen

Klasse	maximale Dämpfung der Übertragungsstrecke in dB			
	Multimode		Singlemode	
	850 nm	1.300 nm	1.310 nm	1.550 nm
OF 100	1,85	1,65	–	–
OF 300	2,55	1,95	1,80	1,80
OF 500	3,25	2,25	2,00	2,00
OF 2.000	8,50	4,50	3,50	3,50
OF 5.000	–	–	4,00	4,00
OF 10.000	–	–	6,00	6,00

6. Welche Leitung ist für das Verlegen im Erdboden oder im Beton geeignet?
7. Es ist eine Datenübertragung für den Primärbereich und den Sekundärbereich zu planen. Welche Kunststofffaserleitungsart ist für die beiden Bereiche einzuplanen? Begründen Sie die Antwort.
8. Was versteht man in der Kommunikationstechnik unter Primärbereich?

7.5 Mindestausstattungen

DIN 18015-2 sieht für Wohnungen eine Mindestausstattung für Steckdosen, Auslässe und Anschlüsse hinsichtlich der elektrischen Energieversorgung vor **(Tabelle 1)**, ebenso für IuK- und RuK-Anschlüsse (IuK Informations- und Kommunikationsanlagen, RuK Rundfunk- und Kommunikationsanlagen, siehe folgende Seite). In RAL-RG 678 von HEA (Hauptberatungsstelle für Elektrizitätsanwendung, Fachgemeinschaft für effiziente Energieanwendung) ist auch eine Standard- und eine Komfort-Ausstattung angegeben (Tabelle 1).

Die Anzahl der Stromkreise für Steckdosen und Beleuchtung beeinflusst sehr die Wohnqualität und damit den Wohnungswert.

Für andere Verbrauchsmittel, z. B. Mikrowellengeräte oder Elektroherde, sind ausreichend viele Endstromkreise vorzusehen.

Schaltstellen

An jedem Raumzugang ist eine Schaltstelle, z. B. ein Schalter, für die Beleuchtung vorzusehen und außerdem an jeder Bettstelle. Weitere Schaltstellen sind für den anzunehmenden Bedarf vorzusehen. Die Gemeinschaftsräume von Mehrfamilienhäusern, z. B. Treppenräume, sind bedarfsgerecht mit Schaltstellen auszustatten. Bei Räumen und Fluren mit mehr als einem Zugang muss mindestens ein Beleuchtungsanschluss vor jedem Zugang geschaltet werden können. Die Flurbeleuchtung kann auch durch Bewegungsmelder oder Präsenzmelder automatisch erfolgen.

Steckdosen, Anschlussdosen für AC 230 V

Deren Anzahl richtet sich sehr nach der geforderten Wohnqualität. Die Normung beschränkt sich auf Angabe der Mindestanzahl. Diese ist von der Abmessung des betreffenden Raums abhängig (Tabelle 1). Steckdosen (Stdo) an Schlafstellen oder Arbeitsplätzen sollen Doppelsteckdosen sein und neben IuK-, RuK-Steckdosen sogar Dreifachsteckdosen.

Auslässe für AC 230 V

Auslässe sind Stellen, an denen die Leitung mit ausreichender Länge die Wand oder die Decke verlässt, um z. B. eine Leuchte anzuschließen. Die Auslässe sind meist ohne Anschlussdose ausgeführt.

Anschlüsse für AC 230 V oder 3AC 400 V

Anschlüsse dienen zum Anschluss von besonderen Verbrauchsmitteln mit eigenem Stromkreis, z. B. Waschmaschinen oder Elektroherden (Tabelle 1). Je nach Verbrauchsmittel führen zum Anschluss Leitungen für AC oder 3AC. Anschlüsse sind im Gegensatz zu Auslässen mit Steckdosen oder Anschlussdosen abgeschlossen.

Waschmaschinen oder Wäschetrockner können in verschiedenen Räumen untergebracht sein. Ihre Installation ist allerdings je Wohnung nur einmal erforderlich.

Tabelle 1: Anzahl der Steckdosen, Auslässe und Anschlüsse
vgl. DIN 18015-2, RAL-RG 678

Raum	Stdo, Anschlüsse	Auslässe
Wohnen/ Schlafen, Kind, Gast bis 20/16 m² über 20/16 m²	 4 - 10/6 - 10 5 - 13/8 - 13	 1 - 3/1 - 3 2 - 4/2 - 4
Küche Kühlge., Dunstabzug Herd, Mikrowelle Spülm., Warmwasser	6 - 11 6	2 - 3
Bad Waschma., Wäschetro. Heizgerät Warmwasser	2 - 5 2 1 1	2 - 3
WC-Raum	1 - 2	1 - 2
Arbeitszimmer	4 - 12	1 - 4
Hausarbeitsraum Waschma., Wäschetro., Bügelmaschine	3 - 9 2 1	1 - 3
Flur Länge bis 4 m über 4 m	 1 - 3 2 - 4	 1 - 2 2
Freisitz	1	1
Abstellraum	1 - 3	1 - 3
Hobbyraum	3 - 8	1 - 2
Keller, Bodenraum der Wohnung	je 1 - 2	je 1
allgemeiner Keller, Bodenraum bis 20 m² über 20 m²	 1 2	 1 2
Kellergang, Bodengang je 6 m Länge	1 - 2	1
Garage	1 - 2	1
Eingang, Treppenhaus	je Stockwerk 1	1

Kühlge. = Kühlgeräte, Spülm. = Spülmaschine, Waschma. = Waschmaschine (je Wohnung 1 mal), Wäschetro. = Wäschetrockner (je Wohnung 1 mal). Anschlusseinrichtungen für IuK, RuK erfordern eigene Steckdosen 230 V (Seite 139).
Stdo Steckdosen

Hauskommunikationsanlage

Nach DIN 18015-2 sind für die Hauskommunikation vorzusehen für jede Wohnung

- eine Klingelanlage und für Gebäude mit mehr als zwei Wohnungen zusätzlich
- eine Türöffneranlage, verbunden mit einer Türsprechanlage, möglichst mit Videoteil.

Kommunikationsanlagen für IuK und RuK

Zu unterscheiden ist zwischen Anlagen der Informations- und Kommunikationstechnik (IuK) sowie der Rundfunk- und Kommunikationstechnik (RuK). Die notwendigen Komponenten hierfür, z.B.

- 1. TAE-Dose (Telekommunikation Anschlusseinheit) oder Glasfaser-TA-Dose
- Router,
- Netzabschluss,
- Spannungsversorgung,
- Komponenten für SAT-Verteilanlagen (Satelliten),

sind in Kommunikationsverteilern untergebracht, welche bei Einfamilienhäusern sich oft im Zählerschrank befinden.

Die Außenkabel enden in einem allgemein zugänglichen Raum am **Hausübergabepunkt** HÜP als Netzabschlusspunkt APL (von Abschlusspunkt Liniennetz) oder bei Glasfaseranschluss (Lichtwellenleiter LWL) als Abschlusspunkt Glasfaser APG für IuK. Bei RuK spricht man hierbei vom HÜP RuK bzw. Abschlusspunkt AP RuK. Die IuK-Anlage des Kunden beginnt am APL oder APG und endet an der 1.TAE-Dose oder Glasfaser-TA-Dose. Die RuK-Anlage endet am **Wohnungsübergabepunkt** WÜP, benachbart zur 1. TAE, in einem Kommunikationsverteiler **(Bild 1)**. Die Leitungen müssen jeweils mindestens zwei Doppeladern besitzen.

> Langfristig wird mittels Internet-Multimedia-Kommunikation IuK und RuK über *einen* Anschluss erfolgen.

Für IuK und RuK sind getrennte Rohrnetze als Sternennetze zu verlegen. Zur Ausführung der Rohrnetze werden Elektroinstallationsrohre oder Elektroinstallationskanäle verwendet. Bei Gebäuden mit mehreren Wohnungen sind Etagennetze zu installieren **(Bild 2)**. Jede Wohnung besitzt einen eigenen Kommunikationsverteiler. Auch zu den IuK-Anschlüssen sowie den RuK-Anschlüssen in den Räumen sind Rohrnetze herzustellen. Die Stromkreise für Spannungsversorgungen von Kommunikationsgeräten sind aufgrund der EMV **(Kapitel 9)** getrennt zu den Rohnetzen für IuK und RuK zu verlegen.

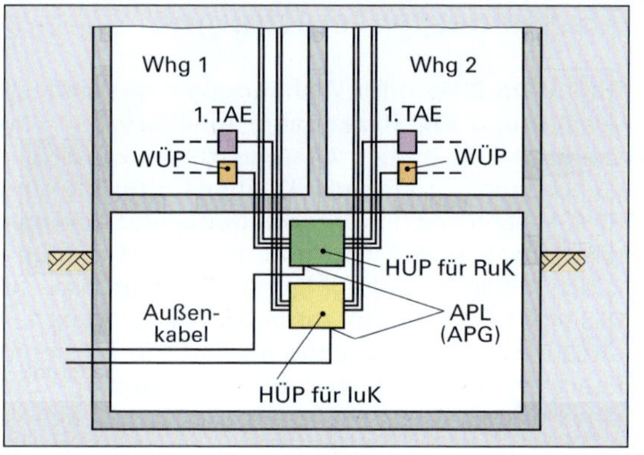

Bild 1: Rohrnetz als Sternnetz für IuK und RuK

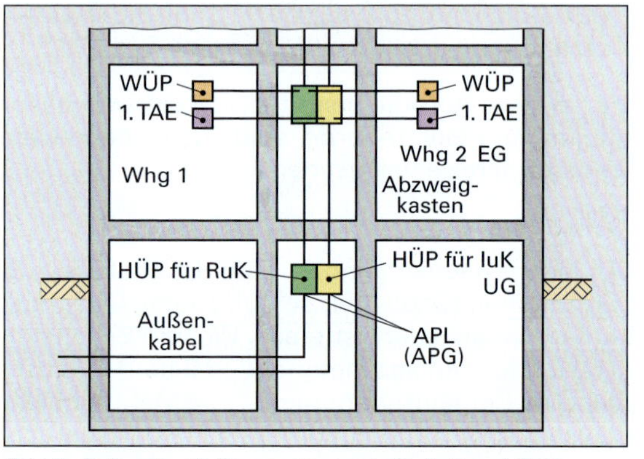

Bild 2: Rohrnetz als Etagensternnetz für IuK und RuK

Bei Gebäuden mit bis zu zwei Wohnungen, bei denen der Einbau von Rohrnetzen bzw. Kanalnetzen wegen der Ausführung des Baus nicht möglich ist, dürfen Installationsleitungen in Putz oder unter Putz angeordnet werden.

> Rohrnetze sind in Gebäuden mit mehr als zwei Wohnungen vom APL/APG bis zu den Raumanschlüssen für IuK, RuK vorzusehen.

DIN 18015-2 und RAL-RG 678 sehen für die einzelnen Zimmer einer Wohnung **Mindestausstattungen** bzgl. der Anzahl Daten-Anschlüsse für IuK und für RuK vor **(Tabelle 1, folgende Seite)**, ebenso für die erforderlichen 230-V-Steckdosen der IuK-Geräte und der RuK-Geräte **(Tabelle 2, folgende Seite)**.

> Rohrnetze ermöglichen, dass Kabel und Leitungen bequem ausgetauscht werden können, bei ihrer Auswahl sind die Umgebungsbedingungen zu berücksichtigen.

Wie bei der Elektroinstallation sind auch bei der Installation von IuK-, RuK-Anlagen Verteiler, Abzweiger, Verstärker in allgemein zugänglichen Räumen anzuordnen. Dies sind Flure, Kellergänge, Treppenräume.

Besitzen elektronische Geräte sowohl Anschlüsse für die elektrische Energieversorgung als auch für IuK bzw. RuK, also z. B. Fernsehgeräte, Telekommunikationsgeräte oder Computer, dann ist jeder Anschluss für solche Geräte mittels einer Überspannungsschutzeinrichtung **SPD** zu schützen.

Für das Verlegen der Kabel und Leitungen für IuK und RuK in Gebäuden gelten die Regeln der Kabel- und Leitungsführung von Energiekabeln, Energieleitungen entsprechend der in DIN 18015-3 vorgegebenen **Installationszonen** **(Seite 133)**.

Stromkreise

Die Mindestanzahl der Stromkreise für Beleuchtung, Steckdosen und allgemeine Verwendung richtet sich nach der Wohnungsgröße **(Tabelle 3)**. Wird der Energie-Verbrauch von Kellerräumen und Dachbodenräumen vom Zähler der Wohnung erfasst, so sollen diese zusätzliche Stromkreise erhalten.

Für Räume mit besonderer Nutzung empfiehlt DIN 18015-2 getrennte Stromkreise für Beleuchtung und Steckdosen. Es wird empfohlen, die Verteilung der Verbrauchsmittel auf die Stromkreise so vorzunehmen, dass bei Ausfall eines Stromkreises, z. B. bei einem Kurzschluss, eine Mindestfunktion des Raums erhalten bleibt, insbesondere der Beleuchtung.

Zusätzliche Anschlüsse mit eigenem Stromkreis sind ggf. erforderlich bei Verbrauchsmitteln mit hoher Anschlussleistung, z. B. Bügelstationen, Elektrogrill. Die in Tabelle 3 aufgeführte Mindestanzahl an Stromkreisen für Wohnungen berücksichtigt eventuelle Ladestationen für Elektrofahrzeuge, elektrische Erzeugungsanlagen, Energiespeichersysteme oder Gebäudesystemtechnik-Anlagen nicht.

DIN 18015-2 gibt im Gegensatz zu RAL-RG 678 nur einen Anhaltspunkt für die Mindestausstattung von Wohnungen hinsichtlich Steckdosen, Auslässen, (Sonder-) Anschlüssen, inkl. IuK, RuK, und Stromkreisen.

Tabelle 1: Empfohlene Mindestanzahl Daten-Anschlüsse für IuK und RuK in Wohnungen
vgl. DIN 18015-2

Küche	Wohnzimmer	Schlafzimmer	Esszimmer	Flur	Arbeitszimmer
1 IuK	1/2[1] IuK	1 IuK	1 IuK	–	2 IuK
–	1/2[1] RuK	1 RuK	1 RuK	–	–

[1] über 20 m^2

Tabelle 2: Empfohlene Anzahl von 230-V-Anschlüssen für IuK- und RuK-Geräte
vgl. DIN 18015-2, RAL-RG 678

Küche	Wohnzimmer	Schlafzimmer	Esszimmer	Flur	Arbeitszimmer
1 - 3	3 - 8/ 5 - 1[1]	2 - 4/ 2 - 8[2]	3 - 4	0 - 2	4 - 8

[1] über 20 m^2, [2] über 16 m^2

Tabelle 3: Anzahl der Stromkreise für Steckdosen und Beleuchtung
vgl. DIN 18015-2

Wohnfläche der Wohnung in m^2	Mindestanzahl der Stromkreise
bis 50	3
über 50 bis 75	4
über 75 bis 100	5
über 100 bis 125	6
über 125	7

Anmerkung: Die hier angegebenen Mindestanzahlen entsprechen kaum noch dem normalen Wohnungsstandard.

Die Anzahl und Platzierung der Steckdosen, Anschlüsse und Auslässe sowie die Anzahl der dazugehörenden Stromkreise sind bei der Elektroplanung sorgfältig und im Zweifelsfall großzügig zu planen.

Wiederholung und Vertiefung

1. An welchen Stellen sind in Räumen Schalter für die Beleuchtung anzubringen?
2. Was versteht man unter einem Auslass?
3. Für welche Art von Verbrauchern ist ein eigener Stromkreis vorzusehen?
4. Welche Vorgaben sind hinsichtlich der Leitungsführung für IuK- und RuK-Leitungen zu beachten?
5. Was versteht man unter einem Hausübergabepunkt?
6. Aus welchem Grund sind die Stromkreise der Spannungsversorgung für Kommunikationsgeräte getrennt von den IuK- und RuK-Signalleitungen zu verlegen?
7. Was versteht man unter dem Wohnungsübergabepunkt?
8. Wie wird der Hausübergabepunkt auch genannt?
9. Was versteht man unter „1. TAE“?
10. Nennen Sie Beispiele für Stromkreise, die in der Mindestanzahl von Stromkreisen gemäß DIN 18015-2 nicht enthalten sind (Tabelle 3).

8 Erdung, Hausanschluss, Blitzschutz

8.1 Erdung

Arten von Erdern

Eine Erdungsanlage besteht aus einem Erder oder mehreren Erdern und einem Erdungsleiter oder mehreren Erdungsleitern. Das Material für die Erdungsanlage muss so ausgewählt sein, dass die Funktion auf Dauer erhalten bleibt, also so lange, wie die Anlage, z. B. ein Gebäude, bestehen bleibt. Deshalb müssen Stahlteile gegen Korrosion geschützt sein, meist durch eine durch Feuerverzinkung aufgebrachte dicke Zinkschicht oder es handelt sich um V4A-Stahlteile.

Erdungsanlagen für Niederspannung, Mittelspannung oder Hochspannung sind grundsätzlich in gleicher Weise ausgeführt. Jedoch müssen meist Erdungen von Niederspannungsanlagen von Anlagen höherer Spannung getrennt sein **(Bild 1)**. Oberflächenerder werden am Boden eines Grabens oder einer Baugrube ausgelegt und mit gestampftem Erdreich umgeben **(Bild 2)**. Oberflächenerder können dabei die Form von Banderdern, Maschenerdern oder Ringerdern haben **(Bild 3)**. Tiefenerder sind senkrecht oder schräg in den Erdboden eingetriebene Rohre oder Profilstäbe mit einer Mindestlänge von 5 m.

Bei Neubauten von Gebäuden werden oft **Fundamenterder** errichtet. Ihr feuerverzinkter Bandstahl oder V4A-Stahl wird vor Einbringen des Betons mittels in den Erdboden eingeschlagener Abstandshalter fixiert **(Bild 4)**. Nach Einbringen des Betons ist der Erder im Beton eingeschlossen, er leitet aber wegen der Feuchtigkeit im Fundament den Strom.

In Niederspannungsanlagen werden auch **natürliche Erder** verwendet. Das sind größere metallische Teile, welche für eigentlich andere Zwecke im Erdboden vergraben sind. Dazu gehören Metallbewehrungen im Beton, metallene Rohre und Konstruktionsteile, z. B. Spundwände. Rohrleitungen für brennbare Gase oder Flüssigkeiten dürfen aber nicht verwendet werden. Wasserleitungsrohre und metallene Kabelteile dürfen nur verwendet werden, wenn der Netzbetreiber es genehmigt.

> Nicht alle metallischen Konstruktionsteile im Erdboden dürfen als natürliche Erder verwendet werden.

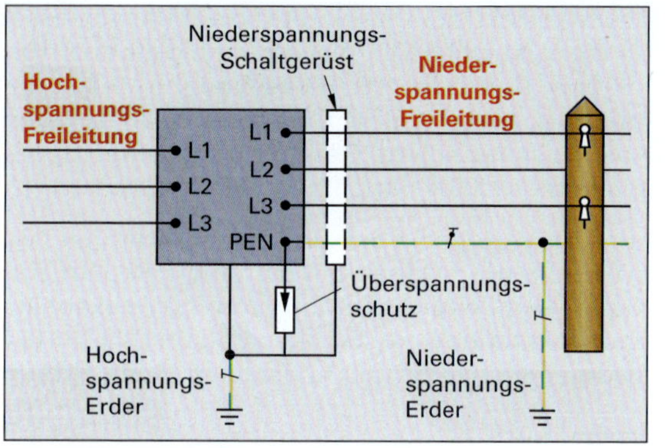

Bild 1: Beispiel einer getrennten Erdungsanlage

Bild 2: Bau einer Erdungsanlage mit Banderder

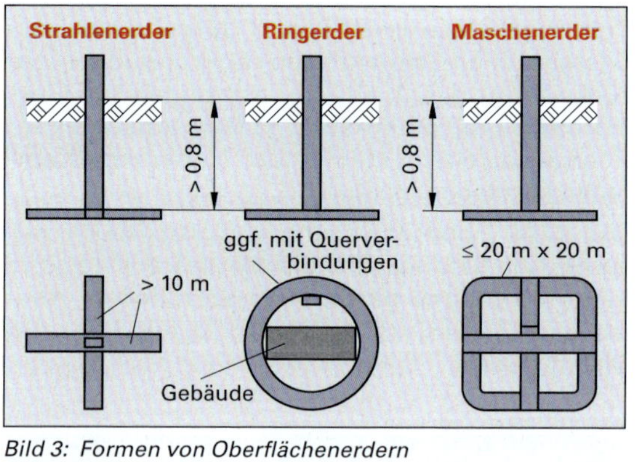

Bild 3: Formen von Oberflächenerdern

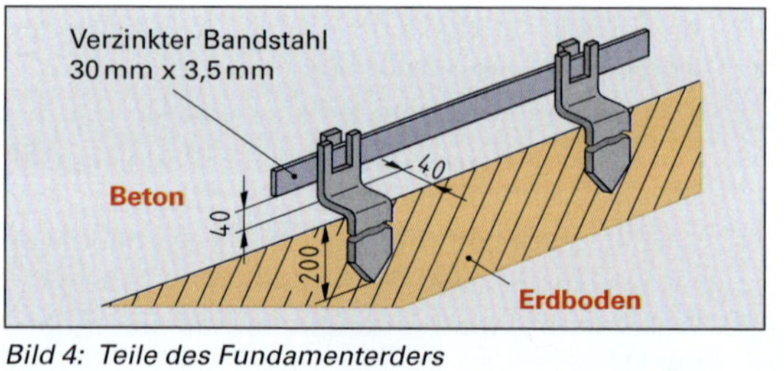

Bild 4: Teile des Fundamenterders

Die Abmessungen der Erder sind vom erforderlichen Erdungswiderstand und vom Erdreich abhängig **(Tabelle 1)**. Die Querschnitte und die Dicke der Erder dürfen je nach Art und Material nicht zu klein sein, da die Erder sonst durch Korrosion zu schnell unwirksam würden **(Tabelle 2)**.

> Je kleiner der Erdwiderstand sein soll, desto größer sind die erforderlichen Abmessungen des Erdermaterials.

Fundamenterder im Beton

Der eigentliche Fundamenterder ist ein als Ring im Betonfundament der Außenwände des Gebäudes verlegter Erder. Die in der Erde liegende Oberfläche des Feuchtigkeit haltenden Betons wirkt dabei als Erder. Durch das Einbetten in Beton ist eine lange Lebensdauer des Erders zu erwarten. Als Werkstoff für den Fundamenterder verwendet man verzinkten oder nicht verzinkten Bandstahl mit den Mindestabmaßen 30 mm × 3,5 mm oder Rundstahl mit mindestens 10 mm Durchmesser. Für die Anschlussfahnen ist gleich bemessenes Material zu verwenden, das hier allerdings aus feuerverzinktem Stahl mit Kunststoffmantel oder aus nicht rostendem Edelstahl, z. B. V4A-Stahl, bestehen muss.

Der Fundamenterder soll auf allen Seiten mindestens mit 5 cm Beton umschlossen sein. Deshalb verwendet man beim Bau Abstandshalter **(Bild 1)**. Bei größeren Gebäuden soll der Ring des Fundamenterders durch Querverbindungen so aufgeteilt werden, dass die Maschenweite nicht größer als 20 m × 20 m ist, bei Gebäuden mit äußerer Blitzschutzanlage meist 10 m × 10 m.

Ringerder

Als Sonderformen der Betonwanne wurden in den letzten Jahren mehr oder weniger isolierende Wannen entwickelt, nämlich weiße Wanne, schwarze Wanne und Wanne mit Perimeterdämmung (Wärmedämmung). Bei weißen Wannen wird wasserundurchlässiger Beton verwendet. Bei schwarzen Wannen wird die Betonwanne durch Bitumen oder Kunststoff abgedichtet, bei Wannen mit Perimeterdämmung besorgt dies die Wärmedämmung. Bei diesen Sonderformen ist die Verbindung mit Erde nicht so sicher wie bei Verlegung im wasserdurchlässigen Beton. Deshalb verlangt hier DIN 18014 die Ausführung der Erder als Ringerder (Bild 1).

Ein Ringerder ist außerhalb des Fundament-Betons in einer Mindesttiefe von 80 cm in der Nähe des Fundaments (Abstand 1 m) eingebettet. Ringerder mit Maßen größer 20 m × 20 m erfordern Querverbindungen. Bei Anschluss an ein Blitzschutzsystem sind 10 m × 10 m gefordert. Da der Ringerder nicht vom Beton umschlossen ist, muss er gegen Korrosion geschützt sein. Deshalb

Tabelle 1: Erderabmessungen in m
(nach Angaben der EnBW)

Erderwiderstand	5 Ω		10 Ω		30 Ω	
Art	Band	Rohr	Band	Rohr	Band	Rohr
Moor	12	6	6	3	2	1
Lehm, Acker	40	20	20	10	7	3,5
feuchter Sand	80	40	40	20	13	7
feuchter Kies	200	100	100	50	33	16

Banderder aus Bandstahl 26 mm x 4 mm
Rohrerder 1'' oder 1,5'' oder entsprechende Profile

Tabelle 1: Mindestabmessungen von Erdern
vgl. DIN VDE 0100 Teil 540

Werkstoff	Erderform	Mindestmaße	Mindestdicke
Stahl bei Verlegung im Erdreich feuerverzinkt mit Mindestzinkauflage 70 µm, V4A-Stahl	Band	90 mm² 30 mm	3 mm 3,5 mm
	Rundstahl	Ø 10 mm, bei Tiefenerdern Ø 16 mm	
	Rohr	Ø 25 mm	2 mm
Kupfer	Band	50 mm²	2 mm
	Seil	50 mm² Draht Ø 1,7	
	Rohr	Ø 20 mm	2 mm

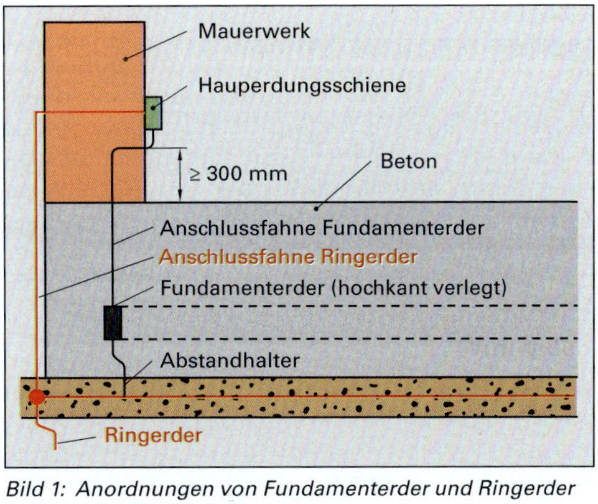

Bild 1: Anordnungen von Fundamenterder und Ringerder

verlangt DIN 18014 für den Ringerder nicht rostenden Edelstahl, z. B. V4A-Stahl, oder ein gleichwertiges Material.

Fundamenterder sind als Ring im Betonfundament verlegt, Ringerder sind nicht im Betonfundament verlegt.

Tiefenerder oder Strahlenerder sind je nach Größe der Bodenplattenfläche eines Gebäudes mehrfach in den Erdboden einzubringen. Bis 200 m^2 sind z.B. 2 Erder erforderlich, bis 400 m^2 4 Erder, je weitere 100 m^2 ein weiterer Erder.

Haupterdungsschiene

In Niederspannungsanlagen verbinden Erdungsleitungen die Erder mit der Haupterdungsschiene (Potenzialausgleichsschiene, **Bild 1**). Dadurch erhalten alle über Schutzpotenzialausgleichsleiter angeschlossenen Teile dasselbe Potenzial. Mit der Haupterdungsschiene sind über Cu-Leitungen mit Mindest-Querschnitt 6 mm^2 zu verbinden die Wasserversorgungsanlage, zentrale Heizungsanlage, Gasversorgungsanlage, Erdungsleitung für die Antennenanlage, Erdungsleitung für die Kommunikationsanlage, PE-Schienen und der Blitzschutzerder **(Abschnitt 8.3.3)**.

Oft wird ein zusätzlicher Schutzpotentialausgleich vorgenommen, z. B. zur Verbindung der Körper von Betriebsmitteln mit leitenden Metallteilen der Umgebung. Dabei muss der Querschnitt des Schutzpotentialausgleichsleiters mindestens sein 2,5 mm^2 Cu bei mechanisch geschützter Verlegung, z. B. im Rohr, oder 4 mm^2 Cu bei mechanisch nicht geschützter Verlegung.

Erdung von Antennenanlagen

Bei einer Antennenanlage, welche außen an einem Gebäude angebracht ist, muss ein durch Blitzeinschlag verursachter Blitzstrom über einen Erdungsleiter zur Erdungsanlage abgeleitet werden, sofern das Gebäude über kein Blitzschutzsystem verfügt **(Abschnitt 8.3)**. Der Erdungsleiter muss dann einen Querschnitt von mindestens 16 mm^2 Cu oder 50 mm^2 bei verzinktem Stahl oder einer Al-Knetlegierung besitzen **(Bild 2)**.

Als Erdungsleitungen sind feindrähtige Leitungen nicht zugelassen. Mehrdrähtige Leiter, Litzenleiter sind zugelassen. Die Erdungsleitung sowie zugehörende Klemmverbindungen müssen für einen Blitzstrom von 100 kA geeignet sein. Bei Verwenden einer Fangstange oder Fangspitze an der Antenne muss diese mit der Haupterdungsschiene über einen Schutzleiter mit einem Querschnitt von mindestens 4 mm^2 verbunden sein.

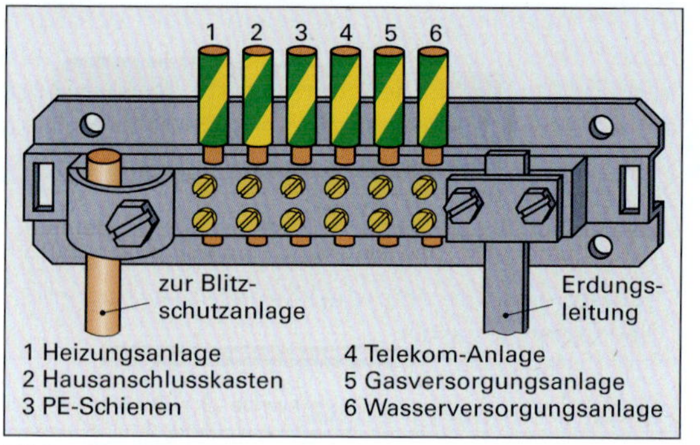

Bild 1: Haupterdungsschiene

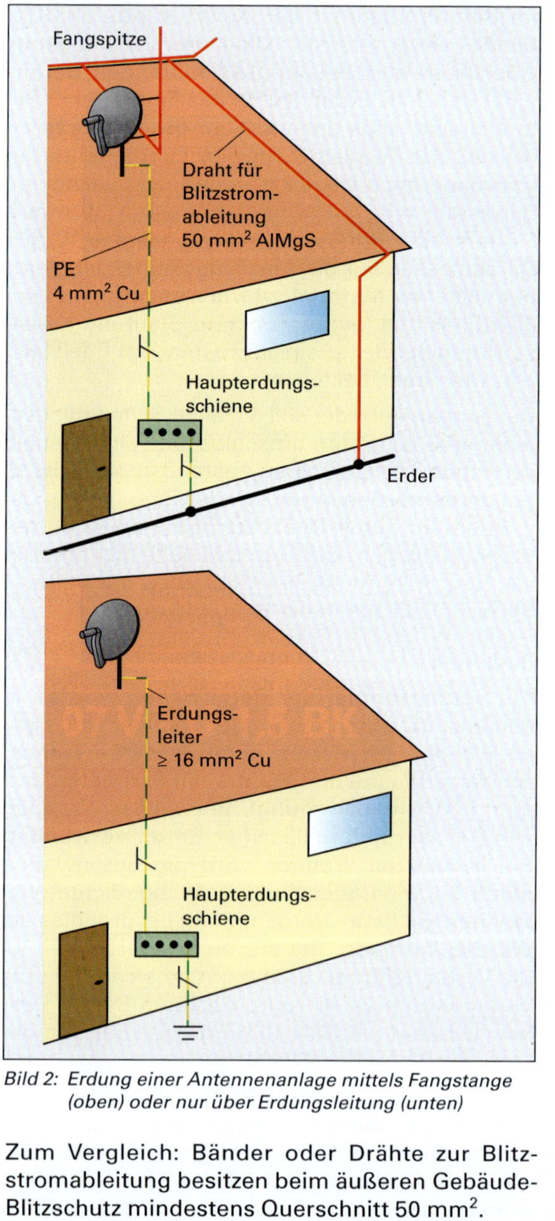

Bild 2: Erdung einer Antennenanlage mittels Fangstange (oben) oder nur über Erdungsleitung (unten)

Zum Vergleich: Bänder oder Drähte zur Blitzstromableitung besitzen beim äußeren Gebäude-Blitzschutz mindestens Querschnitt 50 mm^2.

8.2 Hausanschluss

8.2.1 Ausführung des Hausanschlusses

Der Hausanschluss verbindet das Energienetz des Netzbetreibers (NB) mit der **Kundenanlage**. Er beginnt an der Abzweigstelle (Anschlussstelle, Anschlusspunkt) des Niederspannungsnetzes (N-Netz) und endet an den Abgangsklemmen des Hausanschlusskastens **HAK**, in dem die Hausanschlusssicherungen der Außenleiter L1, L2 und L3 für die Wohnungen des Gebäudes untergebracht sind **(Bild 1, Tabelle 1)**. Der Hausanschlusskasten ist vom NB verplombt, um zu verhindern, dass ungemessene elektrische Energie entnommen werden kann. Der Hausanschluss ist Eigentum des Netzbetreibers und wird auf Antrag des Kunden durch den NB hergestellt.

Je nach Niederspannungsnetz kann der Hausanschluss als Freileitungsanschluss oder als Kabelanschluss hergestellt werden.

Für das Anbringen des **Hausanschlusskastens** gelten die technischen **Anschlussbedingungen** (TAB 2019) sowie die VDE AR 4100.

1. Der Hausanschlusskasten HAK und der Hauptverteiler sollen frei zugänglich und sicher bedienbar sein. Sie können auch in Abstimmung mit dem Netzbetreiber kombiniert werden.
2. Für das Anbringen des Hausanschlusskastens gelten folgende Maße:
   - Höhe Oberkante HAK über dem Fußboden: ≤ 1,5 m,
   - Höhe Unterkante HAK über dem Fußboden: ≥ 0,3 m,
   - Abstand von HAK zu einer seitlichen Wand: ≥ 0,3 m,
   - Tiefe der freien Arbeits- und Bedienfläche vor dem HAK: ≥ 1,2 m.

Bei Kabelanschlüssen endet das Hausanschlusskabel im Hausanschlussraum **(Bild 2)**. Dieser soll eine Mindestgröße von 1,8 m x 2,0 m haben. Er soll ferner an die Außenwand des Gebäudes angrenzen, durch die die Hauseinführungsleitungen eingeführt werden.

Kabelanschluss

Das Hausanschlusskabel endet an den Eingangsklemmen des Hausanschlusskastens im Hausanschlussraum. Es wird außerhalb vom Gebäude in einer Mindestbettungstiefe von 0,6 m in Sand verlegt und mittels Farbplastikband markiert. Dabei können Mehrsparten-Hauseinführungen verwendet werden, um alle Versorgungsleitungen gemeinsam ins Gebäudeinnere einzuführen **(Bild 1, folgende Seite)**.

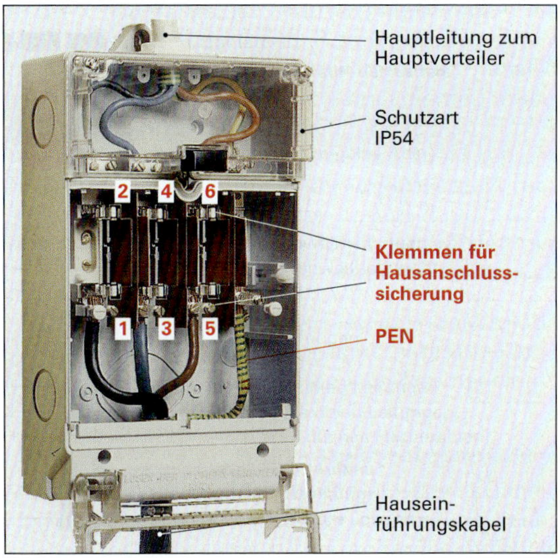

Bild 1: Hausanschlusskasten *www.hager.de*

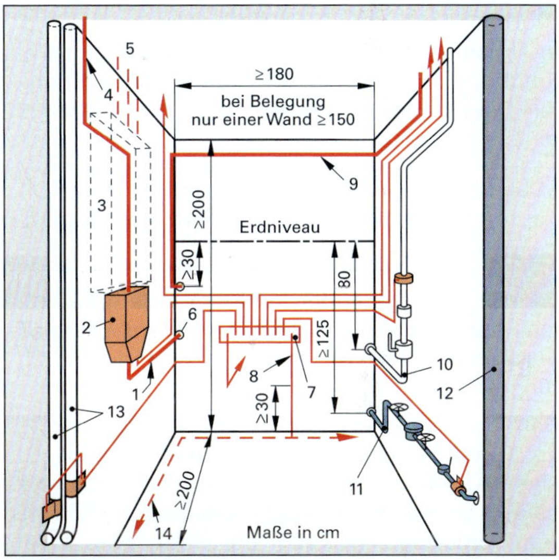

Bild 2: Hausanschlussraum

Tabelle 1: Größtzulässige Überstrom-Schutzeinrichtungen der Hausanschlusskästen bei Vierleiter-Hausanschlusskabeln

Bemessungsquerschnitt mm^2 Cu	Bemessungsstrom der Überstrom-Schutzeinrichtung in A	
	PVC-Kabel, z.B. NYY	VPE-Kabel, z.B. 2XY
16	100	100
25	125	125
35	160	160
50	160	200

Bei Al-Leitern ist der Bemessungsstrom eine Stufe niedriger.

Bei einem **Mehrsparten-Hausanschluss** werden mehrere Gewerke, z.B. Leitungen für Strom, Gas, Wasser, Telekommunikation und Breitband, in einem gemeinsamen Graben verlegt und zusammen in das Gebäude eingeführt **(Bild 2)**. Der Einbau der Mehrsparten-Hauseinführung wird meist vom Netzbetreiber vorgenommen. Dieser übernimmt auch in den ersten Jahren die Gewährleistung gegen Eindringen von Wasser in den Hausanschlussraum.

Beim Mehrsparten-Hausanschluss werden Kabel/Leitungen mehrerer Gewerke in einem gemeinsamen Kanal geführt.

Freileitungsanschluss

Beim Dachständerhausanschluss muss das Dachgebälk so fest sein, dass die Kräfte durch den Leitungszug aufgenommen werden können.

Dachständer gibt es in den Ausführungen N (Normalausführung) und S (Sonderausführung). In Normalausführung sind die Einführungsleitungen, z.B. NYDY-J, im Inneren des verzinkten Dachständerrohrs verlegt und führen zum Hausanschlusskasten.

Dachständer in Normalausführung dürfen nur in trockenen, nicht feuergefährdeten Räumen enden.

Endet der Dachständer in einem feuergefährdeten Raum oder ist vor Ort mit Kondenswasser zu rechnen, so ist ein Dachständer in Sonderausführung S zu wählen.

Damit spätere aufwendige Umbauarbeiten bei der Umstellung von Freileitungs-Anschluss auf einen Anschluss aus dem Niederspannungs-Kabelnetz vermieden werden, soll ein Leerrohr bis zum Zählerplatz im Keller mit einer lichten Weite von mindestens 36 mm, d.h. ein Leerrohr der Größe M 50, verlegt werden.

Verbraucheranlage

Die Verbraucheranlage der Hausinstallation beginnt am Hausanschlusskasten HAK. Sie ist Teil der **Kundenanlage**. Diese umfasst aber nicht den Zählerplatz **(Bild 3)**. Ab dem Zählerplatz (Zählerschrank) beginnt die **Anschlussnutzeranlage**. Sie ist die Gesamtheit der elektrischen Betriebsmittel hinter dem Zähler zur Entnahme oder Einspeisung elektrischer Energie, z.B. durch PV-Anlagen.

An den Abgangsklemmen des HAK beginnt das Hauptstromversorgungssystem mit den Hauptleitungen. Dieses ist der Teil der Hausinstallation, in dem die Energie noch nicht gezählt ist. Bei der Hausinstallation sind Hauptleitungen und Leitungen zu den Stromkreisverteilern gemäß Bemessungsleistung und Spannungsfall auszuwählen **(Abschnitt 7.3)**.

Hauptleitungen sind als Drehstromleitungen mit mindestens 10 mm² Cu auszuführen.

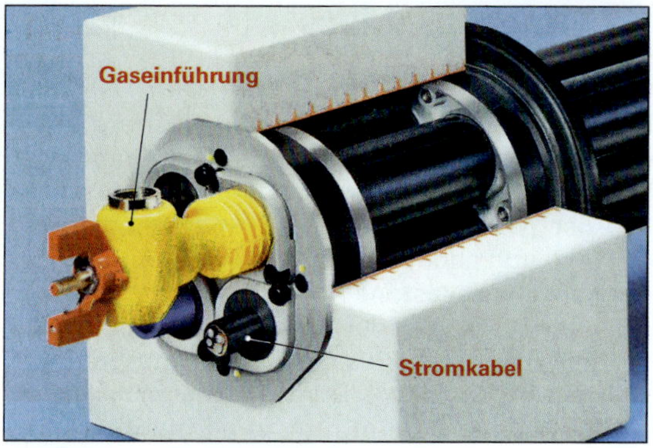

Bild 1: Mehrsparten-Hauseinführung
www. hauff-technik.de

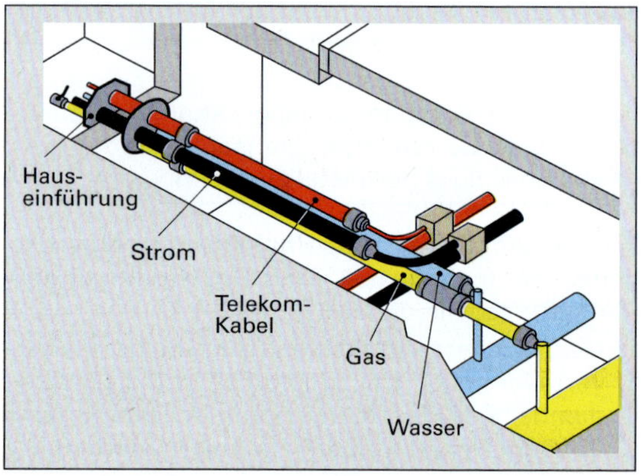

Bild 2: Mehrsparten-Hausanschluss
www. hauff-technik.de

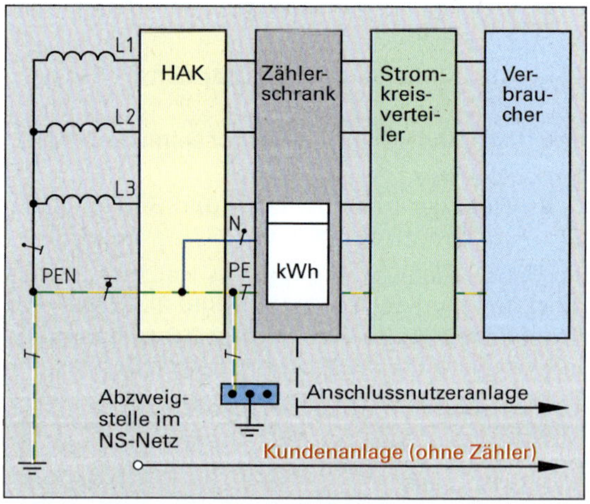

Bild 3: Kundenanlage, Anschlussnutzeranlage

8.2.2 Bemessen der Leitungen bis zu den Stromkreisverteilern

Hauptstromversorgung

Das Hauptstromversorgungssystem (die Hauptstromversorgung) besteht ab der Anschlussstelle des Verteilungsnetzbetreibers VNB (meist regionaler Netzbetreiber NB) als Kundenanlage aus dem Hausanschlusskabel und ab Hausanschlusskasten HAK aus solchen Hauptleitungen und Betriebsmitteln, die *nicht gemessene* elektrische Energie führen (DIN 18015-1, **Bild 1**).

Im HAK soll bei Neuanlagen wegen der EMV **(Kapitel 9)** die Aufteilung des PEN-Leiters erfolgen **(Bild 2)**.

Die Aufteilung des PEN soll wegen der EMV möglichst im Hausanschlusskasten erfolgen.

Hauptleitungen sind Verbindungsleitungen zwischen dem HAK und der Zähleranlage (Messeinrichtung für die Kundenanlage). In Wohnhäusern mit mehreren Wohnungen sind mehrere Zähleranlagen erforderlich. Deshalb werden Hauptleitungsabzweige in Hauptleitungsabzweigkästen eingerichtet. Diese enthalten eigene Überstrom-Schutzeinrichtungen. Auch die Leitungen vom Abzweigkasten zur Zähleranlage sind Hauptleitungen **(Bild 3)**.

Hauptleitungen sind alle Leitungen zu den Zähleranschlüssen in Zähleranlagen.

Nach DIN 18015-1 sind Hauptleitungen als Drehstromleitungen auszuführen. Die Leiterquerschnitte sind nach **Bild 1, folgende Seite**, auszuwählen, wenn im Haus keine elektrische Heizung angewendet wird. Die Querschnitte müssen aber mindestens für 63 A bemessen sein. Der Gleichzeitigkeitsfaktor ist dabei berücksichtigt.

Hauptleitungen im Wohnungsbau müssen als Drehstromleitungen für mindestens 63 A bemessen sein.

Dabei ist zu unterscheiden, ob die Warmwasserbereitung für Dusche oder Bad elektrisch erfolgt oder anders.

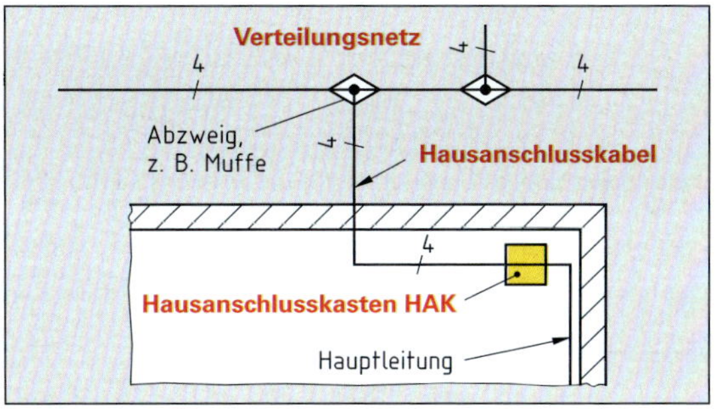

Bild 1: Lage der Hauptleitung

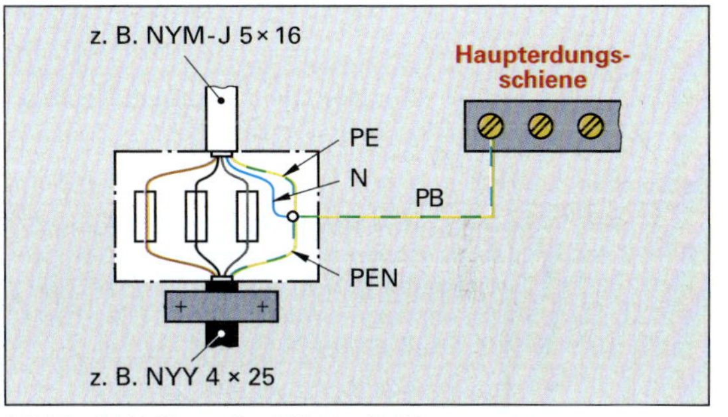

Bild 2: Aufteilung des PEN im HAK

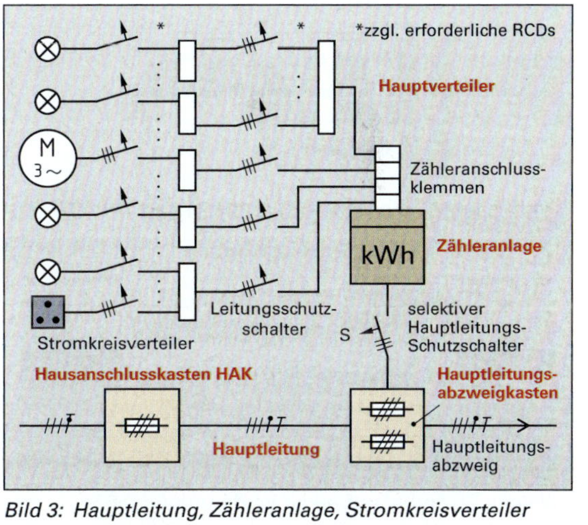

Bild 3: Hauptleitung, Zähleranlage, Stromkreisverteiler

Beispiel:

Ein Einfamilienhaus ist an das öffentliche Kabelnetz von 400 V anzuschließen. Die Warmwasserversorgung des Hauses soll elektrisch erfolgen. Eine Elektro-Kfz-Ladestation ist nicht vorgesehen.

Wie groß müssen die Leiterquerschnitte bei Hausanschlusskabel und Hauptleitung bei höchstzulässiger Leitertemperatur von 70 °C, Verlegeart C, Umgebungstemperatur 30 °C mindestens sein?

Lösung:

Nach Kurve A von Bild 1, folgende Seite ist der Bemessungsstrom der Sicherung 63 A.

Bei Verlegeart Gruppe C und einer Umgebungstemperatur von 30 °C ist nach Tabelle 1 von Seite 126 bei einem Sicherungsbemessungsstrom 63 A und 3 stromführenden Leitern erforderlich ein

Leiterquerschnitt A = 16 mm².

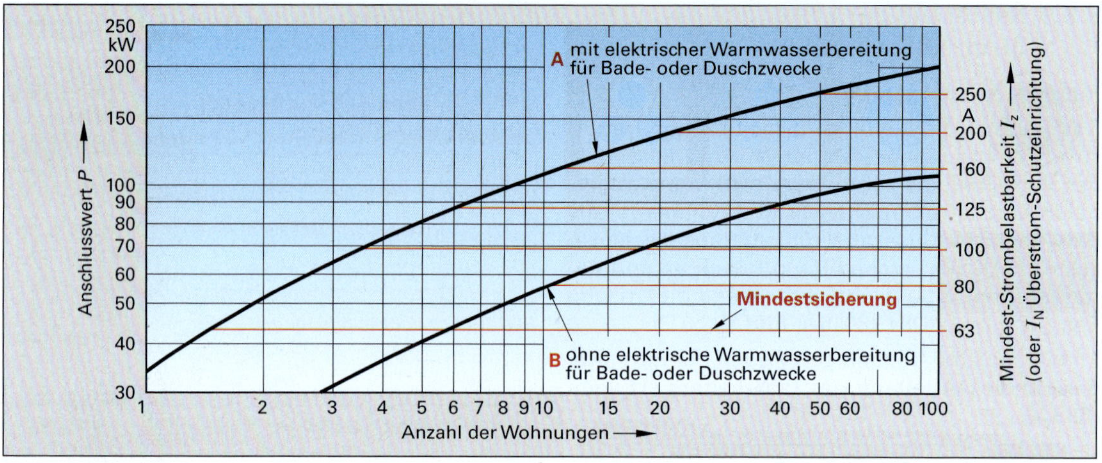

Bild 1: Bemessung von Hauptleitungen in Wohnhäusern am Netz 400 V/230 V (Ladestationen für Elektro-Kfz sind nicht berücksichtigt)

Beispiel 1:

In einem Wohnhaus mit 8 Wohnungen und einem 400-V-Anschluss ans öffentliche Netz sollen keine elektrische Warmwasserversorgung und keine Elektro-Kfz-Ladestationen vorgesehen werden. Die maximale Leitertemperatur beträgt 70 °C.

Wie groß sind bei 30 °C Umgebungstemperatur

a) Mindest-Strombelastbarkeit bei 3 stromführenden Leitern?

b) Querschnitt der Hauptleitung bei Verlegeart C gemäß Tabelle 1 Seite 126?

Lösung:

Es gilt die Kurve B von Bild 1.

a) **Mindest-Strombelastbarkeit beträgt 70 A,**

b) bei Verlegeart Gruppe C nach Tabelle 1 Seite 126 beträgt der **Leiterquerschnitt 16 mm²**.

Meist beträgt für die Hauptleitungen die Umgebungstemperatur 25 °C. Dann entnimmt man den erforderlichen Leiterquerschnitt einer Tabelle für 25 °C (Tabellenbuch Elektrotechnik). Anhand der Tabelle 1, Seite 127, kann man auch prüfen, ob der gegen 30 °C nächstkleinere Querschnitt genügt.

Beispiel 2:

Bei der Anlage nach Beispiel 1, kann mit einer Umgebungstemperatur von 25 °C gerechnet werden. Welche Strombelastbarkeit ist dann möglich?

Lösung:

Nach Tabelle 1, Seite 127, ist die Strombelastbarkeit jetzt das 1,06-Fache. Bei Gruppe C und 16 mm² stehen 76 A (Tabelle 1, Seite 126), also folgt

$I_Z = 76\ \text{A} \cdot 1{,}06 = \mathbf{80{,}56\ A}$

Das Hauptstromversorgungssystem, z. B. der Hauptverteiler und die Zähleranlage, ist in allgemein zugänglichen Räumen anzuordnen.

Bei Kabelanschluss dürfen die Hauptleitungen im Keller auf der Wand oder an der Decke mit NYM verlegt werden. Ab Kellerdecke muss die Verlegung in Schächten, Rohren oder unter Putz erfolgen.

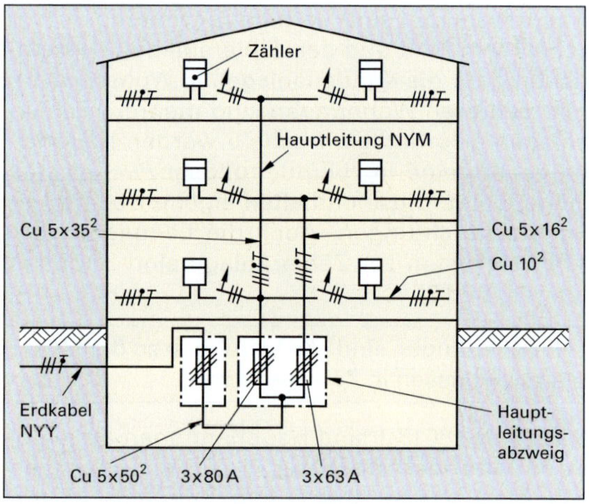

Bild 2: Hauptversorgungssystem eines Mehrfamilienhauses (Beispiel)

Hauptleitungen sollen geschützt verlegt werden.

Damit sollen die Betriebssicherheit erhöht und der Stromdiebstahl erschwert werden. Aus demselben Grund sind die Abdeckungen von Verbindungsstellen mit Klemmen, z. B. im HAK und in den Hauptleitungsabzweigkästen sowie vor dem Zähler, vom VNB (NB) verplombt.

Nach DIN 18 015-1 sind bei Neuanlagen von Mehrfamilienhäusern die Hauptleitungen als Strahlennetz zu verlegen, sodass die Zähleranlage für das ganze Haus zentral liegen kann. Bei bestehenden Anlagen sind die Zähleranlagen der Wohnungen geschossweise angeordnet **(Bild 2)**.

In Gebäuden mit mehr als einer Wohnung muss der Verbrauch von Gemeinschaftsanlagen durch eine eigene Messeinrichtung (Allgemeinzähler) erfasst werden können.

Leitung zu den Stromkreisverteilern

Stromkreisverteiler verteilen die vom Zähler über eine Leitung zugeführte gemessene Energie auf mehrere Stromkreise. Diese Verteiler müssen geeignet sein für die Aufnahme von Betriebsmitteln zum Schutz gegen Überstrom, Schutz gegen elektrischen Schlag sowie zum Trennen, Schalten, Messen und Überwachen.

Die Leitungen zu den Stromkreisverteilern müssen als Drehstromleitungen für mindestens 63 A bemessen sein (DIN 18015-1).

Spannungsfall

Für die Berechnung des Spannungsfalls in jedem Leitungsabschnitt geht man vom Bemessungsstrom der jeweils vorgeschalteten Überstrom-Schutzeinrichtung aus. Nach DIN 18015-1 sollte der Spannungsfall vom Zähler bis zum Anschlusspunkt des Verbrauchsmittels höchstens 3 % der Netz-Nennspannung betragen.

8.2.3 Zählerplatz

Jede Anschlussnutzeranlage erfordert mindestens ein Zählerfeld, in welchem die Messeinrichtung untergebracht werden kann. Enthält eine Kundenanlage mehrere Anschlussnutzeranlagen, dann können zwei Anschlussnutzer über ein Zählerfeld mit zwei Messeinrichtungen versorgt werden. Die Zählerfelder sind Bestandteil der Zählerplätze bzw. der Zählerschränke **(Bild 1)**.

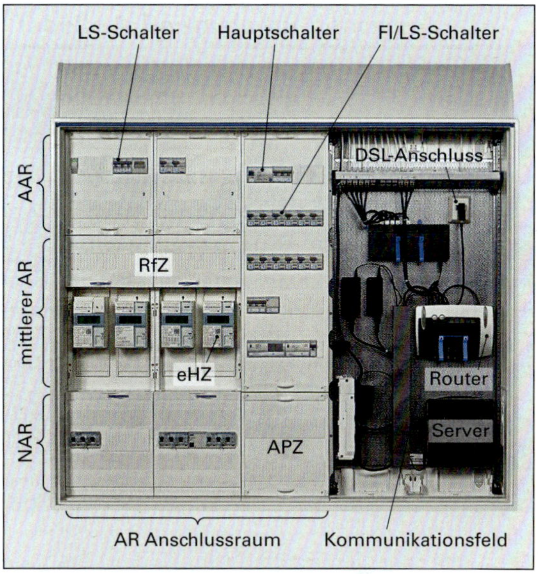

Bild 1: Beispiel eines Zählerplatzes www.hager.de

Die Zählerplätze in den Zählerschränken sind in unterschiedliche Bereiche eingeteilt:

- Anlagenseitiger Anschlussraum AAR,
- Raum für Zusatzanwendungen RfZ,
- Zählerfeld für die Messeinrichtung, z.B. eHZ,
- netzseitiger Anschlussraum NAR,
- Raum für Abschlusspunkt Zählerplatz APZ.

Im **anlagenseitigen Anschlussraum** sind untergebracht die Betriebsmittel für den Anschluss der Zuleitung zum nachfolgenden Stromkreisverteiler. Dies umfasst Hauptleitungsabzweigklemmen, den Hauptschalter und Fehlerstrom-Schutzeinrichtungen RCDs (FI-Schutzschalter). Ferner sind hier untergebracht Freigaberelais für steuerbare Verbrauchseinrichtungen, Leitungsschutzschalter (LS-Schalter), Überspannungsschutzeinrichtungen SPDs Typen 1 oder 2, RJ-45-Buchsen für eine leitungsgebundene Übertragung von Zählerwerten der Anschlussnutzeranlage und z.B. von Tarifdaten beim Betrieb von Smart Grids und Smart Home.

> Der anlagenseitige Anschlussraum darf nicht als Stromkreisverteiler zweckentfremdet werden.

Im **mittleren Anschlussraum** dient der **Raum für Zusatzanwendungen** zur Aufnahme von Betriebsmitteln für Messsysteme, z.B. Smart-Meter-Gateways, oder Steuereinrichtungen, welche dem Netzbetreiber oder dem Messstellenbetreiber gehören. Ein **Smart-Meter-Gateway** (gateway = Zugang) ermöglicht, die von intelligenten Messgeräten (Smart Meter, Messgerät mit integriertem Computer) erfassten Daten in das Kommunikationsnetzwerk der genannten Betreiber zu übertragen.

Das Netzwerk, über welches Smart-Meter, lokale Erzeuger und Verbraucher sowie das Smart-Meter-Gateway zu den genannten Betreibern vernetzt sind, wird Local Metrological Network LMN (lokales metrologisches Netz) genannt. Zählerplätze mit Befestigungs- und Kontaktier-Einrichtung BKE im mittleren Anschlussraum müssen zur Kommunikation mit elektronischen Haushaltszählern eHZ eine **optoelektrische Schnittstelle** besitzen.

Im Raum für Zusatzanwendungen ist eine Spannungsversorgung für hier installierte Betriebsmittel vorzusehen. Diese erfolgt vom netzseitigen Anschlussraum aus vor der Trennvorrichtung für die Anschlussnutzeranlage. Dabei sind Überstrom-Schutzeinrichtungen mit einem Bemessungsstrom von maximal 16 A zu installieren. Ein Durchschleifen der Spannungsversorgung von Zählerschrank zu Zählerschrank ist nicht erlaubt. Die erforderlichen dreipoligen Stecker sind berührungssicher auszuführen.

Der mittlere Anschlussraum muss sich zwischen 0,8 m und 1,8 m über dem Fußboden befinden.

Der **Raum für APZ** stellt die Kommunikationsverbindung zwischen Zählerplatz und Hausübergabepunkt HÜP des Telekommunikations-Zugangsnetzes dar, auch APL (Abschlusspunkt Liniennetz) bei Kupferleitungen genannt, z. B. über einen Router (APG bei Glasfaserleitungen, Lichtwellenleitungen). Vom Raum für Zusatzanwendungen ist eine Datenleitung mit RJ-45-Buchse in den Raum für APZ zu verlegen. Sollen mehrere Zählerschränke mit einem gemeinsamen HÜP verbunden werden, so sind diese von Schrank zu Schrank über eine Datenleitung mindestens der Kategorie Cat 5 mittels RJ-45-Steckern/Buchsen zu verbinden. Die Spannungsversorgung der Betriebsmittel im Raum für APZ erfolgt vom netzseitigen Anschlussraum aus vor der Trennvorrichtung für die Anschlussnutzeranlage.

Im **netzseitigen Anschlussraum** muss eine selektive Überstrom-Schutzeinrichtung, z. B. ein SH-Schalter (selektiver Hauptleitungsschutzschalter), vor jeder direkt an das Hauptstromversorgungssystem angeschlossenen Messeinrichtung installiert sein. Die Schutzeinrichtung muss die Wirksamkeit der Trennvorrichtung für das Inbetriebsetzen der Anschlussnutzeranlage, der Freischalteinrichtung für die Messeinrichtungen und Steuereinrichtungen sowie der zentralen Überstrom-Schutzeinrichtung für die Messeinrichtungen und die Anschlussnutzeranlage gewährleisten.

Zählerschränke dürfen nicht in Wohnungen von Mehrfamilienhäusern, in Wohnräumen, Küchen, Toiletten, Bade-/Duschräumen, Waschräumen, auf Speichern, in Räumen mit Temperaturen > 30°C sowie in explosionsgefährdeten oder brandgefährdeten Räumen vorgesehen werden. Geeignet sind z.B. Nischen in Treppenräumen.

Vor einem Zählerschrank muss ein Arbeitsbereich mit der Breite der Zählerschrankbreite oder ≥ 1 m, der Tiefe ≥ 1,2 m und der Höhe ≥ 2 m vorhanden sein.

Die **interne Verdrahtung** eines Zählerplatzes mit Leiterquerschnitt 10 mm² erlaubt

- Betriebsströme ≤ 63 A bei haushaltsüblichen Bezugsanlagen,

Tabelle 1: Strombelastbarkeiten von Zählerplätzen vgl. DIN VDE-AR-N 4100

Betriebsart	Stromstärke	Einfachbelegung	Doppelbelegung	
		Zähler	Zähler 1	Zähler 2
Leiterquerschnitt 10 mm²				
Bezug	I	≤ 63 A	≤ 63 A	≤ 63 A
	I_{NSH}	≤ 63 A	≤ 63 A	≤ 63 A
Dauerbetriebsstrom	I	≤ 32 A[1]	≤ 32 A[1]	≤ 32 A[1]
	I_{NSH}	≤ 35 A	≤ 35 A	≤ 35 A
Bezug/ Dauerbetriebsstrom	I	–	≤ 63 A	≤ 32 A
	I_{NSH}	–	≤ 63 A	≤ 35 A
Leiterquerschnitt 16 mm²				
Bezug	I	≤ 63 A	≤ 63 A	≤ 63 A
	I_{NSH}	≤ 63 A	≤ 63 A	≤ 63 A
Dauerbetriebsstrom	I	≤ 44 A[1]	≤ 32 A	≤ 32 A
	I_{NSH}	≤ 50 A	≤ 35 A	≤ 35 A
Bezug/ Dauerbetriebsstrom	I	–	≤ 63 A	≤ 32 A
	I_{NSH}	–	≤ 63 A	≤ 35 A

I Strombelastbarkeit, I_{NSH} Bemessungsstrom SH-Schalter für Überlastschutz
[1]Bei Zähleranschlussschränken im Freien sind die Werte mit dem Faktor 0,94 zu multiplizieren.

- Betriebsströme ≤ 32 A bei Erzeugungsanlagen oder haushaltsunüblichen Bezugsanlagen, z. B. Direktheizungen, Ladeeinrichtungen für Elektrofahrzeuge **(Tabelle 1)**.

Eine interne Verdrahtung mit Leiterquerschnitt 16 mm² erlaubt bei Erzeugungsanlagen oder haushaltsunüblichen Bezugsanlagen bei Einfachbelegung Betriebsströme ≤ 44 A. Die Begrenzung der maximalen Betriebsströme ist sicherzustellen.

8.2.4 Stromkreisverteiler

Hinter dem Zähler wird die Energie über Stromkreisverteiler auf mehrere Stromkreise aufgeteilt **(Bild 1, folgende Seite)**. Zum Stromkreisverteiler ist bei den im TN-System angeschlossenen Anschlussnutzeranlagen vom Zählerplatz ausgehend eine Leitung mit drei Außenleitern, dem Neutralleiter und dem Schutzleiter PE zu installieren. Bei Wohngebäuden ist hierbei eine Strombelastbarkeit der Leitungen von mindestens 63 A gefordert. In Einfamilienhäusern können die Stromkreisverteiler im Zählerschrank untergebracht sein. **Endstromkreise** sind Stromkreise, an welche die Verbrauchsmittel oder Steckdosen angeschlossen sind.

An **Verteilungsstromkreise** sind **Unterverteiler** angeschlossen, z.B. je Stockwerk ein Unterverteiler mit eigenen Schutzeinrichtungen wie Leitungsschutzschalter für die einzelnen Stromkreise, FI-Schutzschalter (RCDs) oder auch Brandschutzschalter (AFDDs, **Bild 2**).

Eine Aufteilung der Stromkreisverteilung über mehrere Unterverteiler hat den Vorteil, dass das Gebäude im Fehlerfall nicht komplett stromlos wird, sondern nur ein bestimmter Bereich.

Die Leitungen der Endstromkreise sind nach der Bemessungsleistung der Verbrauchsmittel auszuwählen, die Leitungen der Verteilungsstromkreise nach der Bemessungsleistung der angeschlossenen Unterverteilungen. In den Stromkreisverteilern sind bei Neuanlagen **Reserveplätze** vorzusehen.

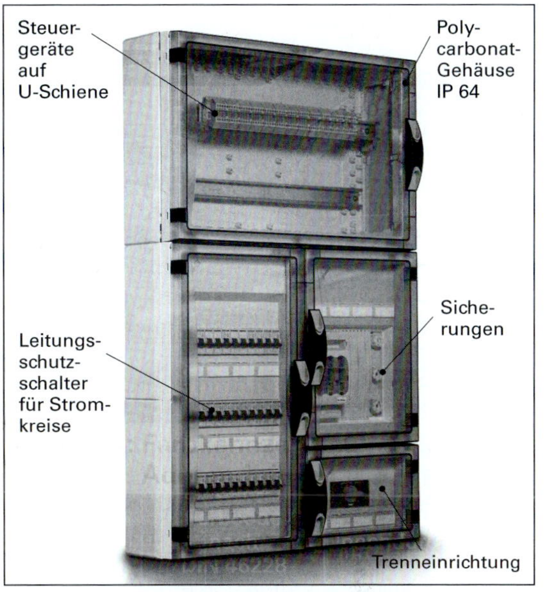

Bild 1: Stromkreisverteiler für Niederspannung www.hensel.electric.de

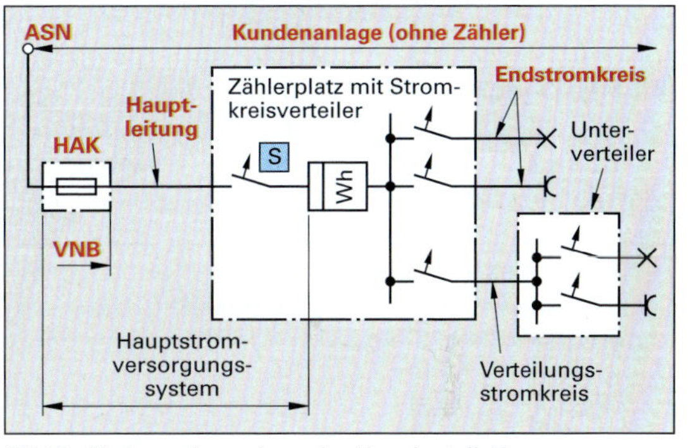

Bild 2: Verbraucheranlage der Hausinstallation (ASN Anschlussstelle im Niederspannungsnetz)

Wiederholung und Vertiefung

1. Beschreiben Sie den Hausanschluss eines Gebäudes, z.B. eines Wohnhauses.
2. Warum ist der Hausanschlusskasten verplombt?
3. Wer ist der Eigentümer des Hausanschlusskastens?
4. In welchem Höhenbereich über dem Fußboden darf der Hausanschlusskasten angebracht werden?
5. In welchem (besonderem) Raum endet das Hausanschlusskabel?
6. Welche Mindestgröße (Grundfläche) soll der Hausanschlussraum haben?
7. An welcher Stelle endet bei einem Hausanschluss das Hausanschlusskabel?
8. In welcher Mindestbettungstiefe wird das Hausanschlusskabel verlegt?
9. Was versteht man unter einer Mehrsparten-Hauseinführung?
10. Wodurch ist garantiert, dass ein Dachständer sicher befestigt werden kann?
11. Nach welchen Ausführungen unterscheiden sich Dachständer?
12. Was ist beim Dachständer der Normalausführung N gegenüber dem der Sonderausführung S bezüglich des Raums, in dem der Dachständer endet, zu beachten?
13. Welche der folgenden Aussagen bzgl. des Hausanschlusses ist richtig?
    1. Der HAK kann ab Fußboden aufwärts angebracht werden. ☐
    2. Als Hausanschlussraum eignet sich jeder Raum eines Hauses. ☐
    3. Der Mehrsparten-Hausanschluss findet Anwendung beim Freileitungsanschluss. ☐
    4. Der Zähler ist im HAK integriert. ☐
    5. Hauptleitungen sind mit mindestens 10 mm^2 Cu auszuführen. ☐
14. Nach welchem Kriterium sind die Leitungen der Endstromkreise auszuwählen, nach welchem Kriterium die der Verteilungsstromkreise?
15. In welchen Bereichen eines Gebäudes dürfen Zählerschränke nicht vorgesehen werden?

8.3 Blitzschutz

8.3.1 Allgemeines

Jede Blitzentladung besteht aus einem Teilblitz oder mehreren Teilblitzen, bei denen sehr große Stromstöße im kA-Bereich entstehen. Der Blitzstromanstieg bestimmt die elektromagnetisch induzierten Spannungen, welche in allen Leiterschleifen induziert werden, die sich in der Umgebung der blitzstromdurchflossenen Leiter befinden. In Abhängigkeit der Stärke der Stromstöße und den verbundenen Entladungen unterscheidet man vier Gefährdungspegel, denen vier **Schutzklassen** (Sk) zugeordnet sind **(Tabelle 1)**.

Anhand einer Risikoanalyse können Art und Umfang des Blitzschutzes festgelegt werden. Zu berücksichtigen sind dabei u.a. die geographische Lage des Gebäudes, dessen Nutzung, z.B. Krankenhaus Sk II, sowie Schadensarten und wirtschaftliche Verluste infolge von Blitzeinschlägen.

Nach VDE 0185-305-3 besteht ein **Blitzschutzsystem** (Lightning Protection System LPS) aus dem äußeren Blitzschutz und dem inneren Blitzschutz **(Bild 1)**. Dadurch sollen Gebäude vor Brand geschützt werden und somit die in den Gebäuden lebenden Menschen und Tiere vor Verletzungen oder Tod bewahren.

Wie alle elektrischen Anlagen sind auch Blitzschutzsysteme je nach Schutzklasse in Jahresabständen oder in bis zu vier Jahresabständen zu prüfen.

8.3.2 Äußerer Blitzschutz

Der äußere Blitzschutz eines Gebäudes soll über seine Fangeinrichtung Direkteinschläge auffangen, den Blitzstrom über die Ableitungseinrichtung zur Erde ableiten und den Blitzstrom in der Erde über die Erdungsanlage verteilen **(Bild 2)**. Gemäß der 1. Kirchhoff´schen Regel **(Abschnitt 3.2)** verteilt sich der vom Blitz verursachte Strom auf die Pfade der Fangeinrichtung und der Ableitungseinrichtung **(Bild 3)**. Beide Einrichtungen stellen ein Widerstandsnetzwerk dar, dessen Auslegung berechnet werden kann.

Zum Festlegen der **Lage der Fangeinrichtungen** können die Verfahren

- Blitzkugelverfahren,
- Maschenverfahren und
- Schutzwinkelverfahren

angewendet werden **(Bilder 1 bis 3, folgende Seite)**.

Tabelle 1: Gefährdungspegel und Schutzklassen

Gefährdungspegel	Maximalwerte (Dimensionierungskriterien)		(Blitz-) Schutzklasse
	Maximaler Scheitelwert des Blitzstroms	Wahrscheinlichkeit, dass der tatsächlich auftretende Blitzstrom kleiner ist als der maximale Scheitelwert des Blitzstroms	
I	200 kA	99 %	I
II	150 kA	98 %	II
III	100 kA	95 %	III
IV	100 kA	95 %	IV

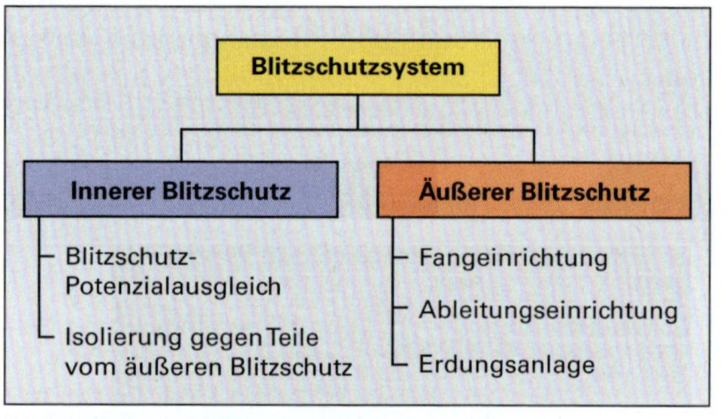

Bild 1: Teile des Blitzschutzsystems

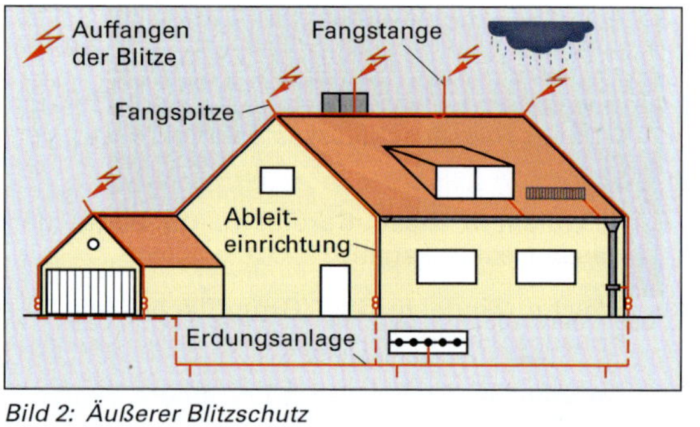

Bild 2: Äußerer Blitzschutz

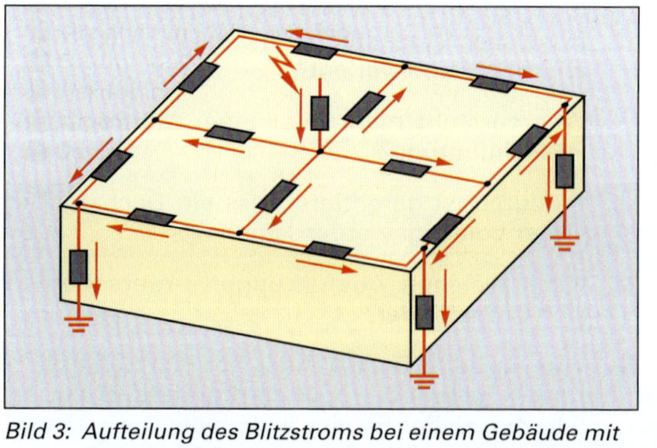

Bild 3: Aufteilung des Blitzstroms bei einem Gebäude mit Fangeinrichtungen

Meist wird das **Blitzkugelverfahren** angewendet. Dabei wird eine Blitzkugel um das zu untersuchende Gebäude gerollt. Die Berührungspunkte als mögliche Einschlagstellen des Blitzes werden markiert und stellen diejenigen Stellen am Gebäude dar, welche mit Fangleitungen bzw. Fangstangen zu versehen sind. Die Fangstangenhöhe muss so dimensioniert werden, dass der Durchhang der Blitzkugel das zu schützende Objekt nicht berührt **(Bild 1)**. Je nach Gefährdungspegel bzw. (Blitz-)Schutzklasse unterscheiden sich die Radien der Blitzkugeln **(Tabelle 1)**.

Beim **Maschenverfahren** wird ein Netz von Fangleitungen zum Schutz ebener Flächen auf dem Gebäudedach angebracht **(Bild 2)**. Die maximale Maschenweite *w* hängt von der geforderten Blitzschutzklasse des LPS ab (Tabelle 1). Auch metallene Regenrinnen werden in die Maschen miteinbezogen.

Beim **Schutzwinkelverfahren** ergibt sich die Höhe *h* der Fangeinrichtung in Abhängigkeit der Schutzklasse und dem Schutzwinkel α **(Bild 3)**.

Tabelle 1: Blitzkugelradien *r*, Ableitungsabstände, Maschenweiten *w*
vgl. DIN VDE 0185-305-3

Schutzklasse	Blitzkugelradius *r*	Abstände Ableitungen	Maschenweite *w* in m
I	20 m	10 m	5 x 5
II	30 m	10 m	10 x 10
III	45 m	15 m	15 x 15
IV	60 m	20 m	20 x 20

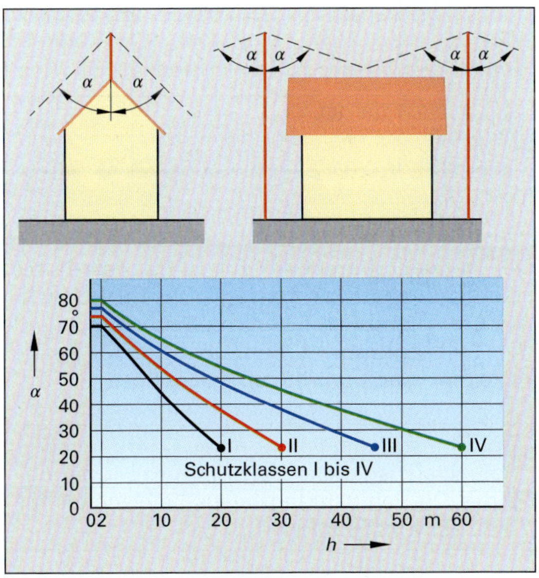

Bild 3: Anwendungen des Schutzwinkelverfahrens

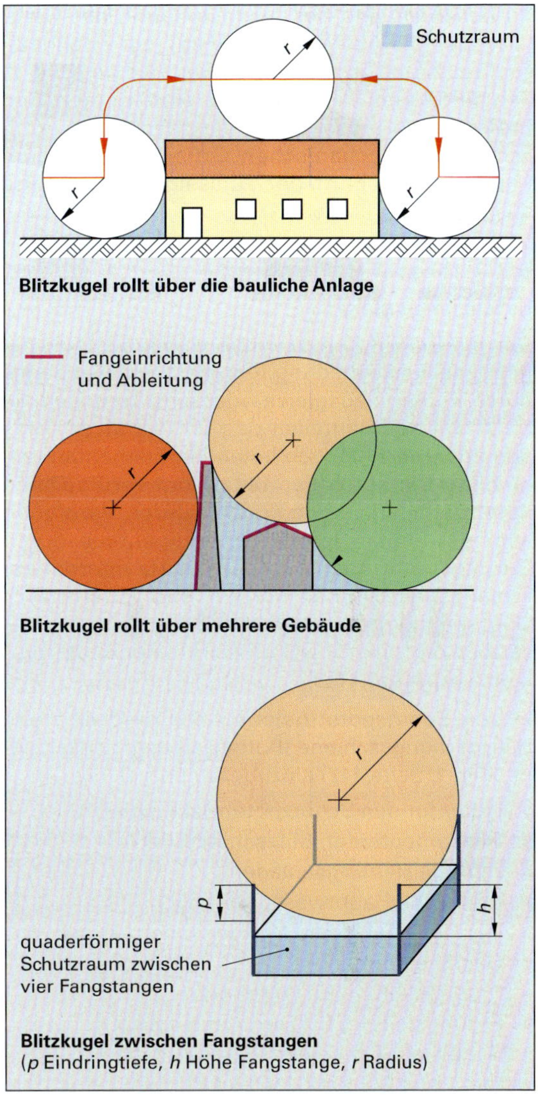

Bild 1: Anwendungen des Blitzkugelverfahrens

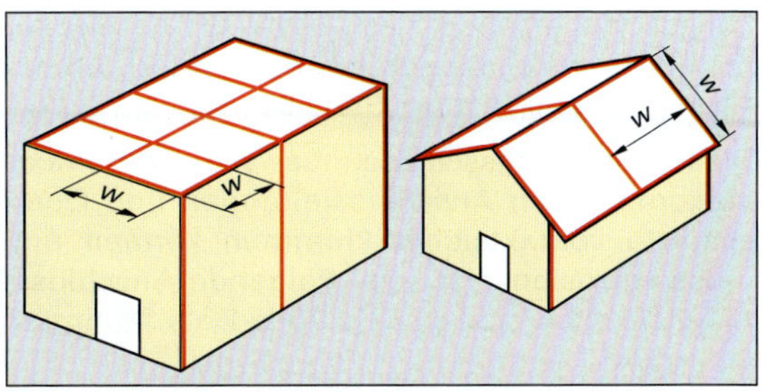

Bild 2: Maschenverfahren

Maschenverfahren und Schutzwinkelverfahren sind vom Blitzkugelverfahren abgeleitet.

Zu beachten sind bei der Installation der Fangleitungen die Abstände zum First, zur Dachhaut, zur Traufe und zu möglichen Baumästen **(Bild 1)**. Fangleitungen, Fangstangen, Ableitungen und Erdleitungen müssen aus elektrischen, thermischen und mechanischen Gründen mit einem Mindestquerschnitt der zulässigen Werkstoffe ausgelegt sein **(Tabelle 1)**.

8.3.3 Innerer Blitzschutz

Potenzialausgleich

Der innere Blitzschutz eines Gebäudes soll gefährliche Funkenbildung innerhalb des Gebäudes durch Potenzialausgleich oder eine Trennstrecke zwischen den Bauteilen des Blitzschutzsystems und anderen elektrisch leitenden Elementen verhindern. Die durch den Blitzstrom verursachten Potenzialunterschiede können durch Verbinden aller getrennten leitenden Anlagenteile durch Leitungen mit Anbindung an die Haupterdungsschiene ausgeglichen werden **(Bild 1, Seite 142)**. Überspannungsschutzgeräte SPDs schützen zusätzlich die elektronischen Geräte der Endstromkreise **(Abschnitt 6.3)**.

In den Schutzpotenzialausgleich sind über die Haupterdungsschiene (Potenzialausgleichsschiene, Bild 1, Seite 142) einzubeziehen z. B. die

- Leiter für den Schutzpotenzialausgleich,
- Fundamenterder, Blitzschutzerder,
- zentrale Heizungsanlage,
- metallene Hauptwasserleitung,
- leitenden Teile der Gebäudekonstruktion,
- Gasinnenleitung
- Erdungsleitung für Antennen,
- Erdungsleitung für Fernmeldeanlagen,
- Schutzleiter der elektrischen Anlage,
- metallene Schirme von elektrischen Leitungen.

Der Mindestquerschnitt der Schutzpotenzialausgleichsleiter zum Anschluss an die Haupterdungsschiene beträgt nach DIN VDE 0100-540 für metallene Installationen bei Cu (Kupfer) 6 mm^2, Al (Aluminium) 16 mm^2, Stahl 50 mm^2.

Die Haupterdungsschiene muss alle in der Praxis vorkommenden Anschlussleitungen und Querschnitte kontaktsicher klemmen können und muss korrosionsfest sein. Folgende Anschlussmöglichkeiten sind in DIN 0618-1 als Minimum gefordert:

- 1 x Flachleiter 4 mm x 30 mm oder Rundleiter Ø 10 mm,
- 1 x 50 mm^2,
- 6 x 6 mm^2 bis 25 mm^2,
- 1 x 2,5 mm^2 bis 6 mm^2.

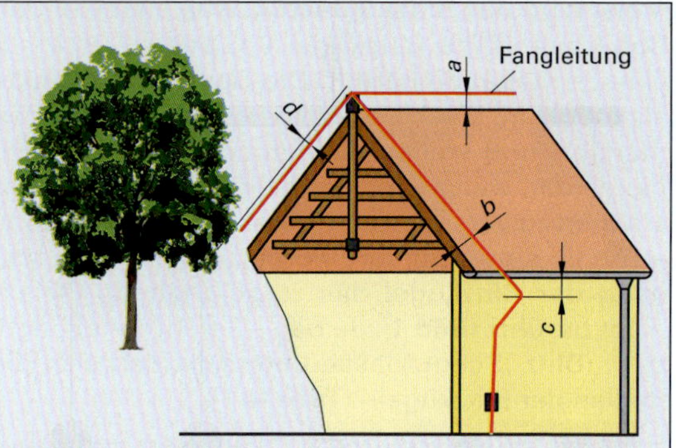

Mindestabstandsmaße:
a 0,6 m; ***b*** 0,4 m; ***c*** 0,15 m; ***d*** 2,0 m

Bild 1: Abstände von Fangleitungeen

Tabelle 1: Mindestquerschnitte für Fangleitungen
vgl. DIN VDE 185-305-3

Werkstoff	Mindest-Querschnitt in mm^2	Mindest-Dicke in mm	Mindest-Durchmesser in mm
Flaches Kupfer	50	2	–
Rundes Kupfer	50	–	8
Flachstahl, verzinkt	50	2,5	–
Rundstahl, verzinkt	50	–	8
Rundes Aluminium	78	–	10
Flaches Aluminium	80	4	–

Der Mindestquerschnitt für Blitzschutz-Potenzialausgleichsleiter beträgt für Cu 16 mm^2, Al 25 mm^2 und Stahl 50 mm^2. Bei Leitungen, die nur Teilblitzströme führen, sind für Cu 6 mm^2, Al 10 mm^2 und Stahl 16 mm^2 zulässig.

Der Mindestquerschnitt eines Cu-Blitzschutz-Potenzialausgleichsleiters ist größer als der eines Cu-Schutzpotenzialausgleichsleiter für metallene Installationen.

Blitzschutz für PV-Anlagen siehe **Abschnitt 13.4**.

Überspannungen aus dem Versorgungsnetz

Als Schutz vor Überspannungen infolge von entfernten Blitzeinschlägen, die über das Versorgungsnetz übertragen werden, aber auch infolge von Schalthandlungen im Versorgungsnetz, werden in DIN VDE 0100-443 elektrische Betriebsmittel Überspannungskategorien römisch I bis IV zugeordnet **(Tabelle 1)**.

Das Zuordnen der vom Versorgungsnetz gespeisten Betriebsmittel zu **Überspannungskategorien** erfolgt nach der Bemessungs-Stehstoßspannung. Unter **Stehspannung** versteht man eine Spannung zwischen den aktiven Teilen eines Betriebsmittels und der Umgebung, welche gerade noch nicht zum elektrischen Überschlag oder Durchschlag führt. Die **Stoßspannung** ist eine Pulsspannung, die aus einzelnen Impulsen besteht. Die **Stehstoßspannung** ist die Pulsspannung an einem Betriebsmittel, die noch nicht zum Überschlag oder Durchschlag führt **(Bild 1)**.

Die Bemessungs-Stehstoßspannung ist eine noch akzeptable Stehstoßspannung, die vom Hersteller für ein elektrisches Betriebsmittel oder Teile davon angegeben wird. Das Betriebsmittel wurde dazu über einen Stoßspannungsgenerator mit einer entsprechenden Stoßspannung versorgt (Bild 1). Die Bemessungs-Stehstoßspannung beschreibt die Festigkeit der Isolierung gegen transiente (kurzzeitige) Überspannungen.

> Die Überspannungskategorien geben die erforderlichen Stehstoßspannungen der Isolierung an.

Je höher die Überspannungskategorie ist, umso fester müssen die Betriebsmittel gegen Überspannungen ausgeführt sein. Im Einzelfall ist zu prüfen, ob der Einbau von Überspannungs-Schutzeinrichtungen ÜSE (SPD, Surge Protection Device) erforderlich ist **(Abschnitt 6.3)**.

Wenn ein Versorgungsnetz Niederspannungs-Freileitungen enthält und im Jahr mehr als 25 Gewittertage auftreten, sind Überspannungs-Schutzeinrichtungen ÜSE so einzubauen, dass überall in der Anlage die Überspannungskategorie II eingehalten ist. Der Betreiber der Anlage muss darum besorgt sein, dass seine elektronischen Geräte durch die ÜSE der Anlage einen zusätzlichen Schutz erhalten.

Der Schutz durch ÜSE kann erreicht werden durch

- ÜSE im Speisepunkt der Anlage oder
- ÜSE im Verteilungsnetz des Stromversorgers.

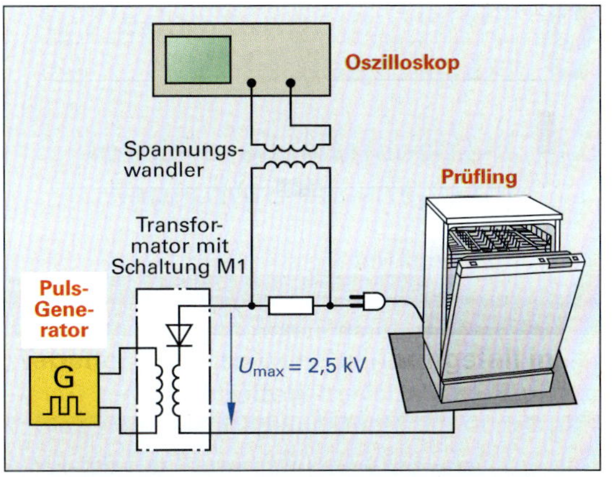

Bild 1: Ermittlung der Stehstoßspannung (M1 Einweggleichrichterschaltung)

Tabelle 1: Überspannungskategorien am 400-V-Netz
vgl. DIN VDE 0100-443

Kategorie	Bemessungs-stehstoß-spannung	Betriebsmittel (Beispiele)
IV	6 kV	Zähler, Rundsteuergeräte, Hauptsicherungen
III	4 kV	Verteiler, Kabel- und Leitungsanlagen, Verbindungsdosen, Schalter, Steckdosen
II	2,5 kV	Haushaltsgeräte, tragbare Werkzeuge
I	1,5 kV	empfindliche Geräte mit externem Schutz, insbesondere IT-Geräte

Wiederholung und Vertiefung

1. Welche Stromstärke besitzen Blitzentladungen?
2. Welche Bestandteile unterscheidet man bei Blitzschutzsystemen?
3. Welche Aufgabe hat der äußere Blitzschutz?
4. Welche Aufgabe hat der innere Blitzschutz?
5. Beim äußeren Blitzschutz ist die Lage der Fangeinrichtungen festzulegen. Welche Verfahren unterscheidet man hierbei?
6. Wie groß muss der Querschnitt der Schutzpotenzialausgleichsleiter beim Blitzschutz zum Anschluss an die Haupterdungsschiene für Cu-Leiter mindestens sein?
7. Nach welchem Kriterium werden vom Versorgungsnetz gespeiste Betriebsmittel den Überspannungskategorien I bis IV zugeordnet?

9 Elektromagnetische Verträglichkeit EMV

9.1 Elektrostatische, elektromagnetische Störungen

Bedeutung der EMV

Elektronische Bauelemente können durch elektrostatisch oder durch elektromagnetisch hervorgerufene Spannungen zerstört werden. Deshalb ist die Betriebssicherheit elektronischer Geräte zum Schutz der Menschen gesetzlich geregelt.

Das deutsche **EMV-Gesetz** beruht auf der EMV-Richtlinie der Europäischen Union (EU). Es verlangt, dass elektrische Geräte so beschaffen sein müssen, dass

- die Geräte eine angemessene Festigkeit gegen elektrische Störungen aufweisen und
- die Erzeugung elektromagnetischer Störungen durch die Geräte stark begrenzt wird.

Die wirtschaftliche Bedeutung der EMV-Maßnahmen nimmt laufend zu. Jährlich werden allein in Deutschland mehr als drei Milliarden € für EMV-Maßnahmen aufgewendet. Nach den Richtlinien der EU müssen elektrische Geräte mit dem **CE-Kennzeichen** (Konformitätskennzeichen) von demjenigen versehen sein, der sie in den Verkehr bringt (Hersteller oder Händler). Dadurch wird dokumentiert, dass das Gerät den europäischen Normen entspricht, also auch der EMV-Richtlinie der EU (2014/30/EU).

Störungen durch elektrische Felder

Geht man über einen isolierenden Bodenbelag, z. B. einen Teppichboden aus synthetischen Fasern, so tritt eine Aufladung des Körpers infolge Ladungstrennung auf **(Bild 1)**. Diese elektrostatische Aufladung kann zu Spannungen von einigen 10 000 V führen. Eine Aufladung tritt auch beim sonstigen Umgang mit isolierenden Stoffen auf. Kommt ein ungeschütztes elektronisches Gerät oder ein Bestandteil davon mit den elektrostatischen Spannungen in Berührung, so kann das zu erheblichen Störungen der Funktionsfähigkeit, z. B. zur Verfälschung von Daten, aber auch zur Zerstörung von empfindlichen Baugruppen führen. Halbleiterbauelemente werden bereits von Spannungen zerstört, die weit unter den möglichen Höchstwerten der elektrostatischen Spannungen liegen **(Tabelle 1)**.

Software und Hardware von elektronischen Geräten können durch elektrostatische Aufladungen zerstört werden.

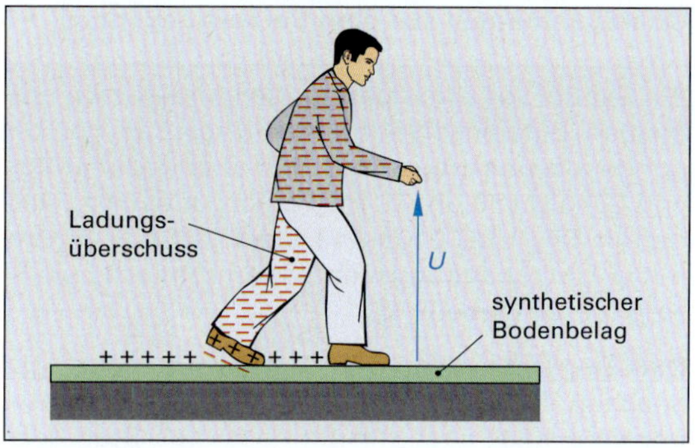

Bild 1: Aufladung eines Menschen beim Laufen über einen synthetischen Bodenbelag

Tabelle 1: Zerstörspannungen

Halbleitertyp	Zerstörspannung in V
Bipolare Transistoren	380 bis 7000
Thyristoren	700 bis 2500
Operationsverstärker (bipolar)	190 bis 2500
Junction-FET	140 bis 1600
EEPROM	100 bis 500
Isoliergate-FET	100 bis 200
Operationsverstärker	100 bis 200

Störungen durch elektromagnetische Felder

Durch Wechselspannung entstandene elektrische und magnetische Felder können sich gegenseitig erzeugen. Deshalb spricht man hierbei von elektromagnetischen Feldern.

Elektromagnetische Störungen, auch **EMIs** (von Electromagnetic Interferences) genannt, werden durch Ströme und Spannungen hervorgerufen infolge von

- Blitzen,
- Kurzschlüssen,
- Schaltvorgängen,
- sich ändernden Widerständen.

Elektromagnetische Störungen treten auf infolge Induktion von Störspannungen,

- wo großflächige Leiterschleifen vorhanden sind oder
- wo unterschiedliche Leitungssysteme gemeinsam verlegt sind **(Bild 1, folgende Seite)**, z. B. Leitungen der Stromversorgung und der Kommunikation.

Elektronische Steuerungen können deshalb EMIs hervorrufen. Jede steile Stromflanke bedeutet eine hohe Frequenz, sodass die Steuerung wie ein Störsender wirkt.

Elektromagnetische Vorgänge mit steilen Stromflanken können EMIs hervorrufen.

Übertragung der EMIs

EMIs werden von einer Störquelle, z.B. einem Schalter, mittels einer Kopplung zu einer Störsenke übertragen **(Bild 2)**.

Induktive Kopplung erfolgt, wenn ein sich änderndes Magnetfeld eine Leiterschleife oder eine sonstige elektrisch leitende Schleife durchsetzt (Bilder 1 und 2). Diese Kopplung kann auch durch einen Teil erfolgen, der gar nicht Bestandteil der elektrischen Anlage ist, z.B. durch die Bewehrung des Betons. Mit diesem Teil kann wieder ein elektrischer Anlagenteil induktiv gekoppelt sein.

Voraussetzung ist immer das Vorhandensein einer leitenden Schleife.

Induktive Kopplung kann zu jeder leitenden Schleife erfolgen.

Die Kopplung ist umso wirksamer, je größer die Fläche ist. Eng beieinander liegende Leiter führen also zu einer kleineren Induktion als weit auseinander liegende Leiter. Besonders klein ist die induktive Kopplung bei verdrillten Leitern (Twisted Pair, Seite 112).

Kapazitive Kopplung erfolgt von elektrisch leitenden Stellen mit hohem Potenzial zu davon isolierten Stellen mit niedrigerem Potenzial über die Kapazität zwischen diesen Stellen, wenn sich ein Potenzial ändert. Dabei ist die Kopplung umso stärker, je dichter diese Stellen beieinander liegen.

Kapazitive Kopplung erfolgt über elektrisch leitende Stellen, die voneinander isoliert sind.

Galvanische Kopplung erfolgt zwischen elektrisch leitenden Stellen, die miteinander mäßig leitend verbunden sind. Insbesondere kann diese Verbindung über Erder und Erdboden erfolgen. Tritt in der Anlage **Bild 3** an einem Gerät eine Überspannung auf, z.B. durch Blitzschlag, so entsteht zwischen den beiden Erdanschlüssen X1 und X2 eine Potenzialdifferenz, also eine Spannung. Diese ruft einen Störstrom I_{st} hervor, der am Innenwiderstand der Störsenke eine Störspannung zur Folge hat. Diese Störspannung überlagert sich der Signalspannung.

Sind mindestens zwei Stromkreise so angeordnet, dass ihre Ströme zumindest teilweise durch gemeinsame Leitungen fließen, so liegt eine galvanische Kopplung vor. Der Summenstrom setzt sich dann aus dem Strom des jeweils eigenen Stromkreises sowie einem überlagerten Teilstrom, dem Störstrom, des anderen Stromkreises zusammen.

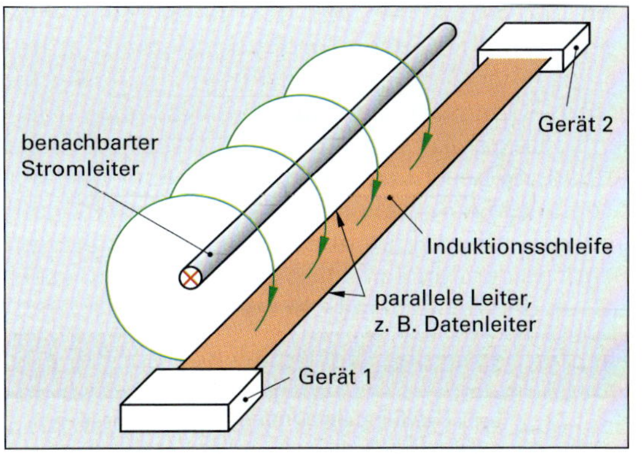

Bild 1: Schleifenbildung durch Leitungen mit parallelen Leitern

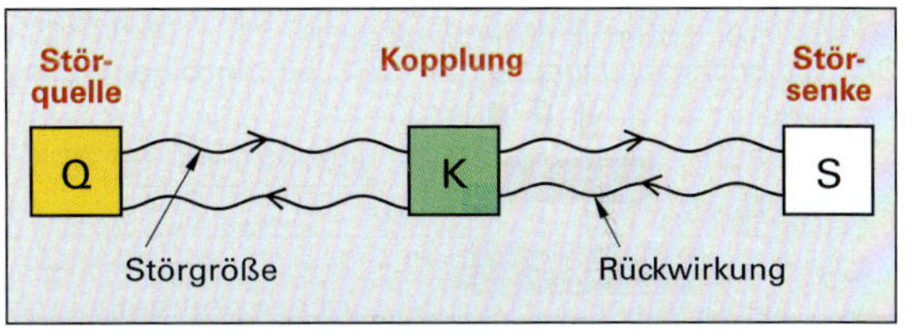

Bild 2: Prinzip der Störbeeinflussung

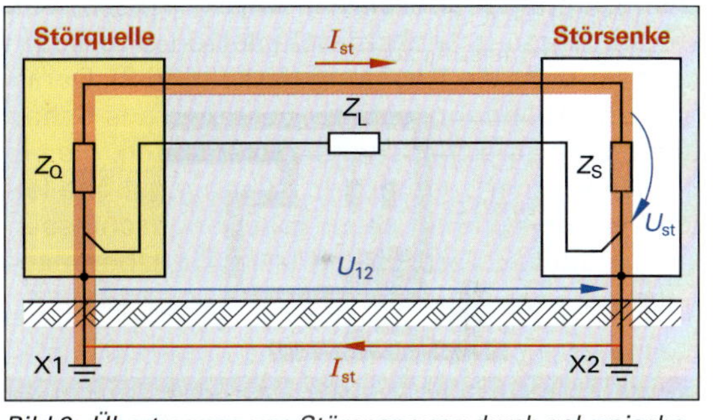

Bild 3: Übertragung von Störspannung durch galvanische Kopplung

Galvanische Kopplungen treten vor allem auf, wenn Betriebsmittel an verschiedene Erdungsanlagen angeschlossen sind.

9.2 Maßnahmen

Elektrostatischer Schutz

Vor dem Berühren elektrostatisch gefährdeter Gerätebestandteile, insbesondere bei Wartungsarbeiten, aber auch bei Benutzung, sollte man sich durch Berühren von geerdeten Teilen, z. B. von Metallgehäusen ordnungsgemäß angeschlossener Geräte, elektrisch entladen. Bei Instandsetzungsarbeiten oder bei Wartungsarbeiten sollte der Arbeitsplatz gegen elektrostatische Aufladung geschützt sein **(Bild 1)**. Dabei wird der Arbeitende durch ein leitendes Handgelenkband geerdet. Dieses ist über einen hochohmigen Schutzwiderstand an einen Erder angeschlossen, z. B. an den Schutzleiter der elektrischen Anlage.

Für die Benutzung elektronischer Geräte, z. B. von Computern, ist es zweckmäßig, dass der Bodenbelag schwach leitend (antistatisch) ist. Man verwendet Matten aus antistatischem Gummi oder antistatischem Teppichboden. Es gibt auch Sprays, welche den isolierenden Bodenbelag für einige Zeit antistatisch machen.

Elektrostatische Ladungen müssen sicher abgeleitet werden.

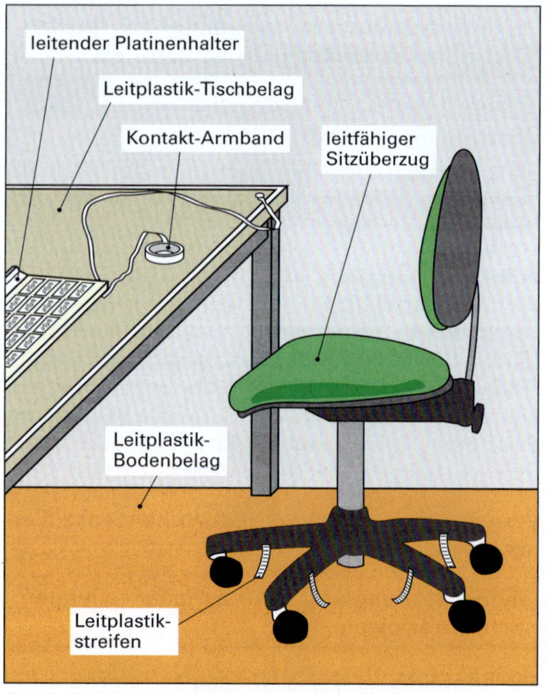

Bild 1: Elektrostatisch geschützter Arbeitsplatz

Schutz gegen EMIs

Überspannungsableiter. In Stromkreisen von störanfälligen Betriebsmitteln setzen Überspannungsableiter die Kopplung herab **(Bild 2)**. Derartige Überspannungsableiter bestehen aus Schaltungen mit verschiedenen Bauelementen, die bei Erreichen einer bestimmten Spannungshöhe leitend werden und an einen Erder angeschlossen sind. Dadurch wird die auftretende Überspannung zur Erde abgeleitet (DIN VDE 0100-444).

In Überspannungsableitern sind enthalten spannungsfeste Gasableiter, die aber erst bei hohen Spannungen ansprechen. Außerdem sind enthalten Varistoren (spannungsabhängige Widerstände), die weniger spannungsfest sind, aber schon bei mittleren Spannungen von z. B. 200 V ansprechen, und Suppressordioden, die schon bei kleinen Spannungen ansprechen. Dadurch wird ein **Staffelschutz** erzielt (Bild 2). Ein eintreffender Störimpuls wird zuerst vom Gasableiter geschwächt, dann vom Varistor verringert und schließlich von der Suppressordiode bis auf einen ungefährlichen Rest herabgesetzt.

Bei den fertig zu beziehenden Überspannungsableitern muss der Eingang (In) zur Störquelle hin angeordnet sein, meist also zum Energienetz hin **(Bild 1, folgende Seite)**.

Überspannungsableiter sind Baugruppen, deren Eingang zur Störquelle hin anzuschließen ist.

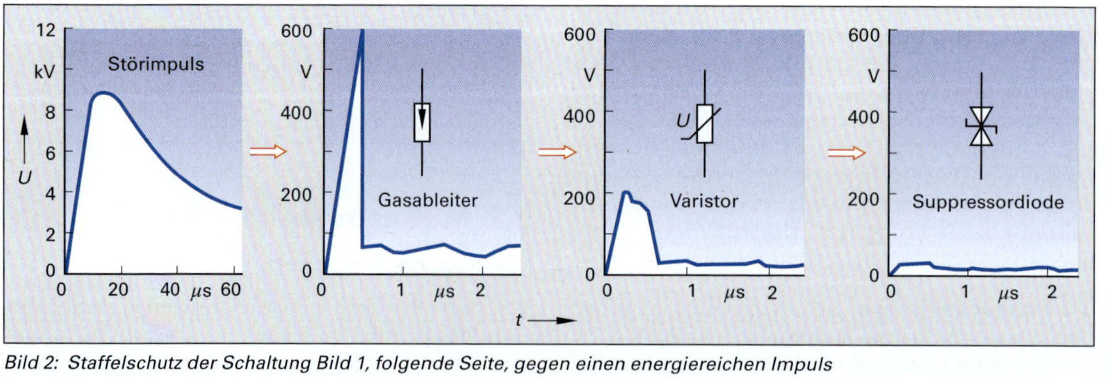

Bild 2: Staffelschutz der Schaltung Bild 1, folgende Seite, gegen einen energiereichen Impuls

Die Überspannungsableiter liegen in der elektrischen Anlage des Gebäudes je nach Aufgabe an geeigneten Stellen (siehe **Abschnitt 6.3**).

Entstörfilter. Durch Entstörfilter kann die über Leitungen erfolgende Ausbreitung von hochfrequenten Störungen verhindert werden **(Bild 2)**. Entstörfilter sind Tiefpässe, die z. B. aus LC-Schaltungen bestehen **(Bild 3)**. Meist verwendet man zur Entstörung komplette **Netzfilter**. Diese können außer den Kondensatoren auch Widerstände und Induktivitäten enthalten.

Entstörfilter unterdrücken Hochfrequenzstörungen.

Schirmung. Die Übertragung von Störungen durch Strahlung bzw. kapazitiver Kopplung kann durch leitende Schirmung der Leitungen zwischen Störquellen und Störsenken vermieden werden. Werden die Schirme an verschiedenen Stellen geerdet, kann ein Strom zwischen den Erdern fließen. Es kann dann aber eine galvanische Kopplung eintreten (Bild 3, Seite 155).

Geschirmte Leitungen sollen immer nur an gleicher Stelle geerdet sein.

Räumliche Trennung. Räumliche Trennung durch Abstand oder leitende Barriere (hemmende Zwischenstücke) verringert die Kopplung, sofern nicht dadurch große Induktionsschleifen entstehen. So kann es zweckmäßig sein, in einer größeren IT-Anlage bzw. IKT-Anlage die Computer zur Datenverarbeitung in einem getrennten Raum aufzustellen **(Bild 4)**. Vor allem ist aber die getrennte Verlegung von Leitungen der IT-Technik bzw. der Kommunikationstechnik (gesamthaft IKT) und der Stromversorgung nach VDE 0800-174-2 vorzunehmen **(Bild 5, Tabelle 1, folgende Seite)**.

EMIs bekämpft man durch Verringerung der Kopplung zwischen Störquelle und Störsenke.

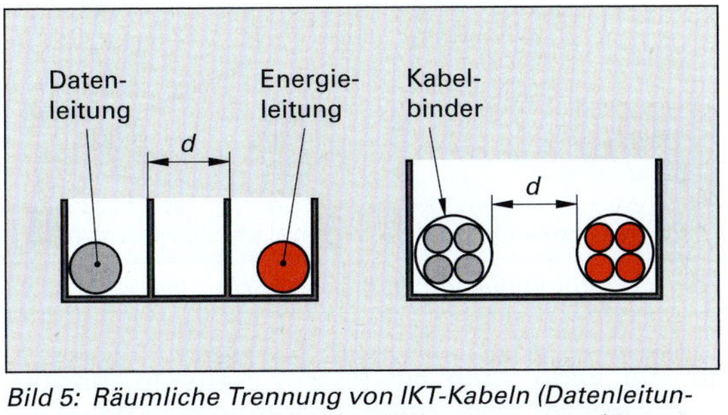

Bild 5: Räumliche Trennung von IKT-Kabeln (Datenleitungen) und Leitungen der Stromversorgung (Energieleitungen)

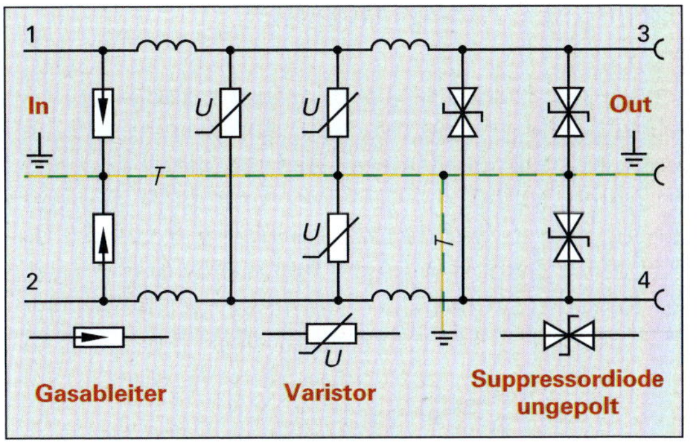

Bild 1: Schaltung eines Überspannungsableiters

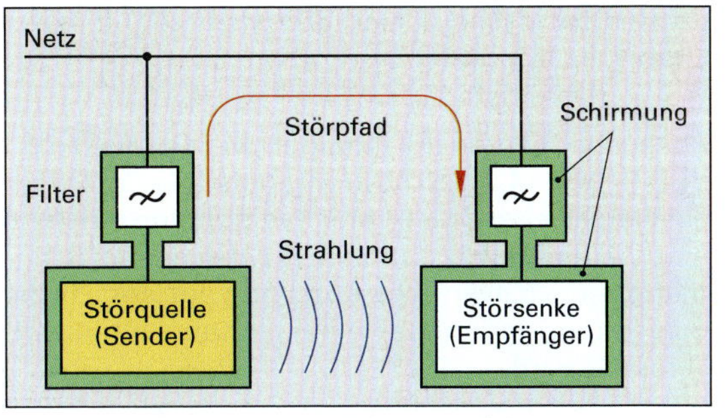

Bild 2: Entstörung mit Entstörfilter und Schirmung

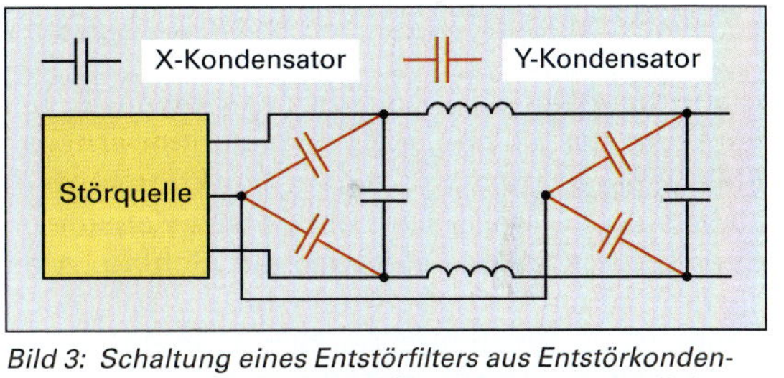

Bild 3: Schaltung eines Entstörfilters aus Entstörkondensatoren der Klassen X (Kondensatoren parallel zur Störquelle oder Störsenke geschaltet), Y (Kondensatoren zwischen Netzleiter und Gehäuse geschaltet)

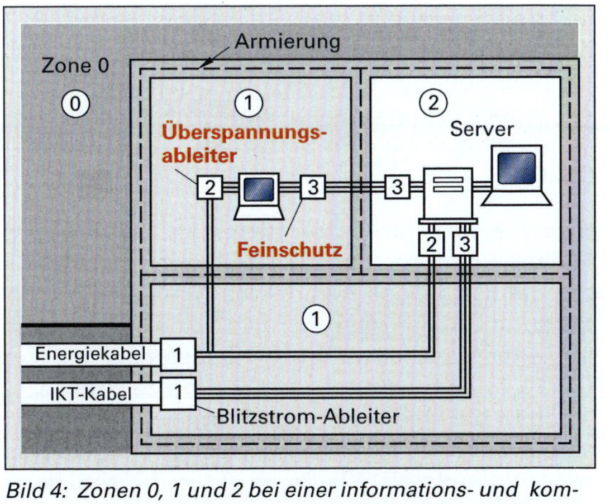

Bild 4: Zonen 0, 1 und 2 bei einer informations- und kommunikationstechnischen Anlage (IKT-Anlage)

Erdung und Potenzialausgleich

Schirme von geschirmten Leitungen sollen nur an einer Stelle geerdet werden, damit keine galvanische Kopplung entsteht. Das ist allerdings nicht möglich, wenn der Schirm mehrfach mit dem Erdboden in Berührung kommt, z.B. wenn das Kabel im Erdboden liegt. Dann verbindet man die Erdungsleitungen durch einen metallenen, isolierten oder nicht isolierten Leiter, der verschiedenes Potenzial verhindert **(Bild 1)**. Man spricht von einer **Potenzialausgleichsleitung**.

> Die Potenzialausgleichsleitung verhindert Potenzialunterschiede und Störungen durch galvanische Kopplung.

Bei ausgedehnten IKT-Anlagen werden nach DIN VDE 0100-444 zur Schirmung parallele Potenzialausgleichsleiter PBE (Protective Bonding Earthed) empfohlen **(Bild 2)**. Durch diese tritt an der Schirmung keine galvanische Kopplung auf, sodass die Schirmung gegenüber einer Leitung ohne PBE verstärkt wird.

> Zur Schirmung parallel verlegte PBE verstärken die Wirkung der Schirmung.

Dient der Potenzialausgleich der einwandfreien Funktion der Anlage, z.B. dem Verhindern von EMIs, spricht man von einem **Funktionspotenzialausgleich**. Meist dient der Potenzialausgleich dem Schutz gegen elektrischen Schlag. Man spricht dann vom **Schutzpotenzialausgleich** (Seite 74). Querschnitte des Schutzpotenzialausgleichsleiters siehe Seite 152.

Die Erdung der geschirmten Leitungen erfolgt an der Haupterdungsschiene HES (Potenzialausgleichsschiene) des Gebäudes (Seite 142). Bei einer einfachen Anlage, z.B. einem Einfamilienhaus, genügt eine sternförmige Verbindung mit einer Erdungsschiene oder mit der Haupterdungsschiene für den Schutzpotenzialausgleich **(Bild 3)**.

Beim vermaschten sternförmigen Schutz- und Funktionspotenzialausgleich besteht die Anlage aus der Metallkonstruktion des Gebäudes mit Ergänzung durch Leiter in Form von **Gitternetzen** mit einer Maschenweite von höchstens 2 m × 2 m **(Bild 1, folgende Seite)**. Die Gitternetze sind anzuwenden bei kleinen Gruppen von untereinander verbundenen IKT-Betriebsmitteln. Die Funktionspotenzialausgleichsleiter müssen hierbei kurz ausgeführt sein, z.B. < 50 cm.

Tabelle 1: Mindestabstände von IKT-Leitungen gegen Stromversorgungsleitungen
vgl. DIN VDE 0100-444

Mindestabstand *d* bei metallischer Trennung T von Leitungen der Stromversorgung			
ohne T	offene T	gelochte T	geschlossene T
20 cm	15 cm	10 cm	0 cm

Bei geschirmten Leitungen können die Abstände verringert werden.

Offene Trennung: Drahtkorb.

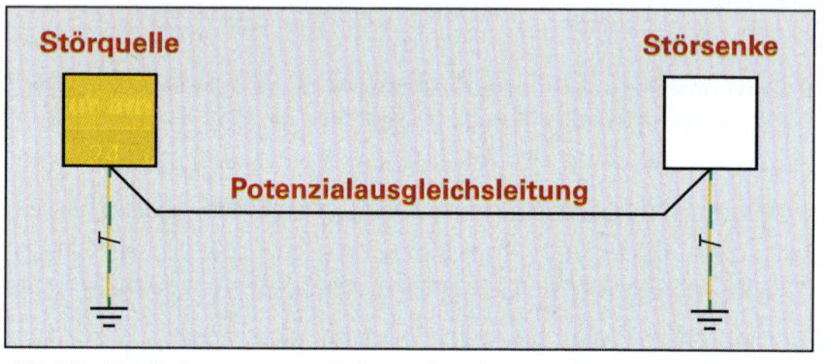

Bild 1: Funktionspotenzialausgleich zwischen Störquelle und Störsenke

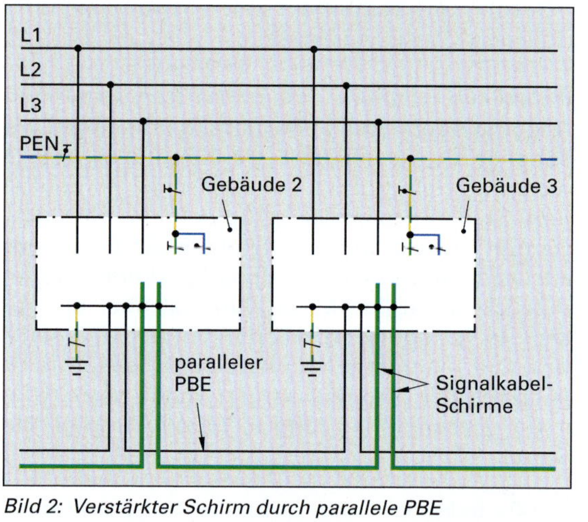

Bild 2: Verstärkter Schirm durch parallele PBE

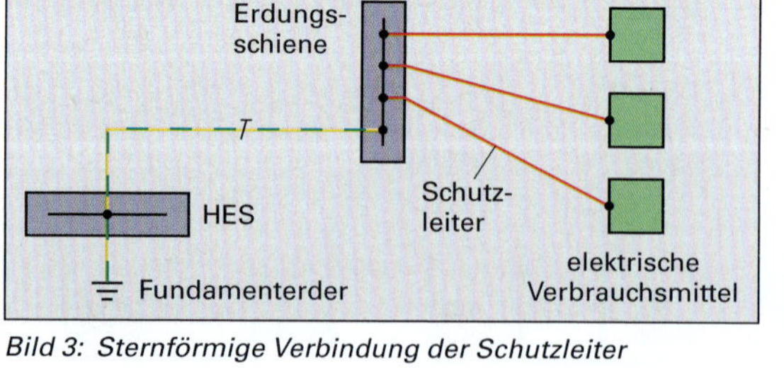

Bild 3: Sternförmige Verbindung der Schutzleiter

Ferner kann auch ein Potenzialausgleichsringleiter BRC (Bonding Ring Conductor) entlang der Außenwände verlegt werden.

Die Haupterdungsschiene kann durch eine oder mehrere Erdungsschienen erweitert werden.

Bei Gebäuden mit mehreren Etagen wird in DIN VDE 0100-444 empfohlen, für jede Etage eine Potenzialausgleichsanlage zu errichten. Die Potenzialausgleichsanlagen sollten untereinander durch Leiter verbunden sein, und zwar in jeder Etage mindestens zweimal. Als Leiter können auch metallene Konstruktionsteile des Gebäudes verwendet werden, die mit dem Fundamenterder verbunden sind.

Bei sehr kleinen Anlagen kann man auf parallel zum Schirm verlegte Potenzialausgleichsleiter verzichten, wenn geschirmte Leitungen an nur einen einzelnen Erder, z. B. die Erdungsschiene, angeschlossen werden **(Bild 2)**. Dann bewirkt der Schirm allein den Funktionspotenzialausgleich.

Vermeidung von Induktion

Zur Unterdrückung der induktiven Kopplung zwischen Störquelle und Störsenke müssen Induktionsschleifen nach Bild 1, Seite 155, vermieden werden. Das erfolgt durch gemeinsame Leitungswege der verschiedenen Systeme der Kommunikationstechnik. Die Leitungen dieser Systeme verlegt man z. B. gemeinsam in einem Installationskanal.

Außer durch Schirmung kann die induktive Kopplung auch durch Leitungen mit **verdrillten Doppeladern** vermieden werden. Bei einer verdrillten Doppelader, wie z. B. bei Twisted-Pair-Datenleitungen (verdrilltes Adernpaar), ruft ein Strom in den durch den Drall entstehenden Windungen Magnetfelder wechselnder Richtung hervor, sodass nach außen die Magnetfelder unwirksam bleiben **(Bild 3)**. Entsprechend induziert ein magnetisches Wechselfeld von außen in den Windungen Spannungen verschiedener Richtungen, sodass die Störspannungen sich gegenseitig weitgehend aufheben.

Twisted-Pair-Datenleitungen verhindern weitgehend die induktive Einstreuung von Störungen.

Zusätzlich verhindern bei den S/FTP-Leitungen Schirme die verbleibende Einstreuung (Bild 1, Seite 112).

Gegen die Kopplung zu Leitungen der Stromversorgung reichen diese Maßnahmen meist nicht. Die Stromstärke ist hier sehr viel größer. Daher sind die Stromkreise getrennt zu verlegen.

Verlegesysteme

Werden informations- und kommunikationstechnische Leitungen zusammen mit elektrischen Energieleitungen im selben Verlegesystem verlegt, muss ein Abstand von mindestens 200 mm eingehalten werden. Der Gesamtstrom darf in den Energieleitungen dabei nicht größer als 600 A sein, die informations- und kommunikationstechnische Leitungen müssen ferner geschirmt sein. Ansonsten sind die metallenen **Trennabstände** nach Tabelle 1, Seite 158 zu beachten.

Metallische oder Metall enthaltende **Kabeltragsysteme** müssen auf dem gesamten Verlegeweg geerdet sein. Deshalb sind sie am Anfang und am Ende mit dem Potenzialausgleichssystem zu verbinden. Bei einem Verlegeweg über 50 m sind zusätzliche Verbindungen dazwischen empfohlen. Die Durchgängigkeit des Verlegesystems muss von Anfang bis Ende sichergestellt sein, z. B. durch Verschrauben der einzelnen Elemente.

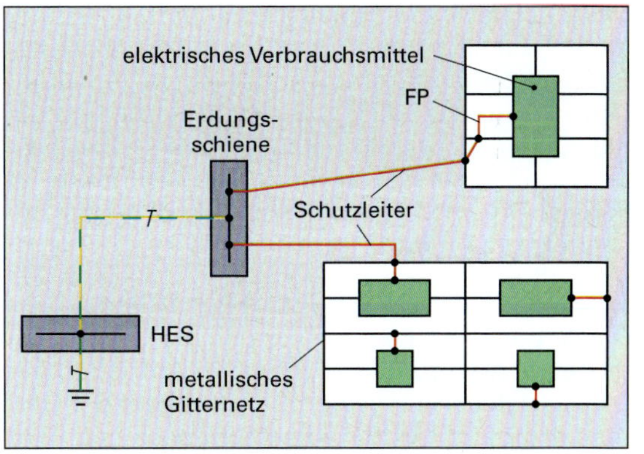

Bild 1: Vermaschte sternförmige Potenzialausgleichsanlage (FP Funktionspotenzialausgleichsleiter)

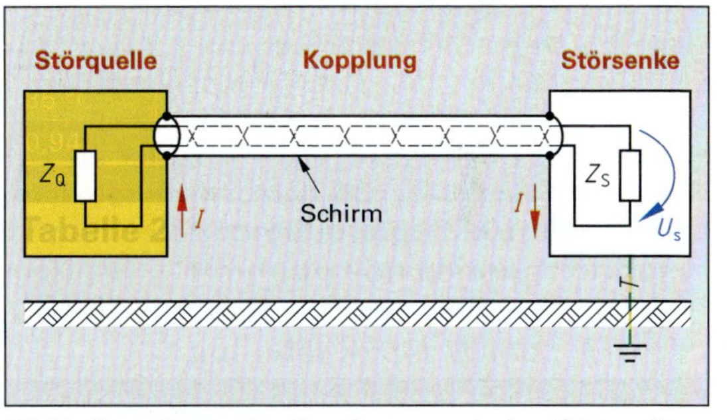

Bild 2: Beseitigung der Kopplungen zwischen Störquelle und Störsenke

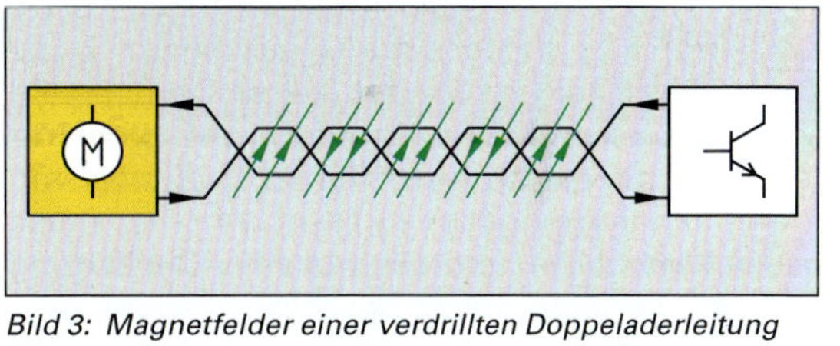

Bild 3: Magnetfelder einer verdrillten Doppeladerleitung

Metallische Kabeltragsysteme bieten Schutz gegen elektromagnetische Störungen. Nichtmetallische Systeme kommen für Lichtwellenleitungen in Betracht. Beim Kabeltragsystem soll die mit Kabeln/Leitungen belegte Höhe kleiner sein als die Höhe der Seitenwände. Die Schirmung ist nämlich im unteren Raum nach den Ecken hin besonders groß **(Bild 1)**.

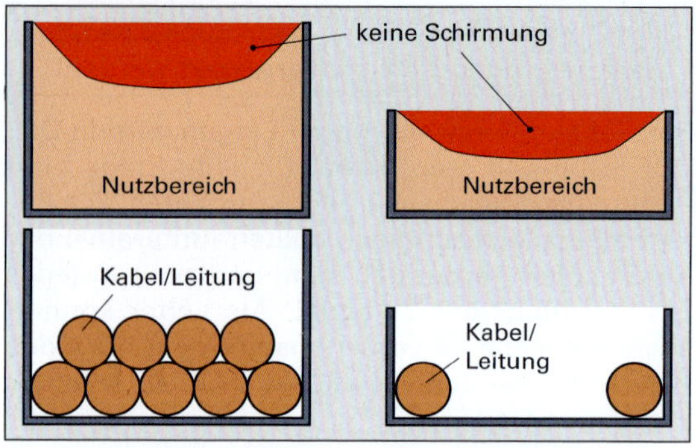

Bild 1: Schirmwirkung und empfohlener Nutzbereich eines metallenen Kabeltragsystems in U-Form

EMV-Maßnahmen bei Umrichter-Antrieben

Die Antriebe mit Frequenzumrichtern sind in den letzten Jahren zu den wichtigsten Antrieben mit Drehzahlsteuerung geworden. Oft bildet der Umrichter mit dem Motor eine Antriebseinheit **(Bild 2)**. Die einzelnen Funktionsblöcke des Systems können einzelne Baugruppen sein oder Bestandteil der Antriebseinheit **(Bild 3)**.

Eine Überstrom-Schutzeinrichtung, z. B. ein Motorschutzschalter, dient als Trennschalter und Überlastungsschutz der nachgeschalteten Baugruppen. Das betriebsmäßige Schalten erfolgt meist durch ein Schütz. Die darauf folgende Netzdrossel und ein Tiefpass-**Entstörfilter** dienen dem Schutz des Umrichters vor über das Netz eindringenden Störungen und schützen das Netz vor Störgrößen des Umrichters.

> Entstörfilter schützen den Umrichter vor Netzstörungen und schützen das Netz vor Störungen durch den Umrichter.

Bild 2: Umrichter und Umrichter-Antrieb

Der **Umrichter** besteht meist aus einem Netzstromrichter, einem Zwischenkreis und einem Maschinenstromrichter. Beide Stromrichter rufen EMIs hervor, sodass eine Abstrahlung von Störspannung möglich ist. Der Umrichter muss deshalb geschirmt und geerdet sein. Die Leitung ab dem Umrichter muss geschirmt verlegt sein, wenn der Umrichter vom Motor getrennt ist. Oft ist nach dem Umrichter eine Motordrossel oder ein weiterer Tiefpass angeordnet. Dadurch wird die Sinusform des Stroms verbessert (Sinusfilter).

Erdungsmaßnahmen sind wegen der EMV notwendig. Alle leitfähigen Gehäuseteile des Umrichters und des Motors sowie alle Schirmungen müssen elektrisch leitend auf Erdpotenzial gelegt werden, z. B. an der Schutzpotenzialausgleichsschiene. Die Verbindung muss für jeden einzelnen Erdungspunkt getrennt erfolgen, weil sonst eine galvanische Kopplung der Störspannung auftritt. Wegen der hohen EMI-Frequenzen soll die Verbindungen großflächig sein **(Bild 1, folgende Seite)**.

> Bei Frequenzumrichtern sind mehrere Maßnahmen erforderlich, um EMIs entgegenzuwirken.

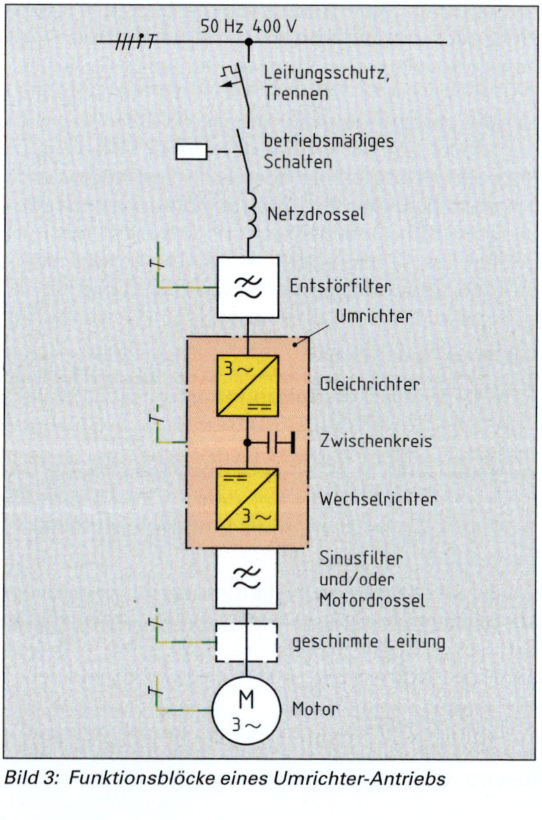

Bild 3: Funktionsblöcke eines Umrichter-Antriebs

Geräte, die den Normen für EMV (EMC, C von compatibility) entsprechen, können nach Prüfung durch das VDE-Zertifizierungsinstitut mit dem VDE-EMC-Zeichen gekennzeichnet werden **(Bild 2)**.

9.3 DGUV Vorschrift 16

Diese Unfallverhütungsvorschrift gilt für Beschäftigte, die elektrischen, magnetischen oder elektromagnetischen Feldern im Frequenzbereich bis 300 GHz unmittelbar oder deren mittelbaren Wirkungen ausgesetzt sind (siehe auch **Abschnitt 2.2**). Die Arbeitsbereiche eines Unternehmens sind vom Unternehmer in die Bereiche

- Bereich erhöhter Exposition,
- Expositionsbereich 1 und
- Expositionsbereich 2

einzuteilen (exposition = Freisetzung). Die Einteilung erfolgt gemäß den von der DGUV Vorschrift 16 (V16) vorgegebenen Grenzwerten hinsichtlich der elektrischen Feldstärke **(Bild 3)** und der magnetischen Feldstärke **(Tabelle 1)**. Der Expositionsbereich 2 entspricht Arbeitsbereichen, die keinen besonderen Belastungen durch elektromagnetische Felder ausgesetzt sind.

> Der Unternehmer muss dafür Sorge tragen, dass die Beschäftigten geeignet geschützt werden vor elektromagnetischen Gefahren.

Es dürfen keine unzulässigen Expositionen oder Wirkungen durch elektrische, magnetische und elektromagnetische Felder auftreten. Emittierte Feldstärken sind regelmäßig zu ermitteln und zu dokumentieren. Gefahrenbereiche sind zu kennzeichnen. Technische und organisatorische Maßnahmen zum Verringern der Gefahren, auch physiologischer Wirkungen, sind umzusetzen. Die Beschäftigten sind über Betriebsanweisungen zu unterweisen. Geeignete persönliche Schutzausrüstungen sind zu benutzen.

Wiederholung und Vertiefung

1. Erklären Sie die Bedeutung von EMV.
2. Auf welche Arten können durch Blitzschläge entstehende Überspannungen in das Netz gelangen?
3. Wie verhindert man das Eindringen von elektromagnetischen Störungen in das Netz?
4. Wie wird verhindert, dass vom Umrichter hervorgerufene EMIs ins Netz gelangen?
5. Warum muss der Umrichter ein schirmendes Gehäuse haben?

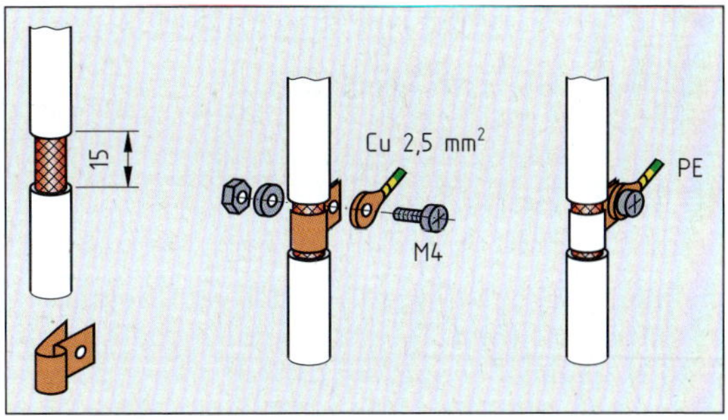

Bild 1: Großflächige Verbindung zur Erdung

Bild 2: Gerätekennzeichnung mit Konformitätskennzeichen und VDE-EMC-Zeichen

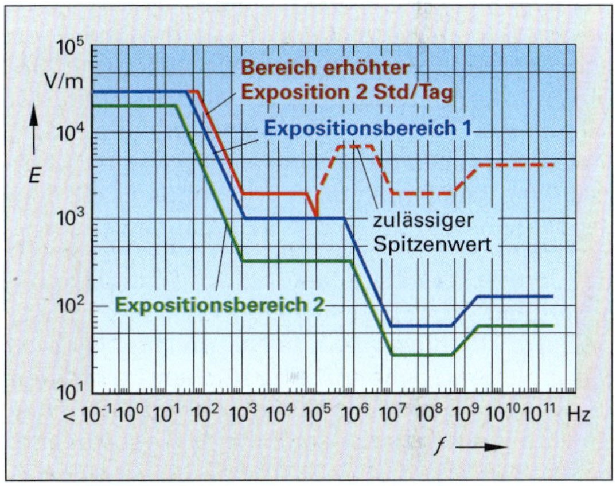

Bild 3: Zulässige Werte der elektrischen Feldstärke in den Expositionsbereichen 1 und 2 sowie im Bereich erhöhter Exposition

Tabelle 1: Werte im Expositionsbereich 2 bei Expositionszeiten 6 min
vgl. DGUV V16

Frequenzbereich f/MHz	Effektivwert der elektrischen Feldstärke in V/m	Effektivwert der magnetischen Feldstärke in A/m	Mittelwert der Leistungsdichte in W/m²
0,091 – 0,14	333,3	16,8	–
0,14 – 0,826	333,3	$2{,}35/f$	–
0,826 – 10	$275/f$	$2{,}35/f$	–
10 – 30	27,5	$2{,}35/f$	–
30 – 400	27,5	0,073	2
400 – 2000	$1{,}375 \cdot \sqrt{f}$	$3{,}64 \cdot \sqrt{f} \cdot 10^{-3}$	$f/200$
2000 – 300000	61,5	0,163	10

10 Einfache Installationsschaltungen

10.1 Schaltpläne

Installationsschaltungen werden in Übersichtsschaltplänen **(Bild 1)**, Installationsschaltplänen **(Bild 2)**, Installationsplänen **(Bild 3)** oder in Stromlaufplänen **(Bild 4)** dargestellt, siehe **Abschnitt 5.3**. Verdrahtungspläne siehe **Abschnitt 18.4.5**. Alle diese Pläne sind bei Neuinstallationen die Basis der Beschaffungs-Stückliste. Die Betriebsmittel (Objekte) in den Schaltplänen werden mit Buchstaben gekennzeichnet **(Seite 298)**. Bei **industriellen Anlagen** ist die **Referenzkennzeichnung** mit vorgesetzten Vorzeichen anzuwenden (DIN EN IEC 81346-2, Seite 298).

Der **Übersichtsschaltplan**, gelegentlich auch als Stromlaufplan bezeichnet, zeigt die (erforderliche) Leiterzahl, nicht den Anschluss der Betriebsmittel. Dasselbe gilt für den Installationsschaltplan. Der **Installationsplan** entspricht dem Installationsschaltplan ohne eingetragene Leitungen. Der Installationsplan wird gegenüber dem Installationsschaltplan bevorzugt angewendet.

Im Übersichtsschaltplan und im **Installationsschaltplan** werden Schutzleiter PE (von Protection Earth = Schutzerde) und Neutralleiter N durch Symbole angegeben. Die restlichen Leiter werden durch Striche angegeben oder durch einen Strich mit davorstehender Zahl für die Anzahl der Leiter (Bild 1). Der Stromweg innerhalb der Schaltung lässt sich hierbei nicht verfolgen.

Stromlaufpläne geben die Schaltung der Betriebsmittel an. Man unterscheidet verschiedene Stromlaufpläne. Beim *Stromlaufplan in zusammenhängender Darstellung* (Bild 4) werden die Anschlussstellen der Betriebsmittel dann benachbart gezeichnet, wenn sie in Wirklichkeit auch beieinander liegen. Beim *Stromlaufplan in aufgelöster Darstellung* sind die Stromkreise nach Stromwegen aufgelöst dargestellt **(Bild 5)**. Die tatsächliche Lage der Betriebsmittelanschlüsse ist nicht berücksichtigt.

Stromlaufpläne zeigen die Wirkungsweise einer Schaltung. Die Schalter werden dabei in unbetätigtem Zustand gezeichnet, Schließer also im offenen Zustand, Öffner im geschlossenen Zustand. Die **Installationsleitungen in Wohngebäuden** sind meist NYM-J **drei- oder fünfadrig**. Nicht benötigte Leiter sind z. B. an lose Klemmen anzuschließen.

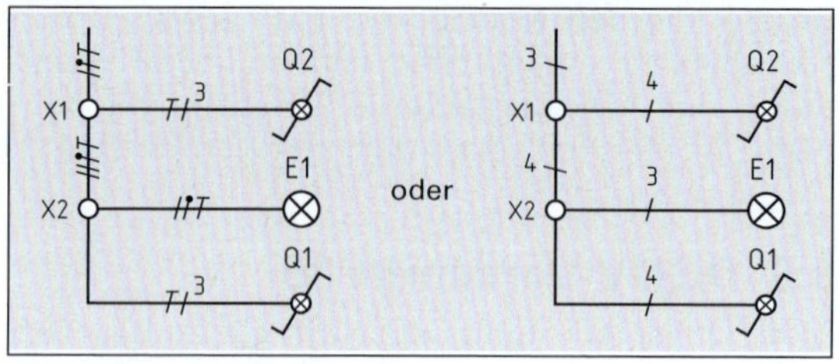

Bild 1: Übersichtsschaltplan

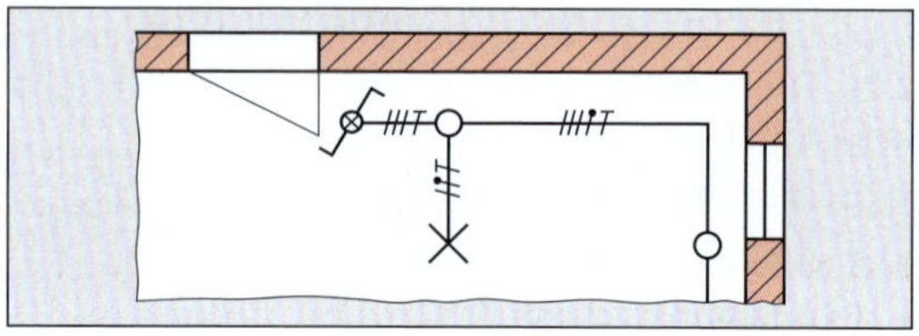

Bild 2: Installationsschaltplan

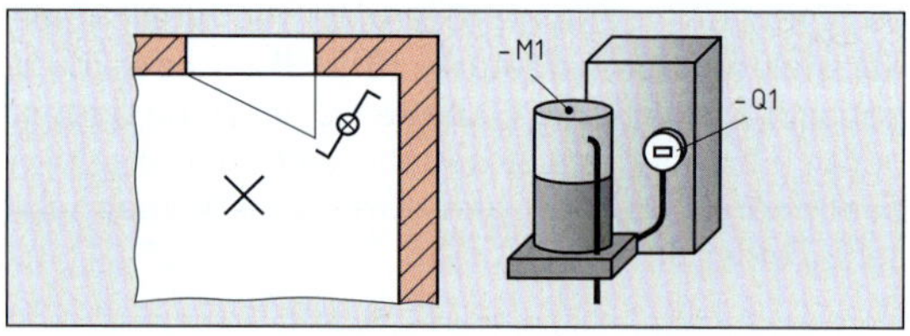

Bild 3: Installationspläne

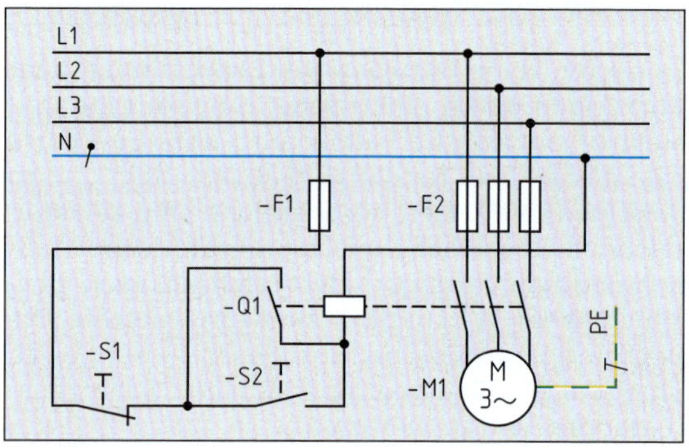

Bild 4: Stromlaufplan in zusammenhängender Darstellung

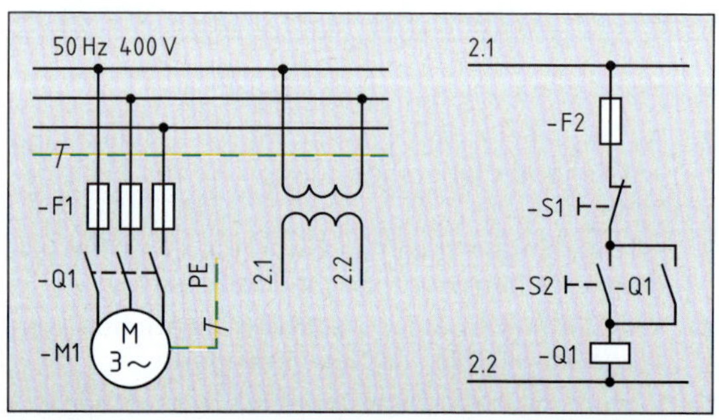

Bild 5: Stromlaufplan in aufgelöster Darstellung

10.2 Ausschaltung

Die Ausschaltung kann mit einem Ausschalter ausgeführt sein oder mit einem Wechselschalter **(Bild 1)**. Mit einem Ausschalter wird ein elektrisches Betriebsmittel ein- oder ausgeschaltet. Kann der Schutzleiter PE nicht direkt am Schalter angeschlossen werden, so ist er z. B. an eine **lose Klemme** im Schalter oder eine Wago-Klemme anzuschließen. **DIN VDE 0100-410 schreibt für jeden Stromkreis einen PE-Leiter vor.**

Die Ausschaltung kann auch in Verbindung mit einer Steckdose und Meldelampe ausgeführt werden **(Bild 2)**. In Arbeitsstätten sind beleuchtete Schalter zu verwenden, damit diese bei Dunkelheit leicht aufgefunden werden können. Die **Meldelampe** liegt parallel zur Schaltstrecke des Schalters. Ist der Schalter offen, so ist die Meldelampe in Reihe zum Verbraucher geschaltet und leuchtet. Den Übersichtsschaltplan dieser Ausschaltung zeigt **Bild 3**.

Neben den beleuchteten Schaltern gibt es auch **Kontrollschalter (Bild 4)**. Diese zeigen den Schaltzustand EIN durch eine kleine Lampe an. Sie werden z. B. zum Erkennen des Schaltzustands in einem benachbarten Raum eingesetzt.

Die Verdrahtung in der **Verteilerdose** X1 in Bild 1 kann auch in einer **Geräteverbindungsdose** ausgeführt sein, die neben Verbindungsklemmen z. B. auch den Schalter beinhaltet.

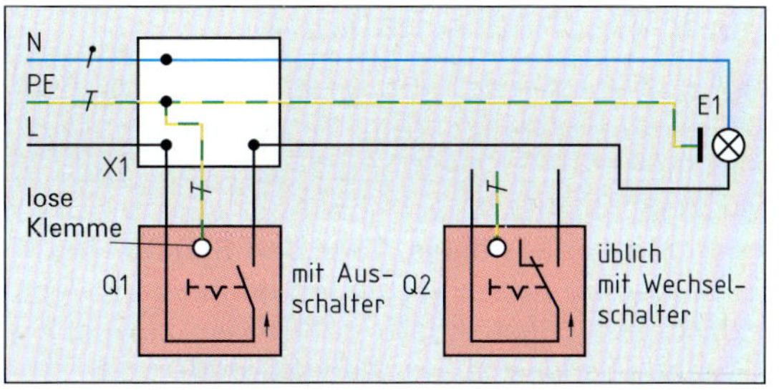

Bild 1: Stromlaufplan der Ausschaltung in zusammenhängender Darstellung

Anmerkung: Die Betätigungselemente sind bei der Schaltung Bild 1 und auch bei nachfolgenden Schaltungen aufgrund der Übersichtlichkeit nicht oder nur z. T. nach außen geführt.

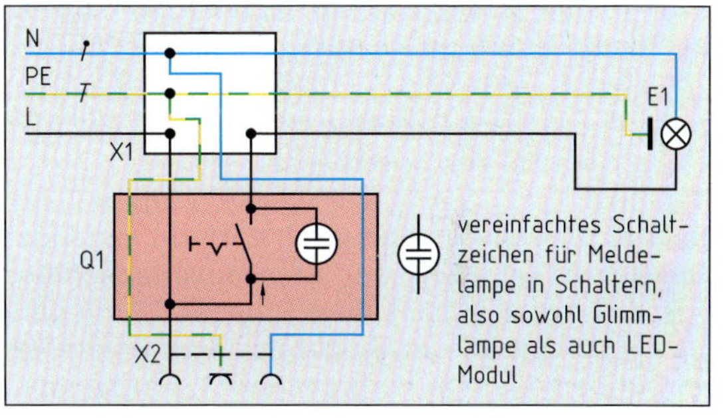

Bild 2: Ausschaltung mit Steckdose und Meldelampe

Beleuchtete Schalter mit Meldelampe dienen zum Auffinden der Schalter bei Dunkelheit.

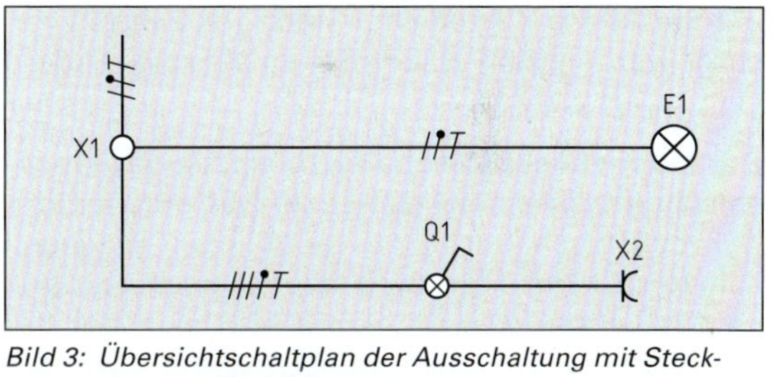

Bild 3: Übersichtsschaltplan der Ausschaltung mit Steckdose und Meldelampe

Kontrollschalter zeigen den Schaltzustand „Lampe EIN“ in einem benachbarten Raum an.

10.3 Serienschaltung

Mit der Serienschaltung kann man zwei Verbraucher unabhängig von einander schalten, also nur einen oder beide zusammen. Die Serienschaltung besitzt zwei Ausschaltungen und somit auch zwei Betätigungswippen **(Bild 5)**. Beim beleuchteten Serienschalter liegt die Meldelampe parallel zu einem der Ausschalter. Es wird somit der ausgeschaltete Zustand angezeigt.

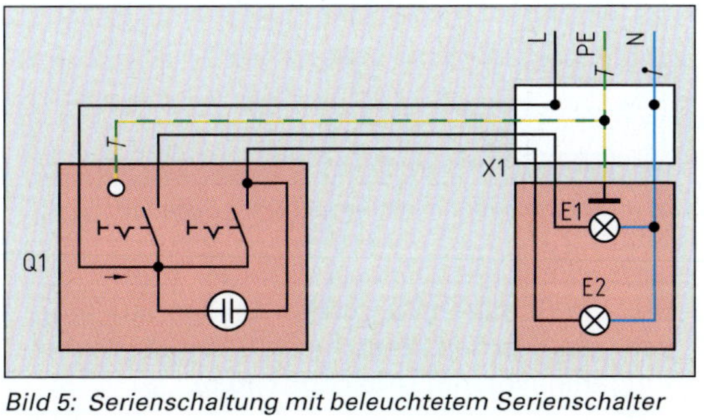

Bild 5: Serienschaltung mit beleuchtetem Serienschalter

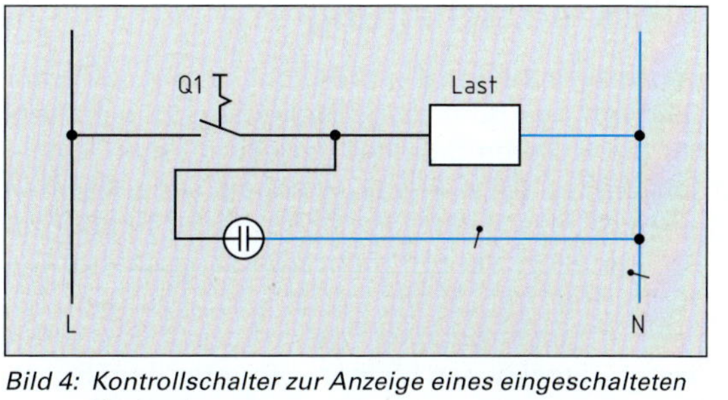

Bild 4: Kontrollschalter zur Anzeige eines eingeschalteten Zustands

10.4 Wechselschaltung

Bei der Wechselschaltung sind zwei Wechselschalter erforderlich **(Bild 1)**. Zum einem Wechselschalter führt der Außenleiter, vom anderen Wechselschalter führt eine Ader zum Verbraucher. Man nennt diese Ader den **Schalterdraht**. Zwei weitere Adern verbinden die beiden Wechselschalter. Diese Adern nennt man korrespondierende Leiter oder nur **Korrespondierende**.

Außenleiter und Schalterdraht sind an den Schaltern (Schalter-Geräteeinsätzen) an besonders gekennzeichneten Anschlüssen anzuschließen. Der Außenleiteranschluss ist markiert, z. B. mit L (früher P), roter Markierung, einem Pfeil, und der Schalterdrahtanschluss mit meist einem Pfeil.

Wechselschalter besitzen besonders gekennzeichnete Schalteranschlüsse.

Bei der Wechselschaltung mit entfernt liegender Steckdose erfordert der Steckdosenanschluss z. B. drei Adern (Bild 1). Zum Schalter Q2 mit dem Schalterdraht an der Eingangsklemme von Q2, verbunden mit dem Verbraucher E1, müssen einschließlich des Schutzleiters PE vier Adern führen. Wird hingegen die Steckdose direkt neben dem Schalter oder unterhalb des Schalters angeordnet, so kann die **Sparwechselschaltung** angewendet werden. Bei ihr kann der Schalter Q2 mit der Steckdose X2 mit einer 5-adrigen Leitung versorgt werden **(Bild 2)**. Es können also zwei Adern eingespart werden.

Der **Doppelwechselschalter** besitzt zwei Wechselschalter in einem Gehäuse. Mit einem Doppelwechselschalter und zwei üblichen Wechselschaltern kann man zwei Wechselschaltungen verwirklichen **(Bild 3)**. Somit läßt sich bei der Installation eine Schalterdose einsparen. Wie bei einem Serienschalter werden zwei geteilte Betätigungswippen benötigt. Mit einem Doppelwechselschalter können zwei Verbraucher von zwei Stellen geschaltet werden.

10.5 Kreuzschaltung

Die Kreuzschaltung ermöglicht, einen Verbraucher von drei oder mehr Stellen aus zu schalten. Für die äußeren Schalter verwendet man Wechselschalter **(Bild 4)**, dazwischen schaltet man einen Kreuzschalter. Je nach Anzahl benötigter Schaltstellen werden mehrere Kreuzschalter benötigt. Bei drei Schaltern ist ein Kreuzschalter, bei vier Schaltern sind zwei Kreuzschalter erforderlich. Steckdosen können nur unter dem Schalter sein, der an L angeschlossen ist.

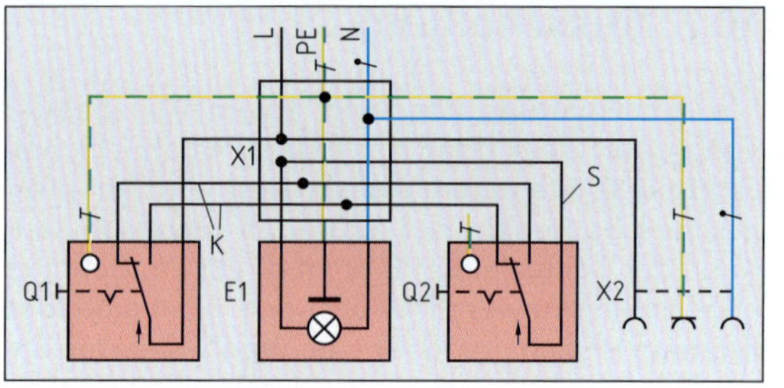

Bild 1: Wechselschaltung mit Steckdose
K korrespondierender Leiter, S Schalterdraht

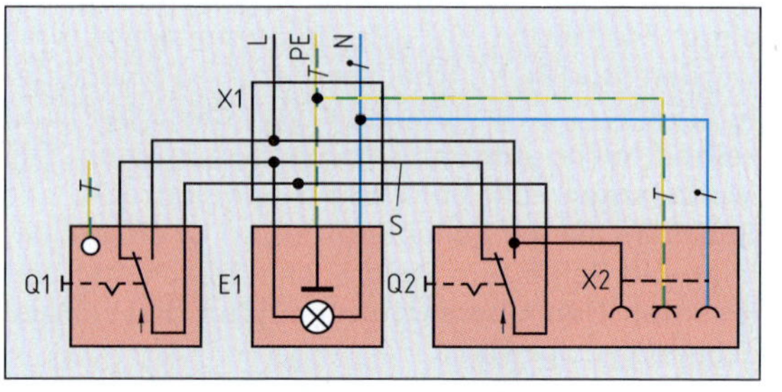

Bild 2: Sparwechselschaltung mit Steckdose

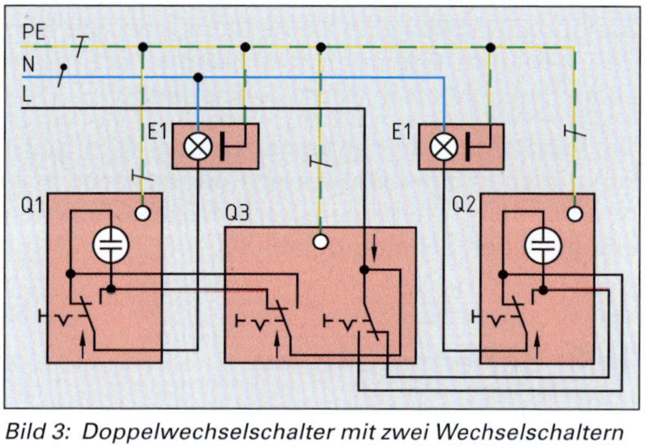

Bild 3: Doppelwechselschalter mit zwei Wechselschaltern

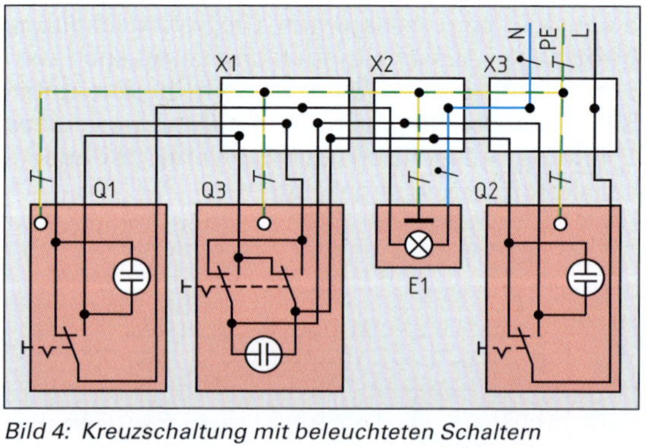

Bild 4: Kreuzschaltung mit beleuchteten Schaltern

Soll ein Schalten von vielen Stellen aus möglich sein, werden heute meist Stromstoßschaltungen bevorzugt **(Abschnitt 10.6)**.

10.6 Stromstoßschaltung

Stromstoßschalter sind elektromagnetisch betätigte Fernschalter. Bei jeder Steuertasten-Betätigung ändert der Stromstoßschalter seinen Schaltzustand, z.B. von EIN nach AUS. Auf diese Weise wird ein Verbraucher, z.B. eine Lampe E1, ein- oder ausgeschaltet **(Bild 1)**. Das Ansteuern des Stromstoßschalters Q1 kann von mehreren parallel geschalteten Tastern erfolgen, also von mehreren Stellen aus. Die Wirkung ist dann wie bei einer Wechselschaltung oder einer Kreuzschaltung.

Bei den meisten Stromstoßschaltern beträgt die Erregerspannung 230 V. Es gibt allerdings Stromstoßschalter für Universalsteuerspannung (UC) von 8 V bis 230 V AC oder DC. Bei Ansteuerung des Stromstoßschalters mittels Kleinspannungen ist ein Transformator für das Erzeugen dieser Klein-Erregerspannung notwendig **(Bild 2)**.

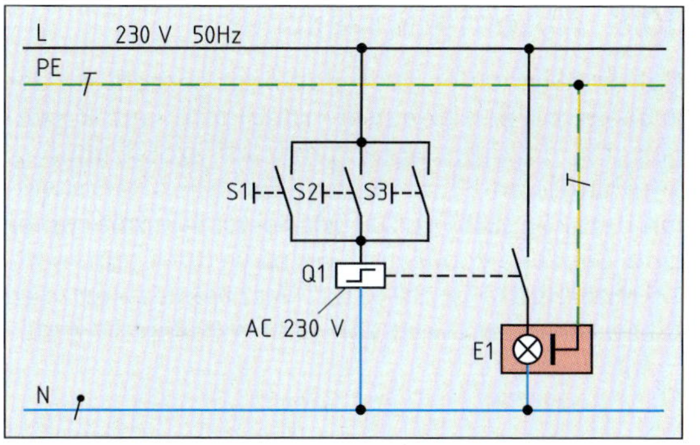

Bild 1: Stromstoßschaltung

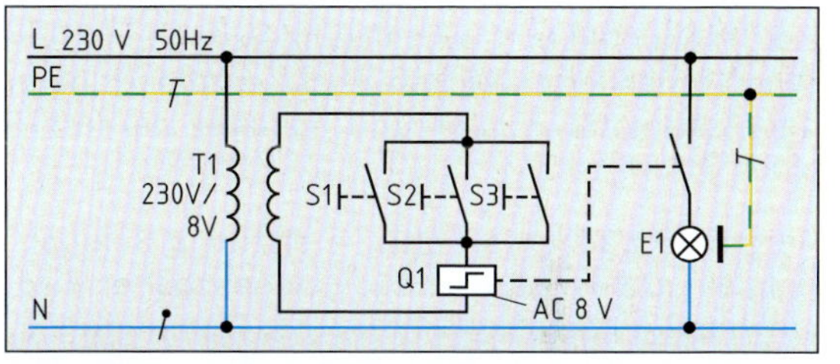

Bild 2: Stromstoßschaltung mit Kleinspannung

10.7 Treppenlicht-Zeitschaltung

Zeitschalter sind Relais (Kleinschütze) mit einstellbarer Abfallverzögerung. Bei Ansteuerung ziehen sie sofort an. Endet die Ansteuerung, dann fallen sie nicht sofort ab. Das Abfallen erfolgt erst nach Ablauf der Verzögerungszeit. Die Verzögerungszeit kann je nach Einstellung wenige Sekunden bis mehrere Stunden betragen.

Bei Treppenlicht-Zeitschaltern unterscheidet man den **Dreileiteranschluss (Bild 3)**, der in Neuanlagen nicht mehr erlaubt ist, und den Vierleiteranschluss **(Bild 4)**. Bei dieser Zählung ist der Schutzleiter PE nicht mitgerechnet.

Beim Dreileiteranschluss wird für die Taster und Leuchten der Neutralleiter gemeinsam verwendet. Dies ist bei Neuanlagen wegen dessen einpoligen Schaltens nicht mehr erlaubt.

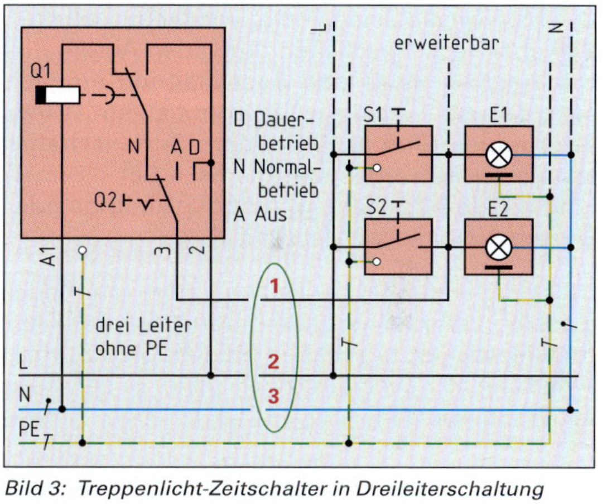

Bild 3: Treppenlicht-Zeitschalter in Dreileiterschaltung

Der Treppenlicht-Zeitschalter für den Dreileiteranschluss enthält einen Wechsler. Dieser ist so ausgeführt, dass zuerst der Schließer und danach der Öffner betätigt wird (Folgewechsler). Derartige Treppenlicht-Zeitschalter können nicht nachgeschaltet werden, d.h., sie können erst nach Ablauf der Verzögerungszeit erneut eingeschaltet werden.

Beim **Vierleiteranschluss** ist die Steuerleitung immer mit der Schalterspule verbunden. Deshalb können solche Treppenlicht-Zeitschalter nachgeschaltet werden.

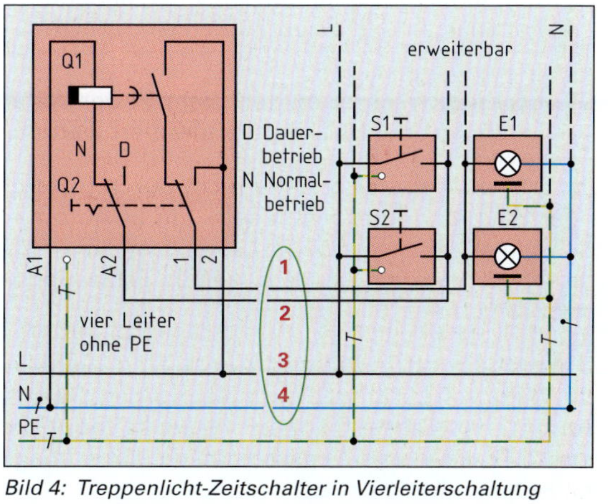

Bild 4: Treppenlicht-Zeitschalter in Vierleiterschaltung

10.8 Automatikwächter

Automatikwächter, auch **Bewegungsmelder** oder **Präsenzmelder** genannt, reagieren auf Bewegungen, die auf empfangener Infrarotstrahlung, empfangenen Ultraschallwellen oder Radarwellen beruhen **(Bild 1)**. Der **Mensch** stellt mit seiner Oberflächentemperatur von etwa 30 °C einen **IR-Strahler** (Infrarot-Strahler, Wärmestrahler) dar. Diese Strahlung wird von einem Passiv-IR-Automatikwächter erkannt (passiv, da die IR-Strahlung nicht gesendet, sondern nur empfangen wird).

Das Erkennen von **Ultraschallwellen** oder **Radarwellen** basiert auf vom Automatikwächter zuvor ausgesendeten und vom sich bewegenden Menschen reflektierten Wellen. Diese empfängt dann der Automatikwächter und schaltet daraufhin einen Stromkreis.

Automatikwächter schalten meist eine Beleuchtung ein. Damit diese sinnvoll eingeschaltet wird, enthalten Automatikwächter einen Dämmerungsschalter und einen Zeitschalter, der einige Zeit nach der Einschaltung durch den sich bewegenden Mensch die Beleuchtung wieder ausschaltet. Soll aber nach Einschalten durch den Automatikwächter von Hand eine Ausschaltung möglich sein, dann ist hierzu ein Taster mit einem Öffner erforderlich **(Bild 2)**. Mit einem Serienschalter kann erreicht werden, dass je nach Schalterstellung völlige Abschaltung, Automatikbetrieb oder Dauerbetrieb möglich ist **(Bild 3)**.

Es ist auch möglich, denselben Verbraucher oder dieselbe Verbrauchergruppe durch mehrere Automatikwächter zu schalten **(Bild 4)**. Die Abschaltung kann hier ebenfalls durch Taster mit Öffnern von Hand erfolgen.

Automatikwächter werden als Sicherheitskomponente zum Überwachen von Eingängen, Außenanlagen und Innenräumen eingesetzt.

IR-Automatikwächter sollten nicht in der Nähe von Leuchten oder Heizkörpern montiert werden.

Ihr Erfassungsbereich sollte nicht durch Büsche oder Bäume unterbrochen sein. Ein IR-Automatikwächter sollte so montiert sein, dass die zu erfassende Bewegung quer zu seinen Erfassungssektoren erfolgt (Bild 1).

Ultraschall-Automatikwächter dürfen nicht in der Nähe von Lüftungen montiert werden. **Radar-Automatikwächter** können verdeckt montiert sein, z. B. unter einer Gipsschicht, da elektromagnetische Wellen diese durchdringen.

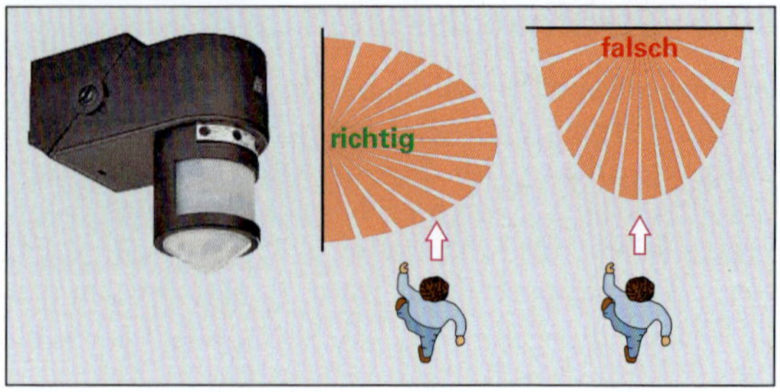

Bild 1: Bewegungsmelder und Montageanordnung

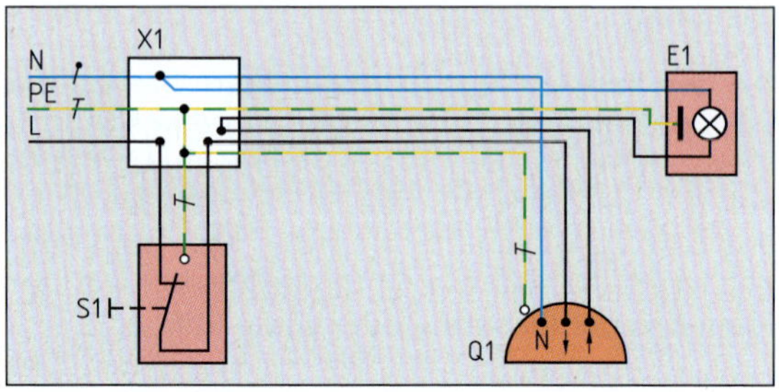

Bild 2: Automatikwächter für EIN und Taster für AUS

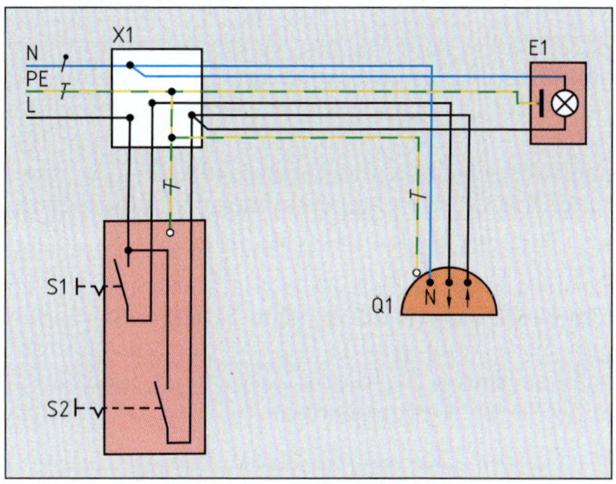

Bild 3: Automatikwächter mit Serienschalter

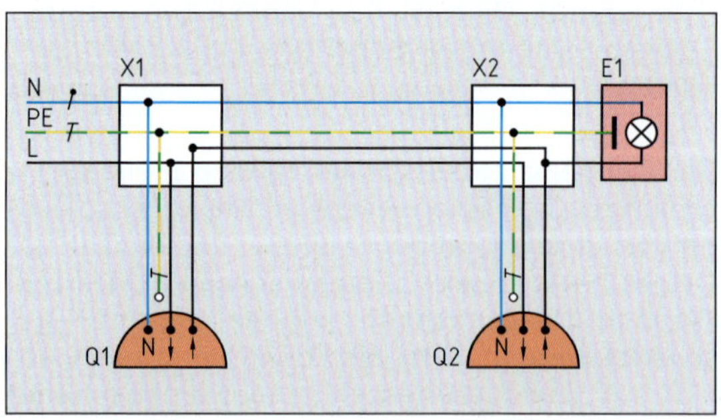

Bild 4: Schaltung mit mehreren Automatikwächtern

Automatikwächter sind geeignet platziert zu montieren.

10.9 Elektroinstallation mit Funktechnik

Im Zusammenhang mit Smart-Home-Anlagen (intelligente Elektroanlagen zuhause) zur Gebäudeautomation wurden viele Sensoren (von lat. sensum = gefühlt, Sensor = Fühler) und Aktoren (auch Aktuator, von lat. actio = Tätigkeit, Aktor = Umsetzer von Steuerungssignalen) „smart", also intelligent, gemacht. Sie besitzen kleine Computer und können z.T. über Funk Signale senden oder empfangen (Funkwellen). Siehe auch **Abschnitt 17.3**.

Die Funktechnik arbeitet mit **elektromagnetischen Wellen**. Die Signalübertragung mit Funk beruht auf den Frequenzen 433 MHz , 868 MHz, 2,4 GHz oder 5 GHz. Werden in einer Funk-Elektroinstallation nur die Frequenzen 433 MHz oder 868 MHz angewendet, so ist für eine Smartphone-Kommunikation ein Gateway (gateway = Tor) als Umsetzer auf die Frequenzen 2,4 GHz oder 5 GHz erforderlich. Über diesen Weg können Smartphones über WLAN (wireless local area network, meist mit WiFi-Zertifizierung, wireless fidelity) oder Bluetooth mit Funknetzen der Elektroinstallation gekoppelt werden, die nicht mit 2,4 GHz oder 5 GHz arbeiten.

Interessant sind funkbasierte Komponenten überall dort, wo ein Bedienen auch über Smartphones gewünscht ist. Sind die funkfähigen Sensoren und Aktoren mit einen Internet-Router im Gebäude gekoppelt, dann können z.B. Beleuchtungen in Gebäuden über das **Internet** aus der Ferne geschaltet werden **(Bild 1)**.

Darüber hinaus ist die Funk-Elektroinstallation interessant für **Altbauten**. Sie ermöglicht eine Gebäudeautomation (Bild 1) ohne aufwendiges Schlitzen von Mauern und Leitungsverlegen. Die bestehenden Einsätze in den Unterputzdosen werden dabei durch funkfähige Einsätze ersetzt.

> Die Elektroinstallation mit Funktechnik ermöglicht ein einfaches Erweitern der Elektroinstallation eines Altbaus.

Es gibt ferner die Möglichkeit, nur die Aufsätze der Unterputz-Einsätze durch intelligente Aufsätze zu tauschen. Dann erfolgt die Funksteuerung über diese **(Bild 2)**. Die bestehenden Einsätze verbleiben in ihren Unterputzdosen.

Anwendung findet die Funktechnik in der Elektroinstallation z.B. bei Schaltern, Tastern, Dimmern, Jalousieschaltern, Steckdosen. Die Anforderungen bzgl. Sicherheit beim Installieren von Funk-Komponenten unterscheiden sich nicht von anderen Installationen im Niederspannungsbereich.

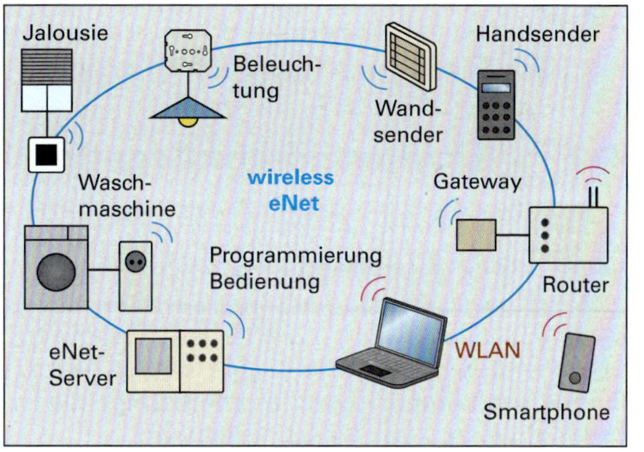

Bild 1: Beispiel einer Smart-Home-Anlage (Initiatoren von eNet sind die Firmen Gira, Jung)

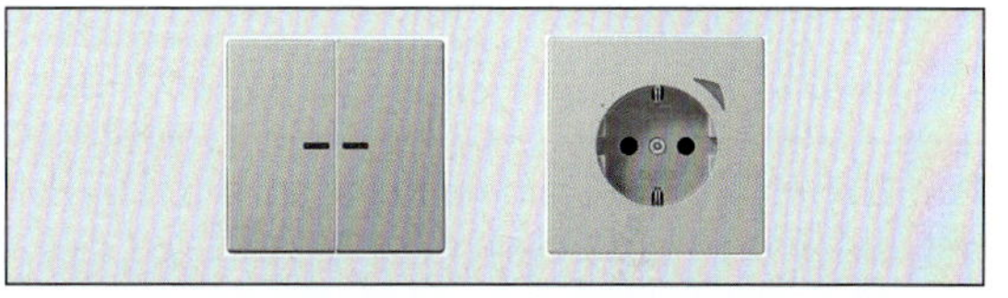

Bild 2: Funkfähiger Aufsatz eines Tasters und funkfähige Steckdose www.jung.de

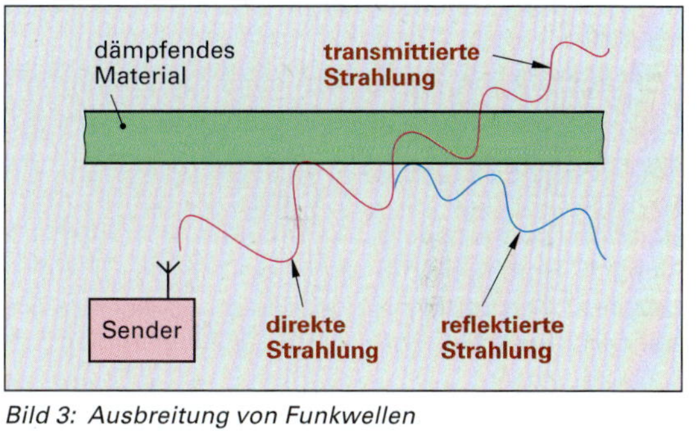

Bild 3: Ausbreitung von Funkwellen

Die Funkwellen breiten sich im freien Raum geradlinig aus und werden dabei leicht gedämpft **(Bild 3)**. Sie durchdringen (transmittieren) viele Materialien weitgehend ungedämpft, z.B. elektrische Nichtleiter. Bei Wänden und Decken aus schwachleitendem Material, z.B. Beton, wird das Signal jedoch stärker gedämpft.

> Elektrisch gut leitendes Material, z.B. Metallfolien, unterbricht das Ausbreiten der Funkwellen.

Bei elektrisch leitendem Material tritt Reflexion auf. Die reflektierte Welle führt beim Zusammentreffen mit Teilen der sendenden Welle zu einer geschwächten oder verstärkten resultierenden Welle.

11 Beleuchtungsanlagen

11.1 Lichttechnische Begriffe

Licht ist elektromagnetische Strahlung, die vom menschlichen Auge wahrgenommen wird.

Lichtstrom Φ_v ist die nach der Empfindlichkeit des menschlichen Auges bewertete Leistung der betreffenden Lichtquelle. Seine Einheit ist das Lumen (lat. Lumen = Licht) mit dem Einheitenzeichen lm. Index v von visuell = sichtbar.

Beleuchtungsstärke E_v ist der auf die Fläche senkrecht auftreffende Lichtstrom. Ihre Einheit ist das Lux (lat. Lux = Helligkeit) mit dem Einheitenzeichen lx **(Bild 1)**.

Lichtstärke I_v ist der in einer bestimmten Richtung (je Raumwinkel) abgestrahlte Lichtstrom. Ihre Einheit ist das Candela (lat. Candela = Kerze) mit dem Einheitenzeichen cd.

Leuchtdichte L_v ist das Verhältnis der Lichtstärke einer Lampe oder Leuchte zur sichtbar leuchtenden Fläche. Sie hat die Einheit cd/m². Sie ist ein Maß für den Helligkeitseindruck, den das Auge erfährt.

Lichtausbeute η_v ist der von einer Lampe hervorgerufene Lichtstrom je W Leistungsaufnahme.

Wirkungsgrade. Unterschieden werden Beleuchtungswirkungsgrad η_B (in Arbeitsräumen 0,5), Raumwirkungsgrad η_R (zwischen 0,4 und 1,2 je nach Helligkeit der Wände, Decken, Böden), Leuchtenbetriebswirkungsgrad η_{LB} (zwischen 0,9 bei direkter Beleuchtung und 0,5 bei indirekter Beleuchtung).

Wartungsfaktor *WF* beschreibt die Abnahme des Bemessungslichtstroms einer Lampe am Ende des Wartungszeitraums, z.B. nach 3 Jahren **(Tabelle 1)**.

Wartungswert ist die mittlere Beleuchtungsstärke E_m der zu beleuchtenden Fläche, bei dessen Unterschreitung eine Wartung zu erfolgen hat **(Tabelle 2)**.

Tabelle 1: Wartungsfaktoren

Wartungsfaktor (WF)	Innenraumbeleuchtung bei 4000 Betriebsstunden
0,8	normale Minderung, sehr saubere Arbeitsräume
0,7	mittlere Minderung, normale Arbeitsräume
0,6	starke Minderung, eher schmutzige Arbeitsräume

Beleuchtungsstärke

$$E_v = \frac{\Phi_v}{A} \quad (1)$$

Leuchtdichte

$$L_v = \frac{I_v}{A_L} \quad (2)$$

Lichtausbeute

$$\eta_v = \frac{\Phi_v}{P} \quad (3)$$

Beleuchtungswirkungsgrad

$$\eta_B = \eta_R \cdot \eta_{LB} \quad (4)$$

Planungswert Beleuchtungsstärke

$$E_P = \frac{E_m}{WF} \quad (5)$$

Wartungswert Beleuchtungsstärke

$$E_m = \frac{\Phi_v \cdot WF \cdot \eta_B}{A} \quad (6)$$

Lampenanzahl

$$n = \frac{E_m \cdot A}{WF \cdot \Phi_{La} \cdot \eta_B} \quad (7)$$

A beleuchtete Fläche
A_L sichtbare leuchtende Fläche
P Leistungsaufnahme
E_p Planungswert der Beleuchtungssträrke
E_m Wartungswert der (mittlerern) Beleuchtungsstärke
n Lampenanzahl
Φ_{LA} Lampenstrom einer neuen Lampe

weitere Formelzeichen siehe nebenstehender Text

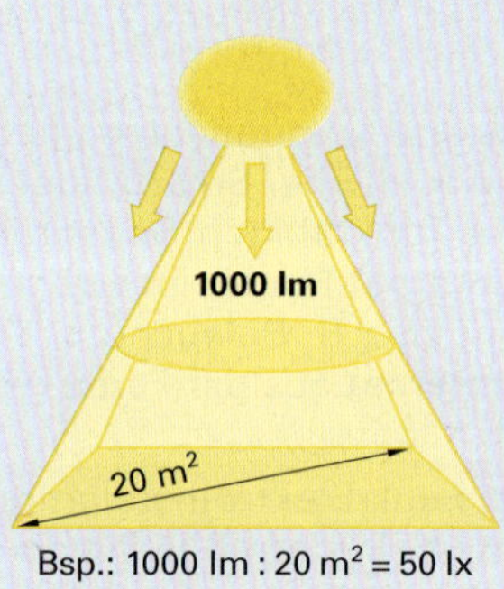

Bild 1: Beleuchtungsstärke

Tabelle 2: Wartungswerte von Beleuchtungsstärken

Ort der Tätigkeit	E_m in lx	Lichtfarbe
Flure	100	ww, nw
Kantine	200	ww, nw
Medizinische Räume	500	nw, tw
Viehställe	50	nw
Farbprüfung	1000	tw
Unterrichtsräume	500	nw, ww
Treppen in Schulen	150	nw, ww
Werkzeugmacherei	750	nw

nw neutralweiß, tw tageslichtweiß, ww warmweiß

Beispiel:

Der Raum einer Werkzeugmacherei 10 m x 10 m, Beleuchtungswirkungsgrad 50 %, Wartungsfaktor 0,7, soll mit LED-Röhren 24 W, 3700 lm beleuchtet werden. Wie viele LED-Röhren sind erforderlich?

Lösung:

Nach Tabelle 2, vorhergehende Seite beträgt $E_m = 750$ lx.

$$n = \frac{E_m \cdot A}{WF \cdot \Phi_{LA} \cdot \eta_B} = \frac{750 \text{ lx} \cdot 100 \text{ m}^2}{0{,}7 \cdot 3700 \text{ lm} \cdot 0{,}5} = \mathbf{58}$$

11.2 Anforderungen an die Beleuchtung

Folgende Anforderungen werden an eine gute Beleuchtung gestellt:

- Die Lichtrichtung muss sich am Zweck orientieren, bei stark gerichtetem Licht entstehen Schatten.
- Die Beleuchtungsstärke muss sich am Zweck orientieren. Zur Entspannung darf sie nicht zu groß sein, zum Arbeiten muss sie ausreichend groß sein.
- Die Leuchtdichteverteilung muss ausgewogen sein. Eine zu hohe Leuchtdichte verursacht Blendung und zu hohe Leuchtdichteunterschiede führen zu Ermüdung durch ständiges Anpassen durch das Gehirn.
- Eine Blendung ist durch eine Leuchtenanordnung außerhalb des Blickfelds sowie durch Beschränken der Leuchtdichte zu reduzieren.
- Lichtfarbe und Farbwiedergabe sollten dem Zweck angepasst sein.

11.3 Farbwiedergabe

Die Farbwiedergabe FW hängt von der Lampenart und der Stärke der Beleuchtung ab. Die Farbwiedergabeeigenschaften einer Lampe werden durch den **Farbwiedergabeindex** angegeben, manchmal auch durch die Farbwiedergabestufe **(Tabelle 1)**. Oft wird auch die **Farbtemperatur** in Kelvin (K) angegeben. Sie beträgt bei Glühlampen 2800 K, bei LEDs kann sie

- 2700 K bis 3.300 K im warmweißen Bereich,
- 3300 K bis 5.300 K im neutralweißen Bereich, und ab
- 5300 K im tageslichtweißen Bereich betragen.

Je höher die Farbtemperatur ist, desto weißer ist das Licht. Die Sonne strahlt Licht in allen Farben aus, d. h. in allen Wellenlängen. Daher erscheint uns das Sonnenlicht als weißes Licht. Bestrahlt man ein Prisma mit weißem Licht, so erscheint ein Spektrum der danach benannten Spektralfarben.

Tabelle 1: Farbwiedergabe FW

FW-Index	FW-Stufe	FW	möglich durch
90 und mehr	1A	sehr gut	LED-Leuchtmittel, Glühlampe
80 bis 89	1B	sehr gut	LED, Energiesparlampe
70 bis 79	2A	gut	Leuchtstofflampe
60 bis 69	2B	gut	Leuchtstofflampe
40 bis 59	3	genügend	sonstige

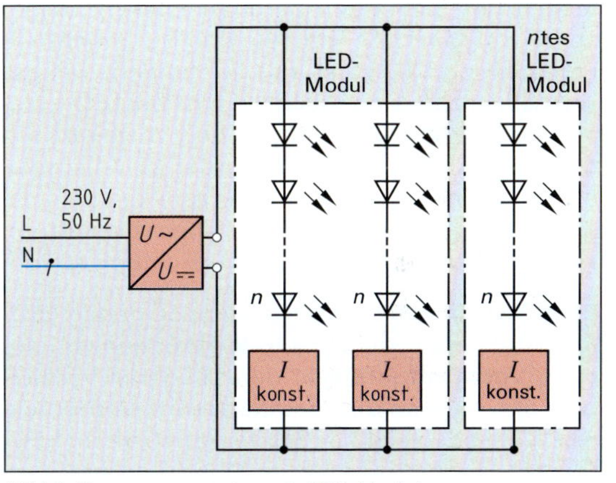

Bild 1: Spannungsgesteuerte LED-Module

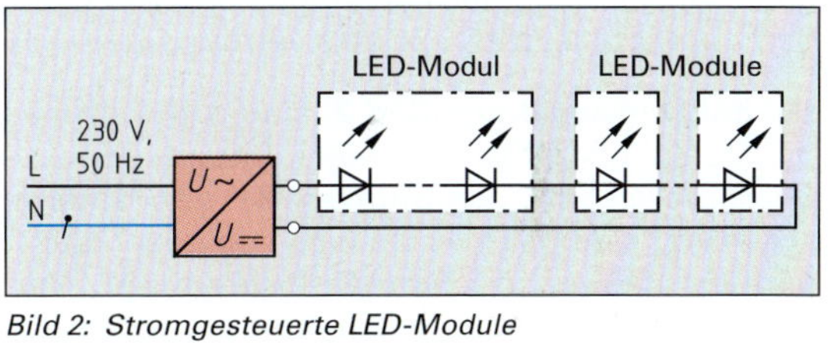

Bild 2: Stromgesteuerte LED-Module

11.4 Lampen-Schaltungen

Nachfolgend wird auf **LED-Leuchtmittel** eingegangen, da diese in Neuanlagen fast nur noch installiert werden. Die bisherigen Leuchtmittel dürfen weitgehend nicht mehr verkauft werden.

Je nach Bauart sind die LED-Leuchtmittel verschieden ans Netz anzuschließen. Zu unterscheiden ist die *Spannungssteuerung*, bei der die LED-Module parallel an eine konstante Spannung angeschlossen sind **(Bild 1)**, und die Stromsteuerung, bei der die LED-Module in Reihe geschaltet sind **(Bild 2)**.

Zunehmend finden LED-Leuchten Anwendung, welche z. B. integrierte Zeitsteuerungen, Dimmer, Funkansteuerungen oder auch Farbansteuerungen besitzen. Bei letzteren ist dies über unterschiedliche LEDs in den Leuchten realisiert.

Für Glühlampen oder Leuchstoffröhren gibt es **LED-Ersatzlampen**, die in bestehende Fassungen, Anschlüsse eingebracht werden können. Man spricht hierbei von **Retrofit-Lampen** (retrofit = nachrüsten).

Das Besondere dabei ist, dass durch den Austausch der bisherigen Lampen Energie eingespart werden kann, da für eine vergleichbare Beleuchtung LED-Lampen mit deutlich weniger Watt einsetzbar sind. Außerdem ist bei LED-Lampen die Betriebsdauer länger. Von Vorteil ist oft, dass bei richtiger Anordnung der LED-Lampen die Beleuchtungsstärke größer sein kann als die der bisherigen Lampen mit gleichem Lichtstrom, weil LED-Licht bevorzugt in eine Richtung strahlt.

Beim Tausch von Leuchtstofflampen gegen LED-Retrofit-Lampen mit LEDs **(Bild 1)** können vorhandene **Vorschaltgeräte** in den Leuchten verbleiben, ggf. müssen die Vorschaltgeräte überbrückt werden. Jedoch ist der Starter durch einen **LED-Starter** (Treiber, Konverter, Driver) zu ersetzen (Bild 1). Sollen dimmbare LED-Retrofit-Röhren gedimmt werden, muss allerdings das Vorschaltgerät überbrückt bzw. entfernt werden.

Bei der **Duoschaltung (Bild 2)** sind zum Dimmen die Vorschaltgeräte und die Kompensation zu überbrücken bzw. zu entfernen. Bei der **Tandemschaltung** sind beim Austausch von Leuchtstofflampen gegen LED-Retrofit-Röhren ggf. Verdrahtungsänderungen vorzunehmen, sofern die LED-Retrofit-Röhren nicht für eine Tandemschaltung ausgelegt sind **(Bild 3)**.

Dies kann auch beim Ersatz einer Leuchtstofflampe mit EVG durch eine LED-Retrofit-Röhre der Fall sein **(Bild 4)**. Zu beachten ist, dass EVG-geeignete LED-Retrofit-Röhren nicht direkt an 230 V betrieben werden können.

Bei den Leuchtstofflampen unterscheidet man die **Vorschaltgeräte** KVG (konventionelles Vorschaltgerät), VVG (verlustarmes Vorschaltgerät, geringerer Energieverbrauch als ein KVG) und das EVG (elektronisches Vorschaltgerät) als Weiterentwicklung des VVG mit noch geringerem Energieverbrauch.

Durch den Einsatz von LED-Lampen kann Energie eingespart werden.

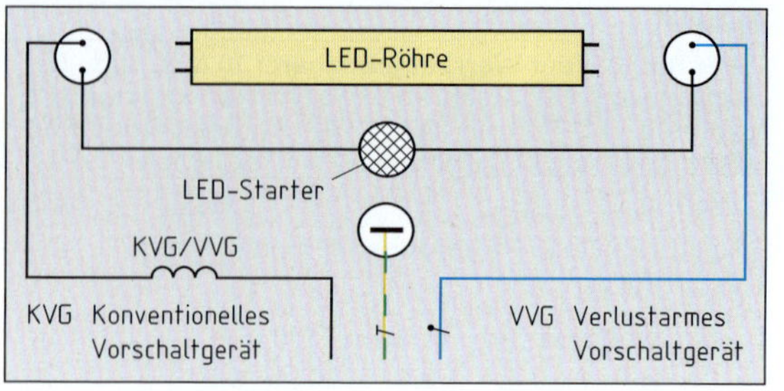

Bild 1: Ersatz einer 58-W-Leuchtstofflampe gegen LED-Röhre 8 W

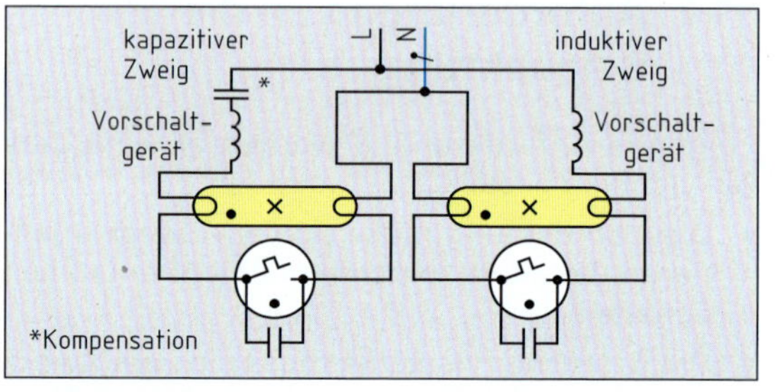

Bild 2: Duoschaltung von Leuchtstofflampen (PE nicht dargestellt)

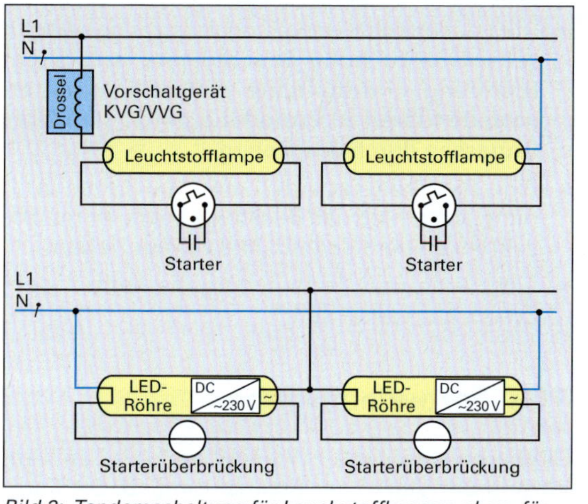

Bild 3: Tandemschaltung für Leuchstofflampen oben, für LED-Röhren unten (PE nicht dargestellt)

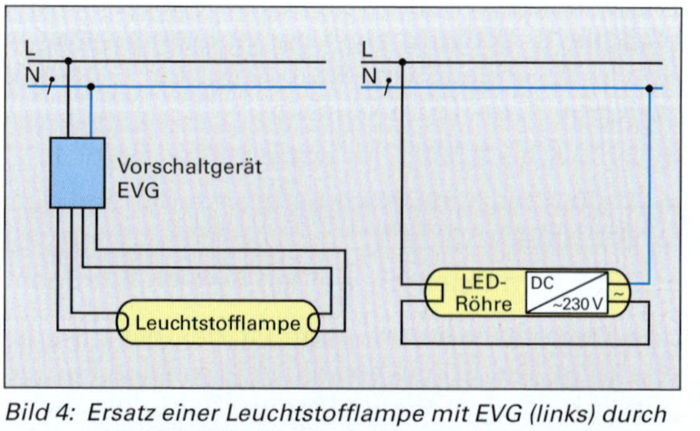

Bild 4: Ersatz einer Leuchtstofflampe mit EVG (links) durch eine LED-Röhre (rechts), (PE nicht dargestellt)

11.5 Dimmen von LED-Lampen

Dimmer (von (to) dim = verdunkeln) sind Schaltgeräte zum stufenlosen oder stufigen Abschwächen der Helligkeit einer Beleuchtung oder der Drehzahl eines Motors. Sie werden wie ein Vorwiderstand der Beleuchtung oder dem Motor vorgeschaltet. Bei zu dimmenden AC-Geräten erfolgt das Dimmen über das Anschnittsverfahren, Abschnittsverfahren oder das Sektorverfahren **(Bild 1)**. Bei diesen Verfahren wird von der Sinusspannung ein Teil in jeder Halbperiode abgeschnitten, sodass das AC-Gerät in jeder Halbperiode nur teilweise an Spannung liegt. Man spricht hierbei auch von **Phasenanschnitt-, Phasenabschnitt-** und **Phasensektorsteuerung**.

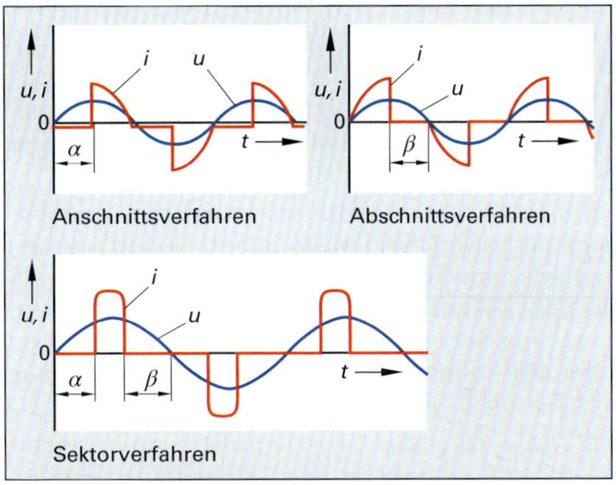

Bild 1: Verfahren zum Dimmen von AC-Geräten

Das direkte Dimmen von LEDs mit für AC-Geräte bestimmten Dimmern sollte nicht angewendet werden. Es können dabei unangenehme Wirkungen auftreten, nämlich verspäteter Einsatz der Dimmung, Flimmern oder Flackern des Lichts, Beschädigung des Konverters oder Dimmers.

Leuchten mit LEDs sind aber oft an AC angeschlossen und haben deshalb einen Konverter (Treiber) mit AC-Eingang und DC-Ausgang, z. B. bei den LED-Retrofit-Lampen. Schließt man diese an einen Dimmer für AC-Geräte an, dann werden nicht die LEDs gedimmt, sondern der Konverter, sofern dieser dimmgeeignet ist **(Bild 2)**.

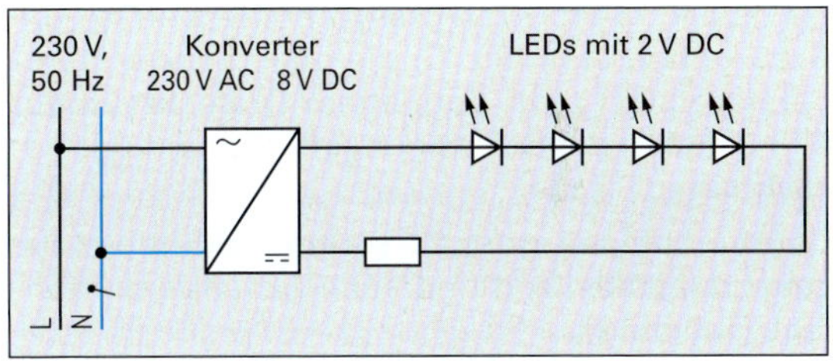

Bild 2: Prinzipschaltung zum Dimmen eines Konverters mit angeschlossenen LEDs (PE nicht dargestellt)

Es gibt nun aber auch **LED-Konverter**, man bezeichnet sie auch als LED-Transformatoren, welche einen dem eigentlichen Transformator nachgeschalteten Gleichricher sowie eine Pulsweitenmodulations-Funktionseinheit besitzen. Hierbei wird den zu einem LED-Modul zusammengefassten LEDs die dem Dimmwunsch gerechte DC-Spannung bereitgestellt **(Bild 3)**. Φ_v wird dadurch gesteuert. Oft erfolgt dies im Zusammenwirken mit einer Phasenabschnittssteuerung.

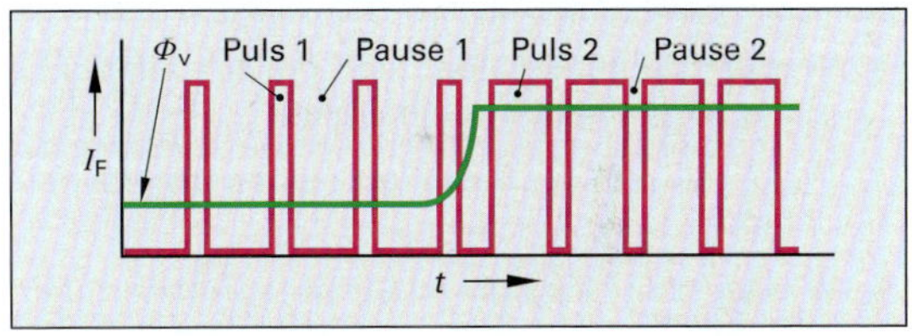

Bild 3: Dimmen mit Pulsweitenmodulation (I_F Vorwärtsstrom der LED, Φ_v Lichtstrom)

Dimmer für LED-Module gibt es als Unterputz-Geräte.

Zum Dimmen von LEDs können Dimmer für bisherige Lampen oft nur mit schlechter Wirkung eingesetzt werden.

11.6 Symbole auf Leuchten

Bei unsachgemäßer Handhabung von Leuchten können wegen ihrer Wärmewirkung Brände entstehen. An brennbaren Flächen, die von Leuchten beeinflusst werden, darf keine Temperatur über 90 °C entstehen. Deshalb müssen Leuchten, die

Tabelle 1: Symbole für Leuchten und Zubehör (Auswahl)
vgl. DIN VDE 0100-559

Symbol	Erklärung
	Leuchte mit begrenzter Oberflächentemperatur
	Leuchte zum Einbau in Möbel oder in sonstigen Einrichtungsgegenständen
	Leuchte nicht geeignet für entflammbare Oberflächen, also nur z. B. für Mauerwerk
	Thermisch geschütztes Lampenbetriebsgerät, thermisch geschützter Transformator, Klasse P

für eine Montage auf entflammaren Oberflächen nicht geeignet sind, Brandschutzkennzeichnungen besitzen **(Tabelle 1, vorhergehende Seite)**. Für Leuchten ohne Kennzeichnung ist sichergestellt, dass im Fehlerfall keine Temperatur über 180 °C an der Befestigungsfläche erreicht wird.

Im Inneren von mit **Dreieckssymbol D** gekennzeichneten Leuchten muss Schutz gegen Ablagerungen von Staub oder anderen Fremdkörpern erreicht werden. Deshalb ist in Strahlungsrichtung eine Schutzscheibe, z. B. auch ein Reflektor, oder ein Abdecken mit einer Wanne mindestens von Schutzart IP5X vorzusehen.

Mit Dreieckssymbol D gekennzeichnete Leuchten dürfen in feuergefährdeten Betriebsstätten angebracht werden. Die Grenztemperatur an waagerechten Oberflächen beträgt 90 °C, an senkrechten 150 °C. Beim Dreieckssymbol M beträgt die Grenztemperatur 180 °C, die max. Leuchentemperatur 130 °C, mit doppeltem Dreieckssymbol MM 95 °C an der Befestigungsfläche und der benachbarten Fläche.

Darüber hinaus gibt es weitere Symbole für Leuchten **(Tabelle 1)** und auch zur Lampenmontage **(Tabelle 2)**.

Tabelle 1: Kennzeichnungen von Leuchten

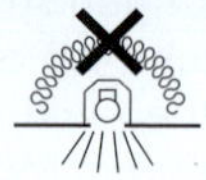 Einbauleuchten, die nicht mit Wärmedämmung bedeckt werden dürfen	 Leuchten bezüglich Ballwurfsicherheit geprüft
 Leuchten sind für den rauen Betrieb ausgelegt	 Kennzeichen für temperaturgeschützte Betriebsgeräte, z. B. 110°C max. Gehäusetemperatur

Tabelle 2: Symbole zur Lampenmontage

Symbol	Erklärung
	Montage an der Decke
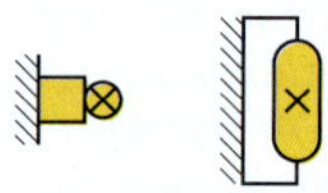	Montage an der Wand
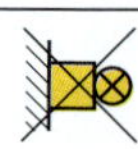	Montage an der Wand nicht zulässig
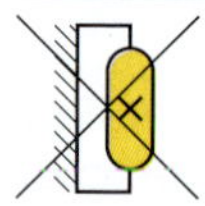	Montage an der Wand nicht zulässig

Wiederholung und Vertiefung

1. Wodurch unterscheidet sich der Installationsplan vom Installationsschaltplan?
2. Welche Arten von Stromlaufplänen unterscheidet man?
3. Wie werden Schalter in Stromlaufplänen dargestellt?
4. Wodurch unterscheidet sich der Installationsplan vom Stromlaufplan?
5. Für das Schalten von Betriebsmitteln in Räumen gibt es verschiedene Schaltungsarten. Welche Aussage trifft zu?
   1. Mit der Ausschaltung können Leuchten nur ausgeschaltet werden. ☐
   2. Eine Meldeampe in einem Schalter liegt in Reihe zur Schaltstrecke des Schalters. ☐
   3. Bei der Serienschaltung kann man immer nur zwei Verbraucher schalten. ☐
   4. Die Sparwechselschaltung dient zum Einsparen von Energie. ☐
   5. Wechselschalter besitzen besonders gekennzeichnete Schalteranschlüsse. ☐
6. Wodurch unterscheidet sich die Sparwechselschaltung von der Wechselschaltung?
7. Was versteht man unter einem Stromstoßschalter?
8. Welchen Nachteil besitzt die Elektroinstallation mit Funktechnik?
9. Welche Vorteile besitzt die Elektroinstallation mit Funktechnik?
10. Was versteht man unter einem Wartungsfaktor bei Lampen?
11. Welche der folgenden Aussagen ist richtig?
    1. Ein niedriger Wartungsfaktor bedeutet geringe Beleuchtungsstärke. ☐
    2. Sonnenlicht ist weißes Licht. ☐
    3. LEDs benötigen keine besonderen Dimmer. ☐
    4. Die LED-Technik beruht auf AC-Spannung. ☐
    5. Alle Leuchten sind mit Symbolen gekennzeichnet. ☐

12 Elektrische Installationen besonderer Orte

12.1 Orte mit Dusche oder Badewanne

12.1.1 Bereiche

An Orten mit Badewanne oder Dusche können bei einer nicht fachgerechten Anlage Unfälle auftreten, da hier der Mensch einen kleinen Widerstand haben kann. Wegen der Verbindung mit dem Erdpotenzial ist die Wirkung eines **elektrischen Schlags** größer. Deshalb gelten hier strengere Bestimmungen als sonst in Wohnräumen. Diese strengeren Bestimmungen gelten teilweise am gesamten Ort mit Badewanne oder Dusche, insbesondere aber in örtlich begrenzten Bereichen. Diese Bereiche werden nach DIN VDE 0100-701 mit Kennzahlen nummeriert. Je niedriger die Kennzahl für den Bereich ist, desto strenger sind die einzuhaltenden Bestimmungen.

> An Orten mit Badewanne oder Dusche unterscheidet man im Innen- und Außenbereich, auch in Caravans und Schiffen, die Bereiche 0, 1, 2, 3.

Der **Bereich 0** umfasst das Innere der Badewanne oder Duschwanne einschließlich eines Wannenrandes **(Bild 1)**. Ist in Duschräumen keine Wanne vorhanden, so gibt es auch keine Bereiche 0 und 2 **(Bild 2)**. Die **Bereiche 1 und 2** gehen vom Standort des Benutzers (Fußboden) bis zum höchsten, fest angebrachten Duschkopf, mindestens bis in eine Höhe von 2,25 m, je nachdem was höher ist. **Bereich 3** ist angrenzend (E DIN VDE 0100-701). Bei Bereich 1 ist zu unterscheiden, ob eine Wanne vorhanden ist oder nicht. Ohne Duschwanne erstreckt sich der Bereich 1 mit einem Radius von 1,20 m um die Mitte des Duschstrahls (Bild 2).

> An Orten ohne Wanne gibt es den Bereich 1 mit Radius 1,20 m bis zur Höhe 2,25 m.

An Orten mit einer Wanne gehört zum Bereich 1 der Raum unterhalb der Wanne und oberhalb vom Bereich 0 bis zu einer Höhe von 2,25 m (Bild 1). Ist die Wanne eingemauert, so reicht der Bereich 1 bis an die äußere Kante der Einmauerung **(Bild 3)**. Der Bereich 2 reicht bei Räumen mit einer Wanne vom Ende des Bereichs 1 noch 0,60 m weiter.

An Orten mit fest angebrachten Abtrennungen oder nicht an die Decke reichenden Mauern muss beachtet werden, dass vom Standort des Benutzers um die Mauer herum gegriffen werden

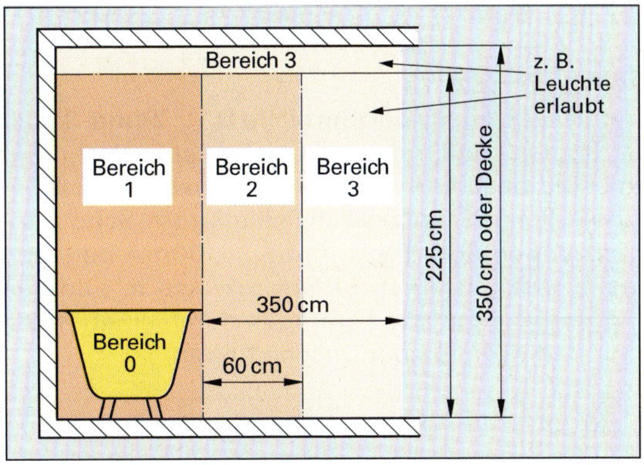

Bild 1: Bereiche eines Ortes mit Badewanne oder mit Duschwanne

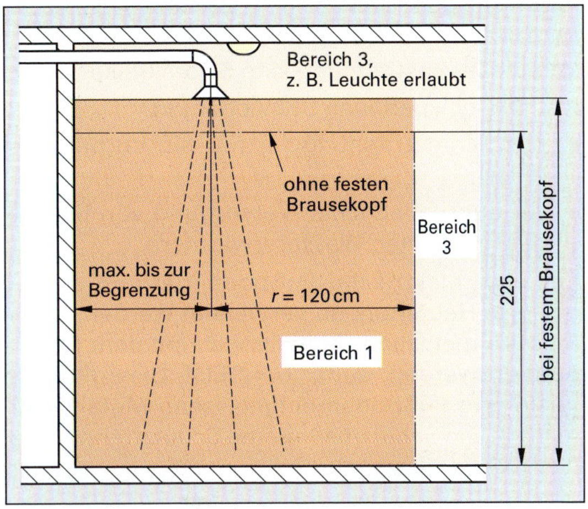

Bild 2: Bereiche an einem Ort mit Dusche ohne Duschwanne

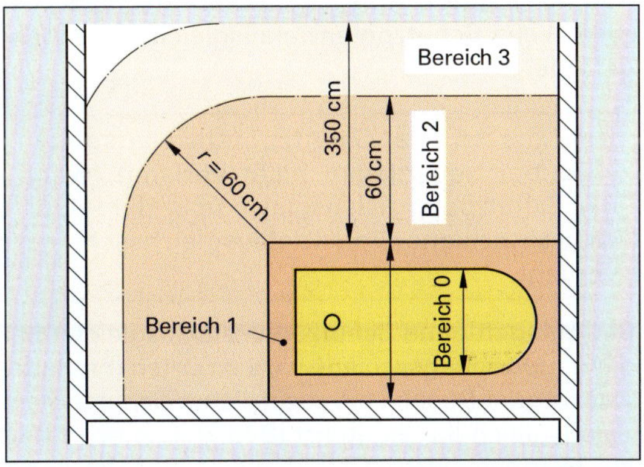

Bild 3: Bereiche 0, 1, 2, 3 bei einer eingemauerten Wanne

könnte, z.B. um das Handtuch zu erreichen. Hier erstreckt sich bei Wannen der **Bereich 2** um die Ecke herum um die Länge eines Fadens **(Bild 1, folgende Seite)**. Entsprechend ist dieses Fadenmaß bei Duschplätzen ohne Wanne für den **Bereich 1** (Bild 1, folgende Seite).

12.1.2 Schutz gegen elektrischen Schlag

Im ganzen Ort

Auch außerhalb der Bereiche 0, 1, 2 und 3 sind strengere Bestimmungen als sonst in Wohnräumen zu beachten. Für alle Stromkreise muss ein zusätzlicher Schutz durch Fehlerstrom-Schutzeinrichtungen **RCD Typ A** mit $I_{\Delta N} \leq 30\text{mA}$ gegeben sein. Das gilt auch für Stromkreise in anderen Räumen, wenn ihre Leitungen durch einen Raum mit Badewanne oder Dusche führen.

Bei Orten mit Badewanne oder Dusche muss bei allen am Ort verlegten Leitungen meist Schutz durch RCD mit kleinem Bemessungsdifferenzstrom erfolgen.

Von dieser Bestimmung sind Stromkreise befreit

- mit Kleinspannung SELV oder PELV,
- mit Schutztrennung für nur ein Verbrauchsmittel,
- zur ausschließlichen Versorgung von fest angeschlossenen Wassererwärmern.

Für eine elektrische Fußbodenheizung sollten isolierte Heizleitungen verwendet werden. Sonst müssen metallene Umhüllungen mit dem PE verbunden werden, außer bei SELV. Dies gilt auch für in den Fußboden eingelassene Metallgittermatten. Die Schutzmaßnahme Schutztrennung ist hier nicht zulässig.

Besteht in der Gebäude-Anlage ein ordnungsgemäßer **Schutzpotenzialausgleich** über die Haupterdungsschiene, so ist in Deutschland der zusätzliche Schutzpotenzialausgleich nicht mehr gefordert.

Der zusätzliche Schutzpotenzialausgleich wird bei Neuanlagen nicht verlangt, wenn der Schutzpotenzialausgleich über die Haupterdungsschiene (Potenzialausgleichsschiene) vorliegt.

Bei Anlagen ohne Schutzpotenzialausgleich über die Haupterdungsschiene wird an Orten mit Badewanne oder Dusche ein zusätzlicher Schutzpotenzialausgleich durchgeführt **(Bild 2)**. In diesen sind alle fremden elektrisch leitfähigen Teile des Ortes einzubeziehen. Das betrifft insbesondere alle metallenen Rohrsysteme für Wasser, Gas und Heizung. Die Verbindung muss bei ungeschützter Verlegung mit mindestens 4 mm^2 Cu, bei geschützter Verlegung mit mindestens 2,5 mm^2 Cu, erfolgen. Außerdem muss eine Verbindung zur Haupterdungsschiene vorhanden sein, z.B. durch Anschluss an die Schutzleiterschiene in der nächstgelegenen Verteilung. Abwasserrohre sind heute hiervon nicht mehr betroffen, da sie aus Kunststoff sind.

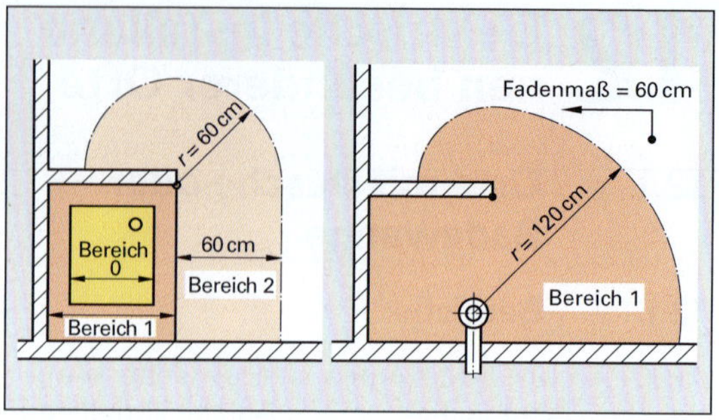

Bild 1: Bereiche bei abgemauertem Wannenplatz oder Duschplatz (Bereich 3 nicht abgebildet)

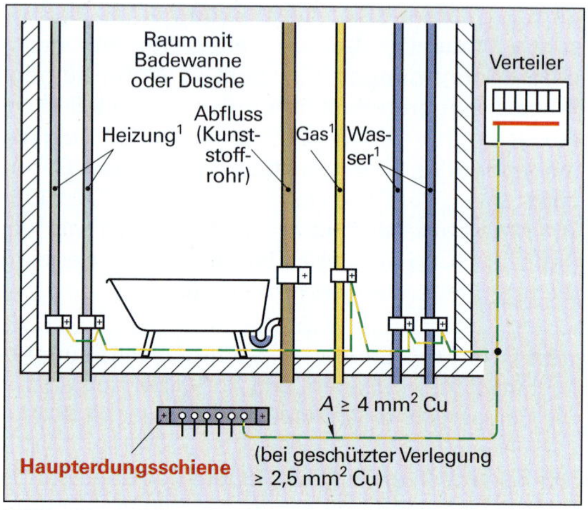

Bild 2: Zusätzlicher Schutzpotenzialausgleich an Orten mit Badewanne oder Dusche ([1] Rohre aus Metall)

Bei Anlagen ohne Schutzpotenzialausgleich über die Haupterdungsschiene ist an Orten mit Badewanne oder Dusche ein zusätzlicher Schutzpotenzialausgleich erforderlich.

Bereich 0

Im Bereich 0 ist die Gefährdung des Benutzers besonders hoch. Deshalb dürfen hier keine elektrischen Installationsgeräte eingebaut werden. Dagegen dürfen Verbrauchsmittel für SELV-Stromkreise AC 12 V oder DC 30 V fest angeordnet und fest angeschlossen werden, wenn sie nach Herstellerangabe für den Bereich 0 zugelassen sind. Die Stromquellen für diese SELV-Stromkreise dürfen nicht in den Bereichen 0 oder 1 liegen.

Im Bereich 0 dürfen keine elektrischen Installationsgeräte für 230 V eingebaut werden.

Bereich 1

Im Bereich 1 dürfen nur solche elektrischen Verbrauchsmittel installiert werden, die nach Herstellerangabe für den Bereich 1 geeignet sind. Dazu gehören Whirlpooleinrichtungen, Duschpumpen, Lüftungseinrichtungen, Handtuchtrockner und Wassererwärmer sowie Geräte für SELV oder PELV mit Nennspannung AC 25 V bzw. DC 60 V.

Als Installationsgeräte, einschließlich Steckdosen, sind im Bereich 1 nur solche für SELV und PELV mit Nennspannung AC 25 V bzw. DC 60 V zulässig sowie Abzweigdosen und Anschlussdosen für Verbrauchsmittel der Bereiche 0 oder 1.

> Im Bereich 1 dürfen Leuchten mit 230 V nur angebracht werden, wenn die Leuchtmittel nicht auswechselbar sind (E DIN VDE 0100-701).

Bereich 2

Im Bereich 2 dürfen installiert werden

- Verbindungs- und Anschlussdosen für die zugelassenen Verbrauchsmittel der Bereiche 0, 1, 2,
- ortsfeste Leuchten, Wassererwärmer und Abluftgeräte,
- Geräte mit SELV oder PELV von höchstens AC 25 V bzw. DC 60 V, auch für die Signal- und Kommunikationstechnik, und die zugehörigen Schalter sowie Steckdosen,
- Rasiersteckdosen mit Trenntransformator,
- Stromquellen für SELV-Stromkreise.

> Im Bereich 2 dürfen keine Steckdosen für AC 230 V angebracht werden.

Bei SELV oder PELV muss trotz der niedrigen Spannung der Basisschutz (Schutz gegen direktes Berühren) erfolgen. Im Bereich 2 ist also die Installation einer LED-Lampenkette mit blanken Drähten nicht zulässig.

In den Bereichen 1 und 2 müssen die elektrischen Betriebsmittel mindestens die Schutzart IPX4 haben, im Bereich 0 die Schutzart IPX7. Elektrische Betriebsmittel müssen in diesen Bereichen mit Abdeckungen mindestens der Schutzart IPXXB oder IP2X geschützt sein.

Bereich 3 (E DIN VDE 0100-701)

Steckdosen und Schalter, die mit einer RCD versehen sind, dürfen im Bereich 3 installiert werden, ebenso Verbindungs- und Anschlussdosen.

> In Orten mit Duschen und/oder Badewannen ist für hohen Schutz gegen den elektrischen Schlag zu sorgen, weil der nasse Mensch hier einen kleinen Widerstand hat und mit dem Erdpotenzial verbunden ist.

12.1.3 Kabel- und Leitungsanlagen

Begrenzen Wände mit in ihnen verlegten Leitungen den Ort, so muss zwischen Leitung oder Kabel einerseits und Wandoberfläche andererseits ein Abstand von mindestens 0,06 m (Restwanddicke) bestehen bleiben, damit metallene Handgriffe nicht mit den Leitern einer Leitung in Verbindung kommen können. Das gilt aber nicht, wenn die Leitung der Versorgung dient und einen Schutzleiter PE enthält, der an den PE der Anlage angeschlossen ist.

Als Leitungen sind Mantelleitungen üblich. Stegleitungen dürfen bis zu einer Tiefe von 0,06 m von z. B. Wänden oder Decken der Bereiche 0, 1, 2 oder 3 nicht verlegt werden.

Die Leitungsführung zu Geräten muss senkrecht von oben/unten oder waagrecht durch die angrenzende Wand abhängig von der Geräteanordnung ober-/unterhalb der Bade-/Duschwanne erfolgen.

> Kabel- und Leitungsanlagen dürfen nicht durch den Bereich 0 geführt werden.

Leitungen zur Versorgung anderer Räume dürfen nicht durch die Bereiche 0, 1, 2, 3 geführt werden.

Wiederholung und Vertiefung

1. Warum können an Orten mit Badewanne oder Dusche bei nicht fachgerechten Anlagen Unfälle entstehen?
2. Welche Bereiche unterscheidet man an Orten mit Badewanne oder Duschwanne?
3. Welche Schutzeinrichtung ist an Orten mit Badewanne oder Dusche meist anzuwenden?
4. In welchem Bereich dürfen an Orten mit Badewanne oder Dusche 230-V-Steckdosen installiert werden?
5. Welche Art von Leuchten dürfen im Bereich 2 installiert werden?
6. In welchen Bereichen von Baderäumen dürfen Rasiersteckdosen mit Trenntransformator installiert werden?
7. Welche besondere Bestimmung gilt für SELV-Stromkreise mit AC 25 V im Bereich 2?

12.2 Landwirtschaftliche und gartenbauliche Betriebsstätten

12.2.1 Allgemeines

Landwirtschaftliche und gartenbauliche Betriebsstätten sind Innenräume und Orte im Freien, die der Landwirtschaft oder dem Gartenbau oder ähnlichen Zwecken dienen. Zu diesen Betriebsstätten gehören demnach auch alle Arten von Ställen für Nutztiere sowie Lagerräume und Verarbeitungsräume für Landwirtschaftsprodukte. Nutztiere sind z. B. Rinder, Schweine, Pferde und Geflügel.

In derartigen Betriebsstätten ist die Gefährdung für Mensch und Tier besonders groß, weil chemisch aggressive Stoffe, z. B. Dung und Gülle, auftreten, sodass der **Übergangswiderstand** zu menschlichen oder tierischen Körpern erheblich herabgesetzt ist. Außerdem entsteht durch das in diesen Betriebsstätten übliche Vorhandensein von leicht entzündlichen Stoffen, z. B. Stroh, eine erhöhte **Brandgefahr**.

DIN VDE 0100-705, welche für landwirtschaftliche und gartenbauliche Betriebsstätten zutrifft, trifft auch für **Wohnungen** dieser Betriebsstätten zu, wenn zu diesen eine elektrisch leitende Verbindung besteht, z. B. durch metallene Rohrleitungen, Schutzleiter oder Leitungsnetze derselben Verbrauchsanlage.

12.2.2 Schutz gegen elektrischen Schlag

Nutztiere, z. B. Rinder, sind durch Berührungsspannungen besonders gefährdet, weil sie meist feucht stehen. Große Nutztiere überbrücken zudem bei einem Isolationsfehler eine größere Spannung als der auf zwei nahe beieinander befindlichen Füßen stehende Mensch **(Bild 1)**.

Große Nutztiere sind durch Fehler der elektrischen Anlage besonders gefährdet.

In landwirtschaftlichen und gartenbaulichen Betriebsstätten beträgt die höchstzulässige Berührungsspannung AC 50 V bzw. DC 60 V. Meist werden die Betriebsstätten von einem TN-System versorgt. Deshalb muss ab Speisepunkt der PEN-Leiter in PE und N aufgetrennt werden.

Für den Schutz gegen elektrischen Schlag gelten grundsätzlich zunächst alle Bestimmungen von DIN VDE 0100-410 mit einigen Verschärfungen. Selbst ein Betreiben und Überwachen der Anlage durch eine **Elektrofachkraft** oder elektrotechnisch unterwiesene Person erlaubt nicht

- Schutz durch Hindernisse oder durch Anordnung außerhalb des Handbereichs,
- Schutz durch nichtleitende Umgebung oder durch erdfreien örtlichen Schutzpotenzialausgleich.

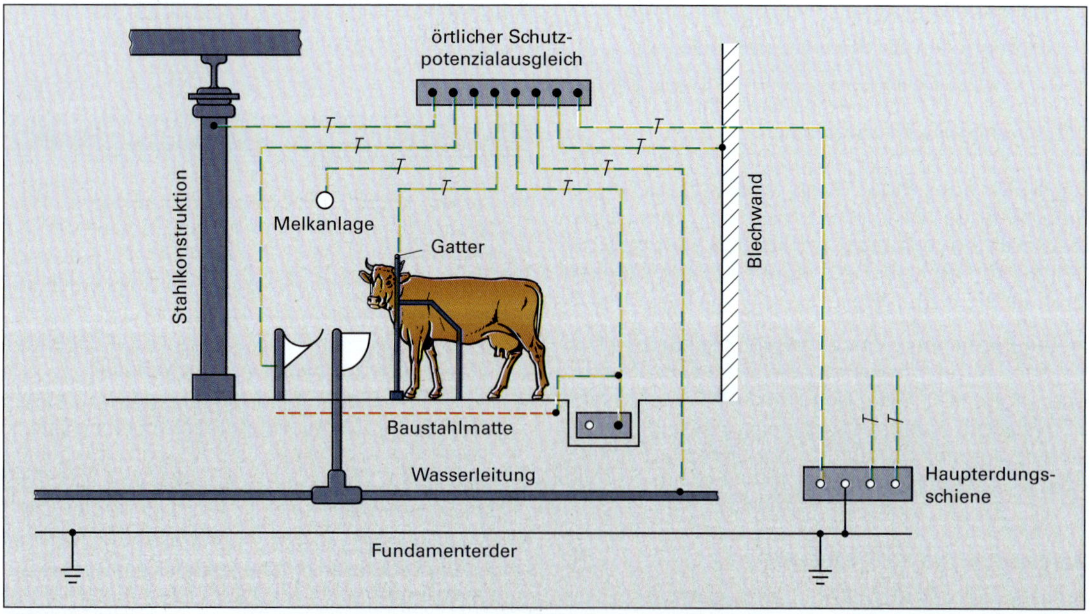

Bild 1: Zusätzlicher Schutzpotenzialausgleich in einem landwirtschaftlich genutzten Stall im Standbereich der Tiere (vgl. DIN VDE 0100-705)

Als **Schutzmaßnahme** gegen den elektrischen Schlag ist das Verwenden von **RCDs** in Endstromkreisen mit folgenden Bemessungsdifferenzströmen $I_{\Delta N}$ zwingend vorgeschrieben:

- Stromkreise allgemein → $I_{\Delta N} \leq 300$ mA, nicht zur Versorgung von Verteilern,
- Stromkreise mit Steckdosen → $I_{\Delta N} \leq 30$ mA.

Das gilt für die Systeme TN, TT und IT.

In landwirtschaftlichen und gartenbaulichen Betriebsstätten müssen für die Endstromkreise RCDs verwendet werden.

Meist können RCDs Typ A verwendet werden. Kommen allerdings elektronische Steuerungen vor, die einen Stromrichter enthalten, müssen RCDs vom Typ B oder B+ verwendet werden.

Bei **Schutz durch SELV** oder **PELV** (AC ≤ 25 V bzw. DC ≤ 60 V) muss in den genannten Betriebsstätten unabhängig von der Nennspannung der Basisschutz erfüllt sein durch

- Abdeckung oder Umhüllung, mindestens nach IP2X, oder
- Isolierung, die eine Prüfwechselspannung von 500 V für 1 min aushält.

Zusätzlicher Schutzpotenzialausgleich ist an Orten für Nutztiere, z. B. Liegebereiche und Melkbereiche sowie in Gängen dorthin, erforderlich. Die Körper von elektrischen Betriebsmitteln und fremde leitfähige Teile sind durch Schutzpotenzialleiter mit der Haupterdungsschiene und dem PE zu verbinden, weil diese Körper von den Tieren berührt werden könnten.

An Orten für Nutztiere, z. B. Liegeflächen, ist ein zusätzlicher Schutzpotenzialausgleich auszuführen.

Fremde leitfähige Teile im oder auf dem Fußboden müssen in den zusätzlichen Schutzpotenzialausgleich einbezogen werden, z. B. Baustahlmatten oder die Bewehrung in Betonflächen. Damit wird eine Potenzialsteuerung erreicht.

Als Schutzpotenzialausgleichsleiter werden verwendet

- feuerverzinkter Bandstahl von mindestens 30 mm × 3 mm oder
- feuerverzinkter Rundstahl mit Durchmesser ≥ 8 mm oder
- Kupferleiter mit Querschnitt ≥ 4 mm².

Die Schutzpotenzialausgleichsleiter sind an der Haupterdungsschiene mit dem Fundamenterder FE zu verbinden **(Bild 1)**. Als Leiter für den FE nimmt man

- feuerverzinkten Bandstahl von mindestens 30 mm × 3,5 mm oder
- feuerverzinkten Rundstahl mit Durchmesser ≥ 10 mm.

12.2.3 Brandschutz

Für den **Brandschutz** an Orten mit Brandrisiko sind RCDs (Typ B, B+) mit $I_{\Delta N} \leq 300$ mA für alle Stromkreise erforderlich, also auch für die Verteilungsstromkreise. Übersteigt der Betriebsstrom den größten Bemessungsstrom der lieferbaren

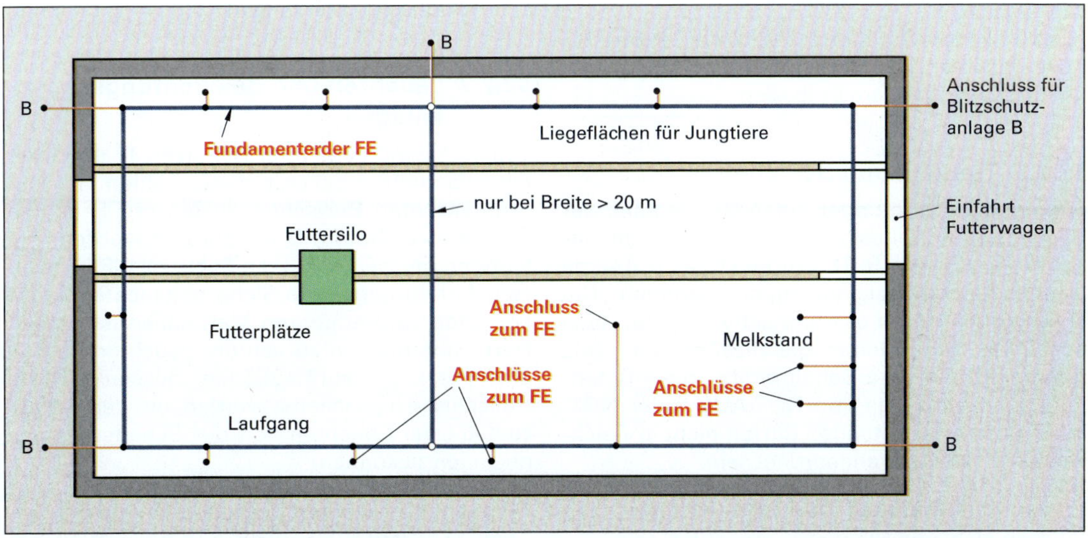

Bild 1: Fundamenterder als Ring im Kuhstall

RCDs, so dürfen RCMs verwendet werden, die einen Leistungsschalter ansteuern. Auch **AFDDs** sind gemäß Risikoanalyse zu installieren. Elektrische Betriebsmittel müssen mindestens der **Schutzart IP44** entsprechen. Sind Betriebsmittel mit dieser Schutzart nicht verfügbar, müssen sie in ein Gehäuse mit IP44 eingebaut sein.

Schaltgeräte für Schutzmaßnahmen, z. B. Leitungsschutzschalter oder RCDs, müssen außerhalb einer feuergefährdeten Betriebsstätte angebracht sein **(Bild 1)** oder aber eine feuersichere Umhüllung besitzen. Kabelanlagen und Leitungsanlagen, welche feuergefährdete Betriebsstätten versorgen oder durchqueren, sind gegen Überlast und Kurzschluss zu schützen.

An Orten mit Brandrisiko sind Stromkreise für SELV oder PELV in NYM oder NYY zu errichten.

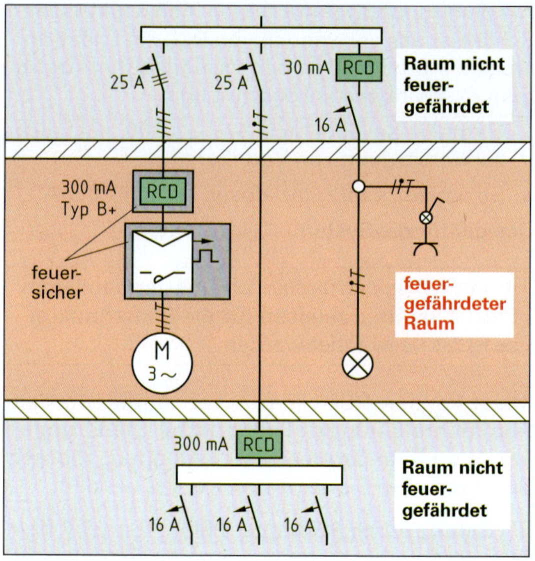

Bild 1: Anordnung der Schaltgeräte bei erhöhtem Brandrisiko

12.2.4 Leitungen und Kabel

In Ställen sind Leitungen und Kabel so zu verlegen, dass sie von Nutztieren nicht erreicht werden können und ein Schutz gegen Beschädigung gegeben ist. Freileitungen müssen isoliert sein.

Bei **Erdverlegung** von Kabeln ist die Mindesttiefe 1 m in urbarem Land oder Ackerland und 0,6 m mit zusätzlichem Schutz in Fahrwegen. **Selbsttragende Kabel** müssen in einer Höhe von mindestens 6 m errichtet werden. Kabel- und Leitungsanlagen zur Versorgung von Hauptverteilungen müssen gegen mechanische Beschädigung geschützt sein. Das kann erfolgen durch Verlegen der Kabel im Erdreich oder Verlegen der Leitungen und Kabel in Kabelkanälen. Diese Anforderung gilt auch für Wohnungen und ähnliche Räume in den Betriebsstätten.

Das Verlegen von Kabeln/Leitungen erfordert das Beachten von Mindesttiefen im und Mindesthöhen über dem Erdboden.

12.2.5 Trennen und Schalten

Für jedes Gebäude oder jeden Gebäudeteil der genannten Betriebsstätten muss eine Trenneinrichtung, z. B. ein RCD, die elektrische Anlage trennen (zuverlässig abschalten) können. Die Trenneinrichtung muss alle aktiven Leiter, also auch den Neutralleiter, gleichzeitig vom Netz trennen. Trenn- und Schaltgeräte sowie Betätigungsvorrichtungen von NOT-AUS- oder NOT-HALT-Schalteinrichtungen dürfen nicht in Reichweite der Nutztiere angeordnet sein.

Schalteinrichtungen für Sicherheitszwecke dürfen nicht von Nutztieren erreichbar sein.

12.2.6 Einrichtungen für Sicherheitszwecke

Bei Intensivtierhaltung muss gewährleistet sein, dass auch bei Stromausfall die Nutztiere mit Futter, Luft, Wasser und Licht versorgt bleiben. Wenn das nicht auf natürlichem Weg möglich ist, sind erforderlich

- Sicherheitsstromversorgung **(Abschnitt 4.6)**,
- Ersatzstromquelle für Lüftungsanlage,
- gesonderte Stromkreise für Lüftungs- und Beleuchtungsanlagen,
- Überwachungseinrichtungen mit akustischer und optischer Meldung.

12.2.7 Leuchten und Beleuchtungsanlagen

Leuchten sind nach ihrer Schutzart IP und ihrer Oberflächentemperatur auszuwählen. In feuergefährdeten Bereichen dürfen nur Leuchten mit **Kennzeichnung D** angebracht werden. Die Lampen müssen dabei die **Schutzart IP54** besitzen. Auf vorgegebene Sicherheitsabstände der Leuchten zu brennbaren Materialien ist gemäß Herstellerangaben zu achten. Leuchten an solchen Orten, z. B. auf Heuböden, müssen mit Kontrollschaltern geschaltet werden, um den Schaltzustand der Leuchten von der Schaltstelle aus erkennen zu können.

Wegen der erhöhten Brandgefahr sind geeignete Leuchten zu verwenden.

12.3 Ladestationen für Elektrofahrzeuge

Elektrofahrzeug EF (nach DIN EN IEC 61851 EV von Electric Vehicle) ist ein für den Straßenverkehr geeignetes Fahrzeug, das ganz oder nur zeitweise von einem Elektromotor angetrieben wird und den Strom von einem tragbaren Energiespeicher, z. B. einem Akkumulator, bezieht. Dieser wird zum Aufladen an eine Stromquelle außerhalb des Fahrzeugs angeschlossen, z. B. an das VNB-Netz (VNB von Verteilungs-Netz-Betreiber) oder an eine PV-gespeiste Anlage.

Ein Verfahren zum Laden besteht darin, den Wechselstrom des Netzes an ein *Bordladegerät* des EF anzuschließen. Ein anderes Verfahren zum Laden verwendet ein *externes Ladegerät* zur Lieferung von Gleichstrom DC an das EF.

> Der DC-Ladestrom kommt von einem Umrichter des Bordladegerätes oder der externen Ladestation.

Bordladegerät ist ein im Fahrzeug montiertes Ladegerät nur für den Betrieb an Bord des Fahrzeugs.

Pilotfunktion ist die Lade- und Sicherheitssteuerung bzgl. der Kommunikation zwischen EF und Steuergerät oder Stromversorgungseinrichtung.

Pilotleiter stellt die Verbindung zwischen EF und Steuergerät oder Stromversorgung einschließlich der Fahrzeugerdung her. Über ihn kommuniziert die Pilotfunktion.

Ladebetriebsart (DIN VDE 0100-722) beschreibt den Anschluss des EF an die Stromversorgung.

Ladebetriebsart 1

Anschluss des EF über Schuko- oder CEE-Stecker an das einphasige oder dreiphasige AC-Netz über genormte Steckerdose zum Bordladegerät, wobei die Spannung bei AC ≤ 250 V und bei 3AC ≤ 480 V sein muss und der Ladestrom $I_L \leq 16$ A, die Ladeleistung $P_L \leq 11$ kW (**Bild 1**). Zwischen Ladestelle und EF findet keine Ladekommunikation statt. Daher ist diese Ladebetriebsart für EF (nicht Elektrofahrräder) im Grunde nicht geeignet.

Ladebetriebsart 2

Anschluss eines EF an das AC-Netz oder 3AC-Netz mit Spannungen wie bei Lademode 1, aber mit $I_L \leq 32$ A, $P_L \leq 22$ kW zum Bordladegerät. Das Steuergerät mit Pilotfunktion (für Sicherheit und Ladeverlauf) und RCD ist zwischen Stecker (Schuko, CEE) und Steckerdose des Ladekabels angebracht **(Bild 2)**. Diese Ladebetriebsart ist deshalb auch nur für Notlandungen zu verwenden.

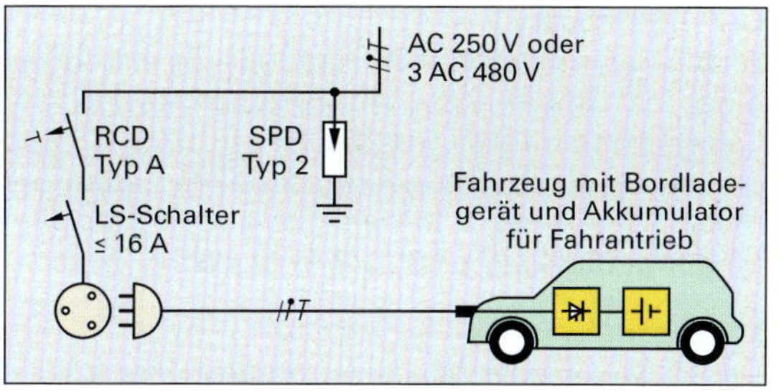

Bild 1: Betriebsmittel für Ladebetriebsart 1
SPD Surge Protective Device, Überspannungsschutzeinrichtung ÜSE

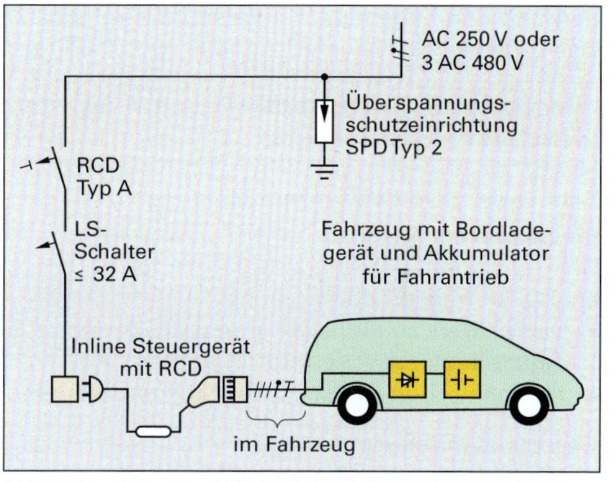

Bild 2: Betriebsmittel für Ladebetriebsart 2

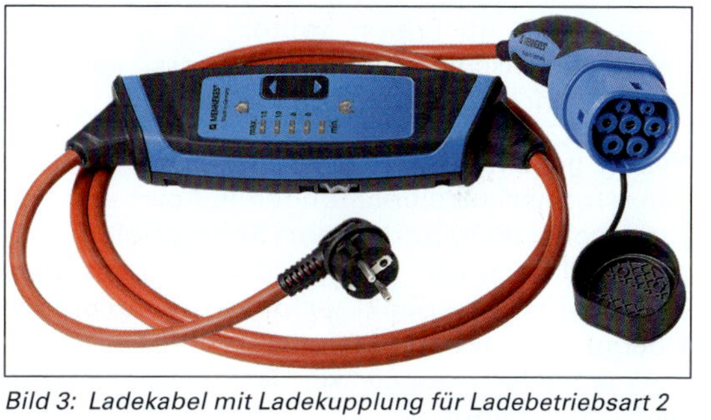

Bild 3: Ladekabel mit Ladekupplung für Ladebetriebsart 2
www.mennekes.com

> Der Pilotleiter überträgt die Steuersignale für die Gewährleistung der Betriebssicherheit des Ladevorgangs über die Kontakte CP und PP.

Der **CP-Kontakt** (Control Pilot) informiert die Ladestation über den maximalen Ladestrom. Der **PP-Kontakt** (Proximity Pilot) prüft die Stromfähigkeit des Ladekabels.

Ladebetriebsarten mit einphasigem Anschluss können über eine Haushalt-Steckdose und passendem zweipoligen Stecker angeschlossen werden. Allerdings ist dazu wegen der Steckvorrichtung am Fahrzeug ein entsprechendes Ladekabel mit Ladekupplung erforderlich **(Bild 3)**.

Ladebetriebsart 3

Anschluss des EF mit Bordladegerät erfolgt an eine fest installierte Versorgungsstation mit Ladebetriebsmittel für die Pilotfunktion **(Bild 1)**. Lademode 3 ermöglicht schnelles Laden mit meist 3AC bis 480 V mittels geeigneter Steckverbindung **(Bild 2)**. $I_L \leq 63$ A, $P_L \leq 44$ kW.

Ladebetriebsart 4

Das EF wird an das Wechselstromnetz über ein fest installiertes Versorgungs- und Ladebetriebsmittel mit externem Ladegerät AC/DC außerhalb des Fahrzeugs mit Pilotfunktion für die Betriebssicherheit und den Ladeverlauf angeschlossen **(Bild 3)**. Das Laden erfolgt über DC. $I_L \leq 400$ A, $P_L \leq 400$ kW.

> Bei den Ladebetriebsarten 3 und 4 ist eine Netzrückspeisung erlaubt.

Schutz der Stromversorgungsanlage

Mechanischer Schutz

Schutz gegen mittlere mechanische Beanspruchung ist möglich durch

- Vermeiden schädlicher Beanspruchung, z. B. Aufstellung zwischen Betonpfosten und
- mechanischen Schutz, z. B. stabiles Gehäuse.

Elektrischer Schutz

Schutz gegen Überspannung

Wegen der besonderen Gefährdung des EF beim Laden im Freien sollten die Endstromkreise der Anschlusspunkte mit Überspannungs-Schutzeinrichtungen SPD geschützt sein.

Schutz gegen Überstrom

Überstromschutzeinrichtungen in Form von Leitungsschutzschaltern oder Schmelzsicherungen sind nach DIN VDE 0100-430 vorzusehen. Jeder Anschlusspunkt erfordert eine eigene Überstrom-Schutzeinrichtung. Je eine Steckdose oder je ein Fahrzeugstecker darf nur ein Elektrofahrzeug versorgen.

Schutz gegen elektrischen Schlag

Der Fehlerschutz muss nach DIN VDE 0100-410 vorgenommen werden. Insbesondere sind RCDs (Typ A, F oder B) zu verwenden, weil bei der Gleichrichtung glatte Fehlerströme auftreten können. Ein nachgeschaltetes RDC-DD (Residual-DC-Detecting Device) schützt bei höheren DC-Fehlerströmen. Als RDC-PD (RDC-Protective Device) übernimmt es den Schutz ohne ein kombiniertes Schaltgerät, als RCD-MD (Monitoring Device) mit kombiniertem Schaltgerät.

Steckdosen müssen im Verteiler oder einem getrennten Gehäuse fest installiert werden. Steckbare Kupplungsdosen zur Erzielung weiterer Abschlusspunkte sind nicht erlaubt.

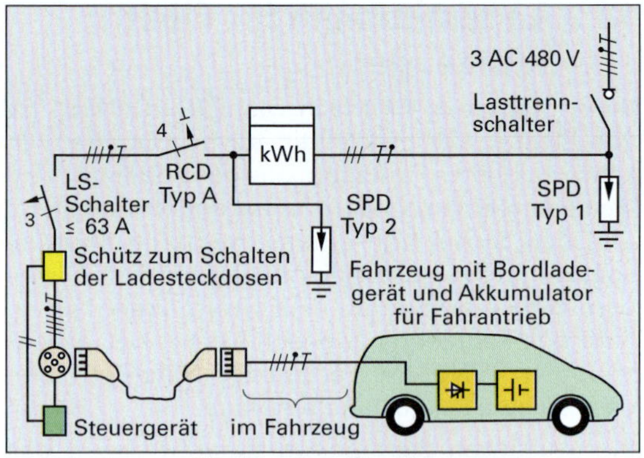

Bild 1: Betriebsmittel für Ladebetriebsart 3

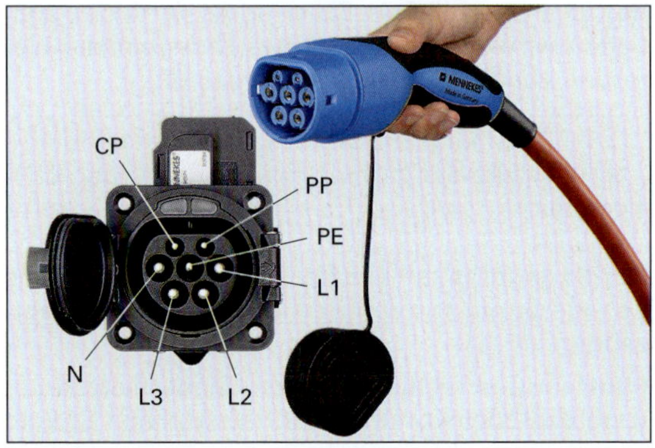

Bild 2: Fahrzeuggerätestecker und Ladekupplung für Ladung in Ladebetriebsart 3 www.mennekes.com

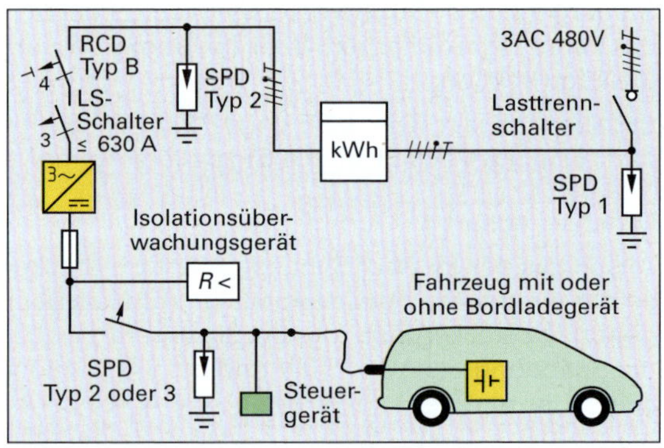

Bild 3: Betriebsmittel für Ladebetriebsart 4

Steckdosen oder Fahrzeugstecker

Jeder Anschlusspunkt muss mit mindestens einer Steckdose oder einem Anschlussstecker der entsprechenden Norm ausgestattet sein.

Einstecken und Ausstecken

Bei den Ladebetriebsarten 3 und 4 muss mechanisch oder elektrisch dafür gesorgt sein, dass Einstecken oder Ausstecken der Steckverbinder zum Laden nur möglich ist, wenn die Versorgung des Steckverbinders ausgeschaltet ist.

13 PV-Anlagen

13.1 Grundlagen

Bei PV-Zellen (Solarzellen, Seite 59) nimmt mit zunehmender Bestrahlungsstärke bei angeschlossenem Verbraucher die Stromstärke zu und mit zunehmender Zellentemperatur die erzeugte Spannung ab, d.h. auch die Leistung. Somit wandert der maximale Leistungspunkt **MPP** (Maximum Power Point) **(Bild 1)**. Eine geeignete Steuerung sorgt im Betrieb für ein Arbeiten möglichst in dessen Nähe. Auch eine gute Wärmeableitung, z.B. durch Hinterlüftung, ist daher im Betrieb zu beachten.

Zum Erzeugen einer Spannung von mehr als 0,6 V schaltet man viele Zellen in Reihe **(Bild 2)**. Dadurch addieren sich die Spannungen der einzelnen PV-Zellen. Die Stromstärke der Reihenschaltung ist so groß wie die Stromstärke der einzelnen PV-Zelle. Für eine größere Stromstärke schaltet man PV- Zellen parallel (Bild 2).

Viele miteinander verschaltete Solarzellen bezeichnet man als **PV-Module** (Solarmodule). Mehrere in Reihe geschaltete PV-Module bezeichnet man als **PV-Strang** (PV-String). Ein PV-Teilgenerator (Teilgeneratorfeld) besteht aus mehreren PV-Strängen **(Bild 3)**. Mehrere PV Teilgeneratoren bilden den **PV-Generator** (PV-Generatorfeld). In den PV-Modulen überbrücken parallel geschaltete **Bypass-Dioden** schadhafte PV-Zellen. Ohne diese Dioden wäre der ganze Strang unterbrochen. Meist sind die Dioden Teil der PV-Module.

Ein PV-Modul besteht aus einer Vielzahl von miteinander verbundenen PV-Zellen.

PV-Module erzeugen eine Leerlaufspannung von z.B. DC 18 V bis 50 V. Bei Belastung liefern sie DC 12 V, 24 V, 48 V oder auch größer.

Die **Nennleistung** der PV-Module wird in kWp (Kilowatt Peak, theoretische Spitzenleistung) angegeben. Danach wird die Fläche einer PV-Anlage berechnet. Je kWp können ca. 920 kWh Energie pro Jahr in Deutschland erzeugt werden (spezifischer Energieertrag). Bei kleineren und mittleren Anlagen liefern PV-Teilgeneratoren Spannungen bis DC 120 V. Als Schutzmaßnahmen gegen den elektrischen Schlag können daher die Sicherheitskleinspannung SELV oder die Schutzkleinspannung PELV angewendet werden.

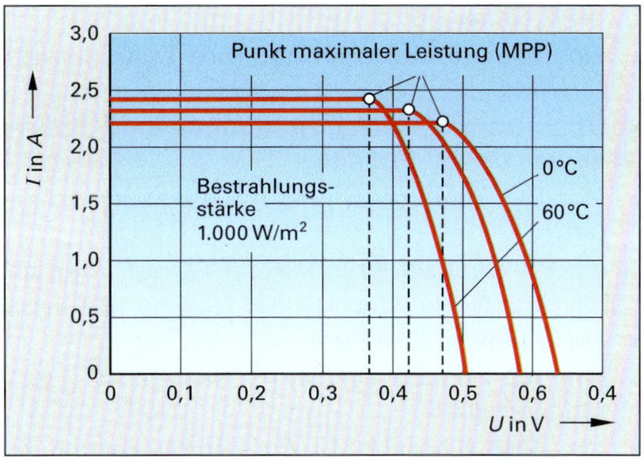

Bild 1: Strom-Spannungskennlinen von PV-Zellen in Abhängigkeit der Zellentemperatur (Beispiel)

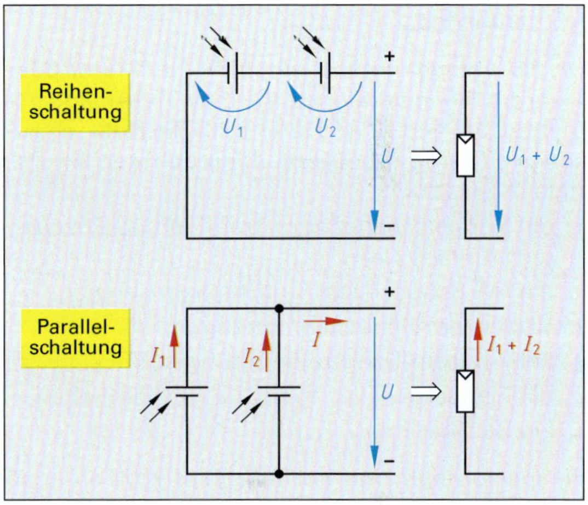

Bild 2: Schaltungen von PV-Zellen zu PV-Modulen

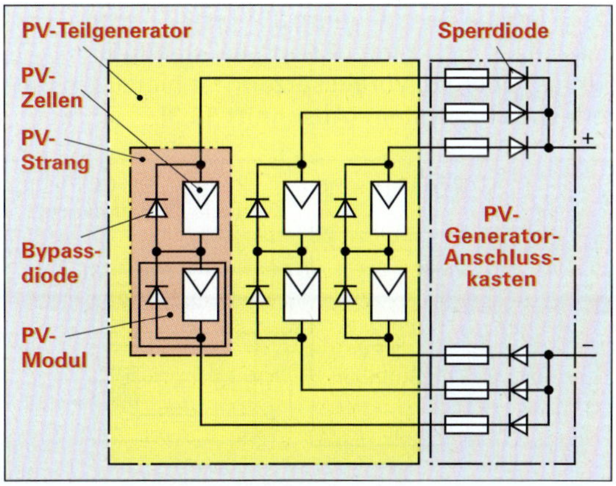

Bild 3: Schaltung von PV-Modulen zum PV-Teilgenerator

Beim Wechselstromteil einer PV-Anlage, also hinter dem Wechselrichter, sind die Schutzmaßnahmen für Niederspannungsanlagen bis AC 1000 V erforderlich. Die elektrischen Anforderungen an PV-Anlagen beschreibt DIN VDE 0100-712.

Zum **PV-Generator** gehören mindestens
- ein Teilgenerator oder mehrere Teilgeneratoren **(Bild 1)**,
- Überstrom-Schutzeinrichtungen und Sperrdioden der PV-Stränge,
- eine DC-Trennvorrichtung (DC-Leistungsschalter),
- ein PV-Wechselrichter, wenn AC erforderlich ist, auch Netzeinspeisegerät NEG genannt,
- ein Trenntransformator,
- eine AC-Trennvorrichtung (meist ein AC- Leistungsschalter),
- eine ENS (Einrichtung zur Netzüberwachung mit Schaltorgan).

Die letztgenannten Komponenten sind meist im NEG enthalten.

Die **PV-Anlage** umfasst einen PV-Generator oder mehrere PV-Generatoren. Wird die PV-Anlage betrieben, um Strom in das öffentliche Netz einzuspeisen **(Verbundbetrieb)**, dann gehören zur PV-Anlage zusätzlich
- ein Kuppelschalter zum Trennen und Zuschalten vom/ans Netz,
- ein NA-Schutz (Netz- und Anlagenschutz),
- Überstrom-Schutzeinrichtungen,
- Fehlerstrom-Schutzeinrichtungen RCD,
- ein Einspeisezähler, meist im NEG enthalten,
- ein Bezugszähler.

Einspeisezähler und Bezugszähler können auch als Zweirichtungszähler ausgeführt sein.

Im **Inselbetrieb** versorgt die PV-Anlage auf dem Dach (ideale Dachneigung 25° bis 60°) eines Hauses dieses direkt mit der von ihr erzeugten elektrischen Energie. Voraussetzung ist hierzu ein Batteriespeichersystem **(Abschnitt 13.3)**.

13.2 Installation eine PV-Anlage

Über Steckverbindungen der PV-Module können diese zu PV-Strängen zusammengeschaltet werden. Die Pluspole und Minuspole der PV-Module sind gekennzeichnet. Für die Durchführung der DC-Kabel unter dem Dach muss eine Belüftungspfanne anstelle des normalen Dachziegels gesetzt werden.

Die Verlegung der Kabel vom Dach ins Hausinnere erfolgt über ein Elektroinstallationsrohr oder einen Elektroschlauch. Die Kabel der PV-Stränge werden im **Generatoranschlusskasten** gemäß ihrer Polarität über String-Sammelklemmen zusammengefasst und mit den beiden Gleichstrom-Hauptleitungen verbunden. Diese sind an den **Wechselrichter** (NEG) anzuschließen. Der Wechselrichter darf nicht auf brennbaren Materialien befestigt werden.

Meist befindet sich im Generatoranschlusskasten (GAK) der Hauptschalter (DC-Lasttrennschalter). Als weitere Komponenten sind im GAK Überspannungsableiter sowie die Strangsicherungen verbaut. Zu beachten ist, dass der GAK keiner direkten Bewitterung ausgesetzt ist **(Bild 1, folgende Seite)**. Daher ist es meist zweckmäßig, ihn im Haus zu platzieren.

GAK und Wechselrichter sollten möglichst nahe beieinander liegen, um aus Kosten- und Sicherheitsgründen kurze Gleichstromkabelwege zu ermöglichen.

> Der Generatoranschlusskasten muss so installiert sein, dass er vor Sonneneinstrahlung und Regen geschützt ist.

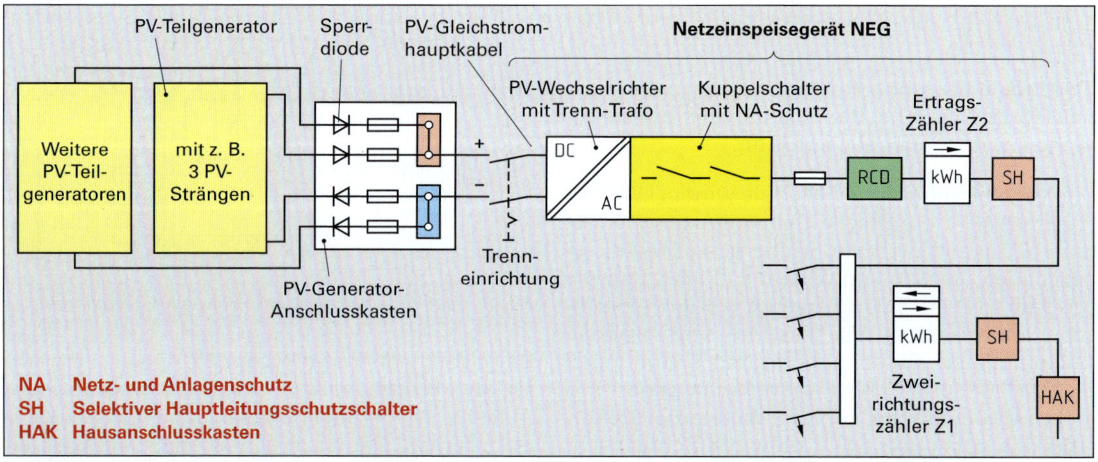

Bild 1: Prinzip einer PV-Anlage

13.3 Installation einer PV Anlage mit Speichersystem

PV-Anlagen sind meist mit einem **Batteriespeichersystem** (Batterie) auszustatten. VDE-AR-N-4105 beschreibt hierzu die Anforderungen des Aufstellens von Batterien, z. B. Schutz vor Zutritt unbefugter Personen, Vorsehen einer ausreichenden Belüftung, kein Errichten in der Nähe von brennbaren Materialien.

Entsprechende **Sicherheitsabstände** zu elektrischen Betriebsmitteln, welche Funken erzeugen können, sind einzuhalten. Die Herstellerangaben sind in jedem Fall zu beachten. Geeignete Warn- und **Hinweisschilder** auf hohe Spannungen und Ströme, explosive Gase und ätzende Elektrolyte müssen am Aufstellungsort der Batterie angebracht werden. Ebenso sind Kennzeichnungsschilder mit dem Namen des Errichters und dem Errichtungsdatum gefordert.

Eine PV-Anlage mit Batteriespeicher kann im **Netzparallelbetrieb** (Verbundbetrieb) oder **Inselbetrieb** arbeiten **(Bild 2)**. Die Anforderungen zum Schutz gegen elektrischen Schlag, Überstrom und Fehlerstrom sind auch für den Inselbetrieb zu beachten **(Kapitel 6)**.

Das Batteriespeichersystem für den Inselbetrieb muss geerdet sein.

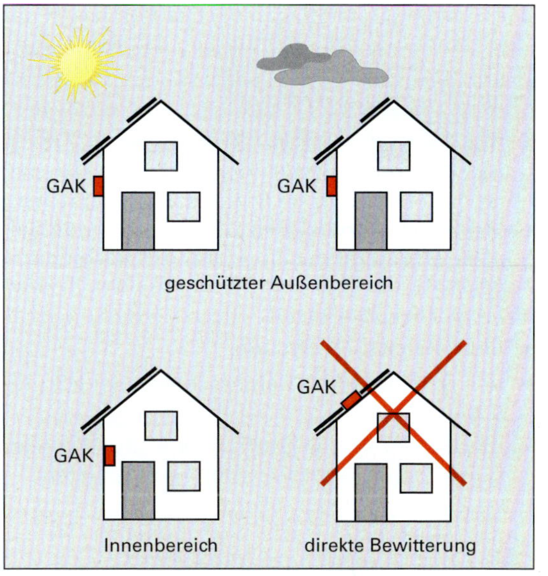

Bild 1: Geeigneter Montageort des Generatoranschlusskastens GAK

Beim Umschalten zwischen öffentlichem Netz und der PV-Anlage oder ihrem Speichersystem müssen **Trenneinrichtungen** dafür sorgen, dass kein Parallelbetrieb > 100 ms stattfindet, um eine Überlastung durch das Netz zu verhindern.

Das Betreiben einer elektrischen Kundenanlage über zwei verschiedene Systeme erfordert für je-

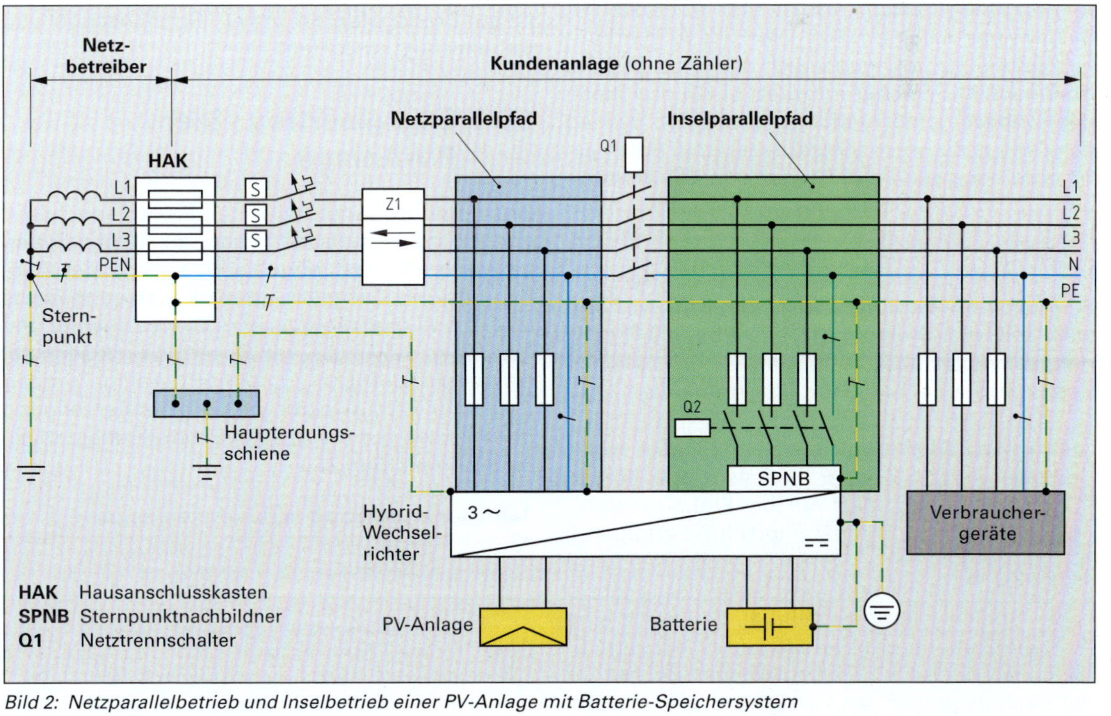

Bild 2: Netzparallelbetrieb und Inselbetrieb einer PV-Anlage mit Batterie-Speichersystem

des System ein unterschiedliches Bemessen der Überstrom-Schutzeinrichtungen, da die maximalen Kurzschlussströme in den beiden Systemen unterschiedlich sein können.

Im **Inselbetrieb** fehlt der **Sternpunkt** des Netztransformators des öffentlichen Netzes. Deshalb muss der Sternpunkt im Batterie-Speichersystem nachgebildet werden (Bild 2, vorhergehende Seite). Die Sternpunktnachbildung mit Verbindung zur Haupterdungsschiene (Potenzialausgleichsschiene) stellt u. a. sicher

- die Netzform TN-System,
- das Schließen der Fehlerschleife bei Körperschluss und
- das Potenzial des Sternpunkts als Erdungspunkt für das Inselnetz-Versorgungssystem.

Im Inselbetrieb muss der Sternpunkt des Netztransformators nachgebildet werden.

Die Steuerung des Batterie-Speichersystems bzw. des Wechselrichters muss die Betriebszustände Netzparallelbetrieb und Inselbetrieb durch geeignetes Schalten beherrschen. Im **Netzparallelbetrieb** darf die Sternpunktnachbildung nicht aktiv sein. N-Leiter und PE-Leiter würden sonst darüber zusammengeführt werden.

Bei **einphasigen Speichern** (≤ 4,6 kVA) mit einphasigem Wechselrichter sorgt ein Phasenkuppler für drei phasengleiche Außenleiter im Ersatz-TN-System des Inselbetriebs. Dies hat Auswirkungen auf die Strombelastbarkeit des N-Leiters. Ein **dreiphasiger Speicher** erfordert einen dreiphasigen Wechselrichter und ermöglicht den Betrieb von Dreiphasenwechselstrom-Geräten. Solch ein Wechselrichter ist beim Betrieb von **Wärmepumpen** von Vorteil. Geräte mit Bemessungsscheinleistung > 4,6 kVA sind dreiphasig anzuschließen, gleichmäßig verteilt auf die Außenleiter.

Eine **Synchronisationseinrichtung** prüft vor und während des Netzparallelbetriebs die Spannungs-Synchronität (Symmetrie), d. h. gleiche Spannungshöhe, Frequenz, Phasenfolge.

Ein Umschalten zwischen öffentlichem und privatem Netz, z. B. einer PV-Anlage oder eines Speichersystems, darf nur bei Einhalten von Spannungshöhe, Frequenz und Phase erfolgen.

Das **Batteriespeichersystem** besteht aus steckbaren Speichermodulen **(Bild 1)**. Es besitzt eine Kommunikationsschnittstelle zum Wechselrichter, idealerweise ein **Hybridwechselrichter** für die PV-Anlage und das Batteriespeichersystem,

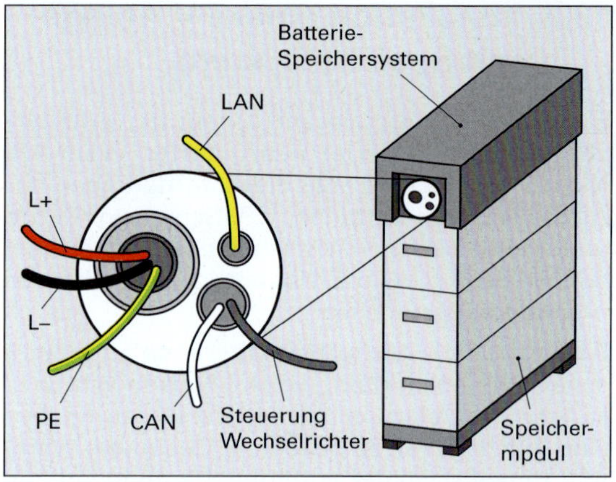

Bild 1: Batteriespeichersystem für PV-Anlagen (BYD)

N	S 0°	40°	80°	120°	160°	N 180°
0°	87%	87%	87%	87%	87%	87%
30°	100%	96%	85%	72%	62%	61%
60°	94%	88%	74%	55%	38%	35%
70°	88%	82%	68%	49%	32%	28%

Bild 2: Werte des Ertragsfaktors f_E (N Neigung, S 0° Süden, N 180° Norden)

sowie zu PCs/Internet eine Ethernet-LAN-Schnittstelle für Diagnosezwecke und Aktualisierungen der Batteriesteuerungssoftware. Auch **Schnittstellen** für CAN-Bus oder RS 485 sind verfügbar.

Für das Aufstellen des Batteriesystems im Freien ist auf Brandgefahren und auf Sonnenschutz und Regenschutz zu achten.

13.4 Energieertrag einer PV-Anlage

Die nutzbare Leistung einer PV-Anlage hängt von ihrer geografischen Lage, der Dachneigung bzw. der PV-Anlagengestell-Neigung, der Ausrichtung des Dachs bzw. des PV-Anlagengestells und den Wirkungsgraden von Wechselrichter und Leitungen sowie ggf. von Schatteneinflüssen ab. Neigung und Ausrichtung der PV-Anlage werden durch den Ertragsfaktor f_E (≤ 1) in der Berechnung berücksichtigt. Er wird einer Einstrahlungstabelle entnommen **(Bild 2)**.

Jahresenergieertrag W_a (Energiemenge)

$$W_a = 920\ \text{kWh/kWp} \cdot A_G / A_M \cdot P_{MPP} \cdot f_E \cdot \eta_W \cdot \eta_L \qquad (1)$$

A Fläche, P_{MPP} max. Leistung PV-Modul, f_E Ertragsfaktor, η Wirkungsgrad; Indizes a anno (Jahr), G Generator, M PV-Modul, W Wechselrichter, L Leitungen

13.5 Blitzschutz, Überspannungsschutz

PV-Anlagen müssen vor Blitzeinschlägen geschützt sein. Daher sind zusätzliche Blitzfangeinrichtungen (Fangspitzen) im Bereich der PV-Anlage anzubringen, sofern die vorhandene Fangeinrichtung einer Gebäude-Blitzschutzanlage den Schutz nicht abdeckt **(Abschnitt 8.3)**.

DIN VDE 0100-712 (Photovoltaik-Stromversorgungssysteme) fordert Überspannungs-Schutzeinrichtungen (SPDs) mindestens vom Typ 2 auf der Gleichspannungsseite der elektrischen Anlage, wenn die Längen der Strangleitungen bei Wohngebäuden über 10 m liegen **(Bild 1)**. Dies ist nicht gefordert, wenn der Wechselrichter außerhalb des Gebäudes installiert ist. Zum Sicherstellen seiner Funktion ist u. a. auch das metallene Montagesystem der PV-Anlage in den Funktionspotenzialausgleich miteinzubeziehen.

Auf der AC-Seite des Wechselrichters ist ebenfalls eine **SPD** vom Typ 1 oder 2 zu installieren. Ist eine externe Blitzschutzanlage vorhanden, ist Typ 1 erforderlich. Leitungen von Messeinrichtungen sind geschirmt zu verlegen. Ist die Leitungslänge zwischen den SPDs im Verteiler und dem PV-Wechselrichter größer als 10 m, dann sollte alle 10 m eine zusätzliche SPD gleichen Typs dazwischen installiert werden **(Bild 2)**. Dies gilt auch für die Leitungen zwischen PV-Wechselrichter und PV-Generatorfeld.

Bei langen Leitungen zwischen Zählerschrank/Verteiler und dem zu schützenden Gerät ist alle 10 m eine zusätzliche SPD gleichen Typs erforderlich.

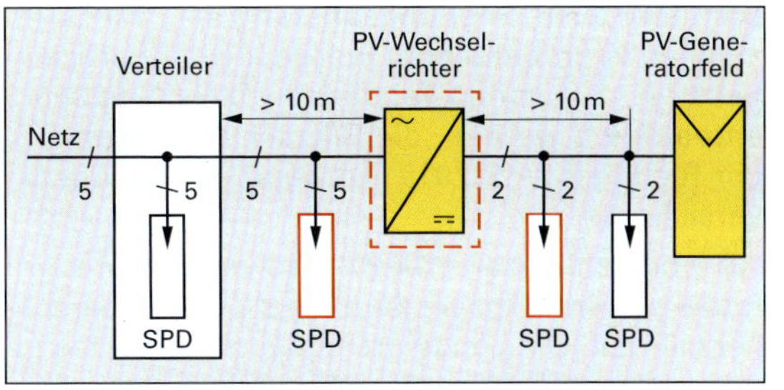

Bild 2: Zusätzliche SPDs bei großen Leitungslängen

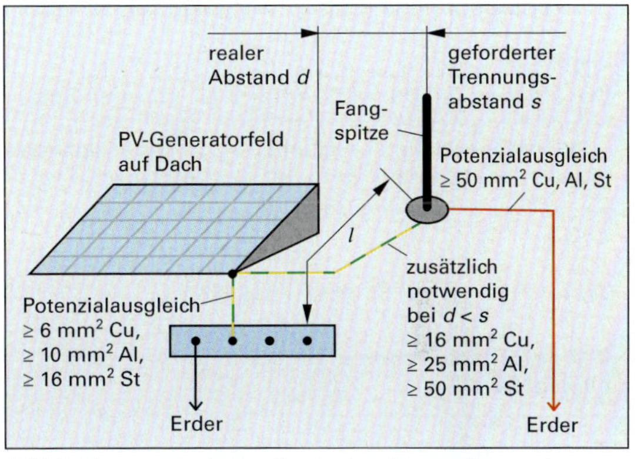

Bild 3: Trennungsabstand zwischen Fangspitze und PV-Generatorfeld

Um eine gefährliche Funkenbildung zu vermeiden, ist der **geforderte Trennungsabstand *s*** um die Fangstange und zu den Leitern des äußeren Blitzschutzes, sofern dieser vorhanden ist, entscheidend **(Bild 3)**. Ist der Abstand $d < s$, sind die Einrichtungen des äußeren Blitzschutzes mit den metallenen Teilen der Unterkonstruktion des PV-Generatorfeldes zu verbinden. Bei $d \geq s$ ist der geforderte Trennungsabstand gegeben. Die genannten Verbindungen sind nicht nötig.

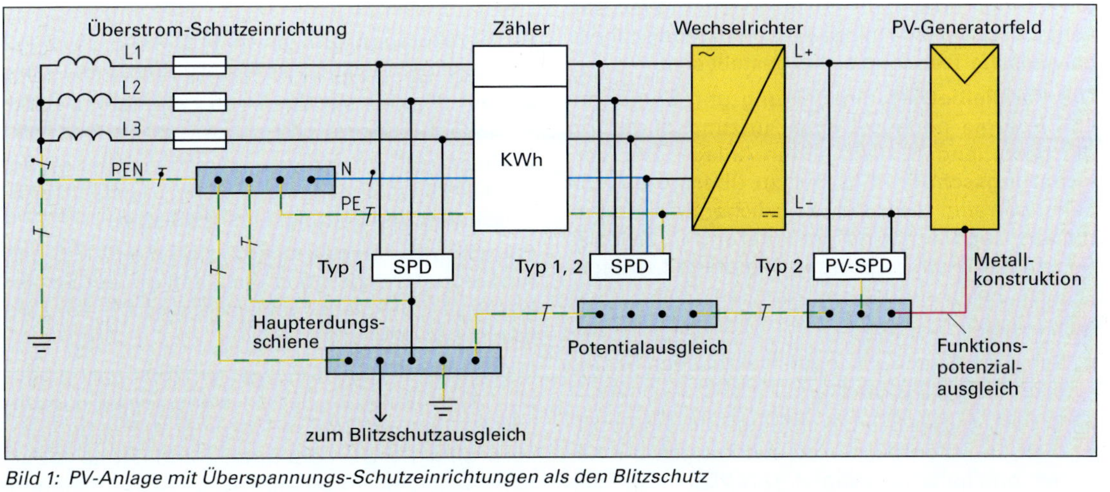

Bild 1: PV-Anlage mit Überspannungs-Schutzeinrichtungen als den Blitzschutz

Der geforderte **Trennungsabstand** s für PV-Dachanlagen kann berechnet werden. Die Koeffizienten k_i, k_c, k_m können Tabellen in DIN EN 62305-3 entnommen werden, die Blitzschutzklassen z. B. der Richtlinie VdS 2010 (Verband der Schadensversicherer).

Als Überschlag kann für PV-Dachanlagen der geforderte Trennungsabstand mit $s = 0{,}04 \cdot l$ berechnet werden. Die Länge l reicht vom Punkt des interessierenden Trennungsabstands entlang dem Gebäudeverlauf zum nächstliegenden Punkt des Potenzialausgleichs (Bild 3, vorhergehende Seite).

Beispiel:

Der Rand einer Dach-PV-Anlage ist von der Blitzschutz-Fangstange 1,5 m entfernt. Die Entfernung vom Trennungsabstandspunkt bis zum Potenzialausgleichspunkt beträgt 25 m. Ist der geforderte Trennungsabstand eingehalten?

Lösung:

$$s = k_i \cdot \frac{k_c}{k_m} \cdot l = 0{,}04 \cdot \frac{1}{1} \cdot 25\ \text{m} = \mathbf{1\ m} < 1{,}5\ \text{m}$$

Der geforderte Trennungabstand ist wegen $d \geq s$ eingehalten.

geforderter Trennungsabstand

$$s = k_i \cdot \frac{k_c}{k_m} \cdot l \qquad (1)$$

$k_c = 1$	bei einer Ableitung
$k_i = 0{,}04$	für Blitzschutzklasse 3, für PV-Anlagen
$k_m = 1$	für Luft als Isolierstoff
l	Entfernung Trennungsabstandspunkt bis Potenzialausgleichspunkt in m
s	geforderter Trennungsabstand in m

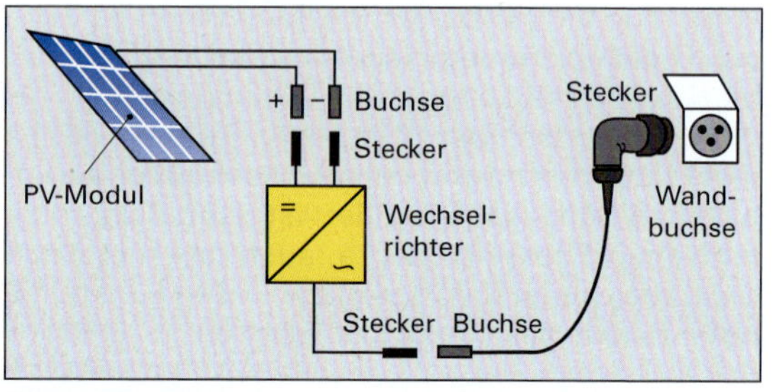

Bild 1: Mini-PV-Anlage

13.6 Mini-PV-Anlagen

Mini-PV-Anlagen, auch Balkonanlagen genannt, können über eine Anschlussleitung mit Stecker in Betrieb genommen werden. Die Einspeisung der erzeugten Energie erfolgt über bestehende Endstromkreise. Bei einer Einspeiseleistung über 800 VA ist in Deutschland zum Anschluss die *Wieland-Steckvorrichtung* erforderlich, bei der aktive Leiter von Personen nicht berührbar sind **(Bild 1)**.

Bei Einspeiseleistung bis 800 VA ist an der Anschlussleitung der Schukostecker oder der 230-V-CEE-Stecker erlaubt. Es muss jedoch im Wechselrichter der Mini-PV-Anlage eine genügend schnelle galvanische Trennung sichergestellt sein.

Der **Parallelbetrieb** Einspeisung und Entnahme von Energie bedeutet eine Nutzungsänderung der bestehenden elektrischen Anlage. Der **Versicherungsschutz** ist daher zu überprüfen. Die Leitungen sind aufgrund zusätzlicher Strombelastungen, auch aufgrund der Alterung ihrer Isolationsmaterialien, zu prüfen. Geeignete Leitungsschutzschalter sind ggf. einzubauen.

Sicherzustellen sind:

- Schutzmaßnahmen gegen elektrischen Schlag nach DIN VDE 0100-410,
- Schutz gegen Brände infolge von Überströmen und thermischen Auswirkungen bei Kabel- und Leitungsanlagen (DIN VDE 0100-520),
- (zusätzlicher) Schutz bei Fehlerströmen durch ein RCD $I_{\Delta N} \leq 30$ mA,
- Schutz bei Überspannungen sowie
- Schutz bei Unterbruch der Stromversorgung.

Die von der Einspeisung betroffenen Endstromkreise sollten bei Anlagen bis 800 W und müssen bei Anlagen über 800 W von einer **Elektrofachkraft** geprüft werden. Eine steckerfertige PV-Anlage muss bei der Bundesnetzagentur angemeldet werden. Die Herstellerangaben sind zu beachten.

13.7 Brandschutz

Für PV-Anlagen gibt es in VDE-AR-E 2100-712 brandschutzrelevante Anforderungen, z. B.

- kein direktes Verlegen von Leitungen auf der Dachoberfläche,
- Einsatz DC-geeigneter Überstromsicherungen, Leistungstrennschalter, Sicherungslasttrennschalter und Leitungsschutzschalter.

Für einen **Feuerwehreinsatz** sind die PV-DC-Leitungen zu kennzeichnen. Schilder, die auf Stromkreise zur PV-Anlage hinweisen, sind z. B. am Zählerplatz anzubringen.

In Räumen der Sicherheitsstromversorgung oder von Alarmanlagen dürfen keine PV-DC-Leitungen verlegt werden. In Fluren und Treppenhäusern sind PV-DC-Leitungen mindestens feuerhemmend (F30, → 30 min) geschützt zu verlegen.

Im Brandfall sollte die Feuerwehr die PV-Anlage mittels **Feuerwehrschalter** zum Wohnbereich hin spannungsfrei schalten können, sofern dieser durch Trennung des Brandhauses vom Netz nicht von selbst freischaltet.

Die PV-DC-Leitungen sind deshalb kritisch zu sehen, da an einem PV-Generator bei Helligkeit immer Spannung anliegt. Ein Freischalten dieses Anlagenteils ist also nicht möglich. Die erzeugte Gleichspannung führt bei Isolationsfehlern zwischen den Polen zu einem Kurzschlussstrom. Werden die Pole im Schaltgerät oder an der Isolationsfehlerstelle getrennt, so entsteht ein Lichtbogen, der nicht von selbst erlischt.

13.8 Prüfungen und Prüffristen

Bei PV-Anlagen müssen **Erstprüfungen** und wiederkehrenden Prüfungen nach DIN VDE 0100-600, der DGUV Vorschrift 3, nach VDE 0701 und VDE 0702 durchgeführt werden. Es ist durch **Besichtigen** sicherzustellen, dass für das DC-System Maßnahmen umgesetzt sind, z. B. zum

- Schutz gegen elektrischen Schlag,
- Schutz gegen Wirkungen von Isolationsfehlern,
- Schutz gegen Überstrom und
- Schutz gegen Wirkungen von Blitzschlag und Überspannung.

Darüber hinaus müssen die Ausführung der Erdung und des Potenzialausgleichs sowie ausgewählte elektrische Betriebsmittel begutachtet werden. Im AC-System müssen die Vorrichtungen zur Trennung des Wechselrichters, die Programmierung des Wechselrichters gemäß der örtlichen TAB (Technische Anschlussbedingungen), die RCDs sowie die Aufschriften und Kennzeichnungen der Stromkreise und elektrischen Betriebsmittel besichtigt werden.

Zu **messen** oder zu **prüfen** sind z. B.

- die Polarität der Anschlüsse,
- die Leerlaufspannung eines PV-Strangs,
- der Kurzschlussstrom eines PV-Strangs,
- der Isolationswiderstand eines PV-Strangs,
- die *I*/*U*-Kennlinie eines PV-Strangs,
- die Funktion.

Bei gewerblichen PV-Anlagen sind die Prüffristen bzgl. **wiederkehrender Prüfungen** einzuhalten. Notwendig ist dies, um einerseits Bränden und Gefahren durch den elektrischen Schlag vorzubeugen und um andererseits Ausfälle zu verhindern. Diese können durch Verschleiß oder Alterungen, z. B. von Leitungsisolationen, entstehen. Die Prüfungen sind durch unterschiedlich **qualifizierte Personen** zeitzyklisch durchzuführen und zu begutachten **(Tabelle 1)**. Eine **Elektrofachkraft** muss die vierjährigen Prüfungen durchführen und etwaige Fernüberwachungen beauftragen.

Tabelle 1: Prüfungen, Prüfintervalle, Prüfer bei PV-Anlagen

Einrichtung	Prüffrist	Prüfer
Gesamte PV-Anlage: ■ Sichtprüfungen, ■ Messungen / Prüfungen von z. B. - Isolationswiderstand, - Leerlaufspannung, - Kurzschlussstrom, - Leistung, - niederohmigen Verbindungen, - Schutzpotenzialausgleich, ■ Überprüfung der Schutzmaßnahmen zur Sicherstellung des Personen- und Anlagenschutzes, ■ Funktionsprüfung der Anlage, ■ Abgleich der vorhandenen Dokumentation mit dem Anlagenbestand.	alle 4 Jahre	Elektrofachkraft
Zähler: Ertragskontrolle **PV-Module:** Sichtprüfung Oberflächen	monatlich	Betreiber
Wechselrichter: ■ Kontrolle der Betriebsanzeige, ■ Beachtung von Fehlermeldungen.	täglich	Betreiber
Betriebsdatenüberwachung: ■ Kontrolle des Betriebszustandes mittels Fernüberwachung, ■ Beachtung des Isolationswiderstandes.	täglich	Betreiber (Elektrofachkraft leitet ggf. Maßnahmen ein)

Liegt keine automatisierte Protokollierung der Prüfungen vor, so sind die Prüfergebnisse in einem **Prüfprotokoll** festzuhalten **(Bild 1, folgende Seite)**. Der Anlagenbetreiber ist verpflichtet, aufgezeigte Mängel im Nahbereich bzw. im vereinbarten Zeitraum beseitigen zu lassen.

> Zu beachten ist beim Arbeiten an PV-Anlagen, dass nur ab Wechselrichter die Anlage zum Wohnbereich hin abschaltbar (freischaltbar) ist.

13.9 Anbindung ans öffentliche Netz

Aufgrund der Energieeinspeisung ins öffentliche Netz ist es zweckmäßig, **Zweirichtungszähler** zu installieren. Damit können sowohl der Bezug elektrischer Energie aus dem öffentlichen Netz als auch die eingespeiste Energie der PV-Anlage erfasst und abgerechnet werden.

Vor Installation der PV-Anlage muss beim Energienetzbetreiber (VNB, Versorgungsnetzbetreiber) bzw. beim Energieversorgungsunternehmen (EVU) oder ggf. bei der Bundesnetzagentur die geplante Einspeisung vom auszuführenden Installateur **(Elektrofachkraft)** über entsprechende Formulare beantragt werden **(Bild 2)**. Dies gilt nach VDE-AR-N-4105 auch für das Batteriespeichersystem. Der Antrag kann meist im Internet online ausgefüllt werden und umfasst

- den Lageplan der Anlage,
- die Anlagenleistung und das Messkonzept und
- Angaben zum Netzsicherheitsmanagement.

Zweirichtungszähler kommen bei PV-Anlagen von weniger als 10 kW zum Einsatz. Ab 10 kW ist ein Erzeugungszähler mit Rücklaufsperre erforderlich. Bei PV-Anlagen von 30 kW bis 135 kW ist eine Wandlermessung gefordert. Im Gegensatz zur Direktmessung wird die hohe Stromstärke zur Messung zuvor durch Wandlerspulen heruntertransformiert.

PV-Anlagen benötigen keine Baugenehmigung, sie müssen aber beim Netzbetreiber und der Bundesnetzagentur angemeldet werden.

Auftragnehmer (Kunde)
Name: ____________
Straße/Nr.: ____________
PLZ Ort: ____________

Anlagenstandort:
Straße/Nr.: ____________
PLZ Ort: ____________

Inbetriebnahme, Einspeise-Stromzähler
Tag der Inbetriebnahme: ____________
Einspeise-Stromzähler-Nr.: ____________
Zählerstand bei Übergabe: ____________

PV-Module
Hersteller: ____________
PV-Modulleistung: ____________
Kurzschlussstrom I_{sc} (A): ____________
Leerlaufspannung U_{oc} (V): ____________

PV-Wechselrichter
Hersteller: ____________
AC-Nennleistung (W): ____________
AC-Maximalleistung (W): ____________

Datum der Prüfung: ____________
Nächster Prüftermin: ____________

Prüfergebnis:
☐ Es wurden keine Mängel festgestellt.
☐ Die Photovoltaikanlage entspricht den anerkannten Reg

Unterschrift/Prüfer: ____________
(Der Umfang der Haftung des Unterzeichnenden ist auf die

Bemerkungen:

Bild 1: Auszug aus einem Formular für ein Prüfprotokoll (Beispiel)

PV-Anlagen ab 30 kW müssen sich nach VDE-AR-N-4105 an der **Stabilisierung** des Niederspannungsnetzes beteiligen, wenn sie in dieses einspeisen. Eine PV-Anlage darf sich bei kurzfristigen Spannungseinbrüchen oder Spannungserhöhungen innerhalb vorgegebener Grenzwerte bzgl. Spannung, Frequenz und Zeitintervallen nicht vom Netz trennen. Dies ist durch ein Netz- und Anlagenschutz-Relais (NA-Schutz) im Verbund mit dem Kuppelschalter sicherzustellen.

Erzeugungsleistung:

☐ Modulleistung der geplanten Anlage P_{AGen} .... KWp
☐ Summe der neu beantragten Wechselrichterleistung S_{Amax} .... kVA
☐ Speicher mit summierter Anschlussscheinleistung (AC) S_{SPmax} .... kVA
und einer nutzbaren Speicherkapazität W_{SPnetz} .... kWh
☐ Am Anlagenstandort existieren bereits weitere Erzeugungsanlagen mit summierter Scheinleistung S_{Amax} (bitte Zählernummern im Bemerkungsfeld auf Seite 2 angeben) .... kVA

Messkonzept für EZA nach dem Auswahlblatt zum Messkonzept 1-11 0,4kV oder 10kV/110kV (Ziffer bitte eintragen): ....
Speicherkonzepte (bitte eintragen): ....

Bitte unbedingt einen maßstabsgerechten Lageplan (im Maßstab 1:500 oder größer) mit eingezeichnetem Anlagenstandort beilegen. Bestandsanlagen sind in diesem Lageplan einzuzeichnen.

Netzsicherheits-/Einspeisemanagement bei PV-Anlagen >25 kWp installierter Leistung:
Bei PV-Anlagen ab 25 kWp § 9 EEG2023 muss die Anlage mit einem Einspeisemanagement ausgestattet werden.

Bild 2: Auszug aus Anfrageformular an den Netzbetreiber zur Beantragung einer PV-Anlage (EZA Erzeugungsanlage)

Wiederholung und Vertiefung

1. Warum gelten in landwirtschaftlichen Betriebsstätten strengere Vorschriften als in Wohngebäuden außerhalb der Betriebsstätte?
2. Wie groß ist bei Wechselspannung die höchstzulässige Berührungsspannung in landwirtschaftlichen Betriebsstätten?
3. Durch welche Betriebsmittel erfolgt in einer landwirtschaftlichen Betriebsstätte für die Endstromkreise der Schutz bei indirektem Berühren?
4. Für welche Bereiche erfolgt bei landwirtschaftlichen Betriebsstätten ein zusätzlicher Schutzpotenzialausgleich?
5. Welches Leitungsmaterial ist in landwirtschaftlichen Betriebsstätten für den zusätzlichen Schutzpotenzialausgleich zu verwenden?
6. Wodurch erfolgt in landwirtschaftlichen Betriebsstätten eine Potenzialsteuerung?
7. Wo müssen in landwirtschaftlichen Betriebsstätten Schaltgeräte für Schutzmaßnahmen angebracht werden?
8. Welche Schutzart IP für die Betriebsmittel ist in landwirtschaftlichen Betriebsstätten mindestens erforderlich?
9. Aus welchen Unterlagen sind die vorgeschriebenen Sicherheitsabstände von Leuchten zu brennbaren Materialien zu entnehmen?
10. Welche Schalterart ist für die Beleuchtung von Orten mit leicht brennbarem Material zu verwenden, wenn von der Einschaltstelle aus nicht sichtbar ist, ob die Beleuchtung in Betrieb ist?
    1. Beleuchtete Schalter, ☐
    2. zweipolige Schalter, ☐
    3. Kontrollschalter, ☐
    4. Näherungsschalter, ☐
    5. Tastschalter. ☐
11. Erklären Sie den Begriff Pilotleiter im Zusammenhang mit dem Ladevorgang bei Elektrofahrzeugen.
12. Welche Funktion besitzt der Kontakt CP in einer Ladesteckvorrichtung für Elektrofahrzeuge, welche Funktion besitzt der Kontakt PP?
13. Was versteht man unter MPP?
14. Erklären Sie den Begriff Inselbetrieb.
15. Was versteht man unter einem PV-Modul?
16. Mit welcher Einheit wird die Nennleistung von PV-Modulen angegeben?
17. Warum ist im Inselbetrieb der Sternpunkt des Netztransformators nachzubilden.
18. Für PV-Anlagen muss Blitzschutz und Überspannungsschutz geplant werden. Welche Aussage trifft zu?
    1. Bei PV-Anlagen mit einer Metallkonstruktion ist kein Blitzschutz erforderlich. ☐
    2. Der Leitungsabstand Verteiler zu Wechselrichter hat keinen Einfluss auf Überspannungs-Schutzeinrichtungen. ☐
    3. Bei PV-Anlagen muss immer eine SPD Typ 1 installiert werden. ☐
    4. Der Trennungsabstand zwischen Fangstange und den Leitern des äußeren Blitzschutzes muss beachtet werden. ☐
    5. PV-Anlagen benötigen keine Überspannungsschutz-Einrichtung, wenn mindestens 4 Fangstangen für den Blitzschutz je Generatorfeld vorhanden sind. ☐
19. Unter welcher Voraussetzung kann in Deutschland eine Mini-PV-Anlage (Balkonanlage) über einen Schutzkontaktstecker betrieben werden?
20. In welchen Räumen dürfen keine PV-DC-Leitungen verlegt werden?
21. Welche Aufgabe besitzt in Gebäuden mit einer PV-Anlage ein Feuerwehrschalter?
22. Bei PV-Anlagen sind Prüfungen und Prüffristen zu beachten. Welche Aussage trifft nicht zu?
    1. Bei PV-Anlagen sind Erstprüfungen und Wiederholungsprüfungen vorzunehmen. ☐
    2. Die Kontrollanzeige des Wechselrichters ist täglich durch eine Elektrofachkraft vorzunehmen. ☐
    3. Bei der Erstprüfung müssen Kurzschlussstrom, Isolationswiderstand und Leerlaufspannung eines PV-Strangs gemessen werden. ☐
    4. Die wiederkehrenden Prüfungen können durch Personen mit unterschiedlicher elektrotechnischer Qualifikation erfolgen. ☐
    5. Prüfungen können auch automatisiert protokolliert werden. ☐
23. Auf welche Weise muss eine PV-Anlage, die keine Mini-PV-Anlage ist, beim Netzbetreiber beantragt werden?

14 Arbeiten an elektrischen Anlagen

14.1 Arbeitsgrundsätze

Der fehlerfreie und ungefährliche Betrieb einer elektrischen Anlage ist das Ziel jeder Elektroinstallation. Hierzu sind während und zeitweise nach der Erst-Inbetriebnahme der elektrischen Anlage an ihr elektrotechnische Arbeiten erforderlich und darauf wird nachfolgend eingegangen. Siehe auch **Kapitel 1**.

Sind in den elektrotechnischen Regeln (VDE-Normen) für eine Anlage oder ein Betriebsmittel keine Bestimmungen enthalten, muss gemäß DGUV Vorschrift 3 (V3) nach folgenden **Grundsätzen** verfahren werden, um eine Gefährdung für den Beschäftigten möglichst auszuschließen:

1. Alle Betriebsmittel müssen sich in **sicherem Zustand** befinden.
2. Die aktiven Teile (unter Spannung stehende Teile) elektrischer Betriebsmittel müssen einen **Basisschutz** (Schutz gegen direktes Berühren) besitzen.
3. Elektrische Betriebsmittel müssen so beschaffen sein, dass auch bei einem aus zwingenden Gründen erfolgten Aufheben des Basischutzes
   - der **spannungsfreie Zustand** der aktiven Teile sichergestellt werden kann oder
   - die aktiven Teile durch zusätzliche Maßnahmen gegen direktes Berühren geschützt werden können.
4. Bei elektrischen Betriebsmitteln, die dort bedient werden müssen, wo vollständiger Basisschutz nicht möglich ist, muss bei benachbarten aktiven Teilen mindestens ein teilweiser Basisschutz vorhanden sein.
5. Elektrische Anlagen müssen auch einen Fehlerschutz (Schutz bei indirektem Berühren) aufweisen, sodass auch im Fehlerfall Schutz gegen gefährliche Berührungsspannungen vorhanden ist.

Unter **sicherem Zustand** wird verstanden, wenn von einer elektrischen Anlage oder einem elektrischen Betriebsmittel bei ordnungsgemäßem Bedienen und bestimmungsmäßiger Verwendung **keine Gefahr für den Menschen** ausgeht. Nachteiligen Umgebungseinwirkungen, z. B. Staub, Feuchtigkeit, Wärme, ist mittels geeigneter Maßnahmen entgegenzuwirken.

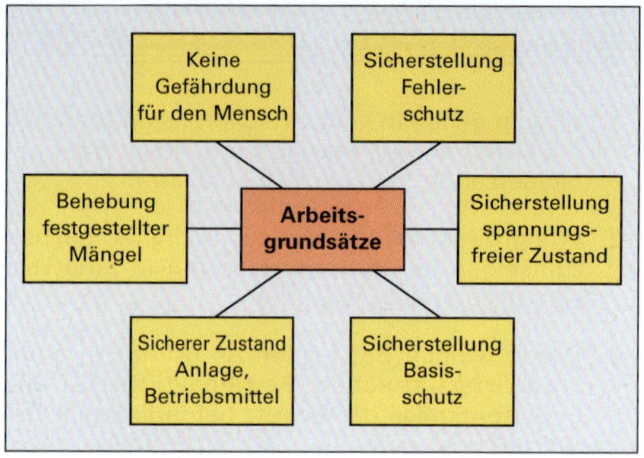

Bild 1: Voraussetzungen für sicheres Arbeiten

Enthält ein Betriebsmittel innerhalb seiner Umhüllung (Gehäuse, Abdeckung) Teile, an denen gelegentlich Handhabungen vorgenommen werden müssen, z. B. Einstellen des Auslösers eines Motorschutzschalters, Auswechseln einer Lampe oder eines Sicherungseinsatzes, dann muss innerhalb der Umhüllung eine teilweise Abdeckung sicherstellen, dass bei ordnungsgemäßer Handhabung jedes Berühren aktiver Teile verhindert wird.

Weitere wichtige **Grundsätze** sind:

- Elektrische Anlagen dürfen nur unter Leitung und Aufsicht einer **verantwortlichen Elektrofachkraft** errichtet, geändert, instandgehalten werden.
- Wird bei einem elektrischen Betriebsmittel ein **Mangel** festgestellt, so ist dieser unverzüglich zu beheben.
- Wenn eine dringende Gefahr besteht, darf das Betriebsmittel bis zur Behebung des Mangels nicht weiter verwendet werden.

14.2 Erste Hilfe, Unfallverhütung

Hinsichtlich der **Ersten Hilfe** gibt es verschiedene Informationsschriften (204-*xxx*) der DGUV. Wichtig bei Unfällen ist, Ruhe bewahren, eine verunfallte Person möglichst aus dem Gefahrenbereich bringen, die Unfallstelle sichern und auf die eigene Sicherheit achten. Für eine verunfallte Person ist rasch ein Arzt herbeizurufen.

Den Rettungsnotruf 112 und den Polizeinotruf 110 muss man im Kopf haben.

Bis zum Eintreffen des Arztes oder eines Sanitäters müssen ggf. gewisse Erste-Hilfe-Maßnahmen vorgenommen werden **(Bild 1, folgende Seite)**. Daher ist zu empfehlen, das notwendige Wissen hierzu von Zeit zu Zeit über einen Erste-Hilfe-Kurs aufzufrischen.

Die Herzdruckmassage ist etwa 100- bis 120-mal je min auszuführen mit einer Drucktiefe von 5 cm. Bei der Beatmung ist für 1 s Luft in Mund oder Nase einzublasen. Die Atemwege müssen dabei frei sein, der Kopf ist nackenwärts zu beugen.

Als Folge eines Unfalls ist von einer verantwortlichen Person ein Unfallbericht zu erstellen.

Unfallvermeidung ist oberstes Gebot beim Verrichten von Arbeiten. Unfälle entstehen oft durch herumliegende Kabel und Leitungen als Stolperfallen, ungeeignetes Schuhwerk und unzweckmäßiges Werkzeug oder durch Nicht-Beachten von empfohlenen Schutzausrüstungen. Ferner stellen verschüttete Flüssigkeiten auf dem Boden oder allgemeine Verschmutzungen, nicht abgedeckte Bodenöffnungen, unzureichende Beleuchtung Unfallgefahren dar.

Bei elektrotechnischen Arbeiten sind als Gefahrensituationen zu nennen das Nicht-Beachten üblicher Schutzmaßnahmen, z. B. Absperrungen durch Hindernisse, Freischalten der elektrischen Anlage, Verwenden isolierter Werkzeuge (siehe **Abschnitte 5.2, 6.1, 14.4**). **Hinweisschilder**, d. h. gelbe Warnschilder, Verbotsschilder mit rotem Kreisring und rot durchgestrichenem Symbol, blaue Gebotsschilder sowie Schilder mit Text, dienen der Unfallvermeidung **(Bild 2)**. Grüne Rettungsschilder unterstützen nach erfolgtem Unfall oder im Notfall. Rote Brandschutzzeichen geben Hinweise im Brandfall.

Über geeignete selbsterklärende Hinweisschilder ist bei elektrischen Anlagen sowohl im Betrieb als auch während Instandhaltung- oder Instandsetzungsarbeiten auf Gefahren hinzuweisen.

14.3 Sicherer Betrieb und sicheres Arbeiten

14.3.1 Sicherer Betrieb

Bei allen elektrischen Anlagen muss ein sicherer Betrieb gewährleistet sein (DIN VDE 0105-100). Vor allem muss bei jeder Arbeit an oder in der Nähe von elektrischen Anlagen die mögliche Gefährdung bedacht und durch entsprechende Maßnahmen möglichst ausgeschlossen werden.

Vor Arbeiten in elektrischen Anlagen sind Maßnahmen zu ergreifen, welche **Gefährdungen ausschließen** oder minimieren. Elektrische Anlagen

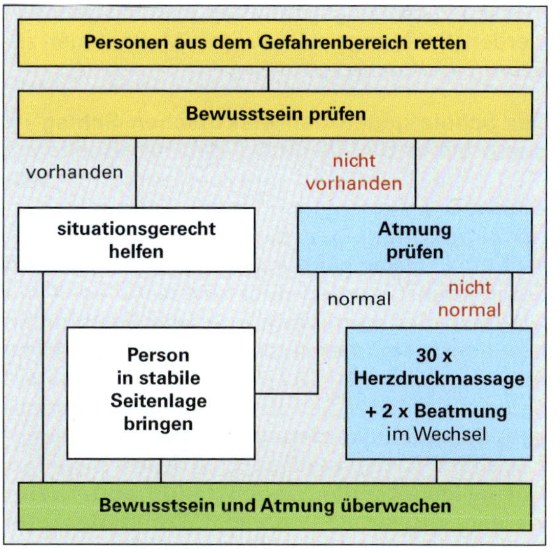

Bild 1: Erste-Hilfe-Maßnahmen

Bild 2: Beispiele von Hinweisschildern zur Unfallvermeidung

müssen in ordnungsgemäßem Zustand gehalten werden. Bei Mängeln sind sofort Maßnahmen zur deren Beseitigung zu treffen.

Der Schutz gegen den **elektrischen Schlag** ist durch die in DIN VDE 0100-410 beschriebenen Maßnahmen wirksam aufrechtzuerhalten **(Abschnitt 6.1)**. Änderungen an den dafür installierten Betriebsmitteln, z. B. Einstellung des Auslösestroms, dürfen nur durch eine **Elektrofachkraft** durchgeführt werden. Elektrische Anlagen mit Niederspannung müssen in einem bestimmten Isolationszustand erhalten bleiben. Bewegliche Anschlussleitungen und Verlängerungsleitungen müssen vor jeder Benutzung auf Beschädigungen untersucht werden. In der Nähe spannungführender Anlagenteile dürfen keine nicht zur Anlage gehörenden Gegenstände aufbewahrt werden, z.B. Montagematerial, Werkzeuge oder Kleidungsstücke.

> In elektrischen Anlagen ist alles zu unterlassen, was zu einer Gefährdung führen kann.

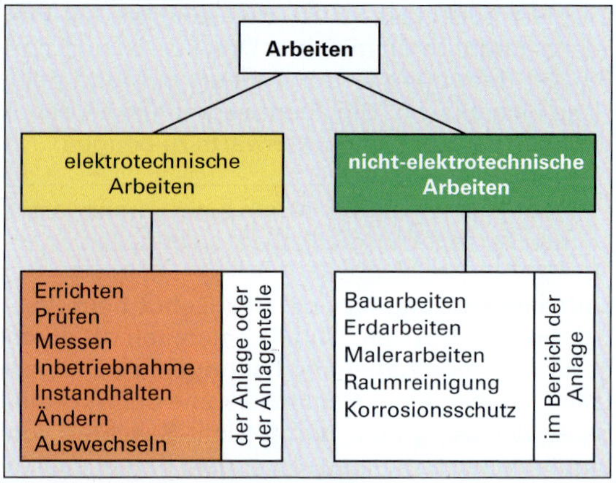

Bild 1: Arten von Arbeiten in elektrischen Anlagen

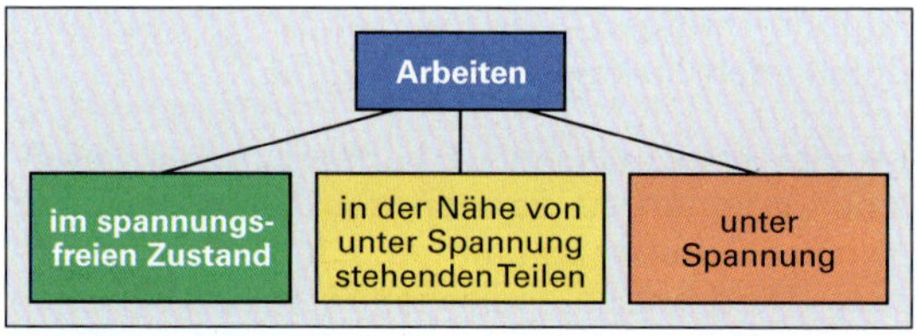

Bild 2: Arbeiten in elektrischen Anlagen, unterschieden nach der Spannung

14.3.2 Sicheres Arbeiten

Zur Vermeidung elektrischer Unfälle müssen Arbeiten grundsätzlich im spannungsfreien Zustand des Anlageteils, an dem gearbeitet wird, ausgeführt werden. Unter Arbeiten werden dabei alle vom Menschen ausgeführte Maßnahmen verstanden, z.B. auch das Messen von Spannungen oder Widerständen. Vom Grundsatz des Arbeitens im spannungsfreien Zustand gibt es in Notfällen einige Ausnahmen, jedoch nicht für Auszubildende **(Tabelle 1, folgende Seite)**.

Bei den auszuführenden Arbeiten unterscheidet man elektrotechnische Arbeiten und nicht-elektrotechnische Arbeiten **(Bild 1)**. In Bezug auf die am Arbeitsplatz auftretende Spannung unterscheidet man Arbeiten im spannungsfreien Zustand, Arbeiten in der Nähe unter Spannung stehender Teile und Arbeiten unter Spannung **(Bild 2)**. Im günstigsten Fall, der gleichzeitig der häufigste Fall ist, finden Arbeiten im spannungsfreien Zustand einer Anlage statt.

> Arbeiten in elektrischen Anlagen sind, falls irgend möglich, im spannungsfreien Zustand der Anlage durchzuführen.

Das Bedienungspersonal einer elektrischen Anlage, z.B. die Arbeiter an automatisierten Bearbeitungsmaschinen, ist vor Beginn der Arbeiten zu informieren, dass entsprechende Arbeiten ausgeführt werden und deshalb die Anlage spannungsfrei gemacht wird.

Bei jeder Arbeit in der elektrischen Anlage hat eine Person die **Aufsicht**, z.B. ein Meister oder auch der Monteur. Die aufsichtsführende Person muss sich vergewissern, dass die Anlage zuverlässig spannungsfrei gemacht wird, ehe die Arbeiten beginnen (DIN VDE 0105-100).

Für alle Arbeiten in elektrischen Anlagen müssen nach DIN VDE 0105-100 die Ausrüstungen einschließlich der **Werkzeuge** und **Hilfsmittel** zur Verfügung stehen. Dazu gehören insbesondere

- Augenschutz oder besser Gesichtsschutz,
- Kopfschutz,
- isolierende Stiefel und Handschuhe,
- dem Arbeitszweck entsprechende Schutzkleidung,
- isolierendes Material zum Abdecken,
- isolierte Werkzeuge und Betätigungsstangen,
- Geräte zum Erden und Kurzschließen.

> Sicheres Arbeiten erfordert eine geeignete Ausrüstung sowie das Einhalten der fünf **Sicherheitsregeln** (Seite 194).

Tabelle 1: Arbeiten an unter Spannung stehenden Teilen

vgl. DIN VDE 0105-100

Spannung	Elektrofachkraft (EFK)	EFKffT, EuP, EFKfbA	Laie
Beliebig	Alle Arbeiten, wenn die Stromkreise eigensicher sind.		
	Arbeiten zum Abwenden erheblicher Gefahren, z.B. für Leben und Gesundheit von Personen oder Brand- und Explosionsgefahren.	nicht zulässig	nicht zulässig
	Arbeiten an Fernmeldeanlagen mit Fernspeisung, wenn der Strom kleiner ist als AC 9 mA oder DC 60 mA.		nicht zulässig
Bei SELV[1]	Alle Arbeiten; Vorkehrungen sind gegen Kurzschluss erforderlich.		
Bei PELV[1] und FELV[1], bei Anlagen bis Bemessungsspannung AC 1000 V oder DC 1500 V. Erforderlich ist eine geeignete Schutzausrüstung.	1. Heranführen von geeigneten Prüf- und Justiereinrichtungen, z.B. Spannungsprüfern und von geeigneten Werkzeugen zum Bewegen leicht gehender Teile. 2. Heranführen von geeigneten Werkzeugen und Hilfsmitteln zum Reinigen. 3. Herausnehmen und Einsetzen von nicht gegen zufälliges Berühren geschützten Sicherungen mit geeigneten Hilfsmitteln, wenn dies gefahrlos möglich ist. 4. Anspitzen von unter Spannung stehenden Teilen bei der Brandbekämpfung. 5. Arbeiten an Akkumulatoren unter Beachtung geeigneter Vorsichtsmaßnahmen. 6. Arbeiten in Prüffeldern und Laboratorien unter Beachtung geeigneter Vorsichtsmaßnahmen, wenn es die Arbeitsbedingungen erfordern. 7. Abklopfen von Raureif mithilfe isolierender Stangen.		nicht zulässig
	Eine Elektrofachkraft mit besonderen Kenntnissen, Erfahrung und spezieller Ausbildung für AuS darf außerdem vornehmen: 8. Fehlereingrenzung in Hilfsstromkreisen (z.B. Signalverfolgung in Stromkreisen, Überbrückung von Teilstromkreisen). 9. Sonstige Arbeiten, wenn vorliegen a) zwingende Gründe[2] und b) Anweisung durch die verantwortliche Elektrofachkraft der Anlage.	nicht zulässig	nicht zulässig
Über AC 1000 V oder DC 1500 V	Alle Arbeiten erfordern eine Ausbildung für Arbeiten unter Spannung sowie die Anwesenheit einer zweiten Elektrofachkraft.	nicht zulässig	nicht zulässig
Bei allen Spannungen	Es sind Vorrichtungen, Mittel und Schutzausrüstungen zu benutzen, die der Art der Arbeit, der Spannungshöhe, den Gefahren durch mögliche Lichtbögen im Kurzschlussfall und den Umgebungsbedingungen an der Arbeitsstelle angepasst sind.		

[1] siehe Abschnitt 6.1.5

[2] Zwingende Gründe entstehen, wenn durch den Wegfall der Spannung

- eine Gefährdung von Personen zu befürchten ist oder
- ein erheblicher wirtschaftlicher Schaden entstehen würde oder
- der Fahrbetrieb der öffentlichen Verkehrsmittel unterbrochen würde oder
- Fernmeldeanlagen von Krankenhäusern, Feuerwehren, Polizei und Rundfunk stillgesetzt werden müssten oder
- Störungen in Verkehrsanlagen hervorgerufen werden, die zu einer Gefahr führen würden.

Sicherheitsregeln 1 bis 5

Zum Herstellen des spannungslosen Zustands ist nach den Regeln 1 bis 3 zu verfahren. Das trifft auf alle elektrischen Anlagen zu.

Sicherheitsregel 1: Freischalten

Unter *Freischalten* versteht man das allseitige Ausschalten oder Abtrennen eines Anlageteils von allen nicht geerdeten Leitern. Nach DIN VDE 0105-100 müssen dabei in Anlagen mit Bemessungsspannung über 1 kV sichtbare Trennstrecken hergestellt werden.

In Niederspannungsanlagen ist das Freischalten mittels der Installationsschalter nicht zuverlässig möglich. Deshalb erfolgt hier das Freischalten durch den zum Trennen geeigneten Hauptschalter, ein RCD oder einen Leitungsschutzschalter **(Abschnitte 6.1.6, 6.2)**.

Wenn das Freischalten nicht von der aufsichtsführenden Person selbst vorgenommen wird, so muss das Freischalten der aufsichtsführenden Person zuverlässig mitgeteilt werden. Diese Meldung ist zur Vermeidung von Hörfehlern von der aufsichtsführenden Person zu wiederholen. Die Gegenbestätigung ist abzuwarten. In PV-Anlagen kann der DC-Teil infolge des Lichteinfalls nicht freigeschaltet werden, sondern nur der AC-Teil ab Wechselrichter. Ein Abdecken der PV-Flächen erfolgt manchmal.

> Es muss dafür gesorgt werden, dass die Freischaltung vor Arbeitsbeginn absolut sicher vorgenommen wurde.

Sicherheitsregel 2: Gegen Wiedereinschalten sichern

Nach dem Freischalten ist dafür zu sorgen, dass der Anlageteil nicht wieder mit dem Netz verbunden wird. Dieses Sichern kann z. B. durch Wegnehmen und Mitführen der Schmelzsicherungen, Einsetzen eines Sperrelements oder durch Verwendung von Klebestreifen (nicht empfohlen) erfolgen. Zusätzlich ist ein Verbotsschild mit Hinweis an der Stelle der Freischaltung aufzustellen **(Bild 1)**.

Sicherheitsregel 3: Spannungsfreiheit feststellen

Es ist grundsätzlich möglich, dass beim Freischalten nicht der Stromkreis erfasst wurde, an dem gearbeitet wird. Auch kann eine Spannungsverschleppung von einem fremden Stromkreis erfolgen, z. B. bei Schützschaltungen.

Bild 1: Sicherheitsschilder

Deshalb ist in jedem Fall zu prüfen, ob der freigeschaltete Anlagenteil auch tatsächlich spannungsfrei ist.

> Die Spannungsfreiheit muss an der Arbeitsstelle festgestellt werden, nicht an der Stelle der Freischaltung.

Die Sicherheitsregeln 4 und 5 dienen der zusätzlichen Sicherung des Arbeitsplatzes bis zum Abschluss der Arbeiten. Im Gegensatz zu den Sicherheitsregeln 1 bis 3 sind die Regeln 4 und 5 nicht immer anzuwenden.

Sicherheitsregel 4: Erden und Kurzschließen

Das Erden und Kurzschließen ist in Anlagen mit Bemessungsspannungen bis 1000 V nur für Arbeiten an Freileitungen und Kabelnetzen erforderlich. Das Erden und Kurzschließen wird mit geeigneten Einrichtungen vorgenommen. Diese werden zuerst mit dem Erder und dann erst mit den zu erdenden und kurzzuschließenden Anlageteilen verbunden.

Sicherheitsregel 5: Benachbarte, unter Spannung stehende Teile abdecken oder abschranken

Die Sicherheitsregel 5 ist anzuwenden, wenn in der Nähe der Arbeitsstelle unter Spannung stehende Teile eines anderen Stromkreises vorhanden sind. Das trifft z. B. in Prüffeldern oft zu. Können benachbarte spannungsführende Anlageteile nicht abgeschaltet werden, so muss dafür gesorgt werden, dass ein Berühren nicht möglich ist.

Es gelten dann dieselben Sicherheitsmaßnahmen, die auch beim Arbeiten in der Nähe unter Spannung stehender Teile anzuwenden sind **(Abschnitt 14.4.3)**. Beim Anbringen von Schutzmitteln, z. B. isolierenden Umhüllungen, liegt Arbeiten unter Spannung (AuS) vor, wenn für diese Zeit ein Freischalten nicht infrage kommt. Diese Arbeiten dürfen dann nur von einer **Elektrofachkraft** oder einer elektrotechnisch unterwiesenen Person mit Spezialausbildung ausgeführt werden.

Wiedereinschalten der Anlage

Nach Abschluss der Arbeiten erfolgt das Aufheben der Sicherheitsregeln in umgekehrter Reihenfolge wie beim Abschalten, also von 5 bis 1 bzw. 3 bis 1. Mit dem Aufheben darf erst begonnen werden, wenn die Arbeitsstelle ordnungsgemäß geräumt ist. Das Einschalten darf erst erfolgen, wenn vom Arbeitenden an der Arbeitsstelle die Einschaltbereitschaft ausdrücklich gemeldet wurde. Es ist nicht zulässig, das Wiedereinschalten einer Anlage nach einer vereinbarten Zeit vorzunehmen, wenn keine vorherige Freigabemeldung erfolgte.

Das Wiedereinschalten der elektrischen Anlage muss abgestimmt erfolgen.

14.4 Durchführung der Arbeiten

14.4.1 Allgemeines

In elektrischen Anlagen ist jede vorgesehene Arbeit zu planen. Zu diesem Zweck muss **vor Beginn der Arbeit** die arbeitsverantwortliche Person (der Arbeitsverantwortliche) der für die Anlage verantwortlichen Person (der Anlagenverantwortliche) Art, Ort und Auswirkungen der Arbeit auf die Anlage melden, und zwar möglichst schriftlich. Die Arbeit darf nach DIN VDE 0105-100 erst begonnen werden, wenn sie vom Anlagenverantwortlichen angeordnet oder genehmigt ist.

Wenn irgend möglich, soll im spannungsfreien Zustand gearbeitet werden. Die **Sicherheitsregeln** der vorherigen Seite sind hierbei anzuwenden. Ferner ist zu beachten, dass Leiter in der Nähe von unter Spannung stehenden Teilen elektrisch beeinflusst werden können, z.B. durch induktive oder durch kapazitive Kopplung **(Bild 1)**. Diese Beeinflussungsspannungen können durch Erdung oder durch einen Schutzpotenzialausgleich abgebaut werden **(Kapitel 9)**.

Für fachgerechtes Arbeiten in elektrischen Anlagen ist über die elektrische Anlage eine **Dokumentation** erforderlich, z.B. Schaltpläne. Bei den Schaltplänen genügen Übersichtspläne in einpoliger Darstellung ohne Hilfsstromkreise **(Bild 2)**. Bei kleinen Anlagen genügt eine ausreichende Beschriftung der Stromkreise. Alle Mittel zum Arbeiten in elektrischen Anlagen müssen in ordnungsgemäßem Zustand gehalten werden. Sie sind regelmäßig zu besichtigen und zu prüfen. Protokolle sind anzufertigen.

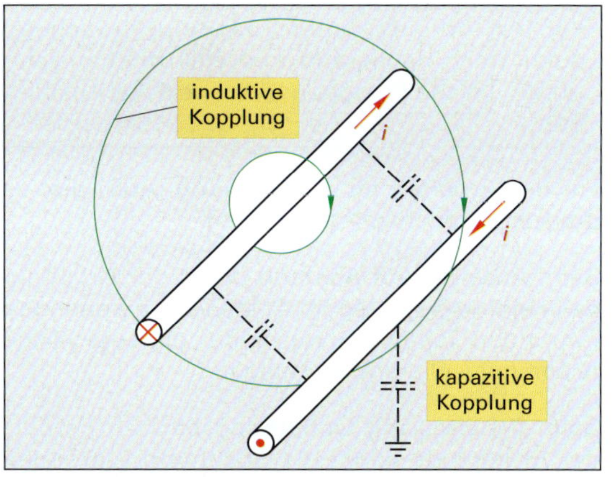

Bild 1: Beeinflussung durch benachbarte Leiter

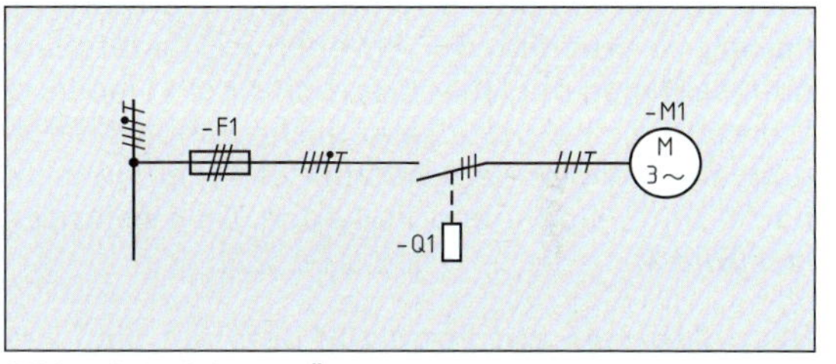

Bild 2: Beispiel eines Übersichtsschaltplans ohne Hilfsstromkreis

Das Arbeiten in elektrischen Anlagen ist zu planen, abzustimmen, zu dokumentieren und auszuführen unter Einhalten der Sicherheitsregeln.

14.4.2 Arbeiten unter Spannung

Arbeiten unter Spannung sind grundsätzlich, jedoch mit Ausnahmen, für Laien nicht zulässig (Tabelle 1, Seite 193). Für **Elektrofachkräfte** und elektrotechnisch unterwiesene Personen gibt es eine Reihe von Arbeiten, die unter Spannung durchgeführt werden dürfen, wenn das Freischalten nicht zumutbar ist. Gefahren bzgl. Explosion, Brand dürfen nicht existieren. Für die meisten dieser Arbeiten muss eine Anweisung durch eine verantwortliche Elektrofachkraft vorliegen. Arbeitende müssen beim Arbeiten unter Spannung eine geeignete **Schutzausrüstung** benutzen. Dabei dürfen sie keine Metallteile, z.B. auch nicht Schmuck, tragen.

Für Arbeiten unter Spannung (AuS) ist ein spezielles **Ausbildungsprogramm** zu absolvieren. Die für Arbeiten unter Spannung vorgesehenen Personen müssen Übungen für AuS im Rahmen dieses Programms gemacht haben. Den Teilnehmern des Ausbildungsprogramms ist ein Befähigungsnachweis für AuS zu geben (DIN VDE 0105-100).

Für das Arbeiten unter Spannung brauchen auch Elektrofachkräfte und elektrotechnisch unterwiesene Personen eine spezielle Ausbildung.

Für das **Arbeiten unter Spannung (AuS)** gibt es drei verschiedene Möglichkeiten.

Beim **Arbeiten auf Abstand** bleibt der Arbeitende in einem festgelegten Abstand von Spannung führenden Teilen und verrichtet die eigentliche Arbeit mit isolierenden Stangen.

Beim **Arbeiten mit Isolierhandschuhen** berührt der Arbeitende direkt die Spannung führenden Teile. Es ist dabei zweckmäßig, isoliertes Werkzeug zu verwenden und/oder mit Standortisolierung zu arbeiten. Bei Arbeiten in Niederspannungsanlagen mit Überstromschutz sind isolierte Werkzeuge, geeignete persönliche Schutzausrüstung und isolierende Schutzmittel gegen benachbarte, unter Spannung stehende Teile erforderlich **(Bild 1)**.

Beim **Arbeiten auf Potenzial** befindet sich der Arbeitende auf gleichem Potenzial wie die Spannung führenden Teile und berührt diese direkt. Gegenüber der Umgebung muss der Arbeitende ausreichend isoliert sein.

Für das **Arbeiten unter Spannung** dringen Personen mit Körperteilen oder Geräten in eine **Gefahrenzone** ein, die vom Luftabstand D_L begrenzt wird **(Bild 2)**. Innerhalb dieser Zone müssen die größtmöglichen Sicherheiten gewährleistet sein, z. B. Arbeiten durch **Elektrofachkräfte** und sorgfältiges Prüfen der verwendeten Geräte. Die äußere Grenze der Gefahrenzone ist umso weiter vom Spannung führenden Teil entfernt, je höher die Bemessungsspannung des Netzes ist **(Tabelle 1, folgende Seite)**.

Arbeiten unter Spannung liegt vor, wenn Personen selbst oder mit Geräten in die Gefahrenzone eindringen.

Der Bereich der Gefahrenzone kann durch isolierende Schutzvorrichtungen entsprechend **Bild 1, folgende Seite** verkleinert werden, sodass dann durchgeführte Arbeiten trotz der Nähe zu Spannung führenden Teilen nicht als Arbeiten unter Spannung zu werten sind, sofern die Spannung führenden Teile selbst nicht berührt werden. Es ist aber zu beachten, dass das Anbringen von Schutzvorrichtungen an nicht freigeschaltete Teile der elektrischen Anlage eine Arbeit unter Spannung darstellt.

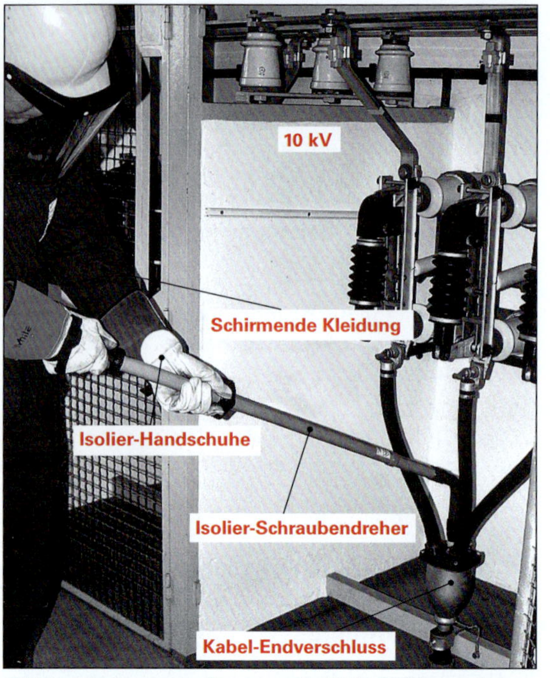

Bild 1: Arbeiten unter Spannung in 10 kV-Anlage

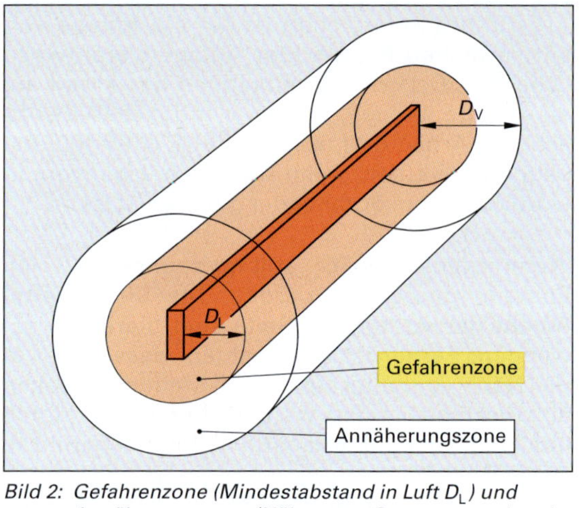

Bild 2: Gefahrenzone (Mindestabstand in Luft D_L) und Annäherungszone (Nähe unter Spannung stehender Teile D_V) bei einer Stromschiene

Diese Arbeiten dürfen dann nur von einer **Elektrofachkraft** oder einer elektrotechnisch unterwiesenen Person mit Spezialausbildung für **AuS** ausgeführt werden. Eine Aufsicht durch eine verantwortliche Elektrofachkraft ist erforderlich.

Alle Arbeiten, die mit dem Eindringen in die Gefahrenzone verbunden sind, stellen Arbeiten unter Spannung dar.

14.4.3 Arbeiten in der Nähe unter Spannung stehender Teile

In etwas größerem Abstand von Spannung führenden Teilen als in der Gefahrenzone befindet sich die **Annäherungszone** (Bild 2, vorhergehende Seite, und **Bild 1**). Sie ist für das Arbeiten in der Nähe unter Spannung stehender Teile maßgebend. Von der Gefahrenzone ist die Annäherungszone zu unterscheiden. Arbeiten mit Eindringen in die Annäherungszone stellen Arbeiten in der Nähe unter Spannung stehender Teile dar. Die äußere Grenze der Annäherungszone liegt im Abstand D_V vom Spannung (V) führenden Teil. Dabei beträgt D_V bei

- Niederspannung bis 1000 V 1,0 m,
- Hochspannung bis 110 kV 3,0 m,
- Hochspannung bis 220 kV 4,0 m,
- Hochspannung bis 380 kV 5,0 m.

Die äußere Grenze der Annäherungszone kann durch isolierende Schutzvorrichtungen verkleinert werden, sodass dann in dem frei werdenden Bereich nicht mehr Arbeiten in der Nähe unter Spannung stehender Teile vorliegt (Bild 1).

Für elektrotechnische Arbeiten in der Nähe unter Spannung stehender Teile muss ein Schutz durchgeführt werden. Dafür gibt es zwei Möglichkeiten.

Schutz durch Schutzvorrichtung, Abdeckung, Kapselung oder isolierende Umhüllung

Das Anbringen dieser Schutzmittel **(Bild 1, folgende Seite)** muss im spannungsfreien Zustand erfolgen oder unter den Bedingungen von Arbeiten unter Spannung. Bei einwandfreien Schutzmitteln können anschließend die Arbeiten von **Elektrofachkräften** oder anderen Personen ausgeführt werden. Dann liegt nicht mehr Arbeiten in der Nähe unter Spannung stehender Teile vor.

Schutz durch Abstand und Aufsichtsführung

Hier muss unterschieden werden, ob es sich um elektrotechnische Arbeiten durch Elektrofachkräfte handelt oder um nicht-elektrotechnische Arbeiten. Dabei ist Voraussetzung, dass ein sicherer Abstand eingehalten wird, der größer als die Grenze der Gefahrenzone D_L ist. Für die Mindest-Schutzabstände (Abstand in Luft von ungeschützten unter Spannung stehenden Teilen) gilt **Tabelle 1, folgende Seite**. Außerdem muss eine **verantwortliche Elektrofachkraft** zur Aufsicht eingeteilt sein. Die Arbeiten werden dabei nur von Elektrofachkräften oder elektrotechnisch unterrichteten Personen durchgeführt.

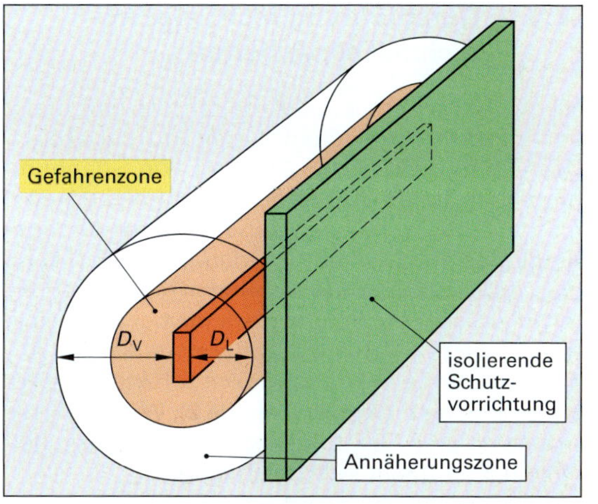

Bild 1: Gefahrenzone und Annäherungszone bei isolierender Schutzvorrichtung vor einer Stromschiene

Tabelle 1: Grenzen D_L der Gefahrenzone für Arbeiten unter Spannung (vgl. DIN VDE 0105-100)

Netz-Nennspannung in kV	D_L in cm
< 1	berührungssicher
3 Innenraumanlage	6
3 Freiluftanlage	12
6 Innenraumanlage	9
6 Freiluftanlage	12
10 Innenraumanlage	12
10 Freiluftanlage	15
15	16
20	22
30	32
36	38
45	48
60	63
70	75
110	100
150	120

Weitere Werte siehe DIN VDE 0105-100

Bei Schutz durch Abstand muss eine verantwortliche Elektrofachkraft zur Aufsicht benannt sein.

14.4.4 Durchführung nicht-elektrotechnischer Arbeiten

Nicht-elektrotechnische Arbeiten werden meist von elektrotechnischen **Laien** durchgeführt. Deshalb muss hier der Abstand von Spannung führenden Teilen größer sein. Nicht-elektrotechnische Arbeiten müssen außerhalb der Annäherungszone durchgeführt werden. Bei Bedarf kann dies durch isolierende Schutzvorrichtungen erreicht werden. Die Schutzabstände bei nicht-elektrotechnischen Arbeiten (äußere Grenze der Annäherungszone D_V) hängen vom Effektivwert der Netz-Nennspannung ab **(Tabelle 2)**. Werden diese Arbeiten durch Elektrofachkräfte ausgeführt, gelten die Schutzabstände der Tabelle 1.

Bei nicht-elektrotechnischen Arbeiten sind die Mindest-Schutzabstände größer als bei elektrotechnischen Arbeiten.

14.4.5 Arbeiten beim Instandhalten elektrischer Anlagen

Das Personal für die Instandhaltung einer elektrischen Anlage muss fachlich ausgebildet sein oder ausreichend unterwiesen. Für Instandsetzungsarbeiten (Fehlerortung, Fehlerbehebung und Wiederinbetriebnahme) gelten die Bestimmungen über Arbeiten in elektrischen Anlagen der DGUV sowie die DIN VDE 0105-100.

Für Instandsetzungsarbeiten gelten die Bestimmungen für Arbeiten in elektrischen Anlagen der DGUV und die DIN VDE 0105-100.

Häufig sind in elektrischen Anlagen Arbeiten wie Auswechseln von Sicherungseinsätzen, Lampen oder Lampenzubehör auszuführen. **Sicherungseinsätze** sollten im spannungsfreien Zustand ausgewechselt werden. Bei Niederspannung dürfen Sicherungseinsätze herausgenommen oder eingesetzt werden, wenn sichergestellt ist, dass im betreffenden Stromkreis alle Schaltgeräte ausgeschaltet sind. Noch sicherer ist es, wenn der betreffende Stromkreis durch einen vor der Sicherung liegenden Schalter **freigeschaltet** ist.

Herausnehmen und Einsetzen von Schmelzsicherungen muss ohne Laststrom erfolgen, weil sonst Lichtbögen entstehen können.

Das **Auswechseln von Sicherungen** **(Abschnitt 6.2)** ist eine nicht ungefährliche Arbeit. Deshalb sollte sie von **Elektrofachkräften** oder elektrotechnisch unterwiesenen Personen ausgeführt werden. Für **Laien** gibt es bei **Diazed-Sicherungen** (System D0 oder D) für kleinere Bemessungsströme der Schmelzsicherung einige Ausnahmen **(Tabelle 1, folgende Seite)**.

Bild 1: Schutz durch Umhüllung

Tabelle 1: Schutzabstände D_L bei Schutz durch Abstand und Aufsichtsführung bei elektrotechnischen Arbeiten
vgl. DIN VDE 0105-100

Nennspannung des Netzes in kV	Mindest-Schutzabstand in m
bis 1	0,5
über 1 bis 30	1,5
über 30 bis 110	2,0
über 110 bis 220	3,0
über 220 bis 380	4,0

Tabelle 2: Schutzabstände D_V bei nicht-elektrotechnischen Arbeiten
vgl. DIN VDE 0105-100

Netz-Nennspannung in kV	Mindest-Schutzabstand in m
bis 1	1
über 1 bis 110	3
über 110 bis 220	4
über 220 bis 380	5

Wenn das gefahrlose Auswechseln nicht möglich ist, auch nicht für Elektrofachkräfte, so gelten auch für diese Arbeit die Bestimmungen über Arbeiten in elektrischen Anlagen. Es muss dann sichergestellt sein, dass der betreffende Stromkreis freigeschaltet ist.

Bei **NH-Sicherungen** (Messersicherungen, Niederspannungs-Hochleistungssicherungen) müssen Gesichtsschutz und NH-Sicherungsaufsteckgriff mit Unterarmstulpe verwendet werden **(Bild 1)**. Außerdem dürfen NH-Sicherungen nur durch **Elektrofachkräfte** oder durch besonders geschulte elektrotechnisch unterwiesene Personen ausgewechselt werden. Für Herausnehmen oder Einsetzen von Sicherungseinsätzen bei Hochspannung gelten zusätzliche Bestimmungen (DIN VDE 0105-100).

Lampen und herausnehmbares **Zubehör**, z. B. Starter, müssen grundsätzlich im spannungsfreien Zustand ausgewechselt werden. **Aber:** Bei Niederspannungsanlagen darf diese Arbeit sogar durch Laien unter Spannung ausgeführt werden, wenn ein vollständiger Schutz gegen direktes Berühren besteht. **Elektrofachkräfte** oder elektrotechnisch unterwiesene Personen dürfen in Niederspannungsanlagen z. B. Lampen unter Spannung auswechseln, wobei die Bestimmungen für das Arbeiten unter Spannung eingehalten werden müssen. In allen anderen Fällen, insbesondere bei Hochspannungsanlagen, dürfen Betriebsmittel nur im spannungsfreien Zustand eingesetzt oder herausgenommen werden.

Tabelle 1: Gefahrloses Auswechseln von Sicherungen unter Spannung

Sicherungssystem	Bemessungsspannung in V	Bemessungsstrom in A	Erlaubt oder verboten
D, D0	≤ AC 400	≤ 63	Elektrofachkraft: erlaubt; Laie: erlaubt
		> 63	Elektrofachkraft: nicht erlaubt; Laie: nicht erlaubt
	≤ DC 25	beliebig	Elektrofachkraft: erlaubt; Laie: erlaubt
D0	≤ DC 120	≤ 2	Elektrofachkraft: erlaubt; Laie: nicht erlaubt
D	DC 25 ··· 60	≤ 16	Elektrofachkraft: erlaubt; Laie: nicht erlaubt
	> DC 750	> 0	Elektrofachkraft: nicht erlaubt; Laie: nicht erlaubt

Elektrofachkraft oder elektrotechnisch unterwiesene Person

Laie

× nicht erlaubt

D Diazed-System D0 Neozed-System

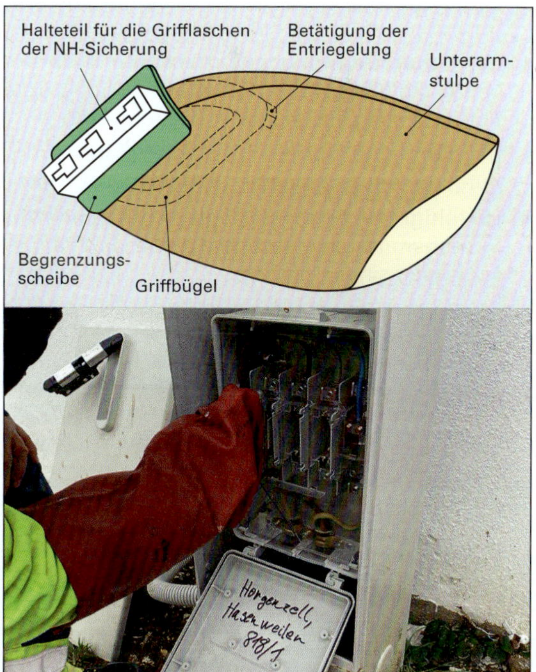

Bild 1: Aufsteckgriff mit Unterarmschutz für NH-Sicherungen

14.5 Wiederkehrende Prüfungen

Allgemeines

Neue Anlagen müssen vor ihrer Inbetriebnahme einer Prüfung, Erstprüfung genannt, unterzogen werden (DIN VDE 0100, Teil 600, **Kapitel 15**). Dasselbe gilt für bestehende Anlagen, wenn Änderungen vorgenommen wurden.

Darüber hinaus sind insbesondere gewerbliche und öffentliche elektrische Anlagen in geeigneten Zeitabständen zu prüfen (DIN VDE 0105-100/A1:2017-06). Die Prüffristen sind in Gesetzen und Verordnungen sowie durch Sicherheitsvorschriften der Versicherer festgelegt. Je nach Anlagenart sind die Prüffristen verschieden. Zu beachten sind auch die DGUV-Informationen 203-070, -071. Die Methoden der Erstprüfung und der wiederkehrenden Prüfungen sind ähnlich.

Zu den Prüfungen gehören

- Besichtigen, Messen und Erproben.

Prüfungen dürfen nicht zu Gefahren führen. Deshalb sind die Anforderungen an die Personen, welche Prüfungen durchführen, besonders hoch. Das Prüfungsergebnis muss dokumentiert werden. Frühere Prüfberichte sind zu berücksichtigen.

> Prüfungen müssen durch Elektrofachkräfte erfolgen, die prüfungserfahren sind.

Prüfung durch Besichtigen

Durch Besichtigen ist der einwandfreie Zustand einer elektrischen Anlage einschließlich deren Betriebsmittel festzustellen. Insbesonders ist der Schutz gegen indirektes Berühren aktiver Teile festzustellen **(Tabelle 1)**. Es kann dabei erforderlich sein, Abdeckungen von Anschlüssen zu entfernen, z.B. um die Querschnitte zu prüfen.

Bei Schutzmaßnahmen ohne Schutzleiter ist zu prüfen, dass

- für SELV und PELV eingebaute Steckvorrichtungen nicht für andere Spannungen verwendet sind,
- in SELV-Stromkreisen aktive Teile nicht mit Erde, Schutzleitern oder aktiven Teilen anderer Stromkreise verbunden sind (Gleiches gilt für Körper),
- bei Schutztrennung die aktiven Teile des Sekundärstromkreises nicht mit einem anderen Stromkreis oder der Erde verbunden sind,
- bei Schutztrennung mit mehreren Verbrauchern die Körper durch isolierte, ungeerdete Potenzialausgleichsleiter verbunden sind,
- bei zwingend vorgeschriebener Schutztrennung nur ein Verbraucher angeschlossen ist,
- leitfähige berührbare Teile schutzisolierter Betriebsmittel an den Schutzleiter nicht angeschlossen sind.

Darüber hinaus sind weitere Prüfungen durch Besichtigen erforderlich **(Bild 1)**.

> Die Prüfung durch Besichtigen erfordert eine eingehende Kenntnis der Bestimmungen über Schutzmaßnahmen.

Tabelle 1: Prüfen durch Besichtigen bei Schutzmaßnahmen mit Schutzleiter

Merkmal	Prüfung
Schutzleiter, Erdungsleiter, Potenzialausgleichsleiter	Geforderte Querschnitte, richtiges Verlegen, zuverlässige Anschlüsse sind sichergestellt.
Schutzleiteranschlüsse	Die Kennzeichnung entsprechend den Errichtungsnormen ist erfolgt.
Schutzleiter, Außenleiter	Sind nicht miteinander verbunden und nicht verwechselt.
Schutzleiter, Neutralleiter	Sind nicht verwechselt. Die Festlegungen zu Kennzeichnung, Anschlussstellen, Trennstellen sind eingehalten.
Schutzleiter, PEN-Leiter	Enthalten keine Überstrom-Schutzeinrichtungen. Beide Leiter sind für sich alleine nicht schaltbar.
Schutzeinrichtungen	Sind gemäß der Errichtungsnormen noch vorhanden.

Allgemeine Prüfungen durch Besichtigen

- Zuordnung Überstrom-Schutzeinrichtungen zu den Leiterquerschnitten
- Einstellungen, Existenz der Überspannungs-, Überstromeinrichtungen
- Verbindungen zur Schutzpotenzialausgleichsschiene, Haupterdungsschiene, z. B. von Erdungsleitern, metallenen Rohrsystemen
- Zugang von Abtrennvorrichtungen der Erdungsleiter
- Einrichtungen zur Unfallverhütung und Brandbekämpfung
- Montagevorgaben der Hersteller für Betriebsmittel
- Verfügbarkeit von aktuellen Schaltplänen, Betriebsanleitungen, Kennzeichnungen der Stromkreise

Bild 1: Beispiele für Prüfen durch Besichtigen

Prüfung durch Erproben

Bei der wiederkehrenden Prüfung sind in regelmäßigen Zeitabständen die für die Betriebssicherheit maßgebenden Größen durch Erproben festzustellen. So ist bei **RCDs** (Fehlerstrom-Schutzeinrichtungen) die Wirksamkeit durch Betätigen der Prüftaste festzustellen, dasselbe gilt für das **Isolationsüberwachungsgerät** im IT-System. Ebenfalls sind Schaltungen für Handlungen im Notfall, z.B. **NOT-AUS**, zu erproben und bei verriegelten Schützschaltungen die **Verriegelungen**. Die Funktionsfähigkeit von Meldeeinrichtungen, z.B. Meldeleuchten, ist ebenfalls in regelmäßigen Abständen zu testen. Es wird empfohlen, bei Drehstromsteckdosen das **Rechtsdrehfeld** zu prüfen. Die Steckbuchsen, z.B. von Kupplungssteckdosen, sollen dabei von vorn im Uhrzeigersinn betrachtet ein Rechtsdrehfeld ergeben.

Prüfung durch Messen

> Bei Messungen in elektrischen Anlagen müssen die verwendeten Messgeräte vor jeder Benutzung geprüft werden.

Durch Messen sind vor allem die **Isolationszustände** der Anlage in bestimmten Zeitabständen festzustellen. Das erfolgt durch Messung des Isolationswiderstandes. Weniger aufwendig ist die **Leckstrommessung (Bild 1)**. Diese gibt aber nur einen Überblick über den Isolationszustand der Außenleiter gegen PE bzw. Erde. Außerdem kann es erforderlich sein, den Schleifenwiderstand, den Schutzleiterwiderstand, den Auslöse-Fehlerstrom und den Ansprechwert von Isolationsüberwachungseinrichtungen zu messen.

> In elektrischen Anlagen ist der Isolationswiderstand durch eine wiederkehrende Prüfung in bestimmten Abständen zu messen.

Die **Messung des Isolationswiderstands** erfolgt mit einem Isolationsmessgerät mit Messgleichspannung von 250 V bei ELV (Extra Low Voltage), 500 V bei Bemessungsspannungen U_N bis 500 V, 1000 V bei U_N über 500 V bis 1000 V.

Bei SELV und PELV muss der Isolationswiderstand so groß sein wie bei einer Erstprüfung (DIN VDE 0100 Teil 600). Bei anderen Niederspannungen sind die Anforderungen bei der wiederkehrenden Prüfung kleiner als bei der Erstprüfung. Bei einem einfachen Messverfahren werden für jeden Stromkreis Außenleiter und Neutralleiter vom Netz getrennt und die Verbrauchsmittel eingeschaltet **(Bild 2)**. Dann muss der Isolationswiderstand jedes Stromkreises mindestens 300 Ω je V Bemessungsspannung betragen.

Bei Drehstromanlagen ist es zulässig, alle drei Außenleiter miteinander zu verbinden (Bild 2).

Beispiel 1:

In einer Anlage nach Bild 2 beträgt die Netzspannung 3AC 400 V. Wie groß muss der Isolationswiderstand mindestens sein?

Lösung:

$R = U \cdot 300\ \Omega/\text{V} = 400\ \text{V} \cdot 300\ \Omega/\text{V} = \mathbf{120\ k\Omega}$

Werden bei der Messung die Werte des Isolationswiderstands unterschritten, so ist die Messung mit abgeklemmten bzw. bei Drehstrom mit abgeschalteten Verbrauchsmitteln zu wiederholen **(Bild 1, folgende Seite)**. Dabei ist es notwendig, den Isolationswiderstand auch des Neutralleiters gegen Erde bzw. PEN zu messen. In diesem Fall muss der Isolationswiderstand mindestens 1 kΩ je V der Bemessungsspannung betragen.

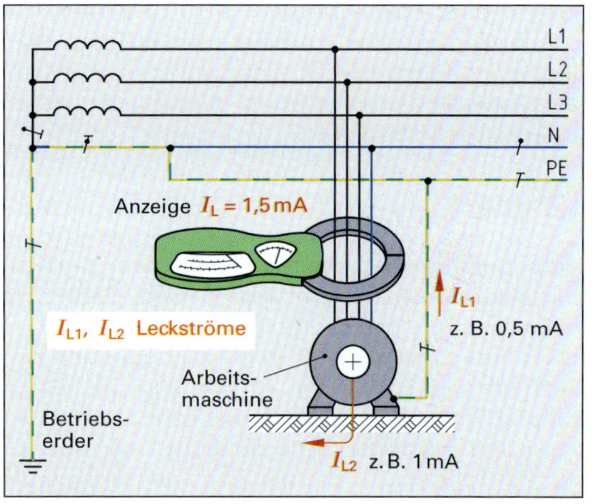

Bild 1: Messen des Leckstroms

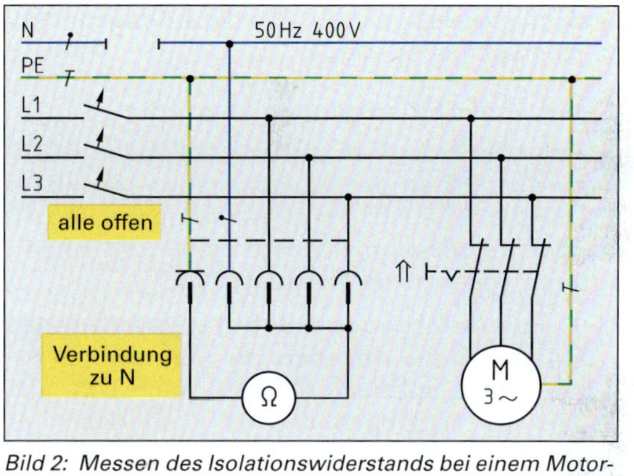

Bild 2: Messen des Isolationswiderstands bei einem Motorstromkreis

> Ohne Verbrauchsmittel muss bei Niederspannungs-Stromkreisen der Isolationswiderstand von jedem Leiter mindestens 1 kΩ je V Nennspannung betragen.

Beispiel 2:

Wie groß muss bei einem Stromkreis nach Bild 1, folgende Seite, der Isolationswiderstand von jedem Leiter mindestens sein?

Lösung:

$R = U \cdot 1\ \text{k}\Omega/\text{V} = 230\ \text{V} \cdot 1\ \text{k}\Omega/\text{V} = \mathbf{230\ k\Omega}$

Die bisher genannten Werte gelten für trockene Räume. Bei **Anlagen im Freien** sowie in Räumen, bei denen für die Reinigung Fußböden und Wände nass abgespritzt werden, beträgt der Isolationswiderstand nur die Hälfte der genannten Werte, also 150 Ω je V bzw. 500 Ω je V Bemessungsspannung mit bzw. ohne angeschlossene Verbrauchsmittel. Besonders niedrig kann der Isolationswiderstand im IT-System sein. Dort beträgt er mindestens 50 Ω je V der Bemessungsspannung.

Weiter sind durch Messen z.B. zu prüfen die **Durchgängigkeit** bei Verbindung zu Körpern und die Spannungspolarität. Der Erdungswiderstand darf umständehalber auch berechnet werden (siehe **Abschnitt 15.4.6**).

Prüfbericht

Die von einer **Elektrofachkraft** mit Prüferfahrung durchgeführten wiederkehrenden Prüfungen sind mit einem Prüfbericht abzuschließen. Darin sind aufzulisten die besichtigten Anlagenteile mit den erkannten Schäden oder Beeinträchtigungen hinsichtlich der Sicherheit. Im Prüfbericht dürfen **Empfehlungen** für Maßnahmen bzgl. Instandhaltung und Instandsetzung genannt sein, ebenso ein **Zeitrahmen** für die nächste wiederkehrende Prüfung. Der Prüfbericht muss von mindestens einer Elektrofachkraft mit Prüferfahrung erstellt und unterzeichnet sein und an die auftraggebende Person übergeben werden.

Ergänzungen für bestimmte Anwendungen

Bei **Fehlerstrom-Schutzeinrichtungen (RCDs)** kann das Prüfen der Abschaltzeiten mit einem Prüfstrom erfolgen, der dem fünffachen Bemessungsdifferenzstrom des RCD entspricht. Andere Prüfmethoden siehe **Abschnitt 15.4.7**.

Bei **Fehlerlichtbogen-Schutzeinrichtungen (AFDDs)** sind die Angaben der Hersteller zu beachten. Eine spezielle Prüfung nach DIN VDE 0105-100/A1 ist wegen ihrer Selbstüberwachung nach DIN EN 62606 nicht gefordert. In Anlagen mit AFDDs in Endstromkeisen ist die Messung des Isolationswiderstandes erforderlich.

Bei **Frequenzumrichtern und USV-Anlagen** erfolgt das Prüfen des Schutzes gegen elektrischen Schlag durch Überprüfen der Durchgängigkeit des Schutzleiters sowie Abgleichen getroffener Vorkehrungen mit der Herstellerdokumentation.

Bei **Photovoltaik-Systemen** sind nach DIN VDE 0100-712 zusätzliche Anforderungen bzgl. Prüfen und Besichtigen gemäß DIN EN 62446-1 zu beachten **(Abschnitt 13.8)**.

Bei **Stromversorgungen von Elektrofahrzeugen** sind zusätzliche Anforderungen bzgl. Prüfen der Anschlusspunkte gemäß DIN EN 61851-1 zu beachten.

Prüffristen

Für wiederkehrende Prüfungen von ortsfesten elektrischen Anlagen oder Betriebsmitteln **(Tabelle 1)** sowie von ortveränderlichen Betriebsmitteln sind Prüffristen vorgeschrieben, z.B. in der DGUV V3 **(Tabelle 2)**. Auch Schutz- und Hilfsmittel unterliegen Prüffristen (siehe **Bucheinleger**). Prüffristen von PV-Anlagen siehe **Abschnitt 13.8**. Zu beachten ist, dass je nach Prüfaufgabe vom Prüfer unterschiedliche Qualifikationen verlangt sind.

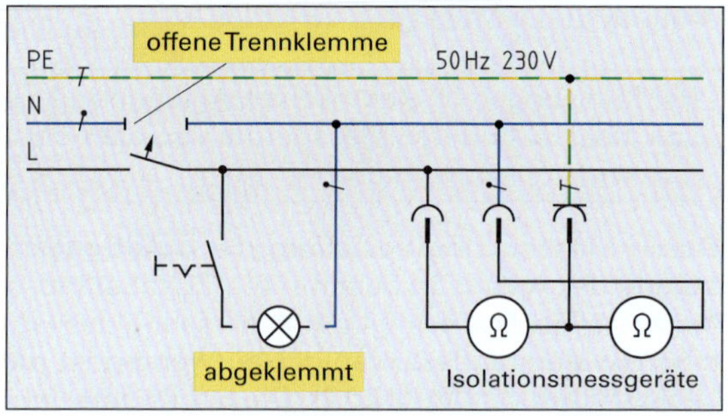

Bild 1: Messen des Isolationswiderstands bei abgeklemmtem Verbrauchsmittel

Tabelle 1: Prüffristen ortsfester elektrischer Anlagen und Betriebsmittel BM

Anlage, Betriebsmittel	Prüffrist	Prüfer
Elektrische Anlage, ortsfestes BM	4 Jahre	EFK
Anlagen, BM in Betriebsstätten, Räumen und Anlagen besonderer Art	1 Jahr	EFK
Schutzmaßnahmen mit Fehlerstrom-Schutzeinrichtungen in nicht stationären Anlagen	1 Monat	EFK EuP
Fehlerstrom-, Differenzstrom-, Fehlerspannungs-Schutzschalter: – in stationären Anlagen – in nicht stationären Anlagen	6 Monate bis arbeitstäglich	B

EFK Elektrofachkraft, EuP Elektrotechnisch unterwiesene Person, B Benutzer (Laie)

Tabelle 2: Wiederkehrende Prüfungen bei ortsveränderlichen Betriebsmitteln

Betriebsmittel	Prüffristen (Richtwert) (M Monate)		Prüfer*
	Baustelle	sonst	
Geräteanschlussleitungen	3 M	6[1] M	EFK
Verlänerungsleitungen	3 M	6[1] M	EFK
elektrische Werkzeuge	3 M	6[1] M	EFK

* auch erlaubt: EuP bei Verwendung von geeigneten Mess- und Prüfgeräten. EFK, EuP siehe oben.

[1] Maximal-Richtwerte: 1 Jahr in Fertigungsstätten, Werkstätten, 2 Jahre in Büros bei Fehlerquote < 2%

15 Prüfungen elektrischer Anlagen

15.1 Allgemeines

Wird eine elektrische Anlage errichtet, geändert, erweitert oder instandgesetzt, so muss der Errichter der Anlage nachweisen, dass die Sicherheit von Personen, Nutztieren und Sachen erfüllt ist. Die dafür notwendige Prüfung heißt **Erstprüfung**. Sie ist nach DIN VDE 0100-600 auszuführen und ist in den nachfolgenden Abschnitten von Kapitel 15 behandelt.

Für **wiederkehrende Prüfungen** (Wiederholungsprüfungen) gilt in Deutschland DIN VDE 0105-100 **(Abschnitt 14.5)**.

Bei Prüfungen unterscheidet man Besichtigen, Erproben und Messen **(Bild 1)**.

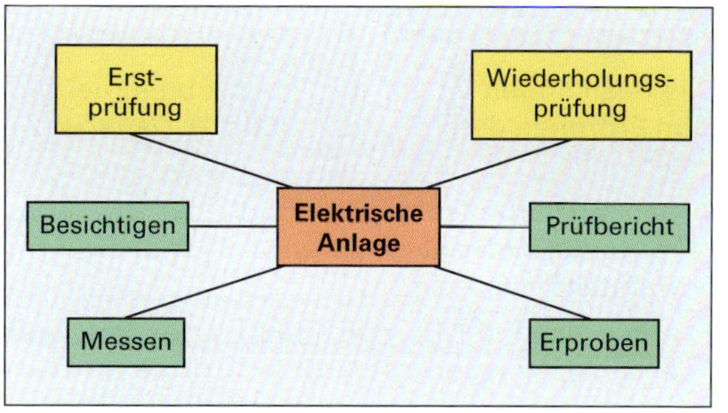

Bild 1: Prüfen elektrischer Anlagen

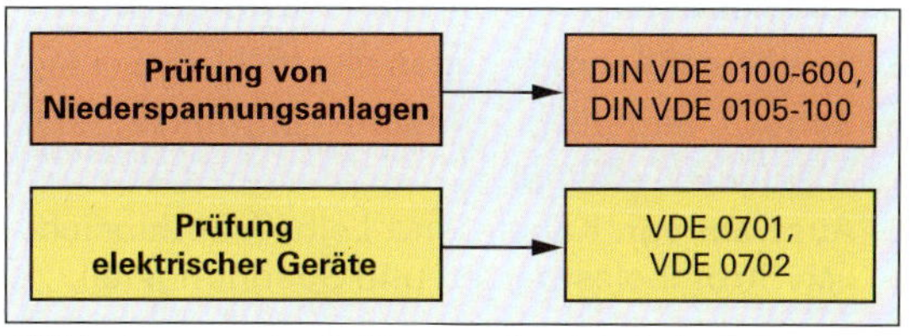

Bild 2: Anzuwendende Normen für elektrische Prüfungen

Unter **Besichtigen** wird sorgfältiges Betrachten aller sichtbaren Teile einer elektrischen Anlage verstanden. Auch das Bewerten von Geräuschen fällt darunter. Dosendeckel und Abdeckungen von Geräten sind zu entfernen, damit man sich von fachgerechter Verdrahtung überzeugen kann. Zur Sichtprüfung gehört auch, sich der einwandfreien Funktion z.B. der Beleuchtungsstromkreise beim Betätigen der Schalter zu versichern.

Beim **Erproben** werden Maßnahmen durchgeführt, bei denen die Wirksamkeit der Einrichtungen, z.B. des RCD, nachgewiesen wird.

Beim **Messen** werden mit geeigneten Messgeräten elektrische Werte gemessen, die für die Beurteilung der Wirksamkeit einer Schutzmaßnahme von Bedeutung sind.

Über die durchgeführte Prüfung muss vom Prüfer ein Protokoll erstellt werden. Dieses muss alle wesentlichen Angaben enthalten, z.B. Bezeichnung der Anlage, Grund der Prüfung (Neuerrichtung, Erweiterung oder Änderung), Messergebnisse, Name des Prüfers, prüfender Betrieb, Ort und Datum, Unterschrift des Prüfers.

Nur durch ein Protokoll der Prüfung kann der Prüfer bei einem auftretenden Unfall seine Sorgfalt nachweisen.

Die Durchführung der **Erstprüfung** ist nach den allgemeinen Sicherheitsbestimmungen durchzuführen. Dabei dürfen keine Gefahren entstehen. Insbesondere sind vom VDE zugelassene Prüfgeräte bzw. Messgeräte zu verwenden. Auch die Bestimmungen über das Arbeiten unter Spannung sind einzuhalten.

Weichen Messwerte von minimal oder maximal festgelegten Werten ab und müssen deshalb entsprechende Mängelbeseitigungen vorgenommen werden, dann ist die Erstprüfung zu wiederholen.

Wiederholungsprüfungen der Elektroinstallationen, z.B. in Werkstätten oder Wohnungen, müssen in bestimmten Zeitabständen stattfinden. Je nach Art der Anlage und nach Art der Prüfung liegen die **Prüffristen** zwischen einem Jahr und zehn Jahren. Die eigentlich vorgesehene Prüfung in Wohnungen wird bisher in vielen Fällen nicht vorgenommen. Sie sollte z.B. nach jedem Mieterwechsel wahrgenommen werden.

Die Prüfung von elektrischen Anlagen muss von **Elektrofachkräften** durchgeführt werden, die zeitnah, also nicht vor langer Zeit, Kenntnisse und Erfahrungen zu diesen Prüfungen erworben haben. Dies kann erfolgt sein z.B. durch Einweisung und Mithilfe bei Prüfungen durch erfahrene Elektrofachkräfte.

Prüfungen elektrischer Anlagen müssen von Elektrofachkräften vorgenommen werden.

Zu unterscheiden ist das Prüfen von elektrischen Anlagen nach DIN VDE 0100-600 für Erstprüfungen **(Kapitel 15)** und DIN VDE 0105-100 für wiederkehrende Prüfungen **(Abschnitt 14.5)** sowie das Prüfen elektrischer Geräte nach VDE 0701 und VDE 0702 **(Kapitel 16, Bild 2)**.

15.2 Besichtigen

Das Besichtigen ist vor der Inbetriebnahme und dem Erproben durchzuführen **(Bild 1)**. Dabei ist zu untersuchen, ob die Betriebsmittel z. B.

- den Sicherheitsanforderungen der Betriebsmittelnormen entsprechen, z. B. anhand von Herstellerangaben,
- entsprechend DIN VDE 0100 ausgewählt und errichtet sind und
- ohne sichtbare Beschädigungen sind.

Das **Besichtigen** muss mindestens umfassen:

- Schutzmaßnahmen gegen elektrischen Schlag,
- Schutz gegen thermische Einflüsse, z. B. Brandabschottungen,
- Auswahl von Kabeln und Leitungen hinsichtlich Strombelastbarkeit und Spannungsfall,
- Auswahl und Einstellung von Schutzgeräten und Überwachungsgeräten, z. B. Motorschutzschalter und RCDs,
- Maßnahmen bzgl. elektromagnetischen Störungen,
- Auswahl und Errichten von Erdungsanlagen, Schutzleitern, Schutzpotenzialausgleichsleitern, Anschlüssen an die Haupterdungsschiene,
- Anschluss der Körper an die Erdungsanlage,
- Kennzeichnung der Schutzleiter und Neutralleiter,
- Vorhandensein von Schaltungsunterlagen,
- Kennzeichnung der Stromkreise, Schutzeinrichtungen und dergleichen,
- leichte Zugänglichkeit der Betriebsmittel wegen der Instandhaltung.

Das Besichtigen einer Anlage im Rahmen der Erstprüfung oder auch der Wiederholungsprüfung erfordert Zeit und hohe Aufmerksamkeit.

Bei **Schutzmaßnahmen** ohne Schutzleiter ist festzustellen, ob bei Schutztrennung und bei SELV und PELV vorschriftsmäßige Stromquellen verwendet werden, das Material richtig ausgewählt wurde und unverwechselbare Steckdosen eingebaut sind. Es ist darauf zu achten, dass die doppelte oder verstärkte Isolierung der Schutzklasse II nicht unwirksam ist, z. B. durch leitfähige Teile oder durch Beschädigung.

Bei Schutzmaßnahmen mit Schutzleiter ist festzustellen, ob die Schutzleiter und Leiter für ähnliche Aufgaben (Erdungsleiter, Schutzpotentialausgleichsleiter) mit dem geforderten Mindestquerschnitt einwandfrei verlegt und zuverlässig angeschlossen sind. Die grüngelbe Kennzeichnung der Schutzleiter ist zu prüfen. In den Stromkreisverteilungen müssen die Betriebsmittel zu den Stromkreisen passend gekennzeichnet sein.

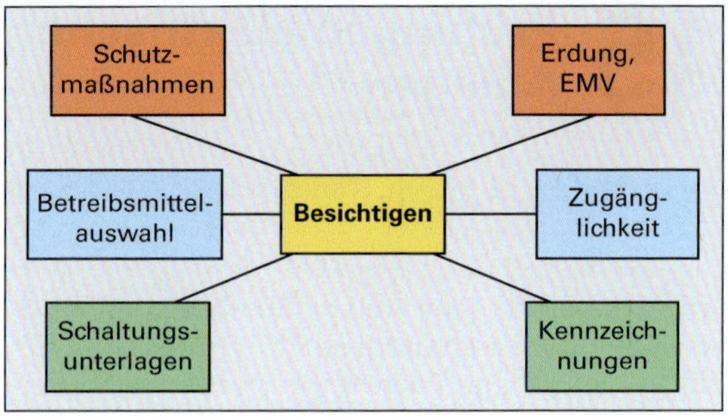

Bild 1: Prüfen durch Besichtigen

Besichtigen umfasst das Prüfen von Materialien, Schaltungsunterlagen und die richtige Ausführung der Schutzmaßnahmen.

15.3 Erproben

Beim Erproben geht es weniger um das Testen einer elektrischen Anlage bzgl. deren technischen Funktionierens gemäß einer Bedienungsanleitung. Es geht hierbei vielmehr um das Erproben der Schutzmaßnahmen oder Schutzeinrichtungen. Das Erproben ist vielfach eng verbunden mit dem Vorgang des Messens **(Abschnitt 15.4)**.

Das Erproben der Schutzeinrichtung ist bei Vorhandensein einer fest installierten Prüfeinrichtung einfach, z. B. bei RCDs und Isolationsüberwachungseinrichtungen (IMD, Isolation Monitoring Device). Das Erproben erfolgt dabei durch Betätigen der Prüftaste der Schutzeinrichtung.

Durch solches Erproben wird allerdings nur die elektrische und mechanische Funktion der Schutzeinrichtung geprüft, nicht jedoch die Wirksamkeit der Schutzmaßnahme. Bei einem fehlerhaft angeschlossenen RCD kann es vorkommen, dass das Erproben zwar die einwandfreie Funktion des Schutzgerätes bestätigt, aber in Wirklichkeit kein Schutz im Fehlerfall vorhanden ist **(Bild 1, folgende Seite)**.

Leicht zu Erproben sind ferner Anzeigeeinrichtungen oder z. B. die Wirksamkeit einer NOT-AUS-Einrichtung.

Allein durch Erproben kann die Wirksamkeit einer Schutzmaßnahme nicht immer bestätigt werden.

15.4 Prüfen mit Prüfgeräten

15.4.1 Arten der Messungen und Prüfgeräte

Messgeräte sind Prüfgeräte, welche Messwerte anzeigen. Es gibt jedoch auch Prüfgeräte, welche nur einen Zustand überprüfen und diesen z. B. mittels Signalton anzeigen. Dies ist beispielweise bei einer Durchgangsprüfung eines Leiters der Fall.

Durch Erproben und Messen sind, sofern zutreffend, folgende Prüfungen insbesondere bei Erstprüfungen, vorzunehmen, und zwar möglichst in der hier angegebenen **Reihenfolge**:

a) Durchgängigkeit der Leiter,
b) Isolationswiderstand der Anlage,
c) Schutz durch SELV, PELV oder Schutztrennung,
d) Isolationsimpedanz in nichtleitender Umgebung,
e) Spannungspolarität,
f) automatische Abschaltung der Stromversorgung,
g) zusätzlicher Schutz,
h) Phasenfolge der Außenleiter,
i) Funktionsprüfung,
j) Spannungsfall.

Messgeräte

Für die Messungen müssen besonders sicher gebaute Messgeräte verwendet werden, weil die Prüfung unter den rauen Bedingungen einer Baustelle erfolgen kann. Wegen der Bedeutung der Prüfung von elektrischen Anlagen gibt es viele Prüfgeräte, mit denen die erforderlichen Prüfungen durchgeführt werden können. Bei ihrer Anschaffung muss geprüft werden, ob sie den Sicherheitsnormen entsprechen. Das ist z. B. am Zeichen „Geprüfte Sicherheit" oder der VDE-Kennzeichnung erkennbar.

Die Auswahl des passenden Messgeräts wird durch Anwendung und die Höhe der z. B. zu messenden Spannung sowie den Bereich, in dem gemessen werden soll, festgelegt. Das Messen am Hausanschluss erfordert ein anderes Messgerät als das Messen an einer kleinen Batterie.

Für Messgeräte unterscheidet man nach IEC 61010-1 die vier **Messkategorien** CAT I bis CAT IV **(Tabelle 1)**. Aus Sicherheitsgründen ist auf das Verwenden von Messgeräten mit geeigneter Kategorie-Zuordnung zu achten. Diese ist auf zertifizierten Messgeräten aufgedruckt. Oft kommen in der Praxis Multifunktionsmessgeräte zum Einsatz, auch Installationstester genannt **(Bild 2)**.

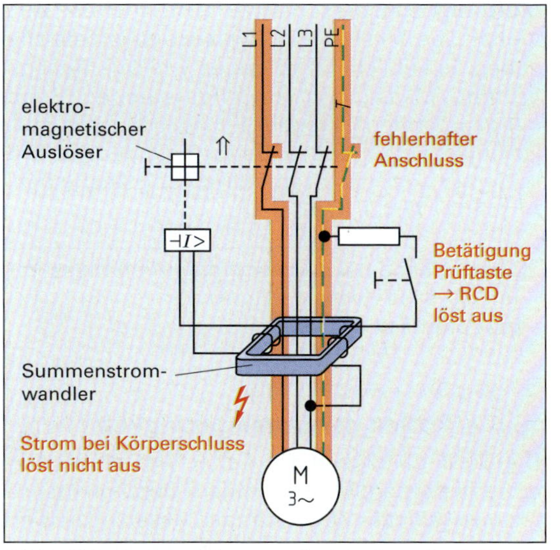

Bild 1: Falsch angeschlossenes funktionierendes RCD

Bild 2: Multifunktionsmessgerät

Tabelle 1: Messkategorien für Messgeräte

Kategorie	Messanwendung
CAT I	Messungen an Stromkreisen, die nicht direkt mit dem Netz verbunden sind, z. B. Batterien.
CAT II	Messungen an Stromkreisen, die elektrisch über Stecker mit dem Niederspannungsnetz verbunden sind, z. B. in Haushaltungen, Büros.
CAT III	Messungen in der Gebäudeinstallation, z. B. an stationären Verbrauchern, am Verteileranschluss.
CAT IV	Messungen an der Quelle der Niederspannungsinstallation, d. h., an Zählern, am Hausanschluss, an primären Überstromschutzeinrichtungen.

Anmerkung: Die Kategorien CAT I bis CAT IV sind jeweils noch nach den Spannungshöhen 300V/600V/1000V unterteilt.

Multifunktionsmessgeräte ermöglichen, eine Vielfalt von Messungen. Typische Beispiele sind neben den üblichen Prüfungen wie Durchgangsprüfung, Messungen von Widerständen, Spannungen, Strömen, Frequenzen auch Messung von Isolationswiderständen, Schleifenimpedanz, Erdschleifen oder der Drehfeldrichtung (siehe auch **Abschnitt 15.4.9, Kapitel 17**).

Entscheidend bei den nachfolgenden Messungen ist, dass zulässige Grenzwerte nicht über- oder unterschritten werden.

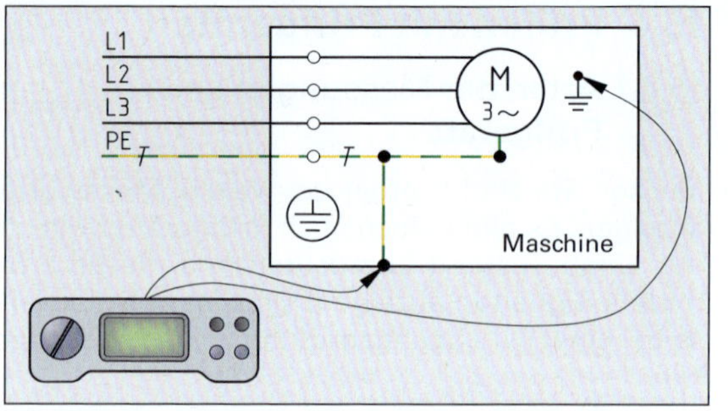

Bild 1: Durchgangsprüfung des Schutzleitersystems

15.4.2 Prüfen der Durchgängigkeit

Die Durchgängigkeit der Leiter und die Verbindung zu Körpern wird mit einem Durchgangsprüfer oder einem Widerstandsmesser mit einem Strom von mindestens 0,2 A geprüft. Ein bestimmter Widerstandswert ist nicht vorgegeben **(Bild 1)**.

Die Durchgängigkeit der Leiter muss durchgeführt werden bei

- Schutzleitern PE,
- Schutzpotenzialausgleichsleitern PB,
- aktiven Leitern nur von ringförmigen Endstromkreisen.

Tabelle 1: Messspannungen und Isolationswiderstände (bei Erstprüfung)

Stromkreis	Messgleichspannung	Isolationswiderstand
Schutzkleinspannung (SELV), Funktionskleinspannung mit sicherer Trennung (PELV)	250 V	≥0,5 MΩ
sonstige Stromkreise mit Bemessungsspannungen ≤500 V	500 V	≥1,0 MΩ
Bemessungsspannungen >500 V	1000 V	≥1,0 MΩ

Wenn Stromkreise durch empfindliche Überspannungs-Schutzeinrichtungen geschützt sind, darf die Messgleichspannung 250 V betragen, um Beschädigung zu vermeiden.

15.4.3 Messen des Isolationswiderstandes

Der Isolationswiderstand wird mit Widerstandsmessgeräten gemessen, die mit Gleichspannung arbeiten. Die Höhe der Messgleichspannung und der Mindestwert des Isolationswiderstandes hängen von der Bemessungsspannung der Anlage ab **(Tabelle 1)**.

Der Isolationswiderstand ist zwischen den aktiven Leitern sowie zwischen jedem aktiven Leiter und Erde, z. B. geerdetem Schutzleiter oder PEN-Leiter, zu messen. Dabei dürfen die vom Netz abgetrennten Außenleiter mit dem vom Netz abgetrennten Neutralleiter verbunden sein **(Bild 2)**.

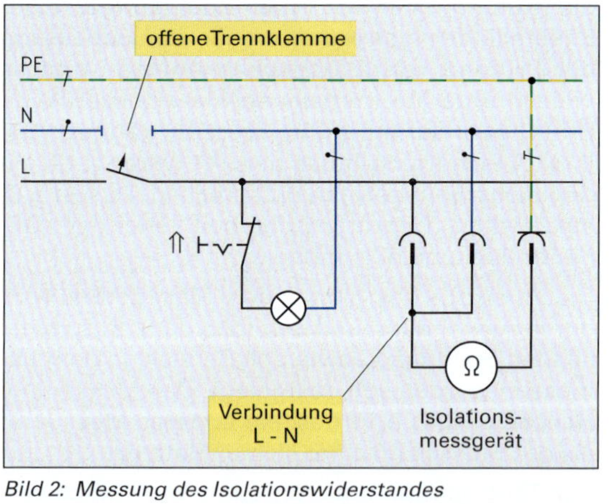

Bild 2: Messung des Isolationswiderstandes

Die Messung des Isolationswiderstandes kann mit angeschlossenen Verbrauchsmitteln durchgeführt werden, führt aber dann zu kleineren Widerstandswerten als ohne Verbrauchsmittel. Wenn die so gemessenen Werte nicht ausreichen, ist die Messung ohne Verbrauchsmittel zu wiederholen. Meist genügt dann die Messung in der Verteilung zwischen PE und den übrigen Leitern.

Werden die erforderlichen **Mindestwerte** des Isolationswiderstandes nicht erreicht, müssen die einzelnen Stromkreise getrennt gemessen werden. Zu diesem Zweck sind zusätzlich die Neutralleiter der einzelnen Stromkreise abzutrennen. Das Freischalten der Stromkreise erfolgt an den Überstrom-Schutzeinrichtungen.

Für **wiederkehrende Prüfungen** dürfen die Isolationswiderstände kleiner sein **(Abschnitt 14.5)**.

Die Mindestwerte des Isolationswiderstandes betragen hier ohne Verbrauchsmittel in trockenen Räumen 1 kΩ / V bzw. 500 Ω / V in feuchten Räumen oder im Freien und mit Verbrauchsmitteln 300 Ω / V in trockenen Räumen bzw. 150 Ω / V Bemessungsspannung in feuchten Räumen oder im Freien (Seite 201).

Der Isolationswiderstand darf bei bei Wiederholungsprüfungen keiner sein als bei Erstprüfungen.

SELV und PELV

Bei Stromkreisen mit SELV oder PELV reicht bei der Erstprüfung ein Isolationswiderstand der Leiter gegen die aktiven Teile anderer Stromkreise und gegen Erde von 0,5 MΩ aus, gemessen mit einer Spannung von 250 V DC **(Bild 1)**. Durch die Isolationsmessung zwischen Erde und den verschiedenen Messpunkten wird festgestellt, ob beim Transformator ein Erdschluss vorliegt und ob seine Kleinspannungsseite zuverlässig von der Oberspannungsseite getrennt ist. Der Isolationswiderstand muss auf der Kleinspannungsseite mindestens 250 kΩ betragen. Für die Oberspannungsseite gelten die Werte des 230-V-Netzes.

Isolationsmessung ohne Abschalten der Anlage

Eine Isolationsmessung im abgeschalteten Zustand ist oft mit hohen Ausfallkosten einer Anlage oder aufwendigem Wiederanfahren der Anlage verbunden. Daher sind auch zwei Messverfahren zulässig, ohne die Anlage abzuschalten:

- die permanente Differenzstrommessung bei geerdeter Stromversorgung (TN-System, TT-System) und
- die permanente Messung des Isolationswiderstandes bei ungeerdeter Stromversorgung (IT-System).

Durch ständiges Auswerten der **Differenzströme** können Verschlechterungen in der Isolation erkannt werden. Voraussetzung hierzu ist ein selektives System zur Differenzstrommessung (**RCM**, Residual Current Monitor, **Bild 2**). In einer fehlerfreien Anlage ist die Summe der in L1, L2, L3 und N fließenden Ströme Null. Bei Abweichung von Null fließt ein Fehlerstrom.

Bei einer bestimmten Höhe erfolgt über den RCM eine Meldung. Ab einer kritischen Höhe wird die Anlage über eine externe Schalteinrichtung, z. B. ein Schütz, automatisch abgeschaltet. Im IT-System ist der Isolationswiderstand mittels einer Isolationsüberwachungseinrichtung (IMD, Isolation Monitoring Device) permanent überwachbar.

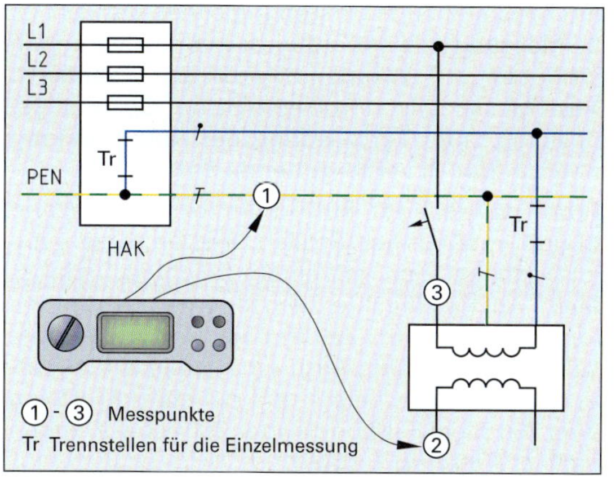

Bild 1: Isolationsmessung bei SELV und PELV (HAK Hausanschlusskasten)

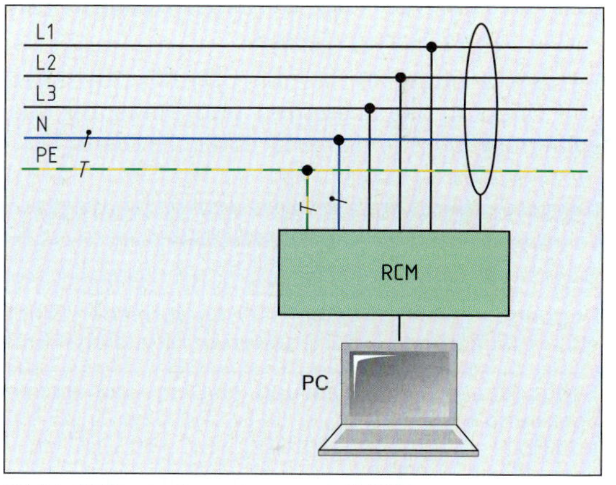

Bild 2: Differenzstrommessung mit RCM

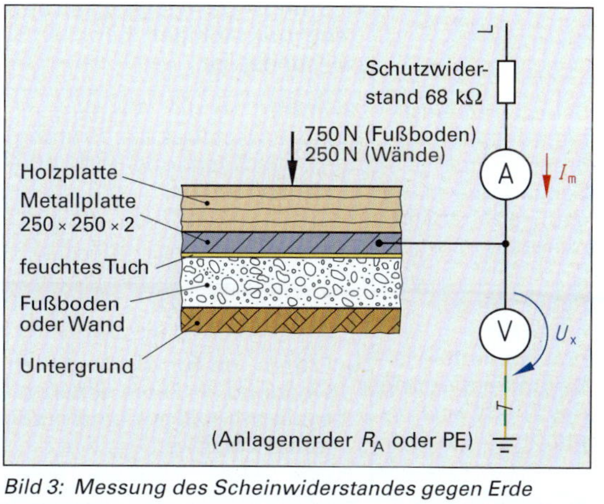

Bild 3: Messung des Scheinwiderstandes gegen Erde

Isolationsimpedanz in nichtleitender Umgebung

Soll der Fehlerschutz in fachlich überwachten Anlagen (unter Beisein von **Elektrofachkräften** oder elektotechnisch unterwiesenen Personen) durch nichtleitende Umgebung erzielt werden, ist die Messung des Widerstandes von isolierenden Fußböden und Wänden erforderlich **(Tabelle 1)**. Diese Messung ist durch eine Strom-Spannungsmessung unter Verwendung der Netzspannung möglich **(Bild 3, vorhergehende Seite)**.

Dabei werden der Fußboden bzw. die Wand an drei ungünstigen Stellen, z. B. an Fugen von Fußbodenbelägen, mit einem feuchten Tuch bedeckt. Auf das feuchte Tuch ist eine Metallplatte von etwa 250 mm x 250 mm x 2 mm zu bringen. Auf die Metallplatte wird eine isolierende Platte, auch aus Holz, gelegt und mit einer Kraft von etwa 750 N bei Fußböden oder 250 N bei Wänden belastet (750 N ≙ 75 kg).

15.4.4 Prüfungen bei Schutzmaßnahmen ohne Schutzleiter

Bei den Schutzmaßnahmen ohne Schutzleiter sind Spannungsmessungen und Messung des Isolationswiderstandes erforderlich (Tabelle 1).

Bei hochohmigem Spannungsmesser

$$Z_x = \frac{U_x}{I_m} \quad (1)$$

Z_x Impedanz (Scheinwiderstand) des Fußbodens oder der Wand gegen Erde

U_x Spannung gegen Erde

I_m gemessene Stromstärke

Beispiel:

In der Anordnung von Bild 3, vorhergehende Seite wurden mit einem hochohmigen (elektronischen) Spannungsmesser gemessen U_x = 180 V und I = 1,2 mA.
Wie groß ist der Scheinwiderstand des Fußbodens gegen Erde?

Lösung:

$$Z_x = \frac{U_x}{I_m} = \frac{180\ \text{V}}{1{,}2\ \text{mA}} = \mathbf{150\ k\Omega}$$

Bei den Messungen sind die Spannungen und Stromstärken auf ungefährliche Werte (50 V bzw. 10 mA) zu begrenzen oder innerhalb von 0,4 s abzuschalten.

Tabelle 1: Durchzuführende Erstprüfung bei Schutzmaßnahmen ohne Schutzleiter

Schutzmaßnahme	Prüfung	Prüfverfahren
Doppelte oder verstärkte **Isolierung**	Keine Prüfung durch den Errichter, sofern keine Gerätereparatur. Bei Gerätereparatur siehe **Kapitel 16**.	
Schutzkleinspannung SELV und PELV	**Messung**, ob Bemessungsspannung U_N ≤ 50 V AC bzw ≤ 25 V AC oder ≤ 120 V DC bzw. ≤ 60 V DC ist. Bei SELV Prüfung, ob der Ausgangsstromkreis ohne Erdschluss ist. Prüfung, ob Ausgangsstromkreis leitend mit Anlagen höherer Spannung verbunden ist.	**Spannungsmessung**. **Isolationsmessung** gegen Erde (Prüfspannung ≥ 250 V DC, Isolation ≥ 0,50 MΩ). Isolationsmessung gegen Anlage höherer Spannung (Prüfspannung ist entsprechend der Bemessungsspannung der Anlage höher, Isolation ≥ 0,50 MΩ).
Schutztrennung mit nur einem Verbrauchsmittel je Sekundärwicklung des Trenntransformators	**Prüfung**, ob der Ausgangsstromkreis ohne Erdschluss ist. Prüfung, ob Produkt aus Spannung und Leitungslänge ≤ 100.000 Vm ist.	**Spannungsmessung**. **Isolationsmessung** gegen andere Stromkreise und Erde (Prüfspannung 500 V DC, Isolation ≥ 1,0 MΩ bei Bemessungsspannung ≤ 500 V AC).
Schutztrennung mit mehreren Verbrauchsmitteln je Sekundärwicklung des Trenntransformators	▪ Prüfen, ob die ständige fachliche Überwachung gewährleistet ist. ▪ Prüfen, ob für die vorgesehene Verwendung als Fehlerschutz die Schutztrennung mit nur einem Verbrauchsmittel Pflicht ist.	Messungen wie bei der Schutztrennung mit nur einem Verbrauchsmittel je Sekundärwicklung.
Nichtleitende Umgebung	**Messung** des Isolationszustandes. Als Fehlerschutz nur ausreichend bei ständiger fachlicher Überwachung durch Elektrofachkraft oder elektrotechnisch unterwiesene Person.	**Messung**, der Isolationsimpedanz vom Fußboden (bei U_N ≤ 500 V AC, Standortübergangswiderstand Z_x ≥ 50 kΩ, bei U_N > 500 V AC, Z_x ≥ 100 kΩ).

15.4.5 Messen der Fehlerschleifen-impedanz

Die Messung der Schleifenimpedanz der Fehlerschleife ist erforderlich, wenn der Fehlerschutz durch automatische Abschaltung der Stromversorgung mittels Überstrom-Schutzeinrichtung erfolgen soll. Die Schleifenimpedanz ist der Scheinwiderstand der gesamten Schleife, durch welche ein Fehlerstrom zum Fließen kommt. Die Schleife umfasst also den Weg vom Außenleiter zum PEN, Schutzleiter PE und über die Transformatorstation zurück zum Außenleiter **(Bild 1)**.

Man misst die Schleifenimpedanz an den Steckdosen bzw. Verbrauchern. Im Prinzip wird zunächst ohne Lastwiderstand die Spannung Außenleiter gegen Erde gemessen. Danach wird der Schalter S1 geschlossen (Vorprüfung). Geht die Spannung nicht merklich zurück, wird der Schalter S2 geschlossen (Hauptprüfung). Aus der Spannungsdifferenz und der Stromstärke lässt sich die Impedanz der Fehlerschleife berechnen.

Die Messung ist in der angegeben Form nicht ohne Weiteres möglich, wenn der Stromkreis durch ein RCD geschützt ist. In diesem Fall wird an Stelle des Schutzleiters der Neutralleiter an die Messeinrichtung angeschlossen.

Das Messergebnis entspricht dann der Messung über den Schutzleiter. Man nennt aber den gemessenen Widerstand anders und spricht vom **Netzinnenwiderstand**.

Beispiel 1:

Die Leerlaufspannung an einer Steckdose ist 235 V, bei Belastung mit 20 A sinkt die Spannung auf 225 V. Wie groß ist die gemessene Schleifenimpedanz?

Lösung:

$Z_{Sm} = (U_0 - U)/I = (235\text{ V} - 225\text{ V}) / 20\text{ A} = \mathbf{0{,}5\ \Omega}$

Meist wird die Schleifenimpedanz mit Messgeräten bestimmt, die direkt den Kurzschlussstrom und die Schleifenimpedanz anzeigen. Diese Messung der Schleifenimpedanz kann für den Fehlerfall einen zu niedrigen Wert ergeben, weil die Messung mit einer kleinen Stromstärke von z. B. 20 A erfolgt, im Fehlerfall aber sehr viel stärkere Ströme auftreten. Dadurch ist im Fehlerfall die Leitertemperatur sehr viel größer und damit auch die Schleifenimpedanz. Deshalb muss die gemessene Schleifenimpedanz Z_{Sm} (nach der Messung) nach Formel 2 mit dem **Sicherheitsfaktor** 2/3 geprüft werden.

Im Fehlerfall kann wegen hoher Ströme eine höhere Schleifenimpedanz vorhanden sein als die zuvor gemessene.

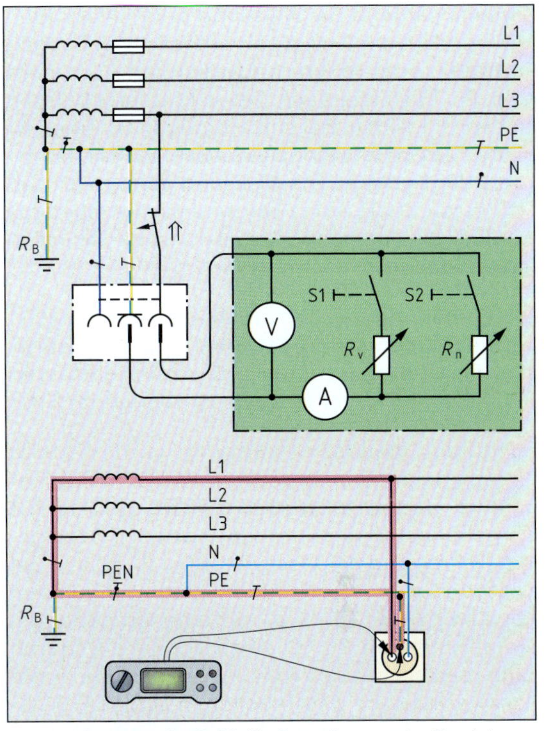

Bild 1: Messung der Schleifenimpadanz an der Steckdose (oben mit Messschaltung, unten mit Multifunktionsmessgerät, Messschaltung integriert, automatisches Messen)

Gemessene Schleifenimpedanz:

$$Z_{Sm} = \frac{U_0 - U}{I} \qquad (1)$$

Z_{Sm} gemessene Schleifenimpedanz
U_0 Spannung Außenleiter-Neutralleiter
U Lastspannung bei der Messung
I Stromstärke bei der Messung

Zur Prüfung von Z_{Sm} nach der Messung

$$Z_{Sm} \leq \frac{2\,U_0}{3\,I_a} \qquad (2)$$

Z_{Sm} gemessene Schleifenimpedanz
U_0 Spannung Außenleiter-Neutralleiter
I_a Abschaltstrom der Überstrom-Schutzeinrichtung

Beispiel 2:

Ist bei Absicherung mit einem Leitungsschutzschalter 20 A der Charakteristik B (Tabelle 2 Seite 101) die gemessene Schleifenimpedanz vom Beispiel 1 richtig?

Lösung:

$I_a = 5 \cdot I_N = 5 \cdot 20\text{ A} = 100\text{ A}$

$Z_{Sm} = 0{,}5\ \Omega \overset{?}{\leq} \frac{2\,U_0}{3\,I_a} = \frac{2 \cdot 230\text{ V}}{3 \cdot 100\text{ A}} = 1{,}533\ \Omega$

Die Schleifenimpedanz ist richtig.

Können während der Messung der Fehlerschleifenimpedanz im Netz Spannungsschwankungen auftreten, sind mehrere Messungen vorzunehmen. Ein **Mittelwert** aus diesen Messergebnissen ist dann zu bilden. Bei sinusförmigen Strömen ist für die Messgeräte eine Betriebsmessunsicherheit von ± 30 % erlaubt. Die Messung darf an der entferntesten Stelle eines Stromkreises ausgeführt werden. Die durchgehende elektrische Schutzleiterverbindung ist nachzuweisen.

Die Einhaltung der Fehlerschleifenimpedanz ist gefordert, wenn in TT-Systemen für den Fehlerschutz Überspannungs-Schutzeinrichtungen SPDs (Surge Protective Devices) verwendet sind.

Schleifenimpedanzmessungen werden meist bei Umgebungstemperaturen von 20 °C durchgeführt. Nach DIN EN 6090-0 (VDE 0102) ist die Umgebungstemperatur jedoch auf 80 °C festgelegt. Daher sind die Messwerte bei 20 °C und bei Kupferleitungen durch Multiplikation mit einem Korrekturfaktor von 1,24 auf eine Umgebungstemperatur von 80 °C umzurechnen. Dadurch kann man sie mit den maximal zulässigen Impedanzwerten nach den Tabellen in DIN VDE 0100-600 vergleichen (gekürzt **Tabelle 1, Seite 215**).

15.4.6 Messen des Erdungswiderstandes

Beim Messverfahren nach DIN VDE 0100-600 werden mit Wechselstrom drei Messungen durchgeführt. Dabei wird bei 40 m Abstand von Erderelektrode zu Hilfs-Erderelektrode eine Sonde zweimal um etwa 4 m (10 %) versetzt **(Bild 1)**. Der Mittelwert dieser Messungen ist der Erdungswiderstand. Erder, Sonde, Hilfserder können auch als gleichschenkliges Dreieck gesteckt werden.

Sind Erder in waagrechter Richtung weitläufig ausgedehnt, müssen vor der Messung des Erdungswiderstandes die Form und Lage der Erder bekannt sein. Der Bereich zwischen zu messendem Erder, Hilfserder oder der Messsonde sollte frei von metallenen Rohrleitungen, anderen Erdungsanlagen oder kathodischen Korrosionsschutzanlagen sein. Kann dies nicht sichergestellt werden, ist der geforderte Abstand zum Hilfserder ab diesen Metallteilen zu messen. Die Spannung am zu messenden Erder und am Hilfserder sowie ggf. an der Messsonde darf sich jeweils nicht beeinflussen.

Der Bereich zwischen zu messendem Erder, Hilfserder oder der Messsonde muss frei von metallenen Gegenständen im Erdboden sein.

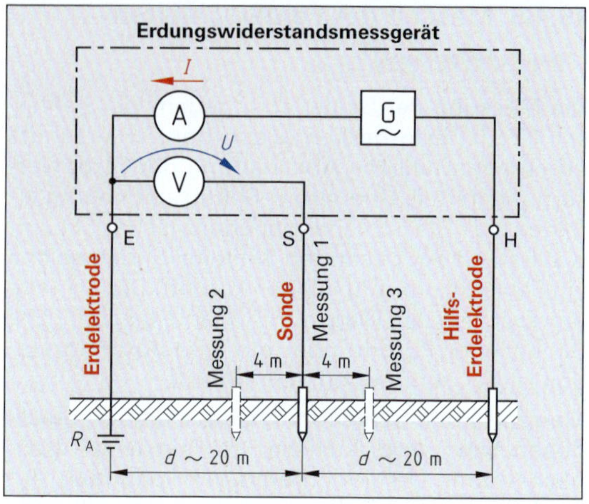

Bild 1: Messung des Erdungswiderstandes nach DIN VDE 0100-600

Bild 2: Erdungsmessung mit Strommesszange
www.fluke.com

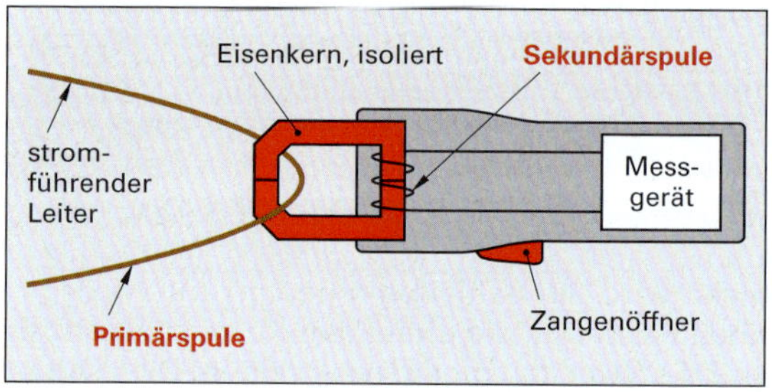

Bild 3: Prinzip der Strommesszange für Wechselstrom

Seit einigen Jahren sind **Strommesszangen** in Benutzung, mit denen man den Erdschleifenwiderstand bequem messen kann **(Bild 2)**. Eine Strommesszange enthält einen Summenstromwandler mit aufklappbarem Eisenkern in Form einer Zange. Der Kern trägt die Ausgangswicklung (Sekundärspule), während ein Leiter der Anlage nach Schließen der Zange als Eingangswicklung (Primärspule) wirkt **(Bild 3)**. Damit ist die Strommesszange zur Erfassung des Stroms in einem Leiter geeignet. Die Messung erfolgt mit eingebautem oder getrenntem Strommesser.

Umfasst die Strommesszange mehrere Leiter, wird die Summe der Ströme der Leiter erfasst.

Weiter entwickelte Zangenstromwandler enthalten ein Anzeige-Display und einen Mikrocomputer. Bei speziellen Zangenstromwandlern wird ein Wechselrichter aus einer Batterie gespeist. Die Wechselspannung wird an die Wicklung (ursprünglich beim Summenstromwandler die Sekundärspule) gelegt, sodass im Eisenkern ein magnetisches Wechselfeld entsteht. Umfasst die Zange einen Leiter, so wird in diesem eine Spannung induziert.

Zur Messung des für den Fehlerschutz maßgebenden Erdschleifenwiderstands gibt DIN VDE 0100-600 die Schaltung mit zwei Strommesszangen P1 und P2 an **(Bild 1)**. P1 ist geeignet zum Induzieren einer Spannung U in einen Leiter, P2 misst den dadurch hervorgerufenen Strom. Die **Erdscheifenimpedanz *Z*** ist dann $Z = U/I$. Es müssen mindestens zwei Erdverbindungen vorliegen.

Es ist den Herstellern von Messgeräten gelungen, beide Strommesszangen zu kombinieren, sodass für die Messung der Erdschleifenimpedanz nur eine spezielle Strommesszange (Erdungsprüfzange) erforderlich ist **(Bild 2)**. Messungenauigkeiten können sich durch **Fremdfeldeinstreuungen**, ungünstige Leiteranordnungen in der Zange oder Zangenverschmutzung verstärken.

Erdungsmessungen sind sehr von den Umgebungsbedingungen, z. B. Feuchtigkeit des Erdreichs, und fremden Einflüssen, z. B. Streuströme im Erdreich, abhängig.

Für unterschiedliche Bemessungsdifferenzströme von Fehlerstrom-Schutzeinrichtungen RCDs sind in DIN VDE 0100-600, -530 theoretische Maximalwerte für den Erdungswiderstand R_A angegeben **(Tabelle 1)**. Im Fehlerfall darf die zulässige Berührungsspannung AC 50 V nicht überschritten werden. Infolge der Schwankungen des Erdungswiderstandes sollten allerdings deutlich kleinere Werte gemessen werden. Bei trockenem Erdreich kann der Widerstand z. B. fünfmal so hoch sein wie bei feuchtem Erdreich.

Nacheinander durchgeführte Erdungsmessungen führen oft zu verschiedenen Ergebnissen.

Ist das Messen des Erdungswiderstandes nicht möglich, darf der Widerstand unter Verwendung geeigneter Werte auch berechnet werden. Die Berechnung ist jedoch zu dokumentieren.

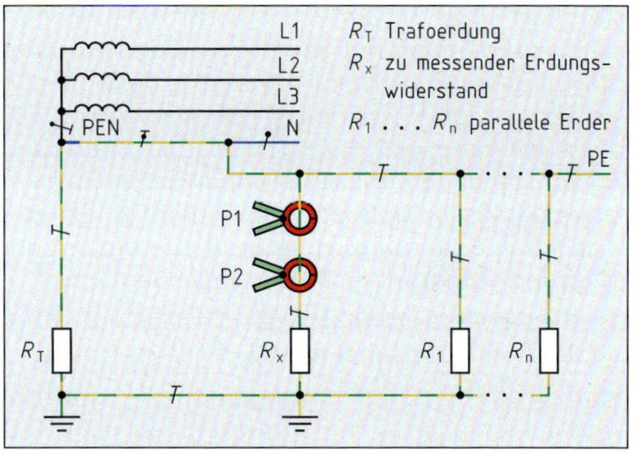

Bild 1: Messung des Erdschleifenwiderstands mit Strommesszangen nach VDE 0100-600

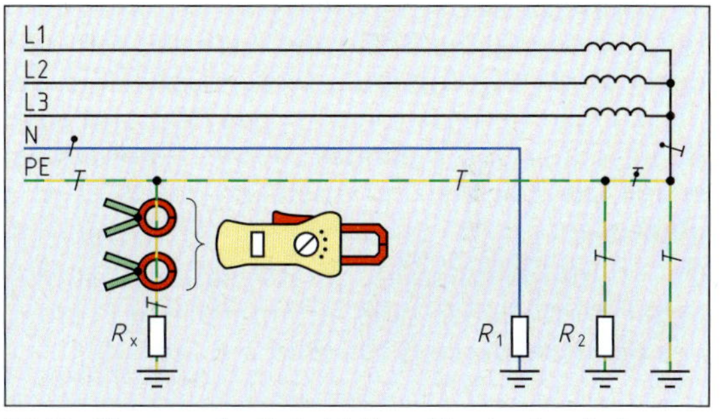

Bild 2: Messung des Erdschleifenwiderstands mit einer speziellen Strommesszange

Tabelle 1: Maximaler Erdungswiderstand

$I_{\Delta N}$ in mA	R_A in Ω	$I_{\Delta N}$ in mA	R_A in Ω
10	5000	300	166
30	1666	500	100
100	500	1000	50

$I_{\Delta N}$ Bemessungsdifferenzstrom eines RCD,
R_A Erdungswiderstand

15.4.7 Messungen bei RCDs

Das Betätigen der Prüftaste des RCD bestätigt nicht die Wirksamkeit des RCD in der elektrischen Anlage. Das Betätigen bestätigt nur die Funktion des RCD.

Bei RCDs muss durch Messung nachgewiesen werden, dass

- das RCD mindestens bei Bemessungsdifferenzstrom $I_{\Delta N}$ auslöst und
- dabei die höchstzulässige Berührungsspannung U_L nicht überschritten wird.

Dazu verwendet man eine Messeinrichtung, die durch einen Stellwiderstand einen Körperschluss simuliert **(Bild 1)**. Zunächst wird ohne Körperschluss die Spannung gemessen. Dann wird der Stellwiderstand verkleinert, wobei jeweils die nun kleiner werdende Spannung gemessen wird. Die bei Auslösung des RCD gemessene Spannung wird festgehalten. Die Differenz zwischen der anfangs gemessenen Spannung und der zuletzt gemessenen Spannung ist so groß wie die bei der Messung aufgetretene Berührungsspannung.

Bei diesem Messverfahren spricht man vom Prinzip der **Spannungsabsenkung**.

Beim Verfahren mit ansteigendem Prüfstrom wird ein simulierter Fehlerstrom hinter dem RCD gemessen. Beim Abschalten dieser muss der Fehlerstrom (Prüfstrom) ≤ dem Bemessungsdifferenzstrom $I_{\Delta N}$ des RCD sein.

Die Auslösung des RCD kann auch geprüft werden mittels Stromimpuls in der Höhe des Bemessungsdifferenzstroms $I_{\Delta N}$ des RCD und einer Impulsdauer von maximal 200 ms **(Impulsmessung)**. Die Zeit bis zum Auslösen des RCD wird gemessen.

Die Multifunktionsmessgeräte als Installationstester ermöglichen eine automatisierte Prüfung des Schutzes durch RCDs (Bild 2, Seite 205).

15.4.8 Prüfung des Schutzpotenzialausgleichs

Der Schutzpotenzialausgleich über die Haupterdungsschiene ist eingehend durch Besichtigen zu prüfen, insbesondere auf die Verbindungen mit der Haupterdungsschiene (Potenzialausgleichsschiene) und auf Querschnitte der Schutzpotenzialausgleichsleiter. Ein Erproben ist nicht erforderlich. Eine Prüfung der Durchgängigkeit ist dann erforderlich, wenn durch Besichtigen die Wirksamkeit des Schutzpotenzialausgleichs über die Haupterdungsschiene nicht beurteilbar ist. Bei der Messung müsste dann festgestellt werden, dass zwischen den Bestandteilen des Schutzpotenzialausgleichs über die Haupterdungsschiene eine leitende Verbindung besteht.

Der Schutzpotenzialausgleich über die Haupterdungsschiene wird vor allem durch Besichtigen geprüft.

Der **zusätzliche Schutzpotenzialausgleich** wird im Prinzip wie der Schutzpotenzialausgleich über die Haupterdungsschiene geprüft. Sind hier die Schutzpotenzialausgleichsleiter nicht sichtbar verlegt, z.B. in Bädern, ist die Durchgängigkeit der Verbindungen mit den fremden leitfähigen Teilen nachzuweisen.

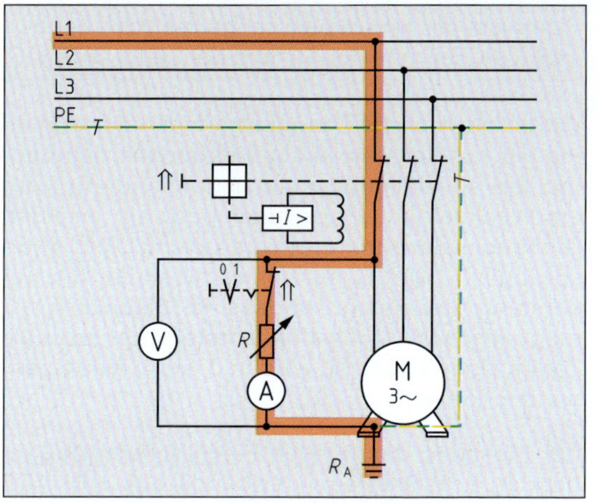

Bild 1: Messung nach dem Prinzip der Spannungsabsenkung

Wiederholung und Vertiefung

1. Aus welchen Tätigkeiten besteht die Prüfung einer elektrischen Niederspannungsanlage?

1. Besichtigen, 2. Besichtigen und Erproben, 3. Besichtigen und Messen, 4. Besichtigen, Erproben und Messen, 5. Besichtigen, Messen und Dokumentieren. ☐

2. Welche Aufgabe hat das Erproben?

1. Die Messung der einzuhaltenden Mindestwerte. ☐
2. Nachweis der Wirksamkeit der verschiedenen Einrichtungen, z.B. der NOT-AUS-Einrichtung. ☐
3. Prüfen, ob die mechanische Festigkeit ausreichend ist. ☐
4. Prüfen, ob die elektrischen Werte eingehalten werden. ☐
5. Nachweis der thermischen Festigkeit im mehrstündigen Betrieb. ☐

3. Welche Aussage über die Erstprüfung trifft zu?

1. Die allgemeinen Sicherheitsbestimmungen sind einzuhalten. ☐
2. Für die Erstprüfung sind die meisten VDE-Bestimmungen aufgehoben. ☐
3. Bei der Erstprüfung müssen mindestens zwei Personen anwesend sein. ☐
4. Bei der Erstprüfung darf stets unter Spannung gearbeitet werden. ☐
5. Die Erstprüfung darf nur von Meistern ausgeführt werden. ☐

15.4.9 Weitere Prüfungen

Prüfung der Drehfeldrichtung, Phasenfolge

Bei Drehstrom-Steckdosen muss bei der Erstprüfung geprüft werden, ob ein Drehstrommotor im Rechtslauf (Drehrichtung im Uhrzeigersinn beim Blick auf die Riemenscheibe bzw. Triebseite, Bild 2, Seite 228) arbeitet. Es liegt dann ein Rechtsdrehfeld vor, wenn beim Betrachten der Kontaktbuchsen der Steckdose von vorn im Uhrzeigersinn zuerst der erste, dann der zweite und dann der dritte Außenleiter seine Spannungsspitze erreicht. Die Prüfung erfolgt mit einem Drehfeldrichtungs-Messgerät **(Bild 1)** oder einem Multifunktionsmessgerät. Ein Drehstrommotor hat dann Rechtslauf, wenn die von vorn betrachteten Kontaktbuchsen der Steckdose im Uhrzeigersinn an die Motoranschlüsse U1, V1, W1 angeschlossen sind. Ggf. sind zwei Leiter umzuklemmen.

> Das Einhalten der Phasenfolge als Rechtsdrehfeld ist nur bei Drehstrom-Steckdosen vorgeschrieben.

Prüfung der Spannungspolarität

Einpolige Schaltgeräte dürfen nicht im Neutralleiter liegen (DIN VDE 0100-460). Prüfen der Spannungspolarität bedeutet hier das Untersuchen, ob einpolige Schalteinrichtungen und Schutzeinrichtungen nur im Außenleiter angeordnet sind.

> Bei der Prüfung der Spannungspolarität prüft man, ob einpolige Schaltgeräte und Schutzgeräte richtig im Außenleiter liegen.

Prüfung des Spannungsfalls

Der Spannungsfall Δu vom Hausanschluss bis zum Anschlusspunkt, z. B. der Steckdose, darf bei Nennlast höchstens 4 % der Netz-Nennspannung betragen und vom Zähler bis zum Verbrauchsmittel höchstens 3 %. Er wird berechnet aus den Messwerten der Impedanz Z des Stromkreises und dessen Bemessungsstrom I_N :

Spannungsfall

$$\Delta U = Z \cdot I_N \qquad (1)$$

ΔU Spannungsfall in V
Z Impedanz
I_N Bemessungsstrom

Bei Drehstrom ist der Spannungsfall vom Speisepunkt bis zur Last davon nur die Hälfte, da die Rückleitung entfällt **(Abschnitt 7.3.3)**.

Beim Prüfen des Spannungsfalls finden folgende Messungen statt, um ihn beurteilen zu können:

- Spannungsunterschiede mit und ohne angeschlossene Nennlast,

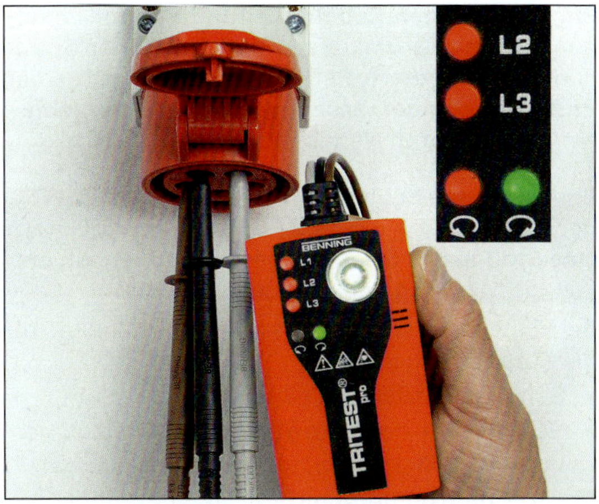

Bild 1: Drehfeldrichtungsmessgerät (Beispiel)

- Spannungsunterschiede mit und ohne Verbraucher und anschließende Hochrechnung auf die Nennlast,
- Impedanz des Stromkreises.

Funktionsprüfungen

Die Funktionsprüfung erstreckt sich vor allem auf die zuverlässige Funktion von Komponenten, welche die Sicherheit betreffen. Das betrifft z. B.

- NOT-AUS-Einrichtungen,
- Verriegelungen von Schaltschränken,
- RCDs, RCMs und Isolationsüberwachung,
- Melde- und Anzeigeeinrichtungen.

15.4.10 Zusätzliche Erstprüfungen

Prüfungen bei SELV

Durch Besichtigen ist bei der Erstprüfung festzustellen, ob die Betriebsmittel richtig ausgewählt sind. Insbesondere müssen

- Stromquellen nach Teil 410 ausgewählt werden,
- Stecker so beschaffen sein, dass sie nicht in Steckdosen von höherer Spannung eingeführt werden können und
- Körper ohne Verbindung mit Schutzleitern sein.

Durch Messen ist festzustellen, ob die Spannungsgrenzen von SELV, z. B. AC 25 V oder AC 50 V, eingehalten sind. Durch eine Messung ist zu prüfen, ob der Isolationswiderstand der Leiter gegen die aktiven Teile anderer Stromkreise und auch gegen Erde mindestens 0,5 MΩ beträgt. Auf Einhalten der Leerlaufspannungen ist beim Messen zu achten.

Bei mehradrigen Kabeln, Leitungen oder Leiterbündeln mit Stromkreisen verschiedener Spannungen muss der Isolationswiderstand mit einer Prüfspannung gemessen werden, die der höchsten anwendbaren Nennspannung entspricht.

Prüfungen bei PELV und FELV

Bei PELV ist wie bei SELV zu verfahren. Sofern eine Erdung des Stromkreises vorhanden ist, entfällt die Messung gegen Erde.

Bei FELV ist durch eine Messung festzustellen, ob die Körper mit dem

- Schutzpotenzialausgleichsleiter bzw. dem
- Schutzleiter des übergeordneten Netzes verbunden sind.

Der Isolationswiderstand der aktiven Leiter gegen Erde ist zu messen. Er muss den Werten des übergeordneten Netzes entsprechen, also meist mit DC 500 V gemessen werden und wenigstens 1 MΩ betragen.

Prüfungen für Schutzklasse II

Durch Besichtigen ist bei der Erstprüfung festzustellen, dass z. B. kein Anschluss an einen Schutzleiter erfolgt ist und keine leitfähigen Teile, durch die Spannungen verschleppt werden könnten, durch die Isolierstoffumhüllung geführt sind. Messungen sind nicht erforderlich. Eine Erprobung mit einer Prüfspannung von z. B. AC 4000 V ist nur dann erforderlich, wenn die Isolierstoffumhüllung nicht vorher vom Hersteller geprüft wurde und Zweifel an ihrer Wirksamkeit bestehen.

Die Erstprüfung bei der Schutzmaßnahme Schutzklasse II beschränkt sich meist auf Besichtigen der Betriebsmittel.

Prüfungen bei Schutztrennung

Durch Besichtigen ist bei der Erstprüfung festzustellen, ob

- die flexiblen Leitungen mindestens der Bauart H07RN-F entsprechen,
- die aktiven Teile des Sekundärstromkreises von anderen Stromkreisen sicher getrennt und nicht mit Erde verbunden sind,
- nur ein Verbrauchsmittel an den Trenntransformator angeschlossen ist,
- bei Schutztrennung mit mehr als einem Verbrauchsmittel die Körper durch ungeerdete isolierte Schutzpotenzialausgleichsleiter miteinander verbunden sind und ob die fachliche Überwachung gewährleistet ist,
- die Körper so angeordnet sind, dass ohne Verwenden von Hilfsmitteln es nicht möglich ist, zwei Körper oder einen Körper und ein fremdes leitfähiges Teil gleichzeitig zu berühren.

Tabelle 1: Widerstände von isolierendem Fußboden oder isolierenden Wänden

Bemessungsspannung des Netzes	Widerstand
≤ AC 500 V	≥ 50 kΩ
> AC 500 V	≥ 100 kΩ

Ein Erproben mit einer Prüfspannung von z. B. AC 4000 V ist nur dann erforderlich, wenn keine Prüfung der Stromquelle durch den Hersteller erfolgt ist. Durch Messung oder durch Rechnung ist bei der **Schutztrennung** mit mehr als einem Verbrauchsmittel nachzuweisen, dass bei gleichzeitigem Auftreten von zwei Körperschlüssen mindestens ein fehlerbehafteter Stromkreis abgeschaltet wird.

Durch Messung ist festzustellen, dass die aktiven Leiter gegen andere Stromkreise und gegen Erde ausreichend isoliert sind.

Bei Schutztrennung ist der Isolationswiderstand gegen andere Stromkreise und gegen Erde zu messen.

Prüfungen beim Fehlerschutz durch nichtleitende Umgebung

Bei der Erstprüfung ist zu klären, ob die Voraussetzung zu diesem Fehlerschutz gegeben ist, also ob fachliche Überwachung durch eine **Elektrofachkraft** oder elektrotechnisch unterwiesene Person gewährleistet ist. Durch **Besichtigen** ist festzustellen, dass gleichzeitiges Berühren von zwei Körpern der Betriebsmittel oder von einem Körper und einem fremden leitfähigen Teil nicht möglich ist.

Durch mindestens drei Messungen muss festgestellt werden, dass die Widerstände von isolierendem Fußboden und isolierenden Wänden genügend groß sind **(Tabelle 1)**. Eine Messung soll im Abstand von 1 m von berührbaren fremden leitfähigen Teilen durchgeführt werden, die anderen beiden Messungen in größeren Abständen.

Eine nichtleitende Umgebung erfordert den Nachweis genügend großer Umgebungswiderstände.

Prüfungen im TN-System

Werden RCDs zum Fehlerschutz verwendet, so muss bei der Erstprüfung deren Wirksamkeit mit geeigneten Messgeräten geprüft werden. Bei RCDs mit $I_{\Delta N} \leq 500$ mA ist die Messung der Fehlerschleifenimpedanz nicht erforderlich, wenn die Anlage an das öffentliche Netz angeschlossen ist.

Die **VNB** (Verteilungsnetzbetreiber) sind verpflichtet, den Erdungswiderstand des Netzes so klein zu halten, dass automatische Abschaltung durch RCDs gewährleistet ist.

Wenn für den Fehlerschutz Überstrom-Schutzeinrichtungen verwendet werden, muss festgestellt werden, ob der für die jeweilige **Abschaltzeit** erforderliche Abschaltstrom fließen kann (Tabelle 1 Seite 92). Bei Leitungsschutzschaltern (LS-Schalter) und Leistungsschaltern kann als Abschaltstrom ein Vielfaches des Bemessungsstroms I_N zur überschlägigen Prüfung angenommen werden, um z. B. die höchstzulässige Abschaltzeit $t_a \leq$ 0,4 s oder $t_a \leq 5$ s sicherzustellen **(Abschnitt 6.2)**.

Das Prüfen, ob der Abschaltstrom I_a der Überstrom-Schutzeinrichtung **(Tabelle 1)** zum Fließen kommt, kann durch Messen der Schleifenimpedanz Z_{Sm} erfolgen. Die im Fehlerfall, also bei warmer Leitung, vorhandene Schleifenimpedanz ist allerdings nicht bekannt. Deshalb nimmt man zur Berechnung das 1,5-Fache von Z_{Sm} (Sicherheitsfaktor, siehe Seite 209). Der Korrekturfaktor 1,24 für Cu-Leitungen bei 20 °C bzgl. 80 °C Umgebungstemperatur ist zu berücksichtigen (Seite 210).

Prüfungen im TT-System

Zusätzlich zu den beschriebenen Besichtigungen ist bei der Erstprüfung festzustellen, ob alle Körper, die an eine gemeinsame Schutzeinrichtung angeschlossen sind, einen gemeinsamen Erder haben. Durch Messen ist festzustellen, ob der Erdungswiderstand so klein ist, dass der erforderliche Abschaltstrom zum Fließen kommt und die geforderten **Abschaltzeiten** eingehalten werden (Tabelle 1, Seite 92). Bei RCDs ist der Abschaltstrom gleich dem Bemessungsdifferenzstrom des RCD, also z. B. 30 mA.

Die Messung des Erdungswiderstandes ist bei Abschaltung durch RCDs nicht erforderlich, wenn nachgewiesen wird, dass ein festgelegter maximal zulässiger Wert der Berührungsspannung U_L nicht überschritten wird.

Prüfungen im IT-System

Zusätzlich zu den genannten Besichtigungen ist bei der Erstprüfung festzustellen, ob

- alle aktiven Leiter der Anlage nicht geerdet sind, und ob
- alle Körper mit einem Schutzleiter verbunden sind.

Durch Messen ist nachzuweisen, dass die dauernd zulässige Berührungsspannung U_L nicht überschritten wird. Deshalb darf das Produkt aus $R_A \cdot I_d$ nicht größer sein als die dauernd zulässige Berührungsspannung U_L. Man muss also

Tabelle 1: Abschaltung durch Überstrom-Schutzeinrichtungen bei 80 °C Umgebungstemperatur
vgl. DIN VDE 0100-600

Schmelzsicherungen gG im TN-System				
I_N in A	I_a in A			
	$t_a = 0{,}4$ s	Z_S in Ω	$t_a = 5$ s	Z_S in Ω
16	107	2,15	65	3,54
20	145	1,59	85	2,71
25	180	1,28	110	2,09
32	265	0,87	150	1,53
63	550	0,42	320	0,72

Leitungsschutzschalter (LS)[1], Leistungsschalter (L)[2] im TN-System		
I_N in A	Charakteristik B[1] $I_a = 5\,I_N$	[1]LS Char. C, [2]L $I_a = 10\,I_N$
	Z_S in Ω	Z_S in Ω
16 (t_a = 0,4 s; 5 s)	2,88	1,44
20	2,30	1,15
25	1,84	0,92
32	1,44	0,72
63	0,73	0,36

t_a Abschaltzeit, Z_S max. Schleifenimpedanz

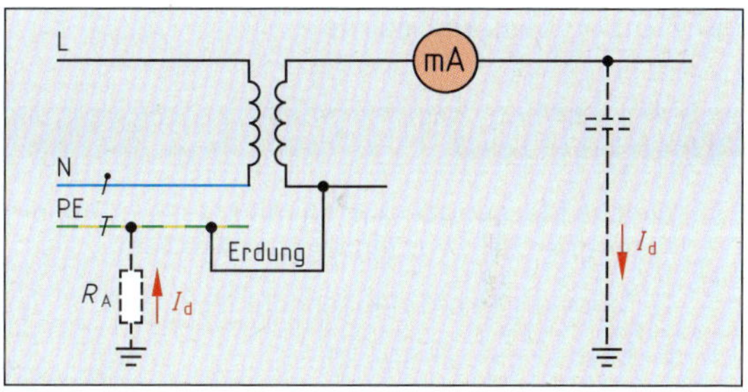

Bild 1: Messung des Ableitstroms im IT-System

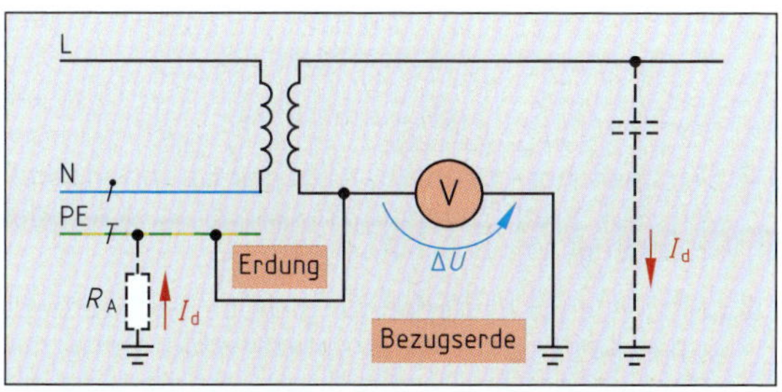

Bild 2: Messung der Berührungsspannung im IT-System

den Erdungswiderstand R_A und den Ableitstrom I_d nach Erdung eines Außenleiters an der Stromquelle messen **(Bild 1)**. Es ist auch zulässig, die Berührungsspannung als Spannungsfall ΔU am Erdungswiderstand nach Erdung eines Außenleiters an der Stromquelle direkt zu messen **(Bild 2)**.

Die Erstprüfung einer elektrischen Anlage ist umfangreich **(Tabelle 1, folgende Seite)** und muss dokumentiert werden.

15.4.11 Prüfprotokoll

Nach Beendigung der Prüfung ist vom Prüfenden ein Prüfbericht zu erstellen **(Bild 1)**. Dieser muss enthalten u. a.

- Name und Anschrift des Auftraggebers und des Auftragnehmers,
- Bezeichnung des Objekts der Prüfung (Anlage, Stromkreise),
- Prüfergebnisse, Messergebnisse,
- verwendete Mess- und Prüfgeräte.

Die ermittelten Informationen sind zu bewerten. Für die Bewertung wesentliche Messwerte sind schriftlich zu dokumentieren. Eine Dokumentation aller Messwerte ist nicht gefordert.

Die Prüfperson muss eine **Elektrofachkraft** mit zeitnaher Prüferfahrung und mindestens einjähriger Berufserfahrung sein. Der Prüfbericht der Erstprüfung muss die Zeitangabe der ersten wiederkehrenden Prüfung enthalten. Der Prüfbericht muss von einer Elektrofachkraft mit dem Datum der Prüfung bestätigt werden.

Prüfprotokoll

Prüfungprotokoll-Nr.: 00000004

Auftraggeber

Firma Muster
Musterstraße 1
60000 Mustestadt

Anlage: 001 UV-1 1. OG Wohnung A

VNB (EVU) EHAE | **Netzspannung** 230V/40

System: ☑ TN-System ☐ TT-System ☐ IT-System

Zähler-Nr. **Zählerstand**

Prüfung durchgeführt nach: ☑ DIN VDE 0100 Teil 600 ☐ DIN VDE 0829/EN 50090

Grund der Prüfung ☑ Erstprüfung ☐ Erweiterung ☐ Ä

Besichtigung:

☐ Richtige Auswahl der Betriebsmittel
☐ Keine Schäden an Betriebsmittel
☑ Schutz gegen direktes Berühren
☑ Sicherheits-Einrichtung
☑ Brandabschottung
☑ Wärmeerzeugende Betrieb
☑ Kennzeichnung Stromkrei
☑ Leitungsverlegung
☑ Kleinspannung mit sicher
☑ Schutztrennung
☑ Schutzisolierung

Erprobung: Bemerkungen:

☑ Funktion der Schutz- und Überwachungseinrichtungen
☑ Funktionsprüfung der Anlage
☑ Drehstrom-Steckdosen OK
☐ Drehrichtung der Motoren

Messung: Erdungswiderstand Ohm ☑ Schut
Iso.-widerstand der Busleitung kOhm ☑ Durch

Verwendete Muss- und Prüfgeäte: FLUKE 1653 Ser. Nr.: 9723013

Bemerkungen:

Stromkreis Nr.	Ort/Anlagenteil	Nr.	Drehfeld	Leitung/Kabel Art	Leiteranzahl	Querschnitt mm^2	PE Rlow Ohm	Überstrom-Schutzeinric Art/ Charakteristik	In A
Verteiler:	UV-1 Unterverteiler 1. OG Steckdosen								
F1	Arbeitssteckdosen Lager und Flur			NYM-J	3	2,5		LS B	16
F1	Arbeitssteckdosen Lager und Flur			NYM-J	3	2,5		LS B	16

☑ Prüfergebnis mangelfrei ☑ Prüfplakette i

Unterschrift:
Die elektrische Anlage entspricht den anerkannten Regeln der Elektrotechnik
Prüfer: Herr Mustermann
Verantwortlic

Ort: Datum: Unterschrift:

Bild 1: Ausschnitt aus einem Prüfprotokoll

Wiederholung und Vertiefung

1. Welche Messungen dürfen mit Messgeräten der Kategorie CAT I vorgenommen werden?
   1. Messungen am Hausanschluss. ☐
   2. Messungen an Steckdosen. ☐
   3. Messungen an batteriebetriebenen Geräten. ☐
   4. Messungen an Heizungsanlagen. ☐
   5. Messungen an Herden mit Kochfeldern. ☐
2. Aus welchem Grund beträgt der Spannungsfall bei 3AC vom Speisepunkt bis zur Last nur die Hälfte des Wertes wie bei AC?
3. Mit welcher Prüfspannung muss bei mehradrigen Leitungen der Isolationswiderstand gemessen werden, wenn diese Stromkreise mit verschiedenen Spannungen umfassen?
4. Auf welche Weise ist bei Schutztrennung der Isolationswiderstand zu messen?
5. Bei Schutztrennung dürfen Körper nicht beliebig angeordnet sein. Wie ist dies zu prüfen?
6. Welche Prüfung ist bei Betriebsmitteln der Schutzklase II meist ausreichend?
7. Wie sind RCDs bei der Erstprüfung zu prüfen, wenn diese zum Fehlerschutz im TN-System eingesetzt sind?
8. Überstrom-Schutzeinrichtungen sind zum Fehlerschutz installiert. Was ist zu prüfen?
9. Welche Angaben muss ein Prüfprotokoll als Abschluss der Prüfung einer elektrischen Anlage enthalten?

Tabelle 1: Vom Errichter durchzuführende Prüfungen mit Prüfgeräten bei Schutzmaßnahmen mit Schutzleiter
vgl. DIN VDE 0100-600

Schutzmaßnahme	Prüfung	Prüfverfahren
Alle Schutzmaßnahmen mit Schutzleiter	Prüfung, dass PE nicht mit dem Außenleiter verwechselt wurde.	Spannungsmessung gegen Erde.
	Prüfung, dass keine Verwechslung von PE und Neutralleiter erfolgt ist.	Isolationsmessung in der Verteilung bei abgetrenntem N-Leiter Bei Erstprüfung: ≥ 1 MΩ, bei wiederkehrender Prüfung: ≥ 1 kΩ/V, bei Feuchtigkeit: 500 Ω/V.
	Prüfung auf Durchgängigkeit der Schutzleiter und Schutzpotenzialausgleichsleiter.	Durchgängigkeit prüfen mit Durchgangsprüfer, z. B. zur Schutzleiterschiene in der Verteilung. Prüfstrom mindestens 0,2 A.
Schutz durch Abschaltung durch Überstrom-Schutzeinrichtung	Prüfung, ob beim einpoligen Kurzschluss genügend schnell Abschaltung erfolgt, und zwar bei Stromkreisen mit Steckdosen bis I_N = 35 A innerhalb von 0,4 s, sonst innerhalb von 5 s. Erforderlich	Schleifenimpedanzmessung, gewöhnlich an der ungünstigsten (entferntesten) Stelle.
	■ beim TN-System $1{,}5 \cdot Z_{Sm} \leq U_0/I_a$, ■ beim TT-System $R_A \leq 50\,V/I_a$,	Erdungswiderstandsmessung oder Erdschleifenmessung.
	■ beim TN-S-System: Erdschlussfreiheit des zur Prüfung vom Netz getrennten N-Leiters.	Isolationsmessung ■ bei Erstprüfung: ≥ 1 MΩ, ■ bei wiederkehrender Prüfung: ≥ 1 kΩ/V, bei Feuchtigkeit 500 Ω/V.
Schutz durch Fehlerstrom-Schutzeinrichtung RCD	Prüfung, ob die RCD richtig arbeitet.	Betätigung der Prüftaste der RCD.
	Prüfung, ob die höchstzulässige Berührungsspannung U_L beim Auslösen durch einen künstlichen Fehler	Bei $I_{\Delta N} \leq 500$ mA: Messung der Fehlerspannung und des Abschaltstroms nur im Zweifelsfall.
	$U_L \leq$ AC 50 V bzw. AC 25 V und $I_F \geq I_{\Delta N}$ ist.	Siehe Abschnitt 6.1.5.
	Im TT-System: Messung des Erdungswiderstandes $R_A \leq \frac{50\,V}{I_{\Delta N}}$ bzw. $R_A \leq \frac{25\,V}{I_{\Delta N}}$	Bei $I_{\Delta N} > 500$ mA ist wie beim Fehlerschutz durch Überstrom-Schutzeinrichtungen zu verfahren. Ist R_A nicht bekannt, darf er durch $1{,}5 \cdot Z_{Sm}$ ersetzt werden.
Schutz durch Isolationsüberwachungseinrichtung	Prüfung, ob Isolationsüberwachungsgerät richtig arbeitet.	Betätigen der Prüfeinrichtung.
	Prüfung, ob Isolationsüberwachung bei Erdschluss arbeitet.	Künstlichen Fehler über Widerstand zwischen Außenleiter und Schutzleiter herstellen.
	Messung, ob Erdungswiderstand genügend klein ist. $R_A \leq 50\,V/I_d$	Erdungswiderstandsmessung oder Erdschleifenmessung.
	Prüfung, ob alle leitfähigen Konstruktionsteile miteinander niederohmig verbunden sind.	Widerstandsmessung, z. B. zur Schutzleiterschiene.

Bei Ersatzstromversorgungen gelten vereinfachte Bedingungen.

I_a Abschaltstrom; I_d Fehlerstrom infolge von Ableitströmen; I_F Fehlerstrom;
I_N Bemessungsstrom; $I_{\Delta N}$ Bemessungsfehlerstrom (Bemessungsdifferenzstrom);
R_A Erdungswiderstand der Anlagenerder; R_B Erdungswiderstand der Betriebserder;
U_0 Bemessungsspannung gegen Erder; U_L höchstzulässige Berührungsspannung;
U_N Bemessungsspannung des Netzes; Z_{Sm} gemessene Schleifenimpedanz.

16 Prüfungen bei elektrischen Geräten

16.1 Allgemeines

Das Prüfen der Wirksamkeit der Schutzmaßnahmen zur elektrischen Sicherheit bei elektrischen Geräten nach Reparaturen oder anlässlich wiederkehrender Prüfungen ist in VDE 0701 (DIN EN 50678) und VDE 0702 (DIN EN 50699) beschrieben. Beide Normen gelten für elektrische Geräte, die an Endstromkreisen von 25 V AC und 60 V DC bis zu 1000 V AC und 1500 V DC betrieben werden. Wiederkehrende Prüfungen bei Geräten dienen dem Nachweis deren elektrischer Sicherheit.

Beide Normen gelten nicht für z.B. Ladestationen für Elektrofahrzeuge, Leistungsantriebe, medizinische elektrische Geräte, unterbrechungsfreie Stromversorgen (USV), Netzteile.

Prüfungen nach Reparatur dürfen nur von **Elektrofachkräften** vorgenommen werden. Wiederkehrende Prüfungen muss eine Elektrofachkraft durchführen oder zumindest die ausführende elektrotechnisch unterwiesene Person (EuP) beaufsichtigen. Bei wiederkehrenden Prüfungen dürfen die Geräte nicht auseinandergebaut werden.

Die durchzuführenden Prüfungen sollen zeigen, dass an berührbaren sicherheitsbezogenen Teilen keine sichtbaren Fehler vorhanden sind und dass bei bestimmungsgemäßem Gebrauch der Geräte keine Gefahren für den Benutzer entstehen. Das Prüfen beginnt mit der Sichtprüfung und endet mit der Dokumentation des Prüfergebnisses **(Bild 1)**. Die Isolationswiderstandsmessung, Schutzleiterstrommessung und Berührungsstrommessung sind durchzuführen, wenn sie möglich und sinnvoll sind. Hierbei ist die Elektrofachkraft gefordert, ggf. alternative Prüfmöglichkeiten in Betracht zu ziehen, um die Sicherheit des Gerätes bestätigen zu können.

Bei den Geräteprüfungen ist zu unterscheiden zwischen Prüfungen für Geräte der Schutzklasse (SK) I oder der Schutzklasse II.

16.2 Sichtprüfung

Die Sichtprüfung umfasst das Prüfen z.B. bzgl.

- Verunreinigungen, Korrosionen,
- Eignung von Kabeln, Steckern, Schaltern,
- Zugentlastung des Netzkabels,
- Beschädigungen,

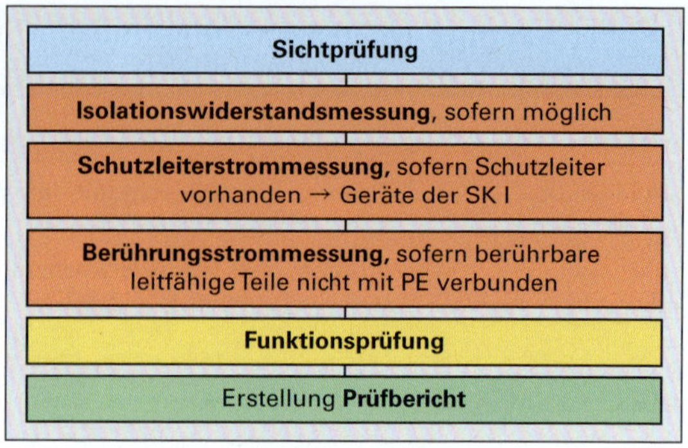

Bild 1: Ablauf des Prüfens elektrischer Geräte

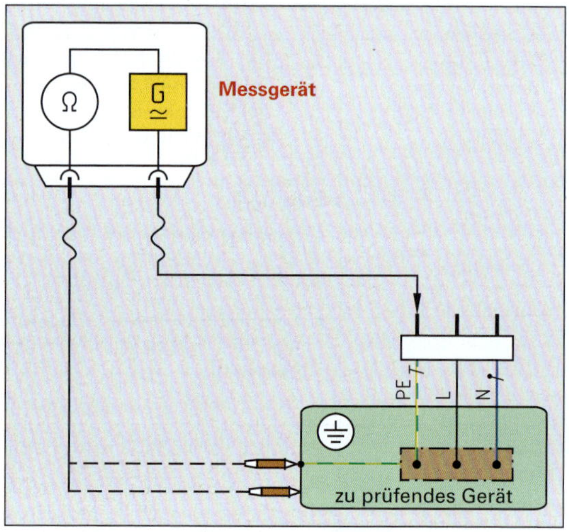

Bild 2: Messen des Schutzleiterwiderstandes bei ortsveränderlichem Gerät Schutzklasse I

- ordnungsgemäßen Schutzabdeckungen und funktionstüchtigen Lüftungen,
- Schutzleiteranschlüssen,
- Anzeichen von Überlastungen, Überhitzungen, unsachgemäßer Veränderungen,
- Lesbarkeit der sicherheitsrelevanten Kennzeichnungen und Bemessungsdaten.

16.3 Messen des Schutzleiterwiderstandes

Der Schutzleiterwiderstand ist bei Geräten mit Schutzleiter, also bei Geräten der Schutzklasse I, zu messen. Gemessen wird zwischen Gerätegehäuse und dem

- Schutzkontakt des Netzsteckers **(Bild 2)**,
- Schutzkontakt des Gerätesteckers oder dem
- Schutzleiter am netzseitigen Ende des festen Anschlusses **(Bild 1, folgende Seite)**.

Für Anschlussleitungen mit maximalem Bemessungsstrom 16 A bis 5 m Länge muss der Schutzleiterwiderstand ≤ 0,3 Ω betragen, zuzüglich 0,1 Ω für jede weiteren 7,5 m bis zu einem Höchstwert von 1 Ω addiert bei einem Leiterquerschnitt bis 1,5 mm². Der Prüfstrom muss ≥ 0,2 A sein. Für Leiterquerschnitte größer 1,5 mm² und andere Kabellängen ist der erlaubte Widerstand des Schutzleiters zu berechnen (Formel 1).

Die erforderliche Spannung zum Messen des Schutzleiterwiderstandes liefert das Messgerät. Während der Messung sind die einbezogenen Leitungen zu bewegen, um z. B. Wackelkontakte zu erkennen. Beim Überschreiten von Grenzwerten ist ein Abgleich mit den Herstellerangaben vorzunehmen.

16.4 Messen des Isolationswiderstandes

Der Isolationswiderstand ist zu messen zwischen **aktiven Teilen** und jedem berührbaren leitfähigen Teil, auch dem Schutzleiter, nicht bei Anlagen mit PELV. Ferner ist er zu messen zwischen aktiven Teilen der Stromversorgung und aktiven Teilen eines SELV- oder PELV-Stromkreises. Das zu prüfende Gerät muss vom Stromnetz getrennt sein.

Es müssen während der Messung alle Schalter geschlossen sein, um alle Isolierungen zu berücksichtigen. Die in VDE 0701 angegebenen Mindestwerte müssen eingehalten werden **(Tabelle 1)**. Die **Prüfspannung** muss ≥ 500 V DC sein. Enthalten die Geräte Überspannungsableiter, sollte die Prüfspannung 250 V DC betragen.

Der Isolationswiderstand wird bei den Geräten der Schutzklasse I zwischen den kurzgeschlossenen Netzanschlüssen L-N und dem Schutzleiter PE gemessen **(Bild 2)**.

Bei Geräten der Schutzklasse II wird der Isolationswiderstand zwischen den kurzgeschlossenen Netzanschlüssen L-N und den von außen mit der Prüfsonde berührbaren leitfähigen Teilen, die nicht mit dem Gehäuse verbunden sind, gemessen **(Bild 1, folgende Seite)**.

Bei Geräten der Schutzklasse I mit Ausgängen für Schutzkleinspannung (Schutzklasse III, z. B. für elektrische Spielzeuge) und berührbaren leitfähigen Teilen wird nacheinander zwischen den kurzgeschlossenen Netzanschlüssen L-N und den mit der Prüfsonde berührbaren Ausgängen der Schutzkleinspannung sowie den berührbaren leitfähigen Teilen, die nicht mit dem Gehäuse verbunden sind, gemessen **(Bild 2, folgende Seite)**.

Schutzleiterwiderstand

$$R = \varrho \frac{l}{A} + 0{,}1\ \Omega \qquad (1)$$

R Schutzleiterwiderstand in Ω
ϱ spezifischer Widerstand in Ω mm²/m
l Leitungslänge in m; A Leitungsquerschnitt in mm²

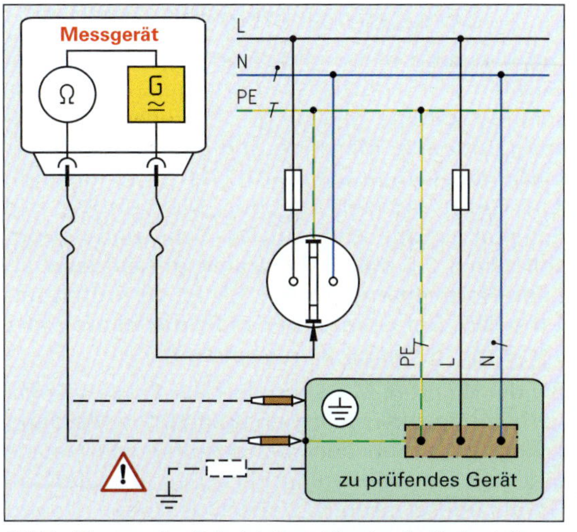

Bild 1: Messen des Schutzleiterwiderstandes bei ortsfestem Gerät der Schutzklasse I

Tabelle 1: Mindestwerte des Isolationswiderstandes

Zu prüfendes Gerät, Beispiele	Mindestwert
SK I: Geräte mit Heizelementen	0,3 MΩ
SK I: Elektromotor, Kühlgerät	1,0 MΩ
SK II: Küchenmaschine	2,0 MΩ
SK III: Geräte mit berührbaren leitfähigen Teilen	0,25 MΩ

SK Schutzklasse

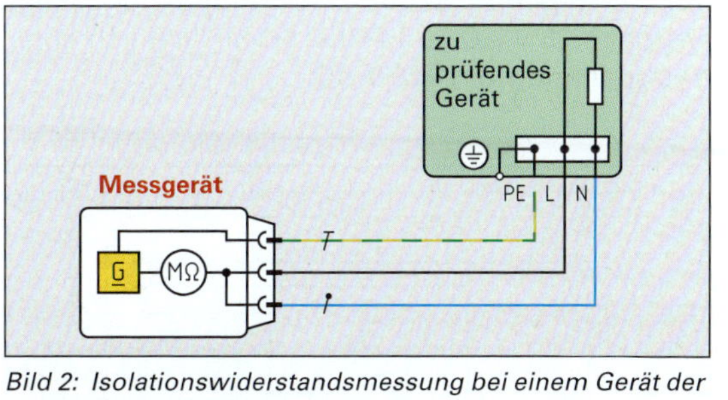

Bild 2: Isolationswiderstandsmessung bei einem Gerät der Schutzklasse I

Bei der Messung des Isolationswiderstandes sind im Messgerät die Leiter L1 oder L2 oder L3 mit dem N-Leiter kurzgeschlossen.

Bei Geräten der Informationstechnik oder SELV-führenden Teilen ist die Isolationsmessung nicht durchzuführen, da die hohen Prüfspannungen die Bauelemente zerstören können.

16.5 Messen des Schutzleiterstroms

Die Messung des Schutzleiterstroms muss bei Geräten der Schutzklasse I erfolgen. Man unterscheidet direkte Messung, Differenzstrommessung, indirekte Messung und alternative Messmethode (früher Ersatz-Ableitstrommessung). Am Gerät müssen bei den Messungen alle Schalter geschlossen sein. Der Schutzleiterstrom soll sein ≤ 3,5 mA. Bei Geräten mit eingeschalteten Heizelementen > 3,5 kW ist zu prüfen mit 1 mA/kW. Der Grenzwert des Schutzleiterstroms darf dann maximal 10 mA betragen.

Bei der **direkten Messung** darf der Prüfling keine Verbindung zur Erde haben **(Bild 3)**. Die Messung erfolgt zwischen dem Schutzleiter des Netzes und dem Schutzleiteranschluss des zu prüfenden Geräts über dessen Netzanschlusskabel. Das zu prüfende Gerät wird mit Netzspannung versorgt.

Die **Differenzstrommessung** erfolgt nach dem Prinzip der Stromzange innerhalb des Messgeräts zwischen den Leitern L und N mit beiden Anschlusspolaritäten (L x N). Das zu prüfende Gerät liegt am Netz **(Bild 4)**.

Bei der **indirekten Messung** wird mittels Stromzange der PE umschlossen **(Bild 5)**.

Bei der **alternativen Messmethode** dürfen im zu prüfenden Gerät keine netzspannungsabhängigen Schalteinrichtungen vorhanden sein. Das Gerät erfährt über das Prüfgerät eine Prüfspannung zwischen im Prüfgerät kurzgeschlossenen Leitern L, N sowie dem Schutzleiteranschluss bei ≤ 3,5 mA **(Bild 1, folgende Seite)**. Die Prüfspannung liegt zwischen 25 V AC und 250 V AC hinsichtlich einer Netzspannung von 230 V AC.

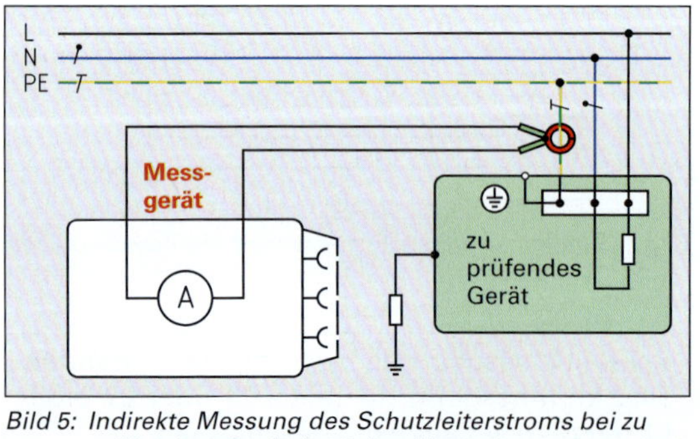

Bild 5: Indirekte Messung des Schutzleiterstroms bei zu prüfendem Gerät der Schutzklasse I

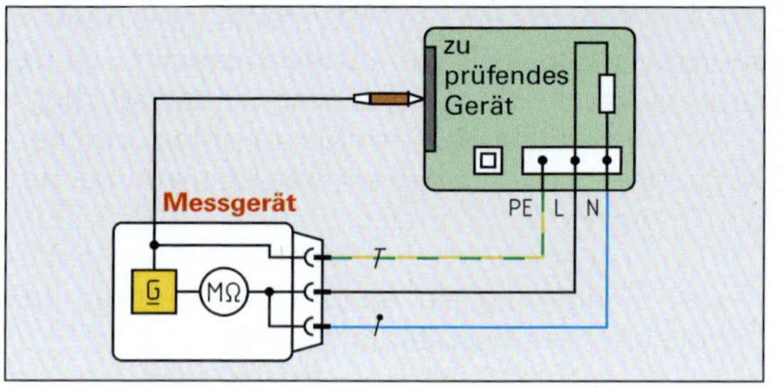

Bild 1: Isolationswiderstandsmessung bei einem Gerät der Schutzklasse II

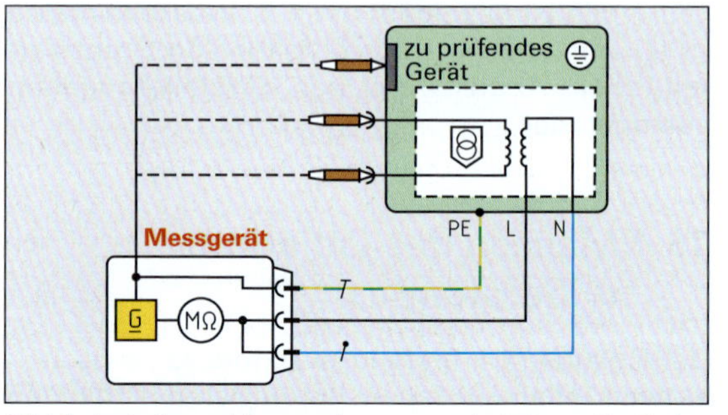

Bild 2: Isolationswiderstandsmessung bei einem Gerät der Schutzklasse I mit Ausgängen für Schutzkleinspannung (Schutzklasse III)

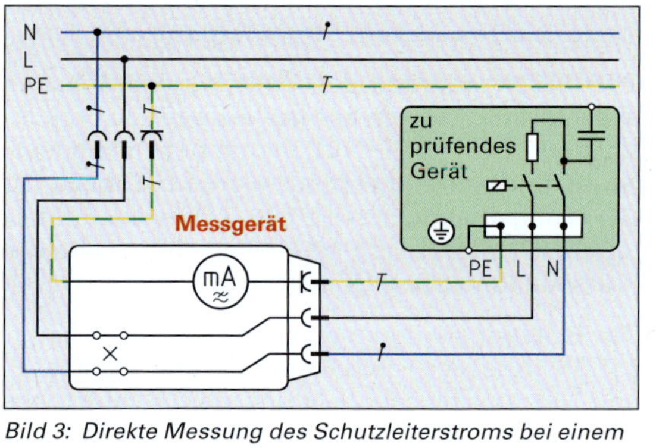

Bild 3: Direkte Messung des Schutzleiterstroms bei einem Gerät der Schutzklasse I

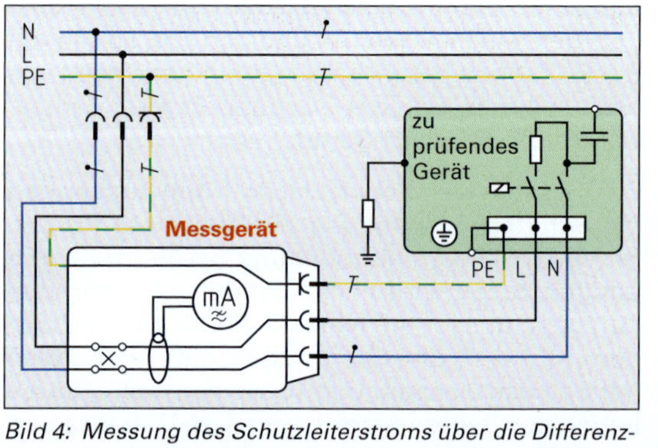

Bild 4: Messung des Schutzleiterstroms über die Differenzstrommessung bei einem Gerät der Schutzklasse I

Der über die Isolierung des Prüflings fließende Strom wird gemessen. Anschließend erfolgt ein Umrechnen des Messergebnisses auf Ströme für 230 V Netzspannung Die alternative Messmethode setzt eine Isolationswiderstandsmessung mit positivem Ergebnis voraus.

Die Messung des Schutzleiterstroms ist bei Verlängerungsleitungen, die aus Leiter, Stecker, Kupplung bestehen, nicht erforderlich.

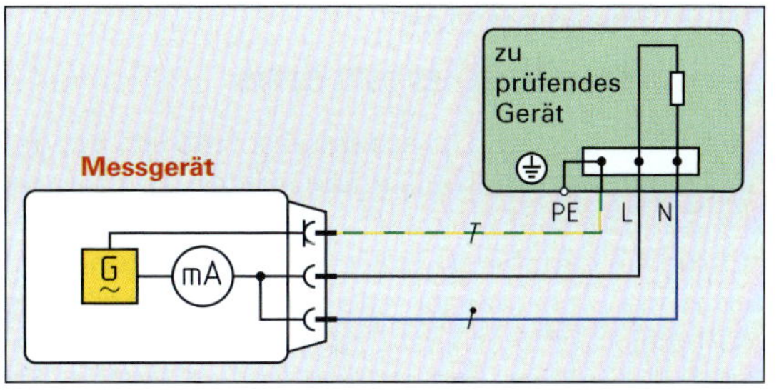

Bild 1: Schutzleiterstrommessung mit alternativer Messmethode bei zu prüfendem Gerät der Schutzklasse I

16.6 Messen des Berührungsstroms

Berührungsstrom ist ein Strom, der von Gehäuseteilen, die nicht mit dem Schutzleiter verbunden sind, durch eine von außen anliegende leitfähige Verbindung zur Erde oder einem anderen Teil des Gehäuses fließt. Der Stromfluss über den Schutzleiter ist in diesem Fall ausgenommen.

Der Berührungsstrom wird zwischen berührbaren leitfähigen Teilen, die nicht mit dem PE verbunden sind, und der Erde gemessen. Das zu prüfende Gerät ist über das prüfende Gerät an Netzspannung angeschlossen.

Zu unterscheiden sind direkte Messung, Differenzstrommessverfahren und die alternative Messmethode (Ersatz-Ableitstrommessung). Die gemessene Berührungsstromstärke muss sein $\leq$ 0,5 mA. Bei Geräten Schutzklasse III ist keine Messung erforderlich.

Bei der **direkten Messung** wird der von berührbaren leitfähigen Teilen über die Prüfsonde zum Schutzleiter abfließende Strom gemessen **(Bild 2)**. Die Messung muss über beide Netz-Anschlusspolaritäten (L x N) erfolgen. Das Umschalten des Netzsteckers hierzu erfolgt intern im Messgerät. Gemessen werden der Effektiv-, AC-, DC-Anteil des Stroms.

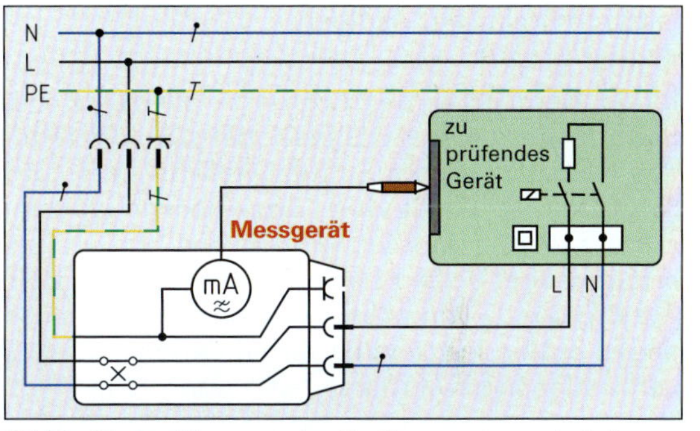

Bild 2: Direkte Messung des Berührungsstroms bei einem Gerät der Schutzklasse II

Beim **Differenzstromverfahren** wird der Differenzstrom, der über die beiden Netzleiter fließt, nach dem Prinzip der Zangenstrommessung gemessen **(Bild 3)**. Die Messungen müssen über beide Anschlusspolaritäten des Netzsteckers durchgeführt werden. Das Umschalten erfolgt im Messgerät. Gemessen wird der AC-Anteil des Stroms. Mit der Prüfsonde müssen die berührbaren leitfähigen Teile kontaktiert werden.

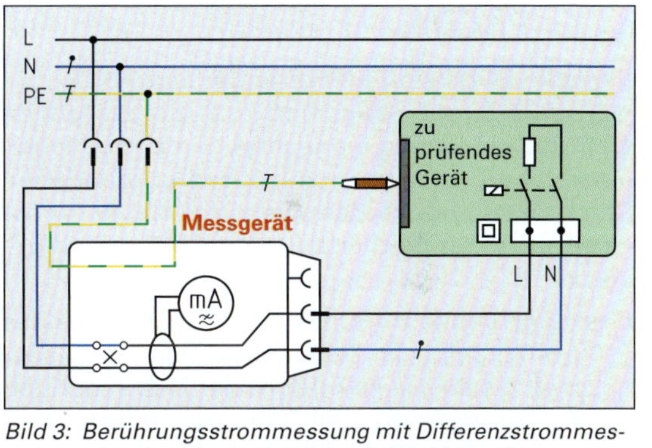

Bild 3: Berührungsstrommessung mit Differenzstrommessung bei einem Gerät der Schutzklasse II

Bei der **alternativen Messmethode** (früher Ersatz-Ableitstrommessung) erfährt das zu prüfende Gerät über das Prüfgerät eine Prüfspannung zwischen im Prüfgerät kurzgeschlossenen Netzleitern L und N sowie berührbaren leitfähigen Teilen des zu prüfenden Geräts **(Bild 4)**. Gemessen werden der Effektiv-, AC-, DC-Anteil des Stroms.

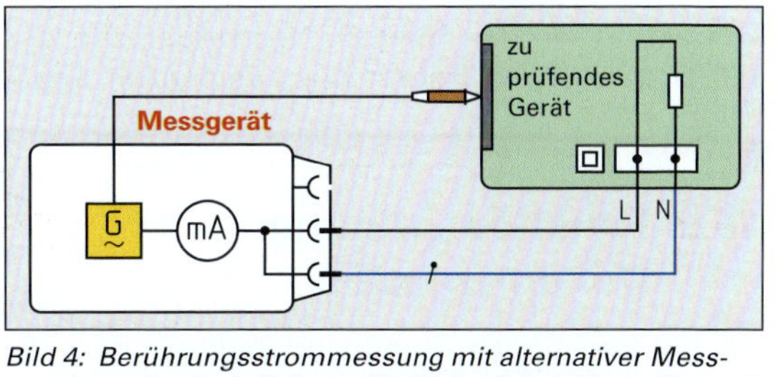

Bild 4: Berührungsstrommessung mit alternativer Messmethode bei einem Gerät der Schutzklasse II

Bei der Berührungsstrommessung ist das zu prüfende Gerät, außer bei der alternativen Meßmethode, über das Messgerät ans Netz angebunden.

16.7 Messen des Geräteableitstroms

Das Messen des Geräteableistroms ist vorgeschrieben bei medizinischen Geräten. Er umfasst die Summe aller Ableitströme von Gehäuse, berührbaren leitfähigen Teilen und Anwendungsteilen zum PE. Es müssen alle Sondenabtastpunkte (AP) gleichzeitig erfasst bzw. kontaktiert werden. Auch diese Messungen können wieder mit direkter Messung, Differenzstrommessung oder nach der alternativen Messmethode (früher Ersatz-Ableitstrommessung) erfolgen.

Bei der **direkten Messmethode** liegt das zu prüfende Gerät über das Prüfgerät am Netz. Der Schutzleiterstrom zwischen dem Schutzleiter des Netzes und dem Schutzleiteranschluss des zu prüfenden Gerät wird über dessen Netzanschlusskabel gemessen **(Bild 1)**. Die Messungen erfolgen über beide Anschlusspolaritäten (L x N). Die Prüfsonde kontaktiert die mit dem Gehäuse des zu prüfenden Gerätes verbundenen und nicht verbundenen berührbaren leitfähigen Teile.

16.8 Prüfen portabler RCDs (PRCDs)

Portable RCDs sind ortsveränderliche RCDs. Sie werden z. B. auf Baustellen zum Schutz gegen elektrischen Schlag eingesetzt. Sie ermöglichen eine sichere Stromentnahme aus vorhandenen Steckdosen und werden wie ein Verlängerungskabel zwischen Verbraucher und Steckdose gesteckt.

Das zu prüfende PRCD wird in die Prüfdose des Prüfgeräts gesteckt. Dabei muss das PRCD ausgeschaltet sein. Nach Anlegen der Netzspannung am Prüfgerät ist das PRCD einzuschalten über z. B. dessen Taste Reset. Zum Auslösen des PRCD muss die Prüfsonde mit einer Phase am PRCD kontaktiert werden **(Bild 2)**. Nach Auslösen des PRCD wird am Prüfgerät die Auslösezeit angezeigt.

16.9 Funktionsprüfung, Dokumentation

Bei der Funktionsprüfung sind insbesondere die Empfehlungen des Herstellers des zu prüfenden Geräts zu beachten. Hierbei werden meist Strom, Spannung zwischen L und N, Frequenz, Wirkleistung, Scheinleistung, Leistungsfaktor gemessen. Letztendlich muss eine **Elektrofachkraft** entscheiden, ob zur Sicherstellung der elektrischen Sicherheit weitere Prüfungen erforderlich sind.

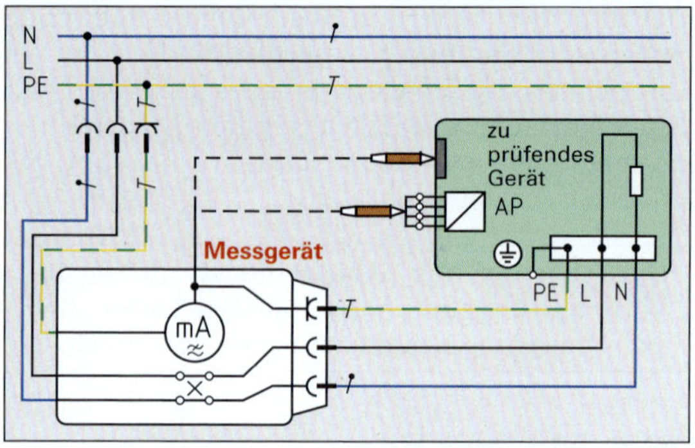

Bild 1: Direkte Messung des Geräteableitstroms bei einem Gerät der Schutzklasse I

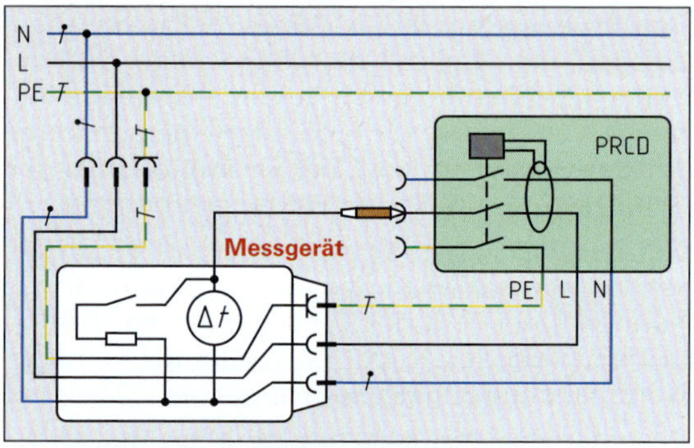

Bild 2: Messung der Auslösezeit eines PRCD

Bild 3: Prüfplakette nach bestandener Geräteprüfung

Nach Abschluss der Prüfungen sollte das geprüfte Gerät gekennzeichnet werden **(Bild 3)**, auch bei nicht bestandener Prüfung. Die durchgeführten Prüfungen sind zu dokumentieren. Ein empfohlenes Datum für eine Wiederholungsprüfung ist im Prüfbericht zu nennen. Das Datum der Prüfung sowie der Name des Prüfers sind ebenfalls festzuhalten.

Wiederholung und Vertiefung

1. Wie erfolgt beim Messen des Schutzleiterstroms das indirektes Messen?
2. An welchen Stellen wird bei Geräten der Schutzklasse I der Schutzleiterwiderstand gemessen?
3. Nach welchem Verfahren erfolgt die Differenzstrommessung?

17 Fehlersuche in elektrischen Anlagen

17.1 Fehler in der Elektroinstallation

17.1.1 Allgemeines

Fehler in elektrischen Anlagen können auf vielfältige Weise entstehen, z.B.

- durch Fehler bei der Installation,
- durch Alterung oder Verschleiß der Betriebsmittel,
- infolge Beschädigung durch nichtelektrische, handwerkliche Arbeiten,
- durch Eindringen von Wasser oder Schmutz.

Das Auffinden von Fehlern ist oft aufwendig. Mit der Zunahme von Computern oder Kleinsteuerungen in elektrischen Anlagen ist das Fehlersuchen noch komplexer geworden. Hierbei treten auch Softwarefehler auf, welche lange unbemerkt in den Systemprogrammen schlummern.

Bei der Fehlersuche werden meist Abdeckungen an elektrischen Betriebsmitteln entfernt, sodass dadurch „Arbeiten unter Spannung" entstehen kann. An dieser Stelle sei auf die **fünf Sicherheitsregeln** **(Abschnitt 14.3.2)** verwiesen. Allerdings ist die Fehlersuche oft nur möglich, wenn die elektrische Anlage im Betrieb ist, d.h.an Spannung liegt.

> Das Suchen von Fehlern in elektrischen Anlagen erfolgt oft als Arbeiten unter Spannung.

Bei Spannungen von 230 V AC darf in der zu prüfenden Anlage nur eine Elektrofachkraft mit besonderen Kenntnissen und Fachausbildung arbeiten.

Wichtig bei einer Fehlersuche ist, dass man geplant und strukturiert vorgeht **(Bild 1)**. Insbesondere sind Überlegungen bzgl. kürzlicher Veränderungen oder Einflüsse die elektrische Anlage betreffend anzustellen.

17.1.2 Prüfgeräte

Die eingesetzten Prüfgeräte müssen den VDE-Bestimmungen genügen. Prüfgeräte, die einen eigenen Spannungserzeuger enthalten, können als Bestandteil eines eigensicheren Stromkreises aufgefasst werden. Deshalb darf mit ihnen problemlos nach Fehlern gesucht werden. Es versteht sich, dass dabei eine zuverlässige Trennung von der Netzspannung erfolgen muss, weil sonst keine Eigensicherheit vorliegt.

Vorgehensweise bei der Fehlersuche

- Fehlersituation vorab analysieren
- Jüngste Veränderungen und Einflüsse an der /auf die elektrischen Anlage abklären
- Notwendige Prüfgeräte besorgen
- Geeignete Werkzeuge besorgen
- Installationspläne besorgen
- Vorgehensweise zur Fehlersuche planen

Bild 1: Planen einer Fehlersuche

Bild 2: Durchgangs-und Spannungsprüfer

> In eigensicheren Stromkreisen tritt selbst im Fehlerfall kein unsicherer Zustand ein.

Wichtige Prüfgeräte bei der Fehlersuche sind, sofern man kein Multifunktionsmessgerät zur Hand hat **(Abschnitt 15.4.1)**,

- Durchgangsprüfer,
- Spannungsprüfer,
- Messgeräte für Messungen von Widerstand, Spannung und Strom.

Beim **Durchgangsprüfer** erzeugt der eingebaute Spannungserzeuger ein optisches oder akustisches Signal, wenn eine elektrische Verbindung besteht. Meist wird ein Ton erzeugt, der umso höher ist, je kleiner der Widerstand der Prüfstrecke ist. Bei einem hohen Ton ist eine fast widerstandslose Verbindung vorhanden.

Spannungsprüfer bestehen aus einem optischen oder akustischen Anzeigegerät, das Signal gibt, sobald Spannung anliegt. Bei der Spannungsprüfung wird meist mit Netzspannung gearbeitet. Aus Sicherheitsgründen müssen daher bei den Spannungsprüfern die Prüfspitzen besonders sicher ausgeführt sein. Spannungsprüfer können meist auch auf Durchgang prüfen **(Bild 2)**. Mit Spannungsprüfern kann auch auf AC oder DC geprüft werden.

Man unterscheidet zweipolige Spannungsprüfer und einpolige Spannungsprüfer, z. B. enthalten in Schraubendrehern **(Bild 1)**. Bei einpoligen Spannungsprüfern bildet der Körper des Prüfers, das obere Ende des Schraubendrehers ist mit dem Finger zu berühren, einen Teil des Prüfstromkreises. Bei AC leuchten zwei LED, bei DC leuchtet nur eine. Nach Norm ist solch ein Spannungsprüfer zum Feststellen der Spannungsfreiheit nicht erlaubt.

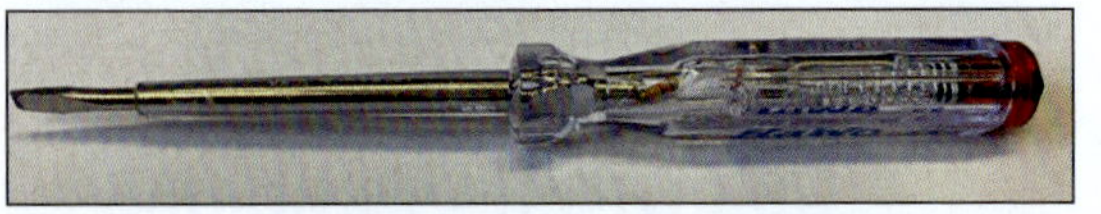

Bild 1: Schraubendreher als Spannungsprüfer

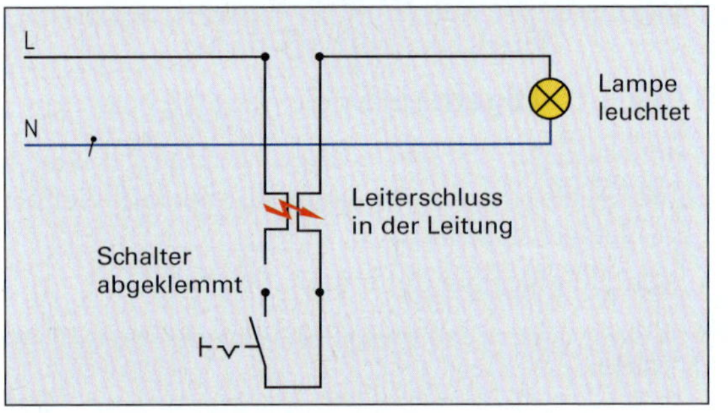

Bild 2: Leiterschluss in der Leitung

17.1.3 Fehlersituationen

Nachfolgend ist die Fehlersuche einiger Fehlersituationen beschrieben, die häufig vorkommen.

Leiterunterbrechung kann mittels Durchgangsprüfer oder Spannungsprüfer (Spannungsverfolgung) festgestellt werden, indem die Prüfspitzen an Anfang und Ende des zu untersuchenden Leiterabschnitts gehalten werden.

Ein **Leiterschluss** liegt vor, wenn durch ihn ein Nutzwiderstand (Verbraucher) eingeschaltet wird **(Bild 2)**. Meist überbrückt der Leiterschluss einen Schalter. Der Verbraucher kann dann nicht von seinem Schalter ausgeschaltet werden.

Der Leiterschluss kann in der eigentlichen Leitung auftreten oder aber im Schalter selbst. Deshalb ist es zweckmäßig, bei der Feststellung der Stelle des Leiteschlusses den Schalter abzuklemmen. Wenn Leiter der Schalterleitung bei abgeklemmtem Schalter zueinander keinen Durchgang haben, eine angeschlossene Lampe also nicht leuchtet, so liegt der Leiterschluss nicht in der Schalterleitung, sondern im Schalter. Falsch verklemmte Anschlüsse bei einer Neuinstallation können eine gleiche Wirkung erzielen.

Kurzschlüsse können an den elektrischen Leitungen zu den elektrischen Verbrauchern auftreten, aber auch in diesen selbst. Deshalb trennt man im Fehlerfall alle Verbraucher des Stromkreises bei der Suche nach dem Kurzschlussort ab. Das kann durch Abklemmen oder Abschalten erfolgen. Der zu untersuchende Stromkreis ist vom Netz freizuschalten, z. B. im Stromkreisverteiler.

Ein Durchgangsprüfer darf nun zwischen den Leitern keinen Durchgang mehr anzeigen. Wird aber immer noch Durchgang zwischen den Leitern gemeldet **(Bild 3, oben)**, so muss eine Auftrennung in den Abzweigdosen erfolgen (Bild 3, unten). Ist kein Durchgang zwischen den Leitern vorhanden, ist das betreffende Leitungsstück in Ordnung. Wird dagegen Durchgang signalisiert, so liegt dort die Kurzschlussstelle.

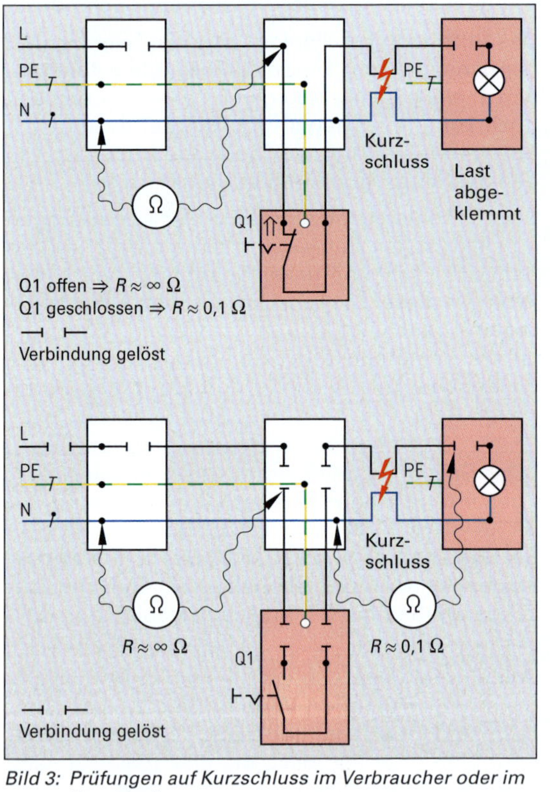

Bild 3: Prüfungen auf Kurzschluss im Verbraucher oder im Stromkreis

Oft sind Kurzschlüsse mit Durchgangsprüfern mit kleiner Prüfspannung nicht feststellbar, da unvollkommene Kurzschlüsse (Fehlerstelle besitzt einen Widerstand) erst bei höherer Betriebsspannung bemerkbar sind. Man muss dann als Durchgangsprüfer einen Isolationsmesser mit einer Messspannung von 500 V DC verwenden.

Um Kurzschlüsse zu lokalisieren, benötigt man Durchgangsprüfer oder Isolationsmesser mit hoher Spannung.

Körperschlüsse treten meist in den Verbrauchern einer elektrischen Anlage auf. Man kann den Ort des Körperschlusses feststellen, wenn man mit einem Durchgangsprüfer den Durchgang zum Gehäuse prüft **(Bild 1)**. Dabei muss man die Stränge bzw. Nutzwiderstände des Verbrauchers nacheinander abtrennen, um die Fehlerstelle einzugrenzen. Beim TN-System sollte der PE bei der Prüfung vom Gerät abgetrennt sein, da dieser im Netz mit dem N-Leiter verbunden ist.

Erdschluss liegt vor, wenn der Durchgangsprüfer zwischen Leiter und einem Erder Durchgang an meldet **(Bild 2)**. Als Erder wird bei der Messung meist der PE verwendet. Beim TN-System ist zu beachten, dass der Neutralleiter N im Netz mit dem Schutzleiter PE verbunden ist. Deshalb trennt man in der Verteilung die Neutralleiter nacheinander an der Neutralleiter-Sammelschiene ab und prüft zwischen den Neutralleitern und dem Schutzleiter auf Durchgang. Sobald kein Durchgang angezeigt wird, liegt der Erdschluss in dem Stromkreis vor, dessen Neutralleiter zuletzt abgeklemmt wurde.

Das Abtrennen des zu prüfenden Anlageteils von der Netzspannung erfolgt meist durch Abschalten der Leitungsschutzschalter. Die abgeschalteten Leitungsschutzschalter sind mittels Sperrelement gegen versehentliches Einschalten zu sichern.

Schaltungsfehler erkennen, erfordert die Kenntnis der betrachteten Schaltung.

Bei einer Wechselschaltung kann infolge eines Schaltungsfehlers zwar die angesteuerte Lampe leuchten, sie ist aber nicht von beiden Schaltern beliebig schaltbar, da z. B. ein Korrespondierender (Leiter für Verbindung beider Schalter) und der Außenleiter L falsch angeschlossen sind **(Bild 3)**. Nach Einschalten von Q2 und Ausschalten von Q1 wirkt Q2 nicht mehr. Im Schaltplan ist dies leicht zu erkennen, in der Praxis ohne Schaltplan ist es schwieriger.

Folgende **Vorgehensweise** ist bei diesem Schaltungsfehler anzuwenden:

1. Man sucht über den Außenleiter L den richtig angeschlossenen Wechselschalter. Dieser ist gefunden, wenn L in beiden Schalterstellungen Spannung gegen N hat und L am Schalteranschluss Pfeil (oder L oder P) angeschlossen ist.

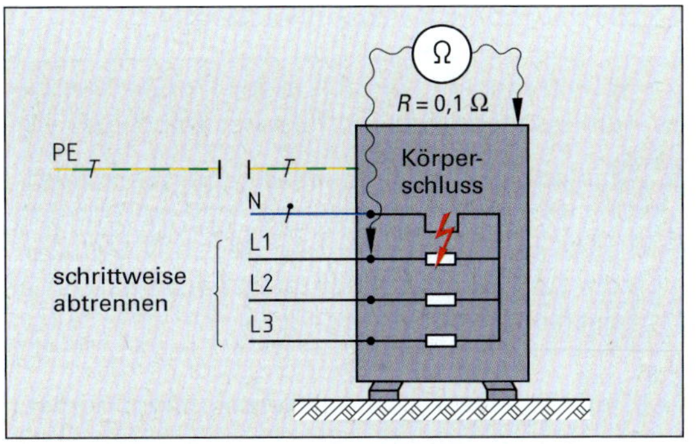

Bild 1: Prüfung auf Körperschluss

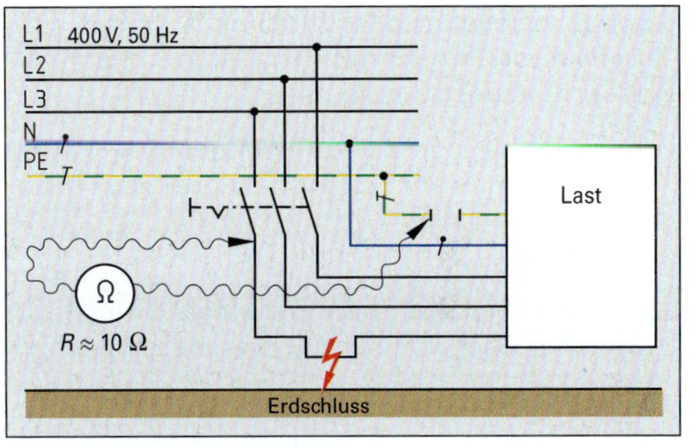

Bild 2: Prüfung auf Erdschluss

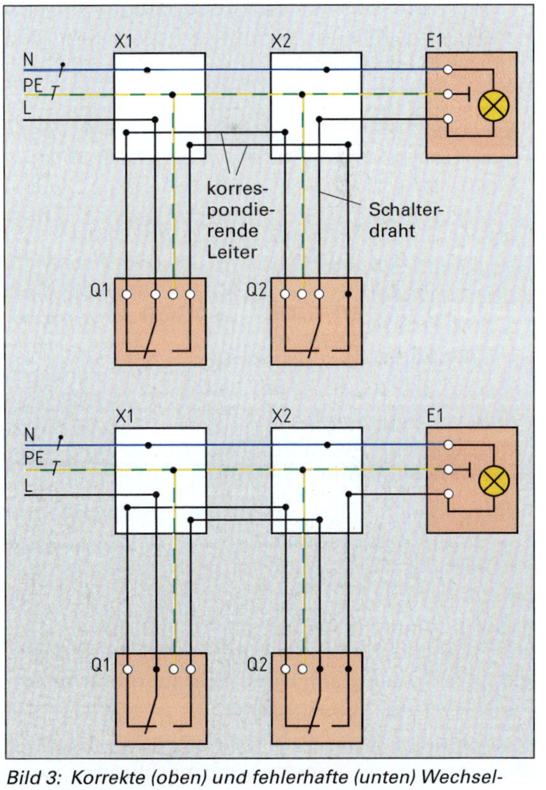

Bild 3: Korrekte (oben) und fehlerhafte (unten) Wechselschaltung

2. Man sucht die Korrespondierenden. Ist einer der beiden Korrespondierenden am Schalteranschluss Pfeil (oder L oder P) angeschlossen, so liegt ein falscher Anschluss vor.
3. Man sucht den Schalterdraht (Lampendraht). Das ist der vom Schalter zur Lampe führende Leiter. Er muss Spannung gegen N besitzen, wenn die Lampe leuchtet. Andernfalls ist er falsch angeschlossen.

Häufige **Ursachen** für **Schaltungsfehler** sind bei

- Wechselschaltungen oder Kreuzschaltungen, dass einer der beiden Korrespondierenden am Wechselschalter oder in einer Dose mit dem Schalterdraht oder mit dem Lampendraht vertauscht angeschlossen ist,
- Kreuzschaltungen, dass zwei der vier Korrespondierenden am Kreuzschalter vertauscht angeschlossen sind,
- Serienschaltungen, dass der Außenleiter mit dem Schalterdraht der einen Gruppe am Schalter oder in einer Dose vertauscht angeschlossen ist,
- Schaltungen mit Steckdose (Wechselschaltung, Kreuzschaltung), dass der Kontakt der Steckdose, der mit dem Außenleiter verbunden sein sollte, an einen Korrespondierenden angeschlossen ist.

Nach der Fehlerbehebung sind Prüfungen gemäß Erstprüfung nach DIN VDE 0100-600 vorzunehmen.

17.2 Fehler in elektrischen Geräten

Bei Fehlern in elektrischen Geräten sind diese zur Fehlersuche meist zu öffnen. Sofern dabei das Gerät am Netz angeschlossen ist, liegt Arbeiten unter Spannung vor und die entsprechenden Sicherheitsmaßnahmen sind einzuhalten.

Aufgrund der vielfältigen Fehlermöglichkeiten bei der Vielzahl unterschiedlicher Geräte können an dieser Stelle nur grobe Anhaltspunkte gegeben werden **(Bild 1)**. Das Vorhandensein von Schaltplänen ist hierbei extrem hilfreich, um über verschiedene Spannungmessungen (Spannungsverfolgungen) Hinweise zu fehlerhaften Bauelementen zu bekommen.

Zunächst ist über die Fehlersituation nachzudenken, z. B. Geräusche, Wärmebildung, nicht drehender Antriebsmotor, dunkles Anzeigebild,

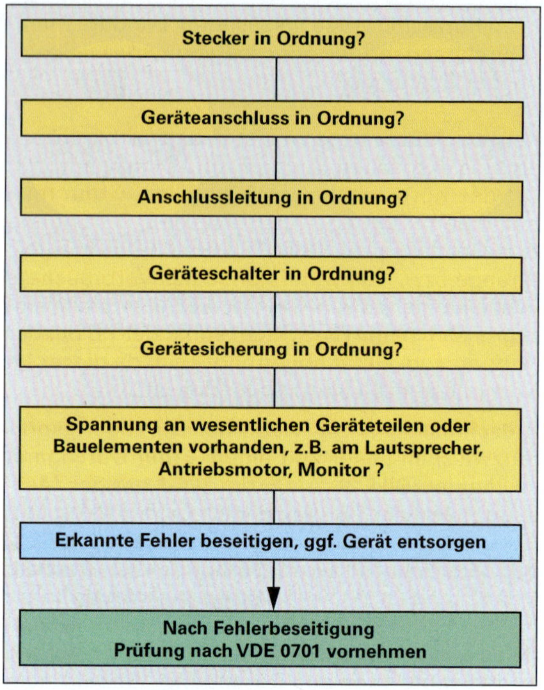

Bild 1: Ablauf der Fehlersuche an elektrischen Geräten

Störungsmeldungen. Die am leichtesten zu findenden Fehler sind fehlerhafte Stecker, Leitungen, Sicherungen, Antriebe, Lüfter. Schwieriger zu finden sind defekte Bauelemente auf elektronischen Platinen. Typische elektrische Prüfgeräte sind hier ebenfalls Durchgangsprüfer oder Spannungsmessgeräte.

Fehlersuche unter Spannung darf bei Spannungen über 50 V AC bzw. 120 V DC nur von Elektrofachkräften vorgenommen werden.

Nach erfolgreicher Reparatur des elektrischen Gerätes ist die Überprüfung der Wirksamkeit der Schutzmaßnahmen gemäß VDE 0701 (DIN EN 50678) durchzuführen.

17.3 Fehler in der Software

Bei Smart-Home-Anlagen **(Abschnitt 10.9)** oder anderen elektrischen Anlagen mit Bussystemen und Steuerungscomputern liegen Fehler häufig nicht in einer fehlerhaften Verdrahtung der Leitungsadern. Vielmehr beruhen die Fehler in falschen **Konfigurationen** der Software (Programme). Diese kann zentral in einem Steuerungscomputer und/oder in z. B. Schaltkomponenten gespeichert sein.

Bei den genannten Anlagen sind z. B. Schalter, Taster, Jalousieantriebe, Leuchten über einen Zweidrahtbus oder einen Funkbus hinsichtlich der Steuerung, oder auch Regelung bei einer Heizungs- oder Klimaanlage, miteinander verbunden **(Bild 1)**. Damit nun diese Komponenten (Busteilnehmer, Busgeräte) untereinander kommunizieren können, sind ihnen Adressen und Funktionen zuzuordnen, z. B. für Beleuchtungsszenen. Dies wird als Konfigurieren, auch **Customizing** (Kundenanpassung) einer Software bezeichnet.

Dabei unterscheidet man bei KNX-Smart-Home, ähnlich ist es auch bei anderen Smart-Home-Systemen, für die einzelnen Busgeräte

- **physikalische Adressen**, welche ein Busgerät kennzeichnen und
- **Gruppenadressen**, die als funktionsbezogene Adressen Funktionen festlegen **(Bild 2)**.

Die Gruppenadresse ist z. B. einem Wandtaster (Tastsensor) und einem oder mehreren Lichtaktoren (Schaltaktoren), welche Leuchten ansteuern, zugeordnet. Durch das Senden der Gruppenadresse kommunizieren die Busgeräte.

Ferner werden bei KNX **Kommunikationsobjekte** verwendet, welche die Steuersignale zum Austausch zwischen Sensoren, z. B. Taster, und Aktoren, z. B. Dimmaktor (Dimmer), beschreiben. Verschiedene Tastenbetätigungen können damit verschiedenen Dimmzuständen zugewiesen werden. Den Kommunikationsobjekten sind die Gruppenadressen zuzuordnen.

Bei allen diesen Zuordnungen können leicht fehlerhafte Zuordnungen passieren. Ebenso ist dies bei der der Zuordnung und Festlegung der Geräte-Parameter möglich. Mit diesen werden z. B. Dimmkurven festgelegt.

Bei durch Software gesteuerte Anlagen gibt es Diagnosetools für den PC oder auch für ein Tablet. Mit diesen kann erkannt werden,

- ob die betreffenden Busgeräte angesprochen werden,
- welche Adresszuweisungen vorliegen,
- wie die Kommunikationsobjekte gestaltet sind und
- welche Geräteparameter eingestellt sind.

Bei Neuinstallationen und Änderungsinstallationen entstehen an computergesteuerten Anlagen häufig Konfigurationsfehler.

Allgemeiner Hinweis: Bei unvorhergesehenen Fehlern im laufenden Betrieb hilft oft ein Ausschalten und ein erneutes Einschalten der Anlage zur (unerklärlichen) Fehlerbehebung.

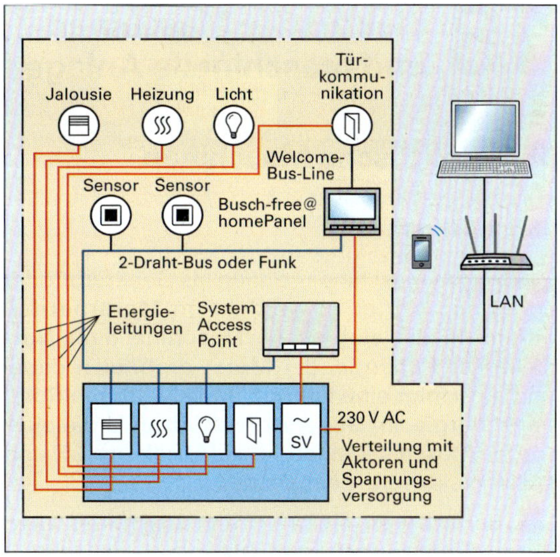

Bild 1: Beispiel einer Smart-Home-Anlage

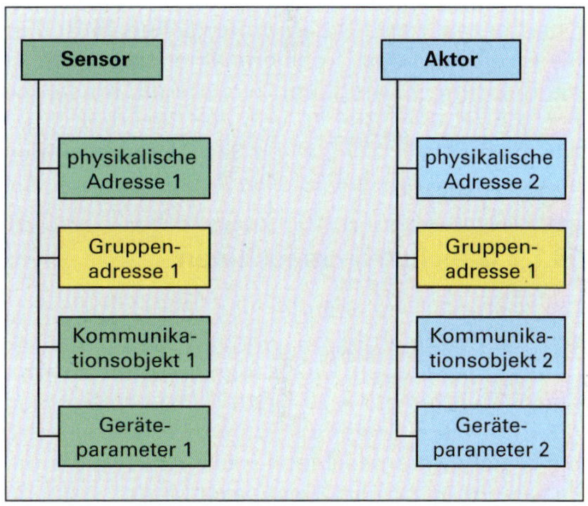

Bild 2: Bestandteile einer Sensor-Aktor-Kommunikation bei KNX

Wiederholung und Vertiefung

1. Erklären Sie den Begriff Leiterschluss.
2. An welchen Stellen treten Kurzschlüsse in den meisten Fällen auf?
3. Warum kann man Kurzschlüsse mit Durchgangsprüfern oft nicht feststellen?
4. Warum muss bei der Fehlersuche mit Prüfgeräten, welche ihre eigene Spannungsquelle bei der Prüfung nutzen, der zu prüfende Stromkreis vom Netz getrennt werden?
5. Was versteht man unter der Methode der Spannungsverfolgung? Welcher Fehler kann damit festgestellt werden?

18 Elektrische Maschinen und maschinelle Anlagen

18.1 Elektrische Maschinen

18.1.1 Allgemeines

Elektrische Maschinen können als Generator oder als Motor betrieben werden. Im **Motorbetrieb** entnimmt die elektrische Maschine dem Netz elektrische Energie, der Motor dreht sich dabei und es erfolgt eine Energieumwandlung in Rotationsenergie. Im **Generatorbetrieb** wird die elektrische Maschine angetrieben **(Abschnitt 4.1)** und speist elektrische Energie ins Netz.

Der Betrieb von elektrischen Maschinen kann über ein **Vierquadranten-Diagramm** dargestellt werden **(Bild 1)**. Dabei stellen die Quadranten 2 und 4 den generatorischen Betrieb (GB) dar, die Quadranten 1 und 3 den motorischen (MB). Für die Ermittlung des Drehsinns einer Maschine ist die Richtung wichtig, von wo aus die Maschine betrachtet wird **(Bild 2)**. Von der Blickrichtung 2 aus macht die Maschine von Bild 2 Umdrehungen im Uhrzeigersinn, sie hat also Rechtslauf.

18.1.2 Gleichstrommaschinen

Der feststehende Ständer von Gleichstrommaschinen hat die Aufgabe, ein feststehendes Magnetfeld zu erzeugen. Das erfolgt bei Gleichstrommaschinen bis etwa 30 kW mit Dauermagneten oder mit einer Erregerwicklung. Der Läufer wird bei Gleichstrommaschinen meist Anker genannt. Er besteht aus Welle, Blechpaket, Ankerwicklung und Stromwender **(Bild 3)**.

Beim **Generator** wird in der Ankerwicklung durch die Rotation des Ankers eine Spannung induziert **(Bild 4)**. Beim **Motor** erfolgt die Rotation des Ankers infolge seiner stromdurchflossenen Wicklung. Der Stromwender sorgt für das Umkehren der Stromrichtung. Der Generator liefert daher Gleichspannung. Beim Motor werden dadurch die Pole des Ankers getauscht. Man bezeichnet diese Maschinen auch als Stromwendermaschinen.

Angewendet werden Gleichstrommotoren insbesondere bei Werkzeugen und in Kraftfahrzeugen, z. B. bei Fensterhebern, Scheibenwischern, Sitzstelleinrichtungen, Spiegelstelleinrichtungen.

Gleichstrommotoren sind wesentlich mehr verbreitet als Gleichstromgeneratoren.

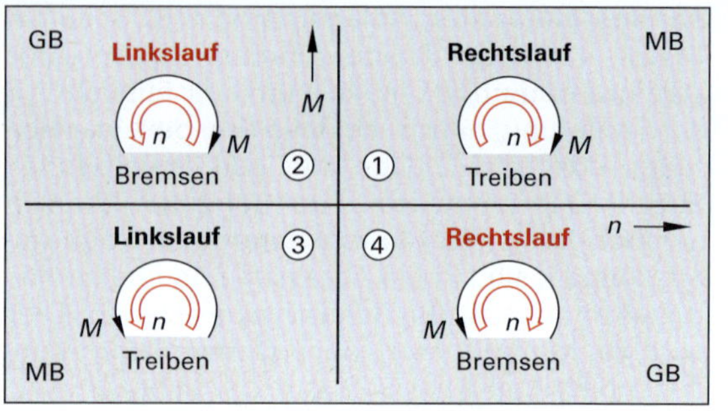

Bild 1: Quadranten für Antriebe im M(n)-Diagramm

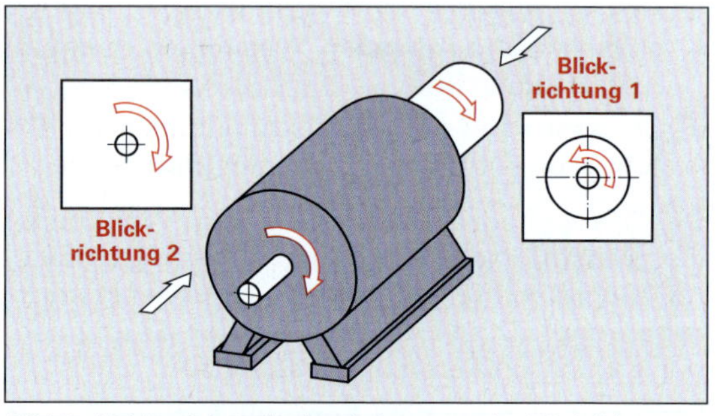

Bild 2: Abhängigkeit des Drehsinns von der Blickrichtung

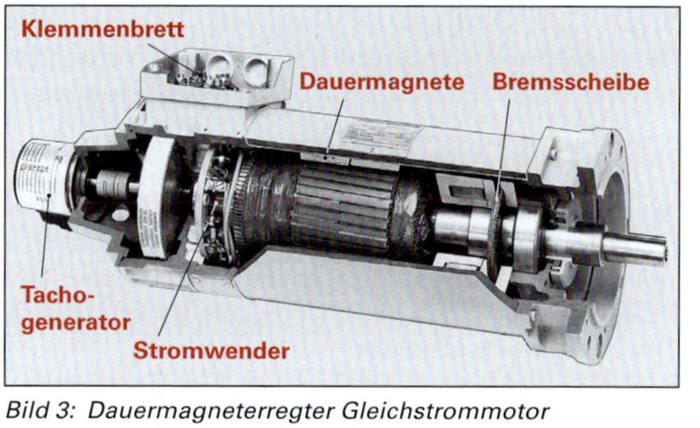

Bild 3: Dauermagneterregter Gleichstrommotor

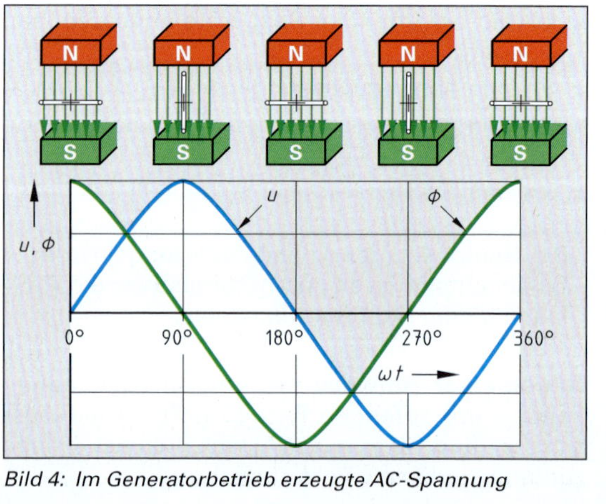

Bild 4: Im Generatorbetrieb erzeugte AC-Spannung

Die bei Gleichstrommotoren vorkommenden Arten unterscheiden sich durch die Schaltung der **Erregerwicklung** (Feldwicklung) im Ständer zur Ankerwicklung (A). Grundsätzlich gibt es dazu vier Möglichkeiten **(Tabelle 1)**. Allerdings werden von diesen vier Arten nur der Reihenschlussmotor und vor allem die fremderregten Motoren hergestellt.

> Bei Gleichstrommotoren kommen überwiegend nur fremderregte Motoren und Reihenschlussmotoren vor.

Beim **fremderregten Motor** wird der Erregerstrom von einem unabhängigen Spannungserzeuger geliefert (Tabelle 1). Die Erregerwicklung (F) ist nicht mit dem Anker verbunden. Zum Anlassen und zum Herabsetzen der Umdrehungsfrequenz unter die Bemessungs-Umdrehungsfrequenz steuert man die Ankerspannung, z. B. durch einen steuerbaren Gleichrichter. Soll die Umdrehungsfrequenz über die Bemessungs-Umdrehungsfrequenz erhöht werden, so verringert man die Erregerspannung.

Zur Stabilisierung der Umdrehungsfrequenz bei starker Belastung werden fremderregte Motoren oft mit einer Reihenschluss-Hilfswicklung (D) versehen. Diese ist so zu schalten, dass sie das Magnetfeld der Erregerwicklung (F) verstärkt. Fremderregte Motoren mit Reihenschluss-Hilfswicklung haben ein größeres Anzugsmoment als fremderregte Motoren ohne Reihenschluss-Hilfswicklung.

Beim **Reihenschlussmotor** ist die Erregerwicklung (D) in Reihe mit dem Anker geschaltet (Tabelle 1). Dadurch fließt beim Reihenschlussmotor der gesamte Ankerstrom durch die Erregerwicklung. Infolgedessen ist bei starkem Ankerstrom auch gleichzeitig die Stromstärke in der Erregerwicklung groß. Das ist vor allem beim Anlauf der Fall. Deshalb sind Reihenschlussmotoren in der Lage, ein sehr großes Anzugsmoment abzugeben.

Reihenschlussmotoren gehen allerdings im Leerlauf durch. Daher besitzen sie entweder große Lüfterflügel oder eine geeignete Widerstandsbeschaltung.

Tabelle 1: Stromwendermotoren für Gleichstrom

Reihenschlussmotor[1]	Fremderregter Motor	Fremderregter Motor mit Reihenschluss-Hilfswicklung[2]
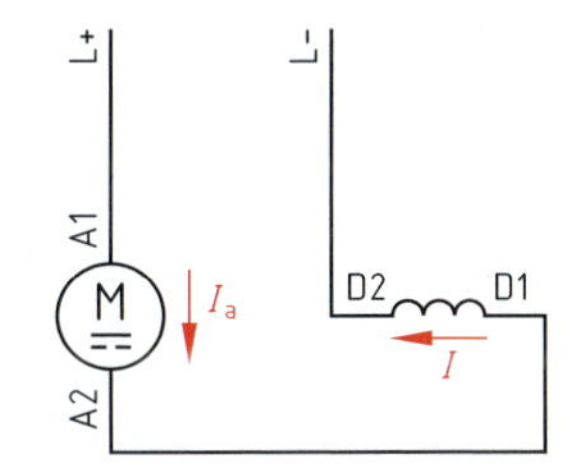	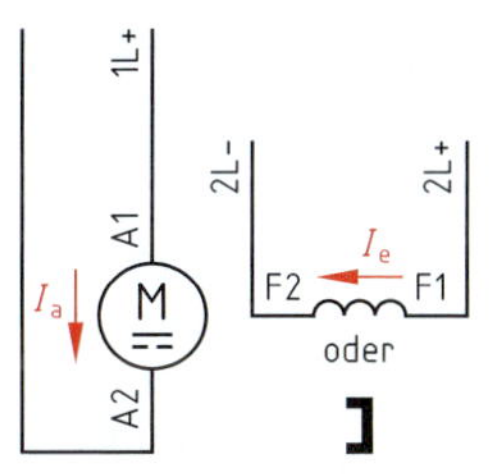	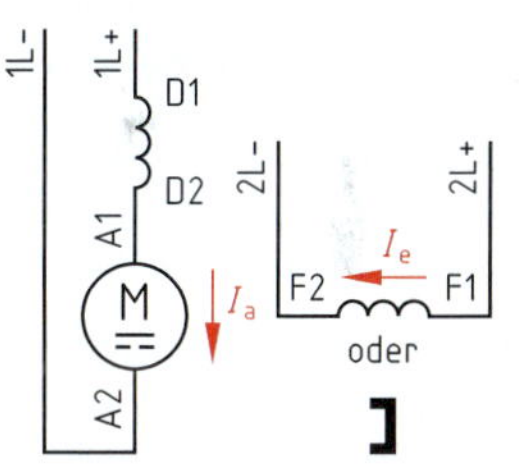
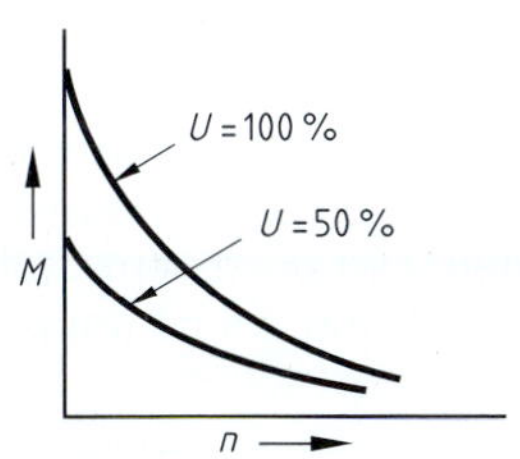	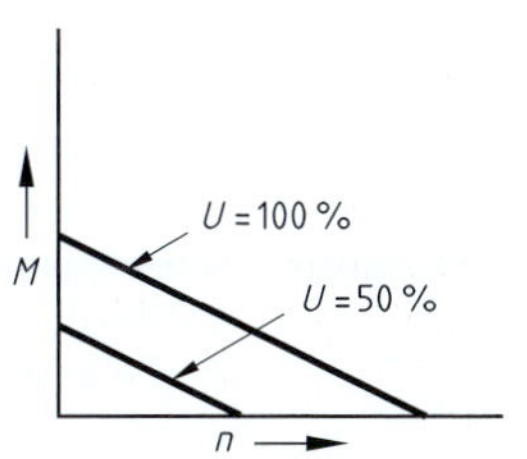	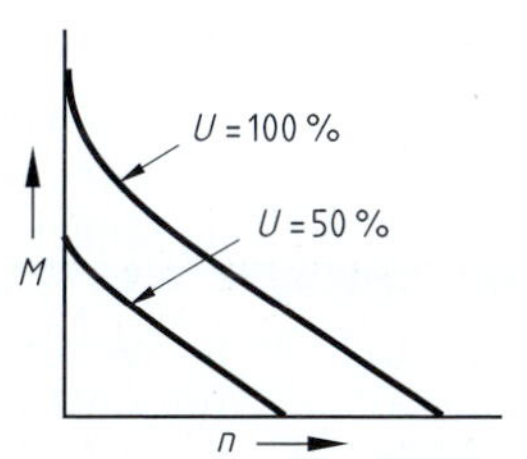

Drehrichtungsumkehr: Bei allen Schaltungen durch Vertauschen von A1 und A2 bzw. B1 und B2 (Wendepolwicklung).

Wendepolwicklungen: Bei Maschinen über 1 kW sind Wendepole vorhanden mit Wendepolwicklung B1B2. Diese ist in Reihe zu A1A2 geschaltet. Anschlüsse B1B2 sind nicht immer herausgeführt.

[1] Der Reihenschlussmotor kann mit Wechselstrom arbeiten, wenn der Ständer geblecht ist. Kleine Wechselstrom-Reihenschlussmotoren nennt man auch *Universalmotoren*.

[2] Der Motor wird auch Doppelschlussmotor oder Compoundmotor genannt.

Gleichstrommotoren mit Leistung > 1 kW benötigen zum Anlassen Anlasshilfen, z. B. mittels Stromrichter oder Anlasswiderstandsschaltung.

Reihenschlussmotoren besitzen ein sehr großes Anzugsmoment.

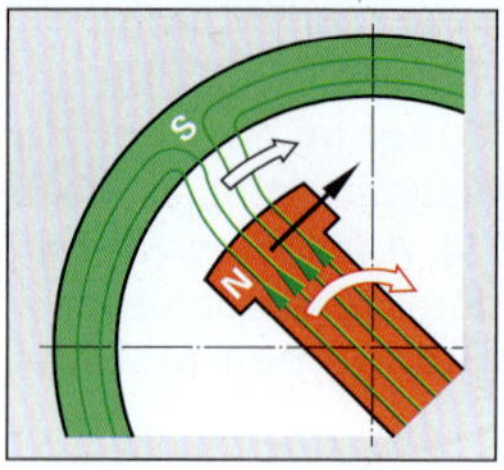

Bild 1: Kraftwirkung auf sich drehenden Läufer

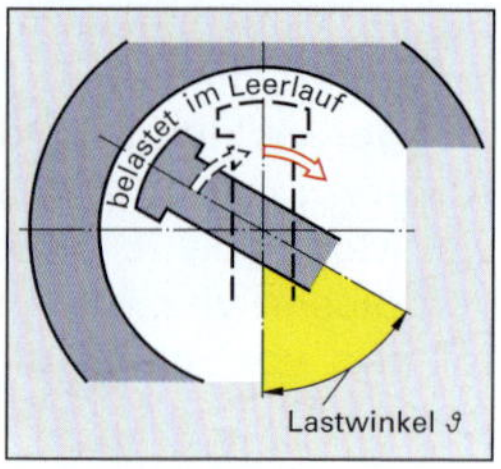

Bild 2: Lastwinkel beim Synchronmotor

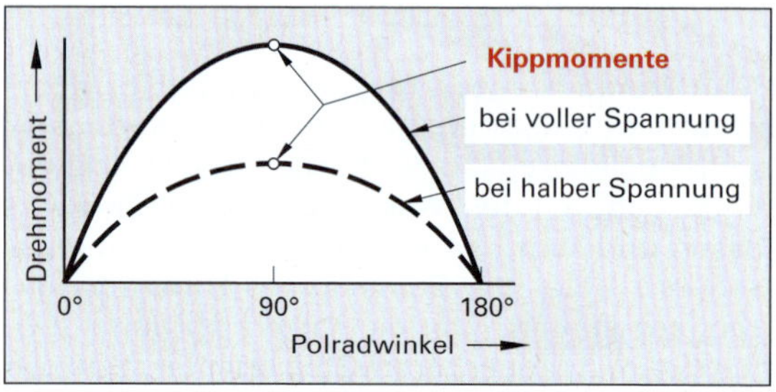

Bild 3: Drehmoment-Polradwinkel-Kennlinie eines zweipoligen Synchronmotors

18.1.3 Drehstromantriebe

Ein gleichförmiges Kreisdrehfeld wird insbesondere durch Drehstrom (Dreiphasenwechselstrom) erzeugt **(Abschnitt 4.3.2)**. Drei um 120° versetzte Wicklungsstränge erzeugen ein magnetisches **Drehfeld**, wenn Dreiphasenwechselstrom durch sie fließt. Wird das Drehfeld für Motoren aus einer Gleichspannung elektronisch erzeugt, spricht man von **bürstenlosen Gleichstrommotoren** (BLDC-Motoren, brushless DC-Motoren).

Bei **Synchronmaschinen** (griech. synchronos = gleichlaufend) dreht sich der Läufer so schnell wie das magnetische Drehfeld. Läufer von **Synchrongeneratoren**, angetrieben von einer Kraftmaschine **(Abschnitt 4.1)**, müssen Magnetfelder hervorrufen, damit in den Windungen der Ständerwicklung Spannungen induziert werden. Die Magnetfelder können durch Dauermagnete erzeugt werden oder durch Gleichstrom in der als Erregerwicklung bezeichneten Läuferwicklung. Diesen Gleichstrom nennt man **Erregerstrom**.

Meist wird bei Generatoren die Erregerwicklung angewendet, weil dann über den Erregerstrom der Magnetismus einstellbar ist.

Die **Drehstrom-Synchronmotoren** sind wie die Synchrongeneratoren für Drehstrom aufgebaut. Dabei werden seit einigen Jahren Läufer mit **Permanent-Erregung** (Dauermagnet-Erregung, siehe auch **Abschnitt 3.6**) bevorzugt.

Der Ständer des Drehstrom-Synchronmotors nimmt vom Netz Drehstrom auf. Dadurch wird im Ständer ein magnetisches Drehfeld erzeugt. Die Pole dieses Drehfelds wirken auf die Pole des Läufers **(Bild 1)**. Synchronmotoren für Drehstrom benötigen zum Anlauf am 50-Hz-Netz eine **Anlasshilfe**, z. B. einen Anlaufkäfig, da sie vom Drehfeld erst bei genügend hoher Drehzahl (Umdrehungsfrequenz) mitgenommen werden.

Sobald der Synchronmotor die volle Drehzahl des Drehfelds erreicht hat, dreht er sich mit dieser Drehzahl weiter, und zwar auch bei Belastung. Wird er belastet, so nimmt der Abstand der Pole des Polrades von den Polen des Drehfelds zu. Das Polrad bleibt um den **Lastwinkel** ϑ hinter dem Drehfeld und damit hinter der Leerlaufstellung des Polrades zurück **(Bild 2)**. Bei Entlastung pendelt das Polrad dann wieder in seine Leerlaufstellung zurück.

Auch bei Belastung dreht sich der Läufer eines Synchronmotors mit der Drehfelddrehzahl.

Das Drehmoment ist zunächst um so größer, je größer der Lastwinkel wird. In der Mitte zwischen zwei Polen des Ständerdrehfelds erfährt das Polrad die größte Kraft, da der in Drehrichtung vor eilende Pol das Polrad zieht, der nacheilende Pol aber schiebt. Bei Vergrößerung des Lastwinkels lässt die Kraft des voreilenden Poles auf das Polrad stark nach.

Das größte Drehmoment wird also zwischen zwei Polen entwickelt **(Bild 3)**. Es wird Kippmoment genannt. Das **Kippmoment** tritt bei einem Lastwinkel (Polradwinkel) von 90° auf. Es ist doppelt so groß ist wie das Bemessungsmoment.

Das Kippmoment tritt bei einem Lastwinkel von 90° auf.

Bei **Asychronmaschinen** folgt der Läufer (Rotor) dem Statordrehfeld zeitverzögert, also asynchron. Man unterscheidet Kurzschlussläufermaschinen, auch als Käfigläufermaschinen bezeichnet **(Bild 1, folgende Seite)**, und Schleifringläufermaschinen.

Die Stäbe und Kurzschlussringe des **Kurzschluss-(Käfig-) läufers** bilden einen Käfig, daher die Namensgebungen **(Bild 2)**.

Beim **Asychrongenerator** erzeugt der vom Ständer aus dem Netz aufgenommene Strom (Magnetisierungsstrom) im Generator ein magnetisches Drehfeld. Wird der Käfigläufer von einer Kraftmaschine mit einer Umdrehungsfrequenz angetrieben, welche etwas höher ist als die Umdrehungsfrequenz des Drehfelds, so wird in allen Stäben des Käfigs eine Spannung induziert.

Zwischen den Spannungen in den einzelnen Stäben bestehen Phasenverschiebungen, weil die Stäbe räumlich versetzt sind. Dieser vielphasige Wechselstrom ruft um den Läufer herum ein **Läuferdrehfeld** hervor, welches dieselbe Polzahl wie das erregende **Ständerdrehfeld** hat. Das Läuferdrehfeld ist gegenüber dem Ständerdrehfeld um den Lastwinkel versetzt und induziert in der Ständerwicklung Spannung.

Asynchrongeneratoren finden Anwendung in kleinen Kraftwerken.

Bei **Kurzschlussläufer-Asynchronmotoren** induziert nach dem Einschalten das magnetische Drehfeld des Ständers in den Stäben des Käfigs Spannungen. Zwischen den Spannungen in den einzelnen Stäben bestehen wie beim Asynchrongenerator **Phasenverschiebungen**. Infolge der Kurzschlussringe kann ein Vielphasenwechselstrom fließen. Der mehrphasige Läuferstrom erzeugt im Läufer ein magnetisches Drehfeld **(Bild 3)**.

Kurzschlussläufermotoren nennt man auch Induktionsmotoren, weil der Läuferstrom durch Induktion zustande kommt.

Der Unterschied zwischen Drehfelddrehzahl und Läuferdrehzahl wird **Schlupf** genannt, meist angegeben in Prozent der Drehfelddrehzahl.

Schlupf

Δn Schlupf
n_L Läuferdrehzahl
n_S Drehfelddrehzahl
s auf die Drehfelddrehzahl bezogener Schlupf

$$\Delta n = n_S - n_L \quad (1)$$

$$s = \frac{n_S - n_L}{n_S} \quad (2)$$

Beispiel:

Ein vierpoliger Drehstrom-Kurzschlussläufermotor arbeitet am 50 Hz-Netz mit einer Umdrehungsfrequenz von 1450/min. Wie groß ist sein auf die Drehfelddrehzahl bezogener Schlupf?

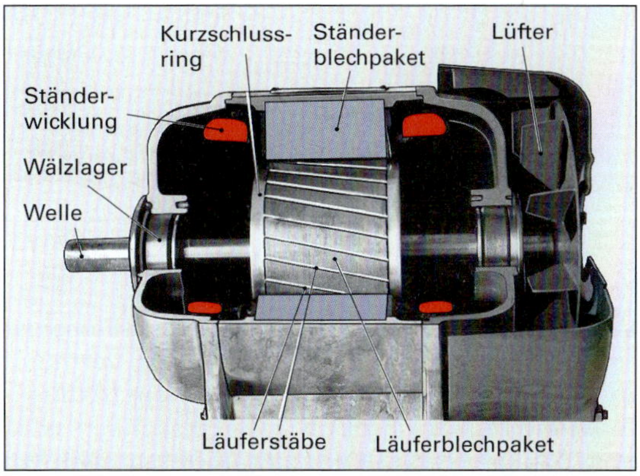

Bild 1: Drehstrom-Kurzschlussläufermotor mit Innenläufer

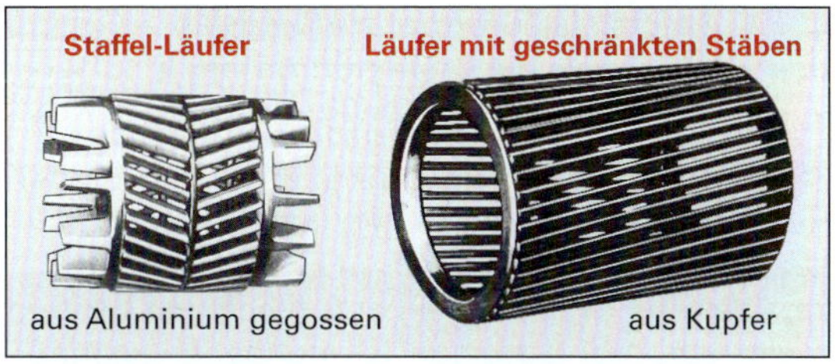

Bild 2: Käfigformen

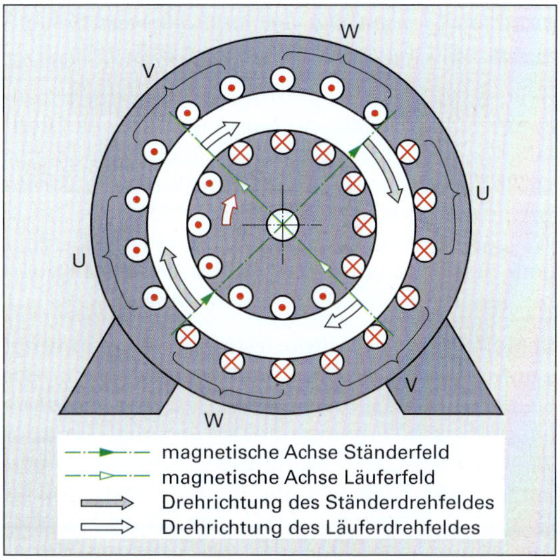

Bild 3: Wirkungsweise des Kurzschlussläufermotors

Lösung:

$n_S = f/p = 50\text{ Hz}/2 = 25\ ^1/\text{s} = 1500/\text{min}$

$s = (n_S - n_L)/n_S = (1500/\text{min} - 1450/\text{min})/(1500/\text{min})$
$= 50/\text{min}/(1500/\text{min}) = 0{,}0333 = \mathbf{3{,}33\ \%}$

Bei Asynchronmaschinen hängt die Frequenz des Läuferstroms von der Netzfrequenz und dem

Schlupf ab. Da die Netzfrequenz fest ist, z. B. 50 Hz, nimmt die Frequenz des Läuferstroms proportional mit dem Schlupf zu oder ab.

Frequenz vom Läuferstrom

f_L Frequenz des Läuferstroms
f Netzfrequenz
s drehzahlbezoner Schlupf

$$f_L = f \cdot s \quad (3)$$

Weil im Stillstand des Motors nach dem Einschalten der Ständerstrom am stärksten ist, vermutet man, dass dann auch das Drehmoment (Anzugsmoment M_A) am größten ist. Tatsächlich wird aber das größte Drehmoment (Kippmoment M_K) erst bei einer viel höheren Drehzahl erreicht **(Bild 1)**. Die Läuferdrehzahl ist nach dem Hochlaufen des Kurzschlussläufermotors bei Belastung immer niedriger als die Drehfelddrehzahl (Bild 1).

Beim **Schleifringläufermotor** besteht der im Ständer gelagerte Läufer aus Läuferwelle, Läufer-Blechpaket, Läuferwicklung und Schleifringen. Die Schleifringe bestehen aus Metall, z. B. Bronze, oder aus Graphit. Die Läuferwicklung besteht meist aus drei Strängen (Dreiphasenwicklung). Diese sind meist in Stern, selten in Dreieck geschaltet. Die Läuferwicklung ist an drei Schleifringe angeschlossen. Die Verbindung zu den Schleifringen wird durch Kohlebürsten hergestellt.

Beim Schleifringläufermotor erzeugt der Strom in der Ständerwicklung ein magnetisches Drehfeld. Dieses induziert in den Strängen der Läuferwicklung Wechselspannungen. Sind die Stränge miteinander verbunden, so fließen in ihnen Wechselströme, welche ein Läuferdrehfeld erzeugen. Ständerdrehfeld und Läuferdrehfeld bewirken zusammen die Drehung des Motors.

Schleifringläufermotoren finden Anwendung, wenn der Anzugsstrom nicht wesentlich größer als der Bemessungsstrom sein darf oder wenn ein großes Anzugsmoment erforderlich ist oder wenn die Drehzahl im begrenzten Umfang steuerbar sein soll. Beispiele sind bei Bandantrieben im Bergbau, Steinbrechmaschinen, Wasserwerkspumpen, unter Belastung anfahrenden Hebezeugen oder bei Verschiebebühnen. Durch die Stromrichtertechnik, z. B. Frequenzumrichter, hat allerdings die Bedeutung der Schleifringläufermotoren in den letzten Jahren abgenommen.

Schleifringläufergeneratoren, vergleichbar aufgebaut wie Schleifringläufermotoren, werden z. B. in Windkraftanlagen angewendet.

Beim **Linearmotor** wird eine gerade (lineare) Bewegungskraft hervorgerufen, also keine kreisförmige wie bei anderen elektrischen Motoren.

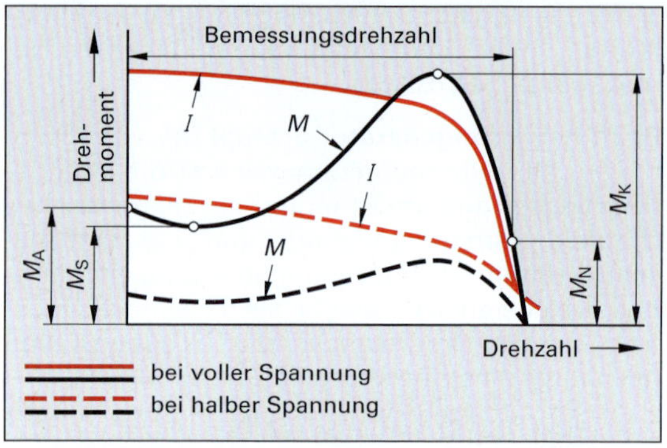

Bild 1: Kennlinien M(n) und I(n) eines Kurzschlussläufermotors (M_A Anzugsmoment, M_S Sattelmoment, M_K Kippmoment, M_N Bemessungsmoment (Nennmoment))

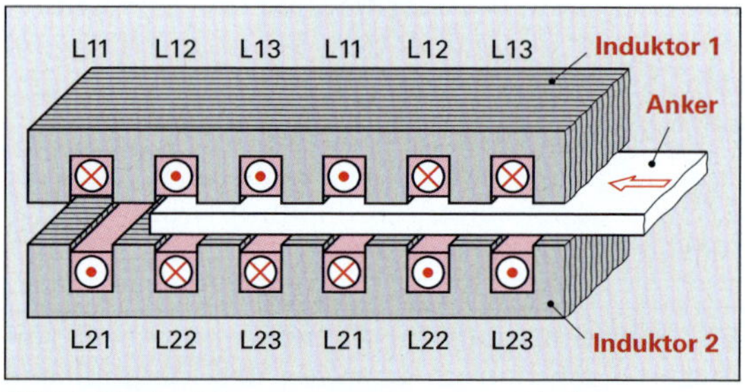

Bild 2: Wechselstromlinearmotor mit zwei Induktoren

Zum Verständnis des Linearmotors denkt man sich den Ständer eines Kurzschlussläufermotors am Umfang aufgeschnitten und in die Länge gestreckt **(Bild 2)**. Als **Induktor** wird der Teil des Wechselstrom-Linearmotors bezeichnet, der dem Ständer eines Drehstrommotors entspricht.

Es können zwei einander gegenüberliegende Induktoren verwendet werden (Bild 2) oder nur ein einzelner Induktor. Beim Linearmotor wird als **Anker** der dem Kurzschlussläufer entsprechende Teil bezeichnet. Der Anker ist zwischen den beiden Induktoren angeordnet. Er besteht aus einem massiven Leiter, z. B. aus Aluminium. Er ist der sich bewegende Teil des Motors.

Lineare Bewegungen können mittels drehenden Motoren, die auf einen Spindelantrieb wirken, oder mittels Linearmotoren verwirklicht werden.

Hinsichtlich weiterer elektrischer Antriebe, welche meist auf den hier vorgestellten Technologien basieren, sei an dieser Stelle auf das Fachbuch „Fachwissen Betriebs- und Antriebstechnik" beim Verlag Europa-Lehrmittel verwiesen.

18.1.4 Frequenzumrichter

Frequenzumrichter bestehen aus einem

- Gleichrichter,
- Gleichspannungs-Zwischenkreis,
- Wechselrichter und
- einer Einheit zu Steuern und Regeln der Ausgangsspannung, welche einen AC-Motor oder 3AC-Motor versorgt **(Bild 1)**.

Der sinusförmige Verlauf der Ausgangsspannungen wird mittels **Pulsweitenmodulation** (PWM) erzeugt **(Bild 2)**.

> Frequenzumrichter sind Stromrichter, welche aus einer anliegenden Wechselspannung eine andere Wechselspannung erzeugen.

Frequenzumrichter sind an das Verhalten des Motors anzupassen, damit dieser möglichst mit seinem Bemessungsmoment betrieben werden kann. In diesem Zusammenhang kann der Frequenzumrichter mit der Spannungs-Frequenz/Drehzahl-Kennlinie arbeiten **(Bild 3)**. Im **Spannungsstellbereich** ist das Drehmoment unabhängig von der Frequenz und hat einen konstanten Verlauf **(Bild 5)**. Der magnetische Fluss im Ständer ist konstant. Im **Feldschwächbereich** (Drehfeld des Motors) nimmt das Drehmoment umgekehrt proportional zur Frequenz ab. Der magnetische Fluss im Ständer nimmt ebenfalls ab. Man erkennt den drastischen Drehmomentrückgang in diesem Bereich **(Bild 4)**. Auch die Steigung der Kennlinien im Arbeitsbereich wird flacher und damit der Schlupf größer.

Die Feldschwächung ist eine Methode, um die Drehzahl von rotierenden, elektrischen Maschinen deutlich über die Nenndrehzahl hinaus zu erhöhen, allerdings verbunden mit einem Abfall des Drehmoments.

> Feldschwächung wird eingesetzt, wenn hohes Drehmoment bei geringen Drehzahlen und niedrigeres bei hohen Drehzahlen benötigt wird.

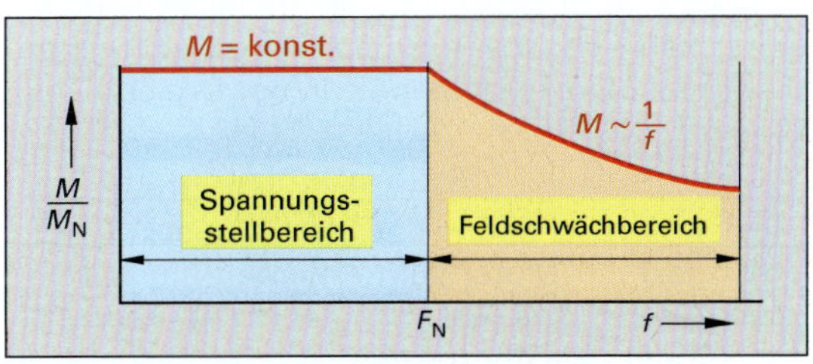

Bild 5: Drehmoment-Frequenz-Kennlinie

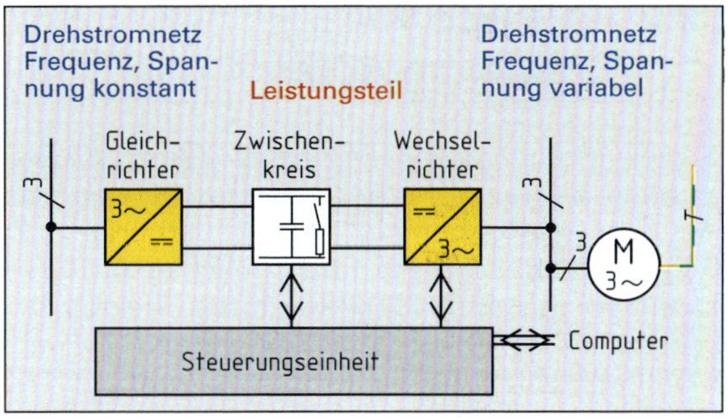

Bild 1: Übersichtsschaltplan eines Frequenzumrichters

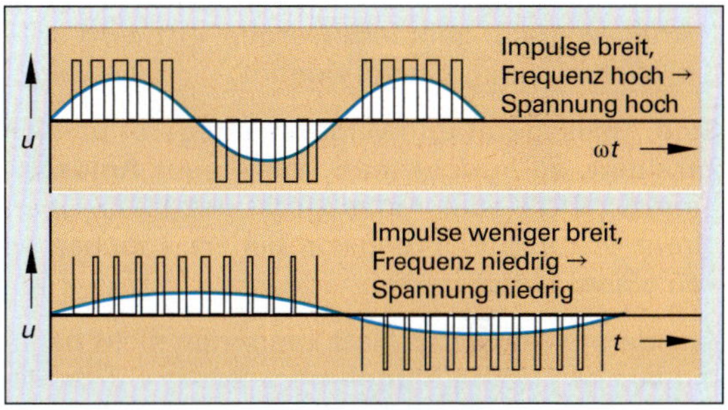

Bild 2: Pulsweitenmodulierte Spannung

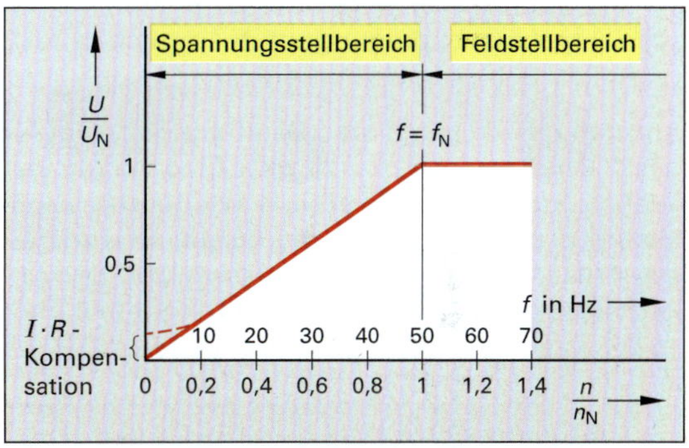

Bild 3: U(n)-Kennlinie mit Spannungsstellbereich eines Antriebs mit Frequenzumrichterspeisung

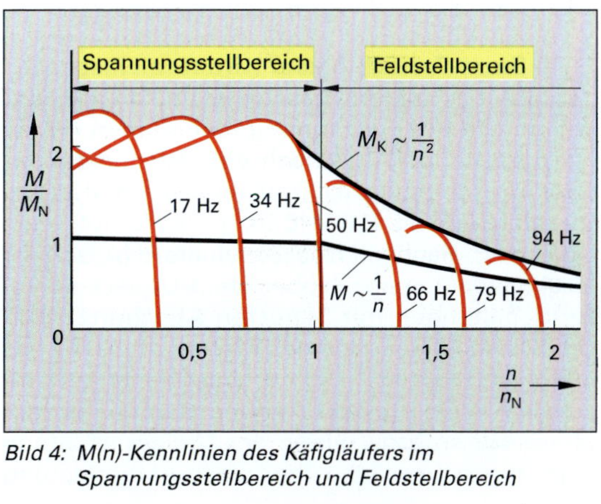

Bild 4: M(n)-Kennlinien des Käfigläufers im Spannungsstellbereich und Feldstellbereich

18.2 Anlassen von Drehfeldmotoren

Soll ein Motor aus dem Stillstand in den Betriebszustand gebracht werden, so spricht man von Anlassen. Hierzu benötigt man Steuergeräte, z. B. Schalter, Anlassgeräte und Anlasser. Motoren kann man mit einem Schalter durch direktes Einschalten in den Betriebszustand bringen. Sie nehmen dann einen großen Einschaltstrom auf. Der sich kurz nach dem Einschalten einstellende Anzugsstrom ist ebenfalls groß. Mit einem Anlassgerät können Motoren in mehreren Stufen in den Betriebszustand gebracht werden. Oft wird dazu ein Widerstandsgerät verwendet.

Sind Anlassgerät und Widerstandsgerät baulich vereinigt, so spricht man von einem **Anlasser**. Sind Schalter oder Anlassgerät mit einer Überstrom-Schutzeinrichtung kombiniert, spricht man von einem **Motorstarter**.

Aus dem öffentlichen Netz kann man nicht beliebig starke Ströme entnehmen. Sonst würde die Spannung absinken oder die Überstrom-Schutzeinrichtung abschalten. Deshalb sind beim Anschluss von Drehstrommotoren die TAB (Technische Anschlussbedingungen) des örtlichen VNB (Verteilungs-Netzbetreiber) einzuhalten.

Aus den in TAB genannten Bedingungen folgt für das 400-V-Netz, dass das **direkte Einschalten** von Drehstrommotoren bis etwa 4 kW Bemessungsleistung zulässig ist. Ebenso ist der Stern-Dreieck-Anlauf bis etwa 11 kW zulässig und der Anlauf mit sonstigen Anlaufvorrichtungen bis über 15 kW.

> Am öffentlichen Netz dürfen nicht beliebig große Motoren angeschlossen werden, weil der Anzugsstrom nicht über 60 A betragen darf.

Beim **Stern-Dreieck-Anlauf** wird zum Einschalten der Motor in Y (Stern) geschaltet und an das Netz gelegt. Die Strangspannung ist dann am 400-V-Netz nur noch 230 V. Nach dem Hochlaufen erfolgt Umschaltung in △ (Dreieck), jetzt ist die Strangspannung 400 V **(Bild 1)**. Das Umschalten erfolgt von Hand mit **Nockenschaltern (Abschnitt 18.3)** oder automatisch über Stern-Dreieck-Schütze (Schaltungen mit Schützen **Abschnitt 18.4**). Die Spannungsangabe des Motors muss für das 400-V-Netz lauten △ 400 V. Unterbleibt das Umschalten in die Dreieckschaltung, darf der Strangstrom nur so groß wie in der Dreieckschaltung sein, ohne dass eine thermische Überlastung

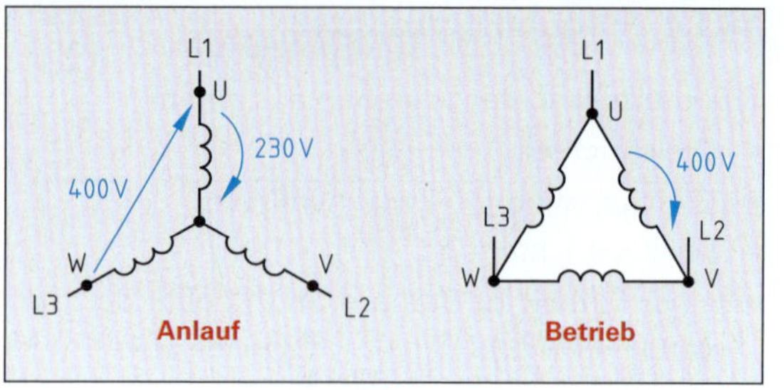

Bild 1: Sternschaltung und Dreiecksschaltung

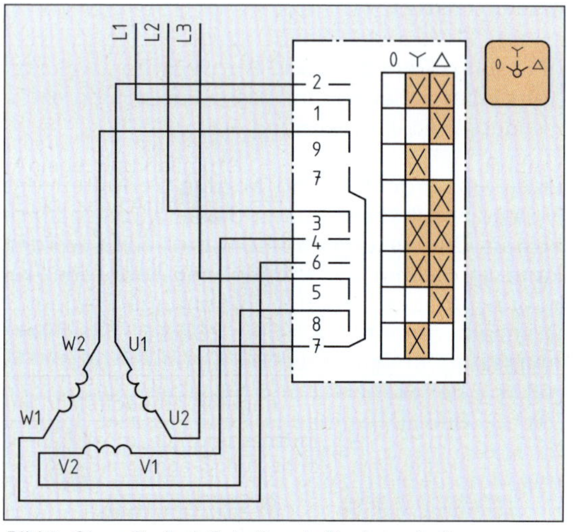

Bild 2: Stern-Dreieck-Schalter als Nockenschalter

stattfindet. Die Strangspannung und damit die Leistung sind dann aber nur das 0,58-Fache der Werte der Dreieckschaltung ($1/\sqrt{3} = 0{,}577 \approx 0{,}58$).

Die Stern-Dreieck-Schaltung wird am öffentlichen Netz bis zu etwa 11 kW Motor-Bemessungsleistung angewendet. Wird für die Stern-Dreieck-Schaltung ein Nockenschalter angewendet (**Bild 2** und folgende Seite), so gehen vom Netz zum Schalter vier Adern (einschließlich PE), vom Schalter zum Motor aber sieben Adern.

Die Stern-Dreieck-Schaltung kann nur angewendet werden, wenn der Motor in der Sternschaltung des Stern-Dreieck-Schalters leicht anlaufen kann, da in der Sternschaltung das Anzugsmoment des Motors kleiner als in der Dreieckschaltung ist.

> In der Sternschaltung des Stern-Dreieck-Schalters darf der Motor zum Anlaufen nur mit einem Drittel des Anzugsmoments der Dreieckschaltung belastet werden.

18.3 Nockenschalter

Zum direkten Steuern von Hand, insbesondere von kleineren Motoren, verwendet man vielfach **Nockenschalter (Bild 1)**. Beim Nockenschalter werden die einzelnen Schaltglieder bei Betätigung mittels Schaltnocken geöffnet oder geschlossen.

In Schaltplänen können Nockenschalter verschieden dargestellt werden. Oft findet man eine praxisübliche Darstellung, die ursprünglich bei den nicht mehr aktuellen Walzenschaltern angewendet wurde **(Bild 2)**. Die durch X angedeuteten Schaltstücke verbinden hier z. B. in Stellung R (Rechtslauf) den Schalterkontakt 1 (L1) mit dem Schalterkontakt 2 (Motor U), den Schalterkontakt 3 (L2) mit dem Schalterkontakt 4 (Motor V) und den Schalterkontakt 5 (L3) mit dem Schalterkontakt 6 (Motor W). Bei den Darstellungen nach **Bild 3** wird bei EIN-AUS-Schaltern die Form 1 bevorzugt und sonst die Form 2. Bei der Form 2 bedeuten die X anders als in Bild 1, dass die Schaltglieder geschlossen sind.

In Schaltplänen können Schalter in unterschiedlicher Weise dargestellt werden.

Bild 1: Nockenschalter

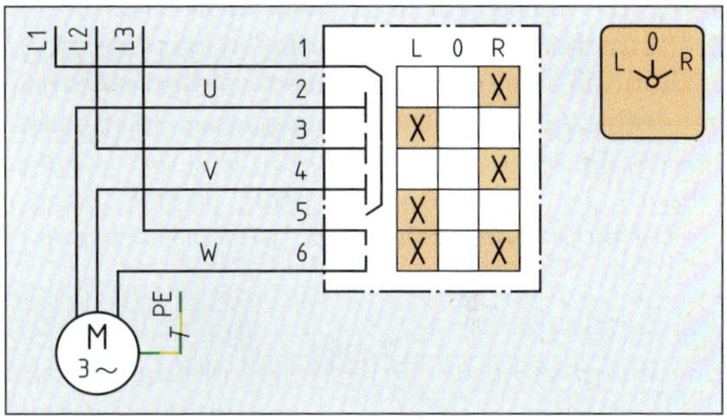

Bild 2: Praxisübliche Darstellung einer Schaltung mit Nockenschalter

Anwendung der Nockenschalter

Nockenschalter werden bei kleinen Lasten bis zu Bemessungsleistungen von etwa 0,5 kW als alleinige Schalter zum *betriebsmäßigen Schalten* verwendet. Man verwendet aber Nockenschalter bei Lasten bis zu Bemessungsleistungen von etwa 10 kW zum *Trennen*, während das betriebsmäßige Schalten durch Schütze erfolgt.

Nockenschalter trennnen die Last zuverlässig vom Netz, sind aber für häufiges Schalten nur bei kleinen Lasten geeignet.

Motorschutzschalter **(Abschnitt 6.2)** und Schalter für Handlungen im Notfall können als Nockenschalter ausgeführt sein.

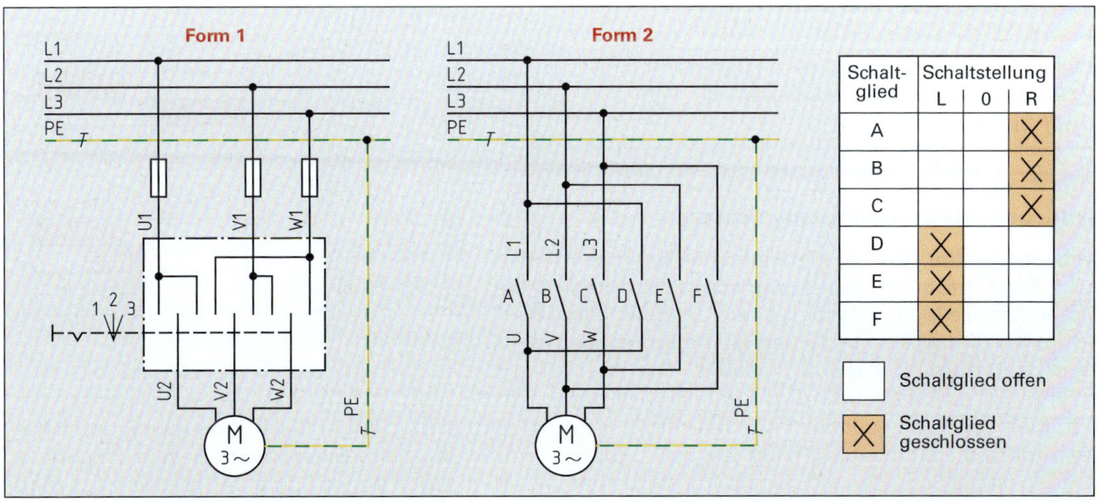

Schaltglied	Schaltstellung L	0	R
A			X
B			X
C			X
D	X		
E	X		
F	X		

Bild 3: Genormte Schaltzeichen für Nockenschalter

18.4 Schützschaltungen

18.4.1 Schütze

Elektromagnetische Schütze sind Fernschalter mit elektromagnetischem Antrieb **(Bild 1)**. Bei Wechselstromschützen steuert ein Wechselstrom das Schütz, bei Gleichstromschützen ein Gleichstrom. Wenn der Strom durch die Schützspule fließt, zieht das Schütz an und schaltet die angeschlossenen Verbraucher ein.

Vakuumschütze sind elektromagnetische Schütze, mit beweglichen Schaltstücken in jeweils einer luftleeren Kammer (Vakuum). Bei einem Drehstromschütz sind drei derartige Kammern vorhanden. Beim Ausschalten erfolgt eine Bogenentladung mit dem Metalldampf der Schaltstücke, die aber beim Nulldurchgang des Stroms erlischt. Vakuumschütze dienen zum Schalten großer induktiver Lasten, z. B. großer Motoren.

Schütze haben für den Hauptstromkreis meist drei Schaltstrecken 1-2, 3-4, 5-6 und für den Steuerstromkreis einen Hilfskontakt oder mehrere Hilfskontakte. Je nach Art des Schützes können die Schaltvorgänge getrennt oder überlappt erfolgen **(Bild 2)**. Gewöhnlich öffnen die **Öffner** (bei Betätigung den Stromkreis öffnende Kontakte), ehe die **Schließer** (bei Betätigung den Stromkreis schließende Kontakte) schließen.

Hilfsschütze nennt man kleine Schütze, die den Steuerstrom von großen Schützen steuern können. Hilfsschütze können auch kleine Motoren bis etwa 2,5 kW direkt steuern. Die Öffner von Hilfsschützen öffnen gewöhnlich vor dem Schließen der Schließer. Es kommen aber auch nacheilende Öffner sowie voreilende Schließer vor, sodass die Schaltstrecken dann überlappend arbeiten **(Bild 3)**.

> Die Hauptkontakte von Schützen sind Schließer, bei den Hilfskontakten kommen Schließer und Öffner vor.

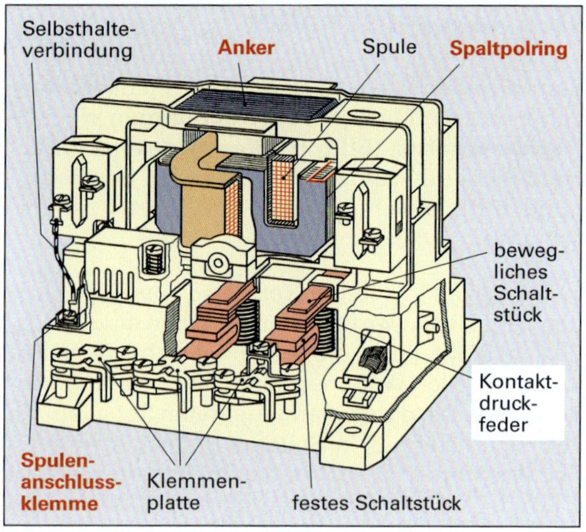

Bild 1: Elektromagnetisches Schütz

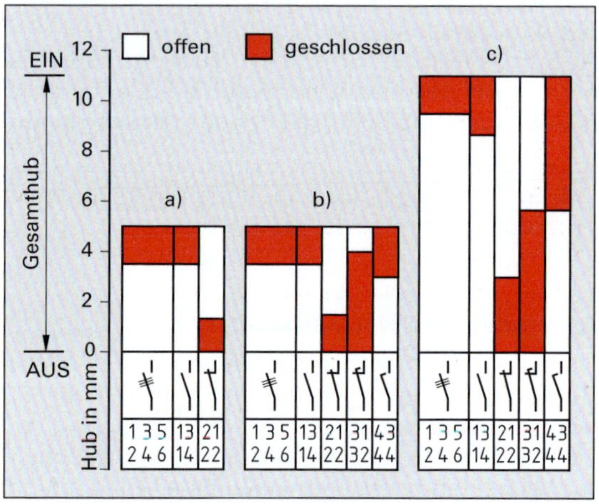

Bild 2: Schaltdiagramme von Schützen.
a) Kleinschütz mit 2 Hilfskontakten,
b) desgleichen mit 4 Hilfskontakten,
c) großes Schütz mit 4 Hilfskontakten

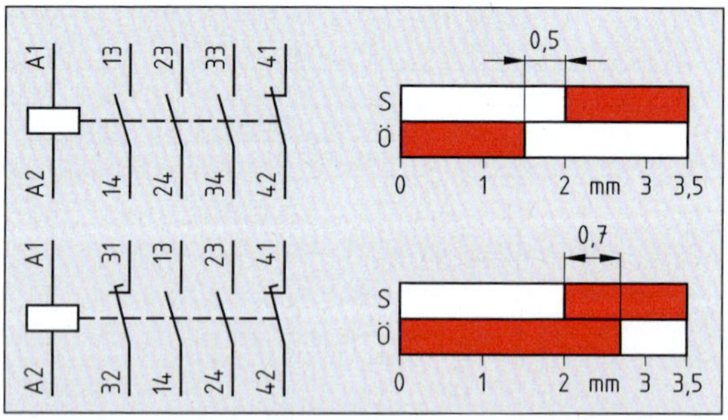

Bild 3: Schaltdiagramme von Hilfsschützen

Antriebe elektromagnetischer Schütze

Konventioneller Antrieb. Bei einfachen Schützen nach Bild 1 erfolgt die **Steuerung mit AC**. Vor dem Anzug hat das Magnetsystem einen Luftspalt von 1 mm bis 3 mm. Daraus folgen kleine Impedanz (Wechselstromwiderstand), großer Einschaltstrom und ruckartiger Anzug. Danach wird der Luftspalt sehr klein, sodass Impedanz groß, Haltestrom und Halteleistung klein werden. Dieser Antrieb ist bei Schützen sehr verbreitet, wird aber zunehmend durch verbesserte Systeme ersetzt.

Vorteil: Einfacher Aufbau.

Nachteil: Brummgeräusch, Abnutzung durch harten Schlag beim Einschalten, Beschränkung der Lebensdauer, enger Spannungsbereich der Magnetspule.

Antrieb durch DC-Magnetspule. Als Steuerspannung wird Gleichspannung verwendet, sodass kein Brummgeräusch entsteht. Der Einschaltstrom steigt wegen der Induktivität langsam an, sodass sanfter Anzug erfolgt. Der Haltestrom muss mittels Widerstand verringert werden **(Bild 1)**.

Vorteil: Kein 50-Hz-Brummen, kein Einschaltschlag.

Nachteil: Steuerung erfordert DC, Hilfskontakt und Widerstand erforderlich, enger Spannungsbereich der Magnetspule mit den Folgen wie beim konventionellen Antrieb.

Antrieb durch UC (Universalstrom). Die Magnetspule ist an eine Dioden-Brückenschaltung angeschlossen, die von AC oder DC angesteuert wird **(Bild 2)**. Die Wirkung ist wie beim DC-Antrieb.

Vorteil: Wie beim DC-Antrieb.

Nachteil: Aufwendige Beschaltung.

Elektronischer Antrieb. Vor der DC-Magnetspule liegt eine elektronische Schaltung mit Stromversorgung vom Netz, welche die Verstärkung der Steuerspannung ermöglicht und den Spulenstrom regelt **(Bild 3)**. Die kleine Steuerleistung am Eingang ermöglicht den direkten Anschluss an eine SPS oder an eine Kleinsteuerung.

Vorteil: Wie beim UC-Antrieb und zusätzlich Ansteuerung durch kleine Leistung.

Nachteil: Höherer Anschaffungspreis.

Weitbereichsantrieb. Der Aufbau ist wie beim elektronischen Antrieb, jedoch ist die Schaltung erweitert um eine Weitbereichsstufe. Diese besteht im Prinzip aus einer Dioden-Brückenschaltung, einem DC-Zwischenkreis und einem geregelten Gleichstromsteller zur Pulsweitenmodulation **(Bild 4, Abschnitt 18.1.4)**. Dadurch wird aus einer fast beliebigen Steuerspannung ein konstanter Steuerstrom für die Magnetspule erzeugt.

Diese Art der Ansteuerung ist bei hochwertigen Antrieben weit verbreitet.

Vorteil: Anschluss derselben Schütze an beliebige Steuerspannungen, beim Hersteller vereinfachte Vorratshaltung.

Nachteil: Höherer Anschaffungspreis.

www.siemens.com
www.eaton.com

Halbleiterschütze bestehen aus Halbleiterbauelementen und enthalten keine betriebsmäßig mechanisch bewegten Teile. Im Gegensatz zu elektromagnetischen Schützen arbeiten sie geräuschfrei ohne mechanischen Verschleiß. Allerdings entwickeln sie mehr Wärme als elektromagnetische Schütze, sodass sie schon bei Leistungen von wenigen Kilowatt einen Kühlkörper benötigen.

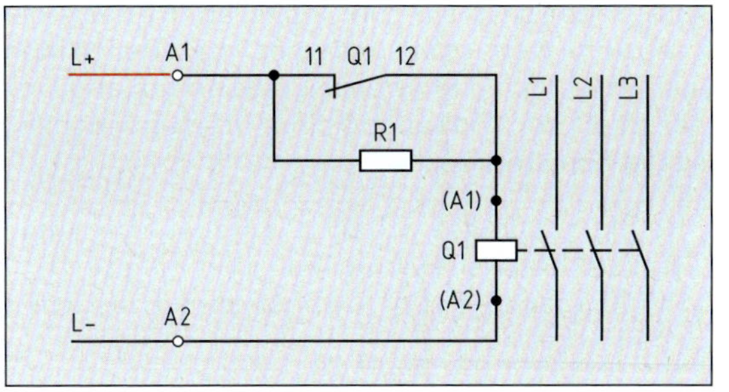

Bild 1: Schützschaltung mit DC-Steuerung

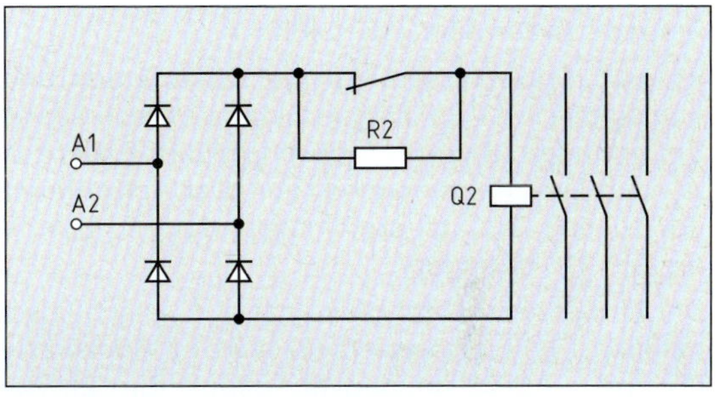

Bild 2: Schützschaltung mit UC-Steuerung

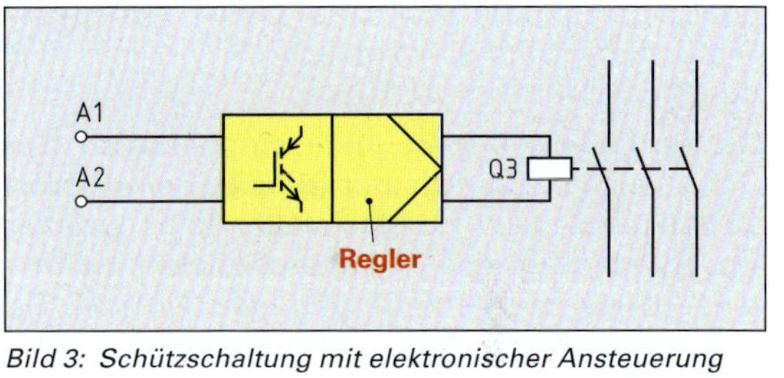

Bild 3: Schützschaltung mit elektronischer Ansteuerung

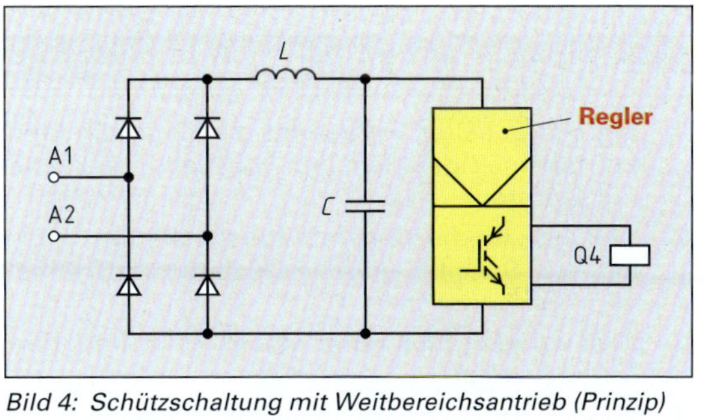

Bild 4: Schützschaltung mit Weitbereichsantrieb (Prinzip)

Außerdem sind sie zum sicheren Trennen der Last vom Netz nicht geeignet, weil der Widerstand der Halbleiterstrecke im Sperrzustand kleiner ist als der Widerstand einer offenen mechanischen Schalterstrecke.

Halbleiterschütze arbeiten geräuschfrei und erschütterungsfrei, brauchen aber meist einen Kühlkörper und zum Trennen einen zusätzlichen Schalter.

Halbleiterschütze bestehen aus einem Eingangsteil mit **Optokoppler** zur Potenzialtrennung des Steuerkreises und einem Ausgangsteil mit Thyristoren, Triacs oder IGBTs **(Bild 1)**.

Es gibt Halbleiterschütze mit DC-Ansteuerung und solche mit AC-Ansteuerung für verschiedene Spannungen. Beim Wendeschütz **Bild 2** werden je nach Drehrichtung zwei der drei Außenleiter gewechselt. Die Steuergleichspannung kann 10 V bis 30 V DC betragen.

Der Eingangskreis für diese hat drei Anschlüsse, nämlich + A1 für Vorwärts (F), + B1 für Rückwärts (R) und – A2/B2 für den Minuspol (Bild 2). Die Wirkungsweise ist aus der Ersatzschaltung **Bild 3** erkennbar. Je nach Ansteuerung der Schalter A1 oder B1 erfolgt Rechtslauf (F) oder Linkslauf (R). Die Schalter sind elektronisch verwirklicht, z.B. durch Thyristoren bzw. Triacs.

Schaltzeichen der Schütze sind ähnlich den Schaltzeichen der Schalter **(Bild 4)**. Beim Hauptstromkreis kann an den feststehenden Kontakten das Symbol für einen Leistungskontakt in Form eines Kreisabschnitts eingetragen werden. Bei den Halbleiterschützen wird zusätzlich ein Querstrich am Drehpunkt des beweglichen Kontaktes eingetragen.

Wiederholung und Vertiefung

1. Welche Schalter verwendet man zum direkten, betriebsmäßigen Schalten von Hand bei kleineren Motoren?
2. Welcher für betriebsmäßiges Schalten ungeeigneter Schalter ist bei Antrieben zum Trennen vom Netz möglich?
3. Was versteht man unter einem elektromagnetischen Schütz?
4. Welche Vorteile haben Gleichstromschütze gegenüber Wechselstromschützen?
5. Welche Arten von Antrieben unterscheidet man bei den elektromagnetischen Schützen?
6. Wozu verwendet man Vakuumschütze?
7. Für welche Schaltaufgabe sind Halbleiterschütze nicht geeignet?
8. An welchem Kennzeichen erkennt man im Schaltplan Halbleiterschütze?

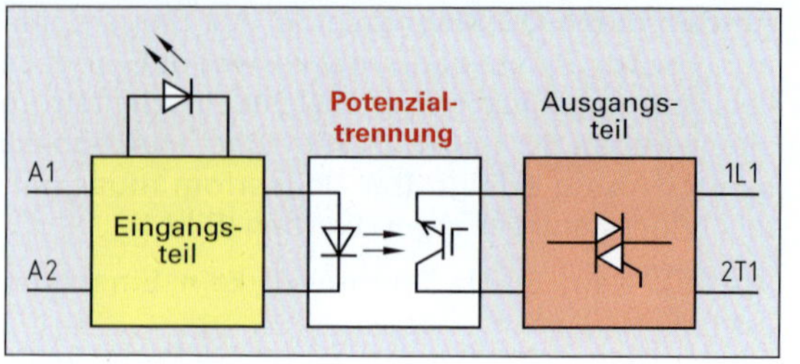

Bild 1: Prinzip des Halbleiterschützes

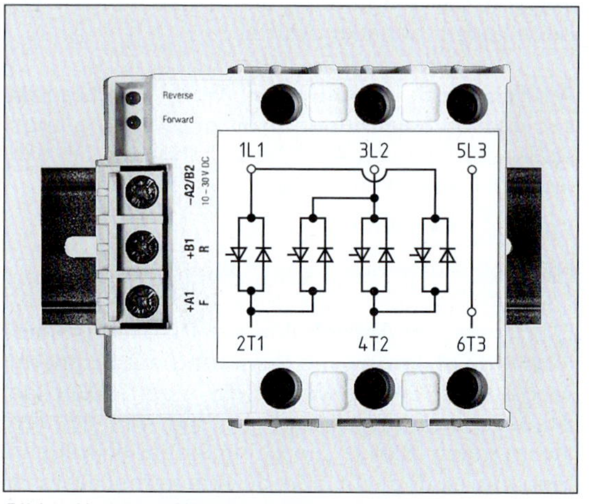

Bild 2: Halbleiter-Wendeschütz

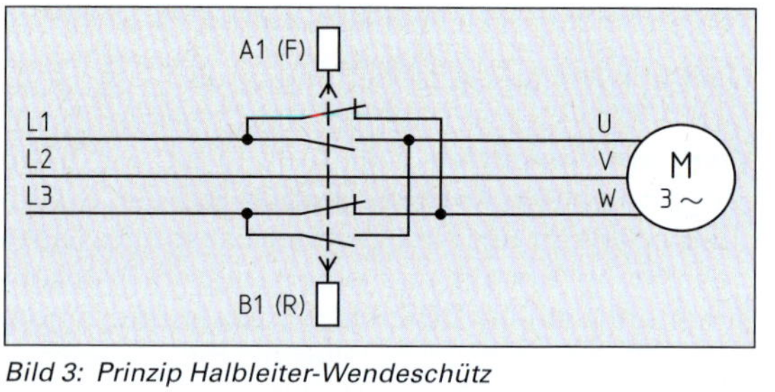

Bild 3: Prinzip Halbleiter-Wendeschütz

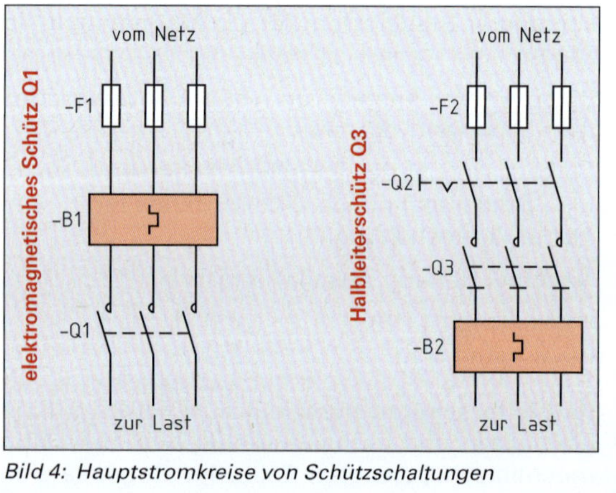

Bild 4: Hauptstromkreise von Schützschaltungen

18.4.2 Hilfsstromkreise

Ein Hilfsstromkreis ist ein Stromkreis, der kein Hauptstromkreis ist. Er sorgt also zum Übertragen von Signalen, die den Funktionen des Hauptstromkreises dienen. Hilfsstromkreise sind vor allem die Steuerstromkreise und die Messstromkreise.

> Hilfsstromkreise wirken auf die Funktionen des Hauptstromkreises.

Hilfsstromkreise sind in allen Maschinen mit elektrischem Antrieb, z. B. Transportmaschinen und Werkzeugmaschinen, von hoher Wichtigkeit. Die für Hilfsstromkreise geltenden besonderen Bestimmungen nach DIN VDE 0100-557 sind nachfolgend aufgeführt.

Anforderungen an Hilfsstromkreise

Die Stromversorgung der Hilfsstromkreise kann mit AC (Wechselstrom) oder DC (Gleichstrom) erfolgen **(Bild 1)**. Die Versorgung kann je nach Funktion vom Hauptstromkreis abhängig sein oder unabhängig. Bei Hilfsstromkreisen mit elektronischen Betriebsmitteln soll die Stromversorgung zum Schutz gegen EMIs **(Kapitel 9)** vom Hauptstromkreis getrennt sein, z. B. mittels Transformator.

Die Stromversorgung von Hilfsstromkreisen erfolgt meist über **Steuertransformatoren**. Bei diesen muss die Ausgangswicklung (Sekundärwicklung) von der Eingangswicklung (Primärwicklung) getrennt sein (Bild 1). Man darf keine Spartransformatoren verwenden. Bei SELV oder PELV muss die Trennung sicher sein. Es sind also **Sicherheitstransformatoren** erforderlich. Bei FELV genügt dagegen einfache Trennung, weil hier die Schutzmaßnahmen des Primärkreises vom Steuertransformator auch auf der Sekundärseite anzuwenden sind.

> Transformatoren für Hilfsstromkreise trennen den Hilfsstromkreis vom Hauptstromkreis.

Diese Transformatoren sind bei Dreileiter- und Vierleiterkreisen eingangsseitig (primärseitig) an zwei Außenleiter anzuschließen **(Bild 2)**.

> Transformatoren für Hilfsstromkreise werden am Drehstromnetz primärseitig an zwei Außenleiter angeschlossen.

Hilfsstromkreise ohne Trennung vom Hauptstromkreis sind beim TN-System und beim TT-System an einen Außenleiter und den Neutralleiter anzuschließen. Beim IT-System kann an zwei Außenleiter angeschlossen werden.

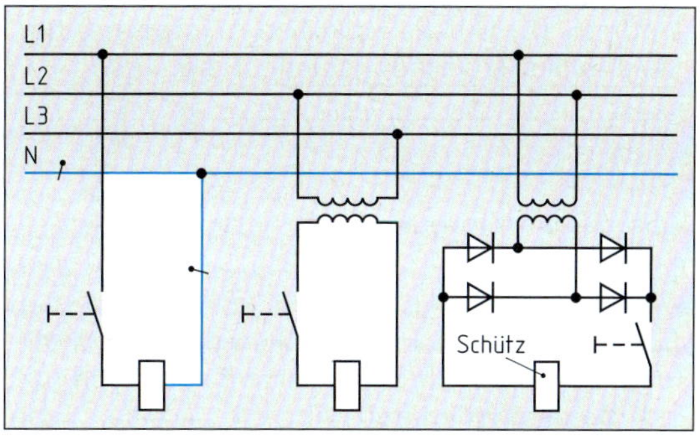

Bild 1: Stromversorgungen für den Hilfsstromkreis (PE-Anschlüsse und Schutzeinrichtungen sind nicht dargestellt)

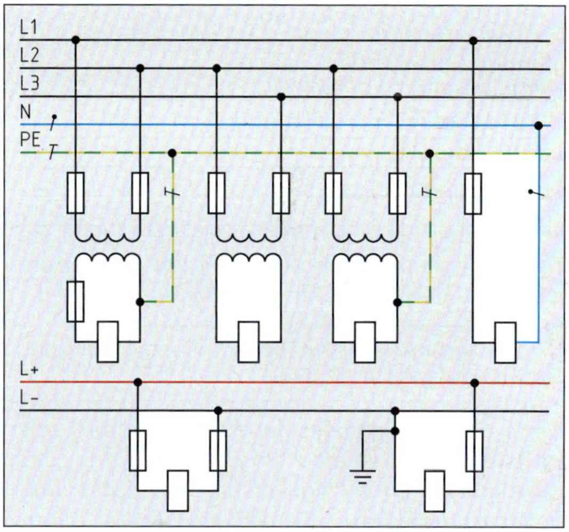

Bild 2: Anordnung der Überstrom-Schutzeinrichtungen bei Hilfsstromkreisen.

Der **Überstromschutz** darf durch eine Überstrom-Schutzeinrichtung des Hauptstromkreises oder des Hilfsstromkreises erfolgen. Ersteres ist allerdings nur bei kleinen Bemessungsströmen der Überstrom-Schutzeinrichtung zweckmäßig, da sonst die Schaltglieder im Hilfsstromkreis nicht geschützt sind (Bild 2).

Geerdete Hilfsstromkreise

Hilfsstromkreise dürfen geerdet oder ungeerdet betrieben werden. Bei direkter Verbindung zum Hauptstromkreis des TN- oder TT-Systems darf aber eine zusätzliche Erdung nicht erfolgen, da die Systeme schon geerdet sind. Von Transformatoren gespeiste Hilfsstromkreise dürfen nur an einer Stelle geerdet sein, und zwar in der Nähe des Transformators. Die Verbindung zur Erde muss leicht zugänglich und trennbar sein, damit die Messung der Isolation möglich ist.

Ungeerdete Steuer- oder Messstromkreise müssen eine Isolationsüberwachungseinrichtung haben.

Ungeerdete Hilfsstromkreise erfordern eine Isolationsüberwachungseinrichtung.

Deshalb ist es zweckmäßig, möglichst die Hilfsstromkreise zu erden.

Spannungsversorgung

Die Spannung der Hilfsstromkreise muss dem jeweiligen Bedürfnis entsprechen. Zu niedrige Spannungen können zu Problemen bei Kontakten führen, wenn diese oxidiert oder verschmutzt sind. Bei ausgedehnten Hilfsstromkreisen kann DC gegenüber AC Vorteile bieten, weil bei DC die Einschaltströme von Schützen, Relais und Magnetventilen kleiner sind.

Bei Steuerstromkreisen darf die Bemessungsspannung nicht größer sein als

- 230 V bei AC mit 50 Hz,
- 227 V bei AC mit 60 Hz und
- 220 V bei DC.

Schutz bei Überstrom

Überlastung kann in Hilfsstromkreisen nicht auftreten. Deshalb beschränkt sich der Überstromschutz auf den **Kurzschlussschutz**.

Hilfsstromkreise sind gegen Kurzschluss zu sichern.

Wenn der Kurzschlussschutz entfallen darf oder entfallen muss, so sind die Leitungen des Hilfsstromkreises *kurzschlusssicher* und *erdschlusssicher* zu verlegen, z.B. mit verstärktem Schutz gegen äußere Einwirkung. Das kann z.B. durch Elektroinstallationsrohre als Schutzrohre erfolgen. Erfolgt die Stromversorgung von geerdeten Hilfsstromkreisen über Transformatoren, so dürfen sie auf der Sekundärseite einpolig abgesichert sein (Bild 2, vorhergehende Seite). Bei ungeerdeten Hilfsstromkreisen ist eine zweipolige Absicherung zulässig. Das gilt auch für eine Stromversorgung aus einer Batterie.

Auf der Ausgangsseite (Sekundärseite) von Transformatoren dürfen die Sicherungen entfallen, wenn die Schutzeinrichtungen auf der Primärseite den Kurzschlussschutz der Sekundärseite übernehmen können (Bild 2, vorhergehende Seite). Der Transformator muss dann so beschaffen sein, dass bei einem Kurzschluss im Hilfsstromkreis die Schutzeinrichtung auf der Primärseite anspricht.

Bei Steuertransformatoren genügt meist die Absicherung auf der Primärseite.

Kabel und Leitungen

Die Strombelastung in Hilfsstromkreisen ist nicht groß. Deshalb sind für die Querschnitte die Anforderungen bezüglich der mechanischen Festigkeit von DIN VDE 0100-557 maßgebend. Dabei sind die geforderten Mindestquerschnitte besonders klein, wenn die Leitung geschirmt ist **(Tabelle 1)**.

Tabelle 1: Kupfer-Mindestquerschnitte bei Hilfsstromkreisen in mm²
vgl. DIN VDE 0100-557

Verdrahtung	einadrig	zweiadrig		mehr als 2-drähtig
		mit Schirm	ohne Schirm	
Steuerstromkreise[1]	0,5	0,5	0,5	0,1
Datenleitungen	–	–	–	0,1

[1]Größere Querschnitte sind ggf. bei anderen Hilfsstromkreisen, z.B. für Messungen, erforderlich.

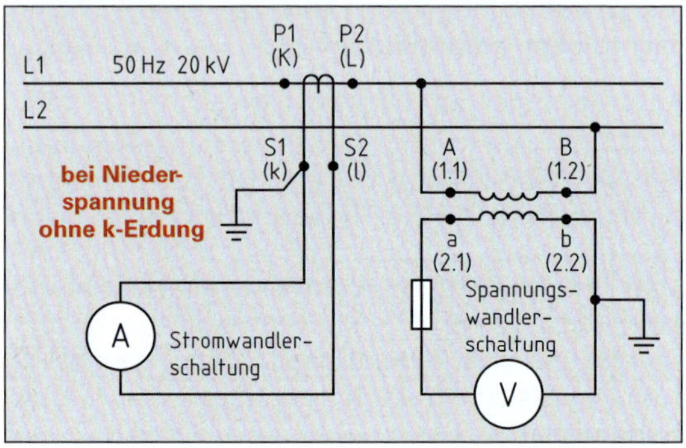

Bild 1: Anschlüsse bei Wandlermessungen
(Anschlussbezeichnungen je nach Norm verschieden)

Die Mindestquerschnitte der Hilfsstromkreise sind je nach Leitungsart verschieden.

Anforderungen an Messstromkreise

Beim direkten Anschluss von Messeinrichtungen an den Hauptstromkreis sind erforderlich

- Kurzschlussschutz durch Überstrom-Schutzeinrichtungen oder
- kurzschluss- und erdschlusssichere Verlegung.

Bei **Messwandlermessungen** kann bei **Stromwandlern** keine unterbrechende Überstrom-Schutzeinrichtung verwendet werden, weil Stromwandler mit kurzgeschlossener Sekundärwicklung betrieben werden müssen **(Bild 1)**. Das gilt nicht für Summenstromwandler, z.B. zum Fehlerschutz mit RCD, weil bei denen keine gefährlichen Spannungen auftreten können.

Anders als in Hochspannungsanlagen wird bei Niederspannung keine Sekundärklemme des Stromwandlers geerdet.

Bei Spannungswandlern ist für die Sekundärseite Kurzschlussschutz erforderlich (Bild 1, vorhergehende Seite).

Funktionssicherheit

Die Hilfsstromkreise müssen so ausgeführt sein, dass durch einen einzelnen Leiterbruch oder einen einzelnen Schluss (Körperschluss, Erdschluss oder Kurzschluss) die Anlage in einem sicheren Zustand bleibt oder in einen solchen überführt wird. Wegen dieser sehr weitgehenden Forderung erfolgt das Abschalten durch Öffner und das Einschalten durch Schließer **(Bild 1)**.

Verhinderung von Fehlschaltung

Auch bei doppelten Körperschlüssen oder Erdschlüssen darf keine Fehlfunktion erfolgen. Insbesondere darf durch Körperschlüsse oder Erdschlüsse kein unbeabsichtigtes Einschalten erfolgen oder die Abschaltung unmöglich werden **(Bild 2)**. Man bezeichnet diese schädlichen Schaltungen als Fehlschaltungen.

> Hilfsstromkreise müssen auch bei doppelten Schlüssen gegen Fehlschaltungen geschützt sein, z. B. durch Erdung und Überstromschutzeinrichtungen.

Bei ungeerdeten Steuer- oder Meldestromkreisen könnten Fehlschaltungen bei zwei Schlüssen auftreten. Würde in einer Schaltung nach Bild 2, die aber ungeerdet ist, ein Erdschluss an der Stelle 1 auftreten, hätte das keine Folge. Tritt aber dann an der Stelle 3 noch ein Erdschluss auf, so schaltet Q1 die Anlage ein. Deshalb sind bei ungeerdeten Hilfsstromkreisen Isolationsüberwachungseinrichtungen **(IMDs)** erforderlich. Der Isolationswiderstand muss mindestens 100 Ω je V der Nennspannung betragen, bei U_n = 230 V also 23 kΩ.

Wird PELV mit Spannungen bis AC 50 V oder DC 120 V angewendet, so sind alle Körper an den Leiter anzuschließen, mit dem der Hilfsstromkreis geerdet ist, z. B. an den PE des Primärstromkreises **(Bild 3)**. Wird PELV ohne Erdung betrieben, so ist der Hilfsstromkreis auf Isolationsfehler mit einer Isolationsüberwachungseinrichtung zu überwachen. Außerdem sind die Körper an den geerdeten Überwachungsleiter des Überwachungsgerätes anzuschließen.

Zum Schutz von Personen und Anlagen müssen für die Schaltung der Komponenten der Hilfsstromkreise bestimmte Regeln beachtet werden, wenn sonst Gefahren für Personen oder Anlagen ausgehen können. Dabei ist zu unterscheiden, ob der Hilfsstromkreis direkt mit dem Hauptstromkreis verbunden ist oder nur indirekt, z. B. über einen Steuertransformator.

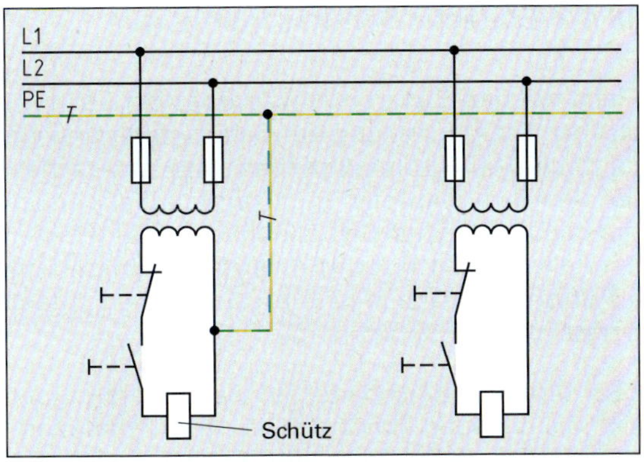

Bild 1: Anordnung der Schützspulen und Taster bei Steuerstromkreis ohne direkte Verbindung zum Hauptstromkreis

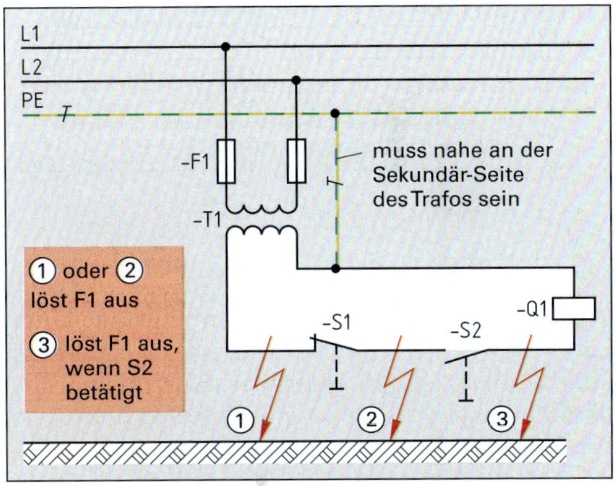

Bild 2: Verhinderung der gefährlichen Folgen von Leiterbrüchen und Erdschlüssen

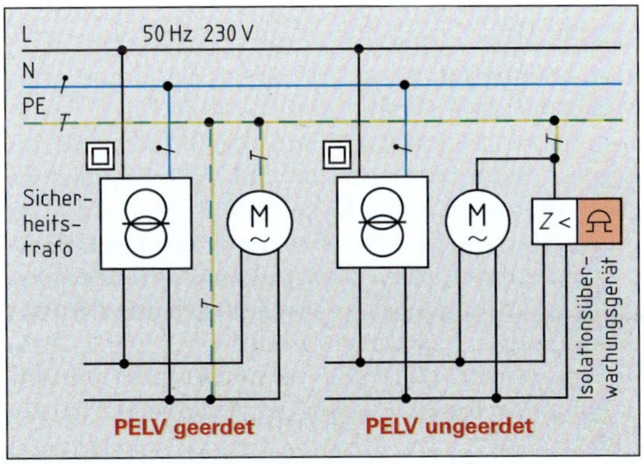

Bild 3: PELV in Hilfsstromkreisen

Davon abweichend dürfen die Schaltglieder von Schutzrelais, z. B. Überstromrelais, an den geerdeten Leiter angeschlossen werden, wenn sie an einer Spule liegen und die Verbindung innerhalb eines gemeinsamen Gehäuses erfolgt.

18.4.3 Einfache Schützschaltungen

Meist werden Elektromotoren über Schütze gesteuert. Die Darstellung der Schützsteuerung erfolgt meist in **Stromlaufplänen**. Man unterscheidet den Stromlaufplan in zusammenhängender Darstellung und den Stromlaufplan in aufgelöster Darstellung **(Bild 1)**. Beide Arten können gemischt als Stromlaufpläne in halb zusammenhängender Darstellung vorkommen.

Zum direkten Einschalten eines Motors eignet sich die einfache Schützschaltung mit **Haltekontakt** (Bild 1). Beim Betätigen (Schließen) von S2 zieht Q1 an. Damit wird M1 eingeschaltet. Außerdem schließt der Haltekontakt von Q1. Q1 hält sich selber, auch wenn S2 öffnet. Bei Betätigen (Öffnen) von S1 fällt Q1 ab und schaltet M1 ab.

Bei Stromlaufplänen ist zwischen der zusammenhängenden Darstellung und der aufgelösten Darstellung zu unterscheiden.

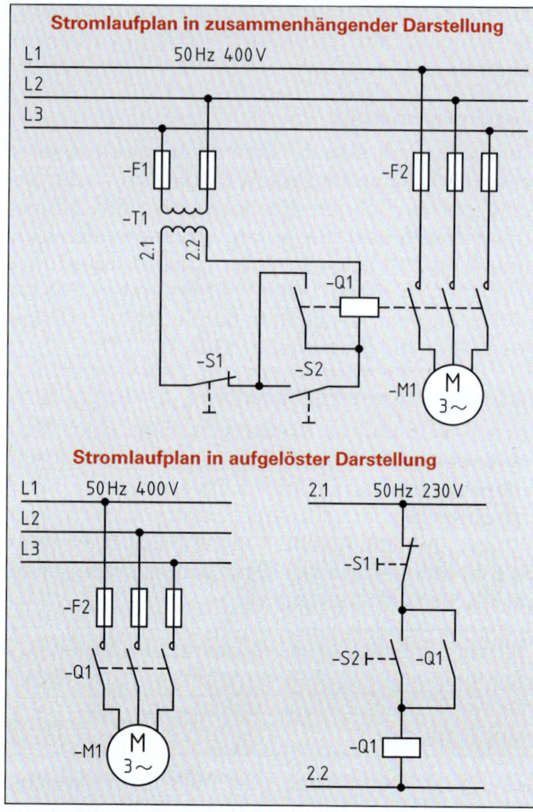

Bild 1: Schützschaltung mit Haltekontakt in verschiedenen Darstellungen

Beschreibung von Schützschaltungen

Die Beschreibung der Wirkungsweise einer Schützschaltung mit Worten ist meist wenig übersichtlich, jedoch verbreitet. Man beginnt mit dem Einschaltvorgang und endet mit dem Ausschaltvorgang.

Die Beschreibung einer Schützschaltung mit Worten ist lang und wenig übersichtlich.

Besonders kurz und treffend ist die Beschreibung mittels **Schaltalgebra**. Die bei der Betätigung der Steuergeräte entstehenden Signale bezeichnen wir mit den Kleinbuchstaben der Geräte, z. B. mit s2 vom Taster S2. Dasselbe gilt für die Signale der gesteuerten Geräte, z. B. q_1 vom Haltekontakt Q1. Diese Signale sind die **Eingangsvariablen** (Eingangsveränderliche). Die **Ausgangsvariablen** geben das Verhalten des Verbrauchers an, z. B. y_{M1} das Verhalten des Motors M1 oder y_{Q1} das Verhalten des Schütz Q1. Die Eingangsvariablen werden miteinander logisch verknüpft **(Tabelle 1)**.

Die wichtigsten Verknüpfungen sind NICHT, UND und ODER.

Zum Aufschreiben der **Schaltfunktion** (Schaltungsgleichung) beginnt man zweckmäßigerweise mit der Ausgangsvariablen, z. B. mit y_{Q1} **(Bild 2)**. Nach dem Gleichheitszeichen setzt man die verknüpften Eingangsvariablen.

Tabelle 1: Verknüpfungen der Schaltalgebra

Verknüpfungssymbol, Name	Beispiel (Sprechweise)	Bedeutung
$\overline{}$ NICHT	$\bar{s}_1$ (s_1 nicht)	Wirkung tritt ein, wenn S1 *nicht* betätigt wird.
$\wedge$ UND	$\bar{f}_1 \wedge q_1$ (f_1 nicht und q_1)	Wirkung tritt ein, wenn F1 nicht anspricht *und* Q1 anzieht.
$\vee$ ODER	$q_1 \vee s_2$ (q_1 oder s_2)	Wirkung tritt ein, wenn Q1 *oder* S2 schließt.

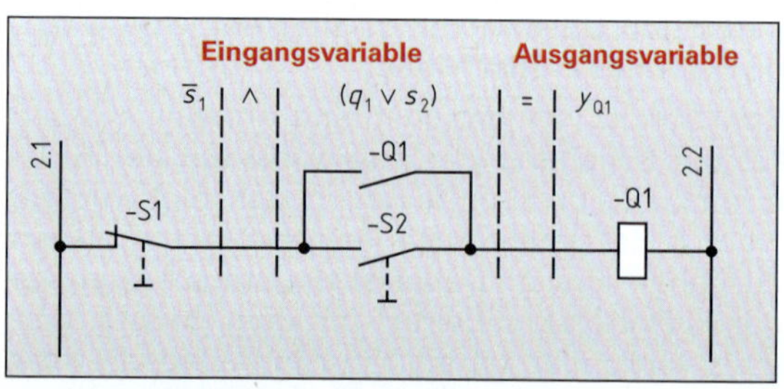

Bild 2: Aufstellen der Schaltfunktion

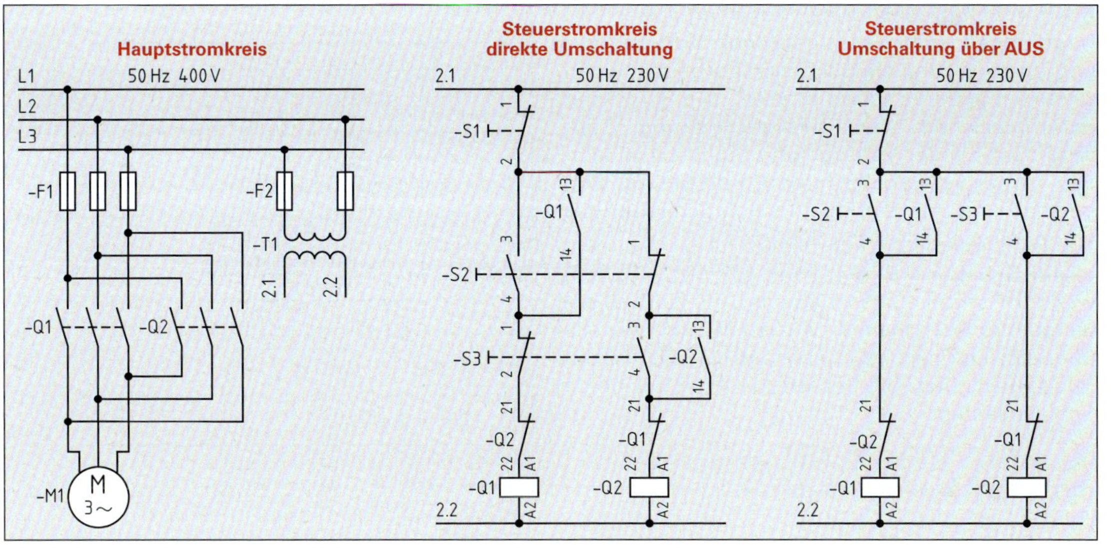

Bild 1: Wendeschützschaltungen (Schutzleiteranschluss ist nicht dargestellt)

Beim Aufstellen der Schaltfunktion ergeben Öffner ein NICHT, Reihenschaltungen von Steuerkontakten ein UND und Parallelschaltungen von Steuerkontakten ein ODER.

Es ist zweckmäßig, ODER-Verknüpfungen in Klammern zu setzen, da die ODER-Verknüpfungen in manchen elektronischen Steuergeräten weniger fest sind, entsprechend dem Pluszeichen gegenüber dem Malzeichen in der normalen Algebra. Die Schaltfunktion für Q1 der Schaltung Bild 2, vorhergehende Seite lautet demnach:

$$y_{Q1} = \overline{s}_1 \wedge (q_1 \vee s_2)$$

Wendeschützschaltung

Oft soll die Drehrichtung eines Drehstrommotors mithilfe einer Schützschaltung umschaltbar sein. Dazu werden für den Motor zwei Außenleiter vertauscht, z. B. L3 und L1 **(Bild 1)**. Beim Halbleiterschütz (Seite 238) wird der 3. Außenleiter nicht geschaltet, weil ohnehin ein zusätzlicher Schalter vorhanden sein muss. Bei elektromechanischen Schützen ist der zusätzliche Schalter nicht erforderlich. Deshalb ist bei elektromechanischen Schützen im Hauptstromkreis für jede Drehrichtung ein eigenes Schütz erforderlich (Bild 1).

Bei einer Wendeschützschaltung sind im Hauptstromkreis zwei Schütze vorhanden, von denen zwei Außenleiter gegeneinander vertauscht werden.

Bei der Wendeschützschaltung muss dafür gesorgt sein, dass nicht etwa beide Schütze gleichzeitig arbeiten. Dann würde nämlich ein Kurzschluss entstehen. Die beiden Schütze müssen gegeneinander *verriegelt* werden. Die Verriegelung erreicht man durch Öffner im jeweils anderen Steuerstromkreis (Bild 1). Bei der Wendeschützschaltung kann man zur Verriegelung die Taster der beiden Einschaltöffner verwenden und/oder die beiden Öffner der Schütze.

Zum Verriegeln verwendet man Öffner im anderen Steuerstromkreis.

Wird bei einer Wendeschützschaltung die Verriegelung sowohl mit den Tastern als auch mit den Öffnern der Schütze vorgenommen, so kann der Motor direkt von einer Drehrichtung in die andere umgeschaltet werden. Das ist meist nicht erwünscht, da dann die Stromaufnahme sehr groß werden kann. Man bevorzugt bei der Wendeschützschaltung die Umschaltung über AUS. Dann entfällt die Verriegelung mit den Öffnern der Taster.

Für die beiden Arten der Wendeschützschaltung sind die Schaltfunktionen verschieden. Sie lauten bei direkter Umschaltung:

$$y_{Q1} = \overline{s}_1 \wedge (s_2 \vee q_1) \wedge \overline{s}_3 \wedge \overline{q}_2$$

$$y_{Q2} = \overline{s}_1 \wedge (s_3 \vee q_2) \wedge \overline{s}_2 \wedge \overline{q}_1$$

Bei Umschaltung über AUS:

$$y_{Q1} = \overline{s}_1 \wedge (s_2 \vee q_1) \vee \overline{q}_2$$

$$y_{Q2} = \overline{s}_1 \wedge (s_3 \vee q_2) \vee \overline{q}_1$$

Bei den Schützschaltungen kommen außer Verriegelungen auch Entriegelungen vor. Bei der Entriegelung kann ein Schütz erst arbeiten, wenn zuvor ein anderes schon arbeitet. Die Schaltung dafür bezeichnet man als **Folgeschaltung**. Während man bei der Verriegelung die wechselseitigen Öffner verwendet, nimmt man bei der Folgesteuerung zum Entriegeln einen Schließer des vorher einzuschaltenden Schützes.

In der Schaltung **Bild 1**, kann M2 nur arbeiten, wenn M1 schon eingeschaltet ist. M1 kann unabhängig von M2 arbeiten. M1 und M2 sind jeweils über ein thermisches Überstromrelais (Überlastrelais) geschützt. Die Schaltfunktionen für beide Schütze lauten:

$$y_{Q1} = \bar{s}_1 \wedge \bar{f}_6 \wedge (s_2 \vee q_1)$$

$$y_{Q2} = \bar{s}_1 \wedge \bar{f}_6 \wedge (s_3 \vee q_2) \wedge q_1$$

Bei einfachen Schützschaltungen ist der Haltekontakt besonders wichtig. Außerdem kommen Verriegelungen und Entriegelungen vor.

Die Stromversorgung des Steuerstromkreises (Hilfsstromkreises) muss bei Maschinen, z. B. Werkzeugmaschinen, über die Anschlüsse 2.1 und 2.2 eines Steuertransformators mit getrennten Wicklungen erfolgen.

Ein Steuertransformator ist nicht erforderlich, wenn für die Maschine nur *ein* Motoranlasser, z. B. ein Schütz, und höchstens zwei Steuergeräte, z. B. Taster, vorhanden sind (DIN EN 60204-1).

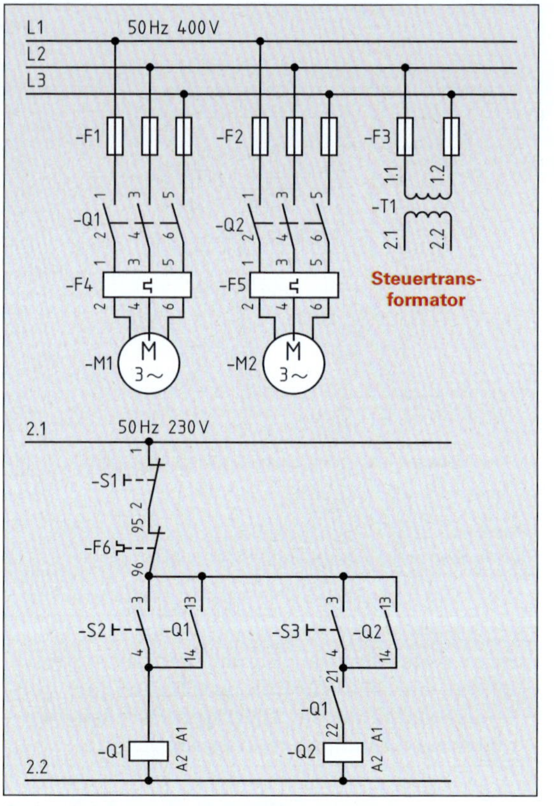

Bild 1: Folgesteuerung (oben Hauptstromkreis, unten Steuerstromkreis)

18.4.4 Schützschaltung mit Steuergerät

Bei Schützschaltungen mit Steuergerät, z. B. eine SPS **(Abschnitt 18.5)**, dienen die Schütze im Wesentlichen nur als **Stellglieder** für die Steuerströme der Aktoren, z. B. der Motoren. Die logischen Verknüpfungen werden durch die Parametrierung (Programmierung) des Steuergerätes hergestellt. Hilfsöffner (Öffner im Hilfsstromkreis) dienen als **Spiegelkontakte** zur Überprüfung der Ruhestellung der Hauptkontakte der Schütze.

In einer Schützschaltung mit Steuergerät wird die logische Verknüpfung nicht durch die Hilfskontakte der Schütze vorgenommen, sondern durch das Steuergerät.

Wenn es sich um sicherheitsrelevante Schaltungen handelt, müssen die Steuergeräte, z. B. Kleinsteuerungen, entsprechende PL-Werte (Performance-Level, **Abschnitt 18.6.5**) besitzen.

Die einfachere Verdrahtung bei Verwendung von Steuergeräten gegenüber einer zeit- und leitungsaufwendigen Verdrahtung bei Verknüpfungen über die Hilfskontakte der Schütze führt zu einer höheren Wirtschaftlichkeit. Außerdem kann bei Bedarf durch Änderung der Parametrierung des Steuergerätes die Aufgabenlösung optimiert werden, z. B. durch Einfügen einer zusätzlichen Überwachung.

Anhand einer Schaltung von zwei Antriebsmotoren und einer Schutztürüberwachung soll das Zusammenwirken von Hauptstromkreis und Hilfsstromkreisen mit einer SPS-Kleinsteuerung erläutert werden **(Bild 1, folgende Seite)**.

Hauptstromkreis (Bild 1, folgende Seite rechts)

Außer den Schützen Q2 und Q3 für die zwei Antriebsmotoren ist ein Rücksetzschütz Q1 zur Überwachung der Ruhestellungen von Q1 bis Q3 vorhanden sowie ein trennender Motorschutzschalter Q4 (Kennzeichnung Q bedeutet Schalten vorrangig, Schützen nachrangig; bei Kennzeichnung F ist es umgekehrt) mit Überlastschutz und Kurzschlussschutz.

Hilfsstromkreis (Bild 1, folgende Seite links)

In den Hilfsstromkreisen von Q1 bis Q3 sind Öffner als Spiegelkontakte zum Überprüfen der Ruhestellungen von Q1 bis Q3 vorhanden. Wenn also eines der Schütze hängen geblieben ist, bleibt sein Spiegelkontakt offen und eine erneute Freigabe ist nicht möglich.

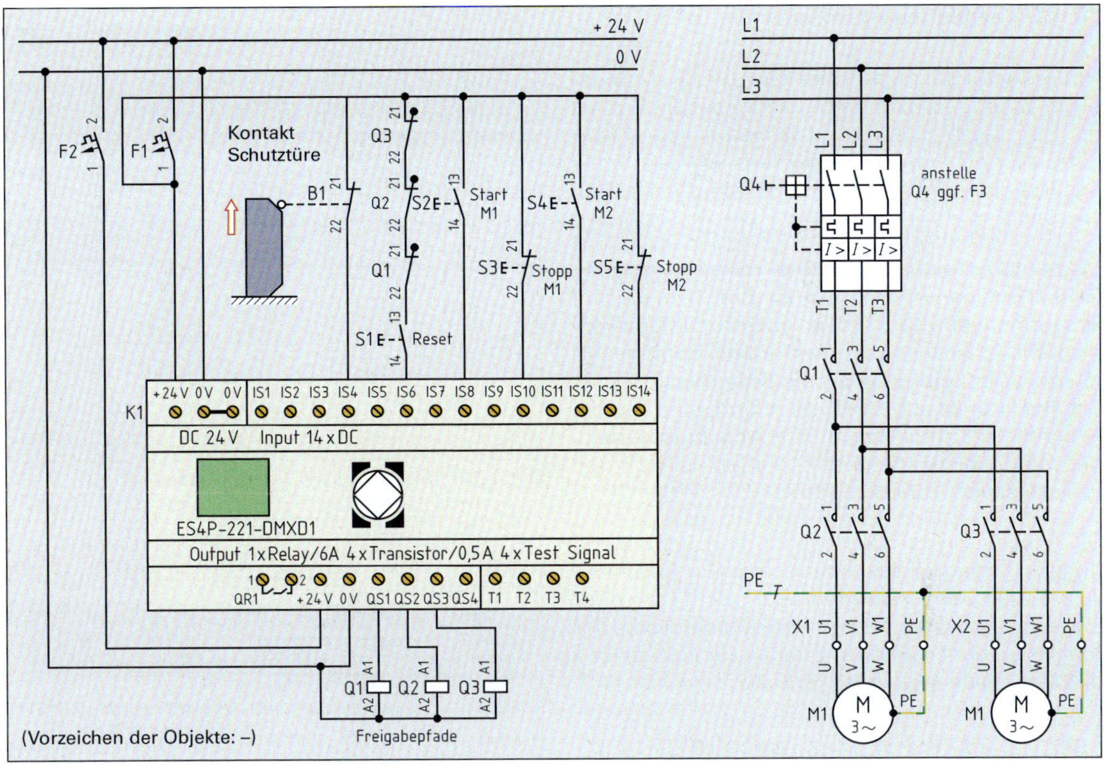

Bild 1: Antrieb mit zwei Motoren und Schutztürüberwachung

Betätigen von S1 bringt die programmierte Freigabe der Schaltung durch Q1, wenn die Schutztüre geschlossen ist und die drei Spiegelkontakte geschlossen sind und damit die ordnungsgemäße Ruhestellung der Schütze melden. Erst dann können Q2 und Q3 arbeiten.

Je nach erstelltem Programm der SPS-Kleinsteuerung arbeiten die Motoren verschieden, z. B. nur einzeln oder nur miteinander.

> Bei Schützschaltungen mit Steuergerät, z. B. SPS-Kleinsteuerung, kann man ohne Änderung der Anschlüsse das Verhalten der Schützschaltung über das Steuerprogramm verändern.

Wiederholung und Vertiefung

1. Erklären Sie den Begriff Hilfsstromkreis.
2. Welche Stromkreise werden als Hilfsstromkreise bezeichnet?
3. Aus welchem Grund soll die Stromversorgung eines Hilfsstromkreises mit elektronischen Baugruppen getrennt vom Hauptstromkreis sein?
4. Welche Bauelemente können Hilfsstromkreise von Hauptstromkreisen trennen?
5. Unter welcher Voraussetzung dürfen Hilfsstromkreise nicht geerdet werden?
6. Welche Hilfsstromkreise erfordern eine Isolationsüberwachungseinrichtung?
7. Aus welchem Grund beschränkt sich der Überstromschutz bei einem Hilfsstromkreis nur auf den Kurzschlussschutz?
8. Welche Anforderungen werden an Messstromkreise bei direktem Anschluss von Messeinrichtungen an den Hauptstromkreis gestellt?
9. Aus welchem Grund erfolgt bei Hilfsstromkreisen das Abschalten durch Öffner und das Einschalter durch Schließer?
10. Welche maximale Bemessungssprannung dürfen Steuerstromkreise bei AC 50 Hz besitzen?
11. Welche Arten von Stromlaufplan unterscheidet man?
12. Welchen Vorteil bietet das Beschreiben der Wirkungsweise einer Schützschaltung mittels Schaltalgebra?
13. Was versteht man unter dem Haltekontakt eines Schützes?
14. Was versteht man unter dem Begriff „ein Schütz fällt ab“?
15. Erklären Sie den Begriff Folgeschaltung.

18.4.5 Verdrahtungspläne

Neben dem Stromlaufplan sind Verdrahtungspläne wichtige Dokumente, die insbesondere bei der Störungssuche in elektrischen Anlagen sehr hilfreich sind. Verdrahtungspläne werden meist anhand eines vorliegenden Stromlaufplans **(Bild 1)** erstellt.

Man unterscheidet den **Geräte-Verdrahtungsplan (Bild 2)** und den **Anschlussplan (Bild 3)**. In diesem Zusammenhang spricht man auch vom **Klemmenplan**. Die Anschlüsse der Geräte bzw. Betriebsmittel, die über Leitungen an die Klemmleiste eines Schaltschranks angeschlossen sind, sind hierbei ersichtlich. Ergänzend ist die **Anschlusstabelle** der Klemmleiste zu nennen, die tabellarisch den Anschlussplan abbildet **(Bild 4)**.

Die Anschlüsse der Klemmleiste sind aufsteigend nummeriert von links nach rechts. Die Anschlüsse z. B. von Schutzeinrichtungen, Schützen oder Transformatoren sind mit den Anschlüssen der Klemmleiste verbunden. Dies ist im Geräte-Verdrahtungsplan ersichtlich (Bild 2).

Der Geräte-Verdrahtungsplan zeigt den Anschluss von Geräten im Schaltschrank an die Klemmleiste im Schaltschrank.

Der Anschlussplan zeigt die Anbindung der Geräteanschlüsse aus dem Geräte-Verdrahtungsplan auf der einen Seite der Klemmleiste und auf dessen anderer Seite die Anschlüsse der Energieversorgung und z. B. die Anschlüsse von Bedienfeldern und Antriebsmotoren (Bild 3). Somit ist ersichtlich, wie diese Anschlüsse mit denen, die im Geräte-Verbindungsplan z. B. zu den Schutzeinrichtungen und Schützen führen, verbunden sind. Der Anschlussplan stellt also schaltschrankinnere und schaltschrankäußere Verbindungen dar. Die in die Klemmleiste eingezeichneten Brücken verbinden Anschlüsse.

Der Anschlussplan zeigt die Klemmenverbindungen für die Durchgängigkeit der Stromkreis-Anschlüsse.

Stehen mehrere Schaltschränke nebeneinander, dann werden auch diese elektrisch über Klemmleisten verbunden.

Durch das Verwenden von **PE-Reihenklemmen** können bei der Klemmleiste Klemmen und Brücken eingespart werden. Der PE-Kontakt erfolgt dann über die Hutschiene.

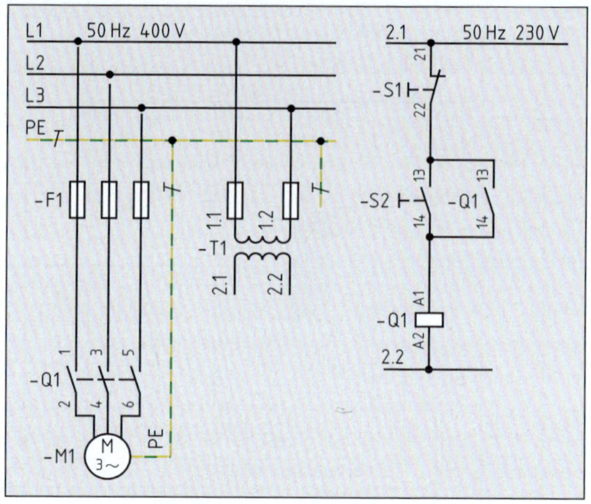

Bild 1: Stromlaufplan einer Motoransteuerung

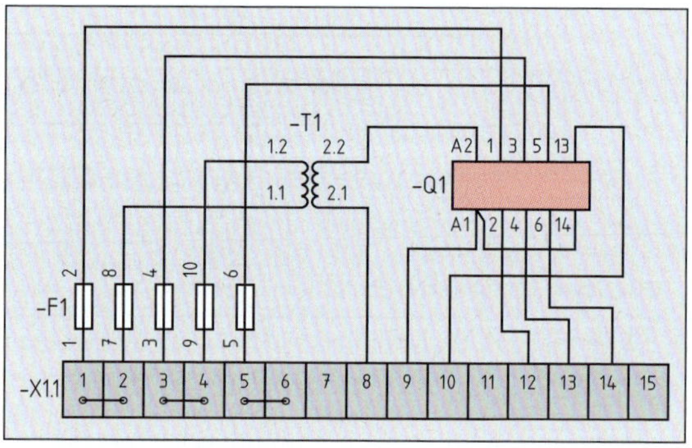

Bild 2: Geräte-Verdrahtungsplan zu Stromlaufplan Bild 1

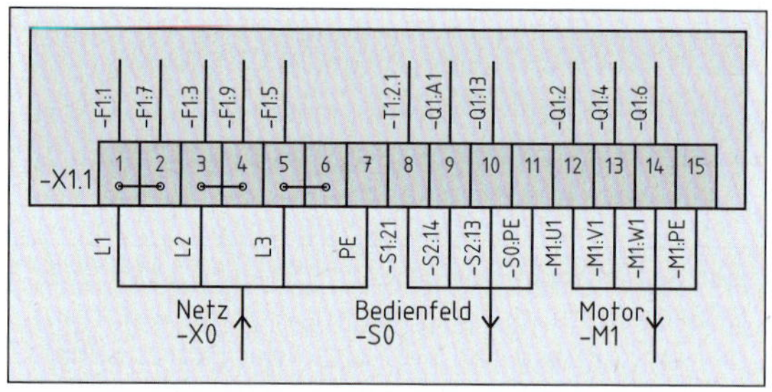

Bild 3: Anschlussplan zu Stromlaufplan Bild 1

AS	BM	KL	BM	B	AS	BM	KL	BM	B
1	-F1	1	-X0:L1	○	A1	-Q1	9	-S2:14	
7	-F1	2		○	13	-Q1	10	-S2:13	
3	-F1	3	-X0:L2	○			11	-S0:PE	
9	-F1	4		○	2	-Q1	12	-M1:U1	
5	-F1	5	-X0:L3	○	4	-Q1	13	-M1:V1	
		6		○	6	-Q1	14	-M1:W1	
		7	-X0:PE				15	-M1:PE	
2.1	-T1	8	-S1:21						

AS Anschluss, KL Klemme der Klemmleiste, BM Betriebsmittel, B Brücke

Bild 4: Anschlusstabelle zum Anschlussplan Bild 3

18.5 Speicherprogrammierbare Steuerungen

18.5.1 SPS-Grundlagen

Speicherprogrammierbare Steuerungen **(SPS)** sind Geräte, um Maschinen oder Anlagen zu automatisieren. Mittels individuell programmierbarer Anwendungssoftware können die Steuerungsaufgaben umgesetzt werden. Die Einsatzgebiete reichen von kleinen Motorsteuerungen bis hin zu vernetzten Automatisierungssystemen mit weltweitem Zugriff.

> Typische Anwendungsbeispiele von SPS sind Anlagen für chemische Prozesse, Maschinen- und Elektropneumatiksteuerungen sowie Signal- und Förderanlagen.

SPS sind meist modular aufgebaut und können je nach Anwendungsbedarf zusammengestellt werden **(Bild 1)**. Jede SPS besteht aus einer CPU (Central Processoring Unit) mit einem Speicher für das Betriebssystem und das Anwenderprogramm. Zusätzlich hat sie eine Schnittstelle, um das Anwenderprogramm (SPS-Programm) einzulesen. Je nach Anlagenumfang wird die CPU um digitale oder analoge Ein- und Ausgangskarten (Module) ergänzt. Dort werden die Sensoren und Aktoren der Anlage angeschlossen. Bei Bedarf kann die SPS um weitere Module, wie z. B. Positionierungs- oder Busanschlussbaugruppen, ergänzt werden.

Vorteile von speicherprogrammierbaren Steuerungen gegenüber **Verbindungsprogrammierten Steuerungen** (VPS), wie z. B. Schützschaltungen, sind die Anpassungsfähigkeit sowie die Zeit und Leitungen sparende Projektierung. Zudem sind Visualisierung, Kommunikation und Fernwartung von Bedeutung.

Eine SPS hat eine zyklische Arbeitsweise. Nach dem Einlesen der Eingangszustände am Zyklusanfang wird das SPS-Programm abgearbeitet. Am Schluss eines Zyklus wird der neue Zustand der Ausgänge an die Ausgangskarten weitergegeben. Dann beginnt ein neuer Zyklus.

In **Bild 2** sind vier Programmierdarstellungen anhand einer ODER-vor-UND-Schaltung abgebildet. Die Eingänge (Input) sind hier mit %I12.0, %I12.1 und %I12.2, der Ausgang (Output) mit %Q12.0 bezeichnet. Bei %I12.0 entspricht die 12 der Byteadresse und die 0 der Bitadresse im Byte.

Diese Art der Kennzeichnung von Eingängen und Ausgängen wird als **absolute** Adressierung bezeichnet. Bei der **symbolischen** Adressierung werden Variable verwendet, denen in einer Variablentabelle (Symboltabelle) ein verständlicher Name sowie der Variablentyp zugeordnet wurde **(Bild 3)**. Sie findet bei der Programmierung bevorzugt statt.

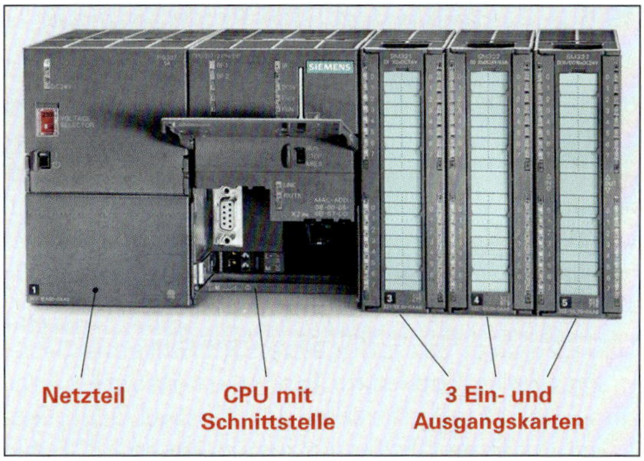

Bild 1: Speicherprogrammierbare Steuerung

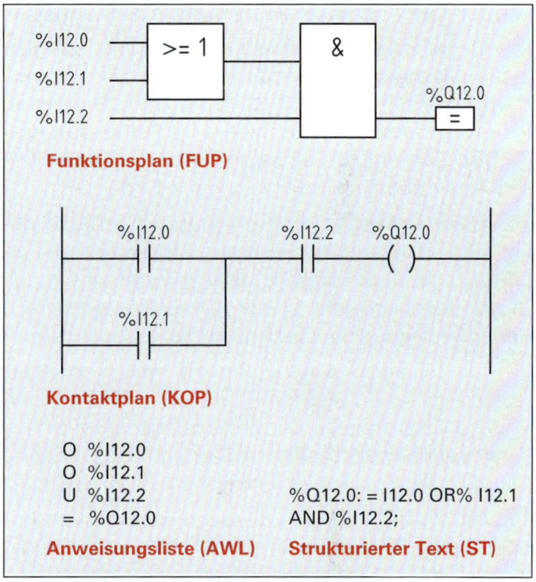

Bild 2: Verschiedene SPS-Programmiersprachen

Symbol	Adresse	Datentyp	Kommentar
Schalter_Ein	%I 0.5	BOOL	Band einschalten
Schalter_Aus	%I 0.4	BOOL	Band ausschalten
Motor_Band_rechts	%Q 1.2	BOOL	Motor Rechtslauf Ein
Motor_Band_links	%Q 1.4	BOOL	Motor Linkslauf Ein
Endschalter_links	%I 0.6	BOOL	Endposition links
Endschalter_rechts	%I 2.6	BOOL	Endposition rechts

Bild 3: Variablentabelle (Beispiel für einen Bandantrieb)

> Das Verwenden von symbolischen Variablennamen verbessert die Lesbarkeit von SPS-Programmen erheblich und ist zu bevorzugen.

18.5.2 Erstellen von SPS-Programmen

Im SPS-Programmiersystem wird das zu erstellende SPS-Programm (Anwenderprogramm) als Projekt angelegt. Hierbei wird der SPS-Typ, also die CPU (Central Processing Unit) durch Anklicken ausgewählt. Andere benötigte Hardwarekomponenten (Geräte), z.B. Baugruppen für Stromversorgungen, Eingaben und Ausgaben, werden ebenfalls menügeführt ausgewählt.

Das SPS-Programm für eine SPS Siemens S7 ist in **Programmbausteine** (Software-Bausteine) zu gliedern. Man unterscheidet hierbei Organisationsbausteine OB, Funktionsbausteine FB, Funktionen FC und Datenbausteine DB **(Bild 1)**. Diesen können sprechende Namen zugeordnet werden.

Die **Organisationsbausteine** stellen die Schnittstelle zwischen SPS-Betriebssystem und Anwenderprogramm dar **(Bild 2)**. Über die OB werden Programmunterbrechungen und Fehlerbehandlungen gesteuert. Für das zyklische Abarbeiten des Anwenderprogramms sorgt z.B. der OB1.

Die **Funktionsbausteine** enthalten im Wesentlichen das Anwenderprogramm. Sind mehrere Abläufe zu programmieren, ist es oft sinnvoll, diese in mehreren FB abzubilden. Die FB werden von den OB aufgerufen. FB können FB, FC aufrufen.

FB und FC können beim Aufruf mit Parameterwerten versehen werden. Viele FB und FC werden von den Herstellern der SPS bereitgestellt, z.B. Codierer, Schnittstellentreiber, mathematische Funktionen, Positionierfunktionen, NOT-HALT.

Datenbausteine stellen Bereiche des Anwenderspeichers (RAM) dar, in denen Istwerte, Grenzwerte oder Texte für die weitere Verarbeitung gespeichert werden. Ein FB kann auf mehrere DB zugreifen. Jedem FB ist ein *Instanz-DB* zuordenbar. Dieser enthält die Werte der lokalen Variablen, die also nur innerhalb dieses FB verarbeitet werden können. Die Werte der *globalen Variablen* sind in den globalen DB gespeichert. Auf globale DB können alle OB, FB, FC zugreifen. Globale Variable werden durch Hochkommata " begrenzt. *Lokalen Variablen* ist ein # vorangestellt.

SPS-Programme kann man durch Anwenden von Software-Bausteinen strukturieren.

Wird eine SPS S7 über das TIA-Portal programmiert, dann werden die Variablen bereits bei der Bausteindefinition interaktiv in einer PLC-Variablentabelle (programmable logic control) mit ihrem symbolischen (sprechenden) Variablennamen, z.B. Schalter_Ein, ihrem Datentyp und bei globalen Variablen noch mit dem Bezug zu den absoluten Adressen, z.B. %I0.5, festgelegt **(Bild 3, vorhergehende Seite)**. Die **Datentypen** können mittels Vorsatz (Präfix) zum Variablennamen auch sichtbar gemacht werden:

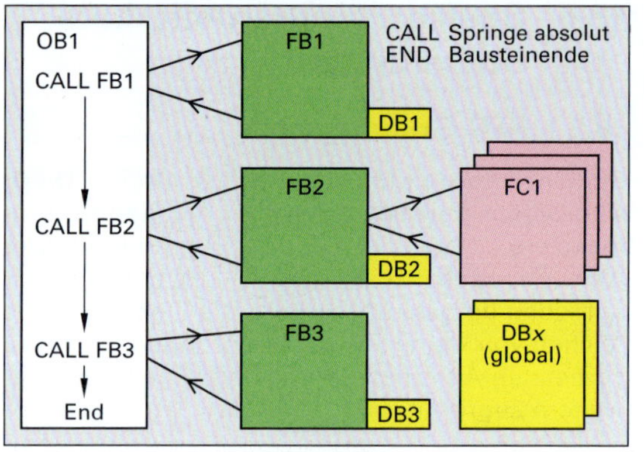

Bild 1: Strukturierung eines SPS-Anwenderprogramms

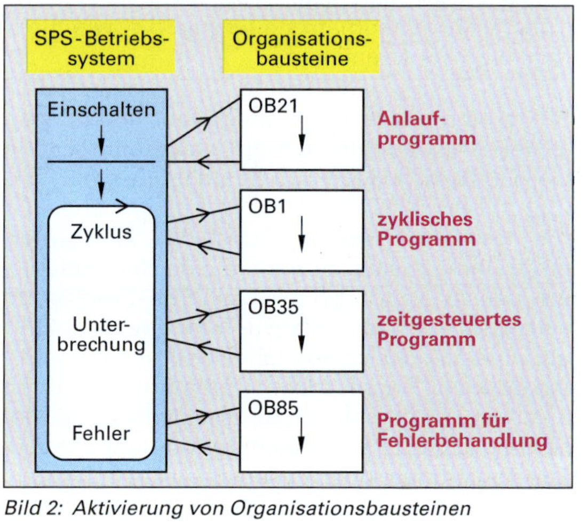

Bild 2: Aktivierung von Organisationsbausteinen

- BOOL (Boolean), binäre Werte → Präfix x,
- WORD, 16 bit breite Datenworte → Präfix w,
- STRING, alphanumerische Zeichen → Präfix s,
- INT (Integer), ganze Zahlen mit 16 Bits → Präfix i,
- REAL, reelle Zahlen mit 32 Bits → Präfix r,
- TIME, Zeiten in ms, 32 Bits → Präfix t.

Beispiel für Kennzeichnung einer globalen Variable mit Darstellungstyp BOOL und Präfix:

"xSchalter_Ein"

Präfixe als Vorsätze von Variablennamen erleichtern das Verstehen von Programmen.

SPS-Kleinsteuerungen mit weniger Speicherplatz, Eingängen und Ausgängen als „große" SPS ermöglichen die o.g. Art der symbolischen Programmierung nicht.

18.6 Maschinensicherheit

18.6.1 EU-Maschinenrichtlinie

Mit der EU-Maschinenrichtlinie sind grundlegende Sicherheits- und Gesundheitsschutzanforderungen in Bezug auf Konstruktion und Bau von in Verkehr gebrachten Maschinen festgelegt. Die Nachweispflicht hierfür liegt beim Maschinenhersteller. Existieren bzgl. Gefährdungen spezifische Richtlinien, z. B. VDE 0113-1 elektrische Ausrüstung von Maschinen, so gelten diese.

Die **CE-Kennzeichnung** sollte die Übereinstimmung (Konformitätsnachweis) der Maschine mit den Anforderungen der EU-Maschinenrichtlinie und anderen Richtlinien bestätigen **(Bild 1)**. Nicht betroffen sind u. a. Beförderungsfahrzeuge zu Land, Wasser, Luft.

Maschinen sind bzgl. Sicherheits- und Gesundheitsschutzanforderungen so zu konstruieren und zu bauen, dass sie ihrer Funktion gerecht werden, auch unter Berücksichtigung einer vernünftigerweise vorhersehbaren Fehlanwendung der Maschine.

Es muss sichergestellt sein, dass Defekte in Hardware und Software nicht zu **Gefährdungen** führen, eine Maschine nicht unkontrolliert reagiert, Stellteile vorhersehbaren Beanspruchungen standhalten und gut sichtbar sind. Das Stillsetzen der Maschine ist gemäß Notfall oder Normalfall betriebsbedingt zu gewährleisten. Die Betriebsfunktionen NOT-AUS und NOT-HALT müssen allen anderen Steuerungs- und Betriebsfunktionen übergeordnet sein. Eine gestörte Energieversorgung darf nicht zu einer Gefahr werden.

Schutzmaßnahmen gegen mechanische Gefährdungen sind vorzusehen. Verwendete Materialien müssen eine geeignete Festigkeit und Beständigkeit bzgl. Ermüdung, Alterung, Korrosion und Verschleiß besitzen. Maschinen müssen standsicher sein. Risiken bzgl. z. B. herabfallender oder herausschleuderbarer Teile ist entgegenzuwirken.

In der **Betriebsanleitung** ist anzugeben, welche Inspektionen und Wartungsarbeiten in welchen Abständen aus Sicherheitsgründen durchzuführen sind. Es ist anzugeben, welche Teile dem Verschleiß unterliegen.

Trennende und nicht trennende Schutzeinrichtungen müssen z. B. stabil gebaut sein, ausreichend Abstand zum Gefahrenbereich haben und dürfen nicht auf einfache Weise wirkungslos gemacht werden können.

Die Anforderungen an feststehende trennende Schutzeinrichtungen, bewegliche trennende Schutzeinrichtungen mit Verriegelung, zugangsbeschränkende verstellbare Schutzeinrichtungen und an nichttrennende Schutzeinrichtungen sind einzuhalten.

Alle Stellen, die für den Betrieb, das Einrichten und die Instandhaltung der Maschine zugänglich sein müssen, müssen gefahrlos erreicht werden können. Energiequellen müssen trennbar sein.

Ein Eingreifen des Bedienungspersonals muss sicher auszuführen sein. Gefahrloses Reinigen innen liegender Maschinenteile muss sichergestellt sein. Ferner werden Vorgaben gemacht bzgl. Emissionen, Ausrutsch- und Stolperrisiken.

Informationen an den Maschinen müssen in verständlicher Form, z. B. mittels verständlicher Symbole oder Piktogramme, dargestellt werden. Von besonderer Bedeutung sind Warnhinweise. Jeder Maschine muss eine Betriebsanleitung in der Sprache desjenigen Landes beiliegen, in dem sie in Betrieb genommen wird.

Die EU-Maschinenrichtlinie sorgt EU-weit für einheitliche Sicherheitsanforderungen an Maschinen und maschinelle Einrichtungen.

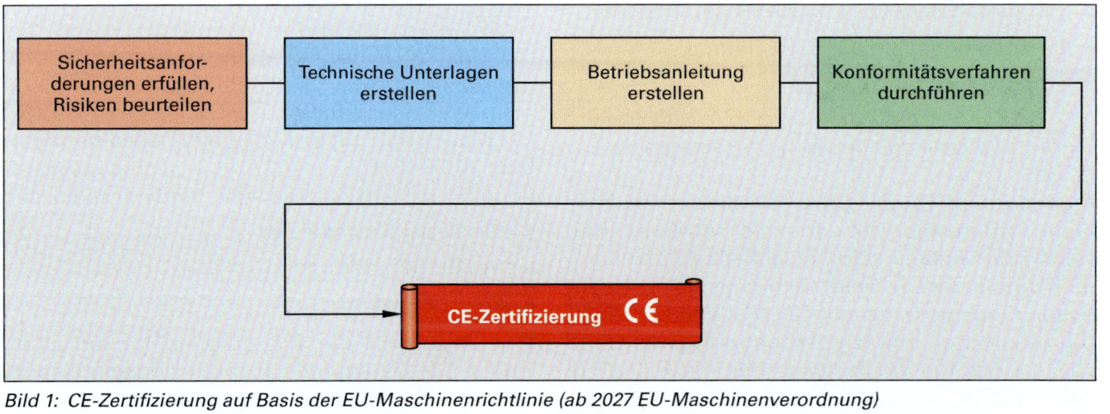

Bild 1: CE-Zertifizierung auf Basis der EU-Maschinenrichtlinie (ab 2027 EU-Maschinenverordnung)

18.6.2 Weg zur sicheren Maschine

Mithilfe des an einer Maschine oder Anlage angebrachten CE-Zeichens **(Bild 1)** wird bestätigt, dass die Vorgaben entsprechender EU-Sicherheitsrichtlinien bei der Herstellung der Maschine oder Anlage beachtet wurden. Eine solche **Konformitätserklärung** (EU-Konformitätserklärung) muss der Maschinenhersteller ausstellen. In dieser werden die bei der Herstellung der Maschine oder Anlage zu Grunde gelegten Europa-Normen (EN-Normen) aufgeführt. Es kann dadurch berechtigt angenommen werden, dass die Maschinen-Richtlinie eingehalten ist.

Die CE-Kennzeichnung ist kein Qualitäts-Gütesiegel.

Zusätzlich muss der Hersteller die **Gefahren** und Risiken beim Betreiben der Maschine beschreiben. Die vorgesehenen Gegenmaßnahmen hierzu sind ebenfalls zu dokumentieren. Auf begründetes Verlangen, z.B. bei einem Unfall, sind diese Dokumentationen einem Gutachter vorzulegen.

Durch Anbringen des CE-Kennzeichens an eine Maschine oder Anlage bescheinigt der Hersteller die Übereinstimmung seines Produkts mit den Sicherheitsanforderungen der zugehörenden Richtlinien und EN-Normen.

Die getroffenen Schutzmaßnahmen müssen Unfallrisiken während der gesamten Maschinen-Lebensdauer bis einschließlich der Entsorgung in allen Betriebssituationen ausschließen. In der **Betriebsanleitung** der Maschine müssen Kapitel enthalten sein über

- Sicherheit,
- Gefahrenhinweise,
- bestimmungsgemäße Verwendung,
- Maßnahmen im Fehlerfall.

EN-Normen sind von den Mitgliedsstaaten der EU in deren nationales Normenwerk zu übernehmen. Dies gilt auch für DIN/VDE-Richtlinien. EN-Normen sind anzuwenden. Je nach Betriebsmittel, Gerät oder Anlage sind einschlägige Richtlinien im Rahmen der CE-Kennzeichnungspflicht einzuhalten **(Tabelle 1)**. So gilt für Niederspannungs-Betriebsmittel die Niederspannungsrichtlinie 2014/35/EU, für Medizinprodukte die Richtlinie 2017/745/EU.

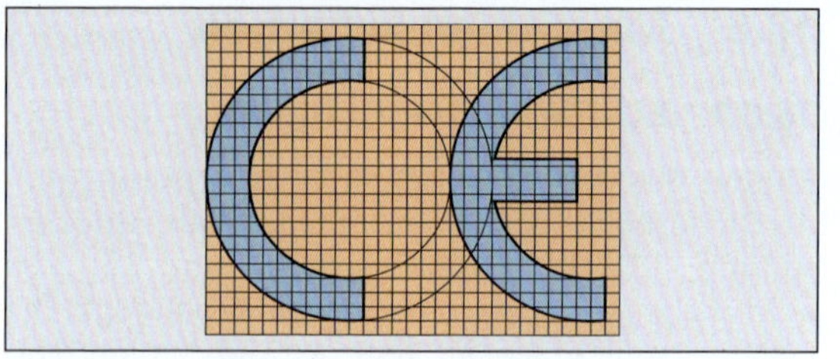

Bild 1: CE-Symbol

Tabelle 1: CE-kennzeichnungspflichtige EU-Richtlinien

Richtlinie	Bedeutung
2016/426/EU	Gasverbrauchseinrichtungen
2016/424/EU	Seilbahnen für den Personenverkehr
2011/305/EU	Bauprodukte
2014/30/EU	Elektromagnetische Verträglichkeit EMV
2014/34/EU	Geräte und Schutzsysteme zur bestimmungsgemäßen Verwendung in explosionsgefährdeten Bereichen
2014/28/EU	Inverkehrbringen und die Kontrolle von Explosivstoffen für zivile Zwecke
2014/33/EU	Aufzüge
2014/35/EU	Elektrische Betriebsmittel zur Verwendung innerhalb bestimmter Spannungsgrenzen (Niederspannungs-Richtlinie)
2006/42/EG	Maschinen, ab 2027 Verordnung (EU) 2023/1230
2014/32/EU	Messgeräte
2017/745/EU	Medizinprodukte
2017/746/EU	In-vitro-Diagnostika
2009/125/EG	Umweltgerechte Gestaltung von Raumheizgeräten, Kombiheizgeräten
2014/31/EU	Nichtselbsttätige Waagen
2018//851/EU	Abfälle, Kreislaufwirtschaft
2016/425/EU	Persönliche Schutzausrüstungen
2014/68/EU	Druckgeräte
2014/53/EU	Funkanlagen und Telekommunikationsendeinrichtungen
2012/53/EU	Sportboote
2014/29/EU	Einfache Druckbehälter
2009/48/EG	Sicherheit von Spielzeug

Für Maschinen gilt seit 2010 die **Maschinenrichtlinie 2006/42/EG**, ab 2027 die Maschinenverordnung (EU) 2023/1230. Hier sind miteingeschlossen

- die Betätigungsgeräte,
- der Steuerkreis und
- der Energiekreis.

Zum Nachweis der Sicherheit einer Maschine sind in den EN-Normen prüfbare und somit nachweisbare Forderungen festgeschrieben.

Die EN-Normen (DIN-EN-Normen) „Sicherheit für Maschinen" werden nach den Typen A, B und C unterschieden **(Bild 1)**.

- Die **Grundnormen** bzgl. grundlegender Sicherheitsanforderungen sind dem Typ A zugeordnet.
- Die **Gruppennormen** sind dem Typ B zugeordnet und umfassen konstruktive Themen, z. B. Abstände, und funktionale Themen, z. B. Zweihandbedienung, NOT-AUS.
- Die **Produktnormen** sind dem Typ C zugeordnet und beschreiben die Anforderungen an einzelne Maschinenarten.

www.vdma.org

> Für eine Maschinenart ist die passende Produktnorm einzuhalten.

Über eine Risiko- oder **Gefahrenbeurteilung** kann erkannt werden, in welchem Umfang Sicherheitsvorkehrungen zu treffen sind, damit eine Maschine oder Anlage als sicher eingestuft werden kann. Hierzu geht man in vier Schritten vor:

1. Grenzen einer Maschine bestimmen, d. h., Ermittlung der Funktionen einer Maschine mit möglichen Fehlfunktionen.
2. Gefährdungsanalyse vornehmen, d. h., Ermittlung der Ereignisse, die Schaden verursachen können, z. B. Materialzufuhr, menschliche Verhaltensweisen.
3. Risiken einschätzen, d. h., Ermittlung des Schadensausmaßes in Gefährdungssituationen und Ermittlung der Eintrittswahrscheinlichkeit eines Schadensfalls.
4. Risiken bewerten, d. h., Festlegung von Maßnahmen zur Risikominderung, sofern dies notwendig ist.

Das Verwirklichen **sicherer Maschinen** bedingt insbesondere das Anwenden von

- Verriegelungseinrichtungen, z. B. in Verbindung mit Schutztüren,
- mechanischen Positionsschaltern,
- NOT-HALT-Einrichtungen,
- Einrichtungen zum Ableiten gespeicherter Energie oder deren Rückhaltung und
- Zweihandschaltungen.

Bei **Zweihandschaltungen** sind Abstand sowie Art und Ort der Anbringung der Betätigungselemente entscheidend **(Bild 2)**. Die Sicherheitsabstände sind zu beachten, sodass der Bediener nicht mit der einen Hand die Anlage schaltet und mit der anderen Hand im Gefahrenbereich hantiert.

Typ A	**DIN EN ISO 12100** Sicherheit von Maschinen *Grundbegriffe, allgemeine Gestaltungsleitsätze, Risikobeurteilung*	
Typ B	**DIN EN ISO 13849 - 1** Sicherheit von Maschinen *Sicherheitsbezogene Teile von Steuerungen*	**DIN EN IEC 62061** Sicherheit von Maschinen *Funktionale Sicherheit sicherheitsbezogener elektrischer, elektronischer und programmierbarer elektronischer Steuerungssysteme*
	DIN EN 60204-1 Sicherheit von Maschinen *Elektrische Ausrüstung von Maschinen - Teil 1: Allgemeine Anforderungen*	
Typ C	Maschinensicherheitsnormen mit detaillierten Sicherheitsanforderungen an bestimmte Maschinen oder eine Gruppe von Maschinen.	

Bild 1: DIN-EN-Normen für Sicherheit von Maschinen

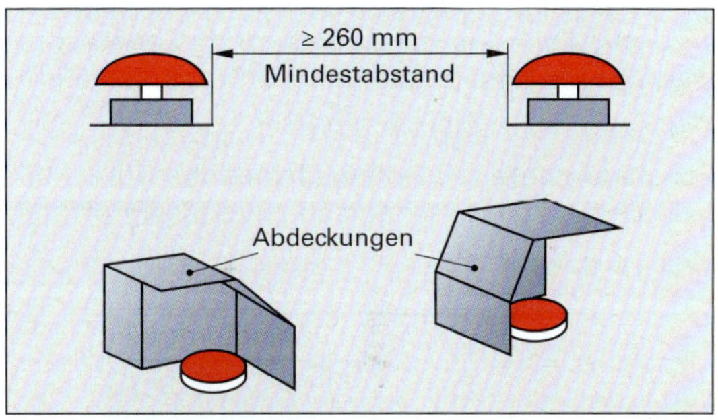

Bild 2: Verhindern des Umgehens von Zweihandschaltungen

> Sichere Maschinen müssen geeignete Schutzeinrichtungen besitzen.

Wiederholung und Vertiefung

1. Was versteht man unter einem Klemmenplan?
2. Auf welche Weise werden bei speicherprogrammierbaren Steuerungen Steuerungsaufgaben umgesetzt?
3. Was versteht man unter symbolischer Adressierung?
4. Welchen Vorteil bietet die Zweihandbedienung?
5. Welche Bedeutung besitzt ein CE-Kennzeichen an einer Maschine?

18.6.3 Sicherheitsschaltgeräte

Maschinen müssen so gestaltet sein, dass von ihnen ausgehende Gefahren für Personen möglichst klein sind. Sicherheitsschaltgeräte, welche Sicherheitsfunktionen, z. B. NOT-AUS, NOT-HALT, Schutztürfunktion oder auch die Stillstandsüberwachung eines Antriebs wahrnehmen, sind daher vorzusehen. Ferner ist sicherzustellen, dass weder ein Fehler im Sicherheitsschaltgerät noch ein extern durch Sensoren oder Aktoren verursachter Fehler zum Verlust der Sicherheitsfunktion führt.

Es gibt Sicherheitsschaltgeräte als kontaktbehaftete Relais (Sicherheitsrelais) sowie als Kleinsteuerungen (elektronische Sicherheitsschaltgeräte). Sicherheitsschaltgeräte in Relaistechnik sind meist mit zwei Kanälen und zwangsgeführten Kontakten ausgestattet **(Bild 1)**.

Zwangsgeführte Kontakte aus mindestens einem Öffner und mindestens einem Schließer mit einer mechanischen Verbindung verhindern, dass Öffner und Schließer gleichzeitig geschlossen sein können, z. B. beim Verschweißen eines Kontakts. Das Ausführen von zwei Kanälen (Redundanz) erhöht die Sicherheit. Eine gewünschte Funktion wird nur dann als richtig ausgeführt anerkannt, wenn beide Kanäle das gleiche Ergebnis liefern. www.pilz.com, www.eaton.com

Schaltelemente mit zwangsöffnenden Kontakten sind Öffner, die mechanisch zuverlässig öffnen, auch wenn das Bedienteil in AUS-Stellung steht, ohne dass die Kontakttrennung von federnden Teilen abhängt **(Bild 1, folgende Seite)**.

Zwangsgeführte Schaltelemente bestehen aus Öffner und Schließer. Zwangsöffnende Kontakte ermöglichen immer die Trennung des Steuerstroms.

Sicherheitschaltgeräte als Kleinsteuerungen (Sicherheitskleinsteuerungen oder Sicherheitssteuerungen) ermöglichen das gleichzeitige Realisieren mehrerer Sicherheitsfunktionen sowie das Überwachen von Funktionen, z. B. Drehzahl, Stillstand, Schutztüren. Sicherheitskleinsteuerungen/Sicherheitsteuerungen enthalten redundante Computerstrukturen. Die Sicherheitsfunktionen sind dadurch z. B. doppelt realisiert, die Ergebnisse werden gegenseitig geprüft. www.zander-aachen.de

Mittels Sicherheitssteuerungen und Feldbussen können Sicherheitsschaltgeräte in eine dezentrale (verteilte) Steuerungsstruktur integriert werden **(Bild 2, folgende Seite)**. Über Kommunikationsmodule erfolgt einerseits der Anschluss an den Feldbus der maschinellen Anlage sowie z. B. an ein NOT-AUS-Schaltgerät. Die Busleitungen sind hierbei meist nicht redundant, also nicht doppelt, ausgeführt. Daher werden bei einem **Sicherheitsfeldbus** die über die Busleitung zu sendenden Nachrichten wiederholt gesendet.

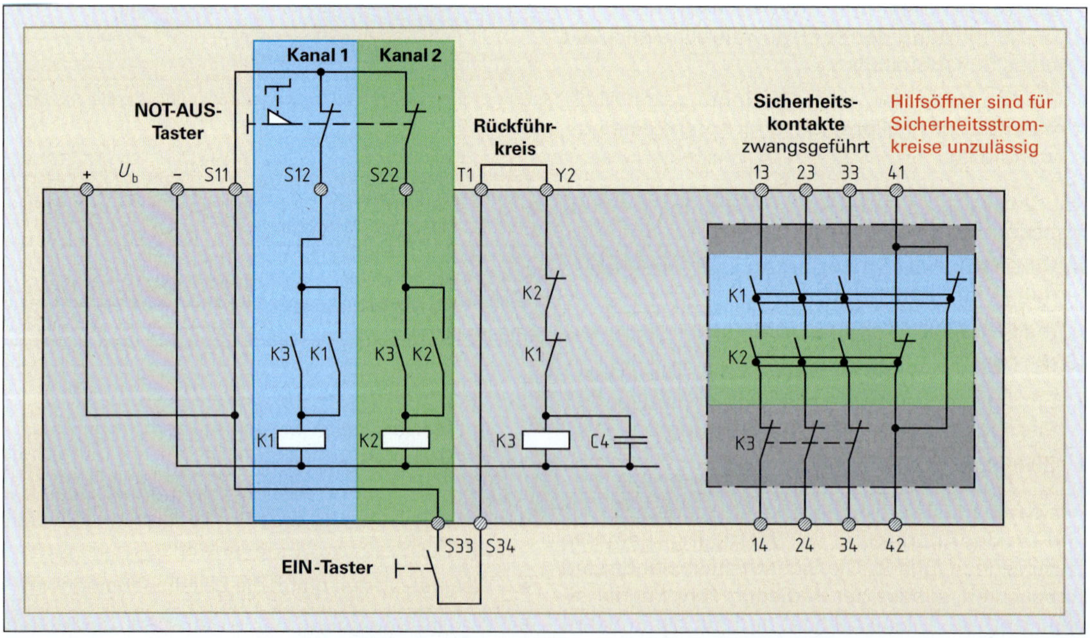

Bild 1: Sicherheitsschaltgerät mit zwei Kanälen

Um Fehler zu erkennen und geeignete Maßnahmen einleiten zu können, werden die Nachrichten nummeriert und beim Empfänger auf eine eingestellte Empfangserwartungszeit (Timeout) überwacht.

Bei Sicherheitsfeldbussen werden die Nachrichten wiederholt gesendet.

Das sichere Abschalten von Antrieben erfolgt gemäß drei Stopp-Kategorien. Diese werden auch als **Stoppfunktionen** bezeichnet. Darüber hinaus gibt es bei den **Sicherheitsfunktionen** noch sichere Bewegungsfunktionen und Bremsfunktionen **(Tabelle 1)**. Diese Funktionen sind bei elektrisch geregelten Antrieben über die Elektronik der Frequenzumrichter umgesetzt.

Die sicheren Bewegungsfunktionen sollen das Überwachen von Geschwindigkeiten, Beschleunigungen, Positionen, Bewegungsrichtungen und auch Drehmomenten gewährleisten. Drehmomente können über den Motorstrom überwacht werden. Die sicheren Bremsfunktionen sollen ein sicheres Ansteuern der Haltebremsen sowie ein Testen der Bremswirkung garantieren.

Tabelle 1: Wichtige Sicherheitsfunktionen SF

SF	Erklärung
STO	Safe Torque Off, sicher abgeschaltetes Moment, Energiezufuhr sicher unterbrochen → Stopp-Kategorie 0.
SS1	Sicherer Stopp 1. Befindet sich der Motor im Stillstand, wird STO-Funktion ausgelöst → Stopp-Kategorie 1.
SS2	Sicherer Stopp 2 → Stopp-Kategorie 2
SOS	Safe Operating Stop, sicherer Betriebshalt. Stillstandsposition wird überwacht, Motor befindet sich im geregelten Zustand.
SAR	Safe Acceleration Range, sicherer Beschleunigungsbereich, d.h. Überwachen von Beschleunigungsgrenzwerten eines Antriebs.
SLS	Safe Limited Speed, sicher begrenzte Geschwindigkeit eines Antriebs.
SSR	Safe Speed Range, sicherer Geschwindigkeitsbereich, z.B. zur Überwachung einer Minimalgeschwindigkeit hinsichtlich Quetschgefahr.
SSM	Safe Speed Metering, sichere Geschwindigkeitsüberwachung.
SLP	Safe Limited Position, sichere Positionsüberwachung bzgl. Positionsgrenzwert.
SBC	Safe Brake Control, sichere Bremsenansteuerung, meist zur Ansteuerung einer Haltebremse.

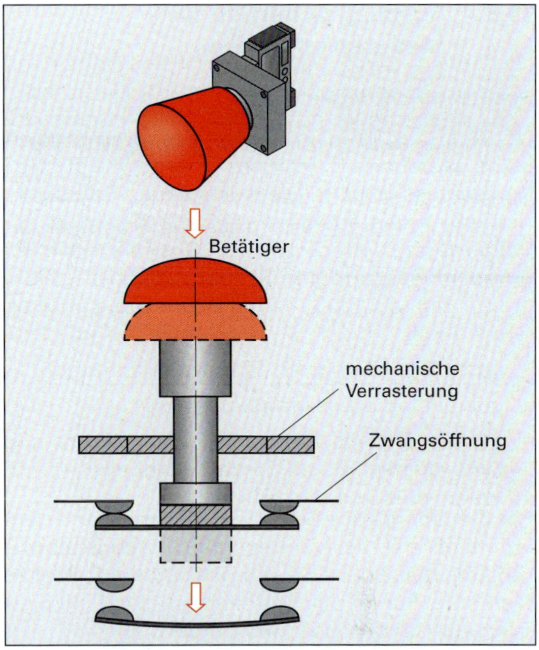

Bild 1: NOT-Halt-Befehlsgerät mit zwangsöffnenden Kontakten (www.siemens.com)

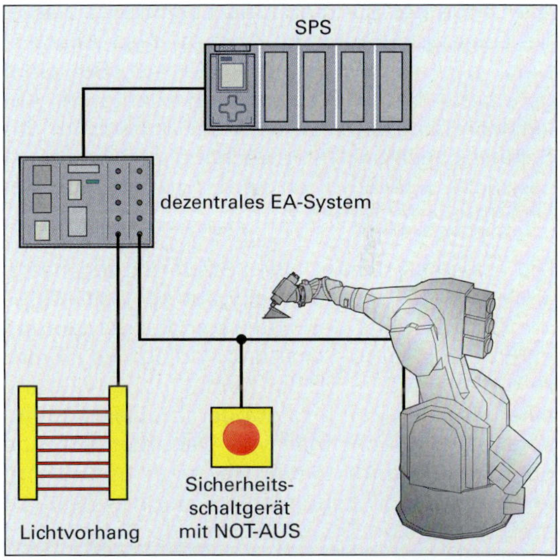

Bild 2: Dezentrale Steuerungsstruktur mit Sicherheitsschaltgeräten

Zuverlässige Sicherheitsfunktionen stellen Anforderungen an Regelkreise, Sensorik und EMV.

18.6.4 Abschaltsicherheit in Steuerstromkreisen

Schutzeinrichtungen

Überlastung kann in einem Steuerstromkreis nicht stattfinden, jedoch Überstrom infolge Kurzschluss **(Bild 1)**. Die Kurzschluss-Schutzeinrichtung muss auslösen, ehe die Kontakte der Schaltgeräte verschweißen. Deshalb darf der Kurzschlussstrom im Steuerstromkreis nicht größer sein als 1000 A. Eine Begrenzung wird erreicht durch

- geeignete Überstrom-Schutzeinrichtungen,
- geeigneten Steuertransformator,
- richtige Bemessung von Leitungslänge und Leiterquerschnitt im Steuerstromkreis.

Für die Überstrom-Schutzeinrichtung der Steuerstromkreise verwendet man Leitungsschutzschalter, meist der Charakteristik B oder C oder zu C entsprechende Schmelzsicherungen (flink bzw. Typ g für Geräteschutz **(Abschnitt 6.2)**).

Leitungslänge und Abschaltsicherheit

Die Länge der Steuerleitung beeinflusst wegen der Leitungskapazität die Sicherheit der Abschaltung, z. B. im Notfall bei NOT-HALT. Bei einer genügend langen Steuerleitung könnte der Ableitstrom so groß sein, dass der Haltestrom des Schützes auch bei Unterbrechung des Stromkreises nicht unterschritten wird, sodass keine Abschaltung erfolgt **(Bild 2)**.

Die maximale Länge einer Steuerleitung hängt auch von der Art der Kontaktgabe ab, weil infolge der Kapazität und des Widerstandes der Leitung im Prinzip eine RC-Schaltung vorliegt. Es ist also zu unterscheiden, ob die Kontaktgabe während einer längeren Zeit erfolgt oder impulsartig. Entsprechend spricht man von Dauerkontaktgabe oder Impulskontaktgabe. Bei einer Impulskontaktgabe darf die Leitungslänge nur etwa halb so groß sein wie bei Dauerkontaktgabe **(Tabelle 1)**.

Die Steuerleitung darf nur so lang sein, dass ein sicheres Abschalten im Notfall möglich ist.

Fällt ein Schütz infolge einer langen Steuerleitung nicht ab, sind folgende Maßnahmen empfehlenswert:

- Einsatz eines Schützes mit größerer Halteleistung (größeres Schütz),
- Reduzieren der Steuerspannung,
- Einsatz eines gleichstrombetätigten Schützes,
- Kurzschließen der Schützspule durch zusätzlichen Öffner bei Dauerkontaktgabe und eines zusätzlichen Schließers bei Impulskontaktgabe **(Bild 3)**,
- Parallelschalten eines Ohm'schen Widerstandes zur Schützspule.

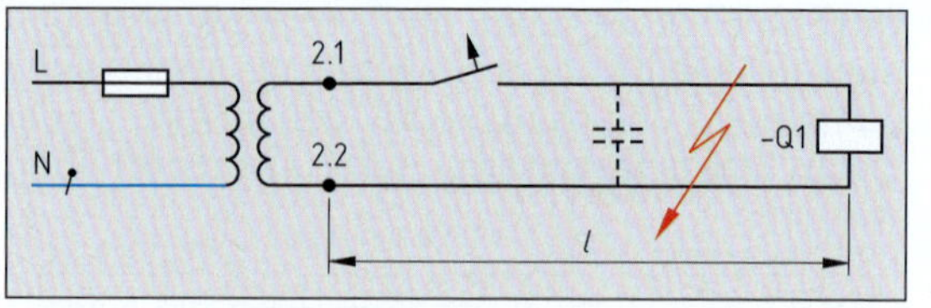

Bild 1: Steuerstromkreis mit Kurzschluss

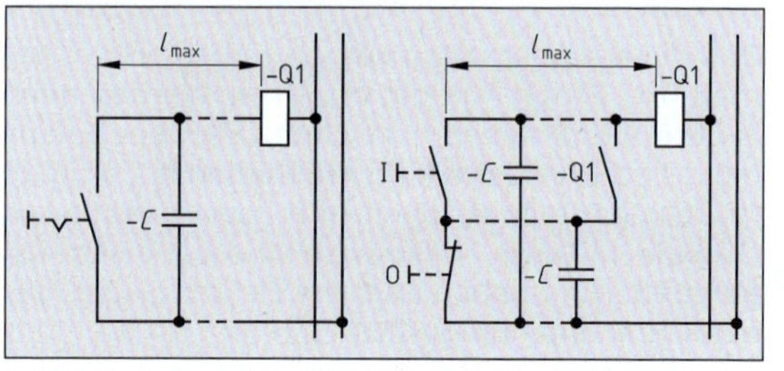

Bild 2: Dauerkontaktgabe (links), Impulskontaktgabe (rechts)

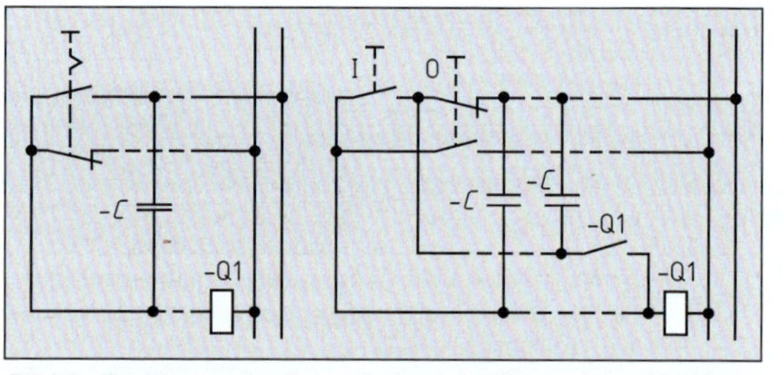

Bild 3: Erhöhung der Ausschaltzeit bei Dauerkontaktgabe (links), Impulskontaktgabe (rechts)

Tabelle 1: Maximale Steuerleitungslängen in m für Schütze
www.eaton.com

Schütztyp	Dauerkontaktgabe 50 Hz	Impulskontaktgabe 50 Hz	Dauerkontaktgabe 60 Hz	Impulskontaktgabe 60 Hz
U_c = 230 V				
DILM 7	129	64	103	51
DILM 17	257	129	206	103
DILM 80	863	418	668	334
U_c = 120 V				
DILM 7	472	236	378	189
DILM 17	944	472	756	378
DILM 80	3069	1535	2456	1228

U_c Steuerspannung

Schaltungstechnik

Die Stromkreise von Maschinensteuerungen sind als Hilfsstromkreise **(Abschnitt 18.4.2)** auszuführen. Dabei haben sich bewährt

- Erden des Steuerstromkreises (a, **Bild 1**),
- Anordnen der Schaltfunktionen im nicht geerdeten Bereich (b),
- Abschalten mittels Öffner (wegen Drahtbruchsicherheit, c),
- Verwenden zwangsöffnender Kontakte (d),
- Einschalten mittels Schließer (e).

Anlagensteuerungen sind in einen nicht sicheren Teil mit z. B. üblicher SPS-Technik und in einen sicherheitsgerichteten Teil mit sicherheitsgerichteten Schaltgeräten oder Steuerrelais zu strukturieren und entsprechend aufzubauen **(Abschnitt 18.7)**.

Insbesondere der Schaltungsteil für NOT-HALT ist z. B. durch zusätzliche Hilfsschütze doppelt (redundant) auszulegen. Bei Ausfall des einen Hilfsschützes kann durch das andere redundante Hilfsschütz mit zwangsgeführten Hilfskontakten der sichere Zustand hergestellt werden.

> Das zweikanalige Auslegen von Sicherheitsfunktionen erfolgt durch Anwenden unterschiedlicher Funktionsprinzipien unter Verwenden verschiedenartiger Betriebsmittel (Diversität).

Mithilfe eines Rückführkreises mit Spiegelkontakten wird eine redundante Abschaltung überwacht **(Bild 2)**. Durch In-Reihe-Schalten von Öffnern der Leistungsschütze wird bei Verschweißen eines der Schütze verhindert, dass die Schaltung EINgeschaltet werden kann, bevor die Störungsursache behoben ist.

Nach einer NOT-HALT-Abschaltung muss z. B. vom Bedienpersonal im Gefahrenraum gearbeitet werden, um den Wiederanlauf zu ermöglichen. Fehlbedienungen, die zu gefährlichen Situationen für das Bedienpersonal führen können, sind bereits in der Planung einer Anlage zu unterbinden.

> Maßnahmen gegen gefährlichen Wiederanlauf einer Anlage können sein: Tippbetrieb, spezielle Anlauffunktionen, erweiterte Anzeigefunktionen, kein automatisches Wiederanlaufen nach Rücksetzen des NOT-HALT-Befehls und Rückführkreise.

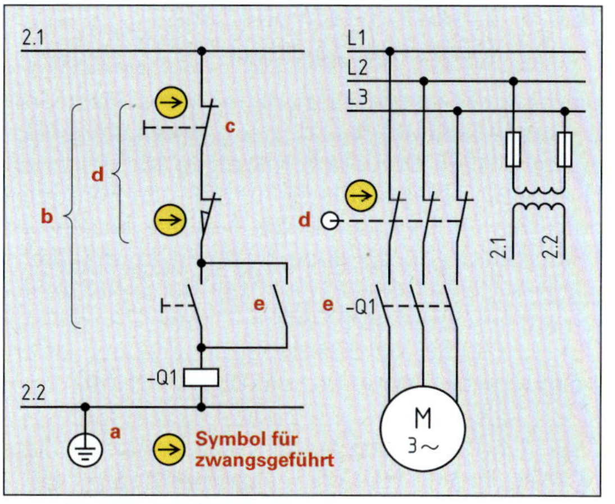

Bild 1: Bewährte Schaltungstechnik

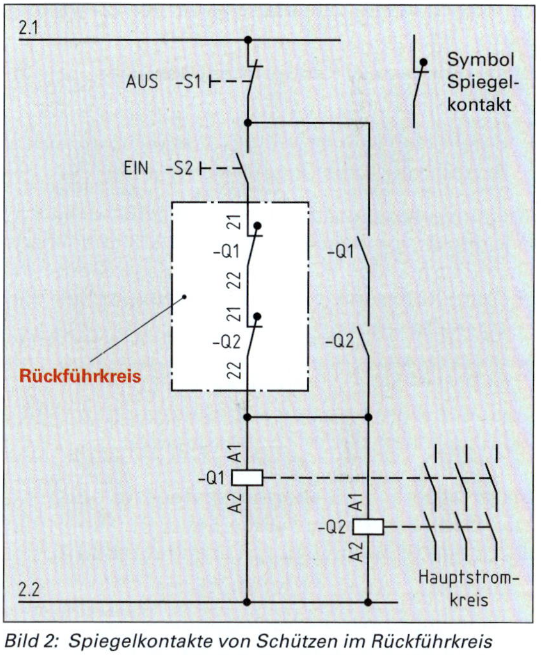

Bild 2: Spiegelkontakte von Schützen im Rückführkreis

Wiederholung und Vertiefung

1. Welchen Vorteil besitzen zwangsgeführte Kontakte, die aus einen Öffner und einem Schließer mit mechanischer Verbindung bestehen?
2. Aus welchem Grund verwendet man zwangsgeführte Kontake?
3. Welche Eigenschaft besitzt ein Sicherheitsfeldbus?
4. Was bedeutet die Mehrkanaligkeit bei einem Schaltgerät?

18.6.5 Funktionale Sicherheit – Performance-Level

Hierbei geht es um die Funktion des Hilfsstromkreises **(Abschnitt 18.4.2)**, also z.B. um die Zuverlässigkeit von Steuerstromkreisen für deren **sicherheitsrelevante** (die Sicherheit von Personen betreffende) Funktion. Dabei handelt es sich um Steuerungen, die vor allem in der Fertigungstechnik eine große Rolle spielen, z.B. bei Schalthandlungen im Notfall (NOT-AUS), Lichtschranken zur Überwachung von Schutzbereichen oder Überwachung von Temperaturen (DIN EN 61010).

Bei sicherheitsbezogenen Steuerungen ist die Gefährlichkeit des Versagens zu prüfen.

Je größer die Gefährlichkeit ist, desto höher muss die erforderliche **Zuverlässigkeit** der Steuerung sein.

Dafür gibt es zwei Kenngrößen, nämlich

- die Sicherheitskategorie (Kategorie Cat) und
- den Performance Level PL (von performance = Ausführung, Leistung, level = Pegel).

Mit zunehmender Zuverlässigkeit gibt es die Kategorien B (von Basiskategorie), 1, 2, 3 und 4 bzw. die Performance Levels PL von a bis e. Steuerungen und Komponenten von Steuerungen werden in diesen Kategorien angeboten.

Die funktionale Sicherheit einer Steuerung sowie der Komponenten von Steuerungen wird in Kategorien und in PL angegeben.

Die erforderliche **Sicherheitskategorie** bzw. den erforderlichen Performance Level PL kann man durch den Sicherheitsgraph ermitteln **(Bild 1)**.

Dabei bedeuten als **Risikoelemente**

- S1 leichte, heilbare Verletzung,
- S2 schwere Verletzung, auch Tod,
- F1 selten auftretende Gefährdung,
- F2 häufige bis dauernde Gefährdung,
- P1 Gefährdungsvermeidung möglich,
- P2 Gefährdungsvermeidung kaum möglich.

Beispiel:

Bei einem Schaltschrank mit Geräten AC 400 V überwacht eine Relaisschaltung die Türe. Welcher PL und welche Sicherheitskategorie sind erforderlich?

Lösung:

Schwere Verletzung möglich → S2,

Häufigkeit dauernd möglich → F2,

Vermeidung möglich P1.

Nach Bild 1 folgt **PL d und Kategorie 3.**

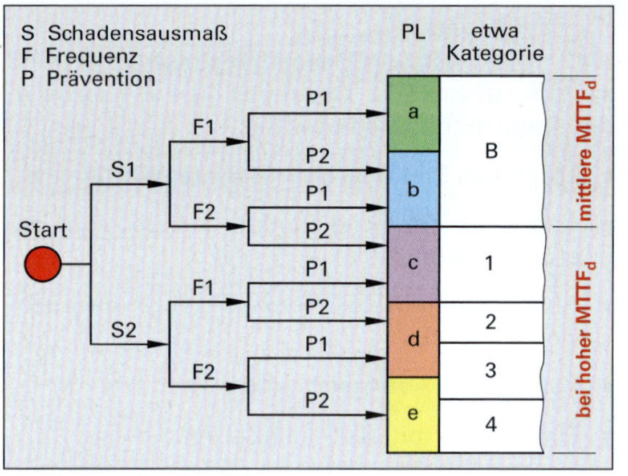

Bild 1: Sicherheitsgraph

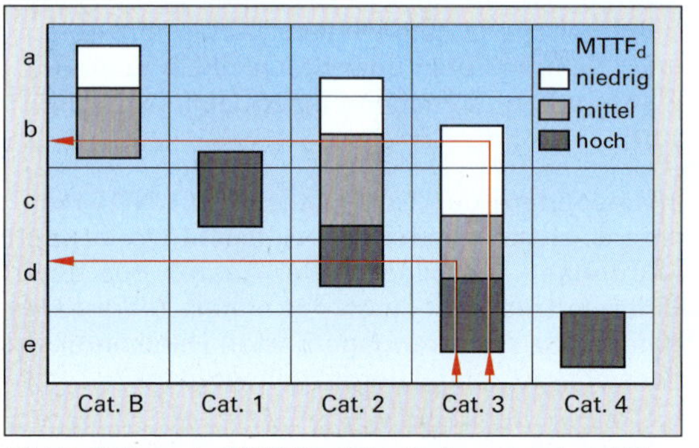

Bild 2: Einfluss der MTTFd auf den Performance Level PL

Die erforderlichen Werte von PL bzw. Kategorie werden erreicht im Prinzip durch die

- Architektur der Schaltung und die
- Ausfallhäufigkeit der Komponenten.

Die Ausfallhäufigkeit **$MTTF_d$** (von Mean Time To dangerous Failure) kann je nach Höhe bewirken, dass die gleiche Steuerschaltung verschieden zuverlässig ist.

Wird z.B. eine Schaltung mit der Architektur von Cat 3 aus Komponenten mit mittlerer $MTTF_d$ aufgebaut, so kann man PL d erreichen **(Bild 2)**. Werden dagegen Komponenten mit niedriger $MTTF_d$ verwendet, so kann man PL b erreichen.

Auch eine sichere Architektur der Schaltung kann bei schlechten Komponenten zu einer niedrigen Sicherheit führen.

www.pilz.com, www.eaton.com,

Bei der Sicherheitskategorie B besteht der Hilfsstromkreis aus Sensor, Steuerungslogik und Aktor **(Bild 1, folgende Seite)**. Große funktionale Sicherheit erreicht man z.B. durch

- besonders sichere Komponenten, z.B. zwangsgeführte Kontakte von Tastern. Dadurch wird verhindert, dass gleichzeitig Öffner und Schließer geschlossen sind (Sicherheitskategorie B),
- Überdimensionierung der Komponenten (Kategorie 1),
- Selbstüberprüfung durch die Steuerung von Zeit zu Zeit (Kategorie 2),
- Meldung auftretender Fehler vor dem Schaltvorgang, redundante Anordnung der Schaltglieder (Kategorie 3, **Bild 2**),
- Aufbau so, dass Einschalten nur bei voller Funktion der Schaltung möglich ist (Sicherheitskategorie 4).

Für einen hohen PL-Wert oder eine hohe Kategorie braucht man sichere Schaltungen und zuverlässige Komponenten.

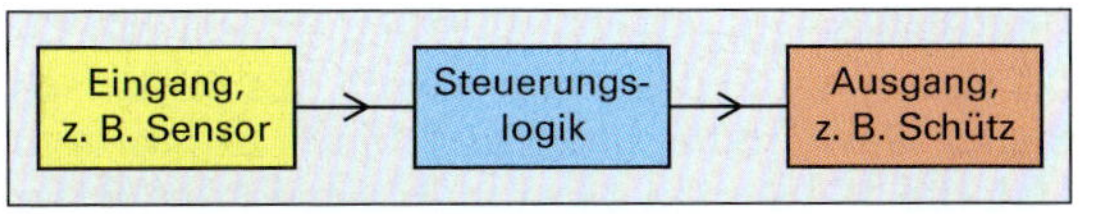

Bild 1: Aufbau Hilfsstromkreis für Kategorie B

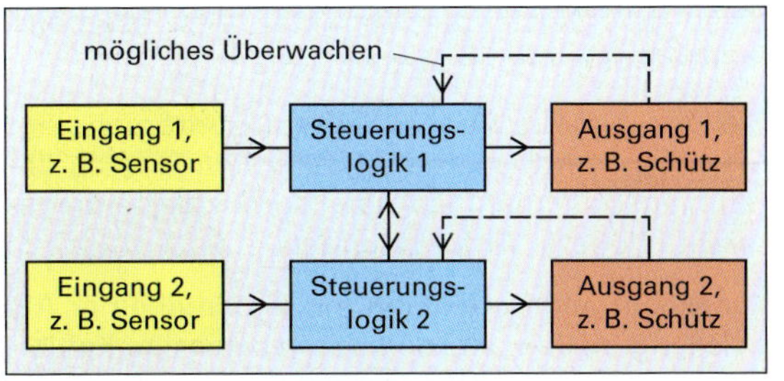

Bild 2: Aufbau Hilfsstromkreis für Kategorie 3

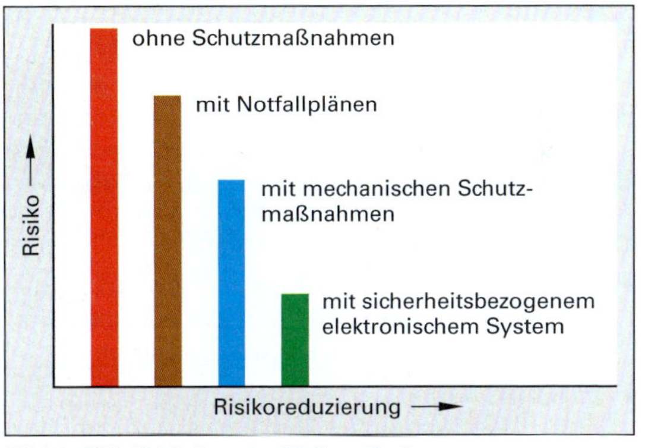

Bild 3: Möglichkeiten zur Risikoreduzierung

18.6.6 Funktionale Sicherheit nach SIL

Technische Anlagen und Maschinen sind mittels eines Sicherheitssystems **SIS** (**S**afety **I**nstrumented **S**ystem, Gesamtheit aller Sicherheitsfunktionen einer Anlage bzw. Maschine) zu überwachen und bei Erkennen definierter Gefahrensituationen abzuschalten oder in einen sicheren Zustand zu überführen. Ausfallrisiken einer Anlage bzw. Gefährdungsrisiken durch eine Anlage müssen durch geeignete Maßnahmen minimiert werden **(Bild 3)**.

Ein SIS besteht aus

- Sensoren,
- fehlersicheren Verarbeitungseinheiten und
- Aktoren.

Ein Restrisiko des Ausfalls der Sicherheitsfunktionen bleibt dennoch bestehen.

Mit zunehmendem Gefahren-Risiko von Anlagen, Maschinen oder Anlagenteilen bei Ausfall von Sicherheitsfunktionen steigen die Anforderungen an die Fehlersicherheit des SIS. Man unterscheidet vier Sicherheitsstufen zum Beschreiben der Maßnahmen zur Risikobeherrschung, **Safety Integrity Levels (SIL)** genannt.

Je höher der SIL-Zahlenwert ist, desto kleiner muss die Fehlerrate (Wahrscheinlichkeit) für einen Ausfall einer Sicherheitsfunktion sein.

Die SIL-Werte 1 bis 4 (DIN EN 62061) finden Anwendung bei komplexen Anlagen und Maschinen mit SPS und Bussystemen für das Umsetzen von Sicherheitsfunktionen.

Nichtelektrische Technologien (Hydraulik, Pneumatik, Mechanik) sind dabei nicht abgedeckt. Die Anwendung des Performance-Levels PL (DIN EN ISO 13849-1) hingegen erstreckt sich auch auf diese Technologien. Beide Normen entsprechen einander mit weitgehend gleichem Ziel.

Es gilt folgende grobe Zuordnung:

SIL	–	1	1	2	3	4
PL	a	b	c	d	e	–

Für beide Normen dienen zur Risikobewertung die Risikoelemente Schadensausmaß S, Frequenz und Dauer der Gefahrensaussetzung F, Vermeidung der Gefahrensaussetzung P (Prävention) und zusätzlich W für die Eintrittswahrscheinlichkeit eines Schadens, also

- häufig,
- wahrscheinlich,
- möglich,
- selten,
- vernachlässigbar.

Den **Risikoelementen** S, F, P und W werden für die Bestimmung des SIL und auch des PL je nach Risiko Gewichtungspunkte 1 bis 5 zugeordnet **(Tabelle 1)**. Anhand der summierten Punkte der Risikoelemente F, W und P werden Punkteklassen gebildet. Für das Ermitteln z.B. des SIL werden diese den Gewichtungspunkten des Risikoelements S gegenüber gestellt **(Tabelle 2)**.

Bei der Angabe von SIL-Werten unterscheidet man bzgl. der Sicherheitsfunktionen je nach deren Inanspruchnahme Ausfallsgrenzwerte niederer und höherer Anforderungen.

Für Sicherheitsfunktionen mit maximal einer Aktivierung im Jahr werden deren zulässige Fehlerraten für einen Aktivierungsfall jahresbezogen angegeben **(Tabelle 3)**. Dies ist z.B. bei Anlagen der Prozessindustrie der Fall.

Für Sicherheitsfunktionen, die sehr häufig (mehrmals im Jahr) oder dauernd aktiv sind, werden deren zulässige Fehlerraten für einen gefahrbringenden Ausfall in einer Zeitspanne, z.B. je Stunde (h von hour) oder je Jahr (J), angegeben (Tabelle 3).

Zu unterscheiden sind hierbei also

- **PFD** Probability of a failure on demand, Wahrscheinlichkeit eines Ausfalls einer Sicherheitsfunktion bei Anforderung (Aktivierung),
- **PFH_d** probability of a dangerous failure per hour, Wahrscheinlichkeit eines gefährlichen Ausfalls einer Sicherheitsfunktion je Stunde. Die Ausfallwahrscheinlichkeit je Stunde kann in eine Betriebsdauer bis zum Ausfall umgerechnet werden ($MTTF_d$, **Tabelle 4**).

Tabelle 1: Gewichtung der Elemente F, W, P, für SIL

F: Gefahr erfolgt	W: Verletzung ist	P: Ausweichen ist	Gewichtung zu F, W, P
stündlich, täglich	häufig	unmöglich	5
mind. alle 14 Tage	wahrscheinlich		4
mind. jährlich	möglich	möglich	3
seltener	selten		2
	vernachlässigbar	wahrscheinlich	1

Tabelle 2: Ermittlung der geforderten SIL

S: Schadensmaß	Gewichtung	Klasse: K = F + W + P				
		3-4	5-7	8-10	11-13	14-15
Tod, Verlust von z.B. Auge oder Arm	4	SIL 2	SIL 2	SIL 2	SIL 3	SIL 4
Permanent, Verlust von z.B. Fingern	3			SIL 1	SIL 2	SIL 3
Reversibel, medizinische Behandlung	2				SIL 1	SIL1

Tabelle 3: Ausfallgrenzwerte

Niedrige Anforderung		
SIL	PFD	max. akzept. Ausfall des SIS
1	$\geq 10^{-2}$ bis $< 10^{-1}$	1 gefährl. Ausfall in 10 J
2	$\geq 10^{-3}$ bis $< 10^{-2}$	1 gefährl. Ausfall in 10^2 J
3	$\geq 10^{-4}$ bis $< 10^{-3}$	1 gefährl. Ausfall in 10^3 J
4	$\geq 10^{-5}$ bis $< 10^{-4}$	1 gefährl. Ausfall in 10^4 J
Hohe Anforderung		
SIL	PFH_d	max. akzept. Ausfall des SIS
1	$\geq 10^{-6}$ bis $< 10^{-5}$	1 gefährl. Ausfall in 10^5 h
2	$\geq 10^{-7}$ bis $< 10^{-6}$	1 gefährl. Ausfall in 10^6 h
3	$\geq 10^{-8}$ bis $< 10^{-7}$	1 gefährl. Ausfall in 10^7 h
4	$\geq 10^{-9}$ bis $< 10^{-8}$	1 gefährl. Ausfall in 10^8 h

J Jahre, h Stunden

Tabelle 4: Betriebsdauer bis zum gefährlichen Ausfall

$MTTF_d$	Dauer
niedrig	3 Jahre bis 10 Jahre
mittel	10 Jahre bis 30 Jahre
hoch	30 Jahre bis 100 Jahre

Wiederholung und Vertiefung

1. Bei welchen Steuerungen ist die funktionale Sicherheit von großer Wichtigkeit?
2. Nennen Sie drei Beispiele für die funktionale Sicherheit.
3. Warum verwendet man bei sicherheitsrelevanten Schaltungen Schalter mit zwangsgeführten Kontakten?
4. Wie viele PL-Werte unterscheidet man bei sicherheitsrelevanten Stromkreisen?
5. Wie viele Sicherheitskategorien unterscheidet man?

18.7 Elektrische Ausrüstung von Maschinen

18.7.1 Allgemeines

In diesem Abschnitt wird die Ausrüstung von **Arbeitsmaschinen** behandelt, nicht die von elektrischen Maschinen.

Die elektrische Ausrüstung von Arbeitsmaschinen, z. B. Metallbearbeitungsmaschinen, Holzbearbeitungsmaschinen, Fördermaschinen, Lebensmittelmaschinen, Verpackungsmaschinen, Hebezeugen und Baumaschinen, erfolgt meist mit Spannungen bis AC 1000 V oder DC 1500 V und mit Frequenzen bis 200 Hz. Für diese Art von Maschinen, die während des Arbeitens nicht von Hand getragen werden, gilt VDE 0113-1 bzw. DIN EN 60204-1. Die wichtigsten Inhalte dieser Bestimmung werden nachfolgend genannt.

Begriffe

Elektrische Ausrüstung umfasst Elemente, die in Verbindung mit der Nutzung elektrischer Energie bei Maschinen verwendet werden, z. B. Bauteile, Vorrichtungen, Geräte, Armaturen.

Potenzialausgleich stellt zwischen leitfähigen Teilen eine elektrische Verbindung her, um Potenzialgleichheit zu erreichen.

Körper sind berührbare leitfähige Teile der elektrischen Ausrüstung, die bei normalen Betriebsbedingungen nicht unter Spannung stehen.

Aktives Teil steht bei ungestörtem Betrieb unter Spannung, also ein Leiter oder leitfähiges Teil, inklusive N-Leiter, nicht jedoch PEN-Leiter.

Steuerstromkreis ist der Stromkreis, der für die Steuerung einschließlich Überwachung der Maschine verwendet wird.

NOT-HALT-Gerät und **NOT-AUS-Gerät** sind manuelle Steuergeräte zum Anhalten bzw. Abschalten.

Funktionspotenzialausgleich ist ein Potenzialausgleich für das ordentliche Funktionieren.

Hauptstromkreis ist ein Stromkreis, der die Betriebsmittel für die Produktion und die Steuertransformatoren mit Energie versorgt.

Schutzleitersystem besteht aus Schutzleiter und leitfähigen Teilen, die zum Schutz gegen einen elektrischen Schlag miteinander verbunden sind.

Redundanz (lat. redundans = überströmend, überreichlich) erfolgt durch Anwendung von mehreren Geräten für dieselbe Funktion **(Bild 1)**.

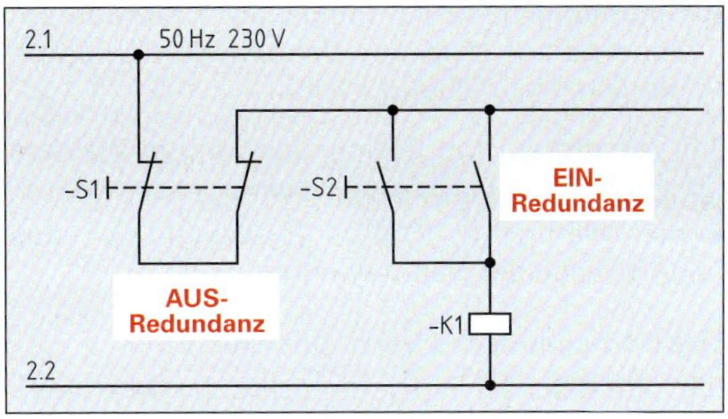

Bild 1: Beispiele von Redundanzen

Tabelle 1: Toleranzen der Versorgung vgl. VDE 0113-1

Wechselstromversorgung	
Spannung	0,9 bis 1,1 von U_n
Frequenz	0,98 bis 1,02 von f_n
Spannungsimpulse	bis 1,5 ms und bis 2-fach U_n
Spannungsunterbrechung	bis 3 ms, Abstand zwischen Unterbrechungen > 1 s
Gleichstromversorgung durch Batterie	
Spannung	0,85 bis 1,15 von U_n
Spannung bei batteriegetriebenen Fahrzeugen	0,7 bis 1,2 von U_n
Spannungsunterbrechung	bis 5 ms
Gleichstromversorgung durch Umrichter	
Spannung	0,9 bis 1,1 von U_n
Spannungsunterbrechung	bis 20 ms, Abstand zwischen Unterbrechungen > 1s

U_n Nennspannung,
f_n Nennfrequenz

18.7.2 Anforderungen

Elektrische Versorgung

Die elektrische Versorgung muss bei Maschinen zuverlässig erfolgen. Insbesondere sind enge Toleranzen der Spannung und der Frequenz einzuhalten **(Tabelle 1)**.

Bei Versorgung mit Wechselspannung müssen außerdem begrenzt sein

- Oberschwingungen der 2. bis 30. Teilschwingung auf 12 % der Spannung,
- Unsymmetrie bei Drehstrom auf 2 % der Spannung,

- Spannungseinbruch länger als 1 Periode andauernd auf 20 % des Scheitelwertes, Spannungsunterbrechung ≤ 3 ms.

Bei Versorgung mit Gleichspannung aus einem Gleichrichter muss begrenzt sein

- die Welligkeit (Spitze-Tal-Wert) auf das 0,15-Fache der Nennspannung.

Elektromagnetische Verträglichkeit EMV

Die elektrischen Betriebsmittel der Maschine dürfen keine elektromagnetischen Störungen oberhalb der zulässigen Größe hervorrufen und müssen selbst genügend störfest sein (siehe auch **Kapitel 9**).

Das wird erreicht durch

- Schirmung der Kabel und Leitungen **(Bild 1)**,
- Filtern der Energiezuführung,
- Gehäuse aus schirmendem Material und
- Kurzschließen der Hochfrequenz-Störspannungen.

> Die elektrische Ausrüstung von Maschinen muss EMV-gerecht sein.

Die **Störfestigkeit** der Anlage wird erhöht über einen Funktionspotenzialausgleich durch

- Verbindung empfindlicher Stromkreise mit Masse und
- Verbindung der Masse mit Erde **(Bild 2)**,
- Verbindung empfindlicher Stromkreise mit PE oder mit Funktions-Erde FE,
- räumliche Trennung empfindlicher Stromkreise von Störquellen **(Bild 3)** und durch
- EMV-gerechte Verdrahtung.

Die **EMV-gerechte Verdrahtung** erfolgt durch

- Anwendung verdrillter Leitungen,
- möglichst rechtwinklig gekreuzte Kabel und Leitungen der Stromkreise **(Bild 4)**,
- Leiterverlegung möglichst dicht an Masse.

Bei Verlegung in metallenen Kabelwannen sind aus EMV-Gründen die Leitungen in die Eckbereiche zu legen. Auf genügend hohe Seitenwände ist zu achten **(Bild 1, folgende Seite)**.

Weitere Maßnahmen zum Reduzieren elektromagnetischer Störungen sind das parallele Anschließen eines zusätzlichen Leiters an den Schirm eines Datenkabels oder einer Datenleitung zu deren Verstärkung **(Bild 2, folgende Seite)** sowie das getrennte und abgeschottete Verlegen von Versorgungskabeln und Datenkabeln in Kabeltragesystemen.

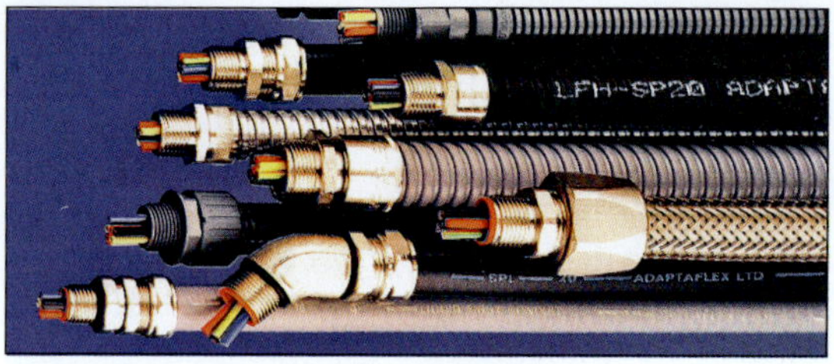

Bild 1: Geschirmte Leitungsschutzschläuche
www.adaptaflex.at, www.abb.com

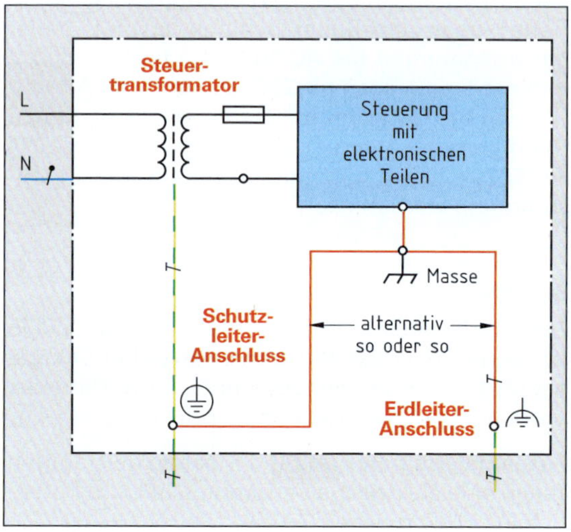

Bild 2: Beispiel des Funktionspotenzialausgleichs durch Schutzleitersystem

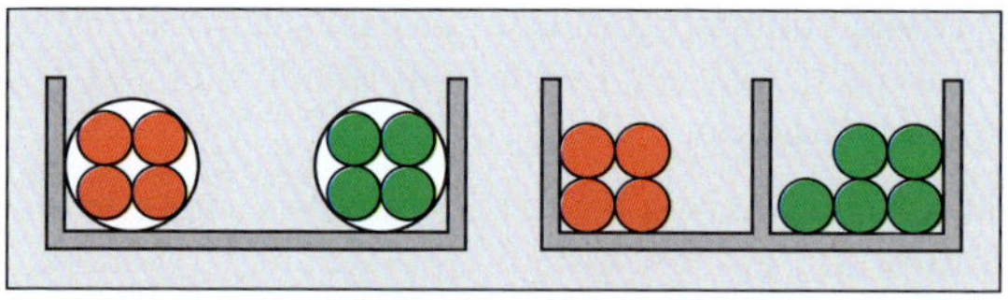

Bild 3: Trennung von Stromversorgungsleitungen • und Datenleitungen • in Kabelwannen

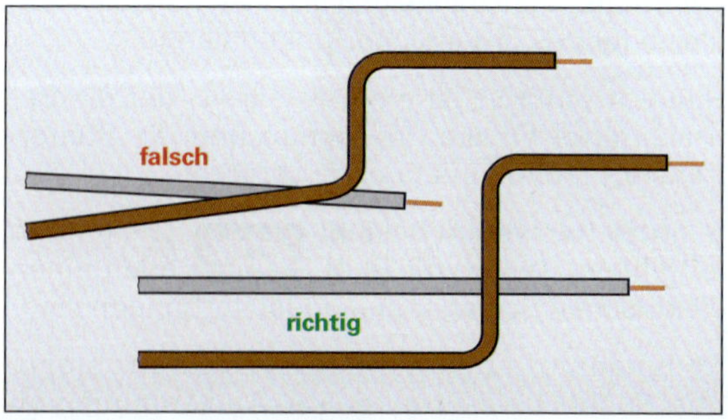

Bild 4: Richtige und falsche Leiterführung

Aus EMV-Gründen ist auf eine geeignete Anordnung von Kabeln und Leitungen in Kabeltragesystemen zu achten.

Weitere Umwelteinflüsse

Die Ausrüstung muss mindestens bei Lufttemperaturen von 5 °C bis 50 °C arbeiten können und auch bei 50 % Luftfeuchtigkeit bei 40 °C. Bei höherer Temperatur ist die zulässige Luftfeuchtigkeit kleiner, bei niedrigerer Temperatur dagegen höher, z.B. 90 % bei 20 °C.

Das Arbeiten muss bis 1000 m über Meereshöhe möglich sein.

Die Elektrische Ausrüstung muss ausreichend gegen das Eindringen von Feststoffen und Flüssigkeiten geschützt sein. Unerwünschten Folgen von Strahlungen, Vibrationen oder Stößen ist geeignet entgegenzuwirken.

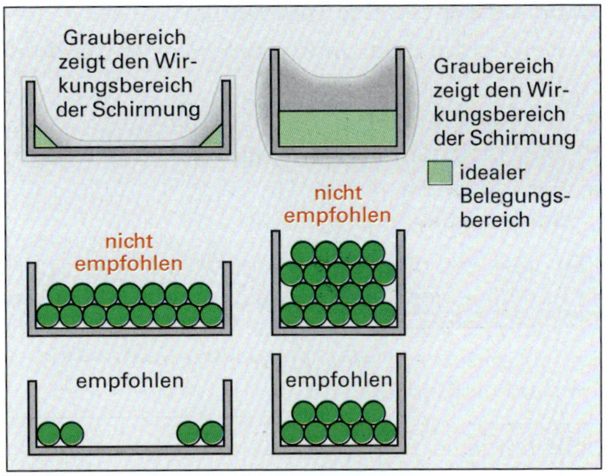

Bild 1: Leitungsverlegung in Kabelwannen

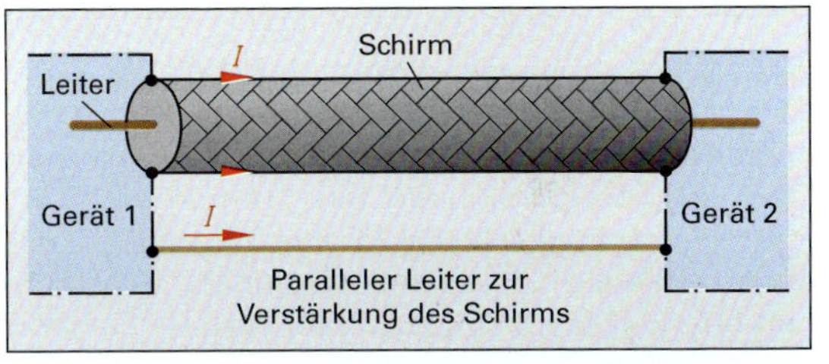

Bild 2: Paralleler Leiter zur Verstärkung des Schirms

18.7.3 Netzanschlüsse, Trenneinrichtung, Schalter

An der Maschine sind neben den Außenleiter-Anschlüssen Klemmen anzubringen für den Schutzleiter PE bzw. den Funktions-Potenzialausgleichsleiter FE und den Neutralleiter N.

Anschluss-Klemmen für PE

Die Klemme für den externen Schutzleiter PE im Anschlussraum der Maschine muss zum Querschnitt der zugehörigen Außenleiter passen **(Tabelle 1)**. Die Klemme für den externen Schutzleiter muss mit „PE" bezeichnet sein.

Tabelle 1: Mindestquerschnitt des PE (aus Cu)

Querschnitt A Außenleiter	Querschnitt A_{PE} PE
$A \leq$ 16 mm²	$\geq A$
16 mm² $< A \leq$ 35 mm²	$\geq$ 16 mm²
35 mm² $< A \leq$ 400 mm²	$\geq A/2$

Trenneinrichtungen

Für jeden Netzanschluss muss bei fest verlegter Anschlussleitung eine Netz-Trenneinrichtung vorhanden sein, z. B. für das gefahrlose Arbeiten an der elektrischen Ausrüstung. Das kann sein

- ein Lasttrennschalter,
- ein Leistungsschalter mit Trennstrecke,
- ein Trennschalter mit Hilfskontakt, der dafür sorgt, dass vor dem Öffnen die Last abgeschaltet wird oder
- ein anderes geeignetes Schaltgerät, z. B. ein RCD oder ein Motorschutzschalter.

Nicht zulässig zum Trennen sind Halbleiterschütze.

Wenn die Stromversorgung über eine flexible Anschlussleitung erfolgt, genügt zum Trennen das Herausziehen des Steckers.

Die jeweilige Netz-Trenneinrichtung in Verbindung mit von ihr gesteuerten Schaltgeräten muss in der Lage sein, den Kurzschlussstrom (Strom bei festgebremsten Läufer) des größten Motors der Maschine zusammen mit sämtlichen übrigen Betriebsströmen abzuschalten.

Bei mehreren Netztrenneinrichtungen für eine elektrische maschinelle Anlage sind für deren sicheres Arbeiten Schutzverriegelungen vorzusehen.

Außer der Netz-Trenneinrichtung kann es zur Instandhaltung bei umfangreichen Maschinen zweckmäßig sein, für einzelne Teile getrennte Trenneinrichtungen anzuordnen. In diesem Fall muss eine dauerhafte Kennzeichnung angeben, für welche Teile die Trenneinrichtung wirksam ist.

Die Trenneinrichtungen müssen leicht zu bedienen und gut zugänglich sein.

Nicht verlangt ist das Trennen bei

- Beleuchtungsstromkreisen für Instandhaltung,
- Steuerstromkreisen für Sicherheit,
- Steckdosen für Instandhaltungswerkzeuge,
- Stromkreisen, die bei Unterspannung das Abschalten bewirken.

Auf diese Stromkreise muss durch ein Warnschild in der Nähe der Netz-Trenneinrichtung hingewiesen werden. In der Norm wird für diese Stromkreise außerdem eine eigene Trenneinrichtung empfohlen **(Bild 1)**.

> Stromkreise für Instandhaltungszwecke und Sicherheits-Steuerstromkreise sollten eigene Trenneinrichtungen besitzen.

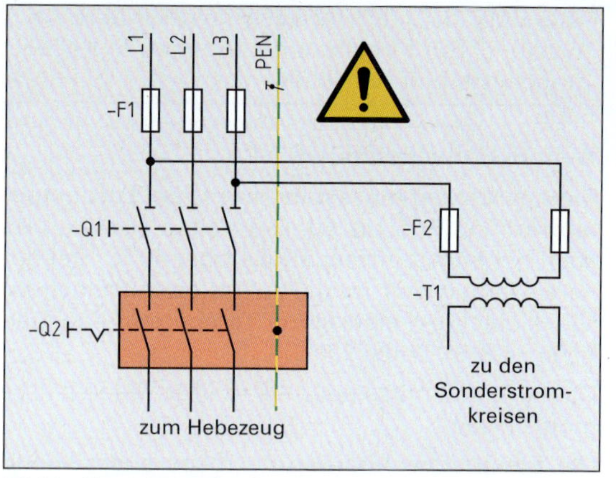

Bild 1: Abzweigung der Sonderstromkreise vor dem Trennschalter,
Q1 Trennschalter, Q2 Netzanschlussschalter

Schutz vor unbeabsichtigtem Schalten

Das unerwartete Anlaufen der Maschine, z. B. bei Instandhaltungsarbeiten, muss verhindert werden, z. B. durch Sperren der Trenneinrichtung mittels Vorhängeschloss. In gleicher Weise muss man verhindern, dass eine Maschine unbeabsichtigt oder unbefugt eingeschaltet wird.

18.7.4 Schutz gegen elektrischen Schlag

Die elektrische Ausrüstung muss den Schutz der Personen erfüllen durch Basisschutz (Schutz gegen direktes Berühren) und Fehlerschutz (Schutz bei indirektem Berühren, **Abschnitte 6.1.4, 6.1.5, 6.1.6**).

Basisschutz wird durch die in VDE 0100-410 aufgeführten Maßnahmen erreicht **(Abschnitt 6.1.4)**.

Fehlerschutz erfolgt mit Ausnahme von SELV und PELV durch die üblichen Maßnahmen **(Abschnitte 6.1.5, 6.1.6)**. Von größerer Bedeutung als sonst ist die Erdschlussüberwachung durch RCM. Dabei muss hier ein akustisches und/oder optisches Signal so lange andauern, wie der Fehler besteht.

SELV und **PELV** haben bei der Maschinenausrüstung einige Besonderheiten. SELV ist nicht genannt, weil wegen EMV nicht geerdete Stromkreise hier vermieden werden. Wird SELV in einem Steuerstromkreis angewendet, so ist eine Isolationsüberwachungseinrichtung erforderlich.

PELV darf verwendet werden

- bei höchstens AC 25 V oder DC 60 V (oberschwingungsfrei), aber nur dann, wenn eine großflächige Berührung ausgeschlossen ist,
- sonst bei höchstens AC 6 V oder DC 12 V.

> Aus EMV-Gründen sind bei den elektrischen Ausrüstungen von Maschinen nicht geerdete Stromkreise zu vermeiden.

Gehäuseschutz für aktive Teile muss bzgl. Berühren mindestens der Schutzart IP2X oder IPXXB genügen **(Abschnitt 6.6)**. Bei leicht zugänglichen Abdeckungen von Gehäusen müssen die Abdeckungen eine Schutzart von mindestens IP4X oder IPXXD bieten. Ein Öffnen der Gehäuse mittels z. B. eines Schlüssels darf nur durch Elektrofachkräfte oder unterwiesene Personen erfolgen. Ein Verriegeln der Gehäuseabdeckung mit einer Trenneinrichtung ermöglicht die aktiven Teile in einem Gehäuse vor der Gehäuseöffnung abzuschalten. Beide Maßnahmen sind nicht erforderlich, sofern alle aktiven Teile gegen Berühren mit der Schutzart mindestens IP2X oder IPXXB geschützt sind.

Hinsichtlich mechanischer **Stoßbeanspruchungen** sind die IK-Codes IK00 bis IK11 nach DIN EN 62262 zu beachten.

Isolationsschutz von aktiven Teilen muss vollständiges Umhüllen sicherstellen und darf nur durch Zerstören entfernbar sein. Farbanstriche als Schutz gegen elektrischen Schlag sind nicht ausreichend.

Schutz bei Restspannungen muss sicherstellen, dass bei aktiven Teilen, welche nach Ausschalten der Stromversorgung noch mehr als 60 V Restspannung besitzen, diese innerhalb von 5 s auf mindestens 60 V reduziert wird. Die ordnungsgemäße Funktion der Ausrüstung darf dabei nicht gestört werden.

Auch durch Ziehen von Steckern muss wegen der Berührbarkeit der Stifte innerhalb von 1 s die Restspannung auf mindestens 60 V verringert werden. Andernfalls sind zusätzliche Schutzmaßnahmen oder Warnhinweise anzubringen.

> Bei Restspannungen über 60 V muss ein Warnschild darauf hinweisen.

18.7.5 Schutz der Ausrüstung

Dieser Abschnitt enthält die **Schutzmaßnahmen** gegen

- Überstrom als Folge eines Kurzschlusses,
- Überlast und Kühlungsausfall bei Motoren,
- anormale Temperatur,
- Ausfall oder Absinken der Spannung,
- Überdrehzahl von Teilen der Maschine,
- Erdschluss und Fehlerstrom,
- falsche Drehrichtung des Drehfelds,
- Überspannung durch Blitz oder Schalten.

Schutz gegen Überstrom

Der Schutz gegen Überstrom ist bei der elektrischen Ausrüstung von Maschinen nur der Kurzschlussschutz und wird wie üblich durch Überstrom-Schutzeinrichtungen gewährleistet.

Deren Einstellung des Auslösestroms ist größer als die Strombelastbarkeit der Leitung. Nun geht man bei Maschinen von einer höheren Umgebungstemperatur aus, nämlich von 40 °C. Dadurch ist die Strombelastbarkeit der Leitungen kleiner als bei der Gebäudeinstallation **(Tabelle 1)**. Die Kurzzeichen der Verlegeart entsprechen der Verlegung nach **Abschnitt 7.3.5**.

In der Norm wird ausdrücklich darauf hingewiesen, dass bei Bedarf oft die **Absicherung** gegen den **Kurzschlussstrom** größer sein muss als bzgl. der **Strombelastbarkeit** der Leitung. Das ist z. B. bei Transformatoren wegen des großen Einschaltstroms oder bei Motoren wegen deren Anlaufströme erforderlich.

> Der Überstromschutz bei Maschinen ist eine Maßnahme zur Abschaltung der Stromversorgung bei einem Kurzschluss.

Bei einem **Kurzschluss** muss die automatische Abschaltung nach DIN VDE 0100-410 erfolgen innerhalb von

- 0,4 s bei Endstromkreisen und
- 5 s bei Verteilungsstromkreisen.

Das setzt voraus, dass der Abschaltstrom I_a der Überstrom-Schutzeinrichtungen nicht größer ist als der Kurzschlussstrom. Der **Abschaltstrom** (Auslösestrom) der Überstrom-Schutzeinrichtung ist abhängig vom Bemessungsstrom und der Art der Schutzeinrichtung (Leitungsschutzschalter oder Schmelzsicherung) und von der geforderten Zeit (0,4 s oder 5 s) der Abschaltung.

Tabelle 1: Strombelastbarkeit I_r in A von PVC-isolierten Cu-Leitungen bei Umgebungstemperatur 40 °C vgl. VDE 0113-1

symmetrisch belastete Drehstromleitung				
A in mm²	Verlegeart			
	B1	B2	C	E
0,75	8,6	8,5	9,8	10,4
1	10,3	10,1	11,7	12,4
1,5	13,5	13,1	15,2	16,1
2,5	18,3	17,4	21	22
4	24	23	28	30
Steuerstromkreise AC oder DC				
A in mm²	Verlegeart			
	B1	B2	C	E
0,2	4,5	4,3	4,4	4,4
0,5	7,9	7,5	7,5	7,8
0,75	9,5	9,0	9,5	10

weitere Werte siehe VDE 0113-1 oder auch VDE 0298-4 (auf 40 °C umrechnen!)
A Querschnitt des einzelnen Leiters

Im Hauptstromkreis müssen in allen aktiven Leitern sowie in den Stromversorgungen für Steuertransformatoren Überstrom-Schutzeinrichtungen vorgesehen sein. Das Abschalten von

- Neutralleitern von Wechselstrom-Leistungskreisen,
- Leitern von Gleichstrom-Leistungskreisen sowie von deren geerdeten Leitern

darf ohne das gleichzeitige Abschalten aller zugehörenden aktiven Leiter nicht erfolgen.

Direkt an die Versorgungsspannung angeschlossene oder über einen Steuertransformator gespeiste Leiter von Steuerstromkreisen müssen gegen Überstrom geschützt sein. Auch Stromkreise von Steckdosen, z. B. zur Versorgung von Instandhaltungsausrüstung, müssen mit einem Überstomschutz versehen sein. Ferner sind ungeerdete Leiter von Beleuchtungsanlagen sowie Transformatoren durch eine Überstrom-Schutzeinrichtung zu schützen.

Der **Spannungsfall** von der Netzanschlussstelle bis zum Betriebsmittel darf im Hauptstromkreis unter Betriebsbedingungen 5% der Nennspannung nicht überschreiten. Die Strombelastbarkeit hängt grundsätzlich von Faktoren wie z. B. Umgebungstemperatur oder Leitungshäufung ab. In jedem Fall sind für den Spannungsfall an den Betriebsmitteln die Herstellerangaben zu beachten.

Schutz des Motors gegen Überhitzung

Für Motoren mit einer Bemessungsleistung von mehr als 0,5 kW muss ein Schutz gegen unzulässige Erwärmung angewendet werden. Das geschieht meist durch

- Überlastschutz, z. B. Motorschutzschalter, oder
- Schütz mit Motorschutzrelais **(Bild 1)** oder
- Übertemperaturschutz, z. B. durch im Motor eingebaute Temperatursensoren.

Die Erfassung der Überlast durch Überlastschutz ist in jedem aktiven Leiter, nicht im Neutralleiter, vorzusehen. Darauf kann verzichtet werden, wenn die Überlasterfassung des Motors nicht für den Überlastschutz der Kabel und Leitungen verwendet wird.

Der automatische Wiederanlauf des Motors nach Abschaltung und Abkühlung muss verhindert werden, wenn dadurch eine Gefahr entstehen könnte.

Schutz bei Spannungseinbruch und Spannungswiederkehr

Wo ein Spannungseinbruch zu Gefahren führen kann, muss eine **Unterspannungs-Schutzeinrichtung** eingebaut werden, die bei zu niedriger Spannung die Anlage abschaltet. Der Anlauf bei Spannungswiederkehr wird dadurch verhindert, dass die Rückstellung nur von Hand erfolgen kann. Unterspannung kann zu Fehlfunktionen von Geräten und zu Lichtbögen führen.

Gefahren durch Spannungseinbruch müssen bei Maschinen verhindert werden.

Weitere Schutzmaßnahmen

Überdrehzahlschutz ist erforderlich, wenn bei zu hoher Drehzahl eine Gefährdung eintritt. Der Schutz wird durch einen **Drehzahlsensor** erreicht, der auf die Steuerung wirkt.

Fehlerstromschutz kann vorgesehen werden, z. B. zum Schutz bei Erdschluss. Dazu verwendet man RCDs **(Abschnitt 6.1.6)**.

Drehfeldüberwachung ist erforderlich, wenn falsche Drehrichtung zu Schäden führen kann.

Schutz gegen Überspannungen ist gegen Folgen von Blitzeinschlägen oder Schalthandlungen zweckmäßig (Seiten 103, 154).

18.7.6 Potenzialausgleich

In diesem Abschnitt werden behandelt

- der Schutzpotenzialausgleich und
- der Funktionspotenzialausgleich.

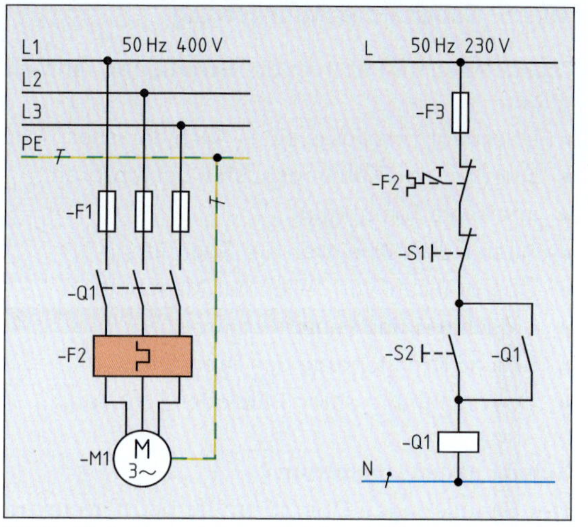

Bild 1: Motor, gesteuert von Schütz mit Motorschutzrelais

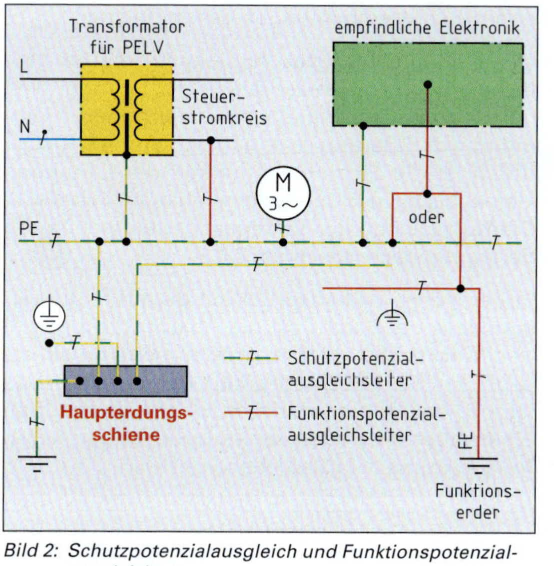

Bild 2: Schutzpotenzialausgleich und Funktionspotenzialausgleich

Schutzleitersystem

Das Schutzleitersystem **Bild 2** besteht aus den

- PE-Klemmen,
- Schutzleitern,
- Körpern und
- leitfähigen Teilen der Maschine **(Bild 1, folgende Seite)**.

An das Schutzleitersystem sind alle Schutzleiter einschließlich der Schutzpotenzialausgleichsleiter anzuschließen. Leiter für den Funktionspotenzialausgleich können angeschlossen werden, sofern sie nicht an einem eigenen Erder angeschlossen sind.

Mit dem Schutzleitersystem müssen also verbunden werden z. B.

- metallene Leitungskanäle, Kabelwannen oder Kabelschirme,
- metallene Rohre oder Armierungen,
- leitfähige Konstruktionsteile der Maschine.

Diese Teile dürfen aber nicht als Schutzleiter verwendet werden. Auf die Durchgängigkeit des Schutzleitersystems ist zu achten, insbesondere wenn ein Teil davon entfernt wird, z. B. bei Instandhaltungsarbeiten. Schutzleiteranschlusspunkte dürfen nicht für Befestigungszwecke verwendet werden.

Funktionspotenzialausgleich

Es sind die auf Seite 260 genannten Maßnahmen zu EMV zu beachten. Die Anschlussklemmen für den Funktionspotenzialausgleich sind zu kennzeichnen.

Bild 1: Krangerüst als Bestandteil des Schutzleitersystems

18.7.7 Steuerstromkreise

Für Steuerstromkreise gelten zunächst alle Bestimmungen über Hilfsstromkreise **(Abschnitt 18.4.2)** und dazu spezielle Bestimmungen. Die wichtigsten dieser Bestimmungen sind nachfolgend erläutert.

Stromversorgung

Die Versorgung kann mit AC oder DC erfolgen. Die Steuerung von Maschinen muss grundsätzlich aus Steuertransformatoren mit getrennten Wicklungen erfolgen. Ausgenommen davon sind Maschinen mit einem einzigen Motorstarter und/oder höchstens zwei Steuergeräten.

Stopp-Funktion

Nach der Risikobeurteilung müssen evtl. Stopp-Funktionen vorgesehen werden, und zwar für die Stopp-Kategorien

- 0 sofortige Abschaltung der Energiezufuhr (STO, Safe Torque Off),
- 1 gesteuertes Stillsetzen, Abschaltung erst bei Stillstand (SS1, Safe Stop 1),
- 2 gesteuertes Stillsetzen ohne Abschaltung (SS2, Safe Stop 2).

Weitere Sicherheitsfunktionen siehe **Abschnitt 18.6.3** und Tabellenbuch Elektrotechnik, Verlag Europa-Lehrmittel.

Handlungen im Notfall

Für den Notfall gibt es folgende Handlungen:

- NOT-HALT (Bewegungsstopp, z.B. Antrieb),
- NOT-Start (Ingangsetzen, z.B. Pumpe),
- NOT-AUS (Ausschalten, z.B. Anlage) und
- NOT-EIN (Einschalten, z.B. Löschwasser).

Betriebsarten

Eine Maschine darf durch Anwahl der Betriebsart nicht automatisch Bewegungen ausführen. Hierzu muss eine weitere Handlung mit Hilfe der Steuerung der Maschine erforderlich sein. Jede Betriebsart muss angezeigt werden, entsprechende Sicherheitsfunktionen und Schutzmaßnahmen müssen wirksam sein.

Freigabesteuerung

Eine manuell aktivierte Verriegelungsfunktion der Steuerung ermöglicht bei Betätigen mittels getrennter Startsteuerung einen Maschinenbetrieb.

Zustimmfunktion

Das Betätigen der Zustimmfunktion ermöglicht mit der Wirksamkeit einer anderen Startfunktion den Maschinenbetrieb solange die Zustimmtaste gedrückt ist. Bei Nicht-Betätigen wird die Stoppfunktion eingeleitet oder das Einleiten einer Maschinenbewegung verhindert.

Zweihandschaltung

Für die Zweihandschaltung gibt es drei Typen,

- Typ I
  (gleichzeitige, dauernde Betätigung durch beide Hände während der Gefahr),
- Typ II
  (wie Typ I, aber Loslassen beider Bediengeräte vor neuem Start),
- Typ III
  (wie Typ II, aber Betätigung beider Bediengeräte innerhalb von 0,5 s).

> Die Zweihandschaltung verhindert ein Hineingreifen in den Gefahrenbereich durch den Bediener.

Kabellose Steuerung

Hier erfolgt die Übertragung von Steuersignalen zwischen Bedienstation und Maschinensteuerung durch Funktechnik oder Infrarottechnik. Dabei muss dafür gesorgt werden, dass Steuerbefehle nur auf die beabsichtigte Maschine einwirken und nur die beabsichtigte Funktion hervorrufen. Die Realisierung erfolgt durch Programmierung kleiner Computer.

Die Wirksamkeit ist automatisch zu überwachen. Es darf immer nur eine kabellose Steuerstelle aktiviert sein, ausgenommen mehrere kabellose Steuerstellen legen gleichzeitig dieselbe Betriebsart der Maschine fest. Andernfalls erfordert ein Umschalten auf eine andere Steuerstelle ein bewusstes manuelles Handeln an der aktiven Steuerstelle.

Das Anwenden tragbarer kabelloser Steuerstellen mit NOT-HALT-Einrichtung erfordert auch an der Maschine die Möglichkeit des Auslösens einer NOT-HALT-Funktion.

Schutzverriegelungen

Alle Schütze und andere Steuergeräte, deren gleichzeitige Betätigung eine Gefahr oder einen Schaden hervorrufen kann, müssen gegenseitig verriegelt sein, z.B. Wendeschütze oder Bremsschaltungen. Bei *Gegenstrombremsung* muss dafür gesorgt sein, dass am Ende des Bremsens, also bei Stillstand der Maschine, kein Anlauf in der Gegenrichtung erfolgt.

Steuerfunktionen im Fehlerfall

Die elektrischen Steuerstromkreise müssen so zuverlässig entworfen und errichtet sein, dass kein Risiko im Fehlerfall entsteht. Dazu ist eine Risikobeurteilung erforderlich. Steuerfunktionen (auch Steuerungsfunktionen genannt) sind von Zeit zu Zeit zu prüfen.

Für Steuerungen von Maschinen sind je nach Risiko die Kategorien B und 1 bis 4 anzuwenden (Abschnitt 18.6.5).

Isolationsfehler in einem Steuerstromkreis dürfen zu keinen Fehlfunktionen der Maschine führen. Geeignete Maßnahmen sind vorzunehmen (Beispiele **Bilder 1, 2**).

Steuerstromkreise, die ohne Transformator versorgt werden, sind nur für Maschinen mit maximal einem Motorstarter und/oder maximal zwei Steuergeräten erlaubt.

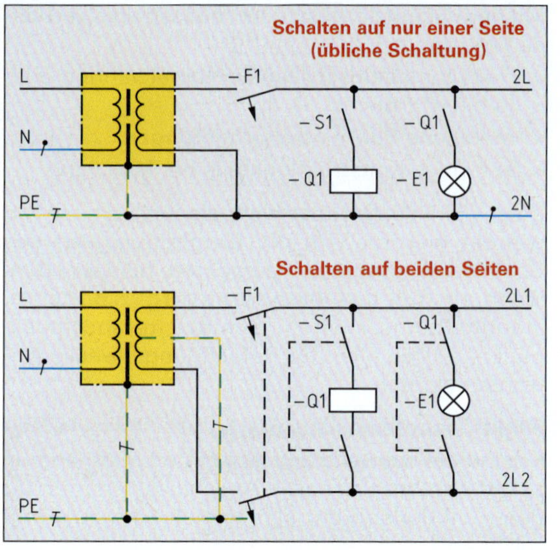

Bild 1: Anschlüsse von Steuergeräten

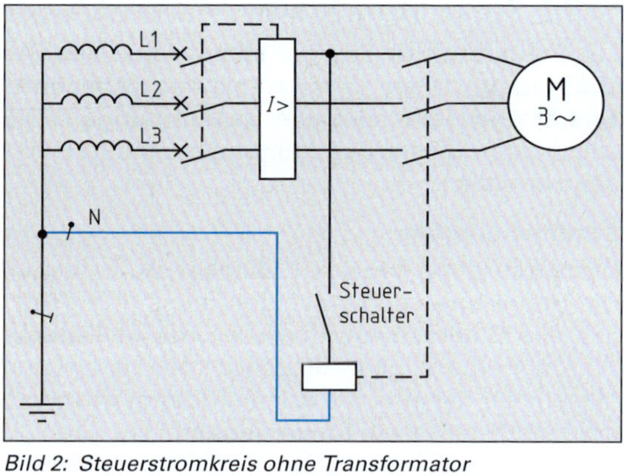

Bild 2: Steuerstromkreis ohne Transformator
(Schutzeinrichtungen nicht dargestellt)

Maßnahmen zur Risikoverminderung im Fehlerfall

Folgende Maßnahmen sind geeignet:

- Verbinden der Steuerstromkreise mit dem Schutzleitersystem für den Funktionspotenzialausgleich,
- Schalten aller Leiter zu den Steuergeräten (Bild 1),
- Verwenden von zwangsläufig öffnenden Schaltgeräten,
- Anwenden von redundanten Schaltungen
- Anwendung von Diversität.

Diversität (Verschiedenartigkeit) der Komponenten einer Steuerung führt dazu, dass bei Ausfall der einen Komponente die andere andersartige weiter funktioniert. Sie ist meist mit Redundanz verbunden. So kombiniert man bei Funktionen, die für die Sicherheit maßgebend sind, oft elektronische Schaltungen, z.B. SPS, und elektromechanischen Komponenten **(Bild 1)**. www.pilz.com

> Für sicherheitsbezogene Steuerungen müssen Komponenten nach DIN EN ISO 13849-1 verwendet werden.

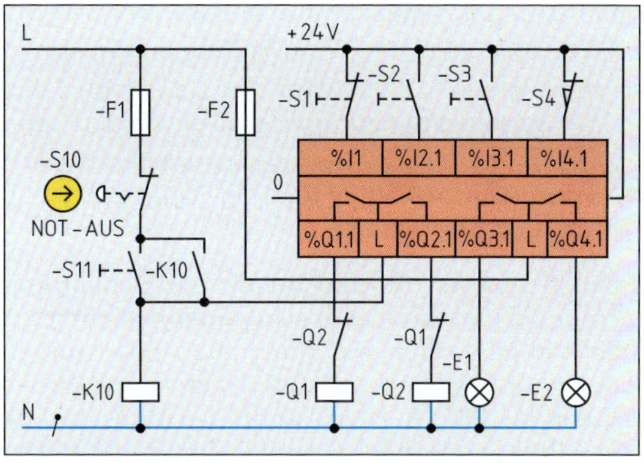

Bild 1: Diversität durch elektronische Verriegelung (SPS-Programm und elektromechanische Verriegelung)

18.7.8 Bedienerschnittstellen

Bedienerschnittstellen (in anderen Normen auch Benutzerschnittstellen genannt) dürfen nicht weniger als 0,6 m oberhalb der Bedienebene angebracht sein und müssen aus der normalen Arbeitshaltung heraus leicht zu erreichen sein.

Drucktaster müssen farbig nach **Tabelle 1**, gekennzeichnet sein.

Anzeigeleuchten und Anzeigen haben ähnliche Farben wie die Drucktaster, aber mit anderer Bedeutung **(Tabelle 2)**.

Leuchtdrucktaster müssen bezüglich der

- Bedienteile der Tabelle 1 entsprechen und bezüglich der
- Leuchtenfarbe der Tabelle 2.

Bestehen dabei Schwierigkeiten, ist die Farbe Weiß anzuwenden.

Geräte für NOT-HALT, NOT-AUS müssen rote Bedienteile haben. Der Hintergrund um das Bedienteil herum, muss gelb sein.

> Die Farbe Rot ist bei Bedien- oder Anzeigeteilen für einen Notfall vorgesehen.

Tabelle 1: Farben der Drucktaster
vgl. VDE 0113-1

Farbe	Bedeutung	Erklärung
Rot	Notfall	z.B. NOT-AUS
Gelb	anormal	Betätigen bei anormalen Zustand.
Grün	normal	Bei sicherem Zustand betätigen.
Blau	zwingend	Betätigen, wenn notwendig.
Weiß	allgemeine	bevorzugt EIN
Grau	Einleitung von Funktionen	EIN/AUS
Schwarz	außer NOT-HALT	bevorzugt AUS

Tabelle 2: Farben von Anzeigeleuchten
vgl. VDE 0113-1

Farbe	Bedeutung	Erklärung
Rot	Notfall	gefährlicher Zustand
Gelb	anormal	kritischer Zustand
Grün	normal	normale Funktion
Blau	zwingend	Handlung durch Benutzer erforderlich.
Weiß	neutral	Benutzer soll überwachen.

18.7.9 Anordnung der Schaltgeräte, Leitungen

Schaltgeräte müssen so angebracht sein, dass man erkennen kann, welchem Zweck sie dienen. Außerdem müssen sie die Bedienung und Instandhaltung von der Vorderseite her erleichtern.

Die **Schutzart** muss dem Aufstellungsort und der Umgebungsbedingung angepasst sein **(Tabelle 1, folgende Seite)**. Gehäuse müssen den mechanischen, elektrischen, thermischen und Umwelteinflüssen widerstehen können.

Leiter müssen aus Kupfer sein. Aluminiumleiter sind nur zulässig, wenn der Querschnitt $\geq 16\ mm^2$ ist. Wegen der mechanischen Festigkeit sind Mindestquerschnitte vorgeschrieben **(Tabelle 2, folgende Seite)**. Die Leitungen dürfen nicht höher auf Zug beansprucht werden als 15 N (Newton) je mm^2 Leiterquerschnitt, also mit 15 N/mm^2.

Die **Strombelastbarkeit** ist kleiner als in DIN VDE 0100-430 vorgesehen, da hier die Umgebungstemperatur mit 40°C angenommen ist (Tabelle 1, Seite 263). Die angegebenen Werte gelten nicht für Leitungshäufung und Leitungstrommeln. Die entsprechenden Umrechnungsfaktoren (Reduktionsfaktoren) sind zu berücksichtigen (siehe Seiten 127, 269).

Die Leitungen müssen eine **Isolierung** besitzen, welche geeignet ist für eine **Prüfspannung** von

- mindestens AC 2000 V für eine Dauer von 5 min für Betriebsspannungen größer AC 50 V und DC 120 V oder
- mindestens AC 500 V für eine Dauer von 5 min für PELV-Stromkreise.

Schleifleitungen, Stromschienen und Schleifringkörper dürfen durch eine schwingende Last nicht beschädigt werden, auf geeignete Abdeckungen oder Umhüllungen mit **Schutzart** mindestens IP2X oder IPXXB ist zu achten. Ungeschützte Schleifleitungen oder Stromschienen mit leitfähigen Teilen sind so anzuordnen oder zu schützen, dass sie nicht berührt werden können. Der Schutzleiter PE und der Neutralleiter N müssen als eigene Schleifleitung oder eigener Schleifring ausgeführt sein, sofern Schleifleitungen, Stromschienen, Schleifringkörper Teil des Schutzleitersystems sind.

18.7.10 Verdrahtungstechnik

Anschlüsse müssen gegen Selbstlockern gesichert sein. Der Anschluss mehrerer Leiter an einer Klemme ist nur zulässig, wenn diese dafür bemessen ist. Klemmen müssen gleich gekennzeichnet sein wie in den Schaltplänen. Leiterenden von mehrdrähtigen oder flexiblen Leitungen dürfen nicht verlötet werden.

Leiter und Leitungen müssen durchgehend von Anschlussstelle zu Anschlussstelle ohne Verbinder verlegt sein. Schutzleiter sind dicht an den aktiven Leitern anzuordnen, damit die Schleifenimpedanz im Fehlerfall klein ist.

Empfohlene Leiterfarben bei Maschinen sind

- Grün-Gelb (GN-YE) für Schutzleiter,
- Pink (Pk) für Funktionspotenzialausgleich,
- Schwarz (BK) für Hauptstromkreise,
- Rot (RD) für Steuerstromkreise für AC,
- Blau (BU) für Steuerstromkreise für DC,
- Orange (OG) für Stromkreise, die nicht von der Netz-Trenneinrichtung abgeschaltet werden.

Ortsveränderliche Maschinen

Bei Maschinen mit wechselnden Standorten, z. B. Hebezeugen, werden bewegliche Leitungen häufig über Vorrichtungen geführt, durch deren Anwendung ein Schleifen der Leitung auf dem Boden vermieden werden soll. Das kann z.B. eine Leitungstrommel sein. Sie muss so beschaffen sein, dass der innere Biegedurchmesser genügend groß ist **(Tabelle 3)**.

Tabelle 1: Beispiele von Schutzarten

Maschinenteil	Schutzart
belüftete Gehäuse für große Teile	IP10
belüftete Gehäuse für kleine Teile	IP32
sonstige Gehäuse	IP32, IP43, IP54
Gehäuse, die mit Niederdruck-Wasser abgespritzt werden	IP55
Gehäuse mit Schutz gegen feinen Staub	IP65
Gehäuse mit Schleifringkörpern	IP2X

Tabelle 2: Mindestquerschnitte in mm²
vgl. VDE 0113-1

Anwendung	einadrig flexibel	einadrig massiv, mehrdrähtig	mehradrig
außerhalb von Gehäusen			
Hauptstromkreis, fest verlegt	1,0	1,5	0,75
Hauptstromkreis, bewegt	1,0	–	0,75
Steuerstromkreis	1,0	1,0	0,2[1]
innerhalb von Gehäusen			
Hauptstromkreis, nicht bewegt	0,75 für alle Leiterarten		
Steuerstromkreis	0,2 für alle Leiterarten		

Leiter für Datenübertragung: zulässig 0,08 mm
[1] bei nicht geschirmten Leitern 0,5 mm

Tabelle 3: Innerer Biegedurchmesser von Leitungen bei Hebezeugen

Vorrichtung	Leitungsdurchmesser d oder Flachleitungsdicke d in mm: $d < 8$	$8 < d < 20$	$d > 20$
Rollenumlenkung	6 d	8 d	8 d
Leitungstrommel	6 d	6 d	8 d
Leitungswagen	6 d	6 d	8 d

Bei **Leitungstrommeln** ist die Kühlung der Leiter erheblich schwächer als bei ausgelegten Leitungen. Bei Radialtrommeln werden die Lagen der Leitung spiralförmig zwischen Flansche aufgewickelt. Über die Flansche ist die Kühlung ziemlich gut. Bei den zylindrischen Trommeln, ist die Kühlung schwach. Die **Strombelastbarkeit** der Leitung nach Tabelle 1, Abschnitt 18.7.5, muss mit dem jeweiligen Reduktionsfaktor der **Tabelle 1, folgende Seite** multipliziert werden.

18.7.11 Sonstige Anforderungen

Elektrische Antriebe

Die Schutzart der Motoren muss mindestens IP23 betragen. Motoren nebst Zubehör müssen jederzeit für Wartung und Instandhaltung zugänglich sein. Motoren müssen so eingebaut werden, dass die Kühlung ausreichend ist, um die Temperatur in den Grenzen der Isolationsklasse zu halten. Motoreinbauräume sollen sauber und trocken sein und direkt von der Außenseite der Maschine belüftet werden.

Zubehör

Das Zubehör zu den Antrieben muss fachgemäß instand gehalten werden. Die Durchgängigkeit der Schutzleiter muss gewährleistet sein außer bei Schutz durch PELV. Stromkreise für Steckdosen sollten auch bei Maschinen nach DIN VDE 0100-410 mit RCDs geschützt werden.

Kennzeichnung, Warnschilder

Warnschilder, Leistungsschilder (Typenschilder) und Bezeichnungen an der Maschine müssen dauerhaft ausgeführt sein.

Gehäuse mit elektrischen Betriebsmitteln müssen mit dem Blitzpfeil-Warnschild gekennzeichnet sein. Dieses kann entfallen bei Gehäusen mit

- der Netz-Trenneinrichtung,
- der Mensch-Maschine-Schnittstelle,
- einem einzelnen Gerät, z. B. Positionssensor.

Technische Dokumentation

Über Errichten, Betrieb und Instandhaltung muss eine Dokumentation verfügbar sein mit z. B. Schaltplänen, Handbüchern, Stücklisten, Betriebsanweisungen, Wartungsintervall-Listen, Instandhaltungshinweisen und sonstigen Informationen.

Die Dokumentation sollte in Papierform, elektronischer Form und im Internet zur Verfügung gestellt werden. Steuergeräte, Gehäuse, Zubehörteile und sonstige Komponenten müssen mit dem gleichen Referenzkennzeichen (Betriebsmittelkennzeichen) bezeichnet sein, wie sie in der technischen Dokumentation gekennzeichnet sind **(Bild 1)**.

Prüfungen

Es sind zu prüfen insbesondere

- die Funktionen der Maschine und der elektrischen Schutzeinrichtungen,
- die Übereinstimmung der elektrischen Ausrüstung mit der Dokumentation,
- bei Schutz durch automatische Abschaltung die Einhaltung von DIN VDE 0100-410,
- Isolationswiderstände,
- Schutz gegen Restspannung von Kondensatoren.

Bei Maschinen mit elektrischer Ausrüstung muss der Errichter bei Auslieferung nachweisen, dass die Ausrüstung erfolgreich geprüft wurde.

Tabelle 1: Reduktionsfaktoren für Trommelleitungen
vgl. DIN EN 60 204

Form der Trommel	Zahl der Lagen			
	1	2	3	4
zylindrisch, belüftet	0,85	0,65	0,45	0,35
Radialtrommel, belüftet	immer 0,85			
Radialtrommel, nicht belüftet	immer 0,75			

Bild 1: Kennzeichnung von Betriebsmitteln in Anlagen

Wiederholung und Vertiefung

1. Was versteht man unter einem Hauptstromkreis in maschinellen Anlagen?
2. Welche Aufgabe haben die Steuerstromkreise?
3. Für welche Spannungsänderung ist die elektrische Ausrüstung einer Maschine bzgl. AC 230 V ausgelegt?
4. Worin liegt der Unterschied zwischen einem NOT-HALT-Gerät und einem NOT-AUS-Gerät?
5. Warum muss jede Maschine eine Netz-Trenneinrichtung haben?
6. Welche Aufgabe können Halbleiterschütze nicht übernehmen?
7. Welcher Fehlerschutz wird bei Maschinen am meisten angewendet?
8. Welche zwei elektrischen Komponenten übernehmen im Fehlerfall eine automatische Abschaltung der Stromversorgung?

18.7.12 Schaltschrank

Aufbau

Der Aufbau eines Schaltschranks hinsichtlich der Betriebsmittelanordnung erfolgt nach Kriterien, welche die

- Wärmebildung und die
- elektromagnetische Strahlung

betreffen **(Bild 1)**.

Wärme erzeugende **Betriebsmittel** sind im Schaltschrank oben anzuordnen. Durch Elektromagnetische Strahlung störbare Betriebsmittel und deren Leitungen sind von den elektromagnetisch störenden Betriebsmitteln und deren Leitungen räumlich zu trennen, ggf. auch mittels metallischer Schirmung.

Bei der **Schaltschrankplanung** sind 20 % freier Platz einzuplanen, ebenso die Schaltschrankbeleuchtung und eine Service-Netzsteckdose.

Die Platzierung der Betriebsmittel erfolgt im Schaltschrank anhand des **EMV-Verhaltens** ihrer zu verarbeitenden Signale. Zu betrachten sind dabei auch die zugehörenden Leitungen in den verschiedenen Schaltschrankfeldern oder auch anderen Schaltschränken.

Die **Anordnung** erfolgt z. B. gemäß der

- Leitungsverbindungen zu Sensoren und Messeinrichtungen,
- Kleinsignal-Leitungen von Feldbussen,
- Steuerleitungen zu induktiven Lasten und der
- Leitungen zu Leistungsgeräten wie Umrichtern, Transformatoren (Bild 1).

Wegen der **EMV** **(Kapitel 9)** sind Schaltschränke aus Stahl zu verwenden. Dadurch ist eine gute Abschirmung nach außen und nach innen gegeben. Gleiches gilt für Montageplatten mit elektrisch leitender Oberfläche.

Die **PE-Schiene** ist der zentrale Anschlusspunkt für die PE-Leiter der einzelnen Geräte. Eine gemeinsame Erdung von Niederfrequenz- und Hochfrequenz-Betriebsmitteln ist dadurch möglich. Die Verteilung der Versorgungsspannungen soll von einem zentralem Punkt aus erfolgen, z. B. über eine Sammelschiene.

Schaltschranktüren und Seitenwände sind über Massebänder **(Bild 1, folgende Seite)** mit dem Schaltschrankkörper zu verbinden. Der Netzfilter von den Hauptversorgungsleitungen ist nahe der Leitungsdurchführung im Schaltschrank anzubringen und mit diesem zu verbinden.

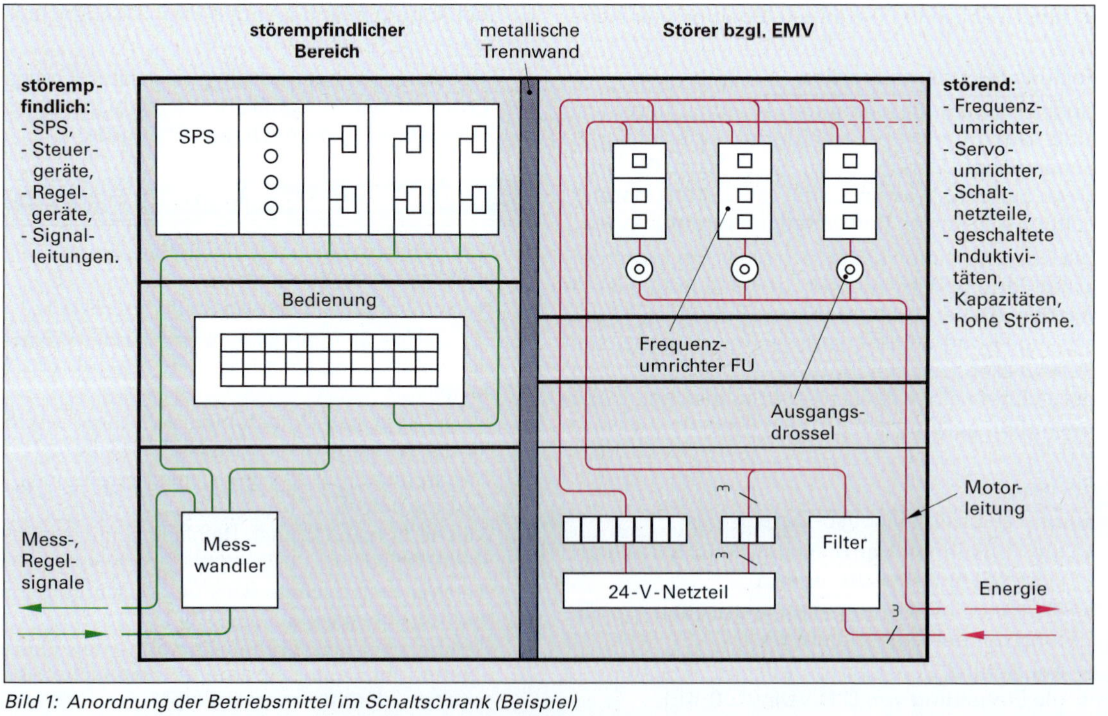

Bild 1: Anordnung der Betriebsmittel im Schaltschrank (Beispiel)

Die **Leitungen** sind möglichst kurz auszuführen. Leitungsführungen müssen waagrecht oder senkrecht erfolgen. Die Hin- und Rückleiter sind auf gesamter Länge gemeinsam zu führen. Auf Abstände von Signalleitungen zu Energieleitungen ist zu achten.

Trennstege müssen nichtleitend sein mit mindestens 50 mm Höhe oder aus Aluminium mit mindestens 20 mm Höhe oder aus Stahl mit mindestens 5 mm Höhe.

Schaltschrankklimatisierung

Das korrekte Funktionieren von elektrischen Anlagen erfordert das Einhalten von Temperaturgrenzwerten. Hierzu sind oft Klimatisierungseinrichtungen notwendig. Eine Erhöhung der Betriebstemperatur um 10 °C halbiert die Lebensdauer und verdoppelt die Ausfallrate.

Schaltschränke sind so aufzustellen, dass ihre **Oberflächen** durch die Umgebungsluft gekühlt werden können, sofern diese niedriger ist als die Schaltschrank-Innentemperatur. Im Idealfall steht ein Schaltschrank daher nicht an der Wand.

Weitere Kühlungsmöglichkeiten sind der Einsatz von Wärmetauschern oder Kühlgeräten.

Beim **Luft-Luft-Wärmetauscher** wird die warme Schaltschrankluft über Lüfter dem Wärmetaucher zugeführt und wird an die noch kalte ebenfalls über Lüfter zugeführte Zuluft abgegeben **(Bild 2)**. Beide Luftströme sind durch wärmeleitendes Material voneinander getrennt.

Beim **Luft-Wasser-Wärmetauscher** wird die Innenluft des Schaltschranks von einem Lüfter an den Wärmetauscher geblasen. Eine Rückkühlanlage sorgt für das Abkühlen (Entwärmen) des erwärmten Kühlwassers. Die angesaugte Innenluft wird nach Kühlung wieder in den Schaltschrank eingeführt **(Bild 3)**.

Zu beachten ist bei den Wärmetauschern, dass die Luftfilter gewartet werden und dass die warmen Schaltschrank-Komponenten auch im Luftstrom liegen.

Kühlgeräte als Kompressionskälteanlagen bestehen aus Verdampfer, Kältemittelverdichter (Kompressor), Verflüssiger (Kondensator) und Drosselventil. Das flüssige Kältemittel geht im Verdampfer durch Wärmeentzug der Schaltschrankluft in den gasförmigen Zustand über. Im Verdichter wird es komprimiert, dadurch im Verflüssiger höher temperiert als die Umgebungsluft.

Bild 1: Massebänder

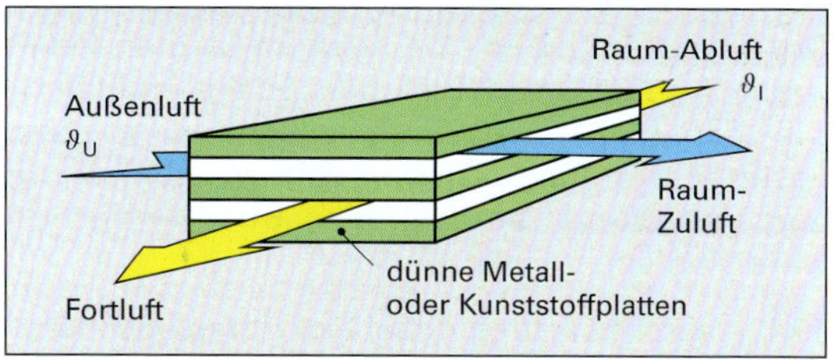

Bild 2: Funktion des Luft-Luft-Wärmetauschers

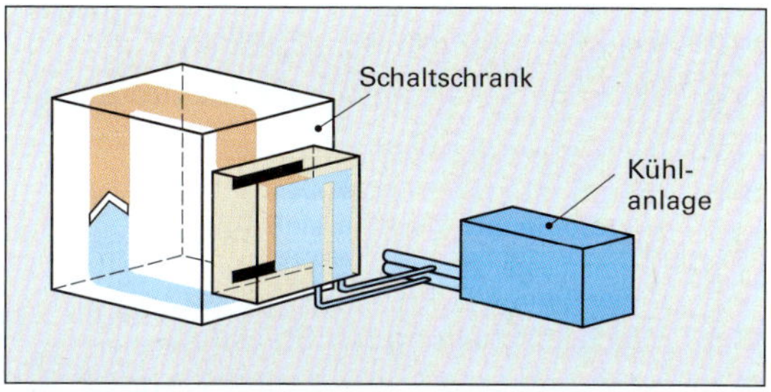

Bild 3: Funktion des Luft-Wasser-Wärmetauschers

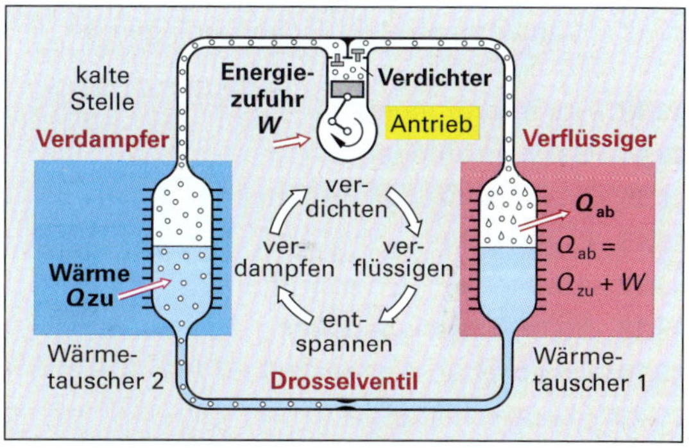

Bild 4: Wirkungsweise eines Kühlgerätes

Die überschüssige Wärme wird über die Oberfläche des Verflüssigers an die Umgebungsluft abgegeben. Das Kältemittel wird dabei abgekühlt, wieder verflüssigt und dem Verdampfer erneut zugeführt **(Bild 4)**.

Anmerkung: Auch Wärmepumpen arbeiten nach diesem Prinzip. Kältemittel ist z. B. Propan.

Wiederholung und Vertiefung

1. Nach welchen Kriterien sind die Betriebsmittel in einem Schaltschrank anzuordnen?
2. Wieviel Prozent freier Platz sollte bei einer Schaltschrankplanung reserviert werden. Begründen Sie dies.
3. Wie sind Schaltschränke aufzustellen?

19 Arbeitsaufgaben

Die Arbeitsaufgaben sind auch im Medien-Paket (siehe vordere Umschlaginnenseite) enthalten. Die Lösungen hierzu können zusammen mit den Lösungen zu den Aufgaben von „Wiederholung und Vertiefung" als Digitales Buch erworben werden (siehe Vorwort).

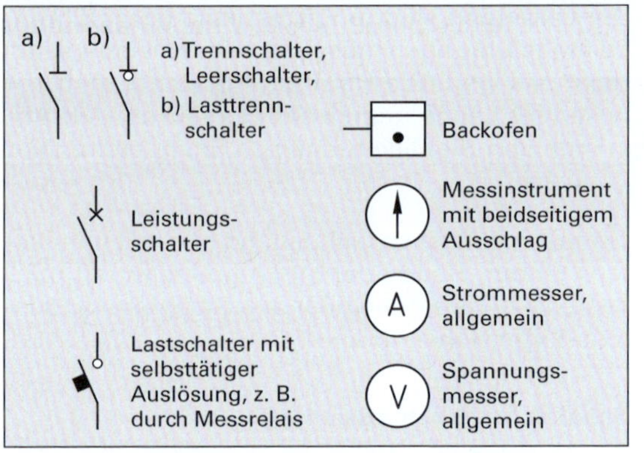

Beispiele von Schaltzeichen der Elektrotechnik

Verteilerschrank einer Elektroinstallation mit Schutzschaltern
www.siemens.com

Blitzschutz durch Blitzableiter

Stromschienen in einem Zählerschrank

19.1 Verantwortungen bei elektrotechnischen Tätigkeiten

1. Anfallende elektrotechnische Arbeiten erfordern unterschiedliche elektrotechnische Qualifikationen.

   Ordnen Sie der Elektrofachkraft, der elektrotechnisch unterwiesenen Person sowie der verantwortlichen Elektrofachkraft die Tätigkeiten nach **Tabelle 1** zu.

2. Welche Voraussetzungen muss eine Person erfüllen, um sich Elektrofachkraft nennen zu dürfen?

3. Wie kann die fachliche Qualifikation einer Elektrofachkraft nachgewiesen werden?

4. Welche Voraussetzung muss eine verantwortliche Elektrofachkraft hinsichtlich ihrer Ausbildung erfüllen?

5. Bei einer Spielzeugeisenbahn sind die Weichen und Beleuchtungen der kleinen Häuser anzuschließen und in Betrieb zu nehmen. Welche elektrotechnische Qualifikation ist hierzu erforderlich? Begründen Sie die Antwort.

Tabelle 1: Beispiele elektrotechnischer Tätigkeiten

Tätigkeit	EFK	EuP	VEFK
▪ Führen von Elektrofachkräften.			
▪ Heranführen von Messeinrichtungen.			
▪ Ausüben der Anlagen- und Arbeitsverantwortung.			
▪ Heranführen von Werkzeugen zur Reinigung.			
▪ Heranführen von Abdeckungen und Abschrankungen an spannungsführende Teile.			
▪ Wiederholungsprüfungen von beweglichen Betriebsmitteln vornehmen.			
▪ Beaufsichtigung von Arbeits- und Aufsichtskräften.			
▪ Planung und Projektierung elektrischer Anlagen.			
▪ Gefährdungsbeurteilungen erstellen.			
▪ Ausbilden und Schulen der elektrotechnisch unterwiesenen Personen.			
▪ Herausnehmen und Einsetzen von Sicherungseinsätzen mit geeigneten Hilfsmitteln, sofern gefahrlos möglich.			
▪ Fehler eingrenzen in Hilfsstromkreisen sowie Funktionen prüfen von Geräten und Schaltungen.			
▪ Arbeiten zum Abwenden erheblicher Gefahren, z.B. für Leben und Gesundheit von Personen, durchführen.			
▪ Überwachen der Wartungsintervalle und Wartungsaufgaben.			
▪ Arbeiten in der Nähe von unter Spannung stehenden Teilen durchführen.			

EFK Elektrofachkraft, EuP elektrotechnisch unterwiesene Person, VEFK verantwortliche Elektrofachkraft

19.2 Schaltungsanalyse

1. Mit einem Spannungsmessgerät soll an den Messstellen A – B, A – C, C – B, D – E und D – F in der Schaltung **Bild 1** gemessen werden. Von welchen Widerständen bzw. Widerstands-Ersatzschaltungen werden dabei die Spannungen gemessen? Schaltungsteile mit der Spannungsquelle G sind nicht zu betrachten.

Verwenden Sie zur Beschreibung der Lösung für in Reihe geschaltete Widerstände das Zeichen + und für parallel geschaltete Widerstände das Zeichen II.

Beispiel: R1 + R2 oder R1 II R2.

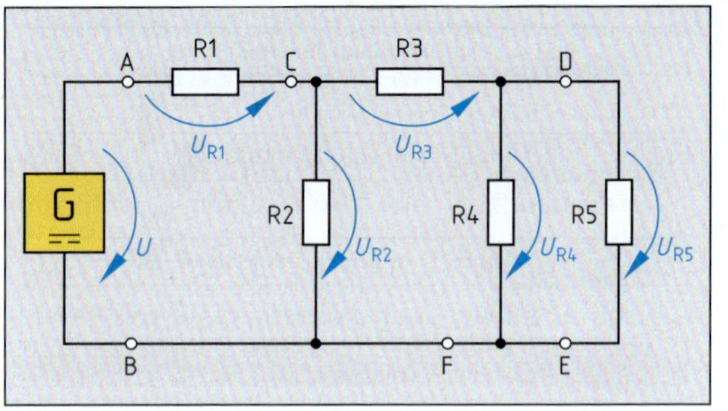

Bild 1: Gemischte Schaltung

A – B: ______________________

C – B: ______________________

____

A – C: ______________________

D – E: ______________________

D – F: ______________________

2. Untersuchen Sie die Schaltung nach **Bild 2**. Wie nennt man die Spannungen, welche zwischen den Messpunkten A – C, A – B, C – D, B – C, B – D und A – D gemessen werden können?

A – C: ______________________

A – B: ______________________

C – D: ______________________

B – C: ______________________

B – D: ______________________

A – D: ______________________

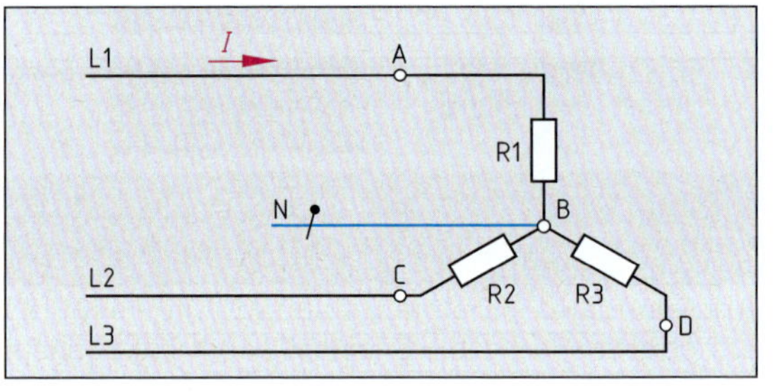

Bild 2: Sternschaltung

3. Mit den Strommessgeräten und Spannungsmessgeräten in den Schaltungen **Bild 3** können Strom und Spannung am Widerstand R1 gemessen werden.

Welche Aussagen können Sie zur Genauigkeit der Messungen mit Begründung machen?

Schaltung a): ______________________

____

____

____

____

Schaltung b): ______________________

____

____

____

____

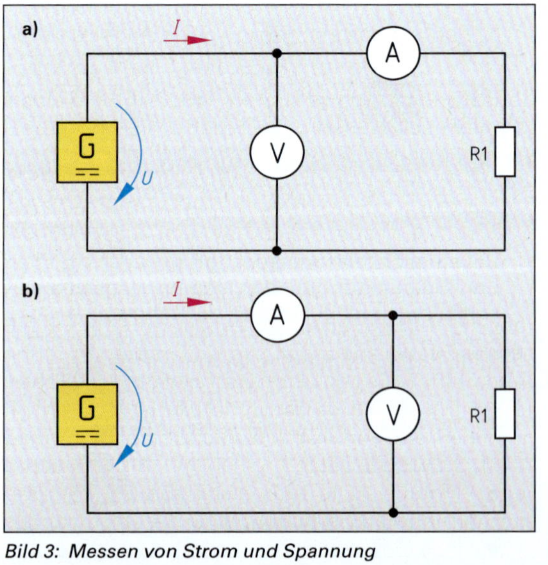

Bild 3: Messen von Strom und Spannung

19.3 Kennzeichnung in Schaltplänen

Schaltpläne müssen für Neuplanungen sowie für Instandhaltungsarbeiten und Instandsetzungsarbeiten Betriebsmittelkennzeichen enthalten.

Ergänzen Sie in **Tabelle 1** die fehlenden Kennbuchstaben.

Tabelle 1: Kennbuchstaben der Objekte in Schaltplänen

Kennbuchstabe	Zweck des Objekts	Beispiele für Objekte
______	Schutz vor Auswirkungen gefährlicher oder unerwünschter Bedingungen.	Schmelzsicherung, Leitungsschutzschalter, RCD, thermischer Überlastauslöser, Überspannungsableiter, faradayscher Käfig, Abschirmung, Schutzvorrichtung
______	Erfassung und Darstellung von Informationen.	Sensor, Mikrofon, Messwandler, Messwiderstand, Videokamera, Lesegerät, Detektoren, Näherungsschalter, elektronisches Überlastrelais, Motorschutzrelais, Bewegungsmelder, kWh-Zähler
______	Bereitstellen eines steuerbaren Durchflusses.	Generator, Batterie, Pumpe, Ventilator, Lüfter, Stromversorgungseinheit, Solarzelle, Brennstoffzelle, Ventilator, Hebezeuge, Fördereinrichtung
______	Aussendeobjekte	Glühlampe, LED-Lampe, Heizkörper, Glühofen, Warmwasserspeicher, Laser, Leuchte, Kühlschrank
______	Verarbeitung von Eingangssignalen und Bereitstellung eines geeigneten Ausgangs.	Hilfsschütz, Transistor, Zeitrelais, Verzögerungsglied, Binärelement, Regler, Filter, Operationsverstärker, Mikroprozessor, Mikrocontroller, Zähler, Multiplexer, Computer, Router, Switch, I/O-Modul, Steuerventil
______	Steuerung von Zugang oder Durchfluss.	Leistungsschalter, Leistungsschütz, Motoranlasser, Thyristor, Leistungstransistor, IGBT, Motorstarter, Ventil, Kupplung, Regelklappe, Trennschalter, Tür
______	Ausübung mechanischer Bewegung oder Kraft.	Elektromotor, Linearmotor, Verbrennungsmotor, Turbine, Hubmagnet, Stellantrieb, Hydraulikzylinder
______	Bereitstellung wahrnehmbarer Informationen.	Messgeräte, Klingel, Lautsprecher, Signallampe, LED, Drucker, Manometer, Uhr, Bildschirmgeräte, Beamer
______	Behandlung von Stoffen.	3D-Drucker, Presse, Oberflächenbearbeitungsmaschine, Zentrifuge, Destilliersäule, Brechwerk, Schneidmaschine, Mischgerät, Luftbefeuchter, Staubsauger
______	Begrenzen oder Stabilisieren.	Widerstand, Drosselspule, Diode, Z-Diode, Rückschlagventil, Schaltung zur Spannungsstabilisierung oder zur Stromstabilisierung, Konstanthalter, USV
______	Transformieren, Umwandeln.	Leistungstransformator, Gleichrichter, Modulator, Demodulator, AC-Umsetzer, DC-Umsetzer, Frequenzumformer, Verstärker, Antenne, Telefonapparat, ADU (ADC), DAU (DAC), Stromversorgung
______	Erkennen menschlicher Handlung, Bereitstellen entsprechender Reaktion.	Steuerschalter, Tastatur, Maus, Taster, Wahlschalter, Quittierschalter, Lichtstift
______	Bereitstellen einer Schnittstelle zu einem anderen Ort.	Steckdose, Klemme, Kupplung, Steckverbinder, Klemmleiste, Anschlusskasten, Signalverteiler

19.4 Wichtige Schaltzeichen der Elektrotechnik

Schaltpläne müssen für Neuplanungen sowie für Instandhaltungsarbeiten und Instandsetzungsarbeiten neben Betriebsmittelkennzeichen auch Schaltzeichen enthalten.

Ergänzen Sie in **Tabelle 1** die fehlenden Schaltplansymbole.

Tabelle 1: Wichtige Schaltzeichen

Schaltzeichen	Erklärung	Schaltzeichen	Erklärung
	Schutzleiteranschluss		Einfachsteckdose mit Schutzkontakt
	Öffner, Ausschaltglied		Wechselschalter, beleuchtet
	Schutzleiter PE		Neutralleiter N, Mittelleiter M
	PEN-Leiter		Auf Putz
	Leitungsschutzschalter, einpolig		RCD, Fehlerstrom-Schutzschalter, 4-polig
	Taster		Zweifachsteckdose
	Serienschalter		Anschlussdose
	Dose		Unter Putz
	Leitung, a) allgemein, b) Starkstromleitung, c) ausgeführte Leitung		Leuchtenauslass, allgemein
	Leuchte, allgemein		Backofen
	Elektroherd		Ventilator
	Motor, allgemein		Raumheizung, allgemein
	Generator, allgemein		Messinstrument oder Messwerk anzeigend
	Leiterabzweig, einfach Form 2		Leiterabzweig, einfach Form 1
	Widerstand, allgemein		Induktivität, Spule

19.5 Auswahl von RCDs

Die RCD-Typen A, B, B+ und F kommen je nach Anwendung unterschiedlich zum Einsatz.

Vervollständigen Sie den Ablauf zur Auswahl des passenden RCD-Typs anhand der Fragestellungen nach **Bild 1**.

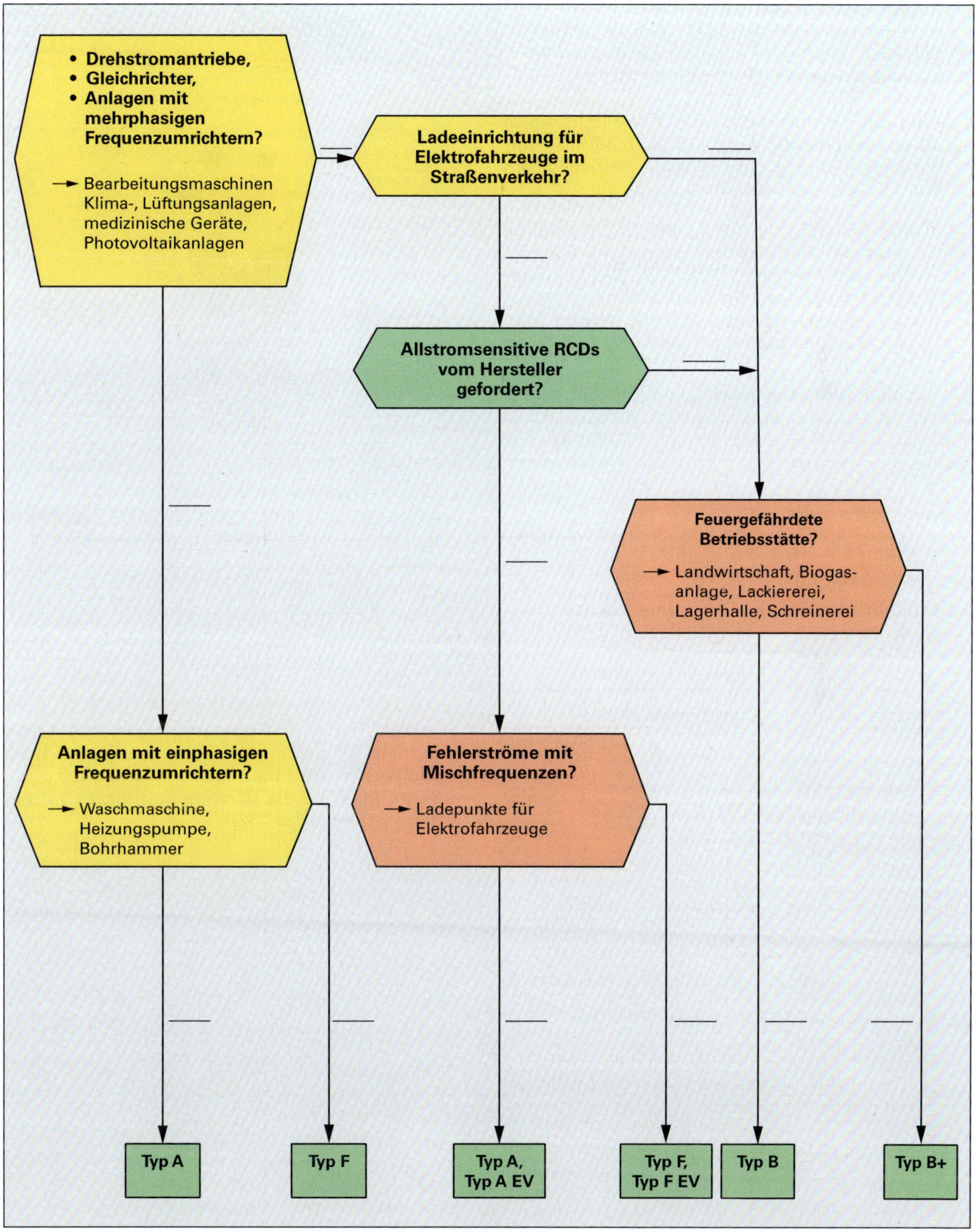

Bild 1: Vorgehensweise zum Bestimmen von RCD-Typen für deren Anwendung

19.6 Leitungsberechnungen

1. Maximal zulässige Leitungslängen können Normen entnommen werden, z. B. dem Beiblatt 2 von DIN VDE 0100-520 und dem Beiblatt 5 von DIN VDE 0100.

   Ein Stromkreis 3AC 50 Hz 400 V soll für eine Stromstärke von 16 A und für einen Spannungsfall von 4 % bei einer Leitertemperatur bis 70 °C ausgelegt werden. Die Umgebungstemperatur beträgt maximal 30° C. Die dreiadrige Cu-Leitung mit 1,5 mm^2 liegt ohne Kabelhäufung in einer offenen Kabelwanne **(Bild 1)**. Beim zu versorgenden Verbraucher wird ein Betriebsstrom von 15,2 A angenommen.

   a) Ermitteln Sie die maximale Leitungslänge unter der Berücksichtigung, dass ein Leitungsschutzschalter Typ B 16 **(Bild 2)** eingesetzt ist und dass die Schleifenimpedanz vor der Schutzeinrichtung 300 mΩ beträgt **(Bild 3)**. Verwenden Sie die Tabellen 1 und 2 von Seite 132.

   Leitungslänge anhand Spannungsfall:

   Leitungslänge anhand Überstrom-Schutzeinrichtung:

   Maximal erlaubte Leitungslänge: ____________

   b) Ermitteln Sie die Strombelastbarkeit der Leitung anhand Tabelle 1, Seite 126.

   c) Überprüfen Sie die Bemessungsstromregel mit den bisher bekannten Werten.

   Bemessungsstromregel: ____________

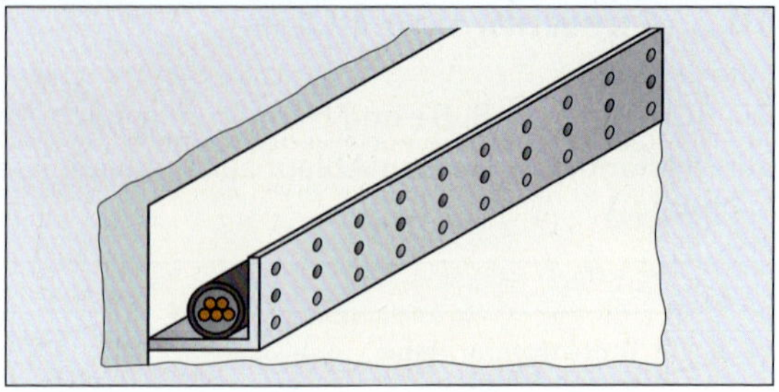

Bild 1: Eine in einer Kabelwanne verlegte Leitung

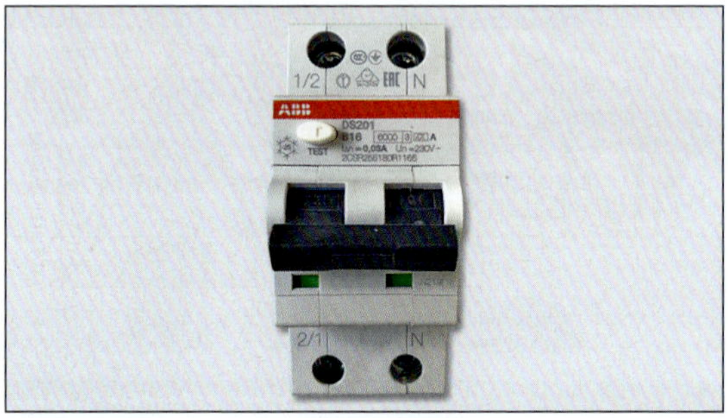

Bild 2: Leitungsschutzschalter B 16

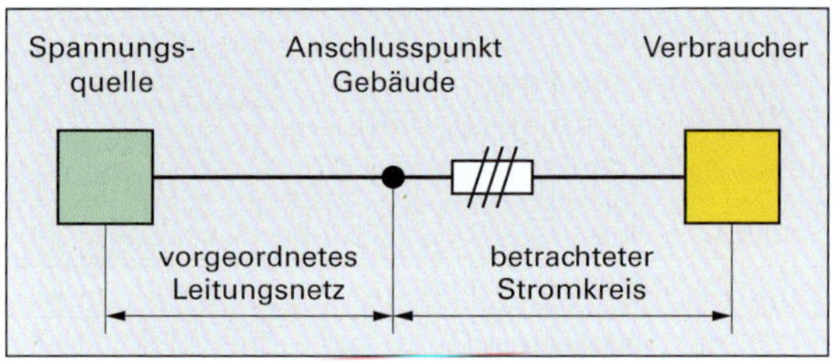

Bild 3: Schleifenimpedanz vor der Schutzeinrichtung

2. Bestätigen Sie das Rechenergebnis von Aufgabe 1a) mittels Tabelle 1 von Seite 122, Formel 121-2 und Formel 123-1 bei angenommenem $\cos \varphi = 1$. Begründen Sie die Verwendung dieser Formel gegenüber Formel 132-1.

19.7 Blitzschutz

1. Das Blitzkugelverfahren wird bei einem Einfamilienhaus mit Garage angewendet **(Bild 1)**.

a) Welche Erkenntnis gewinnen Sie bei betrachten von Bild 1?

b) Welche Folge tritt ein, wenn die mittlere Fangstange auf dem Garagendach fehlt?

a) ______________________________

____

____

____

____

____

b) ______________________________

____

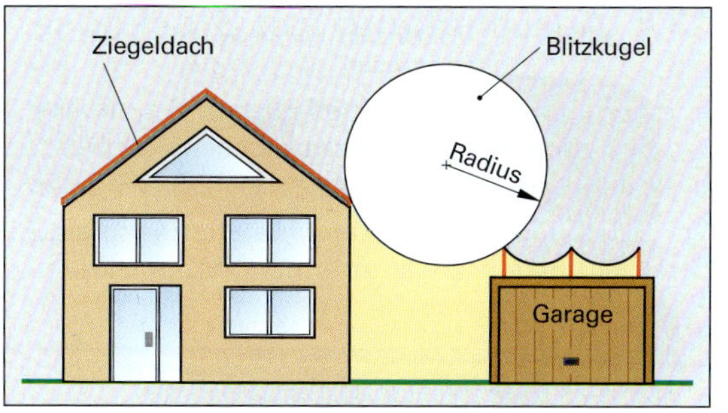

Bild 1: Anwendung des Blitzkugelverfahrens

2. Ordnen Sie folgende bauliche Anlagen den Blitzschutzklassen I bis IV zu:

Pension, Krankenhaus, Archiv, PV-Anlage, Messwarte, Rechenzentrum, Sprengstofflager, freistehender Schornstein, kleines Tierfutterlager.

Schutzklasse 1: ______________________________

____

Schutzklasse II: ______________________________

____

Schutzklasse III: ______________________________

Schutzklasse IV: ______________________________

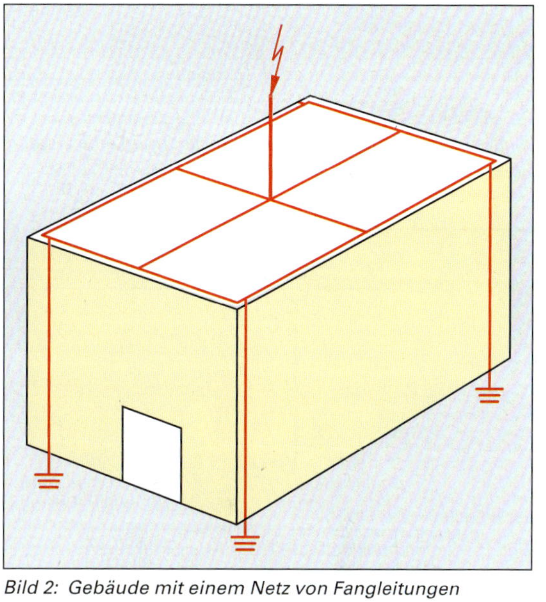

Bild 2: Gebäude mit einem Netz von Fangleitungen

3. Ein Blitz schlägt in die Blitzstange des Gebäudes in **Bild 2** ein. Tragen Sie in Bild 2 die daraus resultierenden Stromwege ein.

4. Blitzströme verursachen Potenzialunterschiede. Der Blitzschutz-Potenzialausgleich vermindert diese. Ergänzen Sie in **Bild 3** die erforderlichen Verbindungsleitungen zur Vervollständigung des Blitzschutz-Potenzialausgleichssystems.

5. Die Maschenweiten als Blitzschutz von Gebäuden sind unterschiedlich ausgelegt. Wie erfolgt die Festlegung?

____

____

____

____

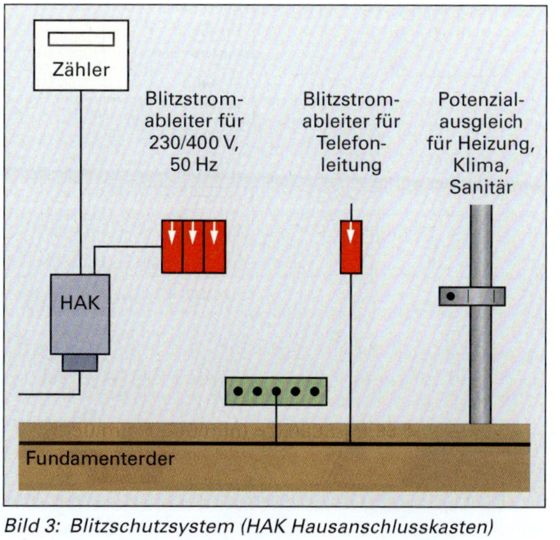

Bild 3: Blitzschutzsystem (HAK Hausanschlusskasten)

19.8 Ausschaltung mit Steckdose

In einem Vorratsraum eines Einfamilienhauses soll die Leuchte an der Decke von einem Ausschalter rechts neben der Eingangstüre geschaltet werden können. Unter dem Schalter soll sich eine Steckdose befinden.

Vervollständigen Sie a) den Installationsplan **(Bild 1)**, b) den Übersichtsschaltplan **(Bild 2)** und c) den Stromlaufplan in zusammenhängender Darstellung **(Bild 3)**.

a)

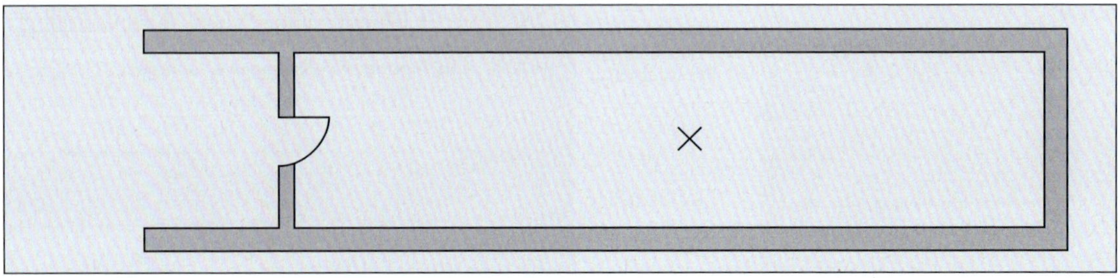

Bild 1: Installationsplan für einen Vorratsraum eines Einfamilienhauses mit Ausschaltung und Steckdose

b)

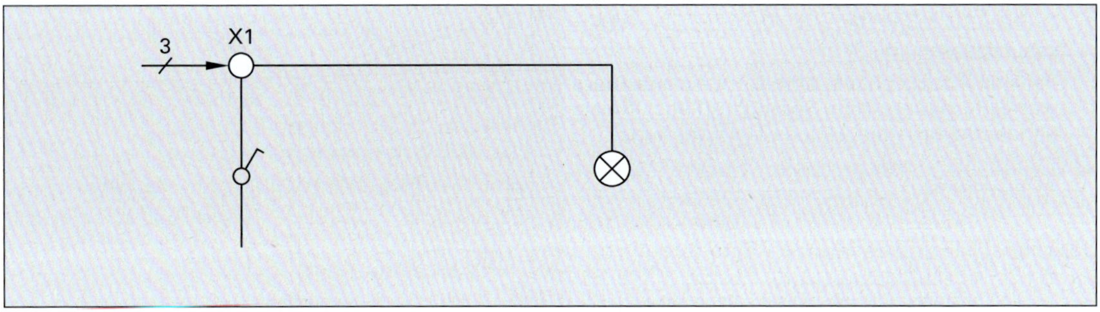

Bild 2: Übersichtsschaltplan einer Ausschaltung mit Steckdose

c)

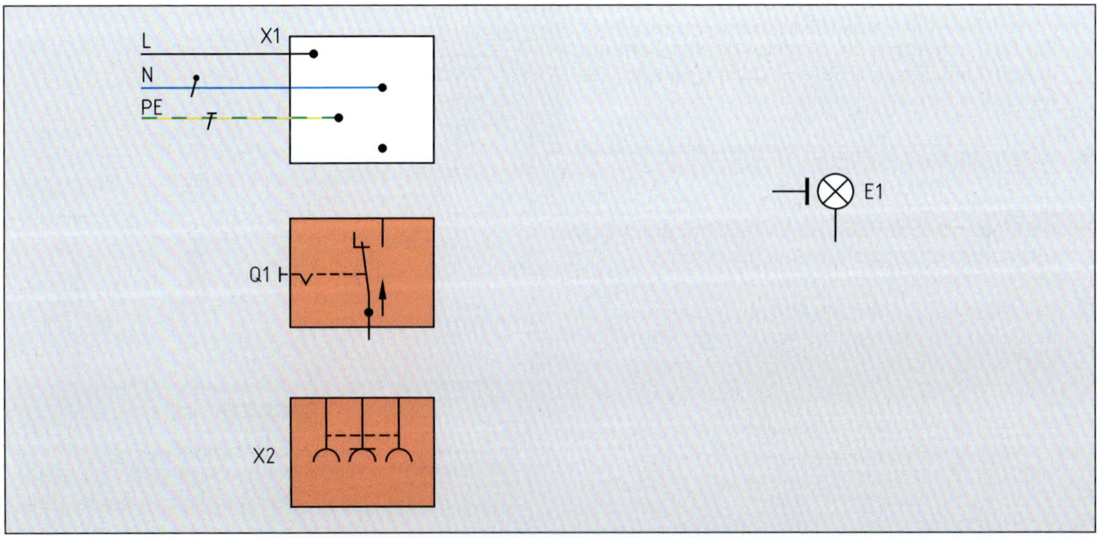

Bild 3: Stromlaufplan in zusammenhängender Darstellung für eine Ausschaltung mit Steckdose

19.9 Wechselschaltung mit Steckdose

Im Esszimmer einer Wohnung soll die Beleuchtung an der Decke von zwei Stellen aus eingeschaltet und ausgeschaltet werden können. Am Schalter, der kein Kontroll-Wechselschalter ist, befindet sich eine Steckdose.

Vervollständigen Sie a) den Übersichtsschaltplan **(Bild 1)** und b) den Stromlaufplan in zusammenhängender Darstellung **(Bild 2)** für die Wechselschaltung mit Steckdose. Vervollständigen Sie c) den Stromlaufplan in aufgelöster Darstellung ohne Berücksichtigung der Steckdose **(Bild 3)**.

a)

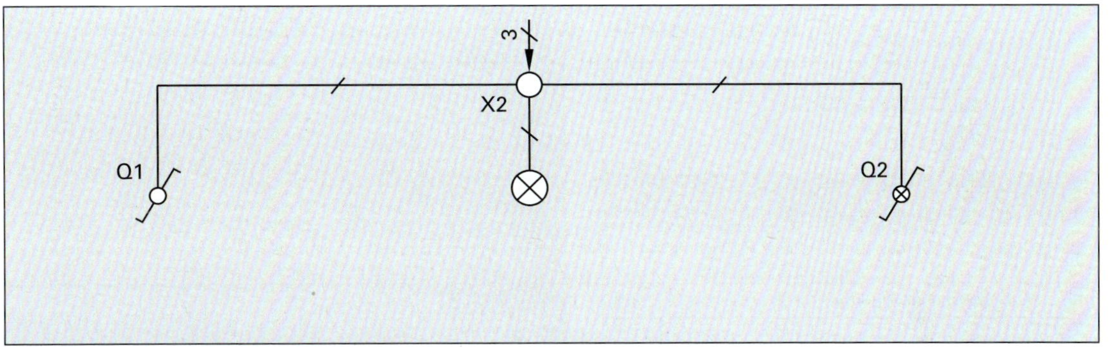

Bild 1: Übersichtsschaltplan einer Wechselschaltung mit Steckdose

b)

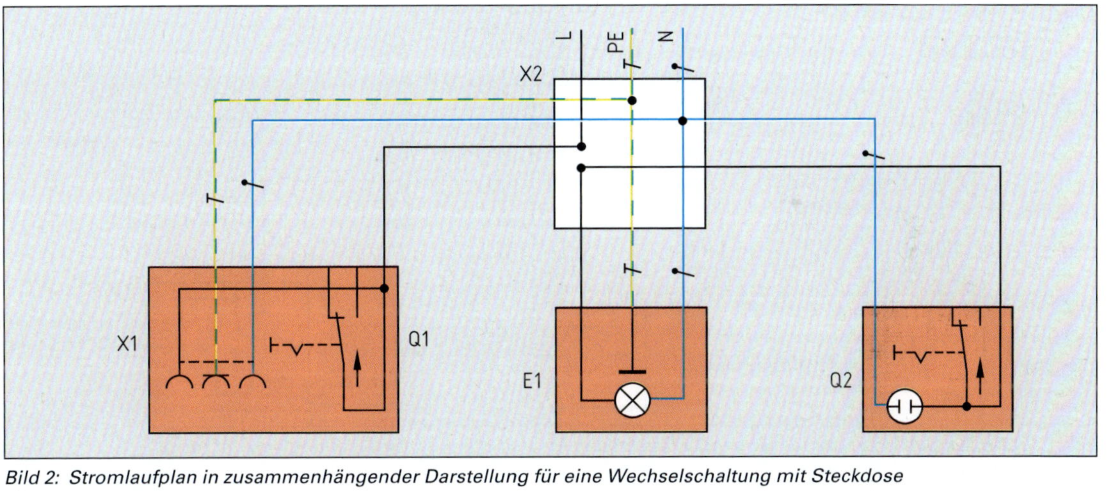

Bild 2: Stromlaufplan in zusammenhängender Darstellung für eine Wechselschaltung mit Steckdose

c)

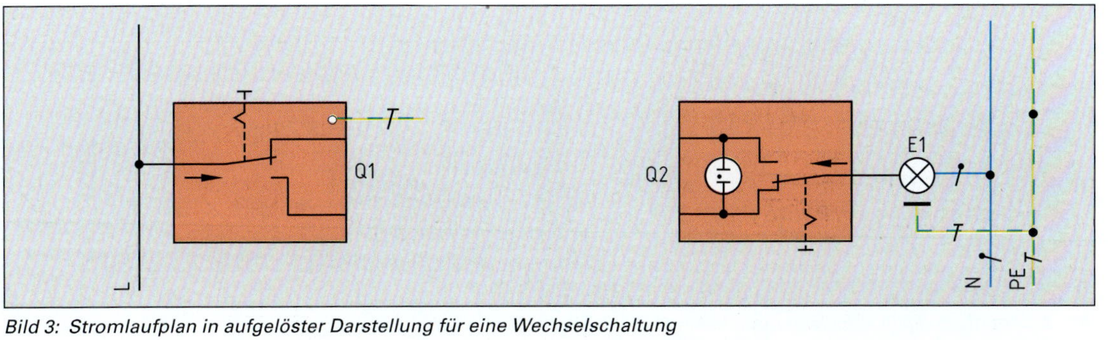

Bild 3: Stromlaufplan in aufgelöster Darstellung für eine Wechselschaltung

19.10 Sparwechselschaltung mit Steckdose

Im Schlafzimmer einer Wohnung soll die Beleuchtung an der Decke von zwei Stellen aus eingeschaltet und ausgeschaltet werden können. An einem Schalter befindet sich eine Steckdose.

Vervollständigen Sie a) den Übersichtsschaltplan **(Bild 1)** und b) den Stromlaufplan in zusammenhängender Darstellung **(Bild 2)** für die Sparwechselschaltung mit Steckdose. Vervollständigen Sie c) den Stromlaufplan in aufgelöster Darstellung ohne Berücksichtigung der Steckdose **(Bild 3)**.

a)

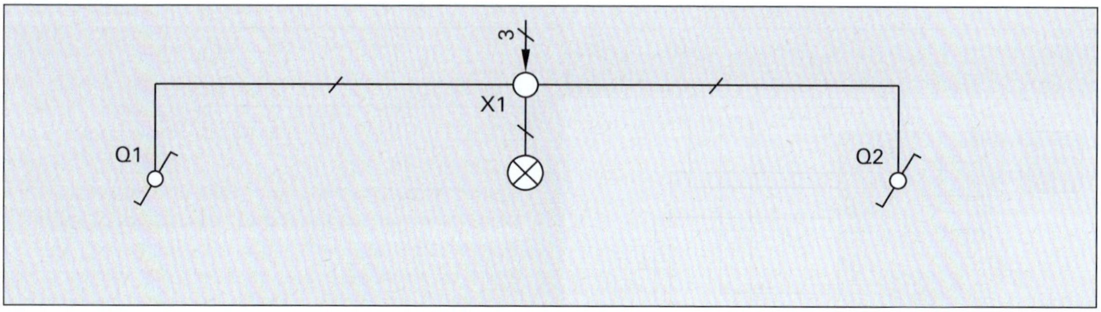

Bild 1: Übersichtsschaltplan einer Sparwechselschaltung mit Steckdose

b)

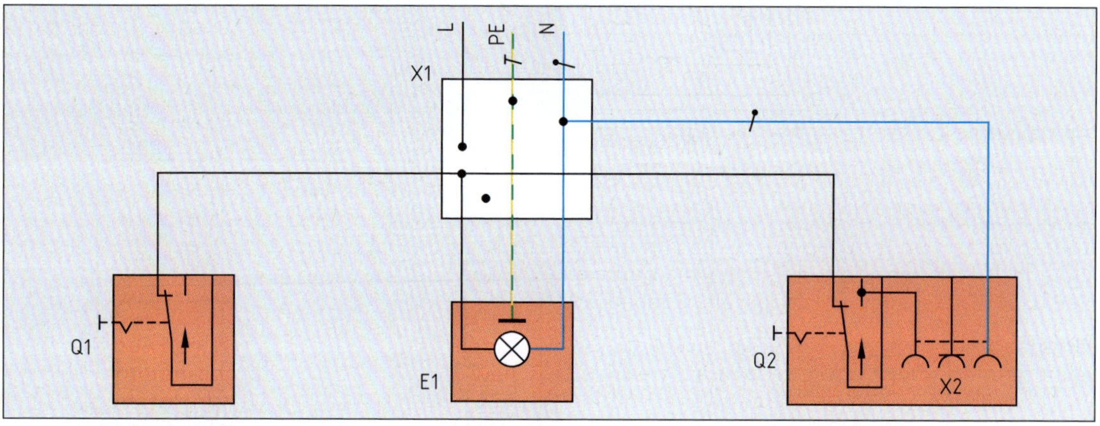

Bild 2: Stromlaufplan in zusammenhängender Darstellung für eine Sparwechselschaltung mit Steckdose

c)

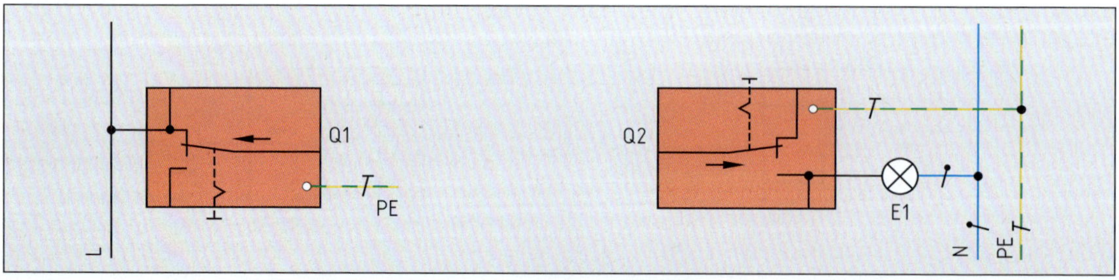

Bild 3: Stromlaufplan in aufgelöster Darstellung für eine Wechselschaltung

19.11 Unterverteiler einer Wohnung

Der Übersichtsschaltplan einer Wohnung, bestehend aus Küche, Wohnzimmer, Schlafzimmer, Bad/ WC, Flur, umfasst neben Beleuchtungsanschlüssen und Steckdosen der Räume auch Herd, Dunstabzug, Geschirrspülmaschine, Mikrowellengerät, Waschmaschine, Wäschetrockner **(Bild 1)**.

Vervollständigen Sie den Übersichtsschaltplan. Leuchten und Steckdosen sind je Stromkreis nur einmal einzuzeichnen.

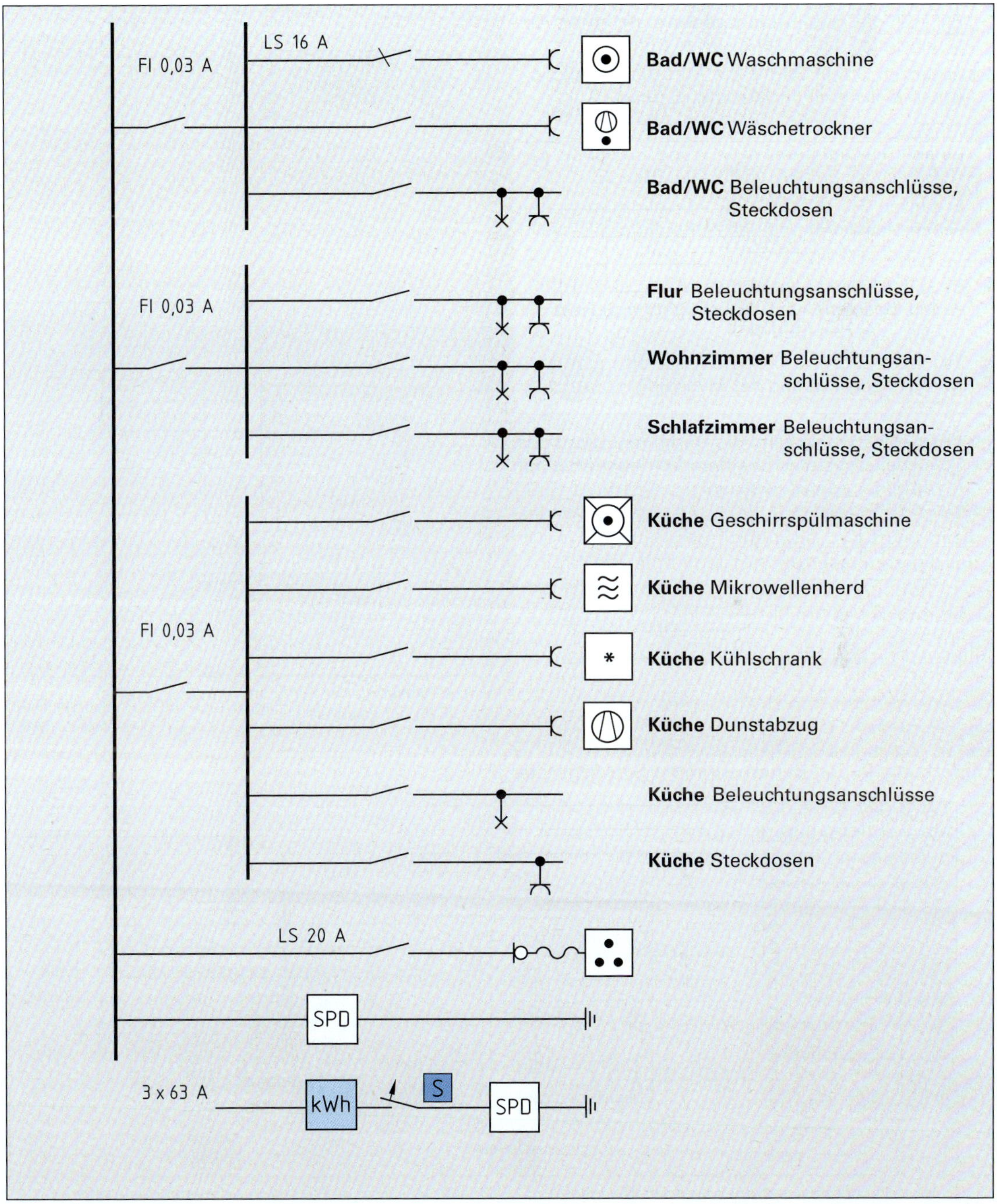

Bild 1: Übersichtsschaltplan der Elektroinstallation einer Wohnung

19.12 Prüfungen an elektrischen Anlagen im TN-System

1. Es soll die Schleifenimpedanz an einer Steckdose gemessen werden **(Bild 1)**.

   Ergänzen Sie in Bild 1 die Messleitungen zwischen Messgerät und Steckdose.

2. Es soll die Schleifenimpedanz an einer Anschlussdose gemessen werden **(Bild 2)**.

   Ergänzen Sie in Bild 2 die Messleitungen zwischen Messgerät und Anschlussdose.

3. Es soll der Isolationswiderstand zwischen den Außenleitern gemessen werden **(Bild 3)**.

   Ergänzen Sie in Bild 3 die Messleitungen zwischen Messgerät und den Außenleitern.

4. Es soll die Restspannung einer fest angeschlossenen Maschine nach Abschalten vom Netz gemessen werden **(Bild 4)**.

   Ergänzen Sie in Bild 4 die Messleitungen zwischen Messgerät und der Maschine.

5. Auf welche Weise kann die Durchgängigkeit des Schutzleitersystems zu einem Betriebsmittel mit Schutzleiter geprüft werden?

Anmerkung: In den Bildern sind die Schutzgeräte nicht dargestellt.

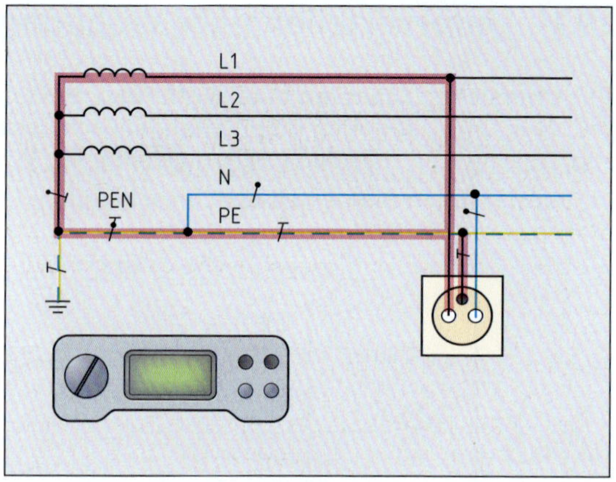

Bild 1: Messung der Schleifenimpedanz an einer Steckdose

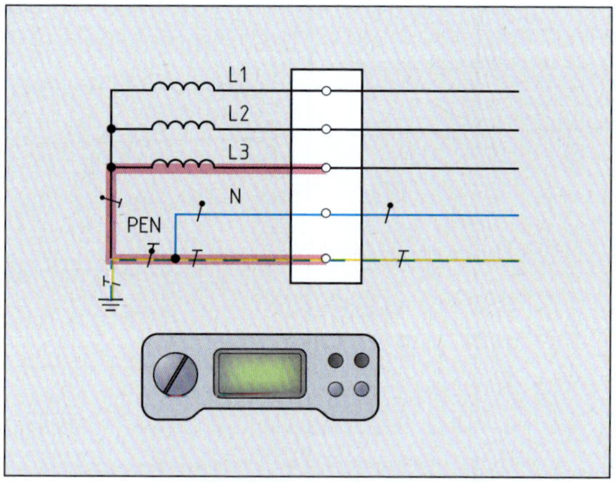

Bild 2: Messung der Schleifenimpedanz an einer Anschlussdose

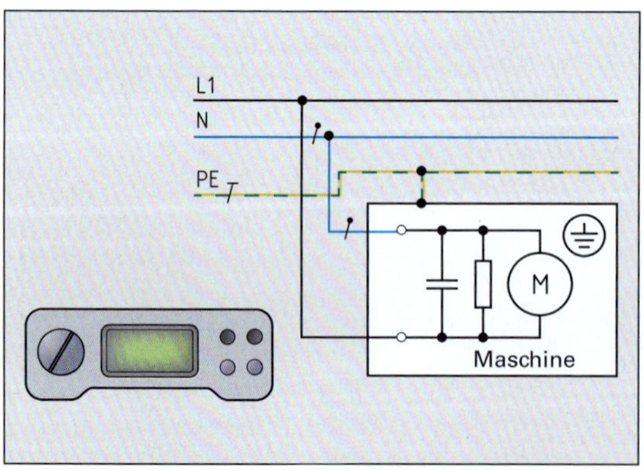

Bild 4: Messung der Restspannung an einer Maschine nach Abschaltung

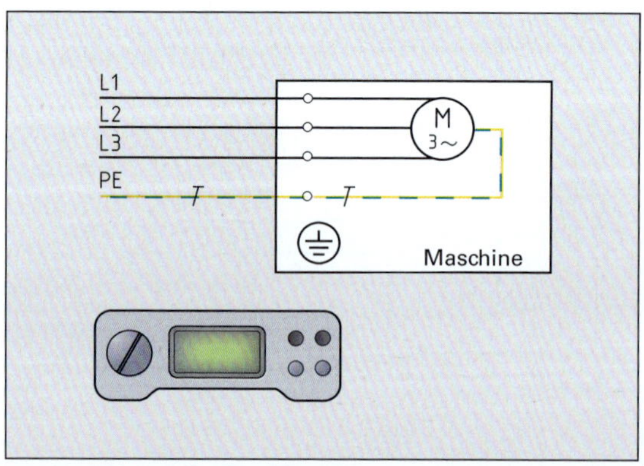

Bild 3: Messung des Isolationswiderstandes zwischen Außenleitern

19.13 Geräteprüfungen 1

1. Der Schutzleiterwiderstand soll bei einem ortsveränderlichen Gerät der Schutzklasse I, z. B. einem Bügeleisen, **(Bild 1)** und bei einem ortsfesten Gerät der Schutzklasse I **(Bild 2)**, z. B. einer Leuchte, gemessen werden.

   Ergänzen Sie in den Bildern 1 und 2 die Messleitungen zwischen Messgerät und zu prüfendem Gerät.

2. Der Isolationswiderstand soll bei einem Gerät der Schutzklasse I **(Bild 3)**, z. B. einer Waschmaschine, und bei einem Gerät der Schutzklasse II **(Bild 4)**, z. B. einem Staubsauger, gemessen werden.

   Ergänzen Sie in den Bildern 3 und 4 die Messleitungen zwischen Messgerät und zu prüfendem Gerät.

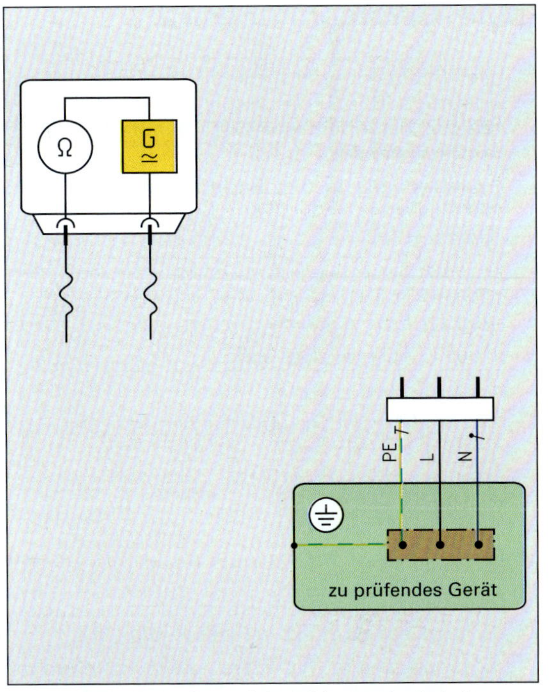

Bild 1: Messen des Schutzleiterwiderstandes bei einem ortsveränderlichen Gerät der Schutzklasse I

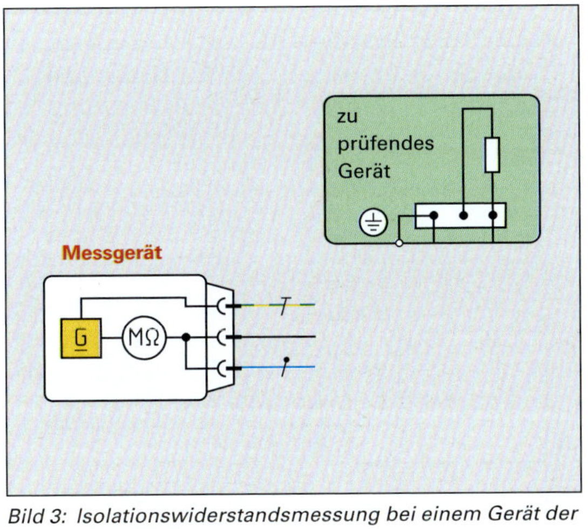

Bild 3: Isolationswiderstandsmessung bei einem Gerät der Schutzklasse I

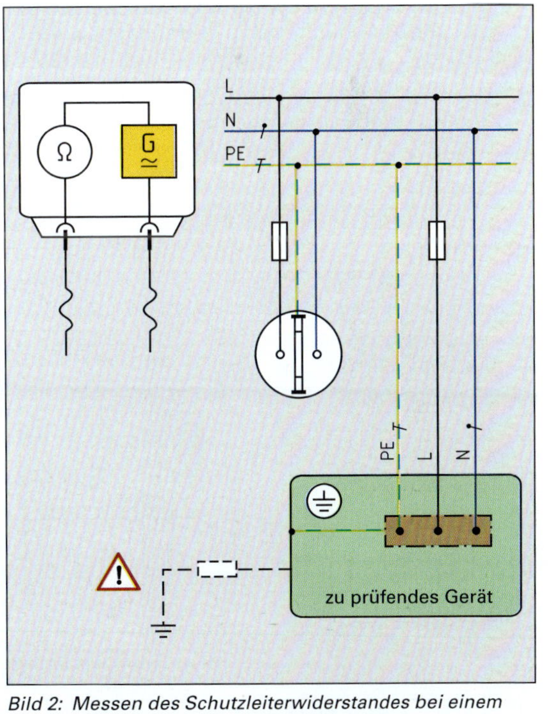

Bild 2: Messen des Schutzleiterwiderstandes bei einem ortsfesten Gerät der Schutzklasse I

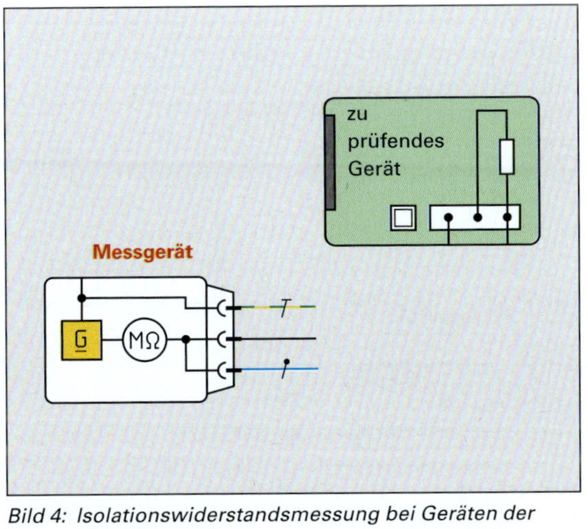

Bild 4: Isolationswiderstandsmessung bei Geräten der Schutzklasse II

19.14 Geräteprüfungen 2

1. Der Schutzleiterstrom soll mit direkter Messmethode **(Bild 1)** und indirekter Messmethode **(Bild 2)** bei einem Gerät der Schutzklasse I gemessen werden.

   Ergänzen Sie in den Bildern 1 und 2 die Anschlussleitungen von Messgerät und prüfendem Gerät.

2. Welche Bedeutung besitzt x im Messgerät in Bild 1?

   ____

   ____

   ____

   ____

   ____

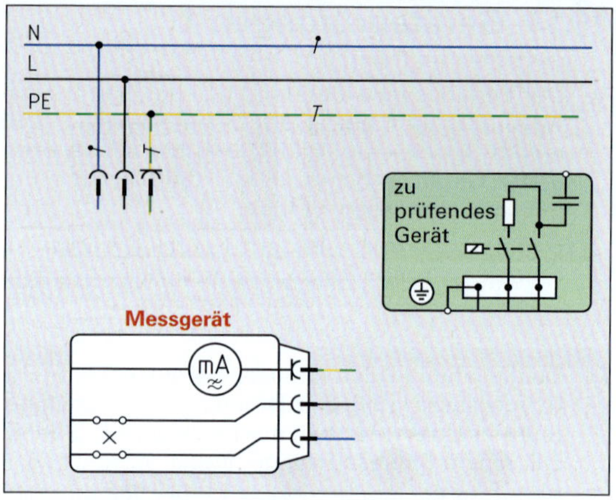

Bild 1: Direkte Messung des Schutzleiterstroms bei einem Gerät der Schutzklasse I

3. Der Berührungsstrom ist bei einem Gerät der Schutzklasse II direkt zu messen **(Bild 3)**.

   Ergänzen Sie in Bild 3 die Anschlussleitungen und die Messleitung von Messgerät und zu prüfendem Gerät.

4. Der Berührungsstrom soll mit der alternativen Messmethode bei einem Gerät der Schutzklasse II gemessen werden **(Bild 4)**.

   Ergänzen Sie in Bild 4 die erforderlichen Leitungen von Messgerät und zu prüfendem Gerät.

5. Bei welchen Geräten ist die Messung des Geräteableitstroms vorgeschrieben?

   ____

   ____

   ____

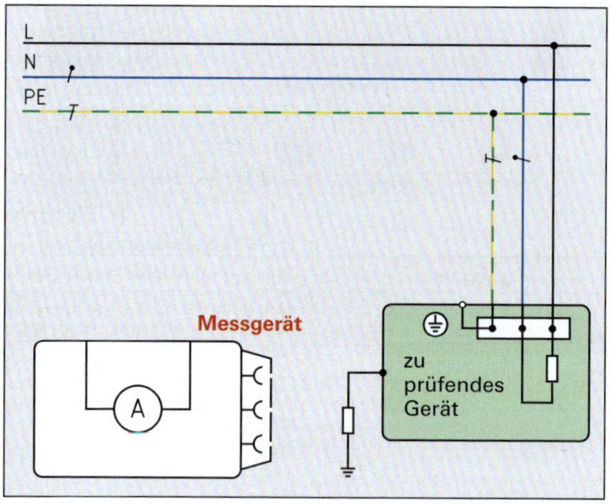

Bild 2: Indirekte Messung des Schutzleiterstroms mit Stromzange bei einem Gerät der Schutzklasse I

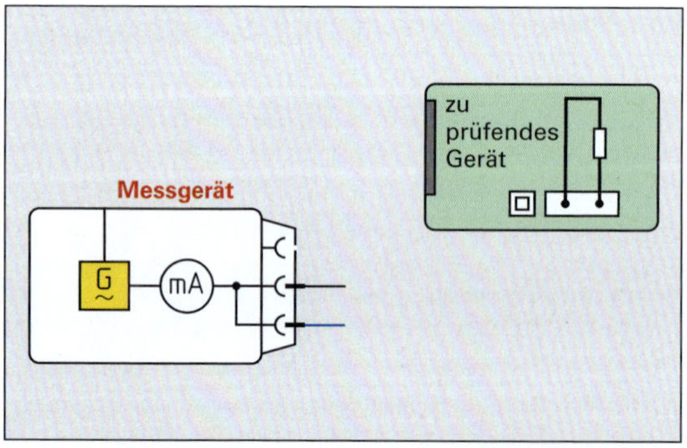

Bild 4: Berührungsstrommessung mit alternativer Messmethode bei einem Gerät der Schutzklasse II

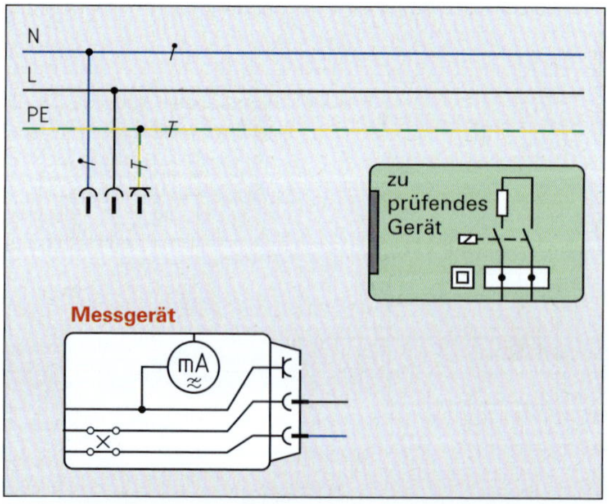

Bild 3: Direkte Messung des Berührungsstroms bei einem Gerät der Schutzklasse II

19.15 Wiederkehrende Prüfungen

1. Ortveränderliche elektrische Betriebsmittel müssen regelmäßig auf ihren ordnungsgemäßen Zustand geprüft werden.

   Ergänzen Sie in **Tabelle 1** die meist angewendeten Richtwerte für die Prüffristen sowie die Art der Prüfer (EFK, EuP, B). Zu unterscheiden ist der Einsatz der Betriebsmittel auf Baustellen und in Büros.

2. Bei gewerblichen PV-Anlagen sind regelmäßige Prüfungen der unterschiedlichen Einrichtungen bzw. Betriebsmittel vorzunehmen. Hierbei sind Sichtprüfungen und Messungen erforderlich. Ferner sind Anzeigewerte zu kontrollieren.

   Ergänzen Sie in **Tabelle 2** die Prüffristen sowie die Art der Prüfer. Verwenden Sie hierzu die Abkürzungen in der Legende von Tabelle 2.

3. Ortsfeste elektrische Anlagen und Betriebsmittel müssen von Zeit zu Zeit auf ihren ordnungsgemäßen Zustand geprüft werden.

   Ergänzen Sie in **Tabelle 3** die Prüffristen und die Art der Prüfer gemäß den Abkürzungen in der Legende von Tabelle 3.

4. Welche Maßnahme muss vor dem Beginn einer elektrotechnischen Arbeit an aktiven Teilen unbedingt ergriffen werden, sofern diese möglich ist?

   ____

   ____

   ____

   ____

   ____

Tabelle 3: Prüffristen ortsfester elektrischer Anlagen und Betriebsmittel BM

Anlage, Betriebsmittel	Prüffrist	Prüfer
Elektrische Anlage, ortsfeste BM	______	______
Anlagen, BM in Betriebsstätten, Räumen und Anlagen besonderer Art	______	______
Schutzmaßnahmen mit Fehlerstrom-Schutzeinrichtungen in nicht stationären Anlagen	______	______ ______

J Jahre, j jährlich, M Monate, m monatlich; EFK Elektrofachkraft, EuP unterwiesene Person, B Benutzer

Tabelle 1: Wiederkehrende Prüfungen bei ortsveränderlichen Betriebsmitteln

Betriebsmittel	Prüffrist (Richtwert) (M Monate, J Jahre)		Prüfer*
	Baustelle	Büro	
Geräteanschlussleitungen	______	______	______
Verlängerungsleitungen	______	______	______
elektrische Werkzeuge	______	______	______
Steckvorrichtungen an beweglichen Leitungen	______	______	______

*auch erlaubt: ______________________________

____

____

EFK Elektrofachkraft, EuP elektrotechnisch unterwiesene Person, B Benutzer (elektrotechnischer Laie)

Tabelle 2: Wiederkehrende Prüfungen bei PV-Anlagen

Einrichtung	Prüffrist	Prüfer
Gesamte PV-Anlage: ■ Sichtprüfungen, ■ Messungen/Prüfungen von z. B. - Isolationswiderstand, - Leerlaufspannung, - Kurzschlussstrom, - Leistung, - niederohmigen Verbindungen, - Schutzpotenzialausgleich.	______ ______	______ ______
Zähler: Ertragskontrolle **PV-Module:** Sichtprüfung Oberflächen	______ ______	______ ______
Wechselrichter: ■ Kontrolle der Betriebsanzeige, ■ Beachtung von Fehlermeldungen. **Betriebsdatenüberwachung:** ■ Kontrolle des Betriebszustands mittels Fernüberwachung, ■ Beachtung des Isolationswiderstandes.	______ ______	______ ______

J Jahre, j jährlich, M Monate, m monatlich, T Tage, t täglich; EFK Elektrofachkraft, EuP elektrotechnisch unterwiesene Person, B Benutzer (elektrotechnischer Laie)

19.16 Prüfbericht

In einem Einfamilienhaus soll ein ungenutzter Raum als Hobbyraum mit einem 7. Stromkreis elektrisch erweitert werden. Installiert werden dabei zwei Wechselschalter, drei Dreifachsteckdosen und eine Leuchte **(Bild 1)**.

a) Markieren Sie in **Bild 2** die durch Besichtigen zu prüfenden Themen, welche für eine erfolgreiche Prüfung mit i.O. (in Ordnung) gekennzeichnet sein müssen.

b) Markieren Sie in **Bild 3** die durch Erproben zu prüfenden Themen, welche für eine erfolgreiche Prüfung mit i.O. (in Ordnung) gekennzeichnet sein müssen.

c) Vervollständigen Sie den Ausschnitt *Messen* **(Bild 4)**. Installiert wurden ein Leitungsschutzschalter Typ B 16 A, eine RCD Typ A / 25 A / 30 mA. Gemessen wurden die Auslösezeit mit 295 ms, der Fehlerdifferenzstrom mit 24 mA, der Isolationswiderstand mit 3 MΩ, der Schleifenwiderstand vor der Schutzeinrichtung mit 300 mΩ. Der Kurzschlussstrom war zum Test auf 80 A eingestellt. Als Leitung wurde verlegt NYM-J 3 x 1,5 mm²

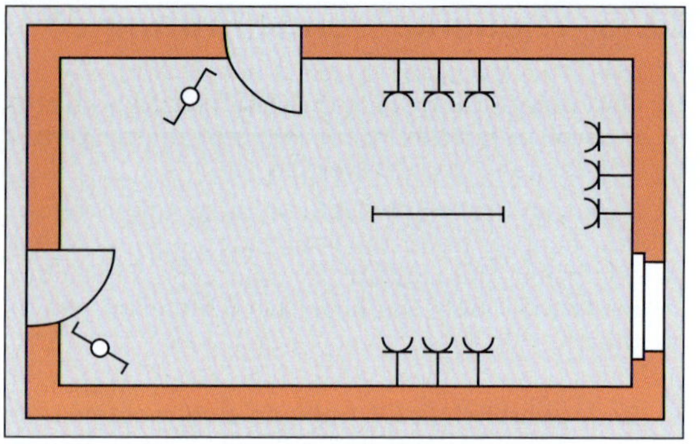

Bild 1: Installationsplan für einen Hobbyraum

Besichtigen	**i. O.**	**n. i. O.**
Auswahl der Betriebsmittel	☐	☐
Trenn- und Schaltgeräte	☐	☐
Brandabschottungen	☐	☐
Gebäudesystemtechnik	☐	☐
Kabel, Leitungen und Stromschienen	☐	☐
Kennzeichnung der Stromkreise und Betriebsmittel	☐	☐
Kennzeichnung N- und PE-Leiter	☐	☐
Leiterverbindungen	☐	☐
Schutz- und Überwachungsgeräte	☐	☐
Schutz gegen direktes Berühren	☐	☐
Zugänglichkeit der Betriebsmittel	☐	☐
Hauptpotenzialausgleich	☐	☐
Zusätzlicher örtlicher Potenzialausgleich	☐	☐
Dokumentation, Warnhinweise	☐	☐

Bild 2: Ausschnitt ***Besichtigen*** *in einem Prüfprotokoll*

Erproben	**i. O.**	**n. i. O.**
Funktion der Anlage	☐	☐
Funktion der Schutz-, Sicherheits- und Überwachungseinrichtungen	☐	☐
Rechtsdrehfeld der Drehstromsteckdosen	☐	☐
Drehrichtung der Motoren	☐	☐
Gebäudesystemtechnik	☐	☐

Bild 3: Ausschnitt ***Erproben*** *in einem Prüfprotokoll*

Stromkreis		**Leitung/Kabel**			**Überstrom-Schutzeinrichtung**		**Schleifenwiderstand**		**Isolationswiderstand**	**Fehlerstrom-Schutzeinrichtung (RCD)**			
Nr.	**Zielbezeichnung**	**Typ**	**Leiter** Anzahl	Querschnitt (mm²)	**Art/Typ** Charakteristik	I_N (A)	**Kurzschlussstrom** Z_S(Ω)	I_K(A)	R_{iso} (MΩ) ohne 1, mit 2 Verbraucher	I_N (A)	$I_{\Delta N}$ (mA)	I_{mess} (mA)	**Auslösezeit t_a** (ms)
7	Hobbyraum		x		LS				1 2				
			x						1 2				

Bild 4: Ausschnitt ***Messen*** *aus einem Prüfprotokoll*

19.17 Arbeiten an Klemmbrettern

1. Am Klemmbrett eines Drehstrommotors (50 Hz 400 V) kann dieser in Stern oder in Dreieck geschaltet werden.

a) Zeichnen Sie in **Bild 1** die Brücken für die Sternschaltung und die Dreieckschaltung ein.

b) Welchen Spannungswert zeigt das Spannungsmessgerät (V) in der Sternschaltung an?

c) Welchen Spannungswert zeigt das Spannungsmessgerät (V) in der Dreieckschaltung an?

d) Misst das Strommessgerät (A) in der Sternschaltung den Strangstrom und/oder den Leiterstrom?

e) Misst das Strommessgerät (A) in der Dreieckschaltung den Strangstrom und/oder den Leiterstrom?

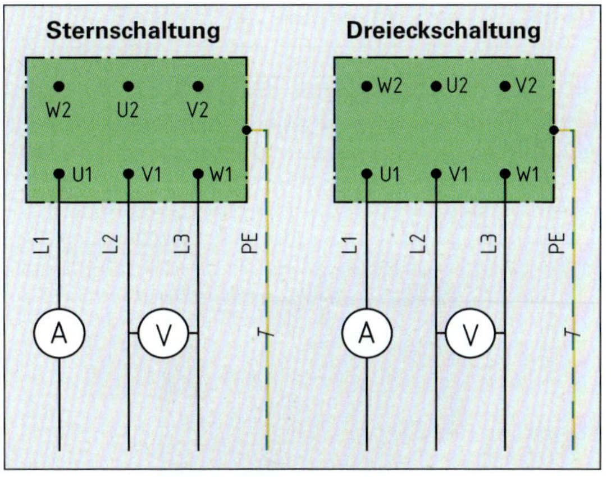

Bild 1: Beschaltungen an Klemmbrettern

2. Vervollständigen Sie die Schaltungen in **Bild 2** zur Sternschaltung und zur Dreieckschaltung.

Ergänzen Sie die Anschlussbezeichnungen.

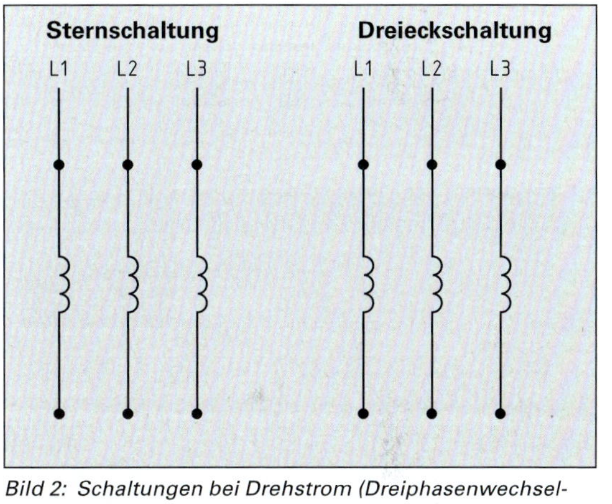

Bild 2: Schaltungen bei Drehstrom (Dreiphasenwechselstrom)

3. Bei Drehstromschaltungen unterscheidet man die Dreieckspannungen und die Sternspannungen **(Bild 3)**.

a) Wie nennt man die Spannungen U_{31}, U_{12}, U_{23}?

b) Wie nennt man die Spannungen U_{1N}, U_{2N}, U_{3N}?

c) Die Dreieckspannung beträgt 400 V. Wie groß ist die Sternspannung?

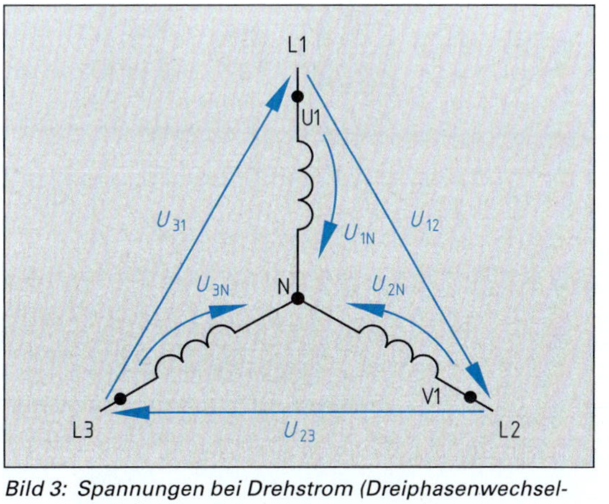

Bild 3: Spannungen bei Drehstrom (Dreiphasenwechselstrom)

19.18 Stern-Dreieck-Schalter

Mit einem Nockenschalter **(Bild 1)** kann ein Drehstrommotor in Stern oder in Dreieck geschaltet werden **(Bild 2)**.

Vervollständigen Sie den Stromlaufplan von **Bild 3**.

Bild 1: Nockenschalter

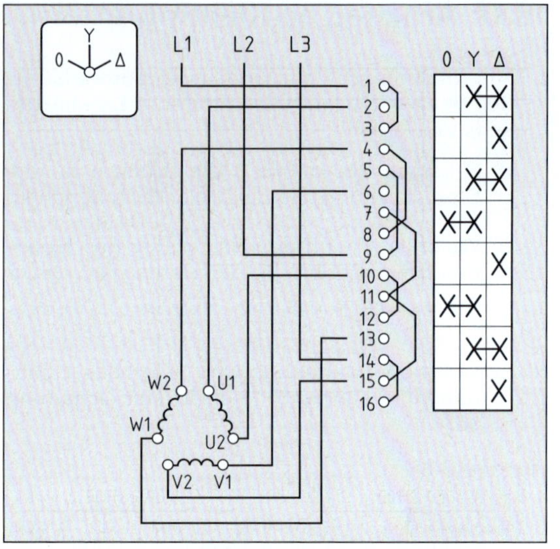

Bild 2: Nockenschalter für Stern-Dreieckschaltung

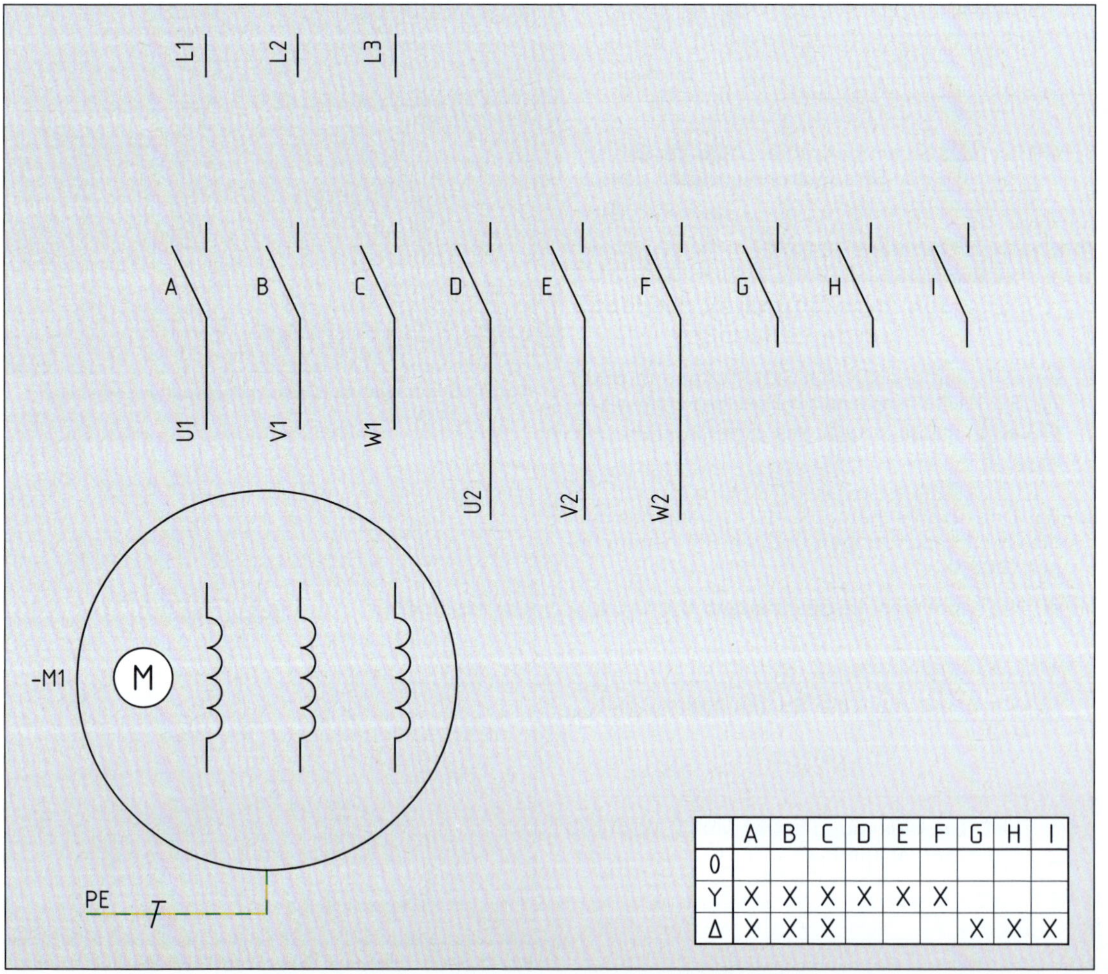

	A	B	C	D	E	F	G	H	I
0									
Y	X	X	X	X	X	X			
Δ	X	X	X				X	X	X

Bild 3: Stromlaufplan einer über einen Nockenschalter gesteuerten Stern-Dreieckschaltung

19.19 Umschalter, Wendeschalter

1. Mit einem Nockenschalter soll das Umschalten zwischen zwei Drehstrommotoren erfolgen **(Bild 1)**.

   Vervollständigen Sie die Schalttabelle des Nockenschalters sowie die Schaltung. In Schalterstellung 0 sollen beide Motoren ausgeschaltet sein.

2. Mit einem Nockenschalter soll die Drehrichtung eines Drehstrommotors geändert werden **(Bild 2)**.

   Vervollständigen Sie die Schalttabelle des Nockenschalters und die Schaltung. In Schalterstellung 0 soll der Motor ausgeschaltet sein.

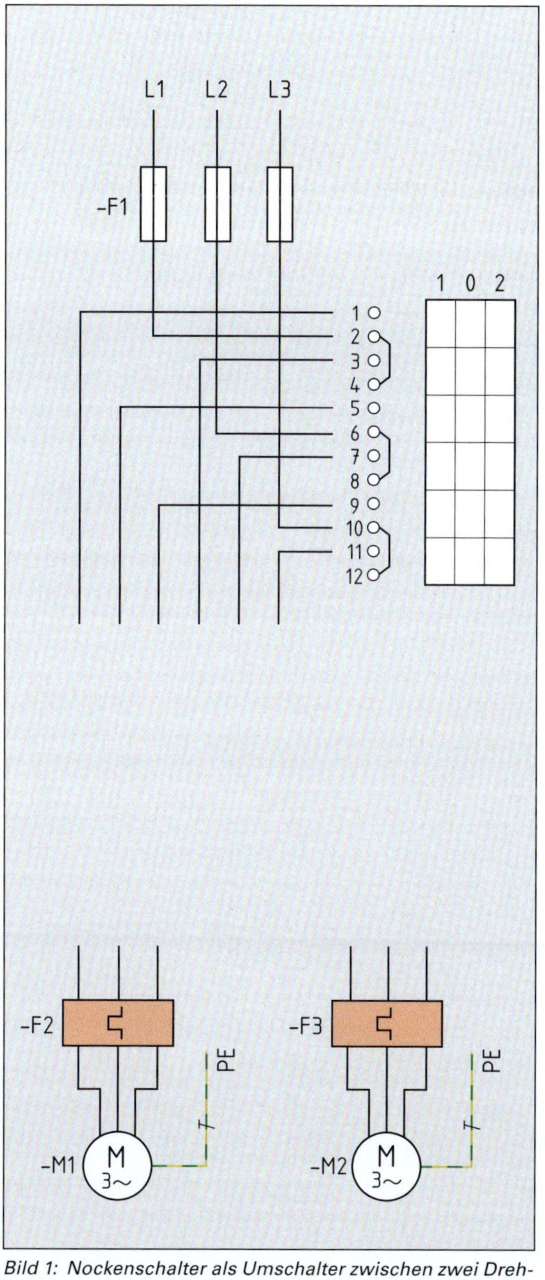

Bild 1: Nockenschalter als Umschalter zwischen zwei Drehstrommotoren

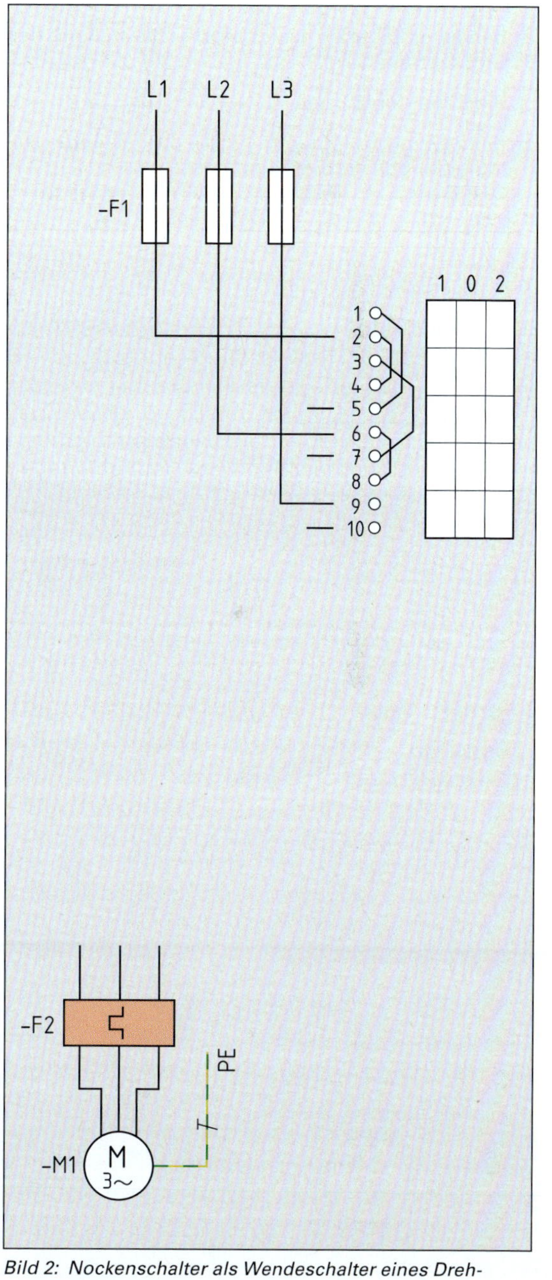

Bild 2: Nockenschalter als Wendeschalter eines Drehstrommotors

19.20 Schützschaltung

Der Motor für einen großen Lüfter in einer Montagehalle wird mittels beleuchtetem Ausschalter über ein Schütz gesteuert **(Bild 1)**. Der Motor ist über ein thermisches Überlastrelais geschützt.

Vervollständigen Sie anhand des Stromlaufplans in zusammenhängender Darstellung

a) den Stromlaufplan in aufgelöster Darstellung für den Hauptstromkreis,

b) den Stromlaufplan in aufgelöster Darstellung den Steuerstromkreis,

c) die Schaltfunktionen,

e) das Zeitablaufdiagramm für die dargestellten Abläufe der Schalterbetätigungen.

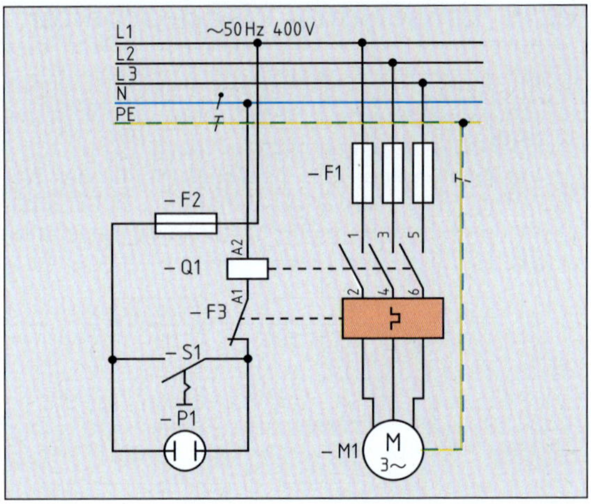

Bild 1: Stromlaufplan in zusammenhängender Darstellung für einen Lüftermotor

a) Stromlaufplan in aufgelöster Darstellung für den Hauptstromkreis

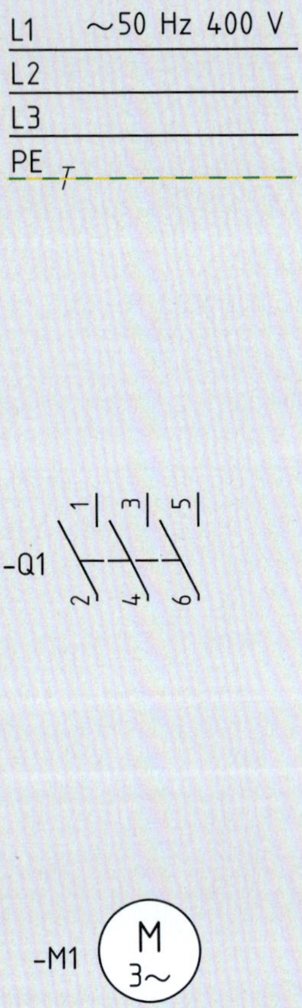

b) Stromlaufplan in aufgelöster Darstellung für den Steuerstromkreis

c) Schaltfunktionen

$p_1 = \_ \wedge \bar{f}_3$

$y_m = \_ \wedge \bar{f}_3$

$m_1 = \_ \wedge \bar{f}_3$

d) Zeitablaufplan

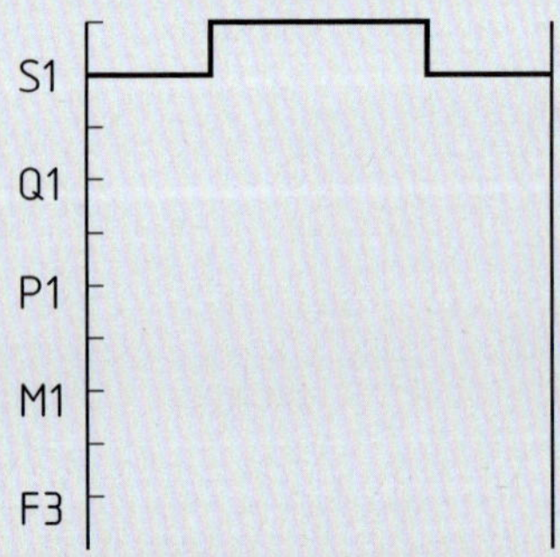

19.21 Wendeschützschaltung

Ein Montageband wird von einem Drehstrommotor angetrieben. Damit das Montageband bedienergesteuert nach rechts und nach links bewegt werden kann, wird die Drehrichtung des Drehstrommotors mittels einer Schützsteuerung gewendet.

Der Motor wird über einen AUS-Taster ausgeschaltet und ist über ein thermisches Überlastrelais geschützt.

Vervollständigen Sie den Hauptstromkreis **(Bild 1)** und den Steuerstromkreis **(Bild 2)** der Wendeschützschaltung.

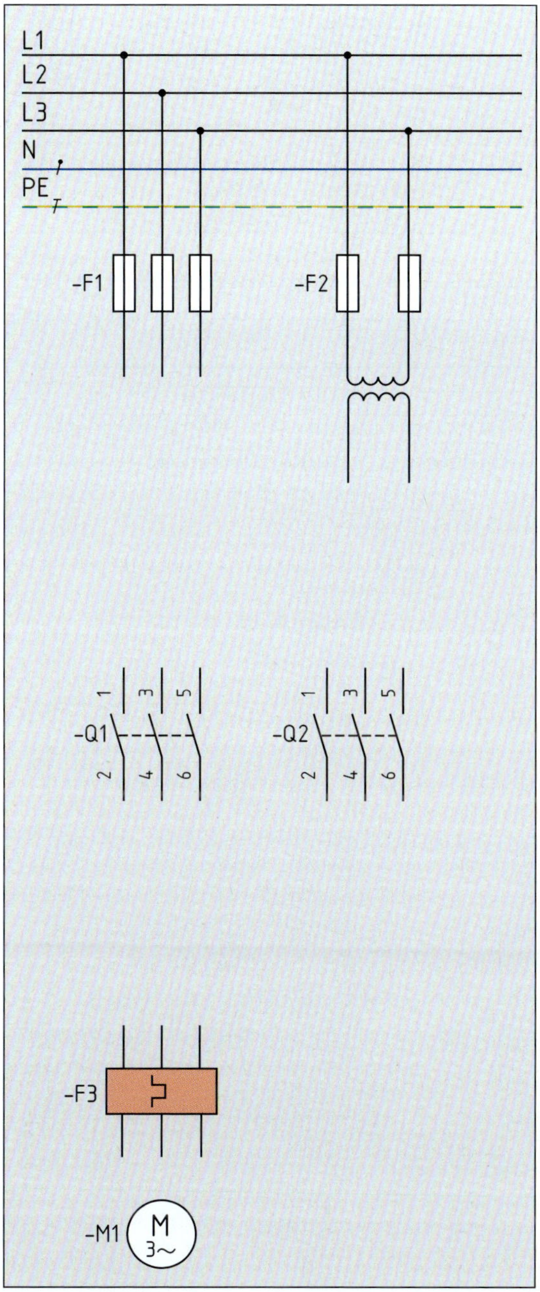

Bild 1: Hauptstromkreis einer Wendeschützschaltung

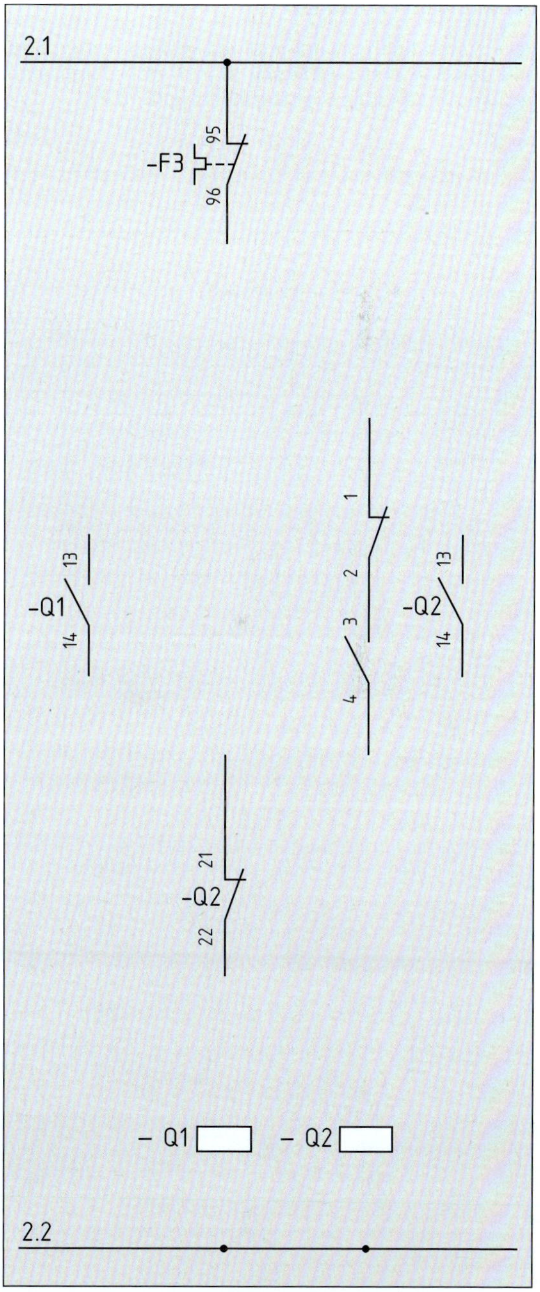

Bild 2: Steuerstromkreis einer Wendeschützschaltung

19.22 Schaltpläne einer Folgesteuerung

Ein Montageband mit zwei Streckenabschnitten wird mittels Folgesteuerung über die Motoren M1 und M2 angetrieben **(Bild 1)**. M2 geht erst in Betrieb, wenn M1 schon eingeschaltet ist.

Die Überlastrelais für die Motoren sind nicht dargestellt. Der Steuertransformator T1 liefert die Steuerspannung für Q1 und Q2.

Vervollständigen Sie anhand des Hauptstromkreises und des Steuerstromkreises (Bild 1) den Schaltplan in zusammenhängender Darstellung **(Bild 2)**.

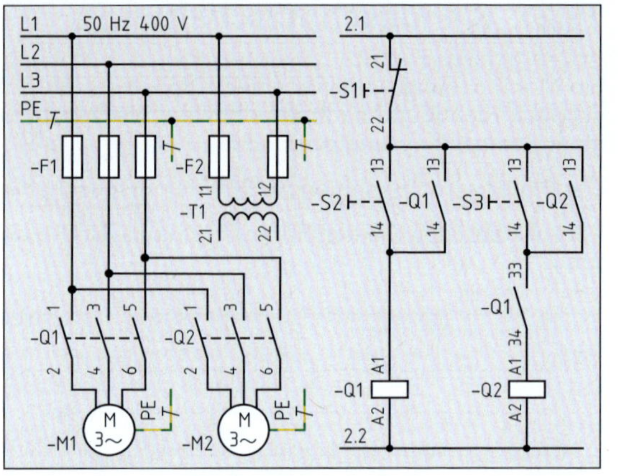

Bild 1: Hauptstromkreis und Steuerstromkreis einer Folgesteuerung von zwei Motoren

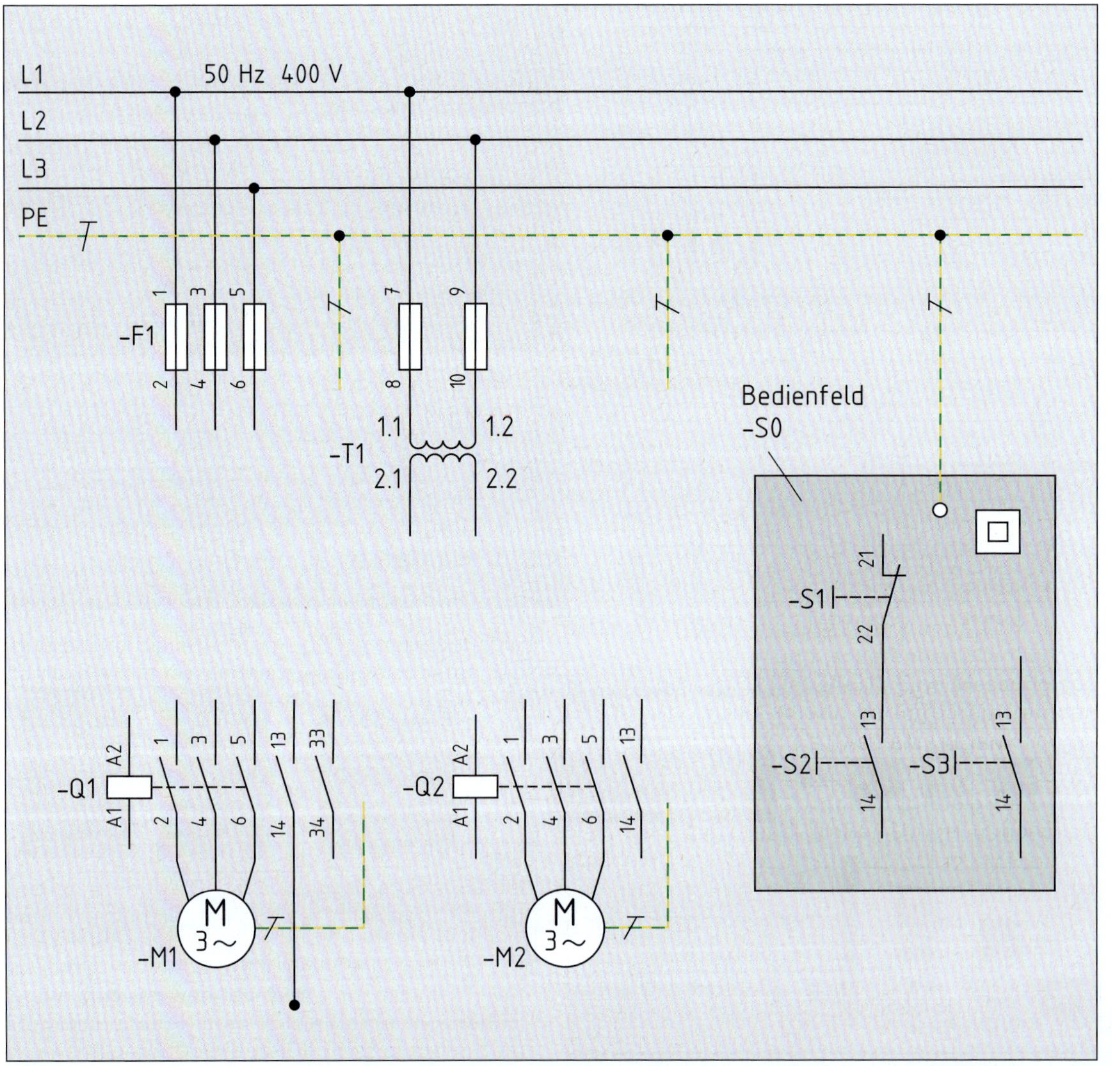

Bild 2: Stromlaufplan in zusammenhängender Darstellung für die Folgesteuerung Bild 1 eines Montagebandes

19.23 Geräte-Verdrahtung einer Folgesteuerung

Für die Installation der Folgesteuerung des Montagebandes mit dem Hauptstromkreis und dem Steuerstromkreis nach Bild 1, vorhergehende Seite, wird der Geräte-Verdrahtungsplan und der Anschlussplan benötigt.

Vervollständigen Sie a) den Geräte-Verdrahtungsplan **(Bild 2)** und b) den Anschlussplan **(Bild 3)**. Es sollen Reihenklemmen verwendet werden, sodass der PE-Kontakt über die Hutschiene erfolgt.

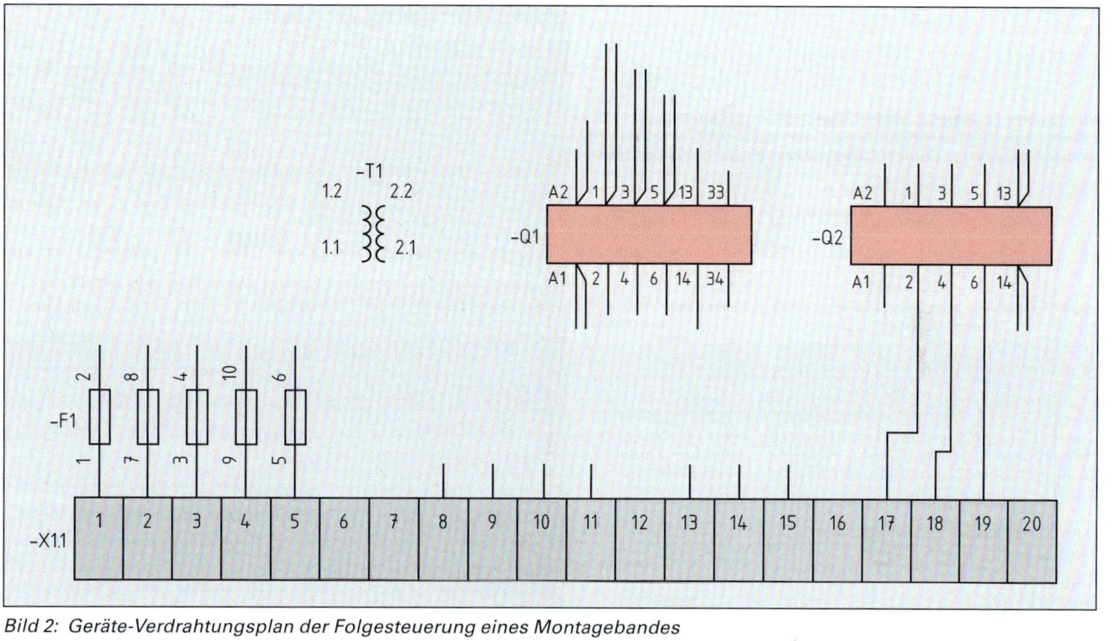

Bild 2: Geräte-Verdrahtungsplan der Folgesteuerung eines Montagebandes

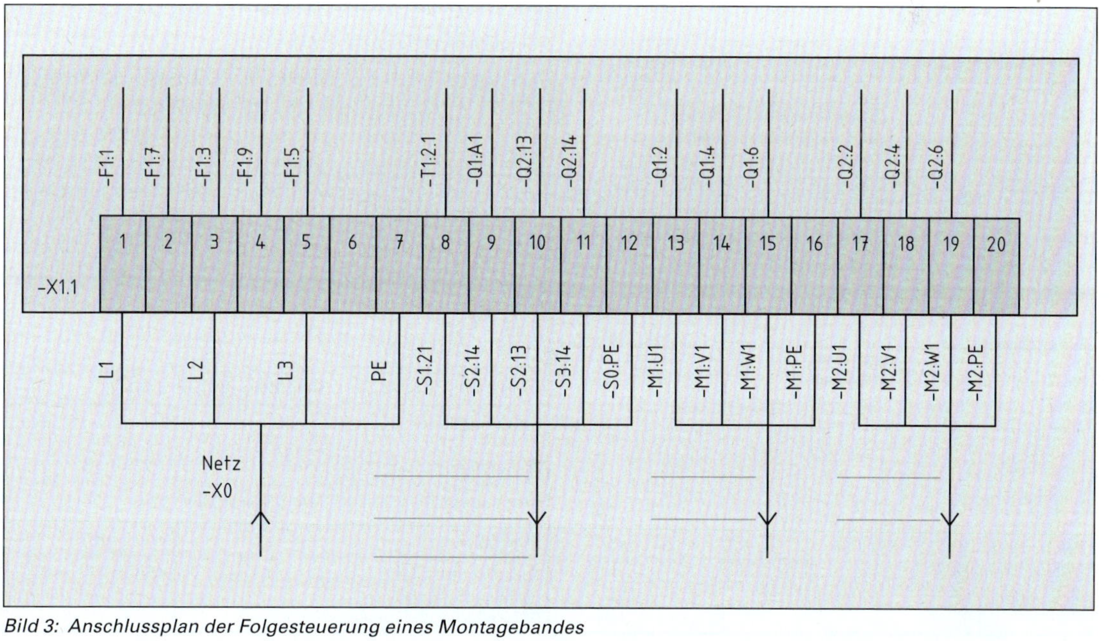

Bild 3: Anschlussplan der Folgesteuerung eines Montagebandes

Größen und Einheiten 1

Größe, Formelzeichen	SI-Einheit (sonst. Einh.)	Einheitenzeichen, Einheitengleichung
Länge, Fläche, Volumen, Winkel		
Länge, l	Meter (Meile) (Seemeile) (Zoll, Inch)	m 1 M = 1609,34 m 1 sm = 1852 m 1″ = 25,4 mm
Fläche, A	Quadratmeter	m^2
Volumen, V	Kubikmeter (Liter)	m^3 1 l = 1/1000 m^3
Winkel (ebener)	Radiant (Grad)	rad $1° = \frac{\pi}{180}$ rad
Raumwinkel, Ω	Steradiant	sr
Zeit, Frequenz, Geschwindigkeit, Beschleunigung		
Zeit, t	Sekunde (Minute) (Stunde) (Tag)	s 1 min = 60 s 1 h = 60 min = 3600 s 1 d = 24 h
Frequenz, f	Hertz	1 Hz = 1/s = 1 c/s
Drehzahl, Umdrehungsfrequenz, n	je Sekunde (je Minute)	1/s = 60/min
Kreisfrequenz, ω	je Sekunde	1/s
Geschwindigkeit, v	Meter je Sek. (Knoten)	m/s 1 kn = 1 sm/h = 0,5144 m/s $1\ \text{km/h} = \frac{1}{3{,}6}$ m/s
Winkelgeschwindigkeit, ω	Radiant je Sekunde	rad/s
Beschleunigung, α	–	m/s^2
Ruck, j	–	m/s^3
Mechanik		
Masse, m	Kilogramm (Karat) (Tonne)	kg 1 Kt = 0,0002 kg 1 t = 1000 kg
Dichte, ρ	–	kg/m^3, kg/dm^3
Trägheitsmoment, J	–	$kg \cdot m^2$
Kraft, F	Newton	1 N = 1 $kg \cdot m/s^2$
Kraftmoment, Drehmoment, M	Newtonmeter	Nm
Impuls, p	Newtonsekunde	1 Ns = 1 kg · m/s
Druck, p	Pascal (Bar)	1 Pa = 1 N/m^2 1 bar = 0,1 MPa
Arbeit, W;	Joule	1 J = 1 Nm = 1 Ws
Energie, E, W	(Elektronvolt)	1 eV = 0,1602 aJ
Leistung, P	Watt	1 W = 1 J/s = 1 Nm/s
Elektrizität		
elektrische Ladung, Q elektrischer Fluss, ψ	Coulomb	1 C = 1 A · 1 s = 1 As
Flächenladungsdichte, σ; elektrische Flussdichte, D	Coulomb je Quadratmeter	C/m^2
Raumladungsdichte, ρ	Coulomb je Kubikmeter	C/m^3
elektr. Spannung, U; elektr. Potenzial, φ	Volt	1 V = 1 J/C
elektrische Feldstärke, E	Volt je Meter	1 V/m = 1 N/C

Größe, Formelzeichen	SI-Einheit (sonst. Einh.)	Einheitenzeichen, Einheitengleichung
elektrische Kapazität, C	Farad	1 F = 1 As/V = 1 C/V
elektr. Strombelag, A	Ampere je Meter	A/m
Permittivität, Dielektrizitätskonstante, ε	Farad je Meter	1 F/m = 1 C/(Vm)
elektr. Stromstärke, I	Ampere	1 A = 1 C/s
elektr. Stromdichte, J	–	A/m^2
elektrischer Widerstand, Wirkwiderstand, R; Blindwiderstand, X; Scheinwiderstand, Z	Ohm	1 Ω = 1 V/A
elektr. Wirkleitwert, G; Blindleitwert, B; Scheinleitwert, Y	Siemens	1 S = 1/Ω
spezifischer elektr. Widerstand, ρ	Ohmmeter	1 Ωm = 100 Ωcm 1 $\Omega mm^2/m$ = 1 μΩm
elektrische Leitfähigkeit, γ	Siemens je Meter	1 Sm/mm^2 = 1 MS/m
Leistung, P	Watt Watt Peak	1 W = 1 V · 1 A 1 Wp ≙ 1 W ≙ 1 kWh/J
Blindleistung, Q	(Var)	1 var = 1 V · 1 A
Scheinleistung, S	(VA)	1 VA = 1 V · 1 A
Induktivität, L	Henry	1 H = 1 Vs/A
Arbeit, W; Energie, E	Joule (Wattstunde) (Elektronvolt)	1 J = 1 Ws 1 Wh = 3,6 kNm 1 eV = 0,1602 aJ
Magnetismus		
elektrische Durchflutung, Θ magn. Spannung	Ampere	A
magn. Feldstärke, H; Magnetisierung, M	Ampere je Meter	A/m
magnetischer Fluss, Φ	Weber	1 Wb = 1 T · 1 m^2
magn. Flussdichte, B; magn. Polarisation, J	Tesla	1 T = 1 Wb/m^2 = 1 Vs/m^2
Induktivität, L	Henry	1 H = 1 Vs/A
Permeabilität, μ	Henry je Meter	1 H/m = 1 Vs/(Am)
magn. Widerstand, R_m	–	1/H = A/Vs
magn. Leitwert, G_m	Henry	H
elektromagnetisches Moment, m, μ	–	$A \cdot m^2$
magnetisches Vektorpotenzial, A	–	Wb/m
Elektromagnetische Strahlung (außer Licht)		
Strahlungsenergie, Q_e	Joule	1 J = 1 Nm = 1 Ws
Strahlungsleistung, Φ_e	Watt	1 W = 1 J/s
Strahlstärke, I	Watt/Steradiant	W/sr
Strahldichte, L	–	$W/(sr \cdot m^2)$
spezifische Ausstrahlung, M; Bestrahlungsstärke, E_e	–	W/m^2

Größen und Einheiten 2

Größe, Formelzeichen	SI-Einheit (sonst. Einh.)	Einheitenzeichen, Einheitengleichung
Licht, Optik		
Lichtstärke, I_v	Candela	cd
Leuchtdichte, L_v	Candela je m²	cd/m²
Lichtstrom, Φ_v	Lumen	lm
Lichtausbeute, η_v	Lumen je Watt	lm/W
Lichtmenge, Q_v	Lumensekunde (Lumenstunde)	lm s 1 lm h = 3600 lm s
spezifische Lichtausstrahlung, M_v	Lumen je Quadratmeter	lm/m²
Beleuchtungsstärke, *Ev*	Lux	lx = lm/m²
Belichtung, *H*	Luxsekunde	lx s
Brechwert von Linsen, *D*	– (Dioptrie)	1/m dpt = 1/m
Wärme		
Celsius-Temperatur, ϑ	Grad Celsius	°C
thermodynamische Temperatur, *T*	Kelvin	K
Temperatur-differenz, ΔT	Kelvin	K
Wärme, *Q*; innere Energie, *U*	Joule	1 J = 1 Ws
Wärmestrom, Φ, $\dot{Q}$	Watt	1 W = 1 J/s
Wärmewiderstand (von Bauelementen), R_{th}	Kelvin je Watt	K/W
Wärmeleitfähigkeit, $\varkappa$	–	W/(K · m)
Wärmeübergangs-koeffizient, *h*	–	W/(K · m²)
Wärmekapazität, *C* Entropie, *S*	Joule je Kelvin	J/K
spezifische Wärmekapazität, *c*	–	J/(kg · K)

Größe, Formelzeichen	SI-Einheit (sonst. Einh.)	Einheitenzeichen, Einheitengleichung
Kernreaktionen, ionisierende Strahlung		
Aktivität einer radioaktiven Substanz, *A*	Becquerel	1 Bq = 1/s
Energiedosis, *D*	Gray	1 Gy = 1 J/kg
Energiedosisrate, *D'*	Gray je Sekunde	Gy/s
Äquivalentdosis, *H*	Sievert	1 Sv = 1 J/kg
Äquivalentdosisrate, *H'*	Sievert je Sekunde	1 Sv/s = 1 J/(kg · s)
Ionendosis, *J*	Coulomb je Kilogramm	C/kg
Ionendosisrate, *J'*	Ampere je Kilogramm	1 A/kg = 1 C/(kg · s)
Akustik		
Schalldruck, *p*	Pascal	1 Pa = 1 N/m²
Schallschnelle, *v*	Meter je Sekunde	m/s
Schallgeschwindig-keit (Ausbreitungs-geschwindigkeit), c_s	Meter je Sekunde	m/s
Schallfluss, *q*	–	1 m³/s = 1 m² · 1 m/s
Schallintensität, *I*	–	W/m²
spezifische Schallimpedanz, *Z*	–	Pa · s/m = Ns/m³
akustische (Feld-) Impedanz, Z_F	–	N · s/m³
mechanische Impedanz, Z_M	–	N · s/m = kg/s
äquivalente Absorptionsfläche, *A*	Quadratmeter	m²

Dezimale Vorsätze / Binäre Vorsätze

Vorsatz-zeichen	Vorsatz)	Bedeutung (Faktor)	Vorsatz-zeichen	Vorsatz)	Bedeutung (Faktor)	Vorsatz-zeichen	Vorsatz)	Bedeutung (Faktor)	
y	Yokto	10^{-24}	da	Deka	10	–	–	–	
z	Zepto	10^{-21}	h	Hekto	10^{2}	–	–	–	
a	Atto	10^{-18}	k	Kilo	10^{3}	Ki	Kibi	2^{10}	Bei großen Massen-speichern gelten oft die Bedeutungen der physi-kalischen Größen (dezimale Vorsätze
f	Femto	10^{-15}	M	Mega	10^{6}	Mi	Mebi	2^{20}	
p	Pico	10^{-12}	G	Giga	10^{9}	Gi	Gibi	2^{30}	
n	Nano	10^{-9}	T	Tera	10^{12}	Ti	Tebi	2^{40}	
µ	Mikro	10^{-6}	P	Peta	10^{15}	Pi	Pebi	2^{50}	
m	Milli	10^{-3}	E	Exa	10^{18}	Ei	Exbi	2^{60}	
c	Zenti	10^{-2}	Z	Zetta	10^{21}	Zi	Zebi	2^{70}	
d	Dezi	10^{-1}	Y	Yota	10^{24}	Yi	Yobi	2^{80}	

Vorsätze dürfen nicht kombiniert werden. Zu einer Einheit gehört maximal ein Vorsatz.

Kennbuchstaben der Objekte (Betriebsmittel) in Schaltplänen vgl. DIN EN IEC 81346-2

Kennbuchstabe	Zweck des Objekts	Beispiele von Objekten
B	Erfassung und Darstellung von Informationen.	Sensor, Mikrofon, Messwandler, Messwiderstand, Videokamera, Lesegerät, Detektoren, Näherungsschalter, elektronisches Überlastrelais, Motorschutzrelais, Bewegungsmelder, kWh-Zähler
C	Speichern für späteres Abrufen.	Kondensator, Festplatte, Pufferbatterie, RAM, ROM, Puffer, Chipkarte, USB-Stick, Laufwerke, z. B. für DVD, CD, Behälter, Gehäuse, Schwungrad
E	Aussendeobjekte	Glühlampe, Leuchtstofflampe, Heizkörper, Glühofen, Warmwasserspeicher, Laser, Leuchte, Kühlschrank
F	Schutz vor Auswirkungen gefährlicher oder unerwünschter Bedingungen.	Schmelzsicherung, Leitungsschutzschalter, RCD, thermischer Überlastauslöser, Überspannungsableiter
G	Bereitstellen eines steuerbaren Durchflusses.	Generator, Batterie, Pumpe, Ventilator, Lüfter, Stromversorgungseinheit, Solarzelle, Brennstoffzelle, Ventilator, Hebezeuge, Fördereinrichtung
H	Behandlung von Stoffen.	3D-Drucker, Presse, Oberflächenbearbeitungsmaschine, Zentrifuge, Destilliersäule, Brechwerk, Schneidmaschine Mischgerät, Luftbefeuchter, Staubsauger
K	Verarbeitung von Eingangssignalen und Bereitstellen eines geeigneten Ausgangs.	Hilfsschütz, Transistor, Zeitrelais, Verzögerungsglied, Binärelement, Regler, Filter, Operationsverstärker, Mikroprozessor, Mikrocontroller, Zähler, Multiplexer, Computer, Router, Switch, I/O-Modul, Steuerventil
M	Ausübung mechanischer Bewegung oder Kraft.	Elektromotor, Linearmotor, Verbrennungsmotor, Turbine, Hubmagnet, Stellantrieb, Hydraulikzylinder
N	Teilweises oder vollständiges Einschließen (Abdecken) eines anderen Objekts.	Dichtung, Buchse, Schranktür, Verkleidung, Muffe, Bodenbelag
P	Bereitstellung wahrnehmbarer Informationen.	Messgeräte, Klingel, Lautsprecher, Signallampe, LED, Drucker, Manometer, Uhr, Bildschirmgeräte, Beamer
Q	Steuerung von Zugang oder Durchfluss.	Leistungsschalter, Leistungsschütz, Motoranlasser, Thyristor, Leistungstransistor, IGBT, Motorstarter, Ventil, Kupplung, Regelklappe, Trennschalter, Tür
R	Begrenzen oder Stabilisieren.	Widerstand, Drosselspule, Diode, Z-Diode, Rückschlagventil, Schaltung zur Spannungsstabilisierung oder zur Stromstabilisierung, Konstanthalter, USV
S	Erkennen menschlicher Handlung, Bereitstellen einer entsprechenden Reaktion.	Steuerschalter, Tastatur, Maus, Taster, Wahlschalter, Quittierschalter, Lichtstift
T	Transformieren, Umwandeln.	Leistungstransformator, Gleichrichter, Modulator, Demodulator, AC-Umsetzer, DC-Umsetzer, Frequenzumformer, Verstärker, Antenne, Telefonapparat, ADU (ADC), DAU (DAC), Stromversorgung
U	Verortung anderer Objekte.	Isolator, Kabelwanne, Mast, Spannvorrichtung, Fundament, Aufhängevorrichtung, Kugellager
W	Leiten von einem Ort zu einem anderen.	Leiter, Leitung, Kabel, Lichtwellenleiter, Busleitung, Systembus Sammelschiene, Zahnrad, Rohr
X	Bereitstellen einer Schnittstelle zu einem anderen Ort.	Steckdose, Klemme, Kupplung, Steckverbinder, Klemmleiste, Anschlusskasten, Signalverteiler
D, J, L, V, Y, Z	Für spätere Normung vorgesehen.	Reserve, falls die oben angeführte Einteilung nicht ausreichend ist.
A, I, O	Nicht für Kennzeichnung anwendbar.	Es besteht Verwechslungsgefahr mit I für Input = Eingang und O für Output = Ausgang.

Im Schaltplan werden die Objekte (Betriebsmittel) mit demselben Kennbuchstaben durchnummeriert, z. B. C1, C2 usw.. Maßgebend für den Kennbuchstaben ist der **Verwendungszweck**. So wird ein Transistor zur Signalverarbeitung mit z. B. K1 bezeichnet, ein Transistor zum Steuern oder Schalten einer Last mit Q1.

Wenn die Objekte je nach Betrachtung **(Aspekt)** verschieden zu werten sind, können vor den Kennbuchstaben Vorzeichen gesetzt werden, und zwar mit der Bedeutung

= Funktionsbezogenheit, – Produktbezogenheit, + Ortsbezogenheit.

Bei Bedarf wird an den Kennbuchstaben als 2. (ggf. auch 3.) Buchstabe ein Buchstabe für die Unterklasse angehängt (siehe Tabellenbuch Elektrotechnik).

Wichtige Schaltzeichen

Symbol	Benennung
Leitungen, Verbindungen	
	Leiter, allgemein
	Schutzleiter PE
	Neutralleiter N, Mittelleiter M
	PEN-Leiter
	System-Bezugsleiter
	kurze / lange } geschirmte Leitung
	Koaxiale Leitung, geschirmt
	Leitung mit zwei Leitern
	1. Verbindung allgemein 2. Anschluss, z. B. Klemme 3. Kennzeichen für Gasfüllung
1 2	Leiterabzweig, einfach
1 2	Leiterabzweig, doppelt
	Leiterkreuzung
	Mechanische Verbindung (wahlweise Darstellung)
	Steckerstift
	Steckbuchse
Bauelemente	
a) b)	a) Schließer b) Öffner handbetätigt
a) b)	a) RCD b) Leitugschutzschalter
a) b)	a) Aus- b) Wechselschalter
a) b)	a) Taster b) Dimmer

Symbol	Benennung
a) b)	a) Anschlussdose b) Steckdose
	Sicherung, allgemein
a) b)	a) Widerstand, allgemein b) veränderbar
	Heizelement
	Induktivität, Spule, Wicklungsstrang
	desgleichen nicht genormt
a) b)	a) Glimmlampe b) Meldelampe
	Transformator, (Umspanner) für Einphasenwechselstrom, Übertrager
	Dauermagnet
	Überspannungsableiter
	Kondensator
	Halbleiterdiode
M	Motor, allgemein
Messgeräte	
a) b)	a) Messinstrument oder Messwerk allgemein, anzeigend b) aufzeichnend
	Integriertes Messgerät, insbesondere kWh-Zähler

Symbol	Benennung
	Impulszähler
	Signalumformer, allgemein
Elekto-Hausgeräte	
E	Elektrogerät, allgemein
	Elektroherd, allgemein
	Backofen
	Waschmaschine
Beleuchtung, Signalgeräte	
	Leuchtenauslass
	Leuchtmelder, Leuchte, allgemein
	Wecker, allgemein
	Summer
	Hupe, Horn
Erdung	
	Erdung
	Körper, Masse (wahlweise Darstellungen)
a) b)	Schutzleiteranschluss (je nach Norm)
Spannungsversorgung	
G	Generator, Oszillator, allgemein
	Gleichrichter (AC-DC-Umrichter)
	Wechselrichter (DC-AC-Umrichter)
12 V	Akkumulatorenbatterie 12 V
12 V	(wahlweise Darstellung)

Weitere Schaltzeichen siehe Tabellenbuch Elektrotechnik.

Teile von DIN VDE 0100 Errichten von Niederspannungsanlagen 1 Siehe „Schutz durch DIN VDE" Verlag Europa-Lehrmittel

Teil	Deutsche Bezeichnung, z. T. vereinfacht	Englische Bezeichnung, z. T. vereinfacht
Anwendungsbereich, Begriffe und allgemeine Angaben		
100	Bestimmungen allgemeiner Merkmale, Begriffe	Assessment of general Characteristics, Definitions
200	Begriffe	Definitions
Anwendungsbereich Schutzmaßnahmen		
410	Schutz gegen elektrischen Schlag (Seiten 86f)	Protection against Electric Shock
420	Schutz gegen thermische Einflüsse (Seiten 105f)	Protection against Thermal Effects
430	Schutz bei Überstrom (Seiten 99f)	Protection against Overcurrent
442	Schutz bei Überspannungen – Schutz von Niederspannungsanlagen bei Netzfehlern (Seiten 103f)	Protection for Safety – Protection of Low Voltage Installations against Faults in Grids
443	Schutz bei Störspannungen – Schutz bei Überspannungen infolge Blitz oder Schaltvorgängen (Seiten 152f)	Protection against Voltage Disturbances – Protection against Overvoltages of Lightnings or due to Switchings
444	Schutz bei Störspannungen und elektromagnetischen Störungen (EMIs) (Seiten 154f)	Protection against Voltage Disturbances and Electromagnetic Disturbances
450	Schutz gegen Unterspannung (Seite 264)	Protection against Undervoltage
460	Trennen und Schalten (Seiten 178, 194, 261)	Isolation and Switching
Auswahl und Errichtung elektrischer Betriebsmittel		
510	Allgemeine Bestimmungen (Seiten 74, 112)	Common Rules
520	Kabel- und Leitungsanlagen (Seiten 110f)	Wiring Systems
530	Schalt- und Steuergeräte (Seiten 90f, 105)	Switchgears and Controlgears
534	Überspannungs-Schutzeinrichtungen (ÜSE) (Seiten 103f)	Devices for Protection against Overvoltages (SPD)
540	Erdungsanlagen, Schutzleiter, Schutzpotenzialausgleichsleiter (Seiten 140f)	Earthing Arrangements, Protective Conductors and Protective Bonding Conductors
551	Niederspannungs-Stromerzeugungsanlagen (Seiten 79f)	Low-voltage generating Sets
557	Hilfsstromkreise (Seiten 239f)	Auxiliary Circuits
559	Leuchten und Beleuchtungsanlagen (Seiten 168f)	Luminairs and Lighting Installations
560	Einrichtungen für Sicherheitszwecke (Seiten 79f)	Supplies for Safety Services
570	Stationäre Sekundärbatterien	Stationary Secondary Batteries
Prüfungen		
600	Prüfungen (Seiten 199f, 218f)	Verifications
Betriebsstätten und Anlagen besonderer Art		
701	Orte mit Badewanne oder Dusche (Seiten 173f)	Locations Containing a Bath or Shower
702	Becken von Schwimmbädern und andere Becken	Swimming Pools and other Basins
703	Räume und Kabinen mit Saunaheizung	Rooms and Cabins containing Sauna Heaters
704	Baustellen	Construction and Demolition Sites
705	Landwirtschaftliche und gartenbauliche Betriebsstätten (Seiten 176f)	Agricultural and Horticultural Premises
706	Leitfähige Bereiche mit begrenzter Bewegungsfreiheit	Conducting Locations with Restricted Movement

Teile von DIN VDE 0100 Errichten von Niederspannungsanlagen 2 Siehe „Schutz durch DIN VDE“ Verlag Europa-Lehrmittel

Teil (Folge)	Deutsche Bezeichnung, z. T. vereinfacht	Englische Bezeichnung, z. T. vereinfacht
708	Elektrische Anlagen von Campingplätzen	Electrical Installations in Caravan Parks
709	Häfen, Marinas (Liegeplätze für Boote)	Harbours, Marinas
710	Medizinisch genutzte Bereiche	Medical Locations
711	Ausstellungen, Shows und Stände	Exhibitions, Shows and Stands
712	PV-Stromversorgungssysteme (Seiten 181f)	Photovoltaic Power Supply Systems
713	Möbel und ähnliche Einrichtungsgegenstände	Furniture and similar Items
714	Beleuchtungsanlagen im Freien	Outdoor Lighting Installations
715	Kleinspannungsbeleuchtungsanlagen	Extra-Low-voltage Lighting Installations
717	Anlagen auf ortsveränderlichen oder in transportablen Baueinheiten	Mobile or Transportable Units
718	Öffentliche Einrichtungen und Arbeitsstätten	Communal Facilities and Workplaces
721	Elektrische Anlagen von Caravans und Motorcaravans	Electrical Installations in Caravans and Motor Caravans
722	Stromversorgung von Elektro-Fahrzeugen (Seiten 179f)	Supply of Electric Vehicles
723	Unterrichtsräume mit Experimentiereinrichtungen	Class-Rooms with Experimental Equipment
729	Bedienungsvorgänge und Wartungsgänge	Operatig and Maintenance Gangways
731	Abgeschlossene elektrische Betriebsstätten	Locked Electrical Locations
737	Feuchte und nasse Bereiche, Anlagen im Freien (Seiten 107f, 267)	Humid and Wet Areas in Locations, Outdoor Installations
740	Vorübergehend errichtete elektrische Aufbauten für Vergnügungseinrichtungen und Buden auf Kirmesplätzen, für Vergnügungsparks und für Zirkusse	Temporary electrical Installations for Structures, Amusement Devices and Booths at Fairgrounds, Amusement Parks and Circuses
753	Fußboden- und Decken-Flächenheizungen	Floor and Ceiling Heating Systems
801	Energieeffizienz (Seiten 84f)	Energy Efficiency
802	Kombinierte Erzeugungs-/Verbrauchsanlagen	Combined Producing/Consumption Plant

Weitere VDE-Bestimmungen

VDE-AR-N 4100	Anschluss von Kundenanlagen an das Niederspannungsnetz (Seiten 143f)	Connection of Customer Plants Installations to the Low Voltage Network
VDE-AR-N 4101	Anforderungen an Zählerplätze im Niederspannungsnetz (Seiten 147f)	Requirements for Meter Panels in Low Voltage Installations
VDE-AR-N 4105	Mindestanforderungen für den Anschluss von Erzeugungsanlagen (Seite 182)	Minimum Requirements for the Connection to Generating Plants
VDE 0701	Schutzmaßnahmen von Elektrogeräten nach Reparatur (Seiten 218f)	Protective Measures of electrical Devices after Repair
VDE 0702	Wiederholungsprüfung elektrischer Geräte (Seiten 218f)	Retest of electrical Devices
VDE 1000-10	Im Bereich Elektrotechnik tätige Personen (Seiten 8, 9)	Electrotechnical working Persons

Sachwortverzeichnis